U0366303

全国建设职业教育系列教材

电气安装实际操作

全国建设职业教育教材编委会

谢忠钧　主编

中国建筑工业出版社

图书在版编目(CIP)数据

电气安装实际操作/全国建设职业教育教材编委会编．
北京：中国建筑工业出版社，2000
全国建设职业教育系列教材
ISBN 7-112-04190-2

Ⅰ．电… Ⅱ．全… Ⅲ．电工-安装-职业教育-教材
Ⅳ．TM05

中国版本图书馆 CIP 数据核字(2000)第 13951 号

全国建设职业教育系列教材
电气安装实际操作
全国建设职业教育教材编委会
谢忠钧　主编
*
中国建筑工业出版社出版（北京西郊百万庄）
新华书店总店科技发行所发行
北京市彩桥印刷厂印刷
*
开本：787×1092 毫米 1/16　印张：26¾　字数：650 千字
2000 年 12 月第一版　2000 年 12 月第一次印刷
印数：1—2，000 册　　定价：**39.00** 元
ISBN 7-112-04190-2
G·318 (9671)

本书介绍电气安装基本工艺知识及实际操作方法，内容包括安全用电、钳工基本操作、电气焊基本操作、照明安装、低压电器安装、电动机安装、电子技术基本操作、电缆线路施工、架空配电线路施工、工厂变配电所、防雷接地安装和倒闸操作等。编写时依据国家现行的规范、标准，并注意采用近几年来建筑电气安装施工中出现的新技术、新工艺。全书以提高能力、技能培养为原则，力求形成新的课程体系。

本书可作为技工学校、职业高中相关专业的教学用书，也可作为电气安装专业不同层次的岗位培训教材，并可供一线施工管理和电气技术人员参考使用。

“电气安装”专业教材（共四册）

总主编 沈　超

《电气安装实际操作》

主　编 谢忠钧

主　审 孙玉林

参　编 徐　弟　王俊萍　李　宣　李昆福

刘昌胜

全国建设职业教育系列教材（电气安装和管道安装专业）

编审委员会名单

序

随着我国国民经济持续、健康、快速的发展，建筑业在国民经济中的支柱产业地位日益突出，对建筑施工一线操作层实用人才的需求也日益增长。为了培养大量合格的人才，不断提高人才培养的质量和效益，改革和发展建筑业的职业教育，在借鉴德国“双元制”职业教育经验并取得显著成效的基础上，在赛德尔基金会德国专家的具体指导和帮助下，根据《中华人民共和国建设部技工教育专业目录(建筑安装类)》并参照国家有关的规范和标准，我们委托中国建设教育协会组织部分试点学校编写了建设类“建筑结构施工”、“建筑装饰”、“管道安装”和“电气安装”等专业的教学大纲和计划以及相应的系列教材。教材的内容，符合建设部1996年颁发的《建设行业职业技能标准》和《建设职业技能岗位鉴定规范》的要求，经审定，现印发供各学校试用。

这套专业教材，是建筑安装类技工学校和职业高中教学用书，同时适用于相应岗位的技能培训，也可供有关施工管理和技术人员参考。

各地在使用本教材的过程中，应贯彻国家对中等职业教育的改革要求，结合本地区的实际，不断探索和实践，并对教材提出修改意见，以便进一步完善。

建设部人事教育司

2000年6月27日

前　言

本套教材力求深入浅出，通俗易懂。在编排上采用双栏排版，图文结合，新颖直观，增强了阅读效果。为了便于读者掌握学习重点，以及教学培训单位组织练习和考核，每章节后附有小结、习题和实际操作供参考、选用。

《电气安装实际操作》一书由天津市政教育中心谢忠钧主编（编写第1、6章），参加编写的有北京城建技工学校徐弟（编写第9、10、11章），天津市政教育中心王俊萍（编写第8章），湖南省建筑技校李宣（编写第12、13章），云南建筑技校李昆福（编写第2、3章），南京建筑教育中心刘昌胜（编写第4、7、14章）以及天津市政教育中心孙玉林（编写第5章）。全书由孙玉林主审。

本书在编写中，建设部人事教育司有关领导给予了积极有力的支持，并做了大量组织协调工作。德国专家魏茨勒先生在多方面给予了大力支持和指导。在审稿中得到了天津技术师范学院高玉奎教授的支持和指导。各参编学校领导对本教材的编写给予极大的关注和支持。在此，一并表示衷心的感谢。

由于双元制的试点工作尚在逐步推广过程中，本套教材又是一次全新的尝试，加之编者水平有限，编写时间仓促，书中有不少缺点和错误，望各位专家和读者批评指正。

目　录

第1章 安全用电知识

电能以它的生产、输送、使用及控制方便的优点，广泛用于工农业生产、国防科技及人民日常生活的各个领域，造福人类。然而用电不当，违章管理或操作，又常会发生触电事故或电气漏电等严重危害。因而随着用电规模的扩大，普及范围的广泛，安全用电在生产和生活中的重要性更加显著。本章主要让读者了解触电危害、形式，掌握触电急救的操作方法和触电的防范措施，以及文明生产的常识。

1.1 触电与急救

人体因触及带电导体，电流通过人体造成各种生理机能的失常或者伤害，甚至遭受致命危险的现象称为触电。只有掌握安全用电知识，在用电实践中采取正确的防范措施，就可避免或减少触电事故的发生。

1.1.1 触电的危害

电流对人体的伤害是电气事故中最主要的事故之一。电流通过人体会引起针刺感、压迫感、痉挛、血压升高、昏迷、心室颤动等症状，严重时造成死亡。

(1) 电流对人体伤害程度的因素

1) 通过人体电流的大小。

2) 电流通过人体持续时间的长短。

3) 电流通过人体的途径。

4) 电流的种类与频率高低。

5) 触电者身体健康状况等。

通过人体的电流越大，时间越长，危险就越大。对于工频交流电，按照人体通过的电流大小不同，人体呈现不同伤害程度的影响，如表 1-1 所示。

不同电流对人体的影响　　表 1-1

电流(mA)	工频电流		直流电流
	通电时间	人体反应	人体反应
0～0.5	连续通电	无感觉	无感觉
0.5～5	连续通电	有麻刺感、疼痛、无痉挛	无感觉
5～10	数分钟内	发生痉挛、剧痛，但可摆脱电源	有针刺感压迫感及灼热感
10～30	数分钟内	迅速麻痹、呼吸困难、血压升高、不能摆脱电源	压痛、刺痛、灼热强烈，有抽搐
30～50	数秒～数分	心跳不规则、昏迷、强烈痉挛、心脏开始颤动	感觉强烈，有剧痛痉挛
50至数百	低于心脏搏动周期	受强烈冲击，但没发生心室颤动	剧痛、强烈痉挛、呼吸困难或麻痹
	超过心脏搏动周期	昏迷、心室颤动、呼吸麻痹、心脏麻痹或停跳	

(2) 触电电流的三个阶段

1) 感知电流：能引起人的感觉的最小电流称为感知电流。实验表明，成年男性平均感知电流有效值为 1.1mA，成年女性约为 0.7mA。

2) 摆脱电流：电流超过感知电流并不断增大时，触电者会因肌肉收缩，发生痉挛而紧握带电体，不能自行摆脱电源。人触电后，能自行摆脱电源的最大电流为摆脱电流，一般男性的平均摆脱电流为 16mA，成年女性约为 10.5mA。男性最小摆脱电流为 9mA，女性为 6mA，儿童的摆脱电流比成年人小些。

3) 致命电流：在较短时间内危及人生命的电流称为致命电流。电击致命的主要原因,大都是致命电流引起心室颤动造成的。流过人体电流达到 50mA 以上,就会引起心室颤动,有生命危险。100mA 以上可以致死,30mA 以下的电流通常不会有生命危险。

1.1.2 触电形式及触电原因

(1) 触电形式

按照人体触及带电体的方式和电流通过人体的途径,触电可分为三种形式:

1) 单相触电:人站在大地上,接触到一相带电导体时,电流经人体流入大地,流回电源的触电方式称为单相触电,如图 1-1 所示。

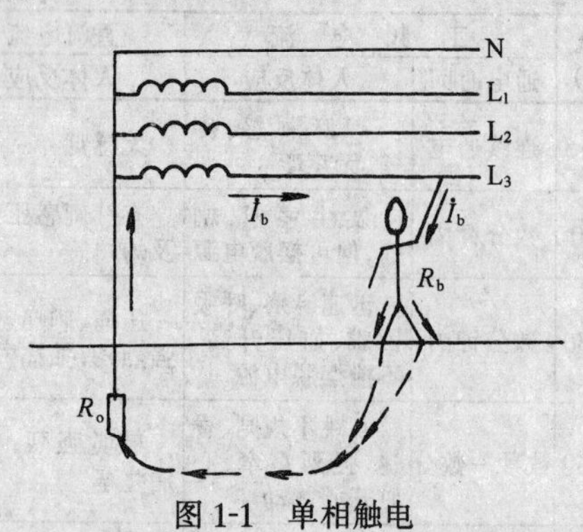

图 1-1 单相触电

2) 两相触电:人体两个不同部位同时接触两个不同相的带电体,线电压直接加在人体上,电流从人体流过造成触电,如图 1-2 所示。这时,人体的电压比单相触电时高,后果

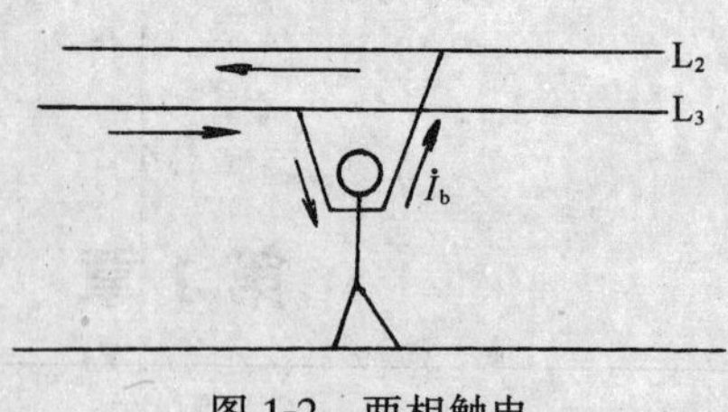

图 1-2 两相触电

更加严重,是最危险的触电方式。

3) 跨步电压触电:当电气设备发生接地故障时,人在接地电流入地点周围电位分布区行走时,其双脚将处于不同电位圈上,两脚间(一般人的跨步距离为 0.8m)的电位差称为跨步电压。人体因承受跨步电压作用而导致触电称为跨步电压触电,如图 1-3 所示。

(2) 触电原因

人体触电的危害是极大的,为了最大限度地减小触电事故的发生,只有弄清触电原因,以便采取相应的防范措施。造成触电事故的原因主要有以下几个方面:

1) 设备安装不合格。如采用一线一地制的违章线路架设等。

2) 用电设备不满足安全要求,维修不及时。如设备的制造不合格、质量差,不能达到安全的要求等。

3) 规章制度贯彻不严,无安全技术措施。如带电修理电器时,使用没有绝缘保护

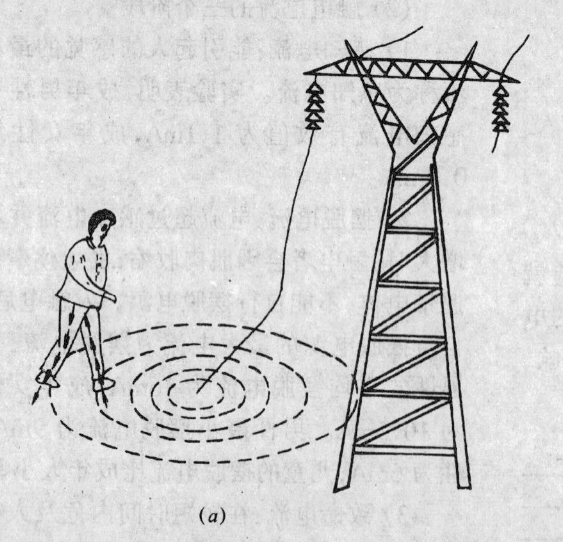

(a)

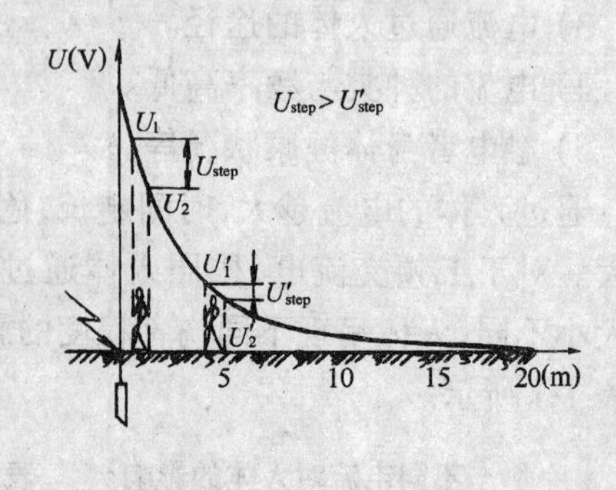

(b)

图 1-3 跨步电压触电

的工具；停电检修电路，违章操作，未挂“警告牌”，无人监护等。

1.1.3 触电急救

发生触电事故时，救护人员切不可惊慌失措，束手无策，应迅速采取有效的急救措施，关键是“快”。触电急救操作分为迅速脱离电源、就地急救、急送医院救护三个过程。

(1) 脱离低压电源的方法

1) 切断电源：当电源开关或电源插头就在事故现场附近时，可立即将开关断开或将电源插头拔掉，使触电者脱离电源。必须指出：普通的电灯开关只切断一根导线，且有时断开的不一定是相线，因此关掉电灯开关不能认为是切断了电源。

2) 用绝缘物移去带电导线：带电导体触及人体引起触电时，可用绝缘的物体(如木棒、竹竿、橡胶手套等)将导线移开，使触电者脱离电源。

3) 用绝缘工具切断带电导线：出现触电事故，必要时可用绝缘工具(如带有绝缘柄的电工钳、木柄斧、木把锄头等)切断带电导线，以断开电源。

4) 拉拽触电者衣服，使之摆脱电源：若现场不具备以上三种条件，而触电者衣服干燥，救护者可用包有干毛巾、干衣服等干燥物的手去拉拽触电者的衣服，使其脱离电源。

(2) 脱离高压电源的方法

高压电源由于电压等级高，一般的绝缘物不能保证救护人的安全，同时高压电源开关距现场较远，不能拉闸，所以救护高压触电者一定要注意做到如下几点：

1) 立即打电话通知有关供电部门停电。

2) 若电源开关离现场不远时，救护人应穿绝缘鞋、带绝缘手套，使用耐压高的绝缘棒或绝缘钳，拉开高压断路器或高压跌落熔断器来切断电源。

3) 室外、架空线路上救护触电者，地面上无法施救时，可往架空线路抛挂裸金属软导线，人为造成线路短路，从而使电源开关跳闸断电。在救护中应注意以下两点：一是防止电弧伤人或断线造成人员伤害，也要防止抛重物砸伤人；二是注意让触电者从高空安全落地。

4) 断落在地上的高压导线，在未确定线路是否有电之前，为防止跨步电压触电，救护人进入断线落地点 8～10m 区域，必须穿绝缘鞋或单脚落地(或双脚并拢)跳跃靠近触电者进行救护。

(3) 触电者脱离电源的注意事项

1) 救护人员不得直接用手或其他金属及潮湿的物件当作救助工具。救护过程中，救护人最好单手操作，以保护自身安全。

2) 触电者处于高位时，应采取措施，预防因触电引起的二次事故发生，即使触电者在平地，也应注意触电者倒地的方向，应避免触电者头部摔伤。

3) 夜间发生触电事故时，应迅速解决临时照明的问题。

4) 在电缆线路或电容柜线路中停电后，先经放电方可救护。

(4) 根据触电者的情况确定急救方法

1) 观察是否存在呼吸。当有呼吸时，能看到胸廓或腹壁有呼吸产生的起伏运动；用耳朵听到及面额感觉到口鼻处有呼吸产生的气体流动；用手触摸胸部或腹部能感觉到呼吸时的运动；反之，则呼吸已停止。

2) 触电人神志清醒，但有些心慌，四肢发麻，全身无力，或者触电人在触电过程中曾一度昏迷，但已清醒过来。应使触电者安静休息，不要走动，注意观察并请医生前来诊治，最好及时送医院抢救。

3) 触电人已失去知觉，但心脏还在跳动，还有呼吸。应使触电人在空气流通的地方舒适、安静地平躺，解开他的衣扣和腰带以利呼吸。如天气寒冷，应注意保温，并迅速请医生到现场诊治或及时送往医院。

4) 如果触电人失去知觉呼吸困难，应立

即进行人工呼吸急救。

5）触电人呼吸或心脏跳动完全停止，应立即施行人工呼吸和胸外心脏挤压法急救。

(5) 胸外心脏挤压法的操作步骤

1）将触电者仰卧于硬板上或地上，解开上衣并松开裤带，救护人跪跨在触电者腰间或胸侧，如图 1-4(*a*)所示。

2）救护人两手相叠，手掌根部放在心窝上方、胸骨下 1/3～1/2 处，把中指尖对准其颈部凹陷的下边缘，即“当胸一手掌，中指对凹膛”，手掌的根部就是正确的压点，如图1-4(*b*)所示。

3）掌根用力垂直向下向脊柱方向挤压，压出心脏里的血液，如图 1-4(*c*)所示。对成年人的胸骨可压下 3～4cm。

4）挤压后，掌根要突然放松（但手掌不要离开胸壁），使触电者胸部自动复原。此时，心脏舒张后血液又回流到心脏里来，如图 1-4(*d*)所示。以上步骤连续不间断地反复进行，每一次一秒，每分钟不少于 60～70 次为宜。

当触电者心跳，呼吸全部停止时，应同时进行口对口人工呼吸和胸外心脏挤压法。如果现场仅一个人抢救，两种方法应交替进行，每吹气 2～3 次，再挤压 10～15 次，反复交替进行，不能停止。

提示：抢救触电人往往需要很长时间（有时要进行 1～2h），必须连续进行，不得间断，直到触电人心跳和呼吸恢复正常，触电人面色好转，嘴唇红润，瞳孔缩小，才算抢救完毕。

(6) 口对口人工呼吸法的操作步骤

1）将触电者仰卧，解开衣领，松开上身的紧身衣并放松裤带，然后将触电者的头偏向一侧，张开其嘴，用手指清除口腔中的假牙、血块、呕吐物等，如图 1-5(*a*)所示，使呼吸道畅通。

2）然后使触电者头部充分后仰，鼻孔朝天，如图 1-5(*b*)所示，以防舌下坠阻塞气流（最好用一只手托在触电者颈后）。

3）救护人在触电者头部的一侧，用一只手捏紧其鼻孔保持不漏气，另一只手将其下颌拉向前下方（或托住其后颈），使嘴巴张开，准备接受吹气。救护人深吸一口气，然后用嘴紧贴触电者的嘴巴向其大口吹气，时间约 2s，同时观察其胸部是否膨胀，以确定吹气是否有效和适度，如图 1-5(*c*)所示。

4）救护人吹气完毕换气时，应立即离开触电者的嘴巴，并松开捏紧的鼻孔，让触电者自动地呼气，使肺内气体排出，如图 1-5(*d*)

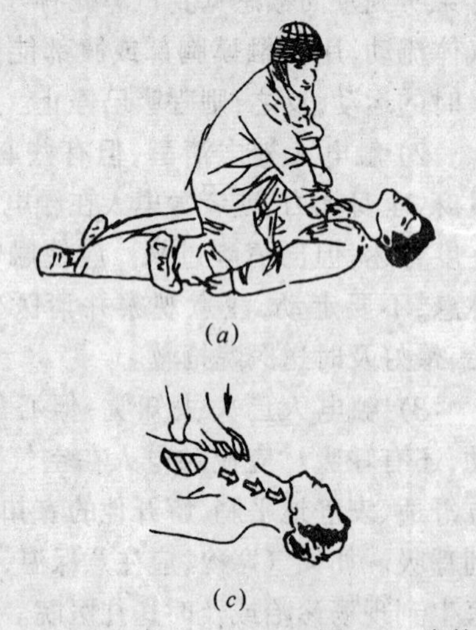

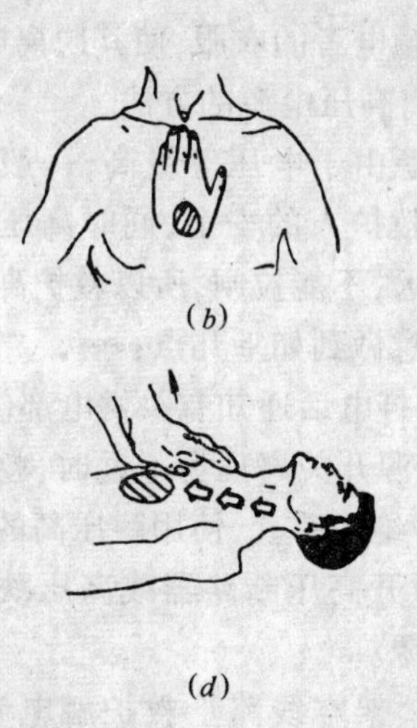

图 1-4　胸外心脏挤压法操作过程

(*a*)跨跪腰间；(*b*)正确压点；(*c*)向下挤压；(*d*)突然放松

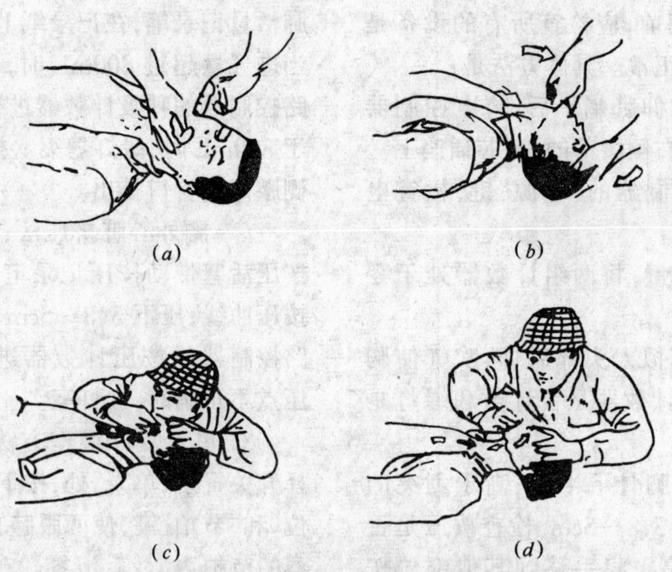

图 1-5　口对口人工呼吸法操作过程

(*a*)清理口腔防阻塞;(*b*)鼻孔朝天头后仰;(*c*)捏紧鼻子、大口吹气;(*d*)放松鼻孔、自身呼气

所示,时间约 3s。此时应注意胸部复原状况,倾听呼气声,观察有无呼吸道梗阻现象。

1.1.4　触电急救实训练习

(1) 准备:运动垫、FSR 心肺复苏模拟人

(2) 操作要领及要求

胸外心脏挤压法的操作要领是:救护人手掌根的压点要正确,用力的方向是垂直向下向脊柱方向挤压,并且挤压后要突然放松,使触电者的胸部自动复原,应连续不间断反复进行,每分钟不少于 60～70 次。

口对口人工呼吸法的操作要领是:救护人向触电者嘴巴大口吹气时,要用一只手捏住其鼻孔保持不漏气,吹气完毕换气时,应立即离开触电者的嘴巴并同时松开捏紧的鼻孔,让触电者自由呼气。

要求学生能达到熟练掌握触电急救的正确操作方法。

(3) FSR 心肺复苏模拟人简介

FSR 心肺复苏模拟人是一男性模拟人体,如图 1-6 所示。其形态逼真,肤色自然,能进行正确和实际的人工呼吸、胸外按压等操作训练。为了提高操作训练的真实感和培训效果,该模拟人口对口人工呼吸和胸外心脏挤压的操作正确与否、次数和效果进行显示、计数、记录和瞳孔、颈动脉的自行缩小、博动。其正确的使用方法如下:

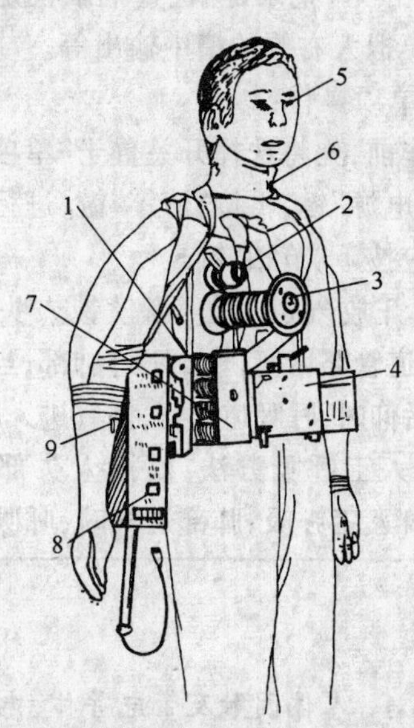

图 1-6　FSR 心肺复苏模拟人结构示意图

FSR 型心肺复苏模拟人由:1—男性成人躯体;2—呼吸系统;3—按压装置;4—记录仪;5—眼睛;6—颈动脉;7—电池盒;8—电路控制器;9—肘关节处浅表静脉等部件组成

1) 使用前要认真检查:

模拟人在使用前，应检查所有的设备是否完好，功能是否正常。具体方法是：

A．将模拟人仰卧躺平后，将电控制器的15芯插头插入右侧腰部的15芯插座上。

B．按下电控制器的“电源”键，检查电源指示灯是否亮。

C．按“清零”键，将两组计数器处于零态。

D．尽量使模拟人头部后仰，吹气使胸部抬起，检查呼吸计数器是否计数和绿灯是否亮。

E．两手放在胸骨下半部、高于剑突的部位，将胸骨压下3.8～5cm，检查按压是否计数和黄灯是否亮。将手移到其他部位按压，检查按压错位的红灯是否亮。

F．检查两眼瞳孔是否处于放大状态，如不处于放大状应按“复位”键。

G．按下“节拍”键，应听到有节奏的节拍声。

H．按下“记录键”检查记录仪是否将记录纸从模拟人右侧的槽中输出等。

2）单项操作：

操作前，先将选择开关置于“单项”处，然后按下“电源”键，再按“清零”键，进行胸外按压前还应按下“节拍”键。

A．开放气道方法：当模拟人头部平射时，其气道管路堵塞，气吹不进肺部；当模拟人头部向后仰时，呼吸道通畅，空气进入肺部。

B．人工呼吸方法：模拟人头部后仰进行口对口人工呼吸，肺部进气时，呼吸器带动肺活量记录笔，在记录纸上画出进气量曲线；当进气量超过800mL时，微型开关动作，电路控制器的呼吸计数器进行计数、绿灯亮；少于800mL时，绿灯熄灭。排气由排气管从右侧腰部的管口排出。

C．胸外心脏挤压法：正确压点压下时，按压活塞带动按压记录笔，在记录纸上画出按压曲线，压下3.8～5cm时微动开关动，电路控制器的按压计数器进行计数、黄灯亮。压点不正确时，红灯亮。

3）单人复苏操作方法：操作前，先将选择开关置于“单人”处，按下电源键后再按“复位”和“节拍”键，使两眼瞳孔放大并听到有节奏的节拍声，最后清零。在按“清零”键后的75s时间内，以按压15次、进气2次，重复四遍，两组计数器应能分别计数和显示，两眼瞳孔和颈动脉能分别自行缩小和博动，并有乐曲播出。若按压和进气不按15∶2进行操作，分组计数器自行封锁，并出现连续音调，若单人操作时间超过75s，计数器显示“88”不正确数字。

4）双人复苏操作方法：操作前，先将选择开关置于“双人”处，按下电源键后再按“复位”和“节拍”键，最后按“清零”键。在按“清零”键后的75s时间内，以按压5次、进气1次，重复13遍，则两组计数器分别计数和显示、两眼瞳孔和颈动脉能分别自行缩小和博动，并有乐曲播出。若按压和进行不按5∶1操作，则两组计数器自行封锁。若操作时间超过75s，两组计数器显示“88”的不正确数字。

小　结

1．人体因触及带电导体，电流会通过人体而造成触电。通过人体电流的大小、持续时间的长短、流过人体的路径、电流的种类与频率高低，以及触电者身体健康状况等都会影响电流对人体的伤害程度。

2．触电形式有单相触电、两相触电和跨步电压触电。

3．发生触电事故时，应迅速采取有效的急救措施。触电急救操作分为迅速脱离电源、就地急救、急送医院救护三个过程。

习　题

1. 什么是触电？触电的危害程度与哪些因素有关？
2. 触电电流划分为几个阶段？各有什么特征？
3. 触电的形式有几种？
4. 迅速脱离电源的方法有哪些？
5. 怎样视触电者身体状况确定急救方法？
6. 胸外心脏挤压法与口对口人工呼吸法的操作要领是什么？

1.2　预防触电的措施

触电事故的发生往往很突然，而且会在瞬间造成严重的后果，但是也有一定的规律可循，只要安全防范得当是可以避免的。为了减免触电事故的发生，必须采取有效的防护措施。

1.2.1　常用的预防触电措施

1) 绝缘保护：任何电气设备和线路的组成都包括导体部分和绝缘部分，电气设备的寿命取决于绝缘材料的寿命，称为绝缘保护。

2) 使用安全电压：人体持续接触而不会使人直接致死或致残的电压为安全电压。其内涵有三点：

一是采用安全电压可防止触电事故的发生；

二是安全电压必须由特定的电源供电；

三是安全电压有一系列的数值，各适用于一定的用电环境。

3) 采用遮栏、护罩、护网等屏护措施。

4) 设置醒目的安全标志等。

1.2.2　采用保护接地或保护接零措施

采用保护接地或保护接零的措施，要根据低压供电系统的接地情况而定，如：TT系统、TN系统、IT系统等。

(1) 保护接地系统

TT系统、IT系统，在电力系统中性点直接接地叫工作接地，接地电阻要求小于4Ω。电气设备的外露可导电部分接地叫保护接地，接地电阻要求小于4Ω。

保护接地的使用是在设备出现漏电故障，外露的金属部分带电时，人无意碰到带电部分，由于人体电阻比接地体的电阻大得多，几乎没有电流流过人体，从而保证了人身安全。

1) TT系统：电力系统中性点直接接地，电气设备的外露可导电部分也接地，但两个接地相互独立。如图1-7所示。

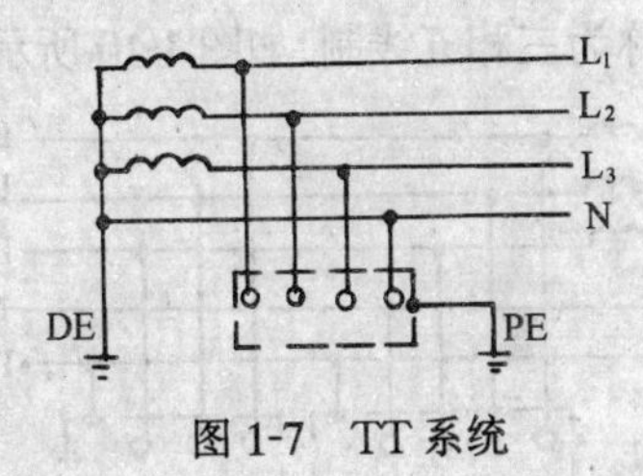

图1-7　TT系统

2) IT系统：电力系统的带电部分与大地间无直接连接(或有一点经高阻抗接地)，电气设备的外露可导电部分接地，如图1-8所示。注意：IT系统一般不引出中性线，即三相三线制供电。

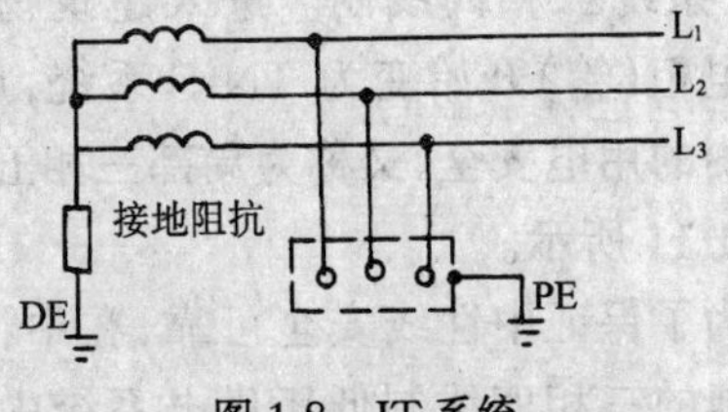

图1-8　IT系统

(2) 保护接零系统

TN系统的电源中性点直接接地，设备的外露可导电部分与电源中性线相连接叫保护接零。

保护接零的作用是在设备出现漏电故障时，电源相线相当于直接接在电源中性线上，所以人不会发生触电。

TN系统是采用广泛的一种供电系统，根据中性线和保护导线的布置连接方式的不同，可分为TN-C系统、TN-S系统、TN-C-S系统。

1) TN-C系统：在系统中，保护导线（PE线）和中性线（N线）合一为PEN线，则供电系统常用三相四线制，如图1-9所示。

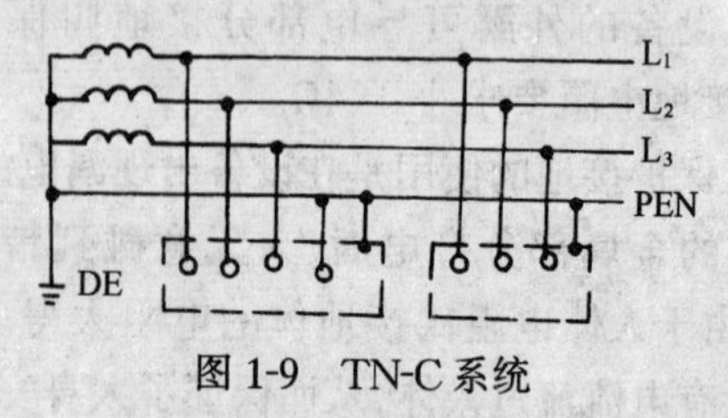

图1-9 TN-C系统

2) TN-S系统：在整个系统中，保护导线与中性线分开，保护导线为保护零线，中性线称为工作零线。此系统安全可靠性高，施工现场必须使用，称为三相五线制，如图1-10所示。

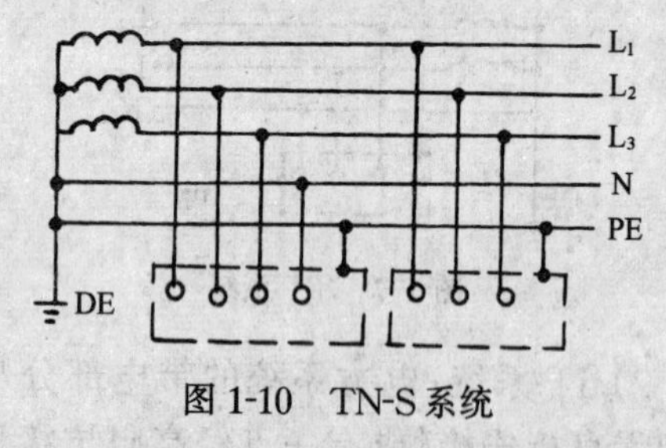

图1-10 TN-S系统

3) TN-C-S系统：在整个系统中，保护导线和中性线开始是合一的，从某一位置开始分开。在实际供电中，以变压器引出往往是TN-C系统三相四线制。进入建筑物后，从总配电柜（箱）开始变为TN-S系统，加强建筑物内的用电安全，又称为局部三相五线制，如图1-11所示。

为了保证中性线安全可靠，在中性点直接接地的三相四线制低压供电系统中，中性点也要重复接地，TN-S系统中PE还要重复接地。重复接地电阻值一般小于10Ω。一般规定：架空线路的干线与支线的终端及沿线每1km处，电源引入车间或大型建筑物处都要做重复接地。

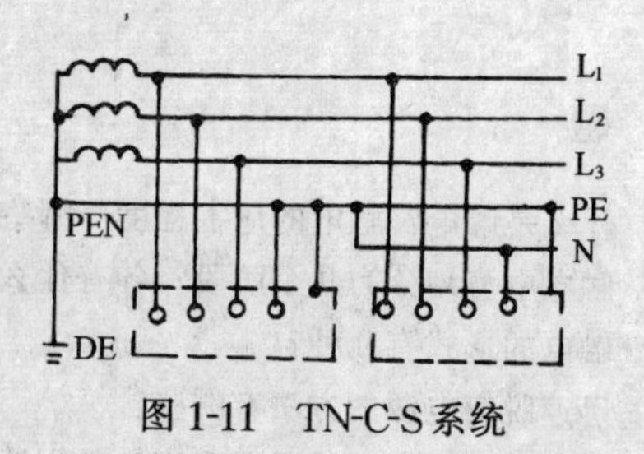

图1-11 TN-C-S系统

1.2.3 漏电保护器

在使用漏电保护器的电路中，无论什么原因造成对地电流，都会使开关动作。如人触及带电体，电流经人体入地开关要动作。设备绝缘老化，出现轻微漏电，这时虽然做了接零保护，但漏电电流很小，短路保护装置不会动作，会造成设备外壳长时间带电，引起触电。但使用漏电保护器，小的漏电电流，开关就会动作，立即切断电源。

采用电流型漏电保护器，一般动作灵敏度在30mA以上，漏电电流大于30mA开关就会动作；高灵敏度型，动作灵敏度为10mA。漏电保护器的动作时间很短，在0.1s以内即可切断电源。

(1) 漏电保护器的安装及使用接线方式

1) 漏电保护器在TT系统中的典型接线如表1-2所示。

漏电保护器在TT系统中的典型接线方法 表1-2

序号	适用的负荷类型	漏电保护器类型	典型接线方式
1	三相和单相混合负荷	三极和两极	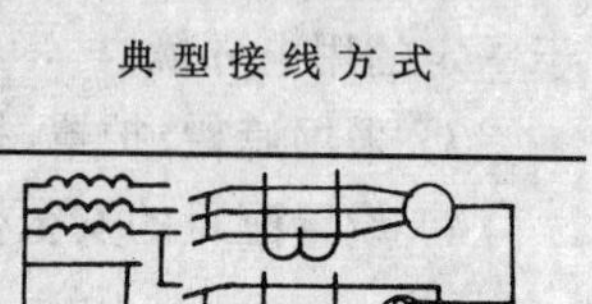
2	三相和单相混合负荷	四极	

续表

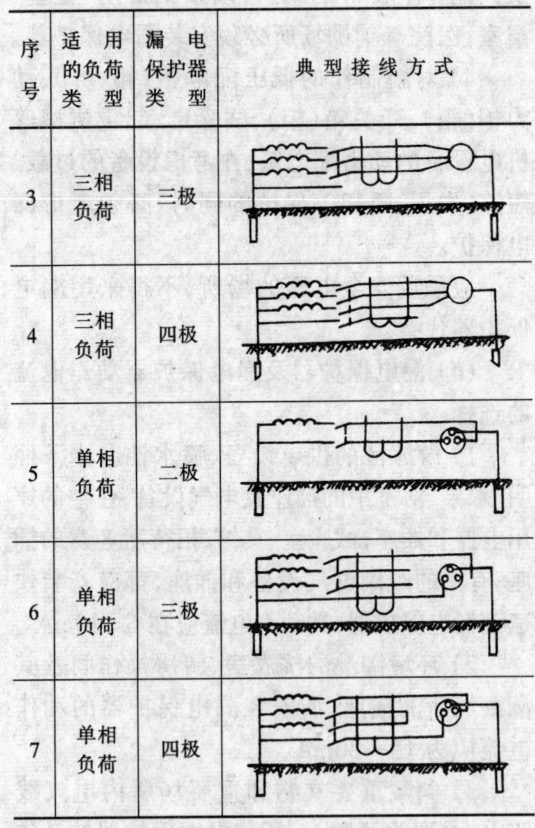

序号	适用的负荷类型	漏电保护器类型	典型接线方式
3	三相负荷	三极	
4	三相负荷	四极	
5	单相负荷	二极	
6	单相负荷	三极	
7	单相负荷	四极	

2) 漏电保护器在TN系统中典型接线如表1-3所示。

漏电保护器在TN系统中的典型接线方法

表 1-3

序号	适用的负荷类型	漏电保护器类型	典型接线方式
1	TN-C三相和单相混合负荷	四极	L_1 L_2 L_3 PEN
2	TN-S三相和单相混合负荷	四极	L_1 L_2 L_3 N PE
3	TN-C三相和单相混合负荷	三极和二极	L_1 L_2 L_3 PEN

续表

序号	适用的负荷类型	漏电保护器类型	典型接线方式
4	TN-S三相和单相混合负荷	三极和二极	L_1 L_2 L_3 N PE
5	TN-C三相动力负荷	三极	L_1 L_2 L_3 PEN
6	TN-S三相动力负荷	三极	L_1 L_2 L_3 N PE
7	TN-C三相动力负荷	四极	L_1 L_2 L_3 PEN
8	TN-S三相动力负荷	四极	L_1 L_2 L_3 N PE
9	TN-C单相负荷	二极	L PEN
10	TN-S单相负荷	二极	L N PE
11	TN-C单相负荷	三极	L_1 L_2 L_3 PEN
12	TN-S单相负荷	三极	L_1 L_2 L_3 N PE
13	TN-C单相负荷	四极	L_1 L_2 L_3 PEN
14	TN-S单相负荷	四极	L_1 L_2 L_3 N PE

(2) 在TN系统中使用漏电保护器的注意事项

1) 严格区分N线和PE线。使用漏电保护器后,以漏电保护器起,系统变为TN-S系统,PE线和N线必须严格分开。N线要通过漏电保护器,PE线不通过漏电保护器,可从漏电保护器上口接线端分开。

2) 单相设备接线使用漏电保护器后,单相设备一定要接在N线上,不能接在PE线上,否则会合不上闸。

3) 重复接地使用漏电保护器后,PE线可以重复接地,开关后的N线不准重复接地,否则会合不上闸。

4) 使用漏电保护器后,从漏电保护器起,系统变为TN-S系统,后面的线路接线不能再变回TN-C系统,否则会引起前级漏电保护器误动作。

(3) 漏电保护的使用场所

根据1990年劳动部颁发的《漏电保护器安全监察规定》,下列场所应采用漏电保护器。

1) 建筑施工场所,临时线路的用电设备必须安装漏电保护器。

2) 除Ⅲ类外的手持式电动工具,移动式生活日常电器,其他移动式机电设备及触电危险性大的用电设备,必须安装漏电保护器。

3) 潮湿、高温、金属占有系数大的场所及其他导电良好的场所,以及锅炉房、食堂、浴室、医院等辅助场所必须安装漏电保护器。

4) 对新制作的低压配电柜(箱、屏)、动力柜(箱)、开关箱(柜)、试验台、起重机械等机电设备的动力配电箱,在考虑设备的过载、短路、失压、断相等保护的同时,必须考虑漏电保护。

应采用安全电压的场所,不得采用漏电保护器代替。

(4) 漏电保护器及漏电保护器动作电流的选择

1) 游泳池的供电设备、喷水池和水下照明、水泵、浴室中的插座及电气设备;住宅的家用电器和插座;试验室、宾馆、招待所客房的插座;有关的医用电气设备和插座,都应安装快速型漏电保护器,其动作电流应在6～10mA。

2) 环境潮湿的洗衣房、厨房操作间及其潮湿场所的插座,所安装漏电保护器的动作电流应为15～30mA。

3) 储藏重要文物和重要场所内电气线路上,主要为了防火,所装漏电保护器的动作电流应大于30mA。

4) 对有些不允许停电的负荷,如事故照明、消防水泵、消防电梯等,宜酌情装设漏电报警装置。可安装动作电流大于30mA的延时型漏电继电器。

小　结

为了减免触电事故的发生,必须采取有效的预防措施。常用的预防措施有:绝缘保护、安全电压、屏蔽、设安全标志等。此外还有采用保护接地、保护接零及安装使用漏电保护器等措施。

习　题

1. 什么是绝缘保护?
2. 使用安全电压的意义是什么?
3. 保护接地与保护接零的作用各是什么?
4. 使用漏电保护器有哪些注意事项?

5. 哪些场所必须安装漏电保护器?

1.3 文明生产和电工基本安全知识

文明生产是工厂管理的一项十分重要的内容,是对每个工厂企业组织生产的基本要求,所以文明生产是实现安全用电的可靠保证。参加电工专业操作前必须接受安全教育,掌握电工基本的安全知识,才能保证安全生产的正常进行。

1.3.1 文明生产

1) 文明生产,要求每一个电气安装工作人员,以认真负责的态度从事工作。对设备周密组织,妥善布置,保证设备的安全可靠使用。

2) 操作电气工作场所应整洁干净、工具材料摆放整齐,仪表仪器和移动工具保管妥善。

3) 对电气设备和移动工具应建立档案,定期进行检修、试验并做好记录。

4) 工作后,应清扫现场,清除的废电线和电器应堆放到指定的地点,注意环境保护。

1.3.2 电工基本安全知识

1) 生产实习时必须穿工作服和绝缘鞋,女学员应戴工作帽,头发或辫子应塞入帽内。

2) 在室内外工程安装或维修操作时,严格遵守安全操作规程和有关规定去做。

3) 登杆或登高时,检查脚扣、安全带等必须牢固可靠。未经实习教员同意,不准进行登杆(登高)操作。

4) 运行操作时,必须正确倒闸操作,要准确无误。如分断电源时,应先断开负荷开关,然后再断开隔离开关;合电源时,应先合上隔离开关,然后再合上负荷开关。

5) 发现有人触电,立即切断电源,不能惊慌失措,更不允许临危离开现场,必须尽快采取急救措施。

小 结

文明生产是实现安全用电的可靠保证。电工专业人员操作前必须接受安全教育,掌握电工基本安全知识。

习 题

1. 文明生产包括哪几方面内容?
2. 电工基本安全有哪些内容?

第2章　钳工基本操作

电气安装中常会遇到一些钳工操作，因此应熟悉钢尺、直角尺游标卡尺、千分尺、塞尺、水平仪等常用量具的使用方法，并掌握划线、冲眼、凿削、锉削、锯割、钻孔、攻丝和套丝等基本操作技能，本章对以上知识做了较为详尽的介绍。

2.1 常用量具的使用方法

在生产过程中，用来测量各种工件的尺寸、角度和形状的工具叫做量具。

技术工人在制作零件、设备检修、安装调整等各项工作中都需要用量具来检查加工尺寸是否合乎要求。因此，熟悉量具的结构、性能及其使用方法，是技术工人保证产品质量，提高工作效率必须掌握的一项技能。

2.1.1 长度单位

我国长度单位采用的是米制，为十进制。

一般工业上所用的长度单位，分有公制和英制两种。目前，世界上大多数国家都采用公制，我国法定计量单位也统一规定使用公制。但在某些国家和我国的某些行业中，仍有采用英制的。

公制和英制长度单位的名称、符号和进位关系如下：

1）公制中的长度计量单位

1(m)＝10(dm)

1(dm)＝10(cm)

1(cm)＝10(mm)

1(mm)＝1000(μm)

长度的基准单位是米(m)；在机械工程中，长度是以毫米(mm)为单位的。例如：1.5m写成1500mm；2.6dm写成260mm，1.2cm写成12mm。而且为了方便，图样以mm为单位的尺寸规定不注单位符号，如100即100mm，0.3即0.3mm。

2）英制中的长度单位

1英尺(′)＝12英寸(″)

1英寸(″)＝8英分

1英分＝4角(也称塔)

英制的常用单位是“英寸”。

例如：1英寸写成1″；1英分写成1/8″；0.5英寸写成1/2″；0.5英分写成1/16″；1角写成1/32″。

3）公制与英制长度单位换算

1(in)＝25.4(mm)

为了工作方便，可将英制尺寸换算成米制尺寸。因为1(in)＝25.4(mm)，所以把英寸乘以25.4mm就可以了。例如5/16(in)换算成米制尺寸：25.4mm×5/16≈7.938mm。

2.1.2 钢尺

钢尺是一种最简单的长度量具，可直接用来测量工件的尺寸。其测量精度为0.3～0.5mm。刻度有英制和公制两种。

钢尺一般有钢直尺和钢卷尺，如图2-1所示。

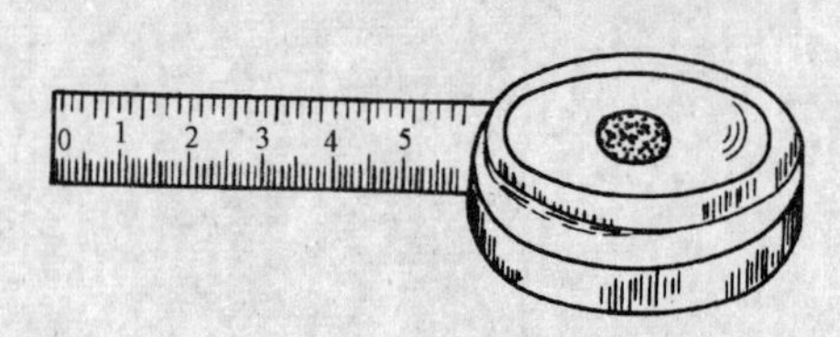

图2-1　钢尺

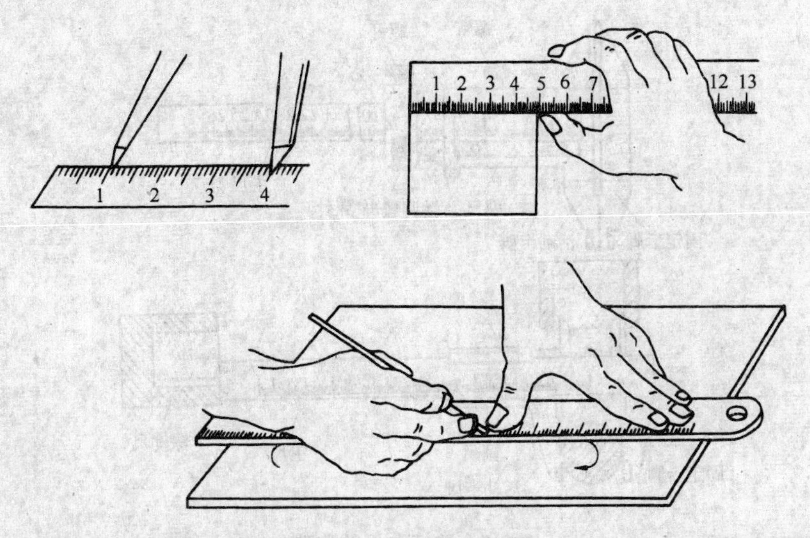

图 2-2　钢尺的使用

钢直尺的规格由长度分有 150、300、500、1500mm 等多种。钢卷尺常用的有 1000、2000mm 两种，尺上的最小刻度为 0.5mm 或 1.0mm。

使用钢尺测量工件时要注意尺的零线要与工件边缘相重合。为使测量准确，应用拇指贴靠在工件上。具体方法如图 2-2 所示。

提示：测量读数时，视线必须跟钢尺的尺面相垂直，否则，会因视线歪斜而引起读数误差。

2.1.3　直角尺

直角尺是用来测量直角的量具，也是划平行线和垂直线的导向工具。

直角尺的结构分整体和组合的两种，如图 2-3 所示。

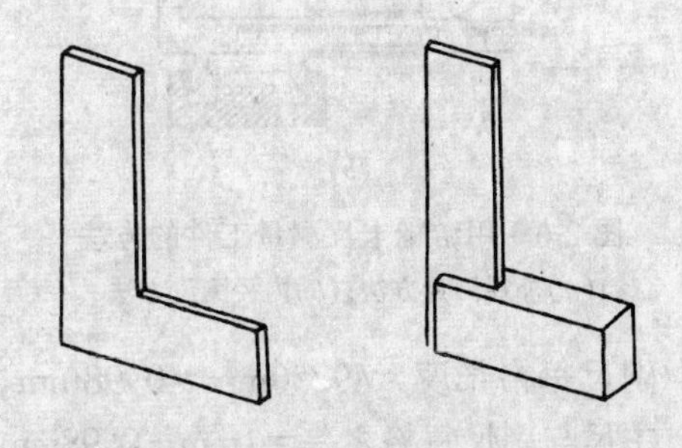

图 2-3　直角尺

整体直角尺是用整块金属制成。组合直角尺则是由尺座和尺苗两部分组成。

直角尺的两边长短不同，长而薄的一边叫尺苗，短而厚的一边叫尺座。有的直角尺在尺苗上还刻有尺寸刻度。

直角尺的使用方法：将尺座一面靠紧工件基准面，尺苗向工件的另一面靠拢，观察尺苗与工件贴合处，用透过光线是否均匀，来判断工件两邻面是否垂直，如图 2-4 所示。

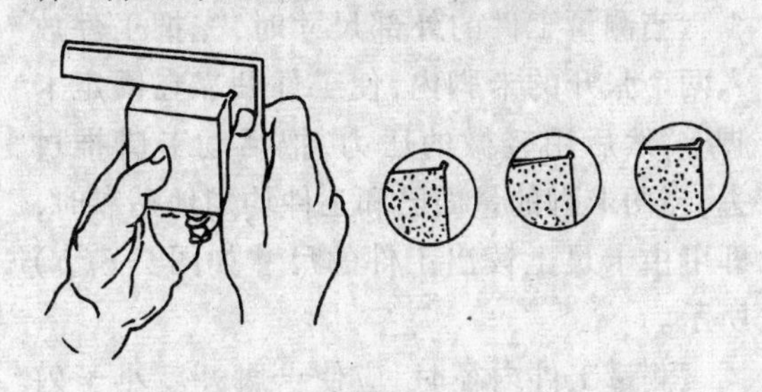

图 2-4　直角尺的使用

2.1.4　游标卡尺

1）游标卡尺是一种比较精密的量具，它可以直接测量出工件的内外尺寸。

游标卡尺主要是由主尺和副尺（游标）组成。主尺和固定卡脚制成一体。副尺和活动卡脚制成一体。其构造如图 2-5 所示。

游标卡尺按其读数的准确度可分为 1/10、1/20、1/50 三种，它们的读数准确度分

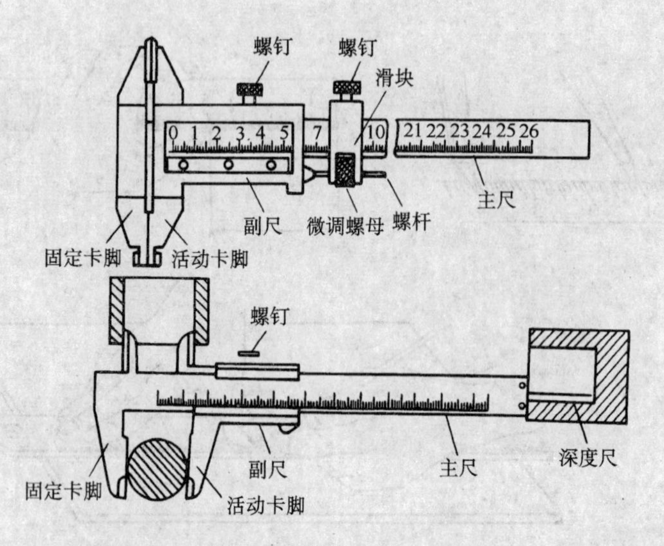

图 2-5 游标卡尺的构造

别是 0.1、0.05、0.02mm。测量范围有 0～125、0～200、0～300mm……等多种规格。

2) 游标卡尺的使用方法：

用游标卡尺测量工件时，应将工件放在两卡脚中间，通过副尺刻度与主尺刻度相对位置，便可读出工件尺寸。当需要使用副尺作微动调节时，先拧紧螺钉，然后旋转微调螺母，就可推动副尺微动，如图 2-6 所示。

当测量工件的外部尺寸时，先把工件放入两个张开的卡脚内，使工件贴靠在固定卡脚上，然后用轻微的压力，把活动卡脚推过去，当两卡脚的量面已和工件均匀地贴靠时，即可由卡尺上读出工件的尺寸如图 2-6(*a*)所示。

测量工件内径时，应使卡脚开度小于内径，卡脚插入内径后，再轻轻拉开活动卡脚，使两脚贴住工件，就可读出工件尺寸如图2-6(*b*)所示。

3) 游标卡尺的刻线原理和读数方法，以 1/50 的游标卡尺为例，如图 2-7 所示。

刻线原理：如图 2-7(*a*)所示。

当主副两尺的卡脚贴合时，副尺(游标)上的零线对准全尺的零线，主尺每一小格为 1mm，取主尺 49mm 长度在副尺上等分为 50 格，即主尺上 49mm 刚好等于副尺上 50 格。

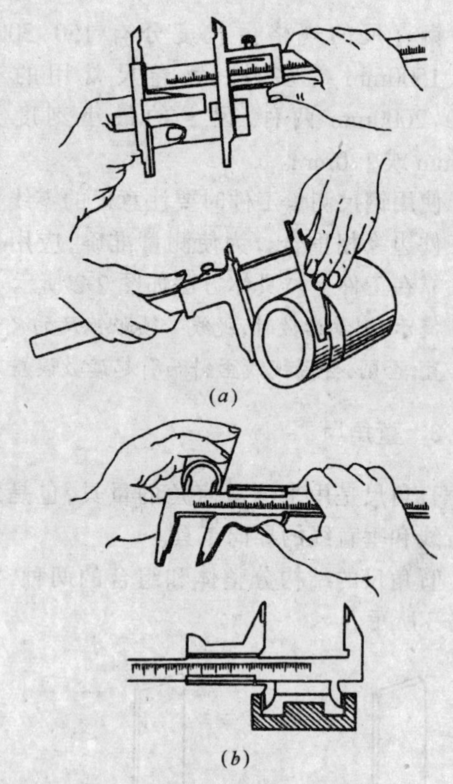

图 2-6 用游标卡尺测量工件的方法
(*a*)外径测量方法；(*b*)内径测量方法

副尺每格长度＝49/50mm＝0.98mm。

主尺与副尺每格之差＝1mm－0.98mm＝0.02mm。

读数方法如图 2-7(*b*)可分三步进行：

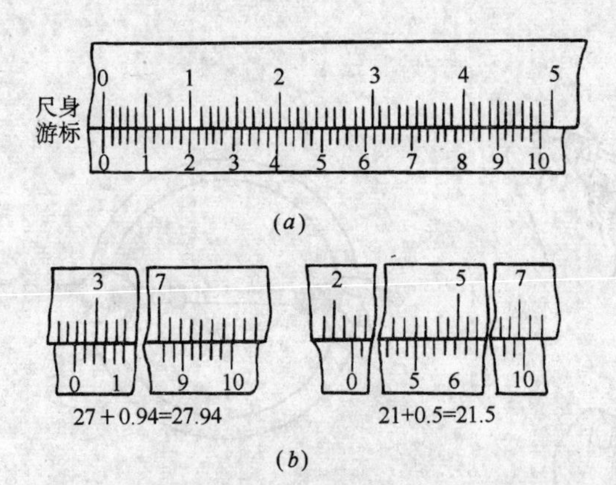

图 2-7 1/50 游标卡尺刻线原理，读数方法示例

A．读整数：副尺零线左边主尺上的第一条刻线是整数的毫米值；

B．读小数：在副尺上找出那一条刻线与主尺刻度对齐，从副尺上读出毫米的小数值；

C．将上述两数值相加，即为游标卡尺测量得的尺寸。

即：工件尺寸 = 主尺整数 + 副尺格数×卡尺精度。

提示：测量工件时，应使卡脚逐渐与工件表面靠近，最后达到轻微接触。还要注意游标卡尺必须放正，切忌歪斜，以免测量不准。

4）使用时注意事项：

A．校对零点：先擦净卡脚，然后将两卡脚贴合，检查主、副尺零线是否重合。若不重合，贴在测量面后应根据原始误差修正读数；

B．测量时：卡脚不要用力紧压工件，以免卡脚变形或磨损，降低测量的准确度；

C．游标卡尺仅用于测量已加工的光滑表面。表面粗糙的工件和正在运动的工件都不宜用它测量，以免卡脚磨损过快。

2.1.5 千分尺

1）千分尺又称百分尺、分厘卡，是比游标卡尺更为精确的测量工具，其测量准确度为 0.01mm。常用规格有 0～25mm、25～50mm、50～75mm 等几种。

如图 2-8 所示是测量范围为 0～25mm 的千分尺，其螺杆是和活动套筒连在一起的，当转动活动套筒时，螺杆和活动套筒一起向左或向右移动。

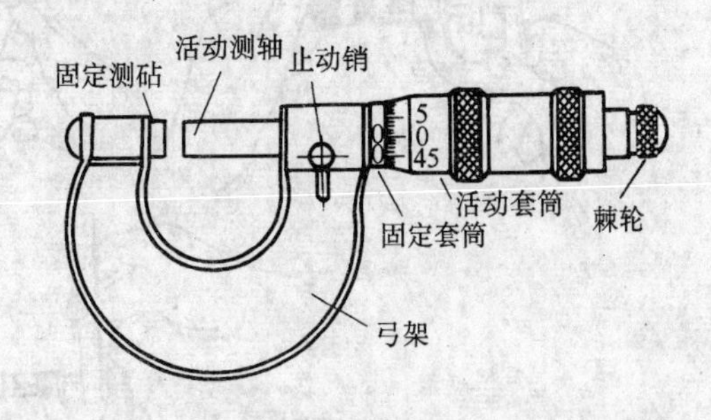

图 2-8 千分尺

2）千分尺的刻度原理：千分尺是利用螺旋副尺将角度的位移变为直线的位移如图 2-9所示。

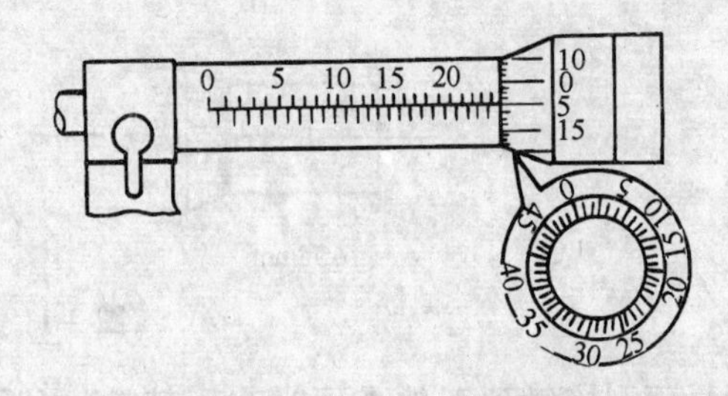

图 2-9 千分尺刻度原理

固定套筒上 25mm 长有 50 个小格，即一格等于 0.5mm，正好等于螺杆测轴的螺距。螺杆测轴每转一周所移动的距离正好等于固定套筒上的一格，顺时针转一周，就使测距缩短 0.5mm；逆时针转一周，就使测距延长 0.5mm。如果转 1/2 周，就移动 0.25mm。将活动套筒沿圆周等分成 50 个小格，转1/50 周（一小格），则移动距离为 0.5mm×1/50 = 0.01mm；活动套筒转动 10 小格，就移动 0.1mm。因此，我们可以从固定套筒上读出整数，从活动套筒上读出小数。

3）用千分尺测量工件和读数的方法：

A．测量前将千分尺表面擦拭干净后检查零位的准确性。

B．将工件表面擦拭干净，保证测量准确。

C．用单手或双手握持千分尺对工件进行测量。一般先转动活动套筒，当千分尺的

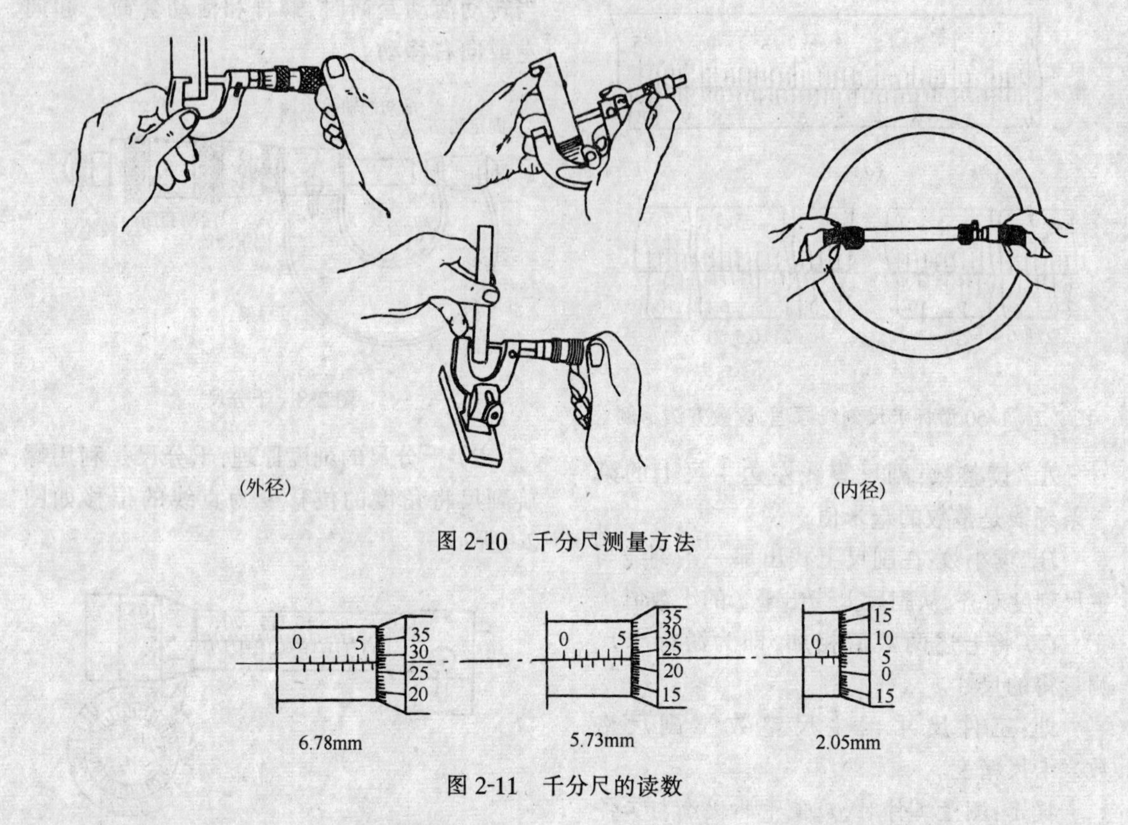

图 2-10　千分尺测量方法

图 2-11　千分尺的读数

测量面刚接触到工件表面时改用棘轮，当听到测力控制装置发出嗒嗒声时，停止转动，即可读数。要注意不可扭动活动套筒进行测量，只能旋转棘轮。若因条件限制不便查看尺寸，可旋紧止动销，然后取下千分尺来读数。使用千分尺测量工件的方法如图 2-10 所示。

D. 测量完毕读数时，要先看清内套筒（固定套筒）上露出的刻线，读出毫米数或半毫米数，然后再看清外套筒（活动套筒）的刻线和内套筒的指向刻线所对齐的数值（每格为 0.01mm），将两个读数相加，其结果就是测量值，即固定套筒整数值 + 活动套筒格数×0.01＝工件尺寸。读数示例如图 2-11 所示。

提示：读数时要注意，提防读错 0.5mm。

使用时要注意不能用千分尺测量粗糙的表面；使用完后应揩擦干净测量面并加油防锈，放入盒中妥善保管。

2.1.6　塞尺

1）塞尺又称测微片或厚薄规，是由一些不同厚度的钢片组成的测量工具。在每一片钢片上都刻有厚度的尺寸数字，在一端像扇股那样钉在一起。其结构如图 2-12 所示。

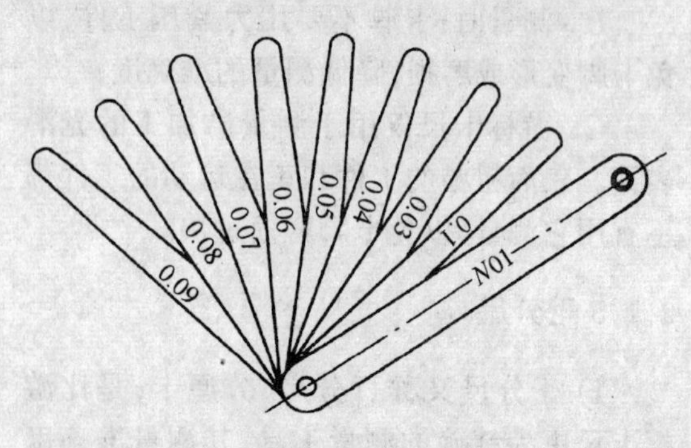

图 2-12　塞尺

塞尺主要是用来测定两个工件的隙缝以及平板、直角尺和工作物间的隙缝使用的。

塞尺的长度有 50、100 和 200mm 等三种。厚度是0.03～0.1mm时，中间每片间隔为0.01mm；如果厚度是0.1～1mm时，中间每片间隔为0.05mm。

2）塞尺使用方法：

A.使用塞尺前，必须清除塞尺和工件的污垢。

B.使用时，用适当厚度的塞尺插进测定工件的隙缝里作测定。若没有适当厚度的，可组成数片重叠插入间隙，使钢片在隙缝既能活动，又使钢片两面稍有轻微和摩擦为宜。

使用时注意：塞尺不允许硬插，也不允许测量温度较高的零件。

2.1.7 水平仪

水平仪主要是用来检验零件表面的平直度、机械相互位置的平行度和设备安装的相对水平位置等。

常用的水平仪有普通水平仪（条形水平仪）和框式水平仪两种类型，如图2-13所示。

1）普通水平仪的主水准器（即气泡）是测量纵向水平度，小水准器是确定本身横向水平位置的；底面为工作面，中间制成V形槽，以便安装在圆柱面上测量水平，如图2-13（*a*）。

使用方法：

当水平仪放在标准的水平位置时，水准器的气泡正好在中间位置；当被测平面稍有倾斜，水准器的气泡就向高处移动，在水准器的刻度上可读出两端高低相差值。例如：刻度值为0.02mm/m，即表示气泡每移动一格，被测长为1m的两端上，高低相差就是0.02mm。

2）框式水平仪的每个侧面均可以为工作面。各个侧面保持精确的直角关系，并有纵向、横向两个水准器，如图2-13（*b*）。

框式水平仪除能完成普通水平仪工作外，还能检验机件的垂直度。工作中最常用的规格是200mm×200mm。它的刻度值有0.02mm/m和0.05mm/m两种。使用方法与普通水平仪相同。

水平仪的精度是以气泡偏移一格，表面所倾斜的角度 α 或表面在1m内的倾斜高度差表示。

常见的水平仪精度见表2-1。

水平仪的精度表　　表2-1

精度等级	Ⅰ	Ⅱ	Ⅲ	Ⅳ
气泡移动一格时的倾斜角度 α	4″～10″	12″～20″	24″～40″	50″～1″
1m内倾斜高度差（mm）	0.02～0.05	0.06～0.10	0.12～0.20	0.25～0.30

计算被测件远外两点高度差用下式：

$$H = AL\alpha$$

式中　H——水平仪气泡偏移 A 格时，两支点间在垂直面内的高度差，mm；

A——气泡偏移格数；

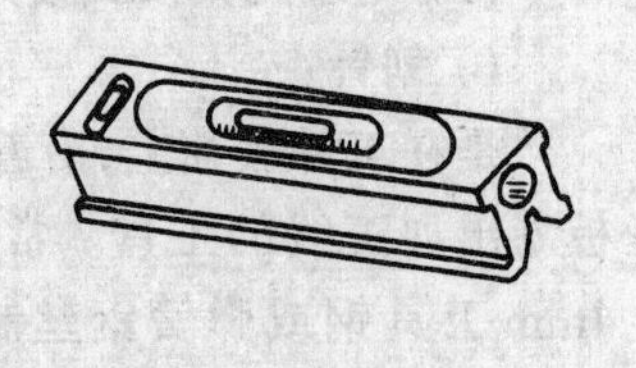

(*a*)

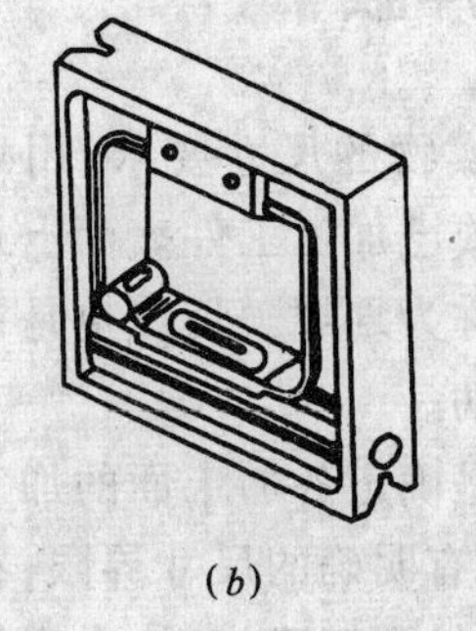

(*b*)

图2-13　水平仪

（*a*）普通水平仪；（*b*）框式水平仪

L——被测件的长度,mm;

α——水平仪的精度(0.02/1000mm)。

3) 使用水平仪的注意事项:

A. 测量前应检查水平仪的零位是否正确;

B. 被测面必须清洁;

C. 读数时,气泡必须完全稳定方可读数;

D. 读取水平仪示值,应在垂直于水准器的位置上进行。

2.1.8 量具的保养

以上几种常用量具,大多属较精密、较贵重的测量仪器。因此,我们在使用当中,必须精心保养,妥善保管。量具保养得好坏,直接影响到它的使用寿命和工件的测量精度。必须做到:

1) 量具在使用前、后必须用清洁棉纱或绒布擦干净;

2) 测量时不能用力过猛、过大,也不能量温度过高的工件;

3) 不能用精密量具去测量粗糙毛坯、生锈工件和运转着的工件;

4) 不能把量具乱扔、乱放,更不能当其他敲打工具使用;

5) 量具的清洗和注油都必须保持油质清洁,不能用脏油去洗量具或注脏油;

6) 量具用完后,擦洗干净,涂油后放入专用盒内,严防受潮,生锈,并定期对量具的精度进行检验、标定。

小　结

量具是电气技术工人以及其他技术工人在工作中不可缺少的工具。

熟悉量具的结构、性能及正确熟练掌握常用量具的使用方法,是电气技术工人最基本的要求。

对量具使用和保管不当,会降低量具的精度,直接影响量具的使用寿命和产品质量,因此,必须注意对量具的保养,并妥善保管。

习　题

1. 常用量具有哪些主要类型?使用时应注意什么事项?
2. 试述千分尺的刻线原理。
3. 怎样正确使用、保养量具?

2.2 划线与冲眼

根据图纸或实物的尺寸要求,用划线工具准确地在毛坯或已加工工件表面上划出加工界限线的操作称为划线。划线也是钳工应掌握的一门基本功。

划线的作用是确定各加工面的加工位置和余量,使加工时有明确的尺寸界限;在板料上划线下料,可以做到正确排料,合理使用材料。

2.2.1 基本知识

(1) 划线工具及其使用方法

1) 划针:

是在工件表面上,沿着钢直尺、角尺或样板划出加工线的工具。常用的划针是用3～4mm工具钢或弹簧钢丝制成的。一般长度为200～300mm,尖端磨成15°～20°的尖角,并经淬火硬化处理如图2-14所示。

使用划针划线的正确方法如图2-15所示。

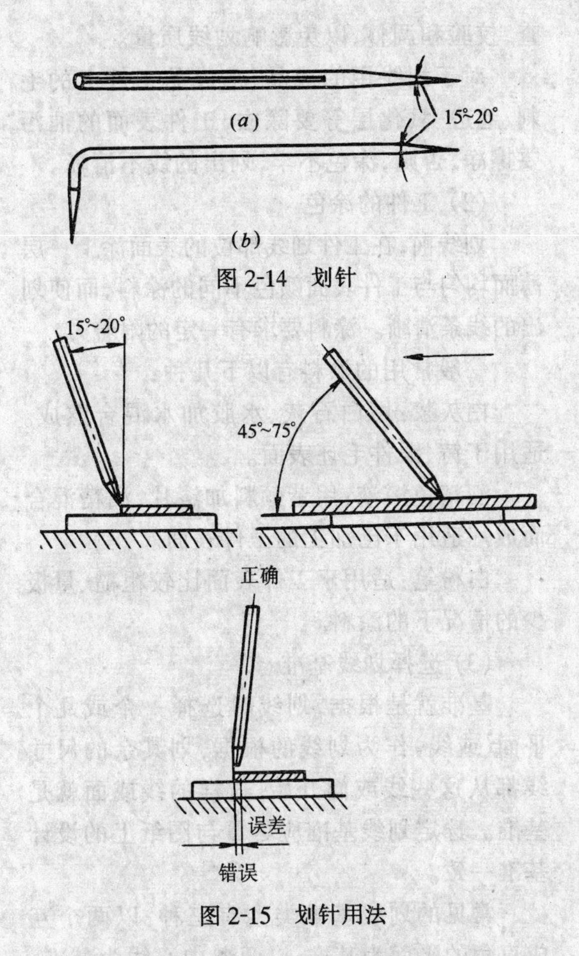

图 2-14　划针

图 2-15　划针用法

操作要领：

划线时，划针尖要紧贴导向工具，上端向外倾斜约 15°～20°，向划线方向倾斜约45°～75°。注意要尽量做到一次划成，避免重复划线所造成的线条过粗和模糊不清等现象。

2）划线盘：

是用来在工件上划线和校正工件位置常用的工具。划线盘分普通划线盘和精密划线盘两种。如图 2-16 所示。

用划线盘划线时，划线盘应处于水平位置，且针头伸出不宜过长，并要牢固地夹紧，移动时应使它的底座紧贴平台，划针沿划线方向与工件表面保持 40°～60°的夹角。

注意：划线盘不用时，划针尖要朝下放，或在划针尖上套一段塑料管，不使针尖露出。

3）划线平台：

划线平台是一块铸铁平板。它的上平面经过精刨和刮削，光洁度较高，作为划线时放置工件的基准，如图 2-17 所示。

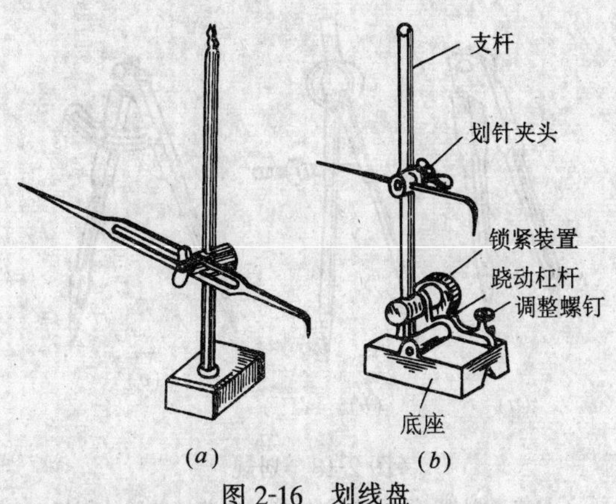

图 2-16　划线盘

(a)普通划线盘；(b)精密划线盘

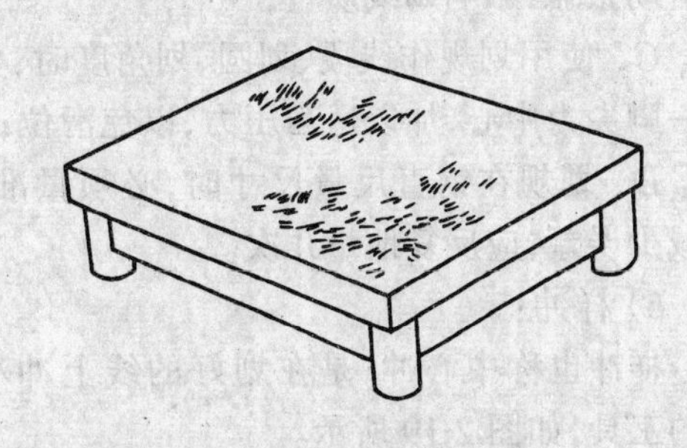

图 2-17　划线平台

划线平台要放置平稳，并处于水平位置。上面除放置工件外，还可放置划线时用的工具。

划线过程中应注意保持平台清洁，防止铁屑、灰砂等划伤台面，不得用硬质工件或工具敲击工作面，以免影响其平度及划线质量。

4）划规：

划规也称圆规，是用来划圆或圆弧，等分线段、等分角度、测量两点间距离以及量取尺寸等。常见的划规如图 2-18 所示。

划规一般用工具钢制成，两脚尖经过淬火硬化，并保持锐利。为使脚尖耐磨，也可在两脚尖部焊上硬质合金。

使用划规划线时，为保证划线准确，须遵守如下要求：

A. 划规两脚的长度要一致，脚尖要靠

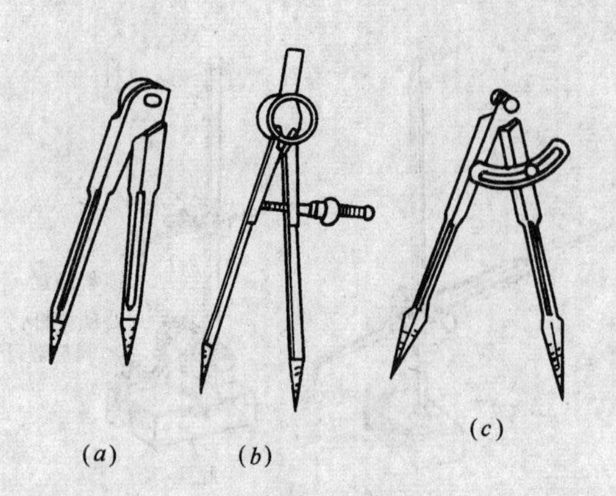

图 2-18　划规

(a)普通划规;(b)弹簧划规;(c)有装锁装置的划规

紧,以利划小圆;

B. 两脚开合松度要适当,以免划线时发生自动张缩,影响划线质量;

C. 使用划规作线段、划圆、划角度时,要以一脚尖为中心,加以适当压力,以免滑位;

D. 划规在钢直尺量尺寸时,必须量准,以减少误差,应反复地量几次。

5) 样冲:

样冲也称中心冲,是在划好的线上冲小眼的工具,如图 2-19 所示。

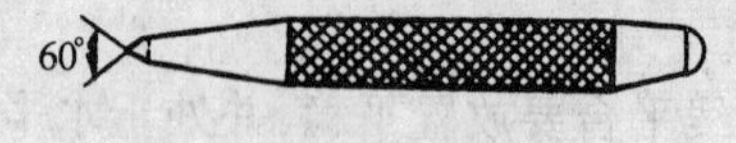

图 2-19　样冲

样冲的作用:

在加工过程中,工件上已划好的线有些可能被擦掉。为了便于看清所划的线,划线后要用样冲在线条上打出小而均匀的冲眼作标记。用划规划圆和定钻孔中心时,也要打冲眼,便于钻孔时对准钻头。

样冲由工具钢制成,尖端要磨成 45°～60°,并要淬火致硬。

2.2.2　划线方法练习

(1) 工具、工件的准备

划线前要根据工件划线的图形及技术要求合理选择所需工具,并对每件工具进行检查,校验和调整,以免影响划线质量。

对于划线用的成品、半成品工件上的毛刺、毛边、氧化层等要除去,工件表面的油污要擦净,否则,涂色不牢,划出的线不清晰。

(2) 工件的涂色

划线前,在工件划线部位的表面涂上一层薄而均匀与工件表面颜色不同的涂料,而使划出的线条清晰。涂料要求有一定的附着力。

一般常用的涂料有以下几种:

白灰浆:用白石灰、水胶加水混合熬成。适用于铸、锻件毛坯表面。

酒精色溶液:用紫颜料加漆片,酒精混合而成。适用于已加工的工件表面。

白粉笔:适用于工件表面比较粗糙、量极少的情况下的涂料。

(3) 选择划线基准

基准就是根据,划线时选择一个或几个平面(或线)作为划线的根据,划其余的尺寸线都从这些线或面开始,这样的线或面就是基准。选定划线基准应尽量与图纸上的设计基准一致。

常见的划线基准类型有三种:以两个互成直角的平面为基准;以两条中心线为基准;以一个平面和一条中心线为基准。一般平面划线选两个基准。

(4) 平行线的划法练习

1) 用靠边角尺划平行线如图 2-20 所示。

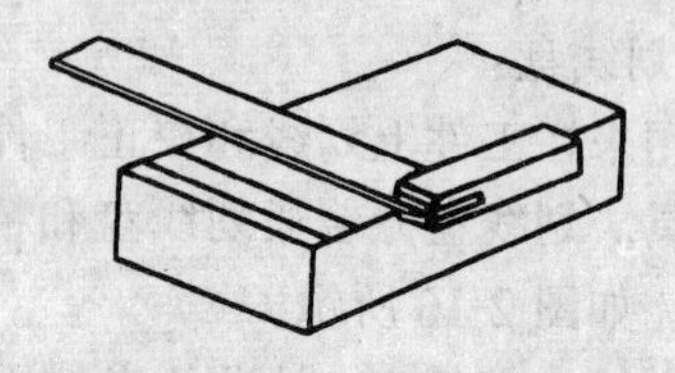

图 2-20　用靠边角尺划平行线

方法:将角尺紧靠工件的基准面,并沿基准边移动,用钢尺度量尺寸后,沿角尺边划出。

2) 用作图法划平行线如图 2-21 所示。

方法:按已知平行线间的距离为半径,用

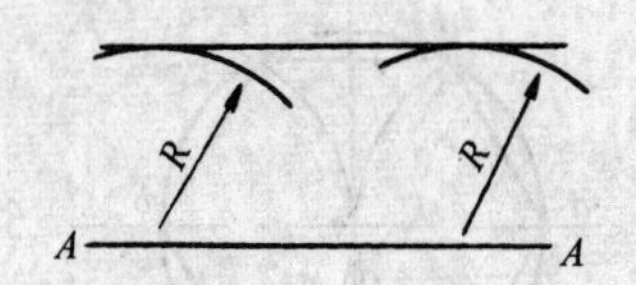

图 2-21 用作图法划平行线

圆规划两圆弧，用两圆弧的切线即得。

3) 从已知点 P 作直线和已知直线 AB 平行，如图 2-22 所示。

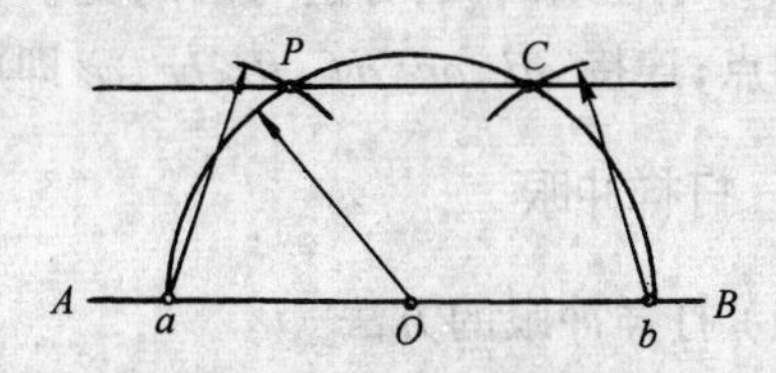

图 2-22 划平行线方法

方法：在直线 AB 上取任一点 O，以 O 为圆心，OP 为半径划弧，与 AB 交于 a 及 b；以 b 为圆心，aP 为半径划弧，此弧与 $\widehat{ab}$ 的交点为 C，连接 PC，即为所求平行线。

(5) 垂直线的划法练习

1) 在要求划与某一平面垂直的加工线时，通常用靠边角尺紧靠工件的一边划出，如图 2-23 所示。

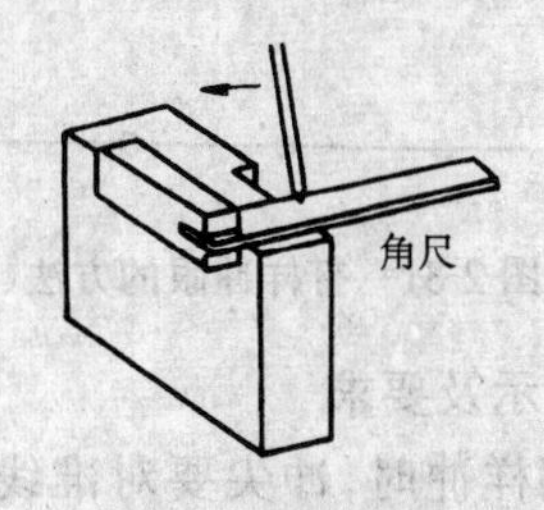

图 2-23 垂直线

2) 通过 P 点向直线 AB 作一垂直线。如图 2-24 所示。

方法：以已知点 P 为圆心，适当长 R 为半径划弧，弧和已知直线 AB 交出 a、b 两点；以 a、b 为圆心，适当长 r 为半径划弧，两弧相交于 C，连接 P、C，与 AB 线交于 O 点，PO 即为所作垂直线。

(6) 划角度线练习

用量角器划角度线。如图 2-25 所示。

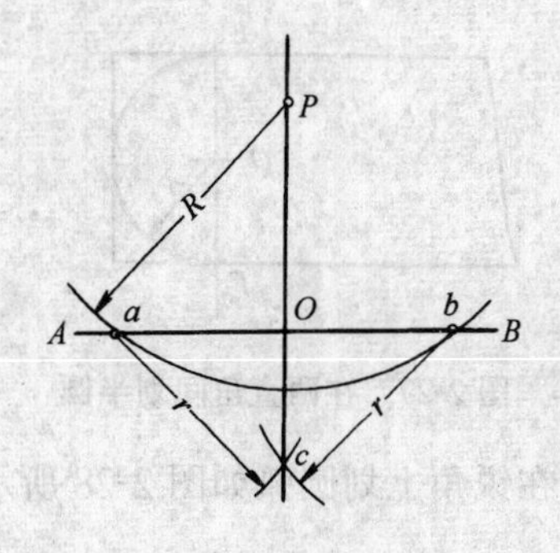

图 2-24 划垂直线方法

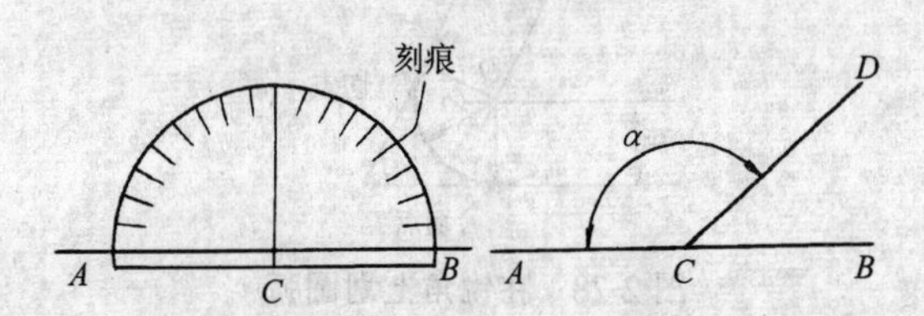

图 2-25 用量角器划角度线

方法：在直线 AB 上的 C 点作一条直线 CD 与 AB 成 α 角。划线时可将透明量角器的圆心对准 C 点，按量角器上的刻度在工件上划出刻痕，再把刻痕与 C 点连接起来即可。

(7) 圆弧的划法练习

1) 在直角上划圆弧如图 2-26 所示。

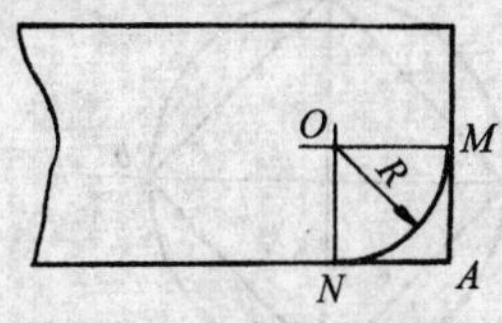

图 2-26 在直角上划圆弧

方法：以规定的圆弧半径 R 为距离，从 A 点分别在直角边量取 M 及 N 两点；从 M、N 两点所作垂线相交于 O 点，以 O 点为圆心，以 R 为半径作弧相切于 M、N 即成。

2) 在两直角间划半圆如图 2-27 所示。

方法：以 $\frac{1}{2}AB$ 为距离，分别从 A 和 B 两点量 E 及 F 点并使 $AF=BE=\frac{1}{2}AB$，以 EF 的中心 O 为圆心，以 $\frac{1}{2}EF$ 为半径，作半圆相切于三边即成。

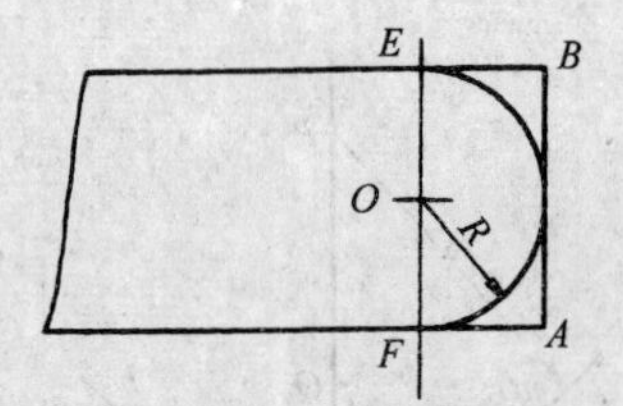

图 2-27　在两直角间划半圆

3）在锐角上划圆弧如图 2-28 所示。

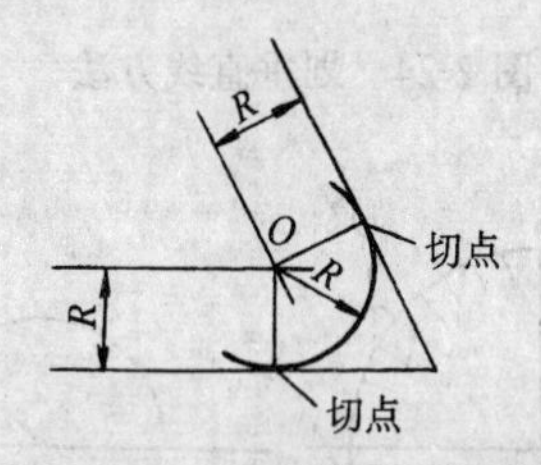

图 2-28　在锐角上划圆弧

方法：以规定的圆弧半径 R 为距离，分别作出与两边平行的两条平行线，其交点 O 就是相切圆的圆心，以 R 为半径作弧相切于两边即成。

(8) 正多边形划法练习

1）在已知圆内划正方形如图 2-29 所示。

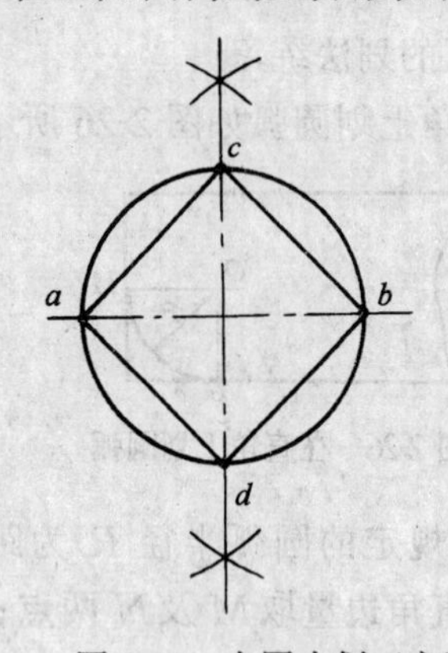

图 2-29　在圆内划正方形

方法：在圆内划互相垂直的中心线，与圆周相交在 a、b、c、d 四点，连接 ac、cb、bd、da 即成。

2）在已知圆内划正六边形如图 2-30 所示。

方法：在圆内划与要求边平行的中心线，交圆周 a、b 两点；以 a、b 两点为圆心，以圆

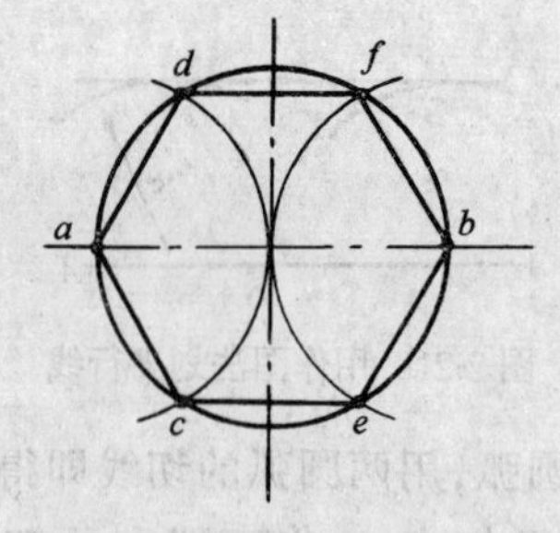

图 2-30　在圆内划正六边形

的半径为半径划圆弧，分别与圆周交于 c、d、e、f 四点；连接 ad、ac、df、fb、be、ce 即成。

2.2.3　打样冲眼

(1) 打样冲眼的方法

置放样冲时要看准位置，先将样冲外倾使尖端对正线的正中，然后再将样冲直立冲眼，同时手要搁实，如图 2-31 所示。

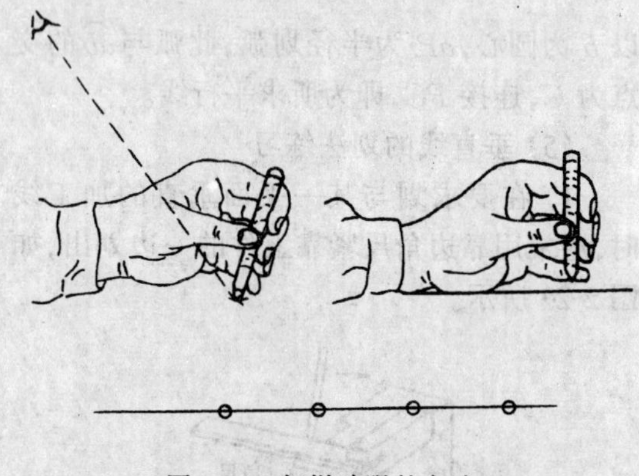

图 2-31　打样冲眼的方法

(2) 提示及要求

在使用样冲时，冲尖要对准线的中心上或眼的中心上，锤击力要适当、均匀。样冲眼应在线和孔的中心上，不要偏斜。

样冲眼之间的距离及冲眼大小，须根据工件大小、线的长短、孔的大小来决定，以加工时能看清加工线为准。一般在加工线上的样冲眼不宜过大或过深。

样冲眼密度按直线上稀、曲线上密、交点上一定要有的原则来掌握。

粗糙毛坯和孔的中心冲眼应大些，深些

为好。这样，有利于钻孔时对正中心。在薄板或薄工件上打样冲眼用力不可过大，以防止工件变形。较软材料和精加工表面禁止打冲眼。

冲眼打歪时，须要校正，可先将样冲斜着向划线处交点方向轻轻敲打，再将样冲竖直打一下即可。

(3) 位置要求精确的孔划线，打样冲眼的方法

圆孔线划好后，在圆与十字中心线的交点上应打四个样冲眼。为便于检查钻孔后的位置是否正确，再划一个比所钻孔直径大的检查圆，如图 2-32(*a*)所示。检查圆上不打样冲眼，以免与加工界限圆混淆。

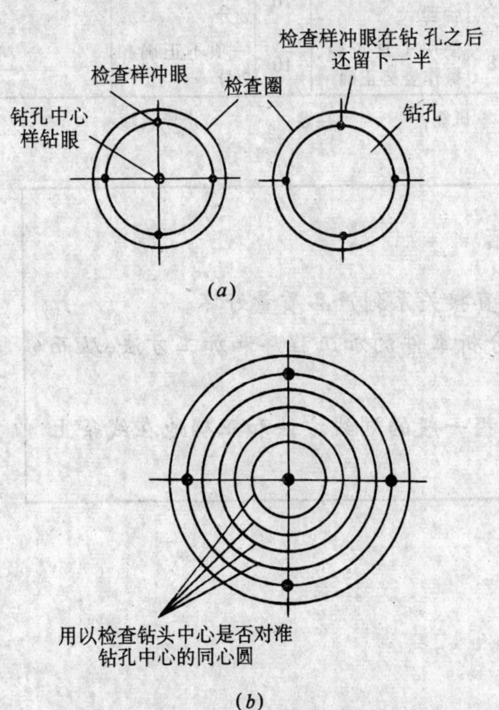

图 2-32　孔的划线、打样冲眼方法
(*a*)一般孔的划线、打样冲眼；
(*b*)大孔多划几个同心圆

钻大孔时，可以在孔的加工界限里面多划几个同心圆，以便开始钻孔时，检查钻头中心是否对准孔中心，如图 2-32(*b*)所示。

2.2.4　划线与冲眼实习训练

(1) 准备

平面划线实习图如图 2-33 所示，200mm×300mm 薄铁板、划线、冲眼工具，室内教学场地。

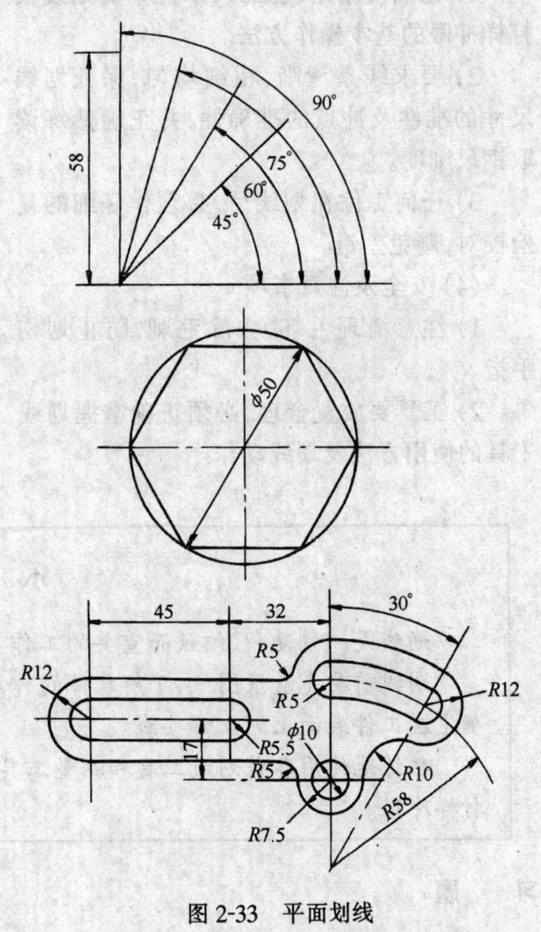

图 2-33　平面划线

(2) 步骤

1) 检查划线工具和实习工具，并正确摆放工具和工件。

2) 合理选用涂料，并对实习件进行清理和划线表面涂色。

3) 看懂图样，熟悉各图形划法，并按各图应采取的划线基准及最大轮廓尺寸安排各图基准线在实习件上的合理位置。

4) 按各图编号顺序及所注尺寸依次完成划线(图中不注尺寸的作图线可以保留)。

5) 对图形、尺寸复检校对，确认无误后，按要求敲上检验样冲眼。

提示：为熟悉各图形的作图方法，实习操作前可作一次纸上练习。

(3) 要求

1) 正确使用划线工具，掌握平面划线及打样冲眼的基本操作方法。

2) 要求线条清晰，粗细均匀，保证划线尺寸的准性及冲点的准确性，并正确熟练读取钢尺刻度。

3) 任何工件在划线后，必须作仔细的复检校对，避免差错。

(4) 安全及注意事项

1) 注意清理毛坯，去除毛刺，防止划伤手指。

2) 工具要放置合理，必须正确掌握划线工具的使用方法及划线动作。

(5) 考核评分(表 2-2)

划线冲眼基本练习考核评分表　表 2-2

项次	项目与技术要求	配分	评定方法	得分
1	涂色薄而均匀	4	总体评定	
2	图形及其排列位置正确	12	差错一图扣 3 分	
3	线条清晰无重线	10	线条不清或重线每处扣 1 分	
4	尺寸及线条位置公差±0.3mm	26	每处超差扣 2 分	
5	各圆弧连接圆滑	12	一处连接不好扣 2 分	
6	冲点位置分差 0.3mm	16	冲偏一只扣 2 分	
7	检验样冲眼分布合理	10	不合理每处扣 2 分	
8	使用工具正确、操作姿势正确	10	一项不正确扣 2 分	

班级：　　姓名：　　指导教师：

小　结

划线是一种复杂、细致而重要的工作。它直接关系到产品质量好坏。

划线前要先看清图纸，了解零件的作用，分析零件的加工程序和加工方法，从而确定在工件表面上划出哪些线。

熟练地使用各种划线工具和测量工具，掌握一般的划线方法和正确地在线条上打样冲眼。

习　题

1. 划线的作用有哪些？
2. 划线基准一般有哪三种类型？
3. 如何正确使用划线、冲眼工具？
4. 划线、冲眼安全注意事项有哪些？

2.3 凿　削

用手锤打击凿子对金属进行切削加工，这项操作叫做凿削，也称为錾削。

凿削工作主要用于不便于机械加工场合，如去除毛坯上凸缘、毛刺，分割材料，凿削平面及沟槽等。

2.3.1 凿削工具

凿削用的主要工具是台虎钳、手锤和凿子。

(1) 台虎钳

台虎钳又称台钳，如图 2-34 所示，是用来夹持工件的夹具，有固定式和回转式两种。

台虎钳的规格以钳口的宽度表示，有100mm、125mm、150mm等。台虎钳在安装时，必须使固定钳身的工作面处于钳台边缘以外，钳台的高度约800～900mm之间。

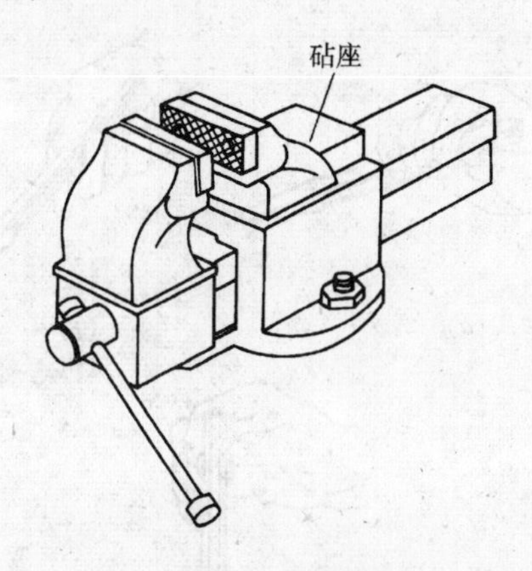

图2-34　台虎钳

使用时，不可夹持与台虎钳规格不相称的过大工件；不可用钢管接长摇柄，或用手锤敲击摇柄施加过大的夹紧力；活动面要经常加油保持润滑。夹持精度较高的工件，应在钳口两边垫放软金属皮予以保护。

(2) 手锤

手锤是钳工常用的敲击工具，由锤头和锤柄两部分组成，如图2-35所示。

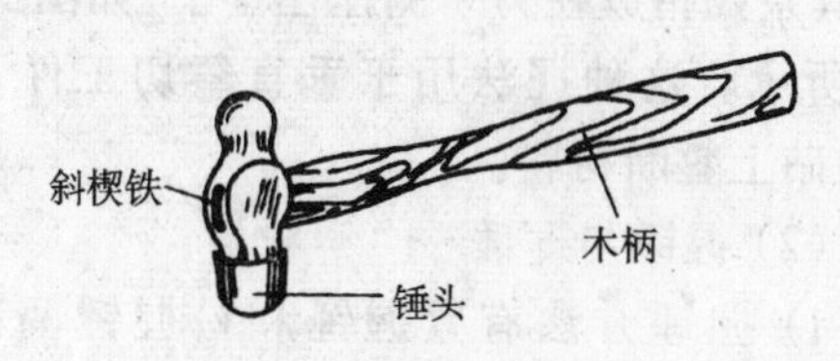

图2-35　钳工手锤

手锤的规格是根据锤头的重量来确定的。常用的规格有0.25kg、0.5kg、1kg等(在英制中有0.5、1、1.5、2磅等几种)。锤柄的材料选用坚硬的木材，如胡桃木、檀木等。其长度根据不同规格的锤头选用，一般在300～350mm之间。锤头上装锤柄的孔都做成椭圆形，而且孔的两端比中间大，成凹鼓形，这样，便于锤柄装紧。为防止锤头松脱，还在顶端打入有倒刺斜楔1～2个。

(3) 凿子

凿子又称錾子，是凿削工作中的主要工具。它是用碳素工具钢锻打成形后进行刃磨，并经淬硬和回火处理，凿子的形状是根据凿削工作的需要而设计制成的。常用的主要有扁凿、狭凿和油凿等，如图2-36所示。

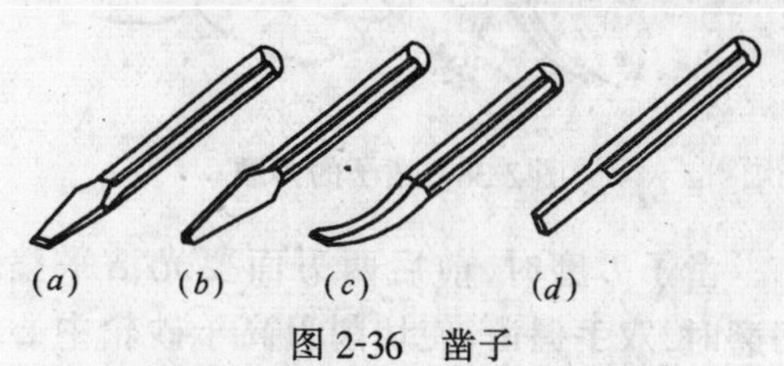

图2-36　凿子

(*a*)阔錾；(*b*)狭錾；(*c*)油槽錾；(*d*)扁冲錾

凿子也是一种最简单的刀具，它之所以能切下金属，一是它的材料要比金属硬；二是它的切削部分要成楔形。因此，在凿削时，凿子的刃口要根据加工材料性质不同，选用合适的几何角度。其中主要的是楔角和后角如图2-37所示。

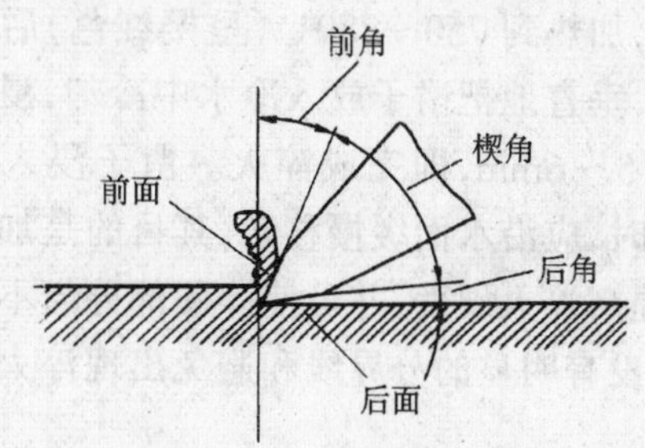

图2-37　凿削示意图

楔角是凿子切削刃前面和后面间的夹角，楔角应为凿子的几何中心线等分。楔角愈小，凿子的刃口愈锋利，但强度差；楔角大，凿子强度较好，凿削时阻力较大。凿削硬钢和铸铁时楔角取60°～70°，凿削一般钢材取50°～60°，凿削铜、铝等材料时一般取30°～50°。

后角是凿子切削刃后面与切削面之间的夹角，后角取决于握凿位置，一般取5°～8°，后角大，切入深，过大会造成凿削困难；过小则容易打滑。

凿子应按加工要求磨出合适的楔角，如图2-38所示。

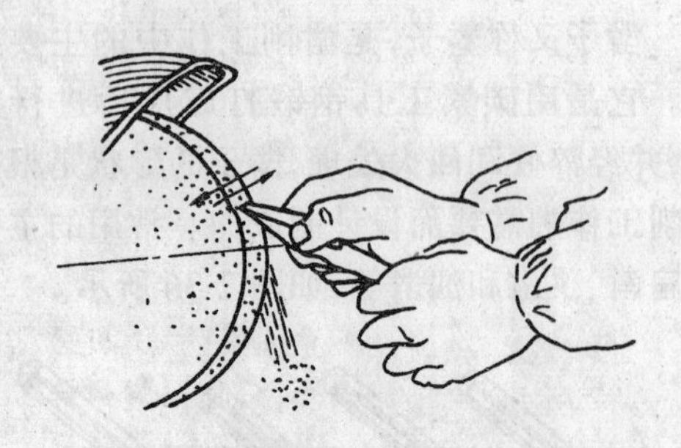

图 2-38　凿子的刃磨

凿子刃磨时,前后两刃面要光洁平整。刃磨时,双手握凿,使切削刃高于砂轮中心。使切削刃在砂轮全宽上平稳均匀地左右移动,加压不要过大,两面要交替磨,以保证磨出正确的楔角。刃磨时还要经常蘸水冷却,以防退火。刃磨后的凿子要进行淬火和回火处理,使凿子的切削部分获得所需的硬度和一定的韧性。

1) 淬火:把凿子切削部分约长 20mm 的一端,加热到 750～780℃(呈樱红色)后迅速取出,垂直地把凿子放入冷水中冷却,浸入深度约 5～6mm,即完成淬火。凿子浸入水中冷却时,应沿水面缓慢移动,其目的是加速冷却,提高淬火硬度,并可使淬硬部分与不淬硬部分没有明显的分界线和避免出现淬火的软点。

2) 回火:回火是利用凿子本身的余热进行的。当淬火的凿子露出水面的部分呈黑色时,即从水中取出,擦去氧化皮,观察凿子刃部的颜色变化,对一般宽凿,其刃口部分呈紫红色与暗蓝色之间(紫色)时,对一般狭凿,其刃口部分呈黄褐色与红色之间(褐红色)时,将凿子再次放入水中冷却,即完成了凿子的回火。

2.3.2　凿削方法

(1) 凿子握法

凿削操作中,常用握凿的方法有三种。

1) 正握法:手心向下,用虎口夹住錾身,拇指与食指自然伸开,其余三指自然弯曲靠握住錾身,如图 2-39(a)所示。露出虎口上面的錾子顶部不宜过长,一般在 10～15mm。露出越长,錾子抖动越大,锤击准确度也就越差。这种握錾方法适于在平面上进行錾削。

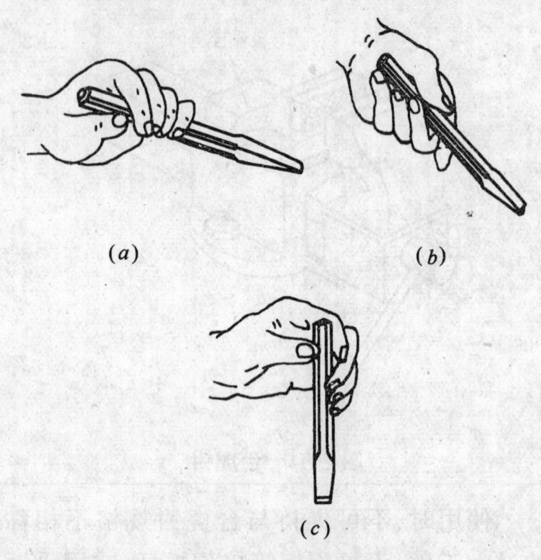

图 2-39　凿子握法

(a)正握法;(b)反握法;(c)立握法

2) 反握法:手心向上,手指自然捏住錾身,手心悬空,如图 2-39(b)所示。这种握法适用于小量的平面或侧面錾削。

3) 立握法:虎口向上,拇指放在錾子一侧,其余四指放在另一侧捏住錾子,如图2-39(c)所示。这种握法用于垂直錾切工件,如在铁砧上錾断材料。

(2) 握锤与挥锤

1) 握锤方法有紧握锤和松握锤两种。如图 2-40 所示。握住离锤柄尾处 15～30mm 处。紧握锤是从挥锤到击锤的全过程中,五指始终紧握锤柄。

松握锤是在锤击开始时,全部手指紧握锤柄,随着向上举手的过程,逐渐依次地将小指、无名指、食指放松,而在锤击的瞬间迅速地将放松了的手指全部握紧并加快手臂运动,这样,可以加强锤击的力量,而且操作时不易疲劳。

2) 挥锤方法有腕挥、肘挥和臂挥三种。

腕挥:一般用于凿削的开始和结尾以及

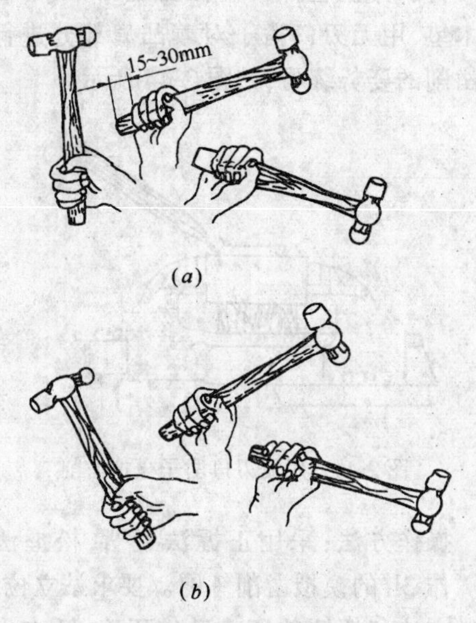

图 2-40 握锤方法

(a)手锤紧握法；(b)手锤松握法

凿削余量较少需轻微锤击的凿削工作。腕部的动作挥锤敲击如图 2-41(a)所示。

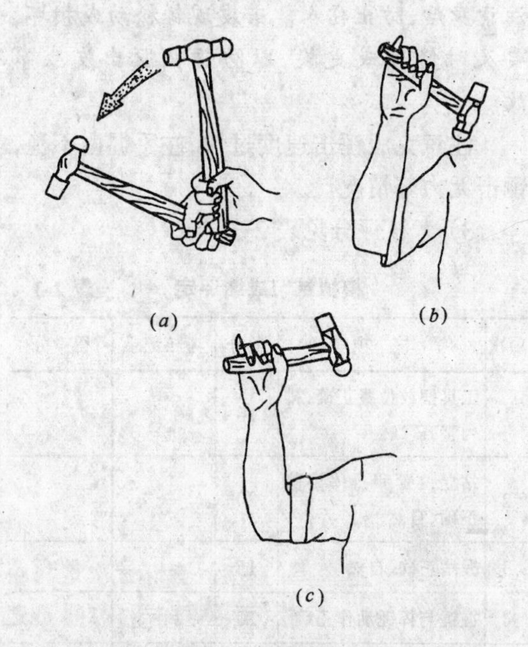

图 2-41 挥锤方法

(a)腕挥；(b)肘挥；(c)臂挥

肘挥：如图 2-41(b)所示。靠手腕和肘的活动，也就是小臂挥动。肘挥的锤击力较大，应用广泛。

臂挥：是腕、肘和臂的联合动作。挥锤时，手腕和肘向后上方伸，并将臂伸开，如图 2-41(c)所示。臂挥的锤击力大，适用于大锤击力的錾削工作。

(3) 站立位置和站立姿势

凿削的时的站立位置很重要。如站立位置不适当，操作时既蹩扭，又容易疲劳。正确的站立位置如图 2-42 所示。

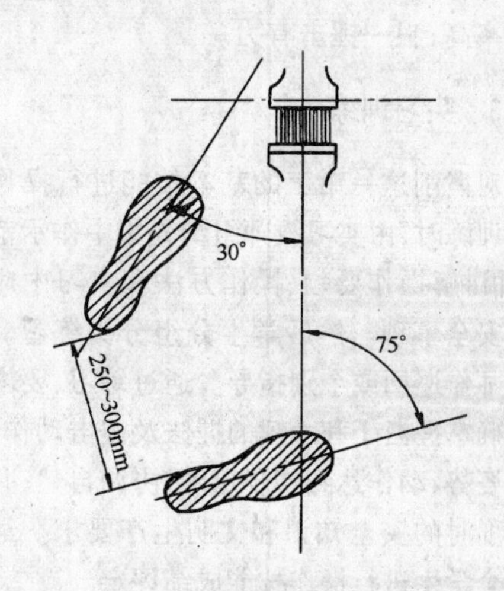

图 2-42 凿削时的站立位置

身体与台虎钳中心线大致成 45°角，且略向前倾，左脚跨前半步，膝盖处稍有弯曲，保持自然，右脚站稳伸直，不要过于用力。

站立时胸部要自然挺立，不可前俯后仰，腰部要自然放松，头不可前后左右倾斜，锤击时眼睛要看在凿子刃口和工件接触处，观察凿削情况，这样才能顺利地操作和保证凿削质量，并且手锤不易打在手上。

(4) 锤击速度

凿削时的锤击要稳、准、狠，其动作要一下一下有节奏地进行，一般肘挥、臂挥速度每分钟大约 40 次左右，腕挥时约 50 次左右。

手锤敲下去应具有加速度，以增加锤击的力量。手锤从它的质量(m)和手或手臂提供给它的速度(v)获得动能，其计算公式是 $W=\frac{mv^2}{2}$，故当手锤的质量增加一倍，而速度增加一倍，则动能将是原来的四倍。

(5) 锤击要领

1) 挥锤：肘收臂提，举锤过肩；手腕后弓，三指微松；锤面朝天，稍停瞬间。

2) 锤击：目视凿刃，臂肘齐下；收缩三指，手腕加劲；锤凿一线，锤走弧形，左脚着力，右腿伸直。

3) 要求：稳—速度节奏 40 次/min；准—命中率高；狠—锤击有力。

2.3.3 实习训练

对凿削这一钳工的基本技能进行操作训练。训练时，由实习教师组织先集中作示范指导，并讲解操作要领、操作方法和实习中应注意的安全事项。然后学生分组分头练习。实习教师作巡回或个别指导。通过练习，要求达到正确掌握凿子和手锤的握法及锤击动作；凿削的姿势、动作达到初步正确、协调自然；并了解凿削时的安全知识和文明生产要求。最后对每个学生进行操作技能成绩评定。

(1) 模拟练习

1) 用"呆凿子"进行锤击练习：

将"呆凿子"夹紧在台虎钳中作锤击练习，如图 2-43 所示。

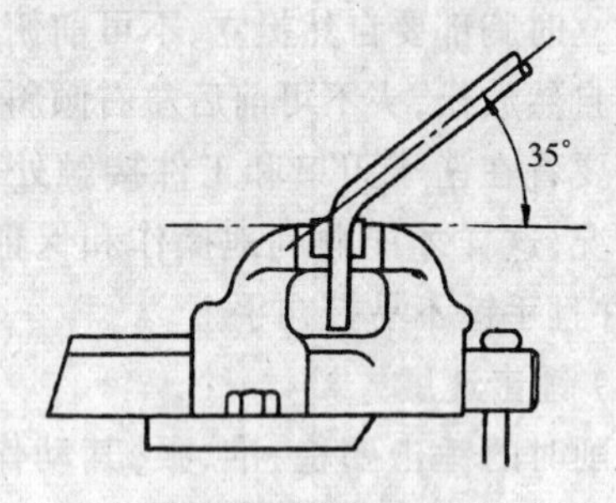

图 2-43 用呆凿子进行锤击练习

操作方法：左手按握凿要求握住呆凿子，采用松握法挥锤，作 3h 的挥锤和锤击练习。要求达到站立位置和挥锤的姿势动作基本正确，并有较高的锤击命中率。

2) 用无刃口凿子模拟凿削练习：

将长方铁坯件夹紧在台虎钳中，下面垫好木垫，用无刃口凿子对着凸肩部分进行模拟凿削的姿势练习，如图 2-44 所示。

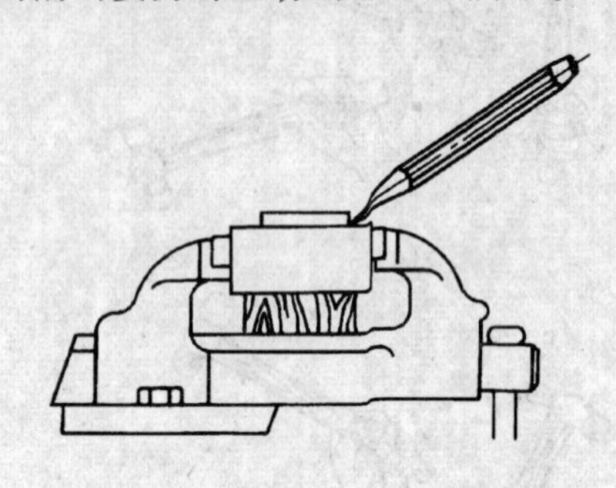

图 2-44 用无刃口凿子模拟凿削

操作方法：采用正握法握凿，松握法挥锤。作 3h 的模拟凿削练习。要求站立位置，握凿方法和挥锤的姿势动作正确，锤击力量逐步加强。

注意事项：操作中握锤的手不准戴手套；锤柄不可沾有油污，以防手锤滑脱；挥锤时要注意身后，防止伤人。若发现锤松动或损坏，要及时修理或更换，以防锤头脱出发生事故。

注意克服锤击速度过快，左手握凿不稳，锤击无力等情况。

3) 考核评分见表 2-3。

模拟练习成绩评定　　表 2-3

项次	考核项目	配分	考核记录	得分
1	工具摆放位置正确，排列整齐	10		
2	站立位置和身体姿势正确、自然	20		
3	握凿正确、自然	15		
4	握锤与挥锤动作正确	20		
5	挥锤、锤击稳健有力	10		
6	锤击落点准确	15		
7	安全文明操作	10		

班级：　　姓名：　　指导教师：

(2) 平面錾削练习

1) 准备:

实习工件图、手锤、扁錾、钳工实习工位。

2) 要求:

按实习工件图中尺寸,如图 2-45 所示划出加工线。粗、细錾两平面达到尺寸 24±1mm 的要求。

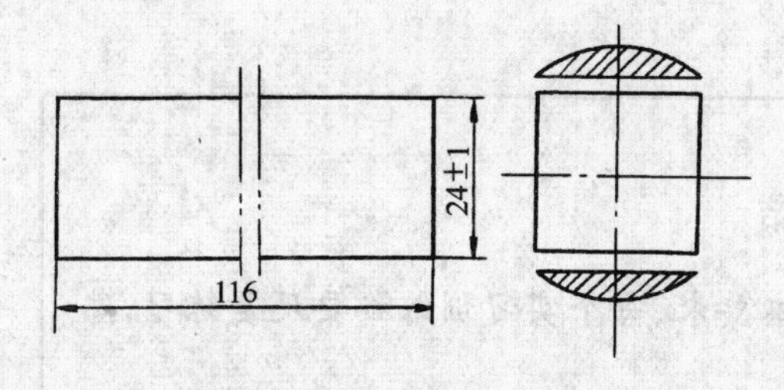

图 2-45 錾削工件

3) 操作方法:

将工件夹紧在台虎钳上,工件伸出钳口 10～15mm 左右,工件下面加木衬垫垫稳。

A. 起錾:左手按正握法要求握好錾子,右手采用松握法挥锤,按正确的站立位置站好。錾削平面时,采用斜起錾法,而且起錾时锤击力要小。起錾时,先在工件的边缘尖角处,将錾子放成 $-\theta$ 角,轻轻錾出一个斜面,如图 2-46(*a*)所示。然后按正常錾削角度(后角 = 5°～8°)逐步向中间錾削。粗錾时每次的錾削量应在 1.5mm 左右。錾削槽时,则采用正面起錾,起錾时錾子的全部刃口贴在工件錾削部的端面,錾出一个斜面如图 2-46(*b*)所示。然后按正常角度錾削。

提示:錾削过程中,每錾削两三次后,可将錾子退回一些,作一次短暂的停顿,观察錾削表面的平整情况,然后再继续錾削。

B. 錾尽方法:当錾到工件尽头约 10mm 左右时,必须把工件调头,从反向錾去剩余部分,如图 2-47 所示。否则要錾出缺口或使工件边缘崩裂,造成工件报废。

4) 安全注意事项:

錾削操作时,为避免产生废品和保证安全,除思想不能疏忽大意外,还应注意以下几点:

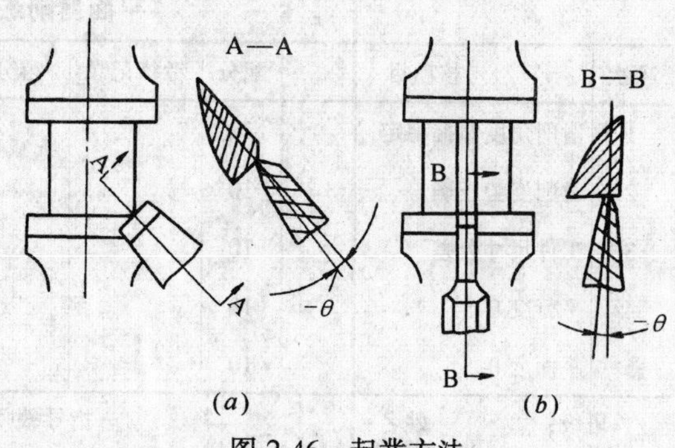

图 2-46 起錾方法

(*a*)斜角起錾;(*b*)正面起錾

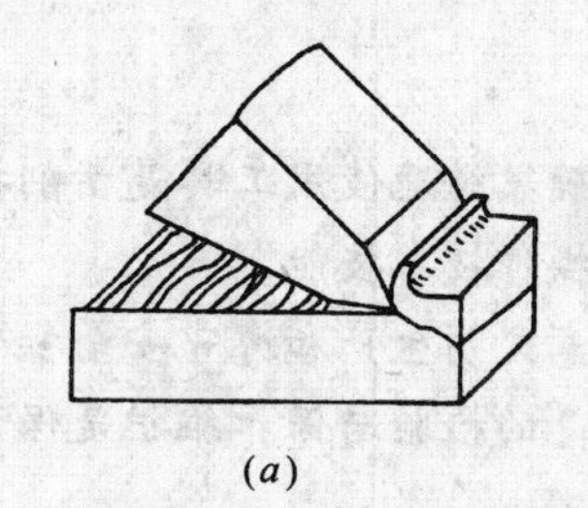

(*a*)

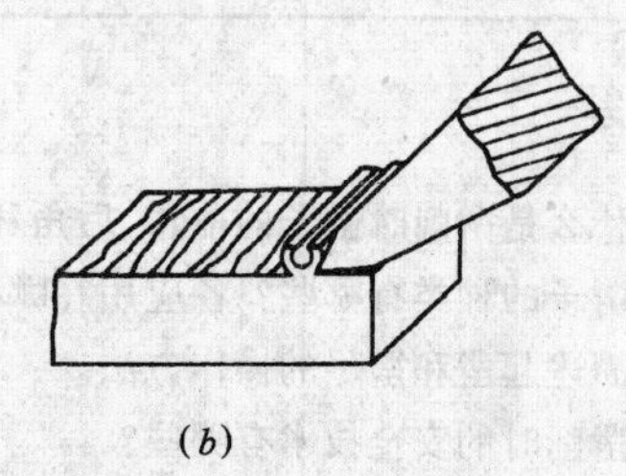

(*b*)

图 2-47 尽头地方的錾法

(*a*)不正确;(*b*)正确

A. 錾削操作时要防止切屑飞出伤人,前面要有防护网,操作者需戴防护眼镜。

B. 錾子应经常刃磨锋利,以免錾削时打滑,影响效率,且錾出的表面较粗糙。刀刃还易崩裂。

C. 保证正确的錾削角度。如后角过小,即錾子放得太平,锤击时则錾子很容易飞出。

D. 要及时磨去錾子头部明显的毛刺。切屑要用刷子刷掉,不得用手擦和用嘴吹。

5) 考核评分见表 2-4。

平面凿削练习考核评分表　　表 2-4

项次	考核项目	配分	考核记录	得分	项次	考核项目	配分	考核记录	得分
1	凿削角度掌握稳定	20			6	凿削痕迹整齐	10		
2	凿削姿势正确	10			7	凿子刃磨正确	10		
3	工件尺寸公差	10			8	清屑方法正确	10		
4	平行度 0.5	10			9	安全文明操作	10		
5	平面度 0.5	10							

班级：　　姓名：　　指导教师：

小　结

正确熟练地使用工具是凿削操作的最基本要求，每个实习训练都要反复练习，熟练掌握操作技术技能。

注意文明生产和遵守安全操作是设备和人身安全的保证。

工具的检验与保养维护是保证产品质量的前提。

习　题

1. 什么是凿削时凿子的前角、后角和楔角？
2. 凿子的种类有哪些？各应用在哪些场合？
3. 简述起凿和凿尽的操作方法。
4. 凿削时的安全技术有哪些？

2.4 锉　削

用锉刀对工件表面进行切削加工，使工件达到图纸所要求的尺寸、形状和表面光洁度。这种加工方法称为锉削。

2.4.1 锉削工具的使用方法

锉刀的一般构造如图 2-48(*a*)所示。常用的普通锉刀有平锉(又称板锉)、方锉、三角锉、半圆锉、横截面如图 2-48(*b*)所示。锉刀装柄后方可使用，锉刀柄装拆方法如图 2-48(*c*)、(*d*)所示。

锉刀的齿纹有单齿纹和双齿纹两种。

锉削软金属用单齿纹，此外都用双齿纹。双齿纹又分粗、中、细等各种齿纹。

粗齿锉刀一般用于锉削软金属材料，加工余量大或精度、光洁度要求不高的工件；细齿锉刀则用在与粗齿锉刀相反的场合。

2.4.2 锉削操作姿势

(1) 锉刀握法

锉刀握法如图 2-49 所示，握法随锉刀的大小、形状不同而有所不同。

大于 250mm 的锉刀握法如图 2-49(*a*)所示，右手紧握锉刀柄、柄端抵在大拇指根部的手掌上，大拇指放在锉刀柄上部；左手将拇指后部的肌肉压在头上，拇指自然伸直，其余四指弯曲向掌心，用中指、无名指捏住锉刀的前端。右手推动锉刀并决定锉刀的推动方向，左手协同右手使锉刀保持平衡。

(2) 锉削姿势

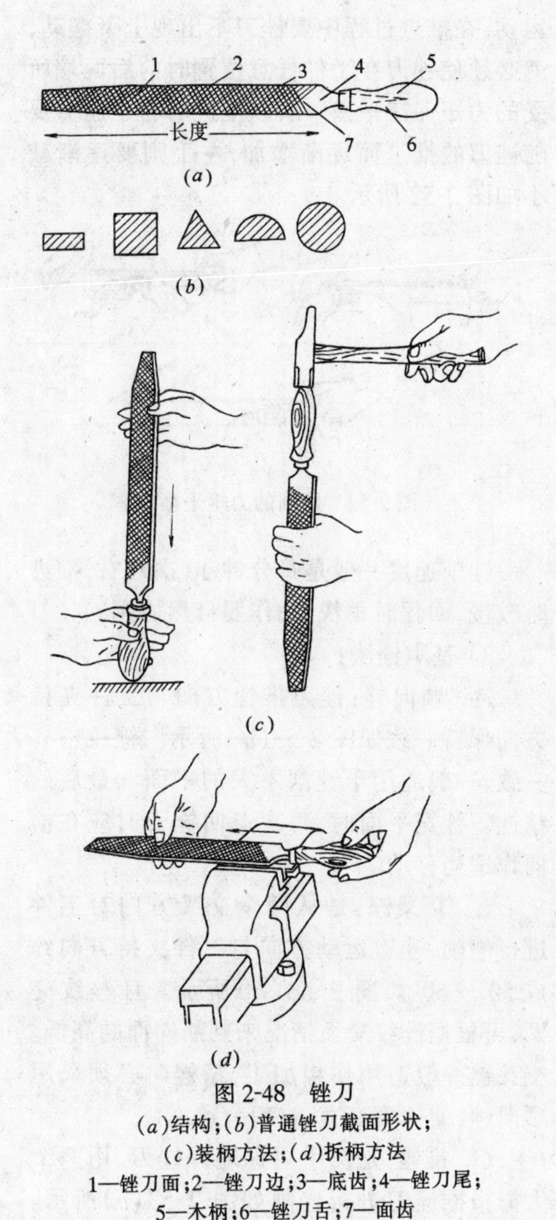

图 2-48　锉刀

(a)结构;(b)普通锉刀截面形状;
(c)装柄方法;(d)拆柄方法
1—锉刀面;2—锉刀边;3—底齿;4—锉刀尾;
5—木柄;6—锉刀舌;7—面齿

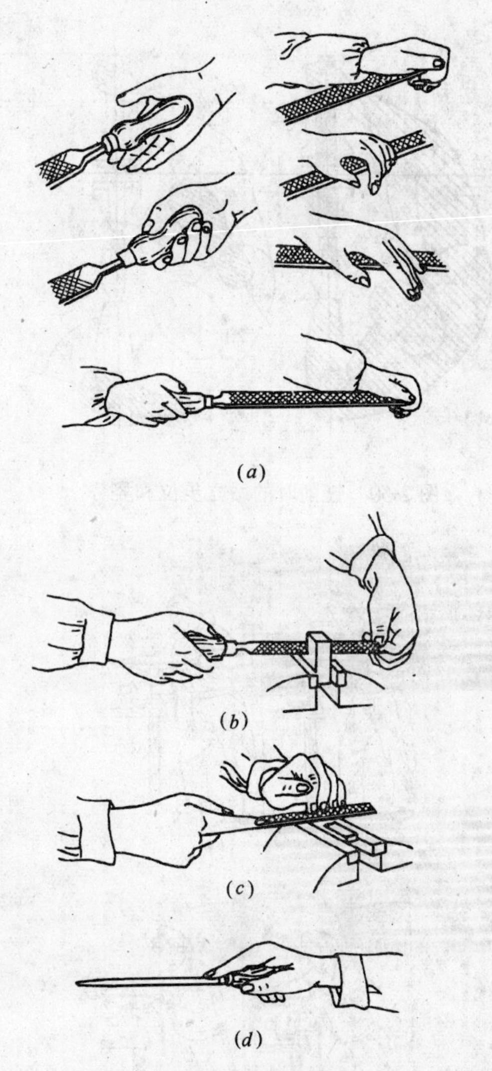

图 2-49　锉刀握法

1) 锉削时双脚站立位置如图 2-50 所示,站立要自然,要便于用力和适应不同的锉削要求。

2) 锉削时身体动作如图 2-51 所示。两手握住锉刀,将锉刀放在工件上面,左臂弯曲,小臂与工件锉削面的左右方向基本保持平行,右小臂要与工件锉削面的前后方向保持水平,但要自然;开始锉削时身体约前倾 10°左右,右肘尽量后缩如图 2-51(a)所示。锉刀行程时,身体应随锉刀一起向前如图 2-51(b)所示。锉刀推行 1/3 行程时的姿势如图 2-51(c)所示是锉刀推行 2/3 行程时姿势,此时身体停止前进;锉刀继续向前推进到头,同时身体自然退回到 15°左右,如图 2-51(d)所示。锉刀全程结束后身体恢复到开始时的位置,同时并顺势将锉刀收回;当锉刀收回将结束时,身体又开始前倾,作第二次锉削的向前运动。

2.4.3　锉削操作方法

(1) 工件的夹持

工件要夹持在台虎钳口中心位置,且伸

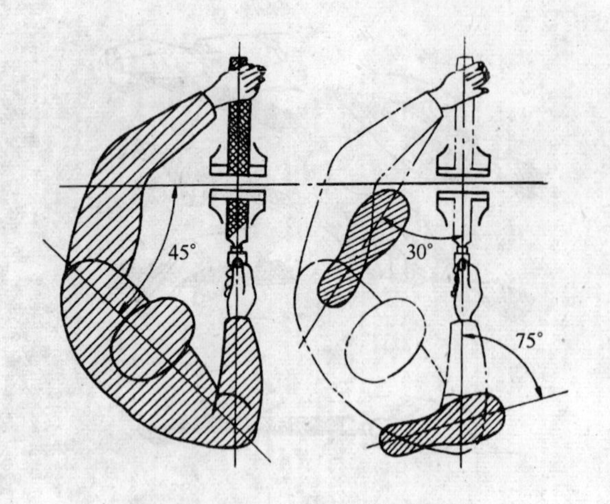

图 2-50　锉削时的站立步位和姿势

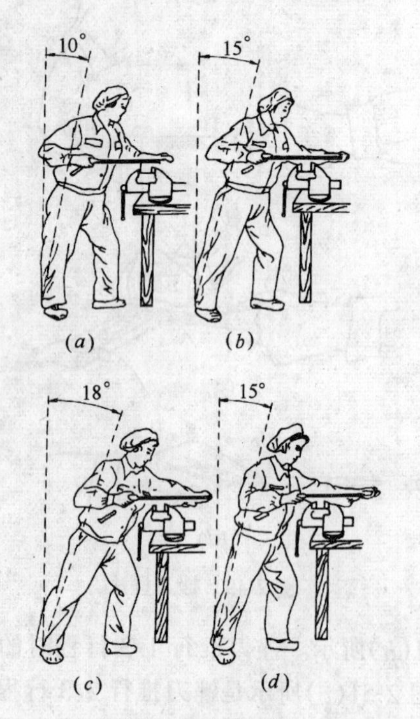

图 2-51　锉削动作

出钳口不能太高,以防止锉削时产生振动;夹持要牢靠又不致使工件变形;夹持已加工或精度较高的工件时,应在钳口和工件之间垫入钳口铜皮或其他软金属保护衬垫;表面不规则的工件,夹持时要加垫块垫平夹稳;大而薄的工件,夹持时可用二根长度相适应的角钢夹住工件,将其一起夹持在钳口上。

(2) 锉削方法

1) 锉平直的平面,必须使锉刀保持直线运动;在推进过程中要锉刀不出现上下摆动,就必须使锉刀在工件任意位置时前后两端所受的力矩保持平衡。所以推进时右手压力要随锉刀的推进而逐渐增加,左手则要逐渐减小如图 2-52 所示。

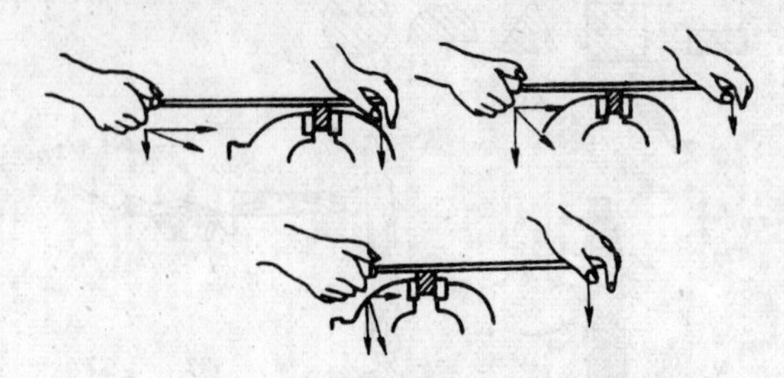

图 2-52　锉削的力矩平衡

锉削速度一般是每分钟 40 次左右,推进时较慢,回程时稍快,动作要自然协调。

2) 基本锉法:

A. 顺向锉:锉刀推锉方向与工件夹持方向保持一致如图 2-53(*a*)所示。锉纹整齐一致,一般适用于锉削不大的平面和最后的精锉。锉宽平面时,每次退回锉刀时应在横向作适当移动。

B. 交叉锉:是从两个交叉方向对工件进行锉削,锉刀运动方向与工件夹持方向约成 50°～60°如图 2-53(*b*)所示。且锉纹交叉,可根据锉纹交叉情况来判断锉面的高低。交叉锉一般适用作粗加工,精锉时必须采用顺向锉,使锉痕变直,纹理一致。

C. 推锉:是两手对称地握锉刀,用两个大拇指推锉刀进行锉削如图 2-53(*c*)所示。推锉适合于加工狭长的平面或打光表面。因效率低,故只适宜于加工余量较少或修正尺寸用。

2.4.4　锉刀的保养

1) 新锉刀要先使用一面,用钝后再使用另一面。

2) 粗锉时,应充分使用锉刀的有效全长,即可提高锉削效率,又可避免锉齿局部磨损。

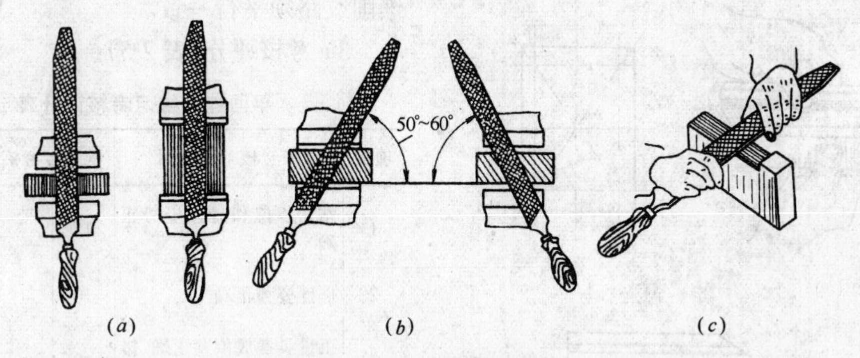

图 2-53 锉削的基本锉法
(a)顺向锉;(b)交叉锉;(c)推锉

3) 不可锉毛坯件的硬皮及经过淬硬的工件,锉屑嵌入齿缝内须及时用钢刷沿锉齿的纹路进行清除。

4) 锉刀上不可沾油和水,使用完毕后清刷干净,以免生锈。

5) 无论在使用过程中或放入工具箱时,不可与其他工具或工件堆放在一起,也不可与其他锉刀互相重叠堆放,以免损坏锉齿。

2.4.5 锉削实习训练

用锉刀对工件进行锉削加工的技能技巧要通过反复的、多样性的刻苦练习才能形成。

通过实习训练,要求基本掌握操作要领,熟练掌握好正确的姿势和动作,并加快技能技巧的掌握。

操作时注意力要集中,练习过程要用心研究,做到锉削力的正确和熟练运用,使锉削时保持锉刀的直线平衡运动。

(1) 平面的锉削练习

1) 准备:

实习工件如图 2-54 所示。加工件、锉刀、钢直尺或刀口尺、实习工位等。

2) 操作步骤及要求:

将工件正确装夹在台虎钳中间,锉削面高出钳口面约 15mm。按正确的站立步位和姿势站好,先采用交叉锉法作粗加工锉削,再用顺向锉法精加工。

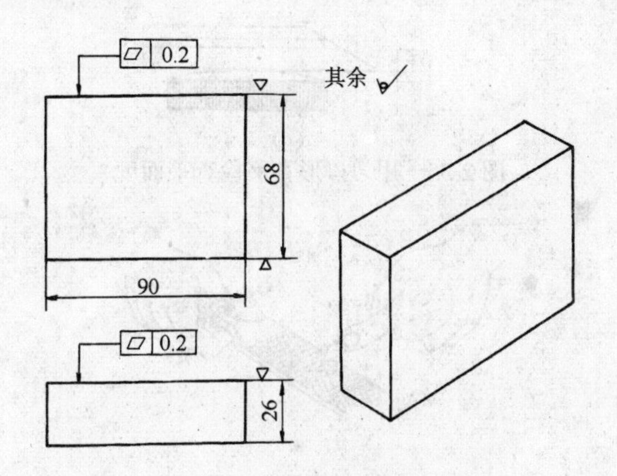

图 2-54 锉削工件

提示:开始锉削时用慢动作练习,待初步掌握后再作正常速度练习。并注意体会两手用力如何变化才能使锉刀在工件上保持直线的运动。

练习时注意两点:一是操作姿势、动作要正确;二是两手用力方向、大小变化要正确和熟练,并经常用钢直尺或刀口直尺通过透光法检验加工面的平直情况,如图 2-55 所示。

改进自己手部的用力形式,逐步形成平面锉削的技能技巧,发现问题要及时纠正,克服盲目的、机械的练习方法。

为使工件表面不致擦伤和不减少吃刀深度,应及时清除锉齿中的切屑如图 2-56 所示。

提示:用顺锉或推锉法锉光平面时,可以在锉刀上涂些粉笔灰,以减少吃刀深度。

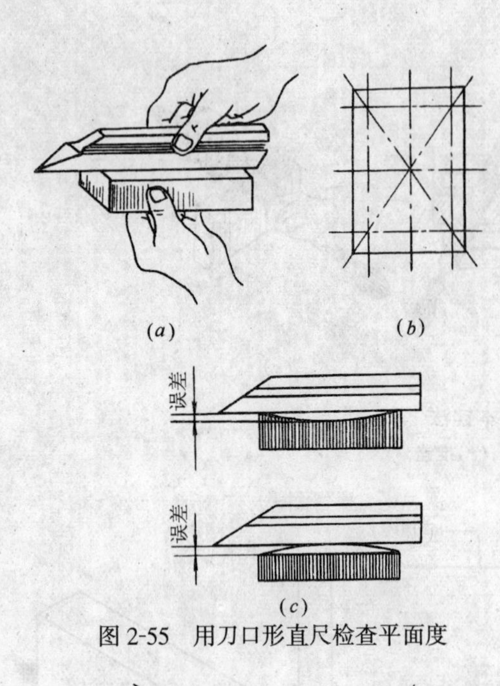

图 2-55 用刀口形直尺检查平面度

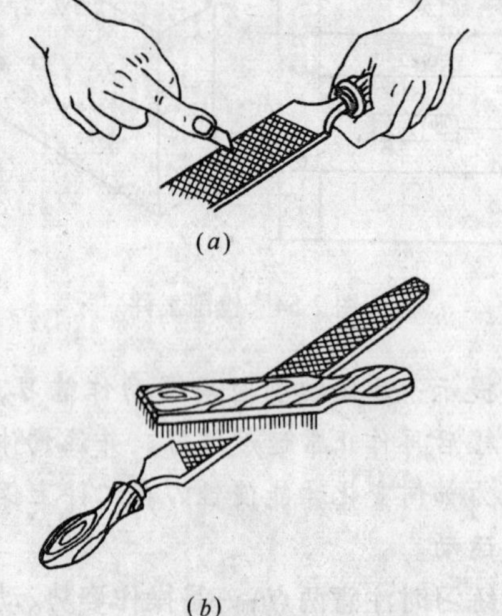

图 2-56 用钢丝刷清除切屑

要求：锉削后实习工件的宽度和厚度不得小于 68mm 和 26mm(可用钢直尺检查)，锉削纹路须平行一致。

3）考核评分(表 2-5)：

平面锉削练习考核评分表　　表 2-5

项次	考核项目	配分	考核记录	得分
1	站立步位和身体姿势正确	15		
2	握锉姿势正确	10		
3	工量具摆放位置正确、排列整齐	10		
4	锉削动作协调、自然	10		
5	表面锉纹整齐、平面度 0.1mm	20		
6	尺寸要求 ±0.15mm	15		
7	量具使用正确	10		
8	文明安全操作	10		

班级：　姓名：　指导教师：

(2) 长方体锉削练习

1）准备：

实习图如图 2-57 所示。加工件、锉刀、量具、实习工位。

2）操作要领及要求：

选择最大的平面 A 作为基准面，用 300mm 粗板锉和 250mm 细板锉，将基准面锉到规定的平面度要求，使其他的加工面均以此为基准。锉削采用交叉锉法和顺向锉法交替进行。先锉大平面，后锉小平面，先锉平行面，后锉垂直面。锉削过程中，经常用钢尺、直角尺、外卡钳和游标卡尺检查其平面度、平行度和垂直度及尺寸。

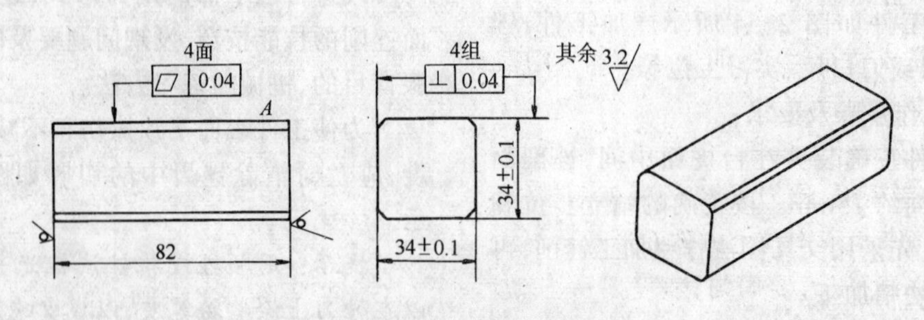

图 2-57 锉削工件

提示：注意掌握好加工余量，仔细检查尺寸要求等情况，避免超差。

3) 操作注意：

A. 工件夹紧时，要在台虎钳上垫好软金属衬垫，避免工件端面夹伤。

B. 锉削前，应对工件进行全面检查，熟悉实习图，了解误差及加工余量情况，然后再加工。

C. 在接近加工要求时，锉削要全面考虑逐步进行，不要过急，以免造成平面的塌角，不平现象。

4) 考核评分见表 2-6。

长方体锉削练习考核评分　　表 2-6

项次	考　核　项　目	配分	考核记录	得分
1	锉削姿势正确	25		
2	平面度、垂直度 0.1mm (4 面)	15		
3	尺寸差值不大于 0.1mm (2 处)	15		
4	表面粗糙度(4 面)	20		
5	锉纹整齐、倒角均匀(4 面)	15		
6	文明安全操作	10		

班级：　　姓名：　　　　指导教师：

(3) 圆弧面锉削练习

1) 准备：

锉刀、工件、量具、工位。

2) 操作要领及要求：

此项练习的目的在于掌握内外圆弧面的锉削方法和技能，是掌握各种弧面锉削的基础。

圆弧面的锉削一般采用滚锉法。

A. 锉削外圆弧面使用板锉，锉削时锉刀要同时完成两个运动：前进运动和锉刀绕工件圆弧中心的转动。

具体方法，开始锉削时，锉刀头向下，右手抬高，左手压低，锉刀紧靠工件，然后推锉，使锉刀头逐渐由下向前上方作弧形运动。注意两手要协调，压力要均匀，速度要适当，如图 2-58 所示。

B. 锉削内圆弧面时可选用圆锉或半圆锉。锉削时锉刀要完成三个运动，如图 2-59 所示。

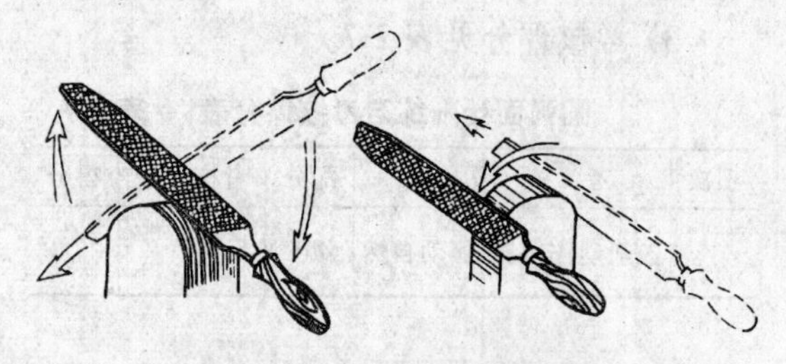

图 2-58　外圆弧面锉削方法

图 2-59　内圆弧面锉削方法

此时，锉刀要作前进运动；锉刀本身又作旋转运动；并在旋转的同时向左或右移动。三个运动在锉削过程中同时进行，才能保证锉出的弧面光滑、准确。

C. 圆柱形工件端部的球面锉削方法如图 2-60 所示。

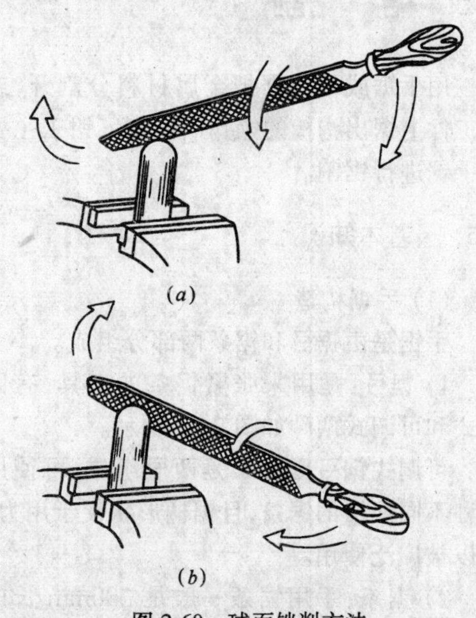

图 2-60　球面锉削方法
(*a*)直向锉运动；(*b*)横向锉运动

推锉时，锉刀对球面中心线摆，同时又作弧形运动。两种锉削运动结合进行，才能获得要求的球面。

3）考核评分见表 2-7。

圆弧面锉削练习考核评分表　　表 2-7

项次	考 核 项 目	配分	考核记录	得分
1	锉削动作协调、摆动自然	40		
2	表面粗糙度、锉纹整齐	20		
3	圆弧半径正确	15		
4	弧面光滑、准确	15		
5	文明、安全操作	10		

班级：　　姓名：　　　　指导教师：

小　　结

锉削是钳工基本操作工作中的主要操作方法之一，因此必须反复练习，熟练地掌握。

正确熟练的使用检验与维护锉削工具和量具是完成锉削操作的最基本要求。

安全操作、文明生产是每一个操作人员都要重视和遵守的规程。

习　　题

1. 锉刀的种类有哪些？如何根据加工对象正确选用锉刀？
2. 锉刀的保养要注意哪些主要事项？
3. 平面锉法的操作方法有哪几种？
4. 锉削操作的安全技术知识有哪些？

2.5 锯　　割

用手锯或机械锯把金属材料分割开，或在工件上锯出沟槽的操作叫锯割。钳工主要用手锯进行锯割。

2.5.1 基本知识

（1）手锯构造

手锯是由锯弓和锯条两部分组成。

1）锯弓：是用来张紧锯条的工具，有固定式和可调式两种如图 2-61 所示。

可调式锯弓因弓架是两段组成，可使用几种不同规格的锯条，且锯柄形状便于用力，所以被广泛使用。

2）锯条：手用锯条一般是 300mm 长的单面齿锯条。规格根据锯齿的牙距大小，有细齿（1.1mm）中齿（1.4mm）和粗齿（1.8mm）三种。使用时应根据所锯材料的软硬和厚薄来选用。

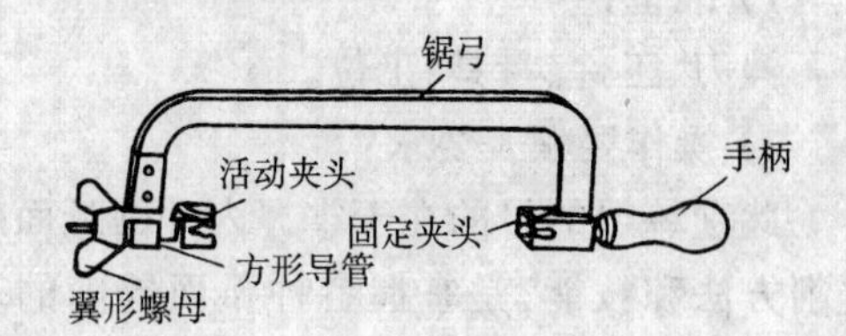

(a)

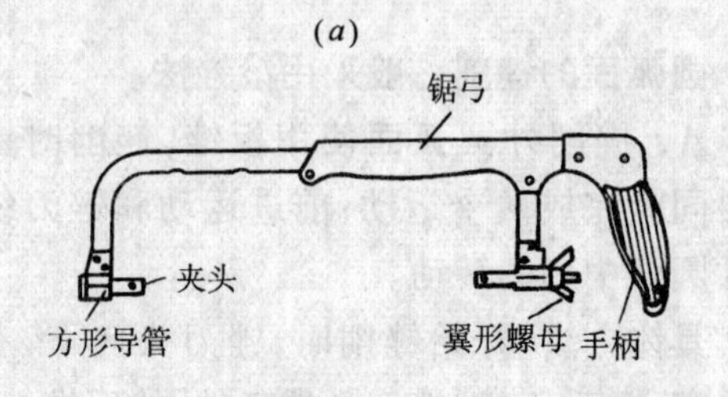

(b)

图 2-61　锯弓

(a)固定式；(b)可调式

锯割时，锯入工件越深，锯缝的两边对锯条的摩擦阻力就越大，严重时会把锯条夹住。为避免锯条在锯缝中夹住，锯齿均有规律地向左右板斜，使锯齿形成波浪或交错形的排列，称为锯路如图 2-62 所示。

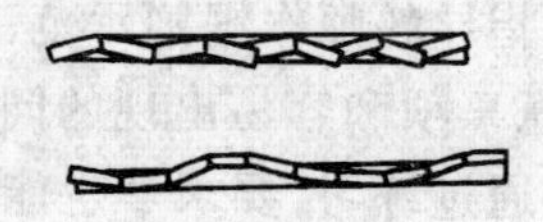

图 2-62 锯齿的形式

(2) 锯条的安装

手锯是在前推时才起切削作用，因此，锯割前选用合适的锯条，使锯条齿尖朝前装入夹头的销钉上，如图 2-63 所示。

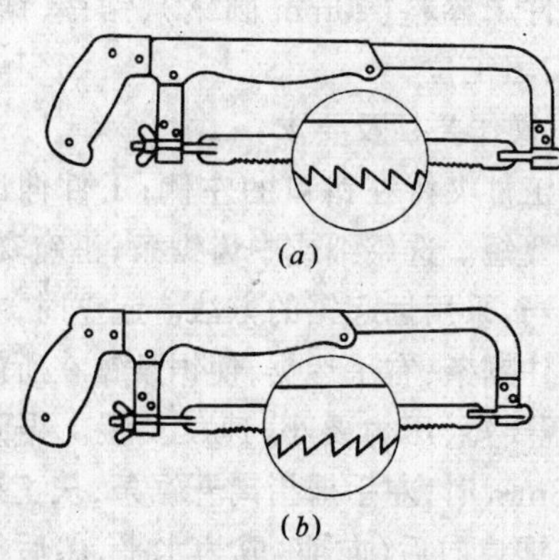

图 2-63 锯条安装

(*a*)正确；(*b*)不正确

锯条的松紧程度，用翼形螺母调整。不可过紧或过松，太紧会失去应有的弹性，锯条易崩断；太松则使锯条扭曲，锯锋歪斜，锯条也容易折断。

2.5.2 锯割姿势

1) 手锯握法和锯削姿势

锯割操作时，站立姿势与位置同凿削相似，右手握住锯柄，左手握住锯弓的前端，如图 2-64 所示。

推锯时，身体稍向前倾斜，利用身体的前后摆动，带动手锯前后运动。推锯时，锯齿起切削作用，要加以适当压力。向回拉时不切削，应将锯稍微提起，减少对锯齿的磨损。

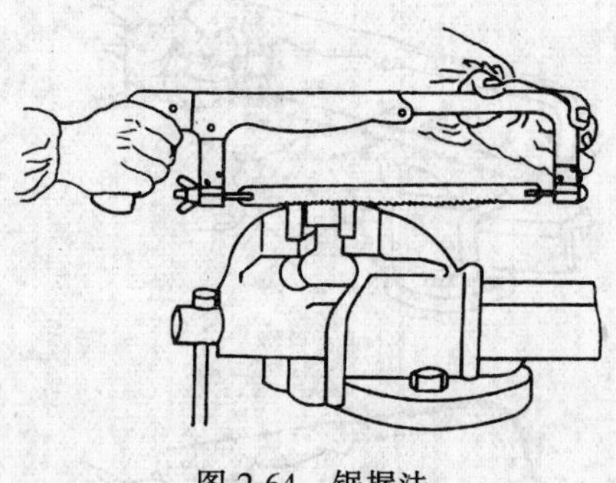

图 2-64 锯握法

2) 身体运动姿势

身体应与锯弓一起向前，右腿伸直稍向前倾，重心移至左脚，左膝弯曲，当锯弓推至 2/3 行程时，身体停止前进，两手继续向前推锯到头，同时左腿自然伸直，使身体重心后移，身体恢复原拉，并顺势拉回手锯；当手锯收回近结束时，身体又向前倾，作第二次锯割的前推运动。

3) 锯割运动

锯弓的运动有上下摆和直线两种。上下摆式运动就是手锯前推时，身体稍前倾，双手随着前推手锯的同时，左手上翘，右手下压；回程时右手上抬，左手自然跟回。这种方式较为省力，除锯割管材、薄板材和要求锯缝平直的采用直线式运动，其余锯割都采用上下摆式运动。

2.5.3 锯割操作方法

(1) 工件夹持

工件一般夹在钳口左侧，锯缝应尽量靠近钳口且与钳口侧面保持平行，夹持要紧固，但也要防止过大的夹紧力将工件夹变形。

(2) 起锯方法

起锯分远起锯和近起锯两种方法。起锯时，为保证在正确的位置上起锯，可用左手拇指靠住锯条，起锯时加的压力要小，往复行程要短，速度要慢，起锯角约在 15°左右。一般厚型工件要用远起锯，薄型工件宜用近起锯，如图 2-65 所示。

(3) 锯割速度和压力

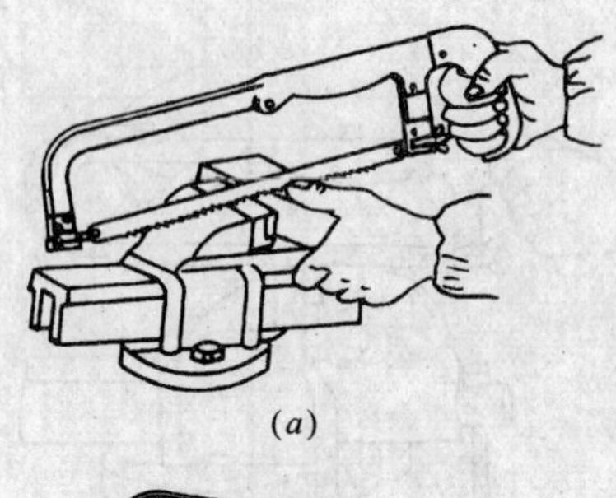

(a)

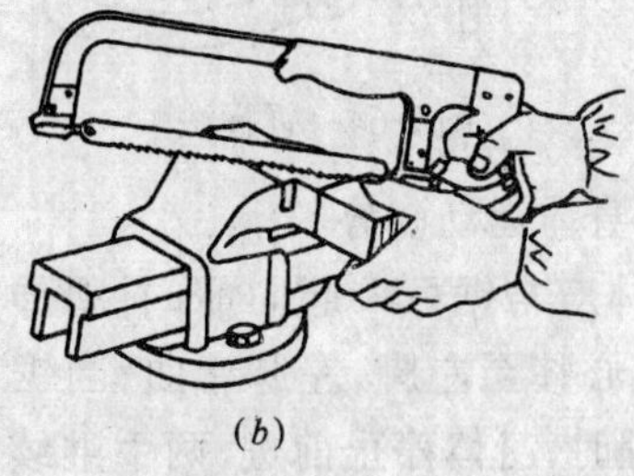

(b)

图 2-65 起锯方法

(a)远起锯;(b)近起锯

1) 锯割速度以每分钟 20～40 次为宜,锯割软材料可快些,硬材料慢些。

2) 锯割时应尽量利用锯条的全长,一次往复的距离不小于锯条全长的 2/3。

3) 锯割硬材料压力可大些,否则锯齿不易切入,造成打滑;锯割软材料压力要稍小些,否则锯齿切入过深,会发生咬住现象。当工件快锯断时,推锯压力要轻,速度要慢,行程要短,并尽可能扶住工件即将掉落下来的部分。

4) 锯割时,如发生锯齿崩裂现象,立即停锯,取出锯弓,将断齿后面的二、三个齿磨斜即可继续使用,如图 2-66 所示。

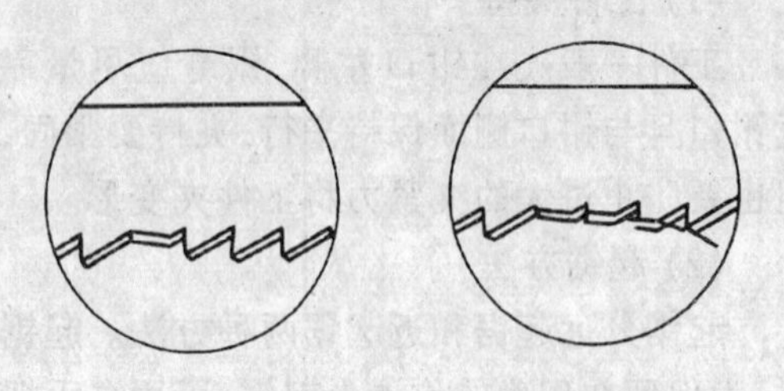

图 2-66 锯齿崩裂的处理

(4) 锯割安全技术

1) 锯条安装松紧要适当,锯割时速度不要过快,压力不要过大,防止锯条突然崩断弹出伤人。

2) 工件快要锯断时,要及时用手扶住被锯下的部分,以防工件落下砸伤脚或损坏工件。工件过大时,可用物支住。

2.5.4 锯割实习训练

由实习指导教师作锯割示范,并讲解操作要领,注意事项和容易出现的问题。然后进行训练。通过练习,要求学生能根据不同材料正确选用锯条,并正确装夹;能对各种形体材料进行正确的锯割,操作姿势正确,能达到一定的锯削精度,并做到安全文明操作。

(1) 棒料锯割练习

1) 准备:

工件 1 棒料(20mm 圆钢)、锯弓、锯条、钢尺、实习工位。

2) 操作要领及要求:

将工件夹持在钳口的左侧;工件伸出钳口部分要短。选用细或中齿锯条,正确安装,松紧适当,采用远起锯的方法。起锯时,左手拇指靠住锯条,右手运锯,使锯条锯在所需位置,行程要短,压力要小,速度要慢。锯到槽深 2～3mm 时,左手拇指离开锯条,扶正锯弓逐渐使锯痕向后(向前)成为水平,然后往下正常锯削。如此反复练习达到锯割质量。

操作过程中要注意锯削速度不宜过快。如出现锯削姿势不自然,摆动幅度过大等现象,要在老师的指导下及时纠正。

适时注意锯缝的平直情况,如有歪斜,应及时纠正,若歪斜太多,应改从工件锯缝的对面重新起锯。

锯割当中,可适当加点机油,以减少锯条与锯割断面的摩擦并起冷却作用。

3) 考核评分见表 2-8。

棒料锯削考核评分表　　表 2-8

项次	考 核 项 目	配分	考核记录	得分
1	工件夹持正确	10		
2	握锯方法正确	10		
3	起锯方法正确	15		

续表

项次	考 核 项 目	配分	考核记录	得分
4	锯割姿势正确	20		
5	锯割尺寸±0.5mm	20		
6	锯缝不超过 1mm	15		
7	文明安全操作	10		

班级：　姓名：　指导教师：

(2) 管料锯割练习

1) 准备：

工件 2(40mm 圆管)、锯弓、锯条、量具、实习工位。

2) 操作要领及要求：

将圆管锯割部分划出垂直于轴线的锯割线,并按要求夹持在钳口的左侧。选用细齿锯条,采用远起锯的方法进行锯割练习。

圆管锯割时要注意切不可一次从上到下锯断,否则锯齿易被管壁钩住而崩裂。应在管壁被锯透时,将圆管向推锯方向转动,锯条仍然从原锯缝锯下,锯锯转转,直到锯断为止,如图 2-67 所示。

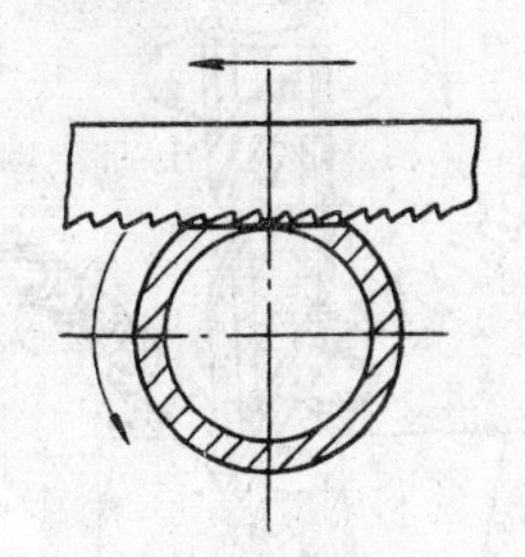

图 2-67　锯割圆管

提示:工件锯缝离钳口约 20mm,防止锯割时,产生振动。

锯缝与钳口侧面保持平行,便于控制锯缝不偏离划线线条。

3) 考核评分见表 2-9。

圆管锯削练习考核评分表　　表 2-9

项次	考 核 项 目	配分	考核记录	得分
1	锯割姿势自然正确	25		

续表

项次	考 核 项 目	配分	考核记录	得分
2	锯条使用损坏情况	10		
3	锯缝不超过 1mm	25		
4	锯割断面平整	15		
5	锯痕整齐	15		
6	文明安全操作	10		

班级：　姓名：　指导教师：

(3) 铸铁件锯割练习

1) 准备：

工件四方铁(铸铁件)、工件图、锯割工具、钢尺、角尺、实习工位。

2) 锯割工件如图 2-68 所示。

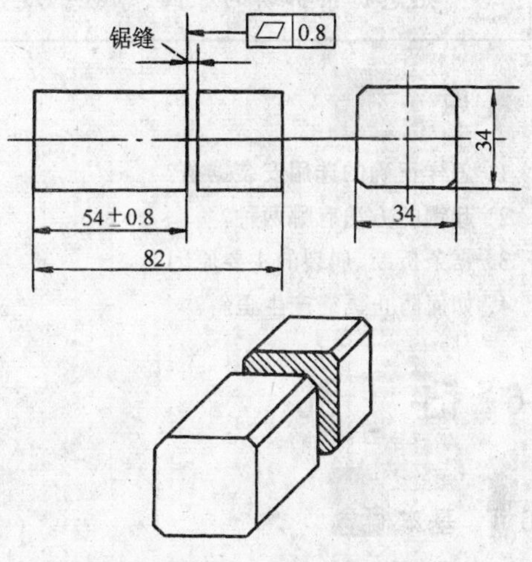

图 2-68　锯割工件

3) 操作要领及要求：

按图样尺寸在工件上划出锯割线,划线时应考虑锯割后的加工余量。

在已基本掌握了棒料、圆管锯割操作技能的基础上,正确选用锯条并安装;正确选择起锯方法和起锯角度;正确地掌握据割时推出、拉回的速度、压力以及摆动姿势进行锯割练习。要求对工件达到尺寸 54±0.8mm、锯割断面平面度 0.8mm 的要求,并保证锯痕整齐。

提示:锯割时要始终使锯条与所划的线重合,这样才能得到理想的锯缝。

4) 考核评分见表 2-10。

铸件锯割考核评分表 表 2-10

项次	考 核 项 目	配分	考核记录	得分	项次	考 核 项 目	配分	考核记录	得分
1	锯割姿势正确	20			5	断面纹路整齐	15		
2	尺寸要求 54±0.8mm	15			6	外形无损伤	10		
3	平面度 0.8mm	10			7	锯条损坏情况	10		
4	锯缝不超过 1mm	10			8	文明安全操作	10		

班级： 姓名： 指导教师：

小 结

根据不同材料正确选用锯条，并正确装夹是锯割操作最基本的要求。

正确的操作姿势，才能对各种形体材料进行正确的锯割，并达到一定的精度。

熟悉锯条折断的原因，掌握锯缝歪斜的因素是提高锯割操作技能的保证。

习 题

1. 怎样正确的选用安装锯条？
2. 起锯的方法有哪两种？
3. 锯条折断、崩裂的主要原因？
4. 如何防止锯缝产生歪斜？

2.6 钻 孔

2.6.1 基本概念

利用钻头在实体材料上加工出孔眼的操作，称为钻孔。

任何一种机器，没有孔是不能装配成型的。要把两个以上的零件连在一起，需要钻出各种不同的孔，然后用螺钉、铆钉、销和键连接起来。可见，钻孔在生产中占有很重要的地位。

用钻床钻孔时，工件夹持在钻床工作台上固定不动，钻头要同时完成两个运动。一是切削运动（主运动），钻头绕轴心所作的旋转运动，也就是切屑的运动；二是进刀运动（辅助运动），钻头对着工件所做的直线前进运动，如图 2-69 所示。

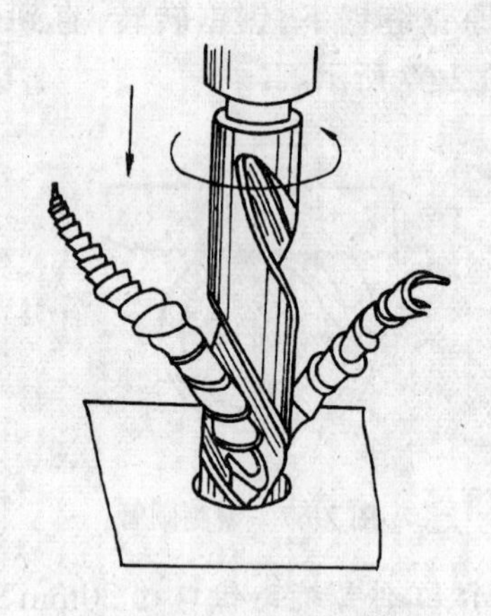

图 2-69 钻孔时钻头的运动

由于两种运动是同时进行的，所以钻头是按照螺旋运动的规律来钻孔的。

2.6.2 钻孔设备和工具的使用方法

(1) 台式钻床

简称台钻，如图 2-70 所示。

用来加工小型工件上直径不大于 12mm 的小孔。能调节三档或五档转速。调速时要

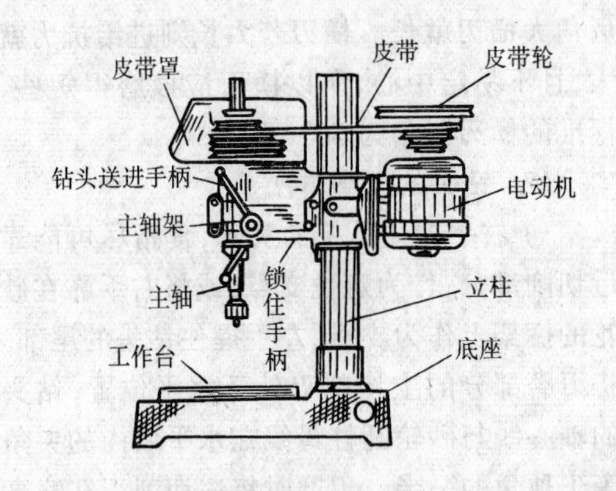

图 2-70　台式钻床

先停车；钻孔时，立轴作顺时针方向转动；台钻的主体和工作台之间可进行上下或左右调节。调定后必须把锁定手柄锁紧。使用过程中要保持工作台的清洁，不可使钻头钻入工作台面和在工作台面上敲打，以防损坏工作台面。

(2) 手持电钻

一般工件可用手持电钻钻孔。手持电钻有手枪式和手提式两种，如图 2-71 所示。

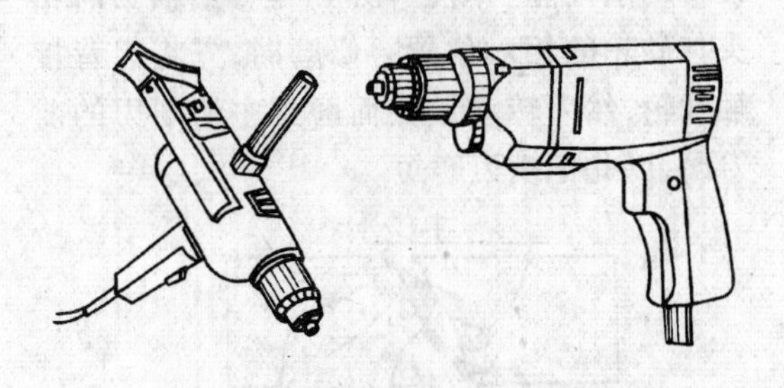

图 2-71　手持电钻

手持电钻通常采用 220V 或 36V 交流电源。为保证安全，在使用电压为 220V 的电钻时，应戴绝缘手套。

(3) 钻头

钻头多用碳素工具钢或高速钢制成，并经淬火和回火处理。钻头的种类虽然很多，但切削原理是一样的。最常用的钻头是麻花钻，如图 2-72 所示。

(4) 钻夹头和钻头套

直柄式钻头用钻夹头夹持，安装时先将钻头的柄部塞入，长度不要小于 15mm，然后

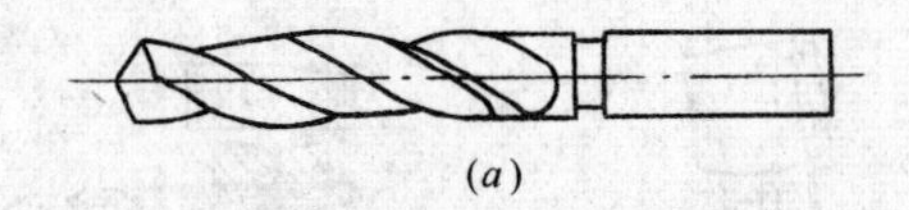

(*a*)

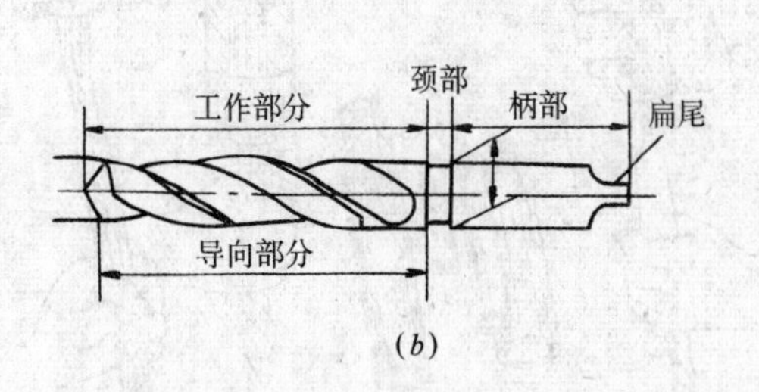

(*b*)

图 2-72　麻花钻头

(*a*)直柄钻头；(*b*)锥柄钻头

用钻夹头钥匙旋转外套，以夹紧或放松钻头如图 2-73 所示。

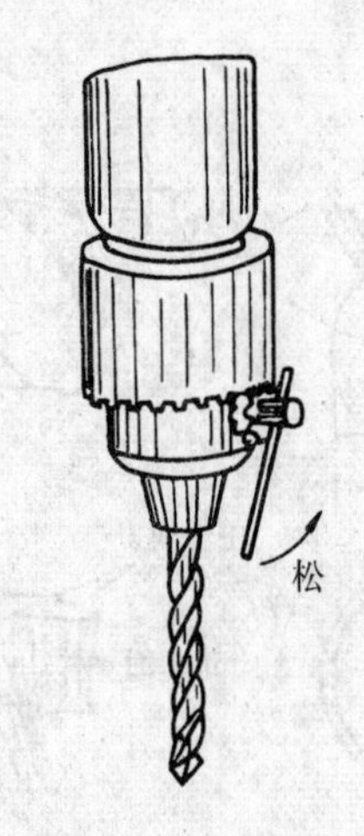

图 2-73　用钻夹头夹持

锥柄钻头用钻头套夹持，直接与主轴连接，连接时先擦净主轴上的锥孔，并使钻头套矩形舌的长向与主轴上的腰形孔中心线方向一致，利用向上冲力一次装接。拆卸时用斜铁顶出。如图 2-74 所示。

2.6.3　麻花钻的刃磨

钻头刃磨的目的，是要把钝了或损坏的切削部分刃磨成正确的几何形状，或当工件材料变化时，钻头切削部分和角度也需重新刃磨，使钻头保持良好的切削性能。钻头的刃磨，大都在砂轮机上进行。

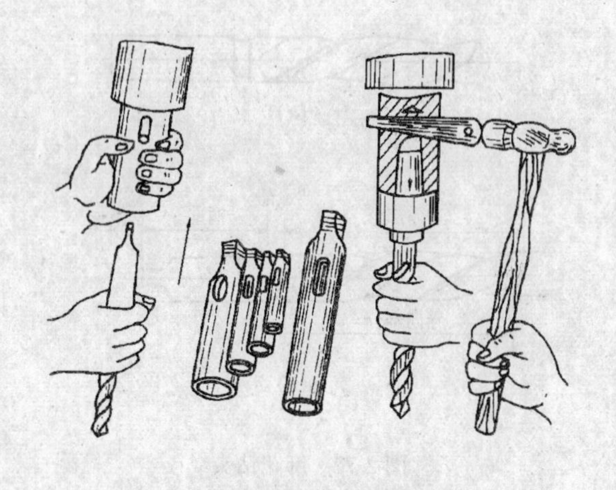

图 2-74　锥柄钻头的装拆

(1) 麻花钻的几何角度刃磨要求(图 2-75)

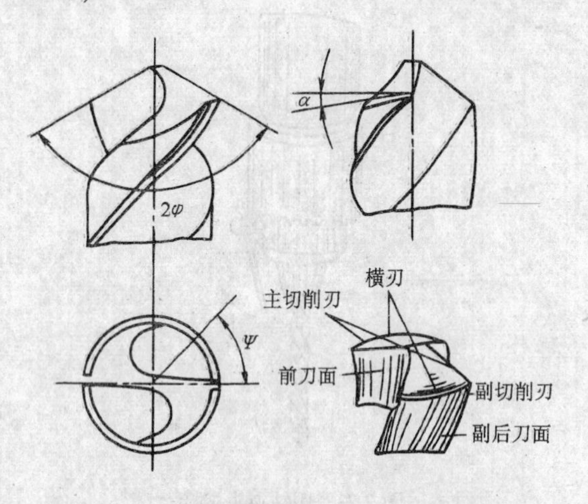

图 2-75　麻花钻的几何角度

1) 顶角 2φ:顶角 2φ 应根据工件的材料性质、厚薄及排屑要求来选择,一般钢材为 120°左右,铝和铝合金或薄型板料为 135°左右,一般铜材为 90°左右。

2) 后角 α:后角越小,钻头强度越高,但后刀面与工件切削表面间的磨擦面积也越大。因此,材料越硬,后角应越小,进给量也越小。对于直径小于 15mm 的钻头的标准后角为 10°～14°之间。

3) 横刃斜角 ψ:横刃斜角的大小,决定于横刃的长度,而横刃长度决定于后角大小,后角大横刃就长。横刃若太长则进给抗力就大,且不易定中心,所以横刃应该磨得短些,标准的横刃斜角为 50°～55°。

(2) 钻头的刃磨方法

1) 右手握住钻头的头部,食指尽可能靠近切削部分,作为定位支点,或将右手靠在砂轮的搁架上作为支点,左手握住钻头的尾部。将刃磨部分的主切削刃处于水平位置,钻头的轴心线与砂轮圆柱母线在水平面内的夹角等于顶角的一半。刃磨时将主切削刃在略高于砂轮水平中心面处先接触砂轮,如图 2-76(a)所示,使钻头沿自己的轴线由下向上转动,同时施加适当的压力,使整个后刀面都能磨到。在磨到刃口时要减小压力,停止时间不能太长,在钻头快要磨好时,应注意摆回去不要吃刀,以免刃口退火。两面要经常轮换,直至达到刃磨要求。

2) 横刃的修磨。标准麻花钻的横刃较长,对 5mm 以上的钻头,通常要修磨横刃,以改善切削性能。图 2-76(b)是修磨横刃时钻头与砂轮的相对位置。修磨时,先将刃背接触砂轮,然后转动钻头而磨到主切削刃的前刀面,以此把横刃磨短。

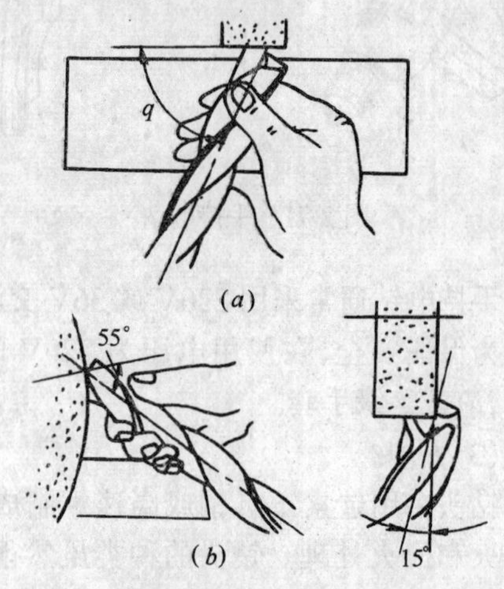

图 2-76　钻头的刃磨

(a)主切削刃的磨法;(b)横刃修磨方法

3) 钻头刃磨时,要经常蘸水冷却,防止因过热退火而降低硬度。

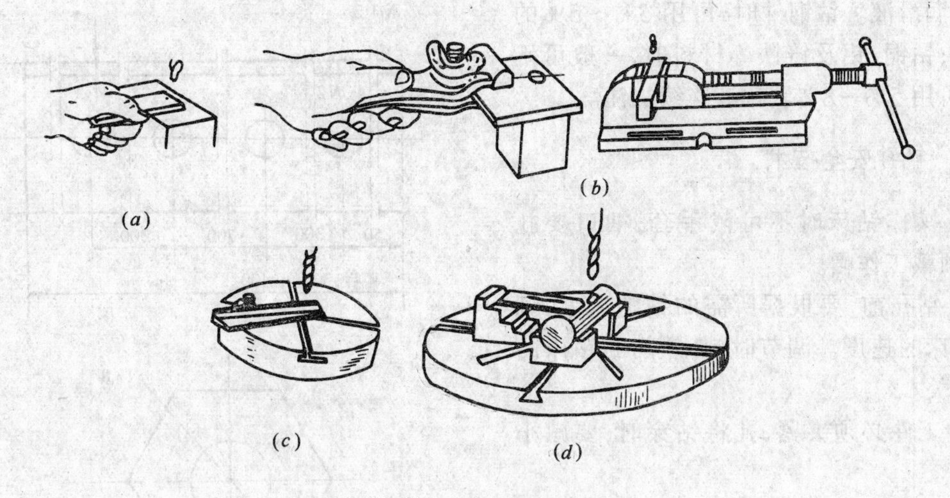

图 2-77　钻孔工件夹持方法
(a)手握法;(b)钳夹法;(c)螺栓定法;(d)压板夹持法

2.6.4　钻孔方法

(1) 划线冲眼

按钻孔位置尺寸,划好孔位的十字中心线,并打出小的中心样冲眼,按孔的孔径大小划孔的圆周线和检查圆,再将中心样冲眼打深。

(2) 工件的夹持

钻孔时应根据孔径和工件形状、大小,采用合适的夹持方法,以保证质量和安全。常用夹持方法如图 2-77 所示。

1) 手握法:钻孔直径在 8mm 以下,表面平整的工件可以用手握牢钻孔。有毛刺、缺口、快口或体积过小,以及薄型材料和工件,都不准采用手握法。

2) 钳夹法:有手虎钳和平口钳夹持两种。前者适用于手握法不能把持的工件,后者适用于钻较大孔径的工件或精度较高的工件。

3) 螺栓定位法:适用于钻孔较大而又较长的工件。

4) 压板夹持法:适用于圆柱形工件。

(3) 钻孔时的切削用量

切削用量是钻削速度、进给量和吃刀深度的总称。通常钻小孔的钻削速度可快些,进给量要小些;钻较大的孔时,钻削速度要低些,进给量要适当大些。

(4) 操作方法

钻孔时,将钻头对准中心样冲眼进行试钻,试钻出来的浅坑应保持在中心位置,如有偏移,要及时校正。校正方法:可在钻孔的同时用力将工件向偏移的反方向推移,达到逐步校正。当试钻达到孔位要求后,即可压紧工件完成钻孔。钻孔时要经常退钻排屑;孔将钻穿时,进给力必须减小,以防止钻头折断,或使工件随钻头转动造成事故。

钻通孔时,孔的下面要留有空隙,防止钻伤工作台面、垫铁或钳座。

钻不通孔时,要根据钻孔深度调整好钻床上深度标尺,或用自制的深度量具随时检查。

钻深孔时,一般在钻孔深量达直径的 3 倍时,要将钻头从孔内提出,排除切屑,以防止钻头过度磨损、折断,或影响孔壁表面粗糙度。

(5) 钻孔时的冷却液

为了使钻头散热冷却,减小钻削时钻头与工件、切屑间的摩擦,提高钻头的耐用度和改善加工孔的表面质量,钻孔时要加注足够的冷却润滑液。钻钢件时,可用3%~5%的乳化液;钻铜、铝及铸铁等材料时,一般可不加,或可用5%~8%乳化液连续加注。

2.6.5 钻孔安全技术

1) 操作钻床时不可戴手套,袖口要扎紧,必须戴工作帽。

2) 钻孔前,要根据所需的钻削速度,调节好钻床的速度。调节时,必须切断钻床的电源开关。

3) 工件必须夹紧,孔将钻穿时,要减小进给力。

4) 开动钻床前,应检查是否有钻夹头钥匙或斜铁插在转轴上,工作台面上不能放置量具和其他工件等杂物。

5) 不能用手和棉纱或嘴吹来清除切屑,要用毛刷或棒钩清除,尽可能在停车时清除。

6) 停车时应让主轴自然停止,严禁用手捏刹钻头。严禁在开车状态下拆工件或清洁钻床。

2.6.6 实习训练

(1) 准备

工件1角钢横担(4×50×50×1400mm)、工件2钢六角、台钻、麻花钻头、钢尺、角尺、样冲、划针、实习场地。

(2) 实习工件(图2-78)

(3) 步骤

1) 统一组织先由实习指导教师作麻花钻头刃磨示范和钻孔操作示范,并讲授操作要领、注意事项和容易出现的问题。然后指导学生分头进行钻床空车操作练习。

2) 按实习工件图的要求在实习工件上进行划线钻孔练习,指导教师巡回指导。

(4) 操作要领及要求

根据实习工件图的要求,在工件上确定孔眼的位置并正确地划出孔中心的交叉线,然后用样冲在交叉线的交叉点上打个冲眼,

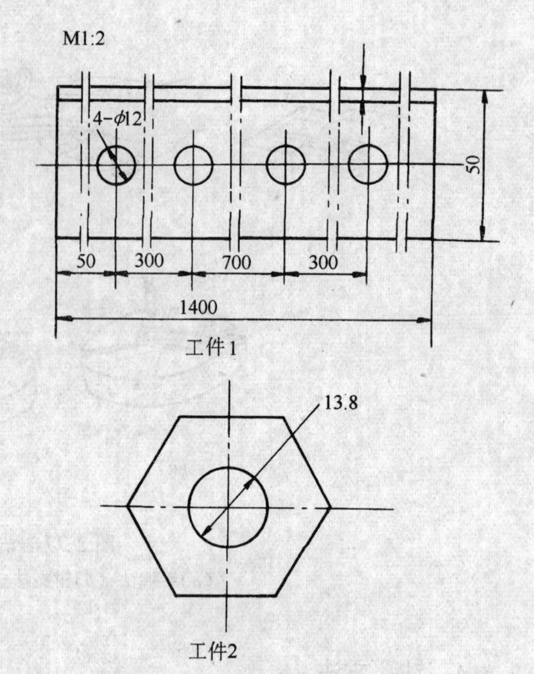

图2-78 钻孔工件

作为钻头尖的导路。

钻孔时,先启动钻床,稳稳地把钻头引向工件,不要碰击,使钻头的尖端对准样冲眼。用手轻匀进刀,钻出尺寸占孔径1/4左右的浅坑眼后,提起钻头,清除钻屑,检查钻出的坑眼是否处于划线的圆周中心。如正处于中心,即可继续钻孔,直到钻完为止。如浅坑眼中心偏移,要及时校正。一般只需将工件校过一些就行了。如钻头较大或偏移较多,可在钻歪的孔坑的相对方向那一边用样冲或尖凿凿低些,逐渐将偏移部分校过来。

提示:孔要钻透时,注意减小进刀量,防止钻头摆动、折断,出现质量事故。

(5) 操作注意

1) 用钻夹头夹持钻头时要用钥匙,不可用手锤敲击,以免损坏夹头。

2) 钻孔时,手进给压力要根据钻头工作情况。以目测和感觉进行控制,在操作练习中要注意掌握。

3) 钻头用钝后要及时修磨锋利。

(6) 考核评分(表2-11)

钻孔练习考核评分表　　表 2-11

项次	考 核 项 目	配分	考核记录	得分	项次	考 核 项 目	配分	考核记录	得分
1	划线、冲眼准确	10			5	正确磨刃钻头 ϕ12mm ϕ13.8mm(两支)	20		
2	钻孔操作方法正确	25			6	正确使用工具	10		
3	孔距尺寸要求±0.36mm	15			7	文明安全操作	10		
4	孔壁粗糙度	10							

班级：　姓名：　指导教师：

小　结

钻孔是钳工基本操作中的一项重要的技能操作，因此要认真、细致、反复地练习，达到熟练掌握。

钻头的刃磨是一项重要的工作，必须不断练习，做到刃磨的姿势动作以及钻头几何形状和角度正确。

正确使用钻孔设备、工具，并注意文明、安全操作。

习　题

1. 麻花钻前角、后角的大小对切削有什么影响？
2. 简述钻头的刃磨方法。
3. 简述钻孔的操作方法。
4. 简述钻孔时的安全技术知识。

2.7 攻丝和套丝

用丝锥加工工件内螺纹的操作称为攻丝；用板牙套制工件外螺纹的操作称为套丝。攻丝和套丝一般用在直径不很大的、使用较广的螺纹上。

2.7.1 攻丝

(1) 攻丝工具的使用方法

1) 丝锥：是加工内螺纹的工具，用高碳钢或合金钢制成，并经淬火处理。常用的有普通螺纹丝锥和圆柱形锥两种。丝锥由切削部分、定径部分和柄部组成，如图 2-79(a)所示。

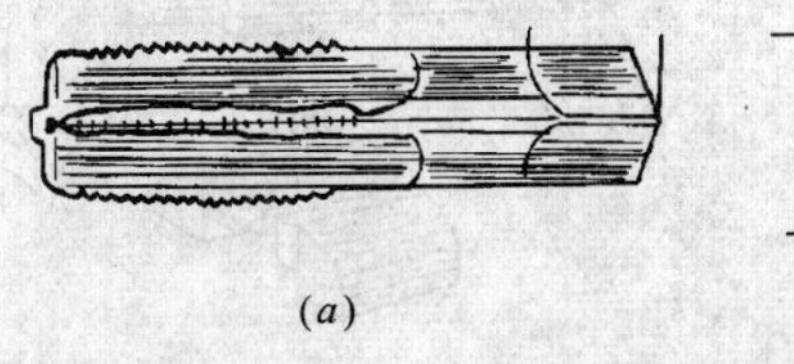

(a)

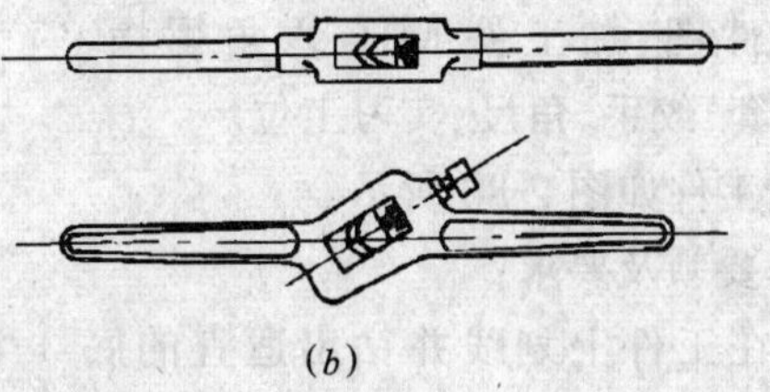

(b)

图 2-79　攻丝工具

(a)丝锥；(b)绞手

螺纹牙形代号分别是 M 和 G，如 M10 表示是粗牙普通螺纹，公称外径为 10mm；M16×1 表示是细牙普通螺纹，公称外径是 16mm，牙距是 1mm；G3/4″表示的是圆柱管螺纹，配用的管子内径为 3/4in（圆柱管螺纹通常都以英制标称）。M6～M14 的普通螺纹丝锥二只一套；小于 M6 和大于 M14 的普通螺纹丝锥为三只一套；圆柱管螺纹丝锥为二只一套。

2）绞手：绞手是用来夹持丝锥的工具，如图 2-79（*b*）所示。常用的是活络绞手，绞手长度应根据丝锥尺寸来选择。小于 M6 和等于 M6 的丝锥，选用长度为 150～200mm 的绞手；M8～M10 的丝锥选用长度为 200～250mm 的绞手；M12～M14 的丝锥，选用长度为 250～300mm 的绞手；大于和等于 M16 的丝锥，选用长度为 400～450mm 的绞手。

（2）丝锥的选用

1）选用的内容通常有外径、牙形、精度和旋转方向等。应根据所配用的螺栓大小选用丝锥的公称规格。

2）选用圆柱形螺纹丝锥时，应注意镀锌钢管标称直径是以内径标称，而电线管标称直径是以外径标称的。

3）精度一般分为 3 和 3b 两级，通常都选用 3 级的一种，3b 级适用于攻丝后尚需镀锌或镀铜的工件。

4）旋向分左旋和右旋，即俗称倒牙和顺牙，通常都只用右旋的一种。

（3）用丝锥攻丝练习

1）准备：

实习工件图、加工件 M16 六角螺帽、M16 丝锥一套、绞手、角尺、实习工位。

2）实习工件如图 2-80 所示。

3）操作要领及要求：

攻丝前在工件上划线并钻出适宜的底孔，底孔直径应比螺纹小径略大。可根据工件材料用下列公式计算确定底孔直径选用钻头。

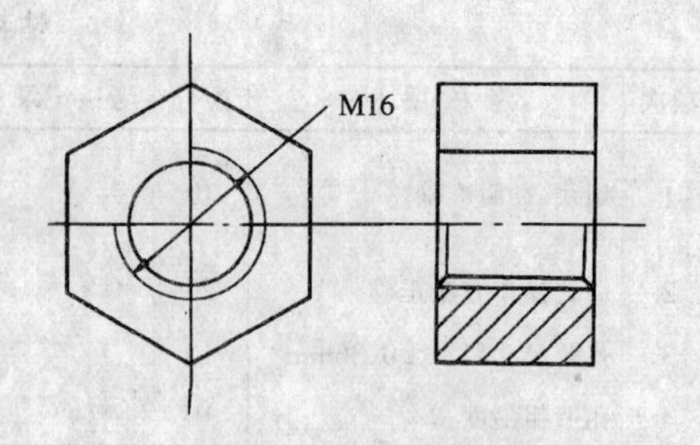

图 2-80 攻丝工件

钢和塑性较大的材料 $D \approx d - t$

铸铁等脆性材料 $D \approx d - 1.05t$

式中 D——底孔直径（mm）；

d——螺纹大径（mm）；

t——螺纹距（mm）。

底孔的两面孔口用 90°锪钻倒角，使倒角的最大直径和螺纹的公称直径相等，使丝锥既容易起削，又可防止孔口螺纹崩裂。

将工件正确地夹持在虎钳上，选用合适的铰手。先用头攻起攻，将丝锥切屑部分放入工件孔内，使丝锥与工件表面垂直，一手用掌按住绞手中部用力加压，另一手配合作顺向旋转，或两手握住绞手均匀施加压力，并将丝锥顺向旋转，如图 2-81 所示。

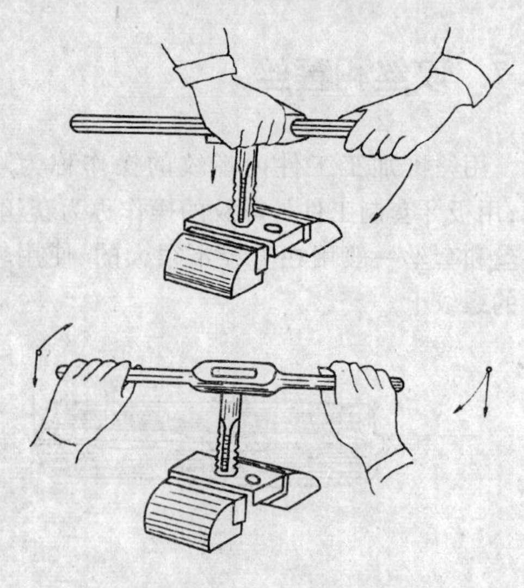

图 2-81 起攻方法

丝锥攻入一、二圈后，从间隔 90°的两个方向用角尺检查校正丝锥位置至要求，如图2-82所示。

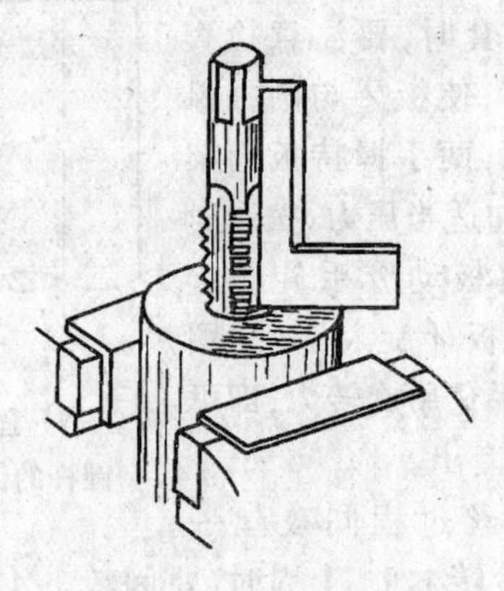

图 2-82　检查攻丝垂直度

当起削刃切进后，两手不再加力，只用平稳的旋转力将螺纹攻出。操作中两手用力要均衡，旋转要平稳，每当旋转 1/2～1 周时，将丝锥反转 1/4 周，以割断和排除切屑，防止切屑堵塞，造成丝锥损坏和折断如图 2-83 所示。

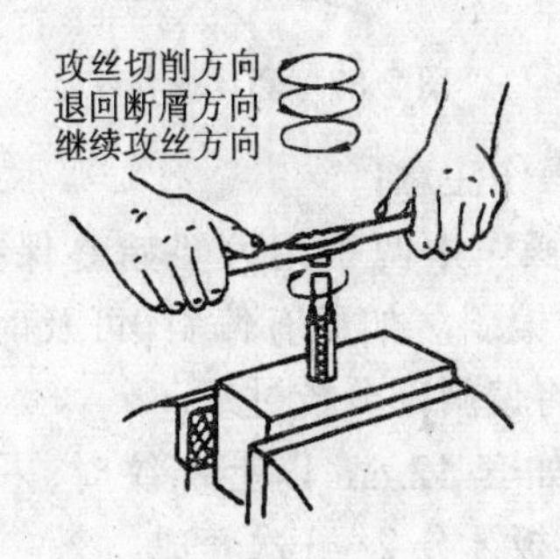

图 2-83　攻丝操作

头攻完成后，换用二攻、三攻扩大及修光螺纹。换用丝锥时，先用手将丝锥旋入已攻过的螺纹中，使其得到良好的引导后，再装上绞手，按照上述方法，前后旋转直到攻丝完成为止。

4) 操作注意：

A．及时清除丝锥和底孔内的切屑，避免丝锥在孔内咬住或折断。

B．根据材料性质的不同选用并加注冷却润滑液。

5) 考核评分见表 2-12。

攻螺纹丝练习考核评分表　　表 2-12

项次	考 核 项 目	配分	考核记录	得分
1	底孔划线、钻孔准确	15		
2	孔口倒角正确	10		
3	攻丝操作方法正确	35		
4	M16 螺纹正确	15		
5	螺纹垂直度 0.2mm	15		
6	文明安全操作	10		

班级：　　姓名：　　指导教师：

2.7.2　套丝

(1) 套丝工具的使用方法

1) 板牙：是加工外螺纹工具，常用的有圆板牙和圆柱管板牙两种。主要由切削部分，修光(定径)部分排屑孔组成。圆板牙如同一个螺母，在上面有几个均匀发布的排屑孔，并以此形成刀刃如图 2-84(*a*)所示。

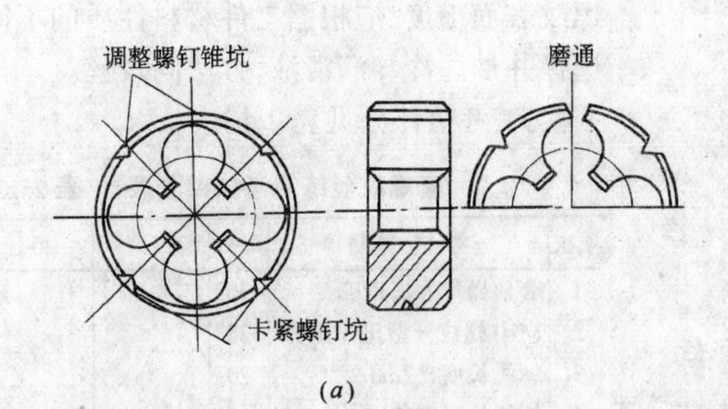

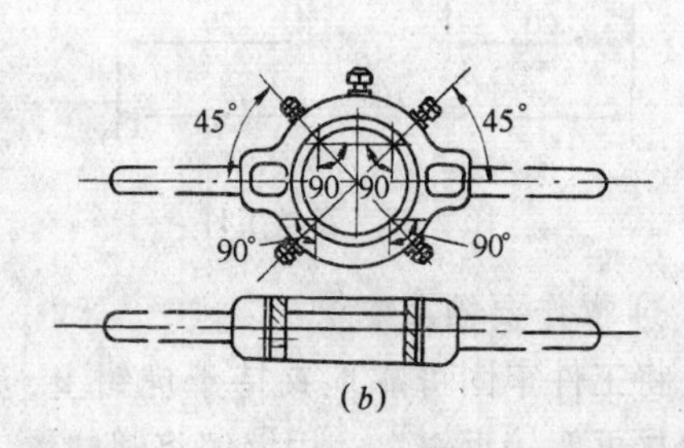

图 2-84　套丝工具

(*a*)圆板牙；(*b*)板牙绞手

M3.5 以上的圆板牙,外圆上有四个螺钉坑,借助绞手上的四个相应位置的螺钉将板牙紧固在绞手上。另有一条 V 形槽,当板牙磨损后,可用片状砂轮或锯条沿 V 形槽将板牙磨割出一条通槽,用绞手上方两个调紧螺钉顶入板牙上面的两螺钉坑内,即可使板牙的螺纹尺寸变小。

2) 板牙绞手:板牙绞手用于安装板牙如图 2-84(*b*)所示。与板牙配合使用。板牙外圆上有五只螺钉,其中均匀分布的四只螺钉起紧固板牙作用,上方的两只并兼有调节小板牙螺纹尺寸的作用;顶端一只起调节大板牙螺纹尺寸作用,这只螺钉必须插入板牙的 V 形槽内。

(2) 板牙的选用:与攻丝一样,圆柱体或圆柱管的外径要小于螺纹大径。外径 D 可用下列经验公式计算确定。

$$D \approx d - 0.13t$$

式中 D——圆柱体(或圆柱管)外径,mm;

d——螺纹外径,mm;

t——螺距,mm。

(3) 用圆板牙套丝练习

1) 准备:

实习工件图、加工件 M10 双头螺栓、圆板牙、绞手实习工位。

2) 实习工件如图 2-85 所示。

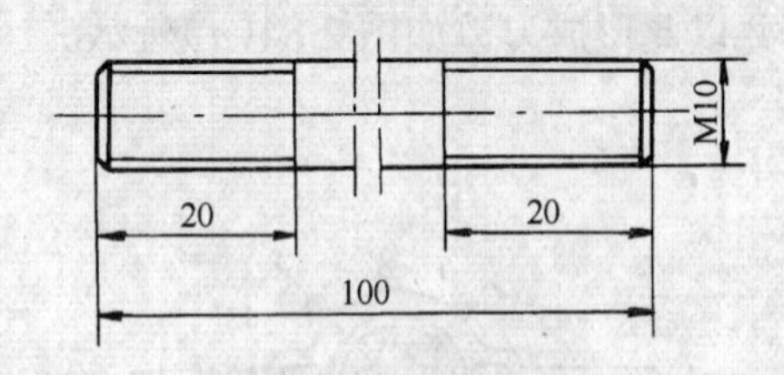

图 2-85 套丝工件

3) 操作要领及要求:

将工件牢固可靠地夹持于虎钳上,套丝部分尽可能接近钳口。用锉刀将圆柱体工件端部倒成 15°～20°的锥体,便于板牙套丝起削与找正。倒角方法如图 2-86 所示。倒角锥体的小头应比螺纹内径小些。

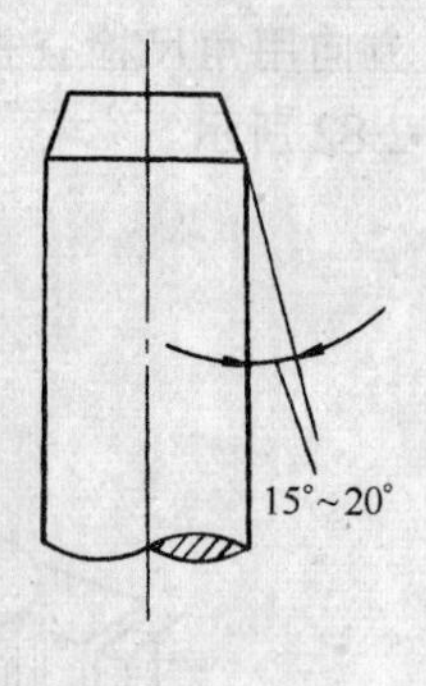

图 2-86 套螺纹时圆杆的倒角

起套时,要注意检查和校正,使板牙与圆杆保持垂直,两手握持板牙架手柄,加适当压力,按顺时针方向板动绞手旋转起削。当板牙旋入 2～3 圈时,两手只用旋转力,即可将螺杆套出。

套丝过程同攻丝一样,每旋转 1/2～1 周时,要倒转 1/4 周断屑如图 2-87 所示。

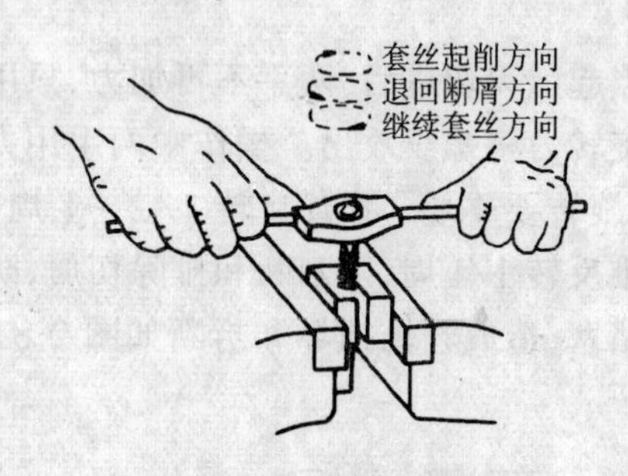

图 2-87 套丝操作

4) 操作注意:

A. 操作中两手用力要始终保持平衡,避免螺纹偏斜。如稍有偏斜,可及时调整两手力量,将偏斜部分校过来。

B. 如套 12mm 以上螺纹时,一般应采用可调节板牙分 2～3 次套成。

C. 为保持板牙的良好切削性能和保证螺纹表面糙度,应根据工件材料性质的不同,选择并加注冷却润滑液,方法同攻丝。

5) 考核评分见表 2-13。

套螺纹丝练习考核评分表　　表 2-13

项次	考核项目	配分	考核记录	得分
1	套丝操作方法正确	30		
2	M10 螺纹牙型尺寸正确	25		
3	螺纹长度 ±2mm	20		
4	螺纹外观完整	15		
5	文明安全操作	10		

班级:　　姓名:　　　指导教师:

小　　结

正确熟练地使用工具是攻丝与套丝操作的最基本要求。

用心掌握好起攻、起套的正确性，并能控制两手用力均匀的基本功和掌握好最大用力限度。

细心领会、熟悉操作中丝锥折断和攻、套螺纹中常见问题的产生和防止方法。

习　　题

1. 正确识别各种丝锥代号。
2. 简述圆板牙的结构和作用。
3. 螺纹底孔直径为什么要略大于螺纹小径？
4. 套螺纹前，圆杆直径为什么要略小于螺纹大径？

2.8　制作錾口榔头

在基本掌握了已学课题的基本技能操作的同时，进行一般的手工工具的制作，巩固划线、锉削、锯割、钻孔以及精度测量等基本技能，达到按图样制作的各项技术要求。

(1) 准备

划针、划规、钢直尺、角尺、手锯、锉刀、钻头、游标卡尺等工、量具，实习工位。

(2) 制作錾口榔头如图 2-88 所示。

(3) 操作要领及要求

1) 检查来料，用长方体锉削方法，按图样要求锉成 20mm×20mm×116mm 的长方体。

2) 以长面为基准锉一端面，达到垂直。并以此长面和端面为基准，用錾口榔头样板划出形体加线(两面同时划出)。

3) 按图样尺寸划 4～3.5×45°倒角加工线。锉削倒角的方法；先用圆锉粗锉出 *R*3.5 圆弧，然后用粗、细平锉粗、精锉倒角，再用圆锉精加工*R*3.5圆弧；然后用推锉法

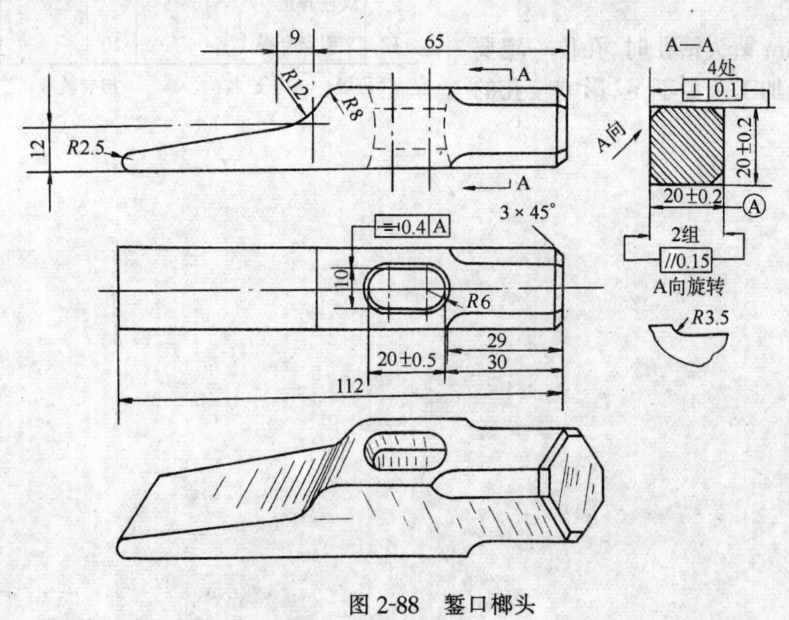

图 2-88　錾口榔头

修整，并用砂布打光。

4）按图样尺寸划出腰孔加工线及检查圆的检查线，并用9.8mm的钻头钻孔。

5）用圆锉锉通两孔，然后用整形锉按尺寸要求锉好腰孔。

6）按划线在 $R12$ 处钻 $\phi5$ 孔，然后用手锯按加工线（放锉削余量）锯去多余部分。

7）用半圆锉按加工线粗锉 $R12$ 的内圆弧面，用平锉粗锉斜面与 $R8$ 外圆弧面。再用细平锉精锉斜面，用半圆锉精锉 $R12$ 内圆弧面后，再用细平锉精锉 $R8$ 外圆弧面。最后再用细平锉、半圆锉作推锉修整，达到各形面连接光洁、圆滑，纹理整齐。

8）锉 $R2.5$ 圆头，并保证工件总长为112mm。

9）八角端部棱边倒角 $2\times45°$。

10）交件检验。

11）工件检验后，再将腰孔倒出1mm的弧形喇叭口；20mm端面锉成略呈凸弧形面，用砂布将各面打光，然后将工件两端热处理淬硬。

（4）操作注意

1）加工四角 $R3.5$ 内圆弧时，横向要锉准锉光，然后推光就容易了，且圆弧夹角处也不会坍脚。

2）用 $\phi9.8$mm钻头钻孔时，孔位一定要正确，否则会造成加工余量不足，影响腰孔的正确加工。

3）锉腰孔时，先锉两侧平面，后锉两端弧面。在锉腰孔两侧平面时，要控制好锉刀的横向移动，防止锉坏两端弧面。

4）加工 $R12$ 与 $R8$ 内外弧面时，横向必须平直，并与侧平面垂直，才能使圆弧面连接正确。

（5）考核评分见表2-14

錾口榔头制作考核评分表　　表2-14

项次	考核项目	配分	考核记录	得分
1	尺寸要求20±0.2（2处）	8		
2	平行度0.15（2处）	6		
3	垂直度0.1（4处）	5		
4	3.5×45°倒角尺寸正确	5		
5	R3.5内圆弧连接圆滑无坍角	5		
6	R12与R8圆弧面连接圆滑	15		
7	舌部斜面平直度0.1	15		
8	腰孔长度20±0.5	8		
9	腰孔对称度±0.4	8		
10	R2.5圆弧面圆滑	10		
11	倒角均匀，各棱线清晰，纹理齐正	5		
12	文明安全操作	10		

班级：　　姓名：　　　指导教师：

第3章 焊接基本操作

焊接是将两个或两个以上的工件,按一定的形式和位置永久性连接在一起的方法。随着现代建筑施工技术的不断发展,焊接技术在建筑电气安装施工中应用越来越广泛,在施工、安装现场,焊接操作的比例也越来越大。因此,为适应建筑电气安装工程施工技术发展的需要,建筑电气安装工人应掌握手工电弧焊、气焊和烙铁钎焊的基本操作技能。

3.1 手工电弧焊

手工电弧焊是利用手工操纵焊条进行焊接的电弧焊方法如图3-1所示。

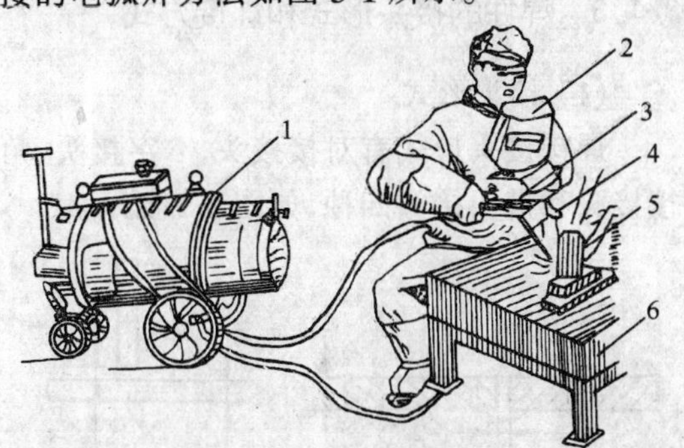

图3-1 手工电弧焊操作
1—电焊机;2—面罩;3—焊钳;
4—焊条;5—焊件;6—工作台

焊接操作时,焊条和焊件分别作为两个电极,利用焊条与焊件之间产生的电弧热量来熔化焊件金属,冷却后形成焊缝。

3.1.1 电焊工具的使用方法

(1) 电焊机

电焊机是进行手弧焊的主要设备,它是用来进行电弧放电的电源,分交流焊机和直流焊机两类。建筑工地上常用的是交流电焊机,它实质上是一种特殊降压变压器,即电焊变压器,如图3-2所示。

焊接时,要使焊机输出合适的电流,可进行电流调节,在焊机侧面反时针转动调节手柄,使活动铁芯向外移动,则电流增大;顺时针转动手柄则电流减小。

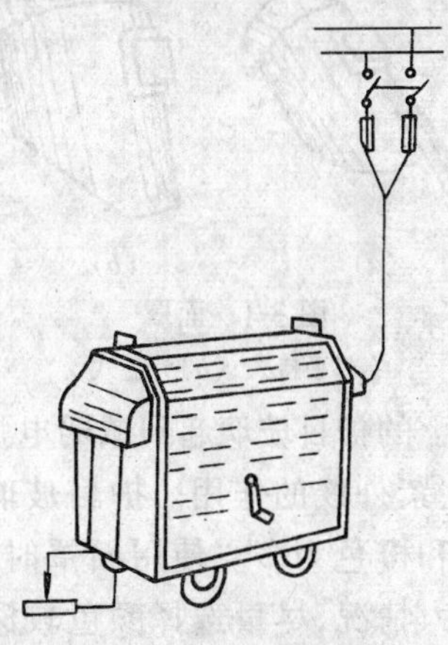

图3-2 交流电焊机

电焊机在使用中应注意通风良好、防雨、防尘、防腐蚀、防高温;要注意配电开关、熔丝容量、导线截面及电源电压是否符合技术要求;使用前检查焊机各部位应接线正确,接触良好;焊机外壳应有良好接地、焊钳与焊件不得碰在一起,以防短路。如发生故障或有异常现象时,立即切断电源,及时检查修理。

(2) 电焊钳和面罩

1) 电焊钳:是用来夹持焊条并传导焊接电流进行焊接操作的工具,如图3-3所示。

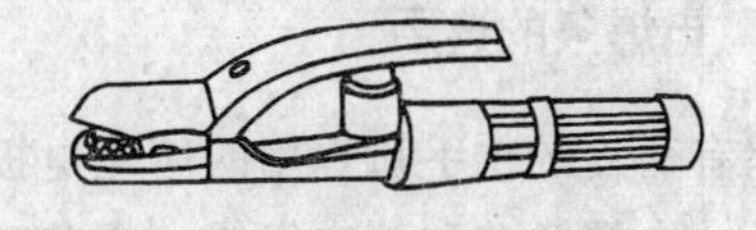

图3-3 电焊钳

电焊钳的手柄有良好的绝缘和隔热作用,在任何角度上都能迅速牢固地夹持不同直径的焊条,夹持面导电良好。使用中要注意电焊钳与电缆的连接要牢固;带电后电焊钳不得与焊件接触;钳口要保持清洁。

2) 面罩:是保护电焊工的眼睛和面部不受电弧光的辐射和灼伤,并能正常进行操作的防护工具。用红色或褐色硬纸板压制而成,有手持式和头盔式两种如图 3-4 所示。

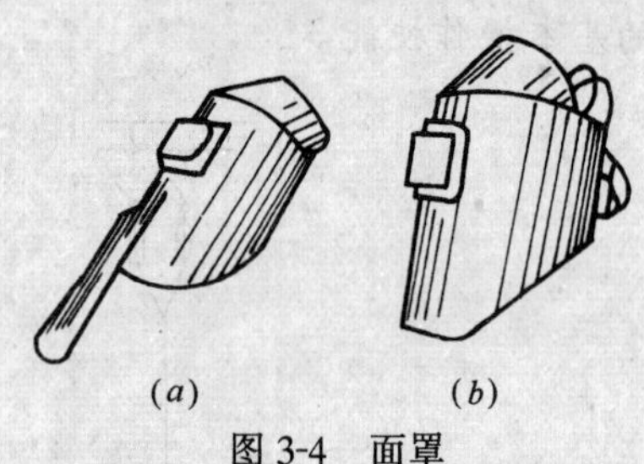

图 3-4 面罩
(*a*)手持式;(*b*)头盔式

面罩上的护目玻璃起到减弱电弧光并过滤红外线、紫外线的作用。护目玻璃的颜色以黑绿色和橙色为多。使用面罩时,应根据自己的视力情况,尽量选择颜色较深的护目玻璃以保护视力。在护目玻璃外还应加装相同尺寸大小的普通白玻璃,以防金属飞溅护目玻璃。

(3) 电焊手套和脚盖

电焊手套是保护焊工手臂不受损伤和防止触电的专用护具。使用时如手套破损应及时修补或更换。

脚盖是保护焊工的脚腕不受损伤而使用的保护用品。

(4) 清理工具

它包括凿子、尖头渣锤、钢丝刷、锉刀、榔头等。主要用于清理和修理焊缝,清除渣壳及飞溅物,挖除焊缝中的缺陷。

3.1.2 电焊条的选用

涂有药皮的供手弧焊用的熔化电极称为电焊条。由焊条芯和药皮组成。焊条直径是指焊芯的直径分 1.6、2.0、3.2、4.0、5.0、5.8、6mm 等几种规格。长度在 250～450mm 之间。

电工常用的电焊条是结构钢焊条。选用电焊条的直径主要取决于焊接工件的厚度。工件越厚,选用焊条的直径越大;一般焊条的直径不超过焊件的厚度。厚度在 4～12mm 的焊件,常用焊条的直径是 3.0～4.0mm。不同直径的焊条,在焊接时应选用不同的电流值。ϕ3.2 焊条的电流是 100～130A,ϕ4.0 焊条的焊接电流在 180A 左右。

焊条在使用中应注意,要使用符合国家标准,有产品合格证的焊条;焊条的密封包装应随用随拆,不要过早拆开。不用时应存放于干燥通风的室内,存放时间不宜过长。

3.1.3 焊件的接头形式和焊接方式

(1) 接头形式

焊接接头形式有对接接头、T 字接头、角接接头和搭头接头四种,如图 3-5 所示。

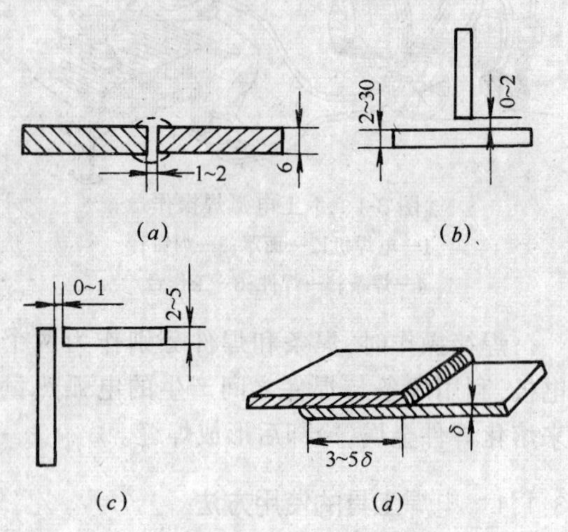

图 3-5 接头形式
(*a*)对接接头;(*b*)T 字接头;
(*c*)角接接头;(*d*)搭头接头

焊接时工件接头的对缝尺寸是由焊件的接头形式、焊件厚度和坡口形式决定。电工自行操作的焊接工件通常是角钢和扁钢,一般不开坡口,对缝尺寸是 0～2mm。

(2) 焊接方式

焊接方式分平焊、立焊、横焊和仰焊四

种，如图 3-6 所示。选用何种方式，应根据焊接工件的结构、形状、体积和所处的位置不同选择不同的焊接方式。

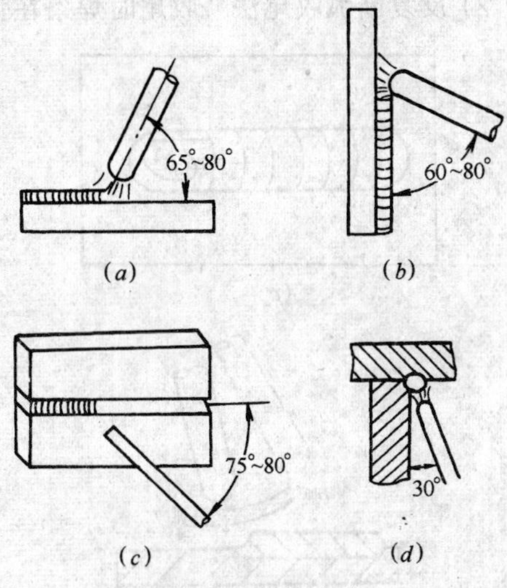

图 3-6　焊接方式
(a)平焊；(b)立焊；(c)横焊；(d)仰焊

平焊时，焊缝处于水平位置，操作技术容易掌握，采用焊条直径可大些，生产效率高，也容易出现熔渣和铁水分不清的现象。焊接所用的运条方法均为直线形，焊条角度如图 3-6(a)所示。焊件若需两面焊时，焊接正面焊缝，运条速度就慢些，以获得较大的深度和宽度。焊反面焊缝时，则运条速度要快些，使焊缝宽度小些。

横焊和立焊时，由于熔化的金属因自重下淌产生未焊透和焊瘤等缺陷，所以要用较小直径的焊条和较短的电弧焊接，焊条角度如图 3-6(c)所示，焊接电流要比平焊时小 12%～15%。

仰焊操作难度高，焊接时要采用较小直径的焊条，用最短的电弧焊接。

3.1.4　焊接方法

手工电弧焊基本的焊接操作方法是引弧、运条和收尾。

(1) 引弧

手工电弧焊时引燃焊接电弧的过程，即产生电弧的方法称为引弧。

手工电弧焊是采用低电压、大电流放电产生电弧，依靠电焊条瞬时接触工件而实现。引弧时必须将焊条末端与焊件表面接触形成短路，然后迅速将焊条向上提起 2～4mm 的距离，此时电弧即引燃。引弧的方法有划擦法和接触法两种，如图 3-7 所示。

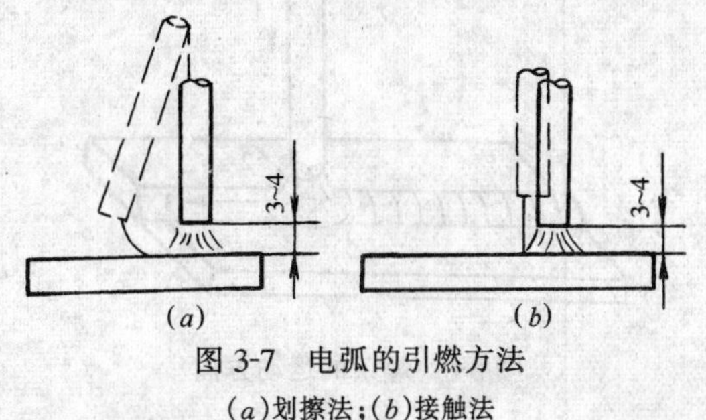

图 3-7　电弧的引燃方法
(a)划擦法；(b)接触法

1) 划擦法：也称线接触法或摩擦法。是将焊条在坡口上滑动，成一条线，当端部接触时，发生短路，因接触面很小，温度急剧上升，在未熔化前，将焊条提起，产生电弧的引弧方法。如图 3-7(a)所示。

划擦法引弧比较容易掌握，但如使用不当时，会擦伤焊件表面。为减少焊件表面的损伤，应在焊接坡口处擦划，擦划长度以20～25mm 为宜。在狭窄地方焊接或焊件表面不允许有划伤时，不应采用划擦法引弧。

2) 接触法：也称点接触法或称敲击法。是将焊条与工件保持一定距离，然后垂直落下，使之轻轻敲击工件，发生短路，再迅速将焊条提起产生电弧的引弧方法。

接触引弧法适用于各种位置的焊接，但较难掌握，焊条的提起动作太快并且提得过高，电弧易熄灭；动作太慢，会使焊条粘在工件上。当焊条一旦粘在工件上，应迅速将焊条左右摆动，使之与焊件分离；如不能分离时，应立即松开焊钳，切断电源，以免短路时间过长而损坏电焊机。

(2) 运条

电弧引燃后，就开始正常的焊接过程，为获得良好的焊缝成形，焊条的不断运动就称为运条。焊条的运动主要沿三个方向移动。朝熔池方向作逐渐送进动作1,用来维持电弧的长度,焊条的送进速度要与焊条熔化速度相适应;作横向摆动动作2;沿焊接方向逐渐移动3。三种运动的速度要配合得当,如图3-8所示。

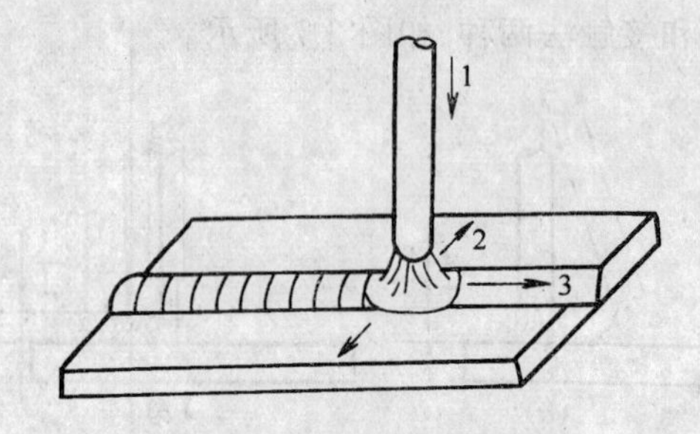

图3-8 焊条的运动方向

焊条的运动速度也称焊接速度,即单位时间内完成的焊缝长度。焊接速度对焊缝成形的影响如图3-9所示。

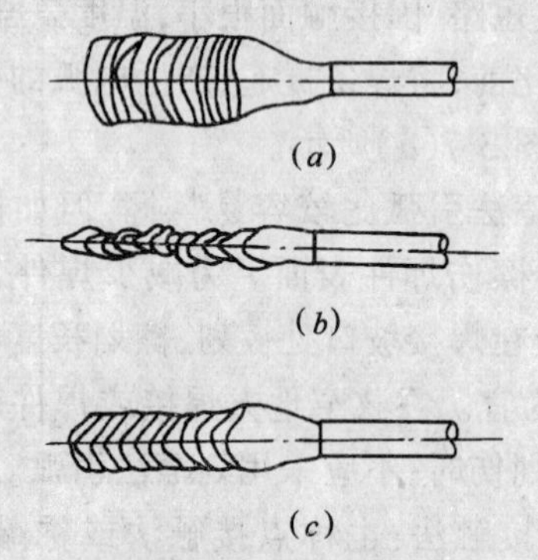

图3-9 焊接速度对焊缝成形的影响

(a)太慢;(b)太快;(c)适中

焊接速度太慢,会焊成宽而局部隆起的焊缝;太快会焊成断续细长的焊缝;速度适中才能形成表面平整、焊波细致而均匀的焊缝。

(3) 焊缝的起头和收尾

焊缝的起头是指刚开始焊接时的焊接部分。引弧后,先将电弧稍拉长,给开始焊接的部位加热,然后将电弧长度缩短进行正常焊接。当电弧中断或焊缝焊完时,焊条要在焊缝的终点或中断处作划圆运动,把收尾处的弧坑填满,提起焊条,拉断电弧。常用的收尾动作有以下几种,如图3-10所示。

1) 划圈收尾法　焊条移至焊缝终点时,作圆圈运动,直到填满弧坑再拉断电弧。主要适用于厚板焊接的收尾。

2) 反复断弧收尾法　收尾时焊条在弧坑处反复熄弧、引弧数次,直到填满弧坑为止。一般用于薄板和大电流焊接。

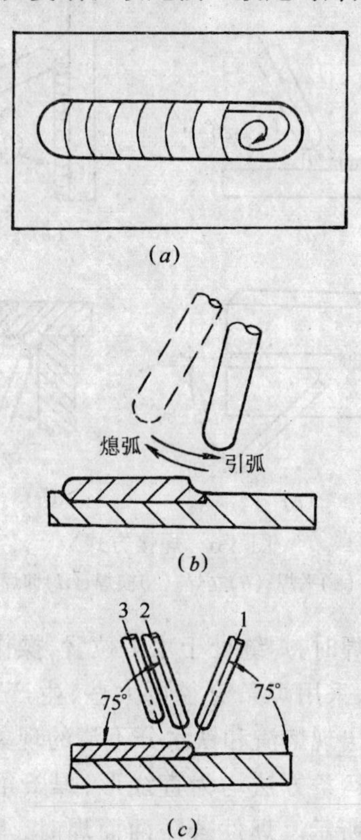

图3-10 焊缝收尾法

(a)划圈收尾法;(b)反复断弧收尾法;(c)回焊收尾法

3) 回焊收尾法　焊条移至焊缝收尾处立即停止,并改变焊条角度回焊一小段,适用于碱性焊条。

3.1.5 安全技术知识

1) 在电弧焊场所周围,应置有灭火器材。不准在堆有易燃易爆物的场所进行焊接。必需焊接时,一定要在相距5m距离外,并有安全防护措施。

2) 与带电体要相距1.5～3m的安全距离。禁止在带电器材上进行焊接。

3) 禁止在具有气、液体压力的容器上进

行焊接，对密封的或盛装的物品性能不明的容器不准焊接。

4）在有5级风力的环境中，不准焊接，以防火星飞溅引起火灾。

5）焊接需用局部照明时，均应用12～36V的安全灯；在金属容器内焊接，必须有人监护。

6）必须带防护遮光面罩，以防电弧灼伤眼睛。必须穿上工作服、脚盖、手套等防护用品。在潮湿环境焊接时，要穿绝缘鞋。

7）电焊机外壳和接地线必须要有良好的接地；焊钳的绝缘手柄必须完整无缺。

3.1.6 焊接操作实习训练

手工电弧焊的焊接工作具有较广泛的适用性，因此，电气技术工人掌握焊接的基本操作是非常必要的。通过焊接基本技能的操作训练，要求达到基本掌握正确的焊接姿势、焊接方法，并达到一定的焊接质量。

（1）设备及模拟操作练习

1）准备：

BX_1-330交流焊机、焊接电缆、焊钳、面罩、焊条、敲渣锤、活动扳手等，焊接实习车间。

2）内容及要求：

A. 认识并记录电焊机的铭牌。由实习指导教师讲解、介绍，了解电焊机铭牌或说明书中主要名词术语的含义。

B. 在实习教师指导下，了解常用电焊机的类型和所用焊机的结构、特点、工作原理以及电焊机的日常维护、故障排除。

C. 观察实习教师的操作示范，掌握电焊机外部电源接线、焊接电缆连接、焊件与地线等接线方法；掌握各控制开关、操作手柄的用途。

D. 了解并掌握电焊防护工具，脚盖、手套、面罩等的使用方法和黑色玻璃的选用、安装方法，以及焊接操作中的安全注意事项。

3）考核评分见表3-1。

设备及模拟操作练习考核评分表 表3-1

项次	考核项目	配分	考核记录	得分
1	检查实习笔记，内容齐全	10		
2	焊机外部电源接线正确、规范	20		
3	焊接电缆连接牢固可靠	20		
4	焊件与地线连接正确	15		
5	电源控制开关操作顺序正确	20		
6	正确选用、安装防护玻璃	15		

班级：　　姓名：　　指导教师：

（2）引弧、运条模拟操作练习

1）准备：

焊钳、E4303ϕ3.2焊条，模拟练习位置（用黄沙）。

2）操作要领及要求：

将焊条夹持在焊钳上，作平焊蹲势，在黄沙上用划擦法或接触法作模拟引弧练习，如图3-11所示。每次3～5min，反复练习至熟练。

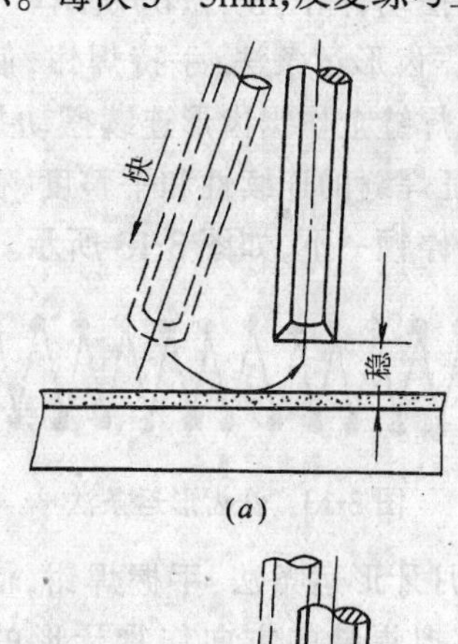

(*a*)

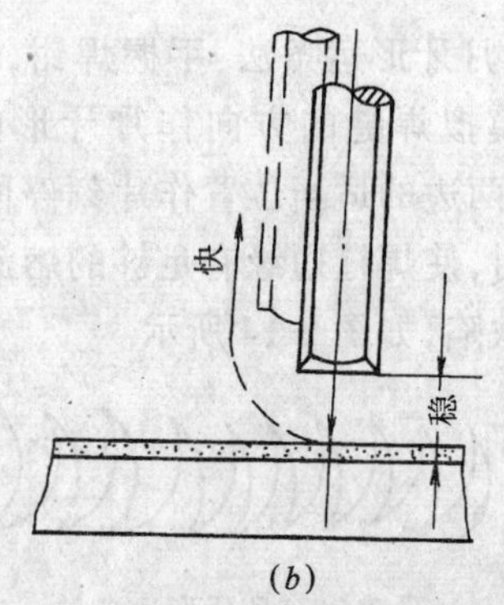

(*b*)

图3-11 在黄沙上作引弧模拟练习
(*a*)划擦引弧法；(*b*)接触引弧法

在掌握了模拟引弧基本动作手法后，抹平黄沙上的引弧痕迹，划出模拟焊缝，作平焊蹲势，手握焊钳，用焊条末端沿模拟焊缝作直线形、直线往返形、锯齿形、月牙形、三角形和圆圈形等运条方法的手法练习。操作要领如下：

A．直线形运条法：运条时，手腕保持稳定，焊条不要横向摆动，并沿划出的模拟焊缝方向稳稳移动，如图 3-12(*a*)所示。

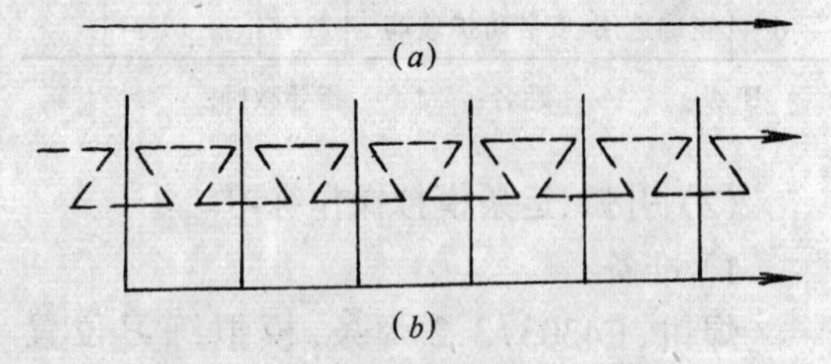

图 3-12　直线形、直线往返形运条法

(*a*)直线形；(*b*)直线往返形

B．直线往返形运条法：手握焊钳，用手腕的摆动，使焊条末端沿模拟焊缝的纵向作来回直线摆动，如图 3-12(*b*)所示。

C．锯齿形运条法：手持焊钳，使焊条末端在模拟焊缝上作锯齿形连续摆动并向前移动，为保证焊缝的连续性和平整度，在锯齿形的两边稍停顿一下，如图 3-13 所示。

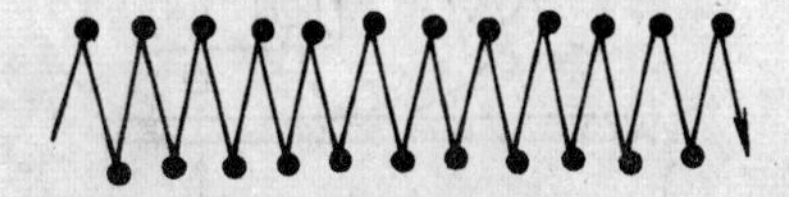

图 3-13　锯齿形运条法

D．月牙形运条法：手握焊钳，使焊条尖端沿着模拟焊缝的方向作月牙形的左右摆动，并在两边的适当位置作片刻停留，以保证在焊接时，使焊缝边缘有足够的熔深，防止产生咬边缺陷，如图 3-14 所示。

图 3-14　月牙形运条法

E．三角形运条法：手握焊钳，使焊条尖端在模拟焊缝上作连续三角形运动，并不断向前移动，根据适用范围的不同，可分为斜三角和正三角形两种运条方法，如图 3-15 所示。

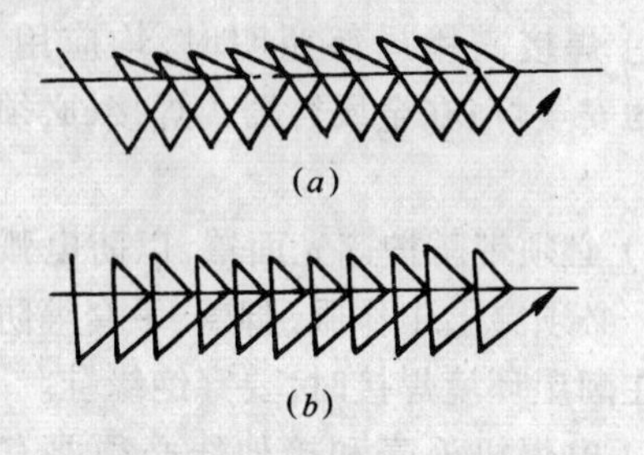

图 3-15　三角形运条法

(*a*)斜三角形运条法；(*b*)正三角形运条法

F．圆圈形运条法：手握焊钳，将焊条尖端在模拟焊缝上连续作圆圈运动，并不断前进。圆圈运条法分有正圆圈和斜圆圈运条两种，如图 3-16 所示。

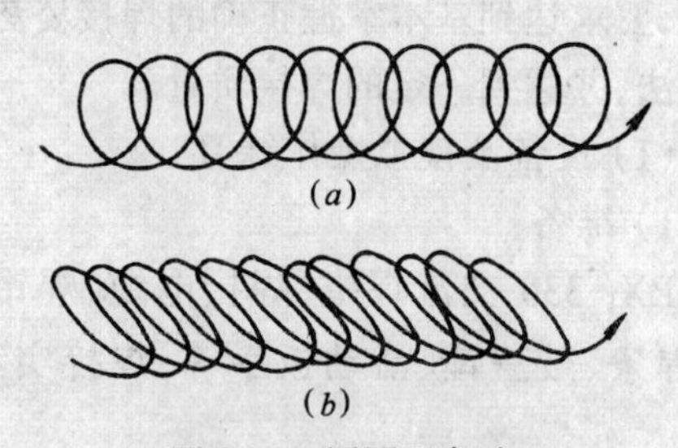

图 3-16　圆圈运条法

(*a*)正圆圈运条法；(*b*)斜圆圈运条法

要求按上述运条方法和过程反复模拟练习，达到基本掌握操作技术要点的目的。

3）考核评分见表 3-2。

引弧、运条模拟练习考核评分表　表 3-2

项 次	考 核 项 目	配 分	考核记录	得　分
1	操作姿势	10		
2	引弧方法	30		
3	运条方法	50		
4	安全文明操作	10		

班级：　　　姓名：　　　指导教师：

(3) 引弧与平敷焊操作练习

1）准备：

A．BX_1-330 电焊机、E4303ϕ3.2 焊条、

敲渣锤、手锤、錾子、钢丝刷、活动扳手、样冲、焊钳、面罩等。实习材料 Q235、150mm×100mm×10mm、操作平台。

B. 技术要点如图 3-17 所示。

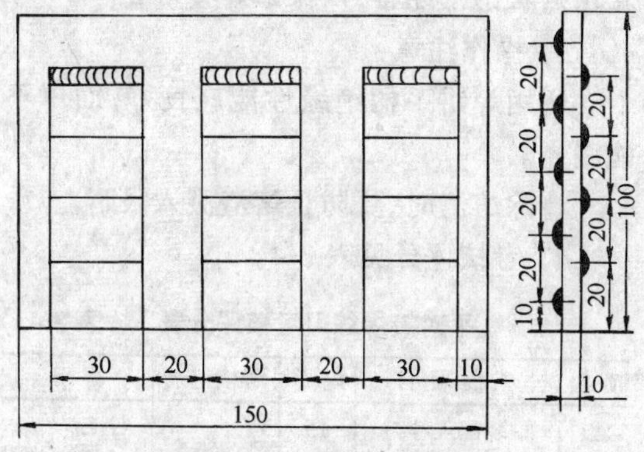

图 3-17 平敷焊技术要点

2) 操作要领：

A. 引弧步骤：检查电焊机各部位连接正确，开启电源开关，调节适当大的焊接电流，作平焊蹲势，手持焊钳、面罩，看准引弧位置。用面罩挡住面部，将焊条对准引弧处，用划擦法或接触法引弧，如图 3-18 所示。

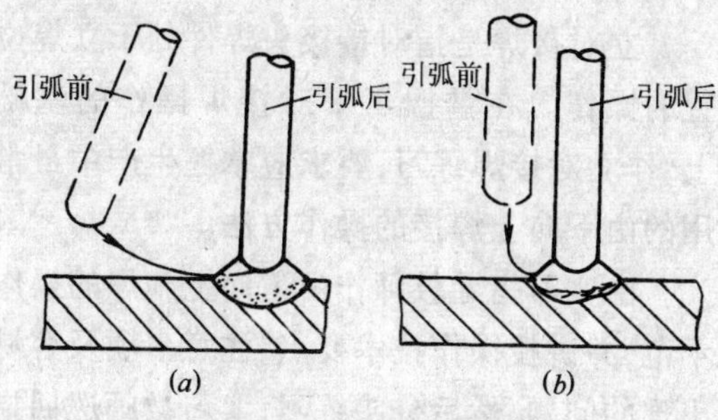

图 3-18 引弧方法

(*a*)划擦法引弧；(*b*)接触法引弧

提示：焊条接触法引弧，焊条与焊件表面垂直撞击，当焊条与焊件短路时，立即将焊条向上提起，保持与焊条直径相等的距离。

焊条划擦法引弧，应先打磨焊条导电处的药皮，像划火柴一样，使焊条末端在焊件上迅速划擦，出现弧光，立即提起，保持与焊条直径相等的电弧长度。

反复练习上述两种引弧方法至熟练继续平敷焊练习。

B. 平敷焊操作步骤：

熟悉图样的技术要点，检查坯料，清除污锈，并用砂布打光待焊处直至露出金属光泽；按图样要求，在钢板上划出两面焊缝的位置，并打上样冲眼作标记。

启动电焊机，用划擦法或接触法引弧并起头，同时用直线形和月牙形运条，手腕放平，使弧长保持在与焊条直径相适应的范围内；运条速度不可过快，焊条角度在 70°～80° 为宜，如图 3-19 所示。

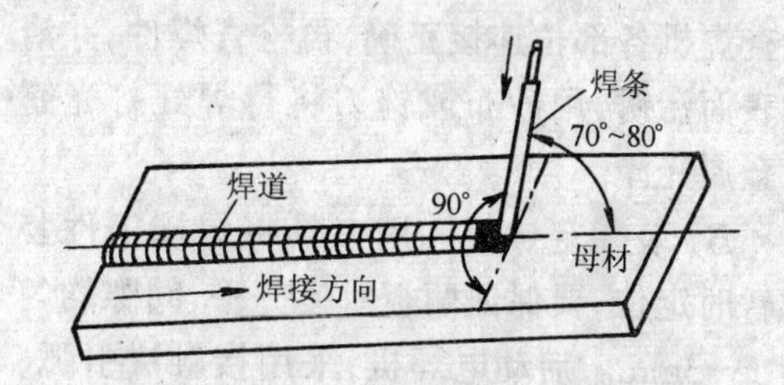

图 3-19 平敷焊操作

提示：要使各条焊缝达到图样要求的尺寸，必须反复练习，达到正确熟练地掌握和运用焊缝的起头、运条、连接和收尾的方法。

3) 操作注意：

A. 穿戴好规定的防护用品，所用面罩不能漏光。注意电弧光灼伤眼睛。

B. 焊接工位之间要有屏风隔挡，避免他人受弧光伤害。

4) 考核评分见表 3-3。

引弧与平敷焊练习评分表　　表 3-3

项次	考核项目	配分	考核记录	得分
1	引弧方法	10		
2	电弧稳定	10		
3	运条方法	15		
4	焊缝宽度	30		
5	焊缝高度	25		
6	安全文明操作	10		

班级：　　　　姓名：　　　　指导教师：

(4) 平对接焊练习

平对接焊是在平焊位置上焊接对接接头

的一种操作方法，也是电气技术工人应掌握的最基本的焊接操作方法。因此要在实习指导教师的指导下，反复练习，认真领会，达到熟练掌握。

1）准备：

BX_1-330电焊机、E4303ϕ3.2焊条、电焊工具、实习焊接工件300mm×100mm×5mm钢板两块一组、焊接平台。

2）操作要领及要求：

A. 在实习指导教师的示范指导下，先检查焊机各部位连接正确，再检查焊件，并清除表面污锈，用砂布或锉刀将待焊处打光露出金属光泽。

B. 装配定位焊。用夹具将焊接工件装配暂时定位，要保证两板对接齐平，间隙均匀为1～3mm。启动电焊机，采用接触法引弧，对工件实现定位焊。要求定位焊缝错边不大于0.5mm；焊缝长度和间距如图3-20所示。

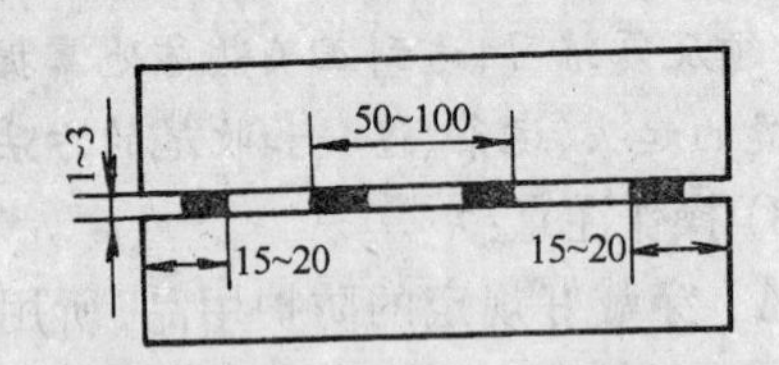

图3-20 装配及定位焊要求

C. 定位焊检查校正合格。先进行正面焊接，选用ϕ3.2焊条，调节焊接电流在90～120A之间，用接触法引弧，作短弧直线往返形运条焊接；为获得较大的熔深和宽度，运条速度可慢些，焊条角度在65°～80°为宜，如图3-21所示。

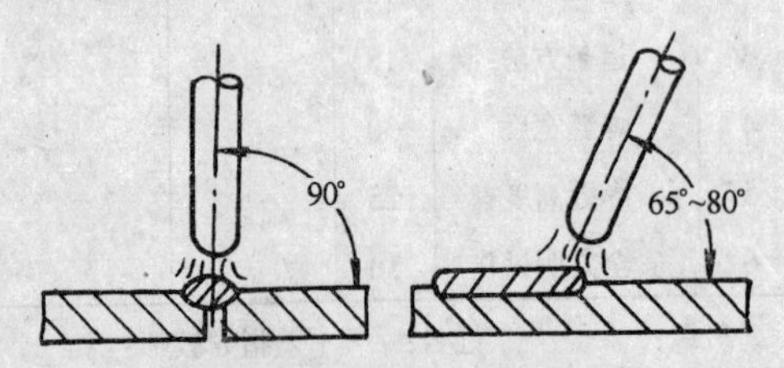

图3-21 平对接焊操作

D. 正面焊接完毕后，用钳子将焊件翻转，清除熔渣，用ϕ3.2焊条进行反面封底焊。这时，焊接电流可稍调大些，运条速度稍快，采用直线形运条且稍作摆动，以熔透弧坑为原则。

提示：当要换焊条时，动作要快，使焊缝在炽热状态下连接，以保证焊接质量。

3）操作注意：

所用焊钳手柄绝缘性能应良好，面罩不能漏光。

清除熔渣时，要防止熔渣溅入眼睛。

4）考核评分见表3-4。

平对接焊练习考核评分表　　表3-4

项次	考核项目	配分	考核记录	得分
1	装配尺寸	15		
2	定位焊尺寸	15		
3	表面接头质量	30		
4	焊缝宽度	15		
5	焊缝夹渣、气孔	15		
6	安全文明操作	10		

班级：　　姓名：　　指导教师：

(5) 立对接焊基本操作练习

立对接焊是指对接接头焊件处于立焊位置的操作。在掌握了平对接焊操作的基础上，作立对接焊练习，要求应掌握生产中最常用的由下向上焊接的操作方法。

由实习指导教师作由下向上施焊的操作示范，并讲授操作技术要点，注意事项及容易出现的问题，然后分头练习，实习教师巡回指导。

1）准备：BX_1-330电焊机、E4303ϕ3.2、ϕ4.0焊条、电焊工具、实习焊接工件200mm×150mm×5mm钢板两块一组、焊接平台。

2）操作要领及要求：

A. 检查焊件、清除表面污、锈，将待焊件固定在操作平台上。

B. 开启电焊机，调节比平对焊小10%～15%的焊接电流，用直径3.2mm或

4mm 焊条,采用正握法的持钳方法,由下向上用弧长不大于焊条直径的短弧焊接。焊条与两板之间保持 90°,向下与焊缝成 60°~80°,如图 3-22 所示。

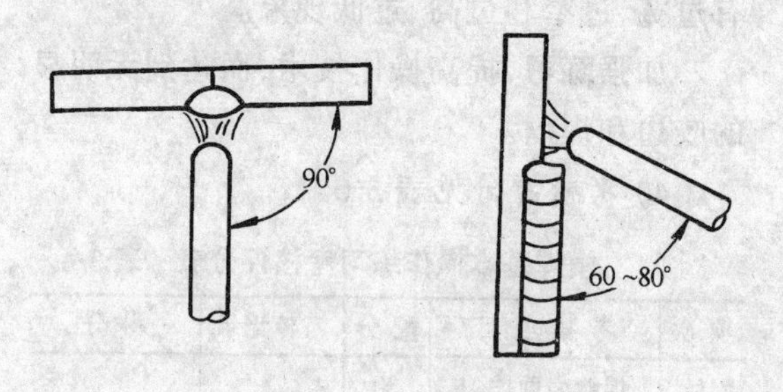

图 3-22 立对接焊操作

C. 引燃电弧开始焊接时,注意应先将电弧稍拉长进行预热片刻,随后压低电弧,用锯齿形运条法焊接,并在两边稍作停留,用灭弧收尾法填满弧坑。

提示:焊接操作中,可将自己的臂膀轻轻贴靠在上体的肋部或上腿、膝盖,使手臂有所依托,运条就比较平稳、省力。

3) 操作注意:

焊接时穿戴好防护用品、面罩不能漏光;焊缝表面应均匀,接头处不应接偏或脱节。

4) 考核评分见表 3-5。

立对接焊练习考核评分表　　表 3-5

项次	考核项目	配分	考核记录	得分
1	焊缝表面均匀	30		
2	焊缝宽度	20		
3	焊缝接头质量	30		
4	夹渣、气孔	10		
5	文明安全操作	10		

班级:　　　　姓名:　　　　指导教师:

(6) 横焊基本操作练习

横焊操作是焊体处于垂直而接口处于水平方位的一种焊接操作。是生产中常用的焊接操作方法,通过练习应初步掌握横焊的基本操作方法。

1) 准备:

BX-330 电焊机、焊条 E4303ϕ3.2mm、电焊工具,焊接工件钢板 200mm × 150mm × 5mm 两块一组。

2) 操作要领及要求:

A. 横焊时,由于重力作用,熔化金属容易下淌而使焊缝上边出现咬边,下边出现焊瘤和未熔合等缺陷,如图 3-23 所示。因此焊接时要采用短弧焊接,选用较细的焊条和较小的焊接电流及正确的运条操作。

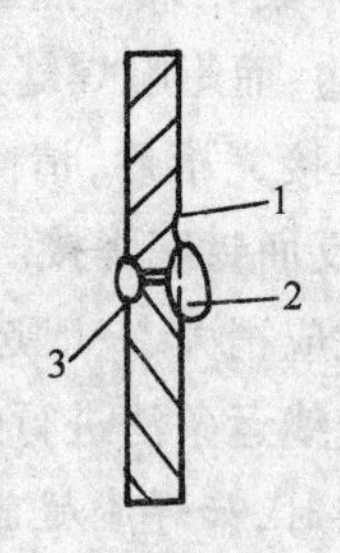

图 3-23 横焊易产生的缺陷

1—咬肉边;2—焊瘤;3—未焊透

B. 检查焊件,清除表面污、锈,并将焊件固定在操作平台上。启动电焊机,调节比立对接焊小 10%~15% 的焊接电流。

C. 采用 ϕ3.2mm 的焊条焊正面。右手臂的操作动作与立对接焊操作相似。横焊操作方法如图 3-24 所示。焊条向下倾斜与水平面成 45°左右夹角,如图 3-24(*b*)所示,使电弧吹力托住熔化金属,防止下淌;同时焊条向焊接方向倾斜,与焊缝成 70°左右夹角,如图 3-24(*a*)所示。

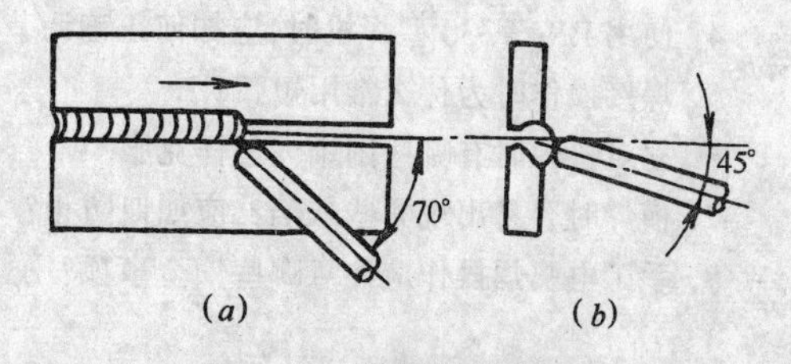

图 3-24 横焊操作方法

D. 焊接运条时,可采用短弧直线形或小斜圆圈形运条手法。斜圆圈的斜度与焊缝

中心约成45°角，以得到合适的熔深，如图3-25所示。

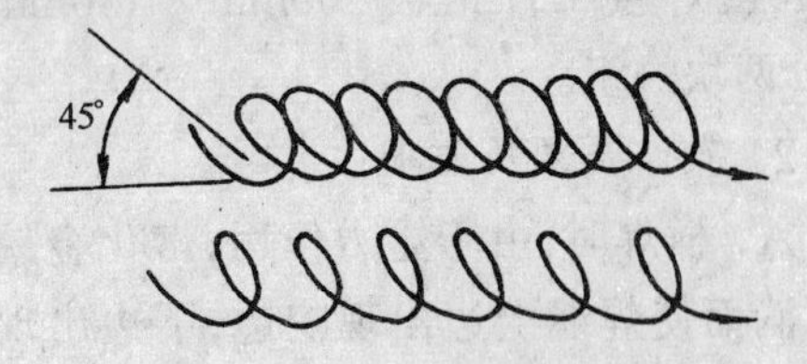

图3-25　对接横焊的运条手法

焊接速度应稍快并均匀，避免焊条的熔化金属过多地聚集在某一点上，形成焊瘤和在焊缝上部咬边，而影响焊缝成形。

E. 正面焊接完毕后，清除熔渣，用同样操作方法进行反面封底焊接。这时应选用细焊条，焊接电流应稍大，一般选平焊用的焊接电流强度，用直线运条法进行焊接。

提示：焊接时，如焊渣超前，要用焊条前沿轻轻地拔掉，否则熔滴金属会随之下淌。

3）操作注意：

焊缝表面、宽度和余高应基本均匀，不应有过宽、过窄和过高、过低现象。

加强练习，提高操作技术，而达到无明显的咬边和焊瘤。

4）考核评分见表3-6。

横焊基本操作练习考核评分表　表3-6

项次	考核项目	配分	考核记录	得分
1	焊缝表面均匀	30		
2	焊缝高度、宽度	20		
3	夹渣、气孔	20		
4	咬边、焊瘤	20		
5	文明安全操作	10		

班级：　　　　姓名：　　　　指导教师：

小　结

正确熟练的使用手工电弧焊工具是安全正常地进行电焊操作的最基本要求。

焊接质量决定于焊接技术的熟练程度，而正确使用、检验与维护电焊设备是保证质量的前提。

注意理论联系实践，在反复练习的过程中掌握手工电弧焊的基本操作技术。

习　题

1. 手工电弧焊引弧有哪几种方法？应如何正确操作？
2. 生产中经常采用的运条手法有哪几种？
3. 如何防止引弧时焊条粘住焊件？
4. 使用BX_1—330型焊机时，应如何正确调节焊接电流？
5. 焊接操作时为什么常用短弧？
6. 立对接焊时有哪些困难？怎样克服？
7. 横焊时容易出现哪些缺陷？应如何防止？
8. 手工电弧焊操作应注意哪些安全事项？

3.2　气焊基本操作

气焊是利用可燃气体与助燃气体混合燃烧所释放出的热量作热源，进行金属焊接的一种方法。其操作方法如图3-26所示。

气焊是一种手工操作，主要用于焊接薄钢板、有色金属、铸铁补焊、堆焊硬质合金及

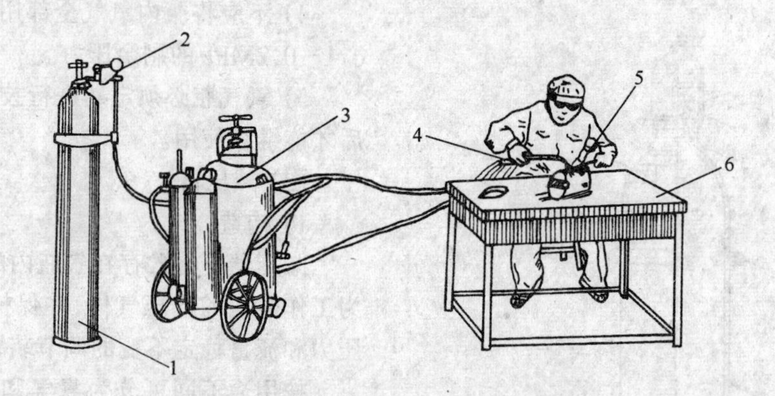

图 3-26　气焊操作

1—氧气瓶；2—减压器；3—乙炔发生器；4—焊炬；5—焊件；6—工作台

零部件磨损后的补焊等。其优点是设备简单，不需电源，搬运、操作方便，被广泛应用于工业生产和建筑施工中。为适应电气工程施工的需要，电气工人应掌握气焊的基本操作技能。

3.2.1　气焊设备与工具

气焊的设备包括氧气瓶、乙炔发生器或乙炔气瓶以及回火保险器等；工具包括焊炬、减压器及橡皮气管等。这些设备和工具的连接如图 3-27 所示。

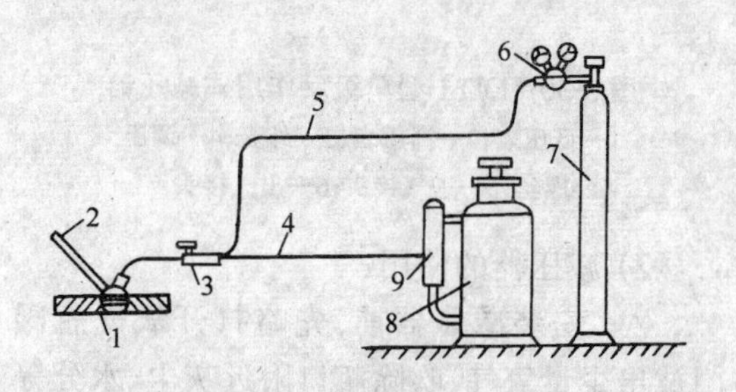

图 3-27　气焊设备和工具示意图

1—焊件；2—焊丝；3—焊炬；4—乙炔橡皮气管；5—氧气橡皮气管；6—氧气减压器；7—氧气瓶；8—乙炔发生器；9—回火防止器

(1) 氧气

气焊是利用可燃气体与氧气混合燃烧的火焰加热金属的。氧气本身不能燃烧，但它能帮助其他可燃物质燃烧，是助燃物质。发生燃烧必须同时具备三个条件，即可燃物质、氧与氧化剂和导致燃烧着火源。

氧气的纯度对气焊、气割的质量有很大的影响。工业生产用的氧气纯度分为两级：一级纯度不低于 99.2%，用于气焊；二级纯度不低于 98.5%，用于气割。

(2) 氧气瓶和瓶阀的使用

氧气瓶是储存和运输氧气的高压容器，用合金钢经热挤压而制成圆筒形无缝瓶体。工作压力为 15MPa(150 个大气压)，常用氧气瓶的规格为容积 40L，可以储存相当于标准大气压下容积为 6m^3 的氧气。其构造如图 3-28 所示。

氧气瓶阀是控制瓶内氧气进、出的阀门。目前主要采用活瓣式瓶阀，可用扳手直接开启和关闭，使用比较方便，构造如图 3-29 所示。使用时，按逆时针方向旋转手轮，则开启瓶阀气门；顺时针旋转则关闭。

使用氧气瓶时应注意以下安全事项：

1) 直立放置，防止倾倒。运输时避免剧烈碰撞，严禁与油料、可燃气体瓶、可燃物一起运输，防止自燃和爆炸。

2) 夏季防高温，避免阳光曝晒；冬季防寒，但不能用火烤。

3) 取瓶帽时，只能用手和扳手旋取，禁止敲击瓶帽；开启氧气瓶时，要站在出气口侧面，逆时针方向旋转手轮，并注意瓶阀不可开启过猛、过快。

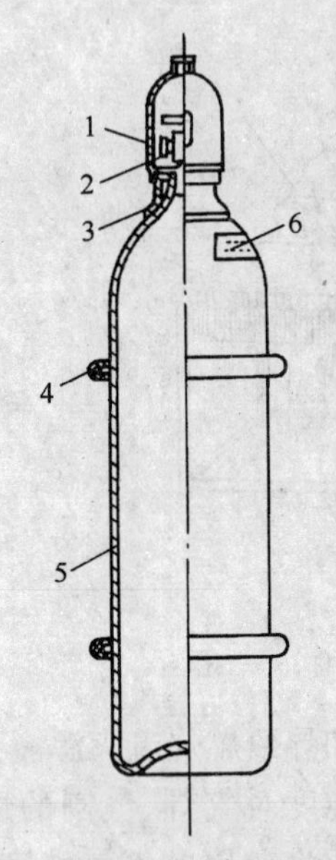

图 3-28　氧气瓶

1—瓶帽；2—瓶阀；3—瓶钳；4—防震圈；5—瓶体；6—标志

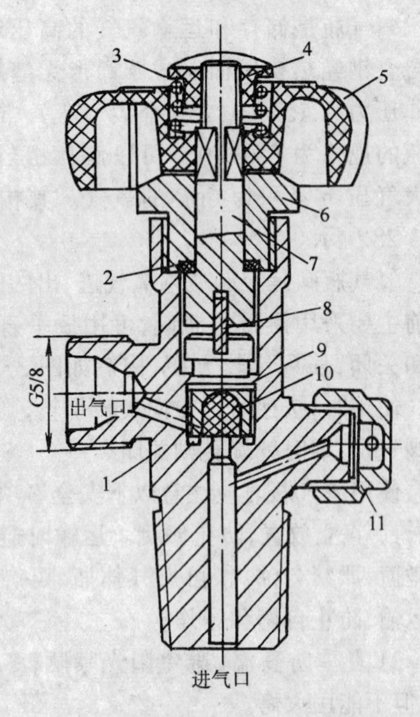

图 3-29　活瓣式氧气瓶阀

1—阀体；2—密封垫圈；3—弹簧；4—弹簧压帽；5—手轮；6—压紧螺母；7—阀杆；8—开关板；9—活门；10—气门；11—安全装置

4）不应将瓶内氧气全部用完，至少要剩0.1～0.2MPa的剩余压力。

5）氧气瓶必须定期进行技术检验，合格后才能继续使用。

(3) 减压器

1）构造：

减压器是将贮存在气瓶内的高压气体降为工作需要的低压气体，并保持输出气体的压力和流量稳定不变的调节装置。

按用途不同可分为氧气和乙炔减压器；按构造不同可分单级式和双级式；按工作原理不同可分为正作用式和反作用式。目前生产中使用较广的是QD-1型单级反作用式减压器，如图3-30所示。

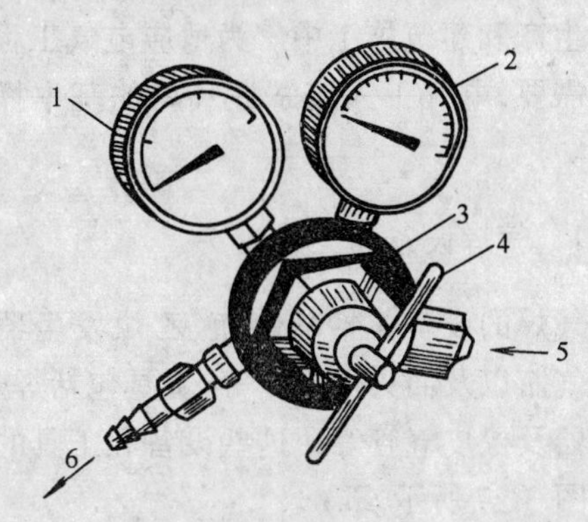

图 3-30　QD-1 型单级反作用式减压器

1—低压表；2—高压表；3—外壳；4—调压螺丝；5—进气接头；6—出气接头

2）减压器的使用：

A. 安装减压器前，先略打开氧气瓶阀门放出少量氧气，吹除瓶口附近灰尘、水分等污物，随即将阀门关闭。

B. 将减压器的螺帽对准氧气瓶的瓶嘴拧紧至不漏气；将减压器出气口与气体橡胶管用金属丝或卡箍拧紧，防止送气后胶管脱开。

C. 使用时气瓶阀门要缓缓开启，不要用力过猛，以防损坏减压器及压力表。且气瓶出气口不得对准操作者或其他人，以免气体冲出伤人。

D. 工作中要经常注意观察工作压力表的压力数值。停止工作时应先松开减压器的调节螺钉，再关闭氧气瓶阀，并把减压器内的气体放尽。工作结束后，将减压器从气瓶上取下，妥善保管。保持清洁，不要粘染油脂、污物。

E. 减压器要定期检修，压力表要定期校验，确保调压的可靠性和压力表读数的准确性。

(4) 乙炔和电石的使用

1) 乙炔：俗称电石气，是气焊用的可燃气体，在工业上是通过电石和水发生反应来制取的。

乙炔是易燃烧、爆炸的气体，当在容器中遇到明火或火星和当容器中温度在300℃以上或压力在0.12MPa以上时，乙炔就会燃烧和爆炸。因而乙炔发生器的工作压力极限规定不得超过0.15MPa；在从事气焊、气割的工作场所、环境应注意通风，周围不得有其他火源。

2) 电石在储存、运输和使用中应注意防水、防火、防爆。盛装电石的桶要加密封盖，以防受潮；开启电石桶不得用铁器敲打，以防产生火星引起爆炸；取用部分电石后，应将桶盖盖严，防止潮气侵入；如发现桶内侵入潮气而膨胀时，应将桶搬至室外，慢慢打开桶盖放出乙炔气。搬运电石桶不宜在下雨天进行，应轻装轻卸；如一旦发生电石桶、电石库起火时，只能用干沙、干粉灭火器或二氧化碳等灭火器扑灭，绝对禁止用水。

(5) 乙炔瓶的使用

1) 构造：乙炔瓶是一种储存和运输乙炔用的压力容器。瓶体由优质碳素钢或低合金钢板材经轧制焊接制成，外形与氧气瓶相似，瓶体和瓶帽外表喷白漆，并用红漆标注“乙炔”和“不可近火”字样。其构造如图3-31所示。

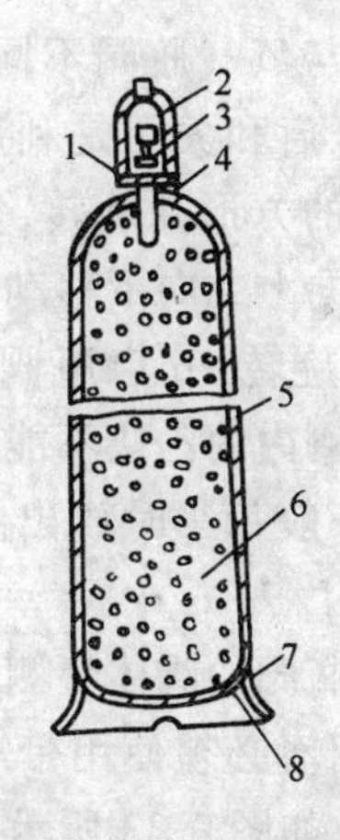

图 3-31 乙炔瓶的构造
1—瓶口；2—瓶帽；3—瓶阀；4—石棉；5—瓶体；6—多孔填料；7—瓶座；8—瓶底

乙炔瓶体内装有浸满丙酮的多孔性填料，使乙炔稳定而安全地储存于乙炔瓶内，目前填料多采用硅酸钙。当使用时，溶解在丙酮内的乙炔就分离出来，通过乙炔瓶阀流出，而丙酮仍留在瓶内，以便溶解再次压入的乙炔。在瓶口中心的长孔内放置过滤用的不锈钢丝网和石棉，其作用是促进乙炔与填料的分离。

2) 乙炔瓶阀：是控制瓶内乙炔的阀门，构造如图3-32所示。

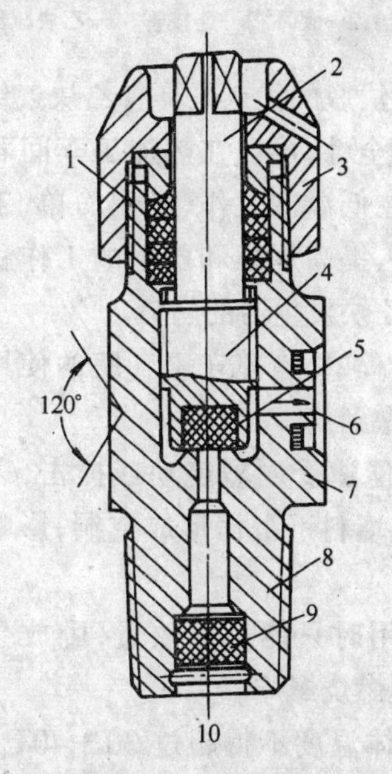

图 3-32 乙炔瓶阀的构造
1—防漏垫圈；2—阀杆；3—压紧螺母；4—活门；5—密封填料；6—出气口；7—阀体；8—锥形尾；9—过滤件；10—进气口

乙炔瓶阀与氧气瓶阀不同，它没有旋转手轮，活门的开启和关闭是利用方孔套筒扳手将阀杆上端的方形孔旋转，使嵌有尼龙密封垫料的活门向上或向下移动来实现的。阀杆逆时针方向旋转，开启瓶阀，反之关闭瓶阀。溶解在丙酮内的乙炔不能从乙炔瓶中随意大量流出，一般每小时放出的乙炔不应超过瓶装容量的1/7。

由于乙炔瓶阀的阀体旁侧没有连接减压器的侧接头，因而必须使用带有夹环的乙炔瓶专用减压器，如图3-33所示。乙炔减压器的作用是将瓶内的高压乙炔减压到较低的工作压力后输出。

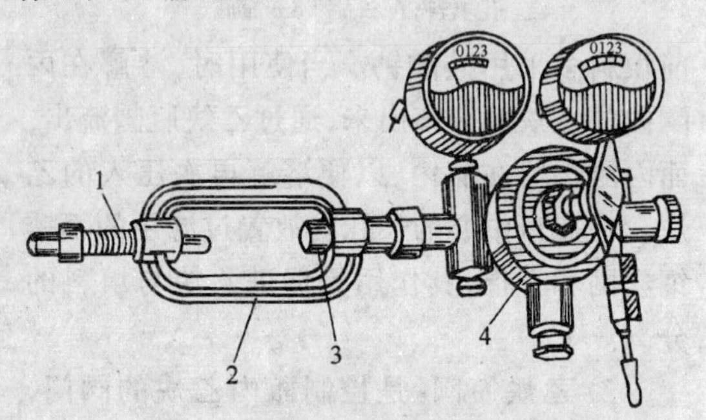

图3-33 带夹环的乙炔减压器

1—固紧螺丝；2—夹环；3—连接管；4—乙炔减压器

使用乙炔瓶的优点是具有乙炔气纯度高和较好的安全性，可以在热加工车间和锅炉房使用，能在低温下工作、操作简单、工作地点清洁卫生、提高焊炬和割炬的工作稳定性等，有取代乙炔发生器的趋势。

使用过程中，除遵守氧气瓶的使用要求外，还必须做到：

A. 不能遭受剧烈震动或撞击，以免瓶内的多孔性填料下沉而形成空洞，影响乙炔的储存。

B. 使用时只能直立放置，卧放会使丙酮流出引起燃烧爆炸。

C. 瓶体温度不得超过30～40℃，温度过高会降低丙酮对乙炔的溶解度，而使瓶内的乙炔压力急剧增高。

D. 乙炔减压器与乙炔瓶的瓶阀连接必须可靠，严禁在漏气的情况下使用。否则会形成乙炔与空气的混合气体，一旦有明火就可能造成爆炸事故。

E. 乙炔瓶内乙炔不能全部用完，当高压表读数为零，低压表读数为0.01～0.03MPa时，应将瓶阀关紧。

(6) 乙炔发生器的使用

1) 构造：乙炔发生器是使水与电石进行化学反应产生乙炔的装置。按制取乙炔压力的不同，分为低压式（乙炔压力在0.045MPa以下）和中压式（乙炔压力在0.045～0.15MPa）两种。目前常用的主要是Q3-1中压排水式。主要由筒体、电石篮、移位调节器、开盖手柄、储气罐、回火保险器等组成，如图3-34所示。

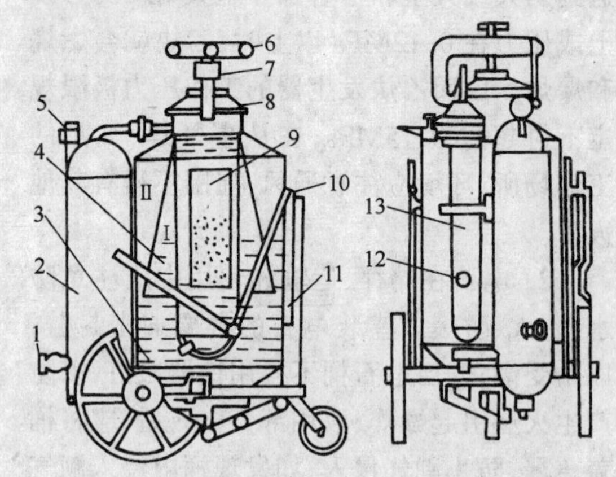

图3-34 Q3-1型乙炔发生器

1—储气罐水位阀；2—储气罐；3—排渣口；4—内层筒圈；5—乙炔压力表；6—开盖手柄；7—压板环；8—筒盖；9—电石篮；10—移位调节器；11—筒体；12—回火保险器水位阀；13—回火保险器

2) 使用方法：先将清洁水注入乙炔发生器筒体、储气筒和回火保险器内至水从各自的水位阀流出为止，然后关闭各水位开关；操纵移位调节器使电石篮处于最高位置；打开开盖手柄，装入电石后将开盖手柄拧紧；将电石篮调节到最低位置，使电石浸入水中，开始产生乙炔气。

如电石用完后需继续使用时，应先把发生器水位开关打开，降低发生器内压力，然后打开发生器上盖，装入电石后继续使用。

当电石没有耗完而需停止工作时，将电石篮调节器调到最高位置上，使发气室内电石篮与水完全脱离，中止乙炔气的继续产生，然后打开水位开关，打开上盖，取出电石篮，放渣后清洗乙炔发生器。

3）注意事项：中压排水式乙炔发生器的优点是使用时安全可靠、方便，工作中可根据需要进行人工和自动调节压力。但使用乙炔发生器的操作人员，必须经过专业训练，熟悉发生器的结构、工作原理及维护规则，经技能鉴定合格才能正式操作。

在工作中应注意发生器附近禁止烟火。不能靠近带电体和使高空焊接或切割的火花溅落在发生器附近。发生器离氧气瓶的距离应在5m以上，经常检查各接头的严密性。

使用前应检查回火保险器的水位；排除发生器中的空气；电石装入量不超过电石篮的2/3，并禁止使用电石粉末。

必须定期或经常检查、清洗和维护乙炔发生器。

(7) 回火保险器的使用

在气焊或气割过程中，发生的气体火焰进入喷嘴内逆向燃烧的现象称为回火。当焊炬或割炬的焊嘴过热、乙炔压力过低或胶管堵塞、焊、割炬失修等使燃烧速度大于混合气流出速度、氧气倒流等均可导致回火。回火时，一旦逆向燃烧的火焰进入乙炔发生器内，就会发生燃烧爆炸事故。

回火保险器的作用是：当焊炬和割炬发生回火时，可以防止火焰倒流进入乙炔发生器或乙炔瓶，或阻止火焰在乙炔管道内燃烧，从而保障乙炔发生器或乙炔瓶等的安全。同时还可以对乙炔进行降温和过滤，提高其纯度。因此，乙炔发生器必须安装回火保险器。

回火保险器使用时应注意：

1）加入保险器的水要清洁，不得含有油污或酸碱等杂质。水量要适当，使水位保持在水位阀附近。

2）定期换水以保持干净，水温不得超过60℃。

3）环境温度低于0℃时可以加入温水或在水中添加少量食盐，以防冻结。

4）防爆膜的厚薄要合适，使其强度略高于发生器内乙炔的压力即可。

(8) 焊炬的使用

1）构造：焊炬又称焊枪，是气焊操作的主要工具。其作用是将可燃气体和氧气按一定比例均匀地混合，以一定的速度从焊嘴喷出，形成一定能率、一定成分，适合焊接要求和稳定燃烧的火焰。

焊炬按可燃气体与氧气的混合方式分为等压式和射吸式两类；按尺寸和重量分为标准型和轻便型两类；按火焰的数目分为单焰和多焰两类；按可燃气体的种类分为乙炔、氢气、汽油等类；按使用方法分为手用和机械两类。目前生产中常用的射吸式焊炬构造如图3-35所示。

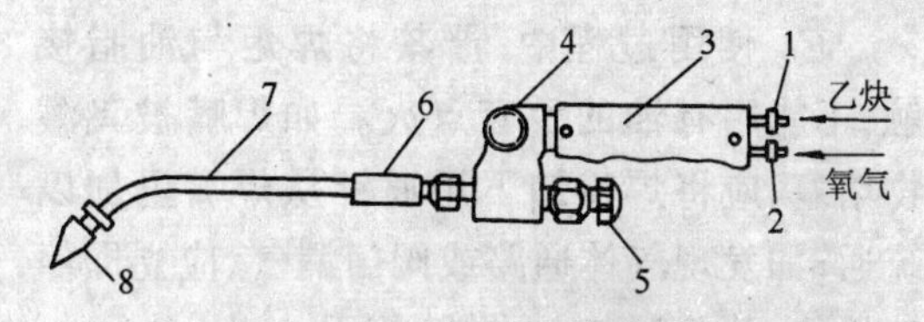

图3-35 射吸式焊炬构造

1—乙炔接头；2—氧气接头；3—手柄；4—乙炔阀门；5—氧气阀门；6—射吸管；7—混合管；8—焊嘴

射吸式焊炬型号有H01-2、H01-6、H01-12、H01-20。H表示焊炬；01表示射吸；2、6、12、20表示可焊接的最大厚度(mm)。

每把焊炬配有5只不同规格的焊嘴，表面印有1、2、3、4、5等不同数字。数字小的焊嘴孔径小，反之则孔径大。可根据不同材料、厚度和焊缝接头形式选用焊嘴。

2）使用方法：

A．根据焊件的厚度选用合适的焊炬及焊嘴，并将其组装好。使用前要先检查其射吸情况，方法是将氧气胶管紧接在氧气接头上，乙炔管不接，然后打开氧气和乙炔阀门，用手指按在乙炔进气管接头上，如手指上感到有吸力，表明射吸能力正常；如果没有吸

力，甚至氧气从乙炔接头中冒出来，则说明没有射吸能力，不能使用。

B. 焊炬射吸检查正常后，把乙炔胶管也接在乙炔接头。一般要求焊炬的氧气管接头应与氧气胶管接牢，而乙炔管接头与乙炔胶管就避免连接太牢，以不漏气并容易插上、拔下为准。同时检查焊炬其他各气体通路及焊嘴处有无漏气现象。

C. 上述检查合格后才能点火。先把氧气调节阀稍微打开一点，然后打开乙炔调节阀。点火后随即调整火焰的大小和形状。如火焰不正常或有灭火现象，应检查是否漏气或管路是否堵塞。大多数灭火现象是乙炔压力过小、电石已分解或乙炔通路有水分、空气等。

D. 停止使用时，应先关闭乙炔，后关氧气调节阀，以防火焰倒袭和产生烟灰。使用完毕或暂停使用，要放到合适的地方或悬挂起来。

E. 使用过程中，严禁将焊炬与油脂接触，不能用有油的手套点火。如焊嘴被飞溅物堵塞，应将焊嘴卸下用通针从焊嘴里加以疏通；如发现气体通路或阀门漏气，应立即停工检修，消除漏气，再继续使用。

F. 工作中若一旦发生回火，应迅速关闭乙炔调节阀，同时关闭氧气调节阀。等回火熄灭后，再打开氧气调节阀，吹除残留在焊炬内的余焰和烟灰。并可将焊炬的手柄前部放在水中冷却。

3) 焊炬常见故障及排除方法见表 3-7。

焊炬常见故障及排除方法表　　表 3-7

序号	故　障	排 除 方 法
1	阀门漏气或焊嘴漏气	(1) 更换 (2) 拧紧
2	焊嘴孔径扩大或成椭圆形	(1) 更换 (2) 用手锤轻轻敲焊嘴尖部，使孔径缩小 (3) 用钻头按要求钻孔(可短期继续使用)
3	焊炬发热	(1) 暂时灭火 (2) 浸入水中冷却
4	火焰调节不大	(1) 吹洗焊炬 (2) 修理乙炔阀门

3.2.2　辅助工具和防护用品

(1) 辅助工具

1) 气焊眼镜。气焊时保护焊工的眼睛不受火焰亮火的刺激，在焊接过程中能够仔细地观察熔池金属，又可防止金属飞溅物伤害眼睛。焊接时应根据被焊金属的性质和操作者的视力，选用颜色深浅合适的气焊眼镜。

2) 通针。在焊接过程中，火焰孔道常发生堵塞现象，这时需要用黄铜磨成的锥形通针来疏通。在使用通针清理孔道时，通针和孔必须保持在同一轴线上，不应有扭曲现象，否则会导致孔径磨损不均匀和产生划痕，使火焰偏斜。

3) 橡皮胶管。氧气和乙炔气是通过橡皮胶管输送到焊炬的。根据化工部标准规定，氧气胶管为红色，内径常为 8mm，允许工作压力为 1.5MPa；乙炔胶管为绿色，常用的内径为 10mm，允许工作压力为 0.5MPa 或 1MPa。每种胶管只能适用于规定的气体，不能互相代用。

4) 点火枪或火柴。使用手枪式点火枪比较安全方便。当用火柴点火时，必须把划着的火柴从焊嘴或割嘴的侧后面送到焊嘴和割嘴上，以免烧伤手指。

5) 钢丝刷、手锤、锉刀等清理焊缝的工具。

6) 扳手、钢丝钳、连接和启闭气体通路的工具。

(2) 防护用品

工作时按规定使用工作服、手套、胶鞋、

口罩、护脚等保护用品。气焊或气割时，要穿好工作服，戴上手套，以免高热灼伤。焊接黄铜、铅时会产生有害气体，因此要戴口罩。

3.2.3 焊丝与气剂

(1) 焊丝

是气焊时起填充作用的金属丝。焊丝的化学成分直接影响焊缝质量和焊缝机械性能，因此，正确选用焊丝是很重要的。

焊接低碳钢时，常用的气焊丝牌号有、H08、H08A、H08Mn、H08MnA等。气焊丝的直径一般为2～4mm。

焊丝直径要根据焊件厚度来选择。焊件厚度要与焊丝直径相适应，不宜相差太大。如果焊丝直径比焊件厚度小得多，则焊接时往往会发生焊件未熔化而焊丝却已经熔化下滴现象，造成熔合不良；相反，如果焊丝直径比焊件厚度大得多，则为了使焊丝熔化就必须经较长时间的加热，从而使焊件热影响区过大，降低了焊接头的质量。焊丝的直径与焊件厚度的关系见表3-8。

焊丝直径与焊件厚度的关系表　表3-8

焊件厚度(mm)	0.5～2	2～3	3～5	5～10
焊丝直径(mm)	1～2	2～3	3～4	3～5

焊丝使用前，应清除表面上的油脂和锈迹等。每卷焊丝都应有商标和牌号，不允许使用不明牌号的焊丝焊接焊件。

(2) 气剂

气剂是气焊时的助熔剂，其作用是保护熔池，减少空气的侵入；去除气焊时熔池中形成的氧化物杂质；增加熔池金属的流动性。

气剂可预先涂在焊件的待焊处或焊丝上，也可在气焊过程中将高温的焊丝端部在盛装气剂的器皿中定时地沾上气剂，再添加到熔池中。

气剂主要用于铸铁、合金钢及各种有色金属的气焊，低碳钢气焊时不必使用气剂。根据被焊金属在焊接熔池中形成的氧化物的性质，选用不同的气剂。如果形成碱性氧化物，则采用酸性气剂；如果形成酸性氧化物，则采用碱性气剂。酸性气剂如硼砂、硼酸、二氧化硅等，主要用于焊接铜和铜合金、合金钢等。碱性气剂如碳酸钾、碳酸钠等，主要用于焊接铸铁。盐类气剂氯化钾、氯化钠、氯化锂、氟化钠以及硫化氢钠等，主要用于焊接铝及铝合金。

我国气焊气剂的牌号有气剂101、气剂201、气剂301及气剂401等，其用途及性能见表3-9。

气剂的牌号性能及用途表　表3-9

牌号	基本性能	应用范围
气剂101	熔点约为900℃，有良好的湿润作用，能防止熔化金属被氧化熔渣易清除	不锈钢及耐热钢
气剂201	熔点约为650℃，呈碱性，富潮解性，能有效地除去铸铁焊接时所产生的硅酸盐和氧化物	铸铁
气剂301	熔点约为650℃，易潮解，呈酸性，能有效地熔解氧化铜和氧化亚铜	铜及铜合金
气剂401	熔点约为560℃，呈碱性，能破坏氧化铝膜，富潮解性，在空气中引起铝的腐蚀，焊后必须及时用热水洗净	铝及铝合金

3.2.4 接头和坡口形式

(1) 焊接接头

两块焊件的连接部分称为焊接接头。常用的焊接接头形式有对接接头、T形接头、角接头、搭接接头、卷边接头等，见表3-10。

常见接头形式和坡口形式表　表 3-10

接头形式	坡口形式	简　图
对接接头	I形	
	V形	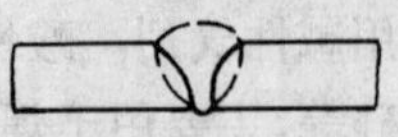
	X形	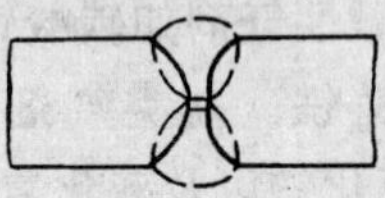
	U形	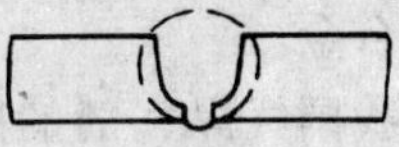
角接接头	单边 V 形	
T形接头	I形	
	单边 V 形	
	K形	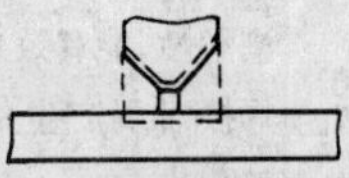
搭接接头	I形	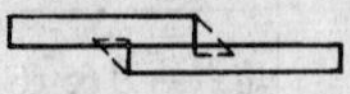
卷边接头		

对接接头是两焊件端面相对平行的接头。T形接头是一焊件的端面与另一焊件的表面构成直角或近似直角的接头。角接接头是两焊件端面间构成大于 30°,小于 135°夹角的接头。搭接接头是两焊件部分重叠构成的接头。卷边接头是焊件端部预先翻卷的接头。

(2) 坡口形式

坡口是在焊件的待焊部位加工的具有一定形状的沟槽。常用的坡口形式有 I 形、V 形、X 形、U 形、K 形等。

开坡口的目的,是为了保证在施焊过程中,在焊件全部厚度内充分焊透,以形成牢固的接头。坡口底部的直边称为钝边,其作用是防止将焊件烧穿。

气焊主要采用对接接头,而角接接头和卷边接头只在焊接薄件时采用,很少采用搭接接头和 T 形接头,因为这种接头会使焊件焊后产生较大的变形。当钢板厚度大于 5mm 时,必须开坡口。

3.2.5　气焊基本操作训练

(1) 设备及火焰点燃、调节、熄灭操作练习。

1) 准备:

氧气瓶、乙炔发生器、焊炬、电石等气焊设备,气焊眼镜、通针、火柴、手套、小锤、钢丝钳等辅助器具,气焊实习场所。

2) 操作内容及要求:

A. 由实习指导教师在实习现场讲解、介绍气焊设备各部件的名称、作用、连接方法和安全操作技术,并观察实习教师作操作示范。然后分别作实际操作练习。

B. 在实习老师指导下,向乙炔发生器内加入清水;并投放适量电石;检查各部位连接牢固可靠,然后点火。点燃火焰时,先逆时针方向旋转乙炔开关放出乙炔,再逆时针方向微开氧气开关,然后将焊炬靠近火源点,注意焊嘴不要指向自己和他人。正确姿势如图 3-36 所示。

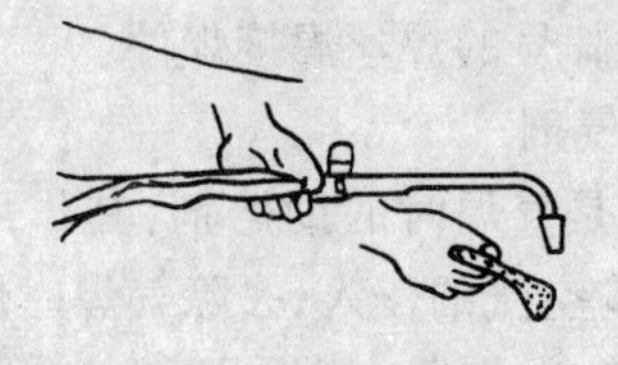

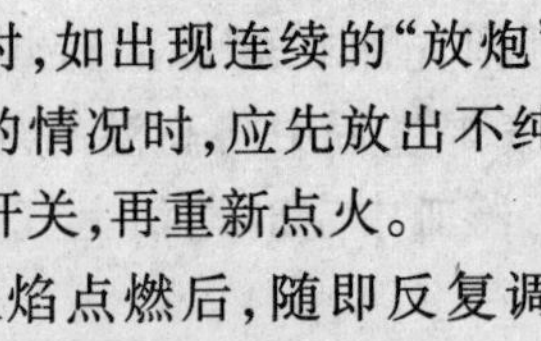

图 3-36　点火的姿势

点火时,如出现连续的“放炮”声或火焰不易点燃的情况时,应先放出不纯的乙炔或微关氧气开关,再重新点火。

C. 火焰点燃后,随即反复调节练习并观察火焰形状的形成情况。

一般火焰是根据调节氧和乙炔的不同比例，可形成中性焰、炭化焰和氧化焰三种类型，如图 3-37 所示。

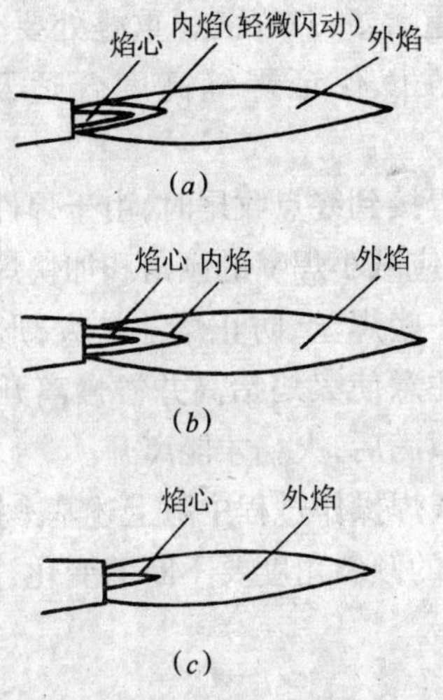

图 3-37　氧—乙炔火焰
(a)中性焰；(b)炭化焰；(c)氧化焰

开始点燃的火焰多为炭化焰，如要调成中性焰，应逐渐增加氧气的供给量，至火焰的内焰与外焰没有明显的界限时即可。如再继续增加氧气或减小乙炔，就形成氧化焰。

工作中，中性焰是氧与乙炔的混合比为 1.1～1.2，用于焊接一般碳钢和有色金属；炭化焰是氧与乙炔的混合比小于 1.1，主要用于焊接高碳钢、铸铁及硬质合金等；氧化焰是氧与乙炔的混合比大于 1.2，用于焊接黄铜、锰钢等。

D．操作中，要中途停止或操作结束熄火时，要先顺时针方向旋转乙炔阀门，至关闭乙炔，再顺时针方向旋转氧气阀门关闭氧气。注意阀门不应关闭太紧，应以不漏气即可。

3）注意事项：

A．操作中严禁油脂与气焊设备和工具接触；氧气瓶与乙炔发生器间距不应少于 5m。

B．穿戴好个人防护用品

C．操作完毕后，认真整理设备、工具和实习场地。

4）考核评分见表 3-11。

设备及模拟操作练习考核评分表　　表 3-11

项次	考核项目	配分	考核记录	得分
1	装拆气焊设备	25		
2	点火姿势正确、熟练程度	20		
3	火焰调整方法正确	20		
4	熄火操作正确	15		
5	结束整理	10		
6	安全文明操作	10		

班级：　　　姓名：　　　指导教师：

(2) 平敷焊操作练习

1）准备：

氧气瓶、乙炔发生器、射吸式焊炬、电石、H08*ϕ*Z 焊丝、通针等设备工具、实习焊件 200mm×100mm×2mm 低碳钢板、实习场位。

2）操作要领及要求：

A．在实习教师的指导下正确组装、连接气焊设备的各部位。检查焊件并清除表面污、锈、氧化皮，用砂布或钢丝刷将焊件打磨出金属光泽。并在焊件上划出平敷焊位置。

B．按正确方法点燃火焰后，用右手持焊炬，将拇指位于乙炔开关处，食指位于氧气开关处，以便随时调节气体流量。同时用其他三指握住焊炬柄。用中性火焰，采用左焊法在焊件上由右向左移动进行焊缝平敷焊操作练习。如图 3-38 所示。

提示：刚开始起焊时，焊件温度较低，焊嘴倾角应大些，同时在起焊处使火焰往复移动，使焊接处加热均匀，有利对焊件预热。

C．将焊丝端部置于火焰中预热，并注意观察熔池的形成，当起焊处形成白亮而清晰的熔池时，即可填入焊丝。将焊丝熔滴滴

(*a*)平焊示意图

(*b*)左向焊法　　(*c*)右向焊法

图 3-38　平敷焊操作

入熔池，而后立即抬起焊丝，火焰向前移动，形成新的熔池，如此反复进行。

焊接过程中，焊嘴和焊丝应作均匀协调的摆动。焊嘴和焊丝的运作有三种动作，即沿焊缝的纵向移动，不断地熔化工件和焊丝，形成焊缝；焊嘴沿焊缝作横向摆动，充分加热焊件，使液体金属搅拌均匀，得到致密性好的焊缝；焊丝在垂直焊缝的方向送进，并作上下移动，调节熔池的热量和焊丝的填充量。

焊嘴和焊丝的摆动方法及幅度与焊件厚度、材质、焊缝的空间位置和焊缝尺寸等因素有关。平焊时焊嘴与焊丝常见的摆动如图3-39所示。

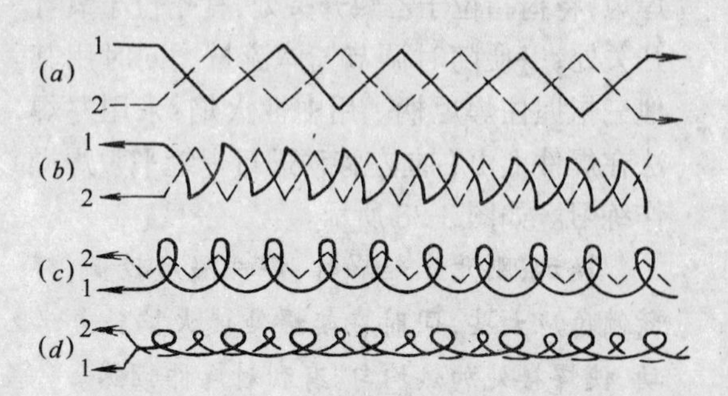

图 3-39　焊嘴和焊丝的摆动方法
1—焊嘴；2—焊丝

D. 焊接中途停顿后又继续施焊时，应用火焰把原熔池重新加热熔化形成新的熔池后再填入焊丝重新开始焊接，每次续焊应与前焊缝重叠 5～10mm，重叠处要少加或不加焊丝，以保证焊缝高度合适及圆滑过渡。

当焊接到终点收尾时，由于焊件温度高、散热差，应减小焊嘴的倾角和加快焊接速度，并多加一些焊丝，防止熔池扩大，形成烧穿。收尾时注意使火焰抬高并慢慢离开熔池，直至熔池填满后，火焰才能离开。

在气焊操作过程中除上述基本操作方法外，焊嘴的倾斜角度要不断的变化，如图3-40所示。

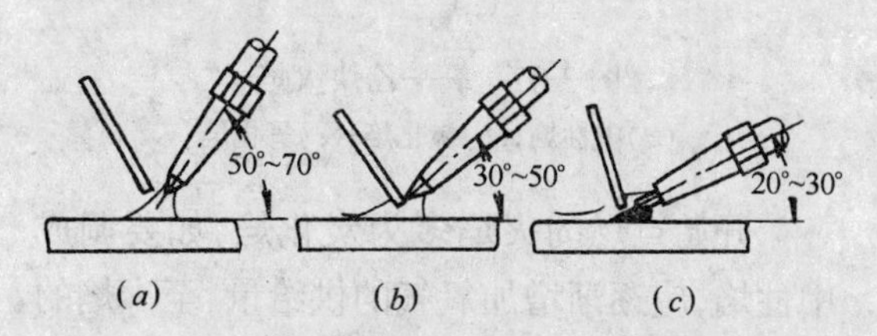

图 3-40　焊嘴倾斜角在焊接过程中的变化
(*a*)焊前预热；(*b*)焊接过程中；(*c*)收尾时

3）操作注意：

A. 在焊件上作平行多条多道练习时，各条焊缝的间隔 20mm 左右为宜。

B. 练习过程中，焊炬和焊丝的移动要配合好，焊缝的宽、高和笔直度须均匀整齐，表面波纹要规则整齐，没有痕瘤、凹坑、气孔等缺陷。

C. 用左焊法练习焊缝达到要求后，可进行右焊法练习至熟练掌握。

4）考核评分见表 3-12。

平敷焊操作练习考核评分表　表 3-12

项次	考核项目	配分	考核记录	得分
1	操作方法	30		
2	表面质量	20		

续表

项次	考核项目	配分	考核记录	得分
3	焊缝高度、宽度、平直度	25		
4	焊缝气孔、焊瘤	15		
5	安全文明操作	10		

班级： 姓名： 指导教师：

(3) 平对接焊操作练习

平对接焊是气焊操作技术的基础，一般采用左焊法，基本操作方法与平敷焊大致相同，但在焊前应先将两焊件进行定位焊。

1) 准备：

设备和工具、辅助工具和防护用品同平敷焊练习。实习焊件 200mm × 100mm × 3mm 低碳钢板两块一组，实习场位。

2) 操作要领及要求：

A. 定位焊。检查清理待焊工件，清除表面污、锈。用耐火砖将两块焊件水平放置装配，要求摆放整齐，装配间隙为 1.2～2mm，背面留约 0.5mm 间隙。采用 7 点定位进行定位焊，定位焊缝长 5～7mm，由焊件中间向两头进行，如图 3-41 所示。

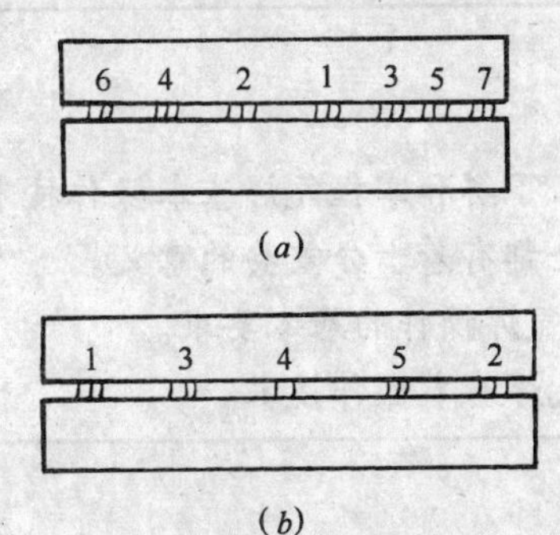

图 3-41 定位焊的顺序
(*a*)薄焊件的定位焊；(*b*)厚焊件的定位焊

定位焊点的横切面由焊件厚度来决定，随厚度的增加而增大。焊点不宜过长、过宽或过高，但要焊透。定位焊缝横截面形状的要求如图 3-42 所示。

定位焊后，为防止角变形，并使焊缝背面

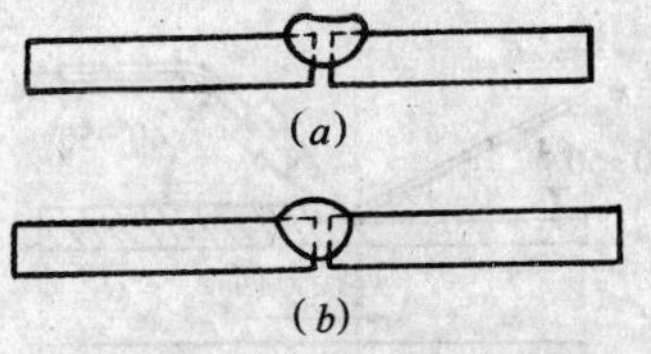

图 3-42 对定位焊点的要求
(*a*)不好；(*b*)好

均匀焊透，可采用焊件预先反变形法，即将焊件沿接缝向下折成 160°左右，然后用锤将接缝处校正齐平，如图 3-43 所示。

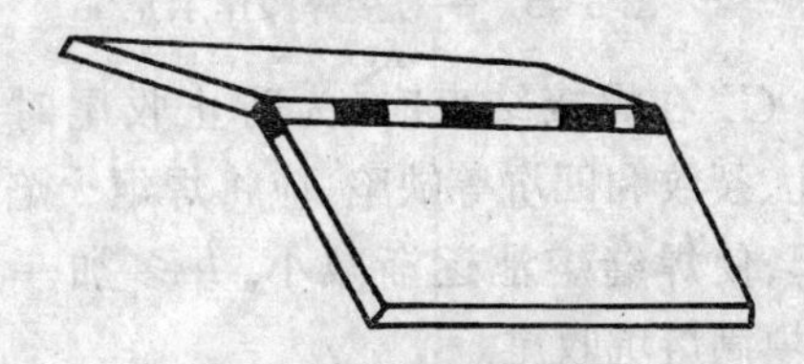

图 3-43 预先反变形法

B. 焊接。焊件校正平齐后，点火并调节火焰成中性焰，从焊件接缝的右端预留 30mm 处起焊，目的是使焊件温度迅速升高，待施焊至终点后，再折回焊接预留的一段焊缝，注意接头处应重叠 5mm 左右，如图 3-44 所示。

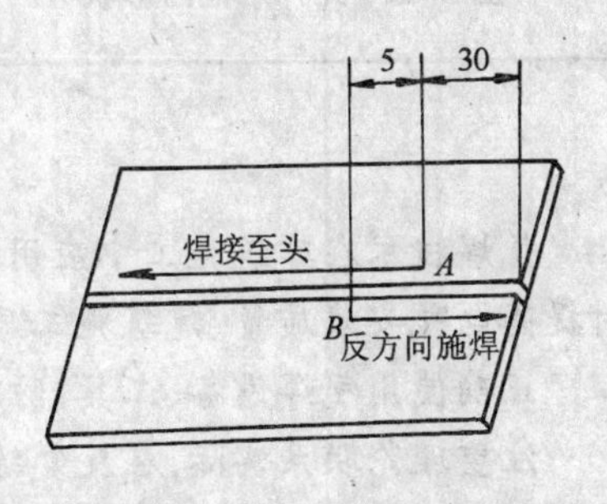

图 3-44 起焊点的确定

起焊后随即采用左焊法，仍然用中性焰，将焊嘴对准接缝中心线，焊丝位于焰心前下方 2～4mm 处，同时焊炬和焊丝作上下往复相对运动，使焊缝两边缘熔合均匀，并使背面焊透均匀，操作方法如图 3-45 所示。

提示：焊接过程中，焊丝若在熔池边缘上粘住时，不必用力拔，可用火焰加热焊丝与焊件接触处，焊丝即可自然脱离。

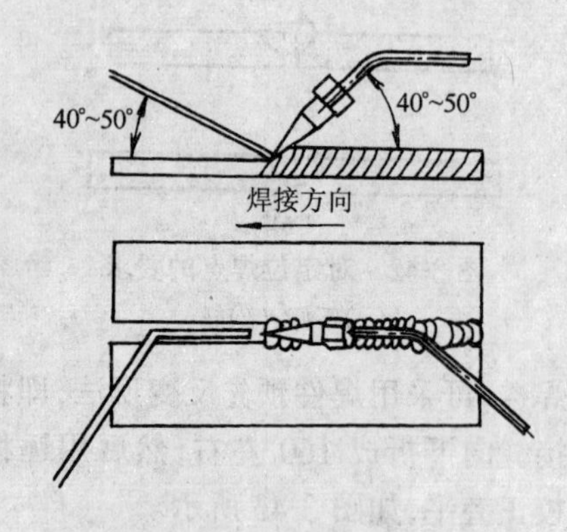

图 3-45 平对接焊操作示意

C. 在焊接结束时，为防止收尾时产生气孔、裂纹和凹坑等缺陷，应将焊炬火焰缓慢提起，使焊缝熔池逐渐减小，并多加一点焊丝，填满熔坑收尾。

在整个焊接过程中，应使熔池的形状和大小保持一致，常见的熔池形状如图 3-46 所示。

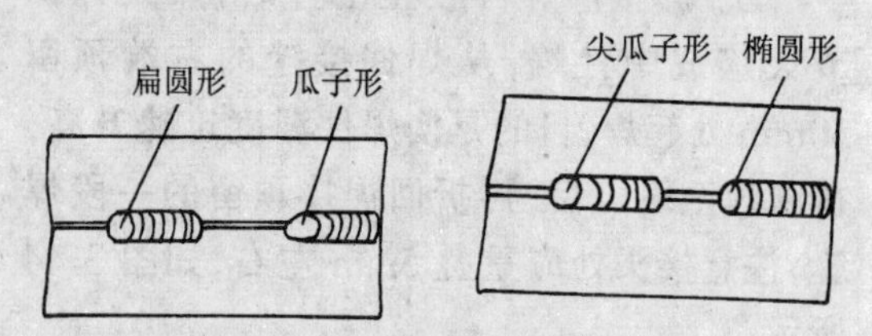

图 3-46 几种熔池的形状

3）操作注意：

A. 掌握火焰性质，并及时调节为中性焰，可防止出现熔池不清晰或有气泡、火花飞溅等现象。

B. 焊接过程中，要始终保持熔池大小一致才能焊出均匀的焊缝。控制熔池大小，可通过改变焊炬角度、高度和焊接速度来调节。

C. 如发现熔池金属被吹出或火焰发出呼呼响声、表明气体流量过大，应立即调节火焰能率。

4）考核评分见表 3-13。

平对接焊操作考核评分表　　表 3-13

项次	考核项目	配分	考核记录	得分
1	操作方法	30		
2	表面质量	30		
3	焊缝余高	15		
4	咬边、气泡、凹陷	15		
5	安全文明操作	10		

班级：　　　　姓名：　　　　指导教师：

小　　结

气焊技术在建筑施工中应用较广，电气技术工人了解和掌握气焊基本操作技术，对提高电气安装质量、建筑施工质量和保证施工安全都有着十分重要的意义。

正确使用气焊设备、工具、防护用品是安全进行气焊操作的基本要求。

注重理论联系实际，在反复练习的过程中掌握气焊基本操作技术。

习　　题

1. 乙炔发生器的作用是什么？使用时应注意些什么？
2. 回火保险器的作用是什么？使用时应注意些什么？
3. 使用氧气瓶时应注意哪些安全事项？
4. 气焊火焰有哪几种？各适合于焊接哪些材料？
5. 在平敷焊练习中，应怎样识别焊缝的好坏？
6. 焊接过程中焊炬和焊丝为什么要进行摆动？根据什么选择摆动的方法和幅度？
7. 平对接焊焊前为什么要定位焊？
8. 对接平焊缝的表面质量有哪些要求？

9. 对接平焊过程中应注意哪些事项?

3.3 烙铁钎焊

烙铁钎焊也是一种手工操作的焊接工作。虽然不是很复杂,但在电气安装工程施工的许多环节中,都少不了烙铁钎焊,工作中如焊接质量粗糙、草率,往往会造成电气线路连接点接触不良,酿成事故的弊端。因此电气安装工人必须掌握烙铁钎焊的操作方法,并熟知各项焊接要领和焊接技巧。

3.3.1 钎焊工具与材料

(1) 电烙铁的选择与使用

1) 电烙铁的选择:电烙铁是烙铁钎焊(也称锡焊)的热源,如图 3-47 所示。其分类按加热方式分为直热式、感应式;按功能分有单用式、两用式、调温式等几类。直热式又分内热式和外热式两种,目前常用的是内热式电烙铁,规格有 20W、30W、45W、75W、100W……500W 等。

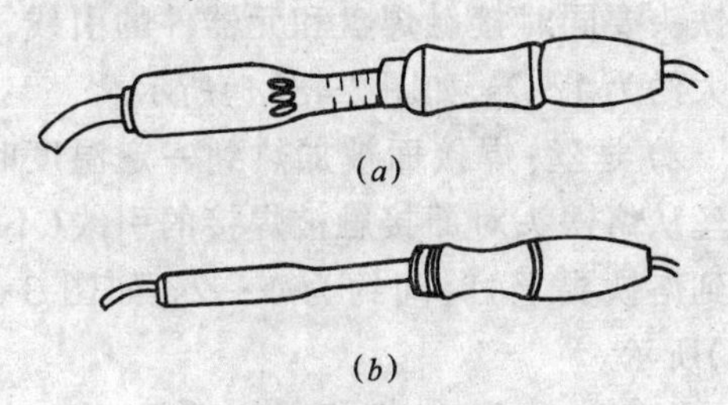

图 3-47 电烙铁
(*a*)大功率电烙铁;(*b*)小功率电烙铁

电烙铁的功率选用应适当,钎焊弱电元件用 20W~40W 以内;焊接强电元件要选用 45W 以上的。若用大功率电烙铁钎焊弱电元件不但浪费电力,还会烧坏元件;用小功率电烙铁焊强电元件则会因热量不够而影响焊接质量。

2) 电烙铁的使用:

A. 在金属工作台、金属容器内或潮湿导电地面使用电烙铁时,其金属外壳应妥善接地,以防触电。

B. 新的电烙铁使用前要先在烙铁头表面上一层锡,才能使焊锡挂住并容易流动,使液态的焊锡和被焊点有紧密的接触而便于传热。

方法是用细砂布轻擦烙铁头至光亮,然后接上电源使烙铁头加热到光亮部分变成紫黑色时,在烙铁头周围涂上一层松香,用焊锡在表面均匀地摩擦,上面就慢慢地挂上了一层锡。用旧了的烙铁头或过热烧死的烙铁头表面生有氧化层时,要用刀片或细锉将氧化层清除,挂上锡后方能使用。

C. 一般烙铁头都是用紫铜制成并经过电镀,以保护烙铁头不氧化生锈,延长使用寿命。但使用一段时间后,在高温及助焊剂的作用下,烙铁头往往很快会出现氧化层,使表面凸凹不平,这时要用细锉或砂布将烙铁头修整打磨光,挂上锡后继续使用。工作中要经常保持烙铁头的清洁,经常用布或毛巾擦除烙铁头上的松香积垢、氧化物及杂质碳渣。

(2) 钎焊材料

1) 焊料:即指焊接用的焊锡或纯锡。焊锡主要是锡铅的合金,受热后很容易成为液态,而将被焊点的接合处填满,冷却后便凝固起来,完成焊接。电气工程中大部分是使用“锡铅合金”作为焊料。

常用的焊料有锭状和丝状两种。丝状的通常在芯内贮有松香焊剂,熔点温度约 140℃,使用较方便。

工作中,A、E、B 绝缘等级的电机的线头焊接用焊锡,F、H 级用纯锡。

2) 焊剂:也称助焊剂,是锡焊时用来辅助焊锡润湿的。焊剂的种类较多,一般有强酸性焊剂、弱酸性焊剂、中性焊剂和以松香为主的焊剂等。电工常用的焊剂有松香、松香酒精溶液(松香 40%、酒精 60%)、焊膏和盐酸(加入适当的锌经化学反应后方可使用)等,应根据不同的焊接工件选用,常用焊剂的适用范围如表 3-14 所示。

各种常用焊剂适用范围　　表 3-14

松　香	松香混合剂	焊　膏	盐　酸
1. 印制电路板、集成电路块的焊接 2. 各种电子器材的组合焊接 3. 小线径线头的焊接	1. 小线径线头的焊接 2. 强电领域小容量元件的组合焊接	1. 大线径绕组线头的焊接 2. 强电领域大容量元件的组合焊接 3. 大截面积导体连接表面或连接处的加固搪锡	1. 钢铸件电连接处表面搪锡 2. 钢铸件的连接焊接

注：1. 松香必须采用纯度较高的优质品；
2. 松香混合剂常用的配方是：松香 40g、酒精(纯度为 90%)500g、药用松节油 15g、水杨酸 50g、三乙醇胺 50g 和氨水适量；
3. 焊膏市上有成品供应；
4. 盐酸需加入适量锌经化学反应后(即成为氯化锌溶液)方可使用。

各种焊剂均有不同程度的腐蚀作用，所以焊接完毕后必须清除残留的焊剂。并特别注意焊接电子元件时，不准选用具有酸性的焊剂，盐酸只能用来焊接(或搪镀)钢铁工件。

3.3.2　烙铁钎焊的操作方法

电工应用烙铁进行钎焊加工的较多，所以必须掌握正确的烙铁钎焊操作方法，以保证焊接质量。

(1) 烙铁钎焊的要求

电工应用烙铁钎焊，必须把焊点焊透焊牢，以减小连接点的接触电阻。焊点上的锡液必须充分渗透，锡结晶颗粒要细而光滑，切不可有虚假和夹生的焊点存在。虚假焊指的是焊件表面没有充分镀上锡层，焊件之间没有被锡所固定住。夹生焊指的是锡未被充分熔化，焊件表面堆积着粗糙的锡晶粒，焊点的强度大为降低。前者是由于焊件表面没有清除干净或焊剂用得太少所引起的，后者是因烙铁温度不够或烙铁留焊时间太短所引起的。

焊接时，要保持烙铁头部的清洁，防止杂质混入焊点中，影响焊接质量。

电工通常采用电烙铁作为钎焊工具，一般不采用火烧烙铁，火烧烙铁既难掌握适宜的温度，也易将杂质混入焊点。

(2) 电子元器件的焊接方法

用刀片或砂布清除元器件焊脚表面的氧化层，并对焊脚进行搪镀锡层。将元器件安装在电路板上，然后将烙铁头沾一点焊剂，对准焊接点下焊。焊接过程步骤如图 3-48 所示。

1) 加热：用烙铁头加热被焊接面，注意烙铁头要同时接触焊盘和元器件的引线，时间大约为 1～2s，如图 3-48(a)所示。

2) 送丝：焊接面被加热到一定温度时，焊丝从烙铁头对面接触被焊接的引线(不是送到烙铁头上)时间约为 1～2s，如图 3-48(b)所示。

3) 移开：当焊丝熔化并浸润焊盘和引线后，同时向左、右 45°方向移开焊丝和烙铁头，整个过程约为 2～4s。

4) 焊接时要注意不要用烙铁头对焊件加力，且加热时间适当。

(3) 绕组线端的焊接方法

中小型电机和变压器等绕组线端或导线的连续，通常都需用钎焊加固，以减小其接触电阻。

1) 焊接前：清除连线头的绝缘层和导线表面的氧化层，按连接要求进行接头，涂焊剂。

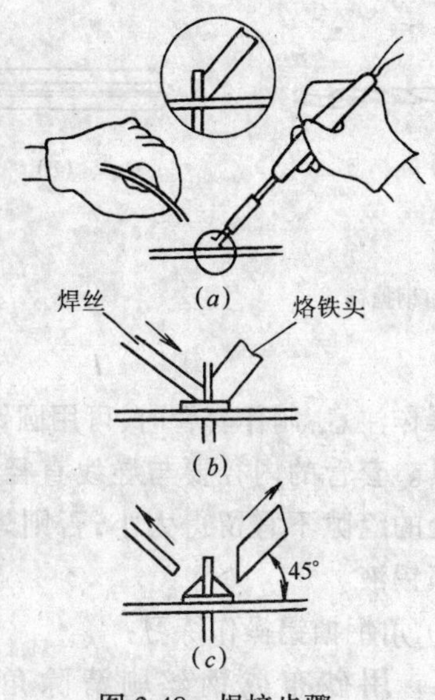

图 3-48　焊接步骤

2) 焊接时:在接头处与绕组间要用纸板隔开,防止锡液流入绕组隙缝。

3) 将线头连接处:置于水平状态下再下焊,这样锡液就能充分填满接头上所有空隙。焊接后的接头两端含锡要丰满光滑、不可有毛刺。

4) 焊接后要清除残留的焊剂,恢复绝缘。

(4) 线端与接线耳连接的焊接方法

各种电机或电器的进出线端,大多数采用接线耳(即线鼻子)进行连接,一般在接线耳与线端之间允许用钎焊固定。接线耳中填锡较多,要用较大功率的电烙铁以使锡能充分熔化,有效地渗入所有空隙。

1) 焊接时,剥去线端的绝缘层和清除芯线表面的氧化层,多股芯线清除氧化层后要拧紧。

2) 清除接线耳内的脏物和氧化层,涂焊剂。

3) 将线头镀锡后塞进涂有焊剂的接线耳套管中后下焊。焊接后接线耳端口含锡要丰满光滑。

4) 焊接后,为避免出现焊锡夹生现象,在焊锡未充分凝固时,不要摇动接线耳、线头,或清除残留焊剂。

(5) 烙铁钎焊安全知识

1) 在导电地面(如泥地、混凝土地和金属地面等)和用电危险场所(潮湿、有导电气体和地下工程井等)操作时,电烙铁金属外壳必须接地,或用36V安全电源电烙铁。

2) 烙铁焊头烧死(不吃锡)时,用锉刀锉去氧化层,沾上焊剂后重新镀上锡使用。不可用烧死的焊头焊接,以免烧毁焊件。

3) 运用烙铁时,不准甩动焊头,以免锡珠溅出灼伤人体。

3.3.3　烙铁钎焊操作练习

(1) 实习内容

1) 钎焊连接 $\phi1.5\times100$ 单根铜芯绝缘导线接头20只。

2) 钎焊连接 $\phi2.5\times100$ 单根铜芯绝缘导线接头20只。

3) 角钢搪锡

(2) 准备

1) 工具:电烙铁45W、300W,焊锡、松香、盐酸、钢丝刷、砂布、细平锉、电工刀、剥线钳。

2) 材料:BV1.5(mm^2)、BV2.5(mm^2)绝缘导线、薄铜皮、$50\times50\times500\times4$角钢、实习工位。

3) 实习工件如图3-49所示。

(3) 实习步骤

先由实习教师作钎焊操作示范,并讲授操作要领,注意事项及容易出现的问题。然后分头练习,实习教师巡回指导,要求基本掌握烙铁钎焊的操作技能。

1) 单根铜芯导线焊接练习:

A. 用电工刀或剥线钳将1.5mm^2导线两端长35mm线头的绝缘层剖除。

B. 用电工刀或细砂布将线头刮磨光亮;按正规的绞接方法将两根芯线绞接8~10圈至紧密,如图3-49(a)所示,并在接头处均匀地涂上焊剂。

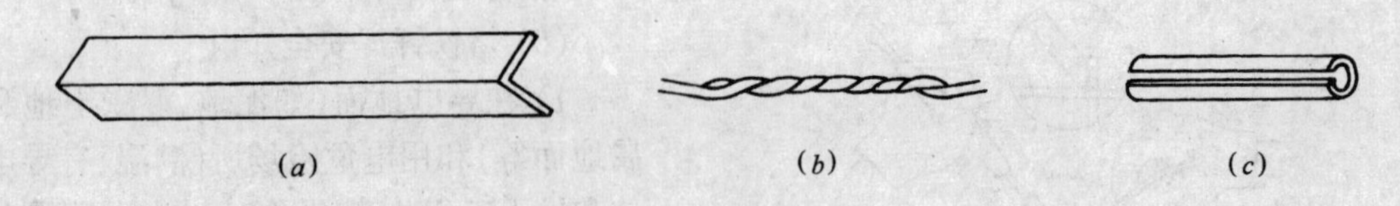

图 3-49　钎焊工件
(a)绞接法;(b)连接套管法;(c)角钢搪锡法

C. 将线头放平,然后进行钎焊,要使锡液充分渗入绞接处的缝隙中。锡液渗满后不可挪动,等焊锡冷却凝固后,用棉纱或毛布清除残留焊剂。

操作注意:剖削导线绝缘及清除导线表面氧化层时不可损伤芯线;导线绞接要均匀,不可留有切口毛刺。

要求反复练习至熟练掌握。

2) 连接套管焊接练习:

A. 剥去 BV2.5mm^2 导线两端线头10mm 处的绝缘层,清除芯线的氧化层并搪锡。

B. 按图 3-48(b)所示剪取薄铜片。清除铜片表面污物、氧化层后搪锡,并制成连接套管(套管长度取导线直径的 8 倍左右;截面积取导线截面积的 1.2~1.5 倍)。

C. 将两根导线线头插入套管,使两线头顶端对接在套管的中间位置,涂上焊剂放平,再进行钎焊。

D. 要使锡液充分注入套管内部,充满中间缝隙和套管两端与导线的交接处,不要挪动位置,等焊锡充分凝固后,再清除残留焊剂。

操作注意:制作套管时,可用圆钉或铁丝作模具。套管的内径要与导线直径相配合,接缝处的缝隙不宜留得太小,否则焊接时不易充填锡液。

3) 角钢搪锡操作练习:

A. 用砂布或钢丝刷清除角钢一端100mm 处的氧化层;用木块将角钢搪锡面朝上垫平;在角钢搪锡处表面涂上盐酸。

B. 用功率为 300W 的电烙铁从搪锡面的中心处进行搪锡,搪锡时作缓缓的划圆运动,并从中心处逐渐向四周扩展,并要不断添加适量的焊锡。

C. 搪锡面全部搪上锡后,将搪锡面与地面垂直放置,焊头继续在搪锡面来回移动,多余的锡液将会因自重下滴,若锡液不下滴时,将角钢在地面上轻敲几下,清除多余的锡液,这样能保证搪锡均匀,搪锡面平整。

操作时要戴手套,并注意安全,防止盐酸灼伤人体。

4) 考核评分见表 3-15。

烙铁钎焊考核评分表　　表 3-15

项　次	考核项目	配　分	考核记录	得　分
1	烙铁钎焊操作方法	20		
2	导线钎焊质量	15		
3	套管连接质量	15		
4	虚焊、假焊、夹生焊	10		
5	角钢搪锡操作方法	20		
6	搪锡面平整、均匀	10		
7	安全文明操作	10		

班级:　　姓名:　　指导教师:

小　　结

正确熟练的使用工具是烙铁钎焊的最基本要求，每个实训练习都要反复练习，熟练掌握操作技能。

掌握钎焊质量的好坏，主要取决于电烙铁头的加热温度和烙铁头的形状尺寸，以及熟练的焊接方法。

正确使用电烙铁，才能保证焊接的电气连接可靠、机械性能好坏和外观光洁等三个方面的质量要求。

习　　题

1. 如何正确选用电烙铁？
2. 焊剂的种类有哪些？各适用于哪些材料？
3. 造成虚焊的原因是什么？电子元器件的焊接应掌握哪些操作要领？
4. 烙铁钎焊要注意哪些安全知识？

第4章 电工基本操作

电工基本操作技术是电工的基本功,包括常见工具的使用、各种导线的连接、电气设备的固定和常用电工材料的识别。

4.1 常用电工工具

4.1.1 螺丝刀

螺丝刀又名起子,是用以旋紧和放松螺丝的工具。螺丝刀的种类较多,以柄论,有木柄和塑料柄两种:以刀口论,有"一字形"和"十字形"两种,如图4-1。

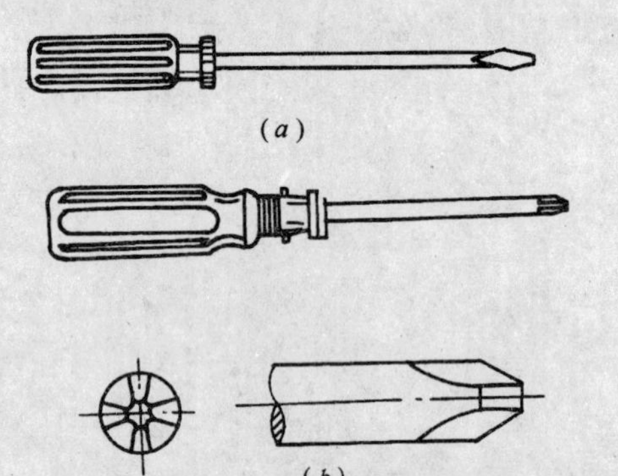

图4-1 螺丝刀
(*a*)一字形;(*b*)十字形

螺丝刀的规格是以柄部外面的金属部分的长度来表示,"一字形"螺丝刀和"十字形"螺丝刀的规格见表4-1、4-2。

一字形螺钉旋具规格(mm) **表4-1**

公称尺寸	全长		工作部分	
	木柄	塑柄	宽度	厚度
50×3		100	3	0.4
65×3		115		
75×3		125		
75×4		140	4	0.55
100×4		165		
50×5	135	120	5	0.65
65×5	150	135		
75×5	160	145		
100×6	210	190	6	0.8
125×6	235	215		
100×7	220	200	7	1.0
125×7	245	225		
150×7	270	250		
125×8	260	235	8	1.1
150×8	285	260		
200×8	335	310		
250×8	385	360		
125×9	275	245	9	1.4
250×9	400	370		
300×9	450	420		
350×9	500	470		

注:公称尺寸栏内的两组数字,乘号前为柄外杆身长度,乘号后为杆身直径。

十字形螺钉旋具规格(mm) **表4-2**

槽号	公称尺寸	全长	
		木柄	塑柄
1	50×4	135	115
	75×4	160	140
	100×4	185	165
	150×4	235	215
	200×4	285	265

续表

槽号	公称尺寸	全长	
		木柄	塑柄
2	75×5	160	145
	100×5	185	170
	250×5	335	320
	125×6	235	215
	150×6	260	240
	200×6	310	290
3	100×8	235	210
	150×8	285	260
	200×8	335	310
	250×8	385	360
4	250×9	400	370
	300×9	450	420
	350×9	500	470
	400×9	550	520

注：公称尺寸栏内两组字，乘号前为柄外杆身长度，乘号后为杆身直径。

螺丝刀的头部有一定的要求，其厚度(直径)应与螺丝尾部相吻合，不可过大或过小，如图4-2。

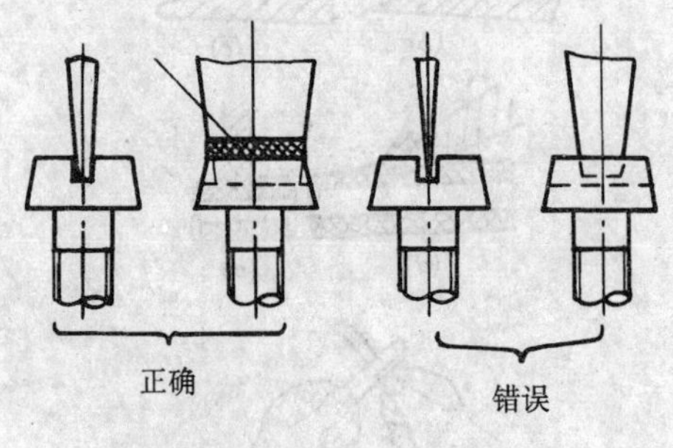

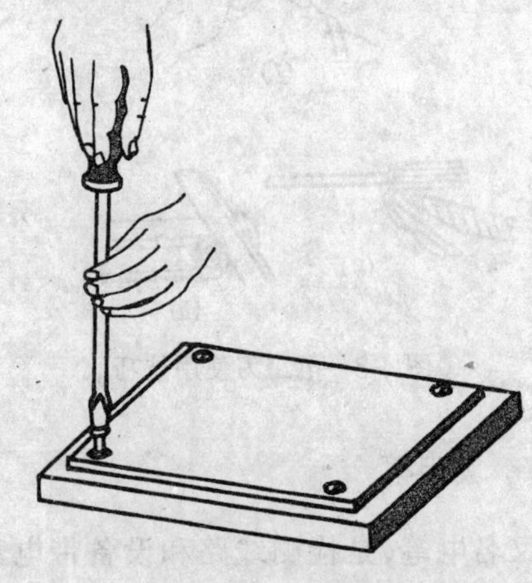

图4-2 螺丝刀的正确使用方法

电工不可使用金属杆直通柄部的螺丝刀(俗称通芯起)，以免发生触电。

4.1.2 尖嘴钳

如图4-3，它的头部尖细长圆锥形。由于它的头部尖而长，适宜在较狭小的空间操作。

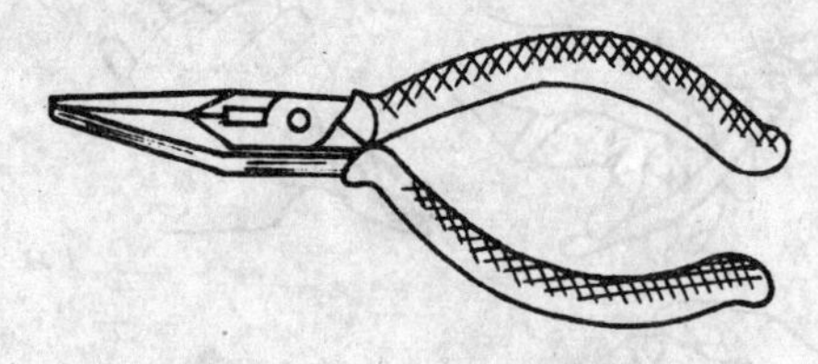

图4-3 尖嘴钳

4.1.3 斜口钳

见图4-4，用于剪切导线或细金属丝的一种专用剪切工具。特点是剪切口与钳柄成一角度，适用于工作地点较狭窄的地方。

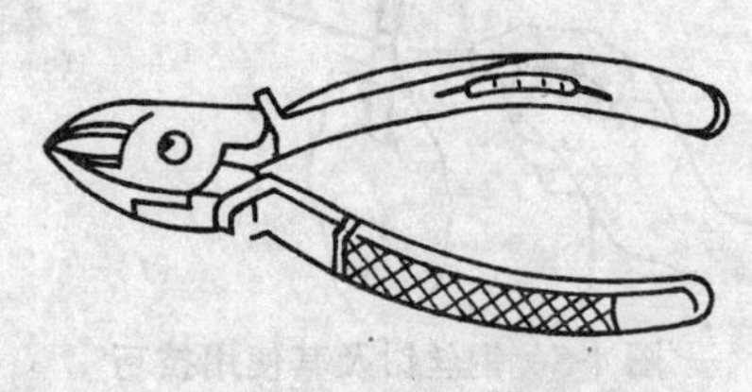

图4-4 斜口钳

4.1.4 钢丝钳

是钳夹和剪切工具，钢丝钳由钳头、钳柄、绝缘套组成。

钳头分钳口、齿口、刀口、铡口，钳口用来弯绞或钳夹导线线头；齿口用来固紧或旋松螺母；刀口用来剪切导线、钳断细铁丝；铡口用来铡切较硬的金属线材。如图4-5。电工使用的钢丝钳，在钳柄上应带有绝缘套，耐压在500V以上，钳柄绝缘完好时，可用于带电作业(但不能同时剪切两根导线)。

4.1.5 剥线钳

见图4-6，专供电工剥离导线头部绝缘层，它的特点是使用方便，工效高，绝缘层切

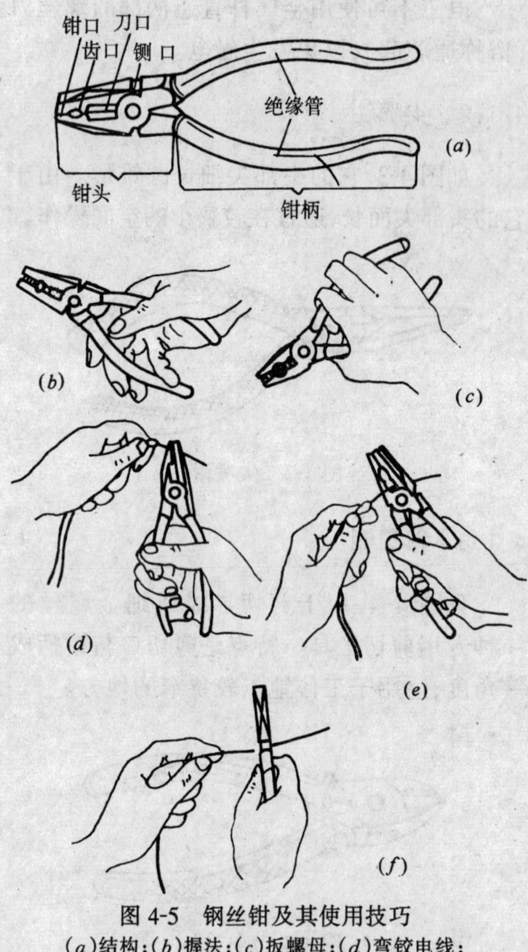

图 4-5 钢丝钳及其使用技巧
(a)结构;(b)握法;(c)扳螺母;(d)弯铰电线;
(e)切割电线;(f)铡切钢丝

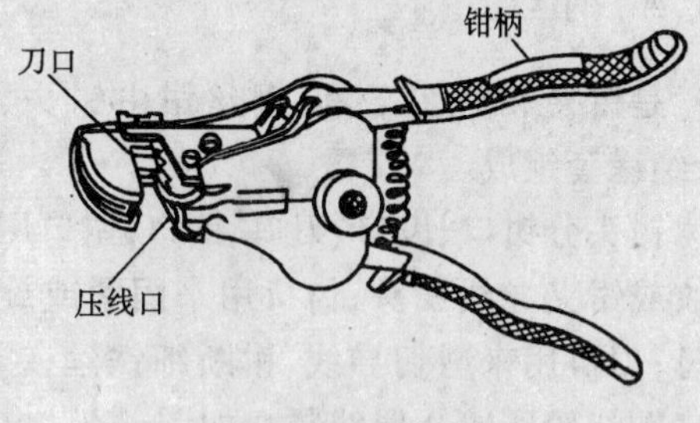

图 4-6 剥线钳

口整齐,不易损伤内部导线。应注意不同粗细的绝缘线在剥皮时应放在相适应的钳口中,以免损伤导线。

4.1.6 电工刀

电工刀是一种切削工具,用于电工割削电线绝缘层、削制木榫、切割木台缺口等。电工刀有普通、两用及多用等三种,见图 4-7。

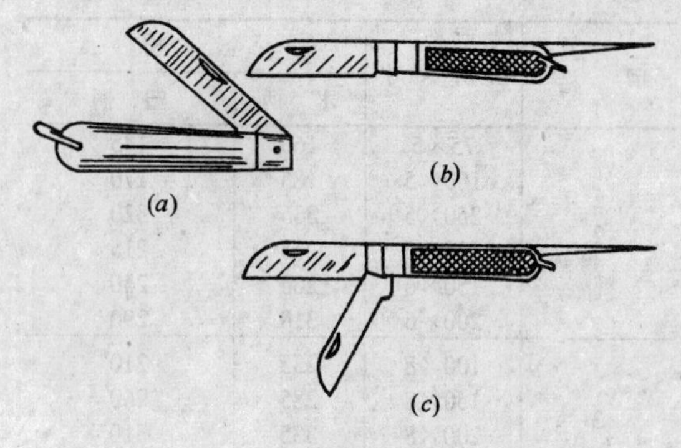

图 4-7 电工刀

电工刀的刀应在单面磨出呈圆弧状的刃口。割削导线绝缘层时,必须使圆弧状刀面贴在导线上进行切割,见图 4-8。电工刀柄部结构是没有绝缘的,不能在带电体上进行操作。

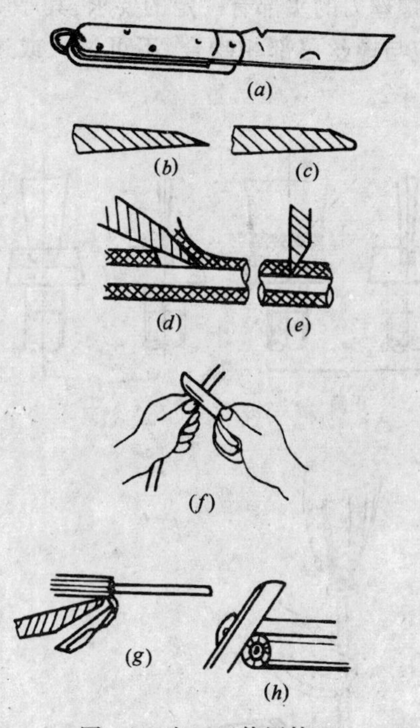

图 4-8 电工刀使用技巧

4.1.7 测电笔

又名电笔,是检测线路和设备带电部分是否带电的工具。其结构形式有钢笔式和螺丝刀式两种,其结构如图 4-9。

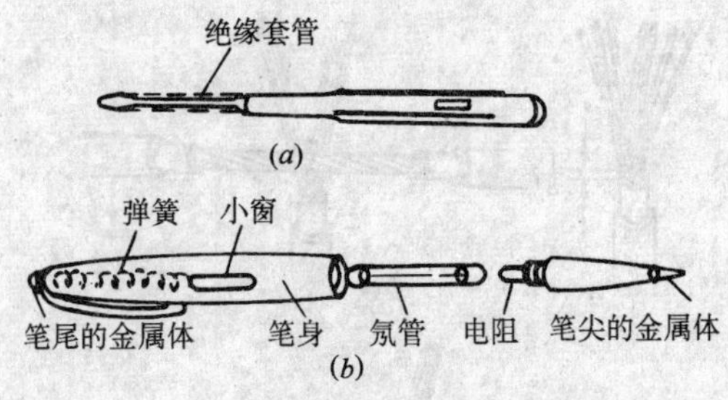

图 4-9　测电笔

使用时,以手指触及电笔尾部的金属体,当笔尖金属体触及的带电体对地电压超过60V时,氖管就会发光。测电笔在使用前应先在确认的带电体上检验电笔的好坏,以免造成误判,确保人身安全。

4.2　导线的连接

导线连接是电工最基本而又最关键的操作工艺,导线连接质量关系着线路和电器设备运行的可靠性和安全程度。对导线连接的基本要求是:导线连接的接触电阻越小越好,并恢复到原来的绝缘防护等级,机械强度足够。

4.2.1　单股铜导线的连接

(1) 绞接

将两根芯线成 X 相交,并互相绞绕 2～3 圈,并扳直两线头,将每根芯线的线头紧贴在另一根芯线上紧密缠绕 6 圈,将多余的线头剪去并剪平芯线的末端,见图 4-10。

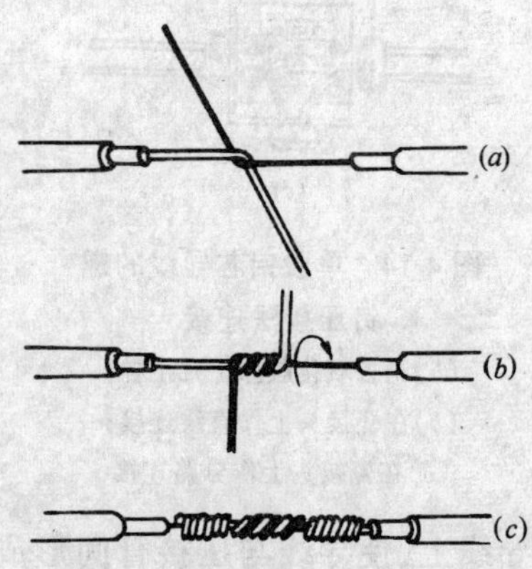

图 4-10　单股导线直线连接

(2) T 形分支连接

将支路芯线的线头与干线芯线十字相交,使支路芯线的根部留出约 3～5mm 较细的芯线,按图 4-11 所示方法,环绕成结状,再将支线线头抽紧扳直,紧密地缠绕到干线芯线上,缠绕长度为芯线直径的 6～8 倍,用钢丝钳剪去多余的线头,并钳平芯线的末端。

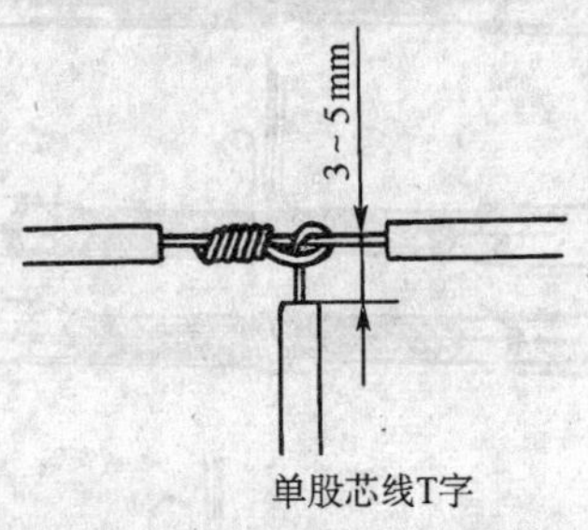

图 4-11　单股导线 T 型连接

4.2.2　7 股铜芯线的连接

(1) 7 股芯线的直接连接

1) 将剖去绝缘体层的两根芯线逐根拉直,将芯线的三分之一根部绞紧,然后将余下的三分之二芯线头分散成伞状,并逐根拉直。

2) 将两根伞状芯线线头隔根对齐并扳平两端芯线。

3) 将一端 7 股芯线按 2.2.3 股分成三组,接着将第一组 2 股芯线扳起,并按顺时针方向缠绕 2 圈,将余下的 3 根芯线向右折直。

4) 再将第二组的 2 根芯线扳直,按顺时针方向缠绕两圈,并将余下的 2 根芯线向右折直。

5) 最后将第三组的 3 根芯线扳直,也按顺时针方向缠绕 3 圈,切去每组多余的芯线,钳平线端。

用同样的方法缠绕另一边芯线,见图 4-12。

(2) 7 股芯线的 T 字分支连接

1) 将分支线散开拉直,接着将线头的八分之一根部进一步绞紧,再将八分之七处部分的芯线分成两组,并排齐,接着将干线的芯线用螺丝刀撬分成两种,再将支线的一组芯线插入两组芯线中间。

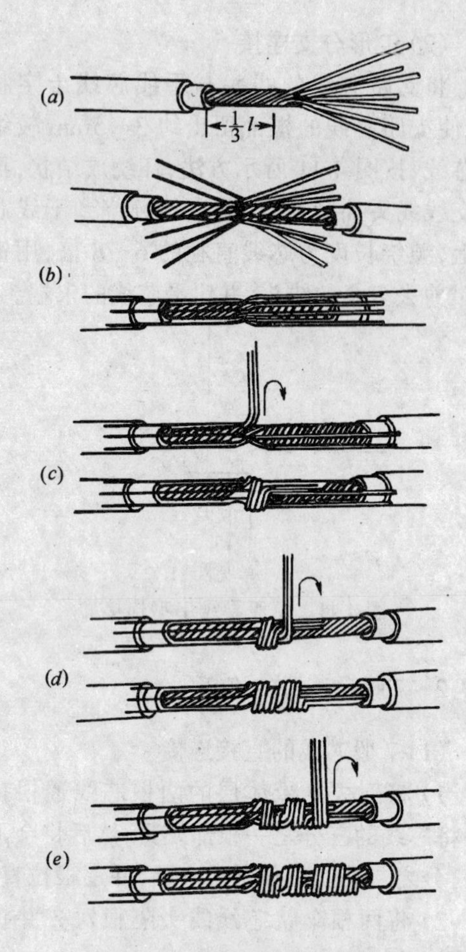

图 4-12　7 股芯线直线连接

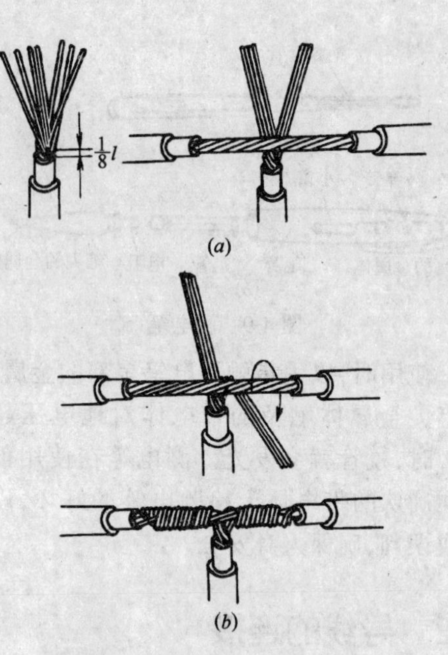

图 4-13　7 股芯线 T 型分支连接

2) 将右边三根芯线的一组往干线一边按顺时针紧缠 3～4 圈，钳平线端，再将左边四根芯线的一组按逆时针方向紧缠 4～5 圈，钳平线端，并剪去余线，见图 4-13。

4.2.3　铝芯导线的连接

(1) 螺钉压接法

适应于负荷较小的单股芯线的连接。

把剖去绝缘层的铝芯线头用钢丝刷刷去表面的铝氧化膜，并涂上中性凡士林，将接头伸入接头的线孔内，再旋压螺钉压接，如图 4-14。

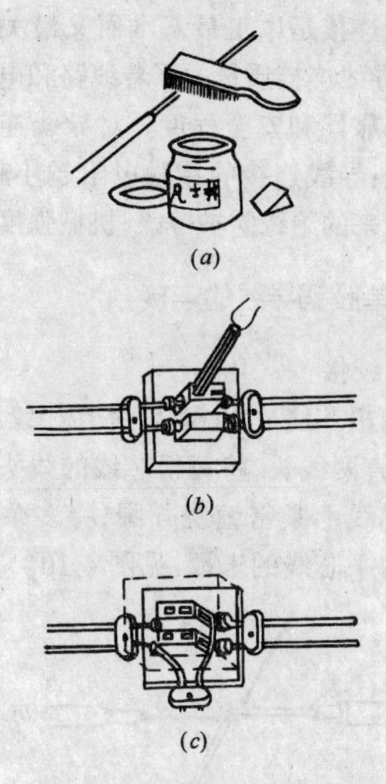

图 4-14　单股铝芯导线的螺钉压接法连接
(a)刷去氧化膜涂上凡士林；
(b)在瓷接头上作直线连接；
(c)在瓷接头上作分路连接

(2) 机械冷态压接

又叫套管压接法，适用于负荷较大的铝芯线的连接。简单原理是，用相应的模具在一定压力下，将套在导线两端的压接管紧压在两端导线上，使导线与压接管间形成金属扩散，两者成为一体，构成导电通路。要保证冷压接头的可靠性，主要取决于影响质量的三个要素：压接管的形状、尺寸和材料，压模的形状、尺寸，铝导线表面氧化膜处理。

接线前，选用适应导线规格的压接管，清除压管内孔和线头表面的氧化层和污物，并在上涂以中性凡士林锌粉膏，按图 4-15 所示方法和要求把两线头插入压接管，用压接钳进行压接，如果压接的是钢芯铝绞线，两线之间垫上一条铝质垫片。压接管的压坑数和压坑位置的尺寸如表 4-3、表 4-4、表 4-5 所示。

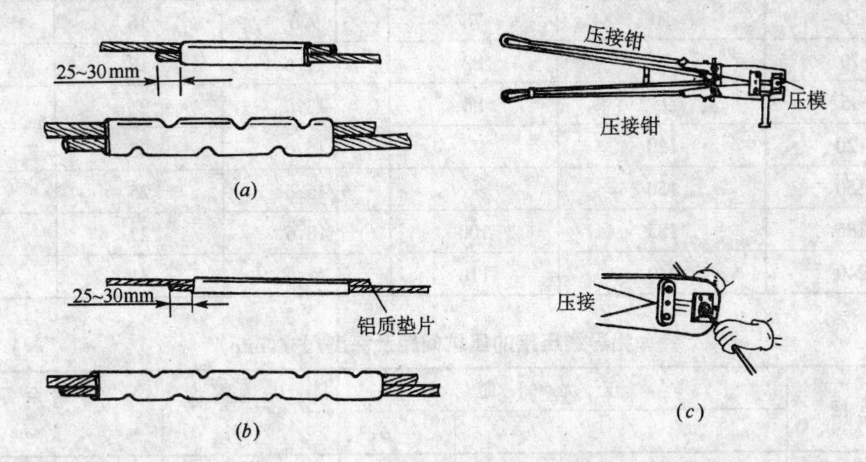

图 4-15　钳接管和导线穿入要求

(a)铝绞线；(b)钢芯铝绞线；(c)压接管压接法

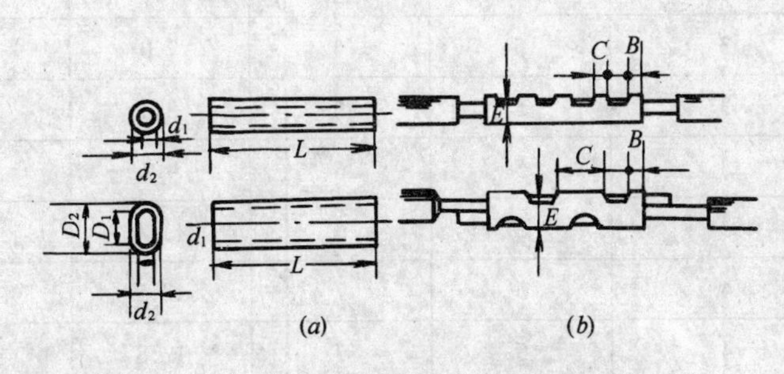

表 4-3 图　铝套管及其压接规格

(a)铝套管；(b)压接规格

小截面铝连接管尺寸　　表 4-3

套管型式	导线截面 (mm^2)	线芯外径 (mm^2)	铝套管尺寸(mm)					压接尺寸(mm)		压后尺寸 E (mm)
			d_1	d_2	D_1	D_2	L	B	C	
圆　形	2.5	1.76	1.8	3.8			31	2	2	1.4
	4	2.24	2.3	4.7			31	2	2	2.1
	6	2.73	2.8	5.2			31	2	1.5	3.3
	10	3.55	3.6	6.2			31	2	1.5	4.1
椭圆形	2.5	1.76	1.8	3.8	3.6	5.6	31	2	8.8	3.0
	4	2.24	2.3	4.7	4.6	7	31	2	8.4	4.5
	6	2.73	2.8	5.2	5.6	8	31	2	8.4	4.8
	10	3.55	3.6	6.2	7.2	9.8	31	2	8	5.5

铝连接管的规格和尺寸(mm)　　表 4-4

规　格	芯线截面(mm^2)	L	d	D	l
QL-16	16	66	5.2	10	2
QL-25	25	68	6.8	12	2
QL-35	35	72	8.0	14	3
QL-50	50	78	9.6	16	4
QL-70	70	82	11.6	18	4
QL-95	95	86	13.6	21	5
QL-120	120	92	15.0	23	5
QL-150	150	95	16.6	25	5
QL-185	185	100	18.6	27	6
QL-240	240	110	21.0	31	6

铝导线压接的压坑间距及深度尺寸(mm)　　表 4-5

适用范围	压坑间距			压坑深度	剩余厚度
	b_1	b_2	b_3	h_1	h_2
QL-16	3	3	4	5.4	4.6
QL-25	3	3	4	5.9	6.1
QL-35	3	5	4	7.0	7.0
QL-50	3	5	6	8.3	7.7
QL-70	3	5	6	9.2	8.8
QL-95	3	5	6	11.4	9.6
QL-120	4	5	7	12.5	10.5
QL-150	4	5	7	12.8	12.2
QL-185	5	5	7	13.7	13.3
QL-240	5	6	7	16.1	14.9

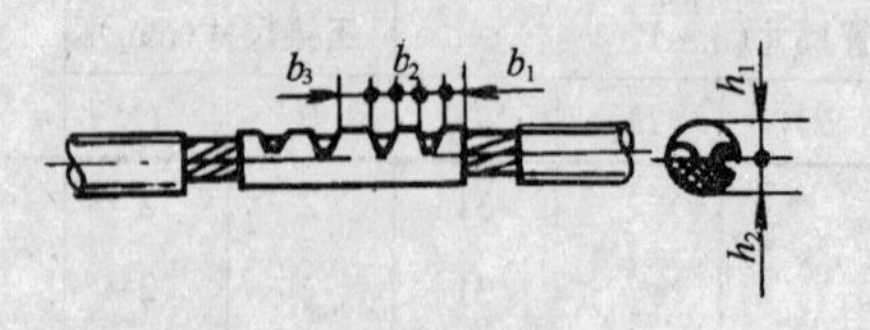

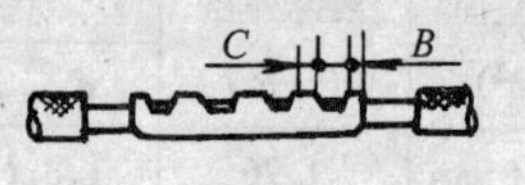

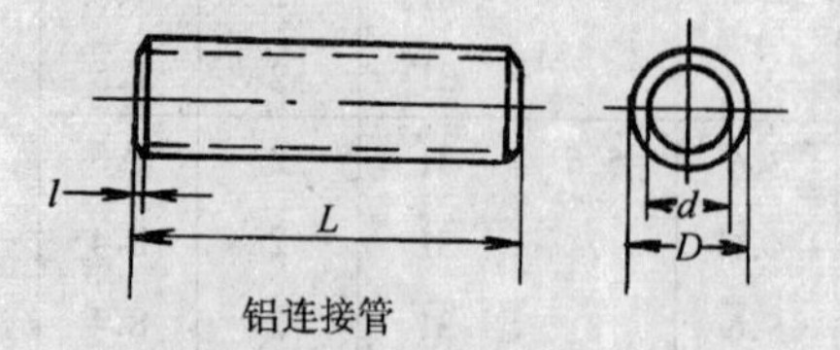

铝连接管

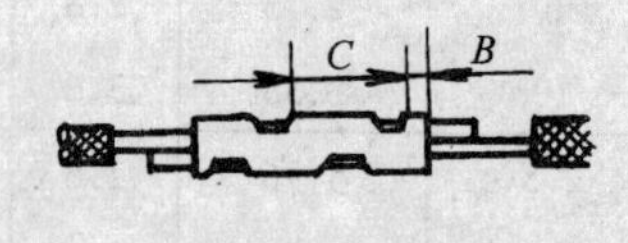

表 4-5 图

(3) 沟线夹螺钉压接法

适用于架空线路的分支连接。连接前先用钢丝刷除去导线线头和沟线夹线槽的氧化层，并涂上中性凡士林，然后将导线头入线槽压接，如图 4-16 压接时，应在每个压接螺丝上套上弹簧垫圈，以防螺钉松动。

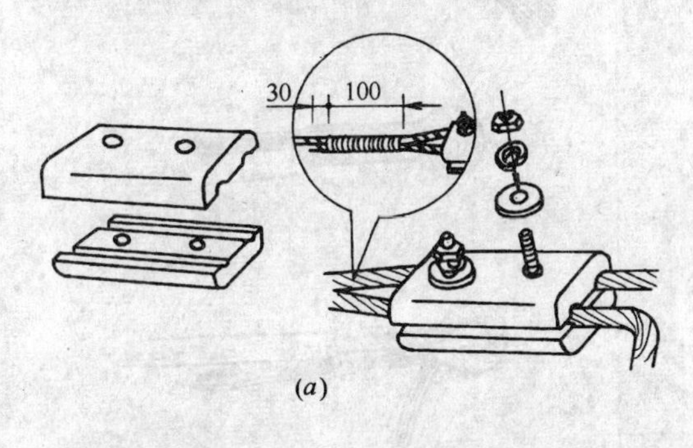

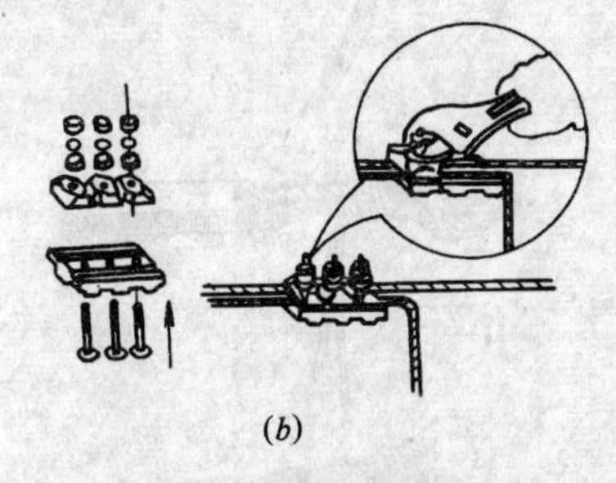

图 4-16　沟线夹的安装方法
(a)小型沟线夹；(b)大型沟线夹

导线截面积在 $75mm^2$ 以下时，用一副小型沟线夹，导线截面积在 $75mm^2$ 以上时，需用两副大型沟线夹，两者之间相距 300～400mm。

4.2.4　导线线头与接线柱的连接

各种电气设备、电气装置和电器用具均没有连接导给线，用的是接线柱。常用的接线柱有针孔式、螺钉平压式和瓦形式三种。

(1) 针孔式

接线柱依靠针孔顶部的压紧螺钉压住线头来完成电连接的。电流容量较小的接线柱通常只有一个压紧螺钉；电流容量较大或连接要求较高的，通常有两个压紧螺钉。

1) 单股芯线与针孔式接线柱的连接方法：

单股芯线与接线柱连接时，最好按要求的长度将线头折成双股并排插入孔内，并应使压紧螺丝钉顶住在双股芯线的中间。如图 4-17 若芯线直径较大无法插入双股芯线，则应在插入前将芯线线头略向上弯曲。上述两种线头的工艺处理都能有效地防止压紧螺钉稍松时线头脱出针孔。

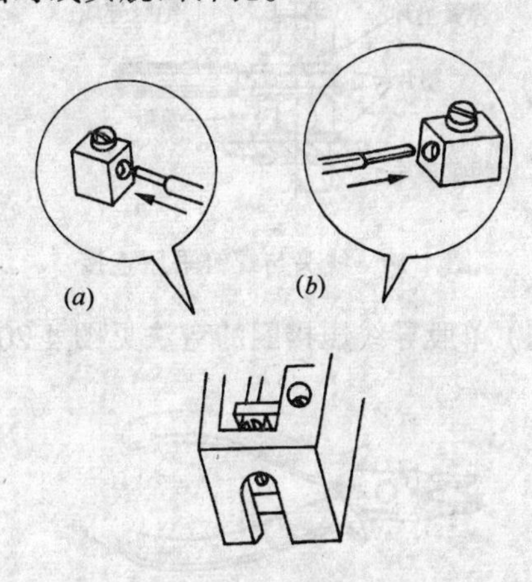

图 4-17　单股芯线与针孔式接线柱的连接方法
(a)单股芯线插入连接；(b)芯线折成双股进行连接

2) 多股芯线与针孔式接线柱的连接方法：

连接时，必须将多股芯线按原拧绞方向，用钢丝钳进一步绞紧，套上专用套管，用压钳夹紧，如图 4-18 再插入针孔内拧紧压紧螺丝，套管选用应与芯线的截面积相适应。

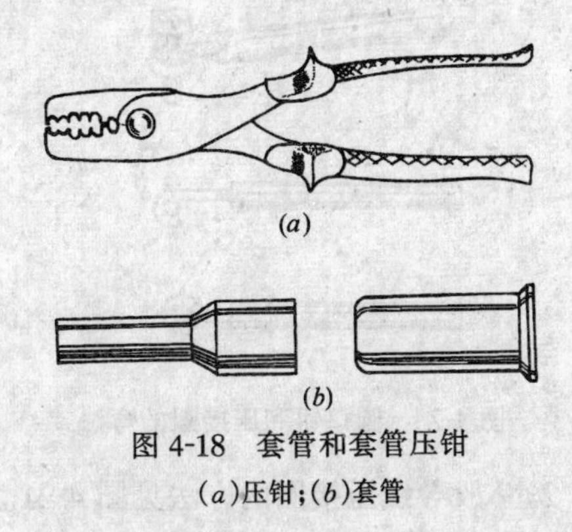

图 4-18　套管和套管压钳
(a)压钳；(b)套管

(2) 线头与螺钉平压式接线柱的连接

利用半圆头、圆柱头的平面，并通过垫圈紧压导线线头来完成电连接。连接这类线头的要求是：压接圈的弯曲方向必须与螺钉的拧紧方向保持一致，并放在垫圈下面，导线绝缘层不得压入垫圈内，螺钉必须拧得足够紧，如图 4-19。

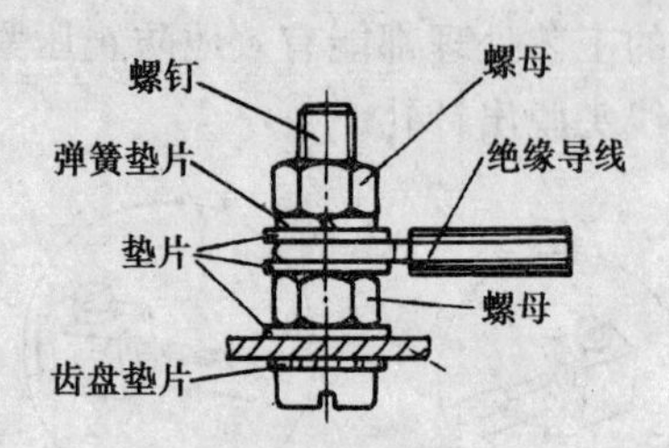

图 4-19　线头与螺钉平压连接

1）单股导线压接圈的弯法见图 4-20。

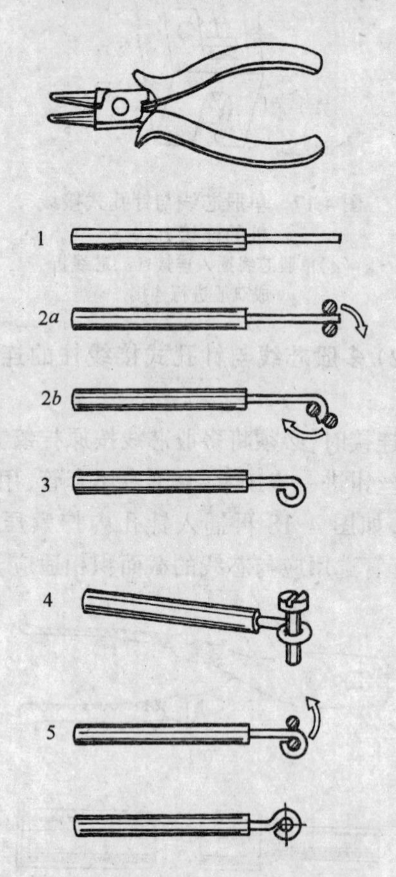

图 4-20　圆口钳和压接圈的弯法

2）7 股导线压接圈的方法见图 4-21。

3）软导线线头的连接方法见图 4-22。

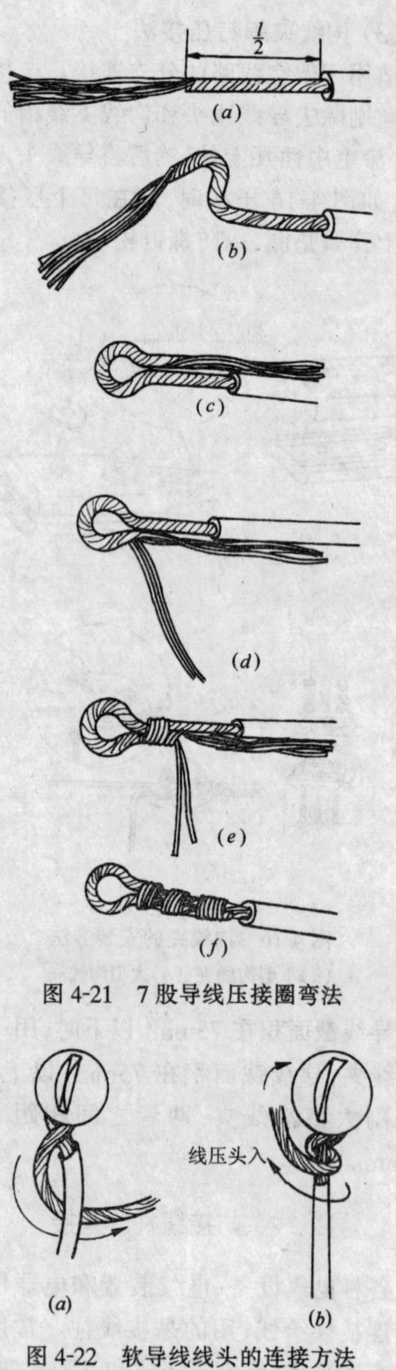

图 4-21　7 股导线压接圈弯法

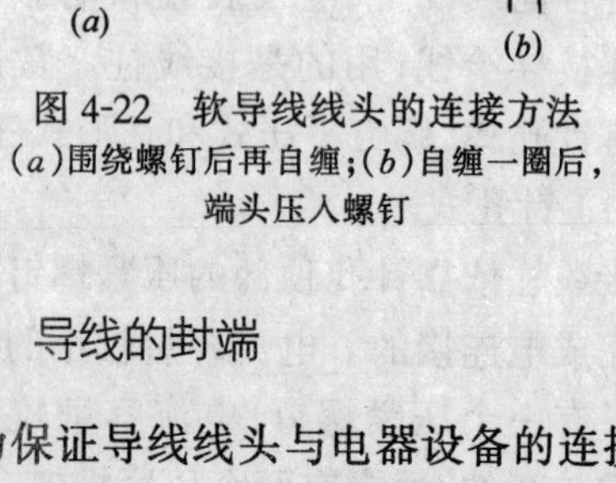

图 4-22　软导线线头的连接方法
(a)围绕螺钉后再自缠；(b)自缠一圈后，端头压入螺钉

4.2.5　导线的封端

为保证导线线头与电器设备的连接质量和机械性能，对于导线截面积大于 $10mm^2$ 的

多股铜线、铝线一般都应在导线线头上焊接或压接接线端子(又称接线鼻子、接线耳),这种方法叫做导线的封端。

(1) 铜导线的封端

铜导线封端常用锡焊法和压接法。

1) 压接法:

把剥去绝缘层并涂上石英粉—凡士林油膏的芯线插入内壁也涂上石英粉—凡士林油膏的铜接线端子孔内,用压接钳进行压接,在铜接线端子的正面压两个坑,先压外坑,再压内坑,两个坑要在一条直线上,如图 4-23。

2) 锡焊法具体方法见图 4-24。

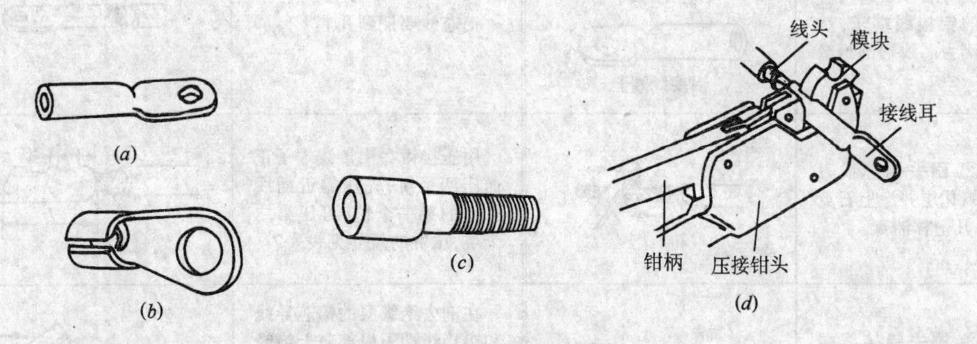

图 4-23 铜导线压接法封端

(a)大载流量用接线耳;(b)小载流量用接线耳;(c)接线桩螺钉;(d)导线线头与接线头的压接方法

封端方法	图示	封端方法	图示
① 剥掉铜芯导线端部的绝缘层,除去芯线表面和接线端子内壁的氧化膜,涂以无酸焊锡膏	 铜芯导线端部 铜接线端子	④ 把芯线的端部插入接线端子的插线孔内,上下插拉几次后把芯线插到孔底	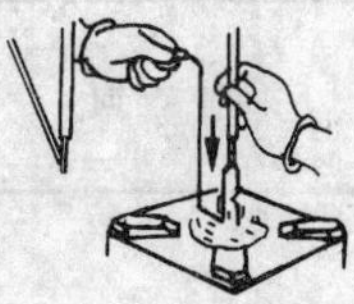
② 用一根粗铁丝系住铜接线端子,使插线孔口朝上并放到火里加热	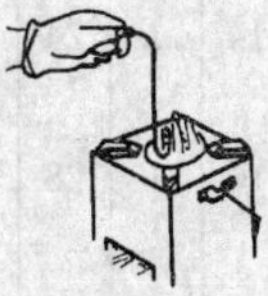	⑤ 平稳而缓慢地把粗铁丝和接线端子浸到冷水里,使液态锡凝固,芯线焊牢	
③ 把锡条插在铜接线端子的插线孔内,使锡受热后熔解在插线孔内	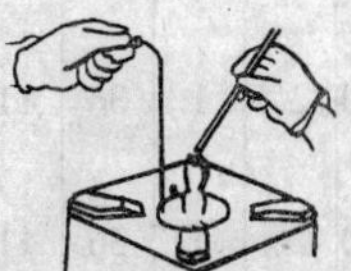	⑥ 用锉刀把铜接线端子表面的焊锡除去,用砂布打光后包上绝缘带,即可与电器接线桩连接	

图 4-24 铜导线锡焊法封端

(2) 铝导线的封端

由于铝导线表面极易氧化，用通常的锡焊法较为困难。一般都采用压接法封端。见图 4-25。铝接线端子与压接坑尺寸见表 4-6 和表 4-7。

4.2.6 导线绝缘层的恢复

有关要求	图示	有关要求	图示
① 根据铝芯线的截面查表 4-6 选用合适的铝接线端子，然后剥去芯线端部绝缘层	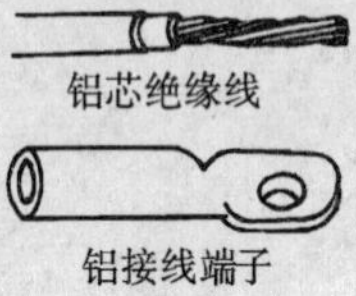 铝芯绝缘线 铝接线端子	铝芯线要插到孔底	
② 刷去铝芯线表面氧化层并涂上石英粉-凡士林油膏		用压接钳在铝接线端子正面压两个坑，先压靠近插线孔处的第一个坑，再压第二个坑，压坑的尺寸见表 4-7	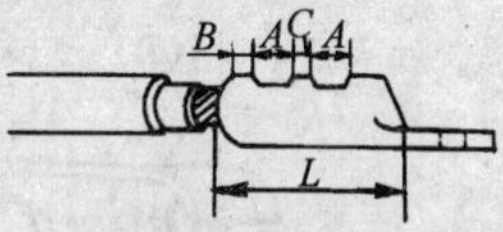 B A C A L
③ 刷去铝接线端子内壁氧化层并涂上石英粉-凡士林油膏		在剖去绝缘层的铝芯导线和铝接线端子根部包上绝缘带(绝缘带要从导线绝缘层包起)，并刷去接线端子表面的氧化层	

图 4-25 铝芯导线压接法封端

铝接线端子尺寸 **表 4-6**

简图	适用导线截面 (mm^2)	端子各部分尺寸									压模深
		d	D	C	L_1	L_2	L_3	b	h	ϕ	
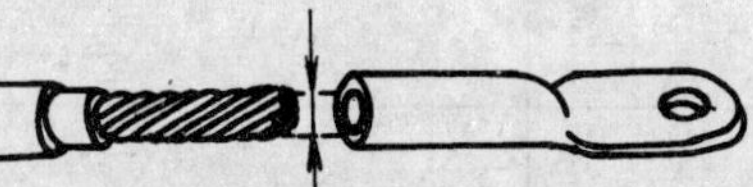 (a) 铝接线端外形 (b) 铝接线端子规格尺寸	16	5.5	10	1	18	5	32	17	3.6	6.5	5.4
	25	6.8	12	1	20	8	32	17	4.0	8.5	5.9
	35	7.7	14	1	24	9	32	20	5.0	8.5	7.0
	50	9.2	16	1	28	10	37	20	5.0	10.5	7.8
	70	11.0	18	1	35	10	40	25	6.5	10.5	8.9
	95	13.0	21	1	36	11	45	28	7.0	13.0	9.9
	120	14.0	22.5	1	36	11	48	34	7.0	13.0	10.8
	150	16.0	24	1	36	11	50	34	7.5	17.0	11.0
	185	18.0	26	1	41	12	53	36	7.5	17.0	12.0

铝接线端子压接坑尺寸(mm)　**表 4-7**

导线截面(mm^2)	*A*	*C*	*B*	*L*
16	13	2	2	32
25	13	2	2	32
35	13	2	2	32
50	14	3	3	37
70	15	3	4	40
95	17	3	4	45
120	17	5	5	48
150	18.4	5	5	50
185	18.7	6	6	53
240	20.8	6	6	60

在导线连接时所破坏的绝缘层后,或是绝缘导线的绝缘层破损后,必须恢复,恢复后绝缘强度不应低于原有的绝缘等级,方能保证用电安全。

常用的材料有黄蜡带、塑料带、涤纶胶带、塑料胶带和黑胶布。由于黑胶布防水性较差,通常需与黄蜡带或塑料带配合使用,方能取得较好效果。绝缘带在导线上常采用包缠法。一般选用 20mm 宽度的绝缘带。包缠时,先将黄蜡带(或塑料带)从完整绝缘层上开始包缠,包缠两根带宽后方可进入连接处的芯线部分。黄蜡带与导线保持 55℃左右的倾斜角,后一圈叠压在前一圈二分之一处,如图 4-26 所示。黄蜡带包缠完毕后,将黑胶布接在黄蜡带尾端,朝相反方向斜叠包缠,方法同黄蜡带的包缠方法一样。

操作练习一

(1) 实习目的

单胶导线直线连接和 T 型连接。

(2) 工具、材料

1) 常备电工手工工具;

2) BV1.38、BV1.78 单胶导线若干;

3) 绝缘带

(3) 实习过程

根据图 4-10、图 4-11 所示方法进行操作。

(4) 评分标准(表 4-8)

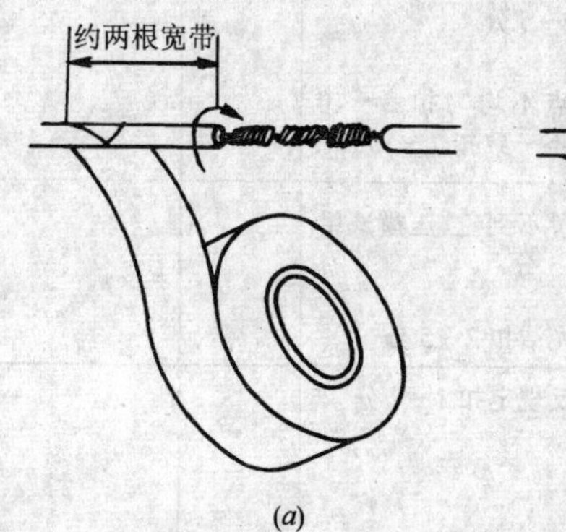

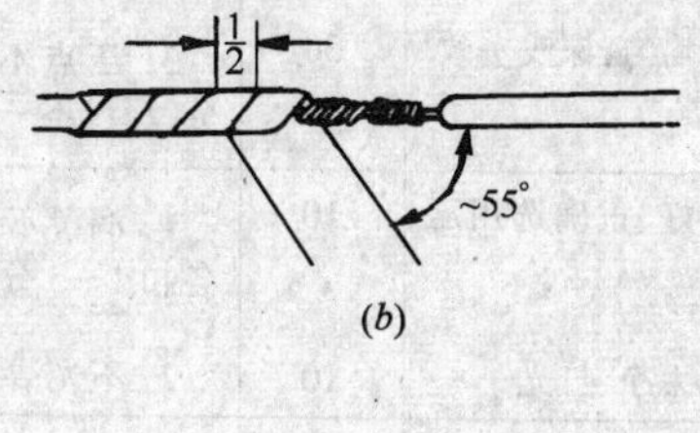

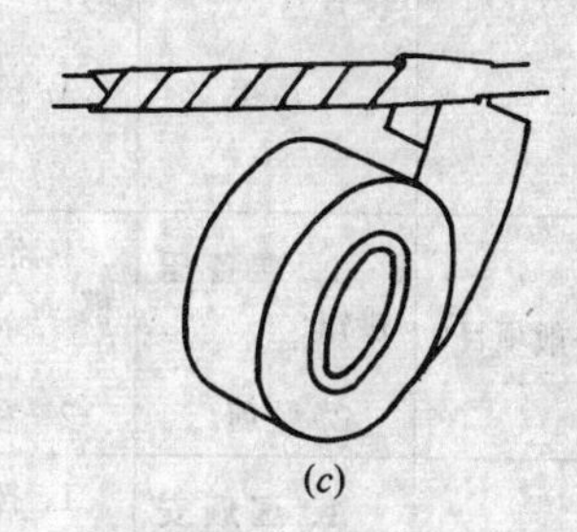

图 4-26　绝缘带的包、缠方法

表 4-8

项　目	质检内容	配　分	评　分　标　准	得　分
1	接线方法正确	40	缠绕圈数、方法和步骤错,酌情扣分	
2	连接牢固整齐	25	每一处层次不清扣 5 分,松动、混乱扣 5~10 分	
3	绝 缘 恢 复	25	包扎严密,不露芯线,一项有误扣 5 分	
4	安 全 操 作	10	违反操作规定酌情扣分	

操作练习二

(1) 实习目的:7胶铜芯线的直连接

(2) 工具、材料

1) 常备电工手工工具

2) BV7/1.35导线若干

3) 绝缘带

(3) 实习过程:根据图4-12所示方法进行操作。

(4) 评分标准(表4-9)

操作练习三

(1) 实习目的:铝导线的压接

(2) 工具材料:压线钳、铝导线、沟线钳、压模

(3) 评分标准(表4-10)

表4-9

项目	质检内容	配分	评分标准	得分
1	连接方法正确	40	缠绕圈数差扣3~5分,操作方法错扣10~20分	
2	连接牢固整齐	25	缠绕混乱扣5~10分,松动扣5~10分	
3	绝缘恢复	25	包扎严密,不露芯线,一项有误扣5分	
4	安全操作	10	违反操作规定酌情扣分	

表4-10

考核项目	考核内容	考核要求	配分	评分标准	扣分	得分
主要项目	1. 准备导线	1. 绑扎紧、锯口齐、清洁干净	20	1. 绑扎松散、锯口不齐、清洁不彻底各扣2~5分		
	2. 准备连接管	2. 清洁干净、压点位置均匀	20	2. 清洁不彻底、压点不均匀各扣2~5分		
	3. 压接	3. 压点均匀,深浅一致	30	3. 压点不均匀扣2~10分,深浅不一致扣2~10分		
一般项目	1. 准备压接钳	1. 润滑好、正确选用压模	10	1. 润滑不到位、压模选错各扣1~5分		
	2. 整理	2. 毛刺去净、打光	10	2. 不光洁扣2~5分		
安全文明生产	1. 国颁安全生产法规有关规定或企业自定有关实施规定	1. 按达到规定的标准程度评定	7	1. 违反规定扣1~7分		
	2. 企业有关文明生产规定	2. 按达到规定的标准程度评定	3	2. 违反规定扣1~3分		
时间定额	60min	按时完成		超过定额10%及以下扣5分;超过定额10%~20%扣10分,超过20%时结束不计分;未完成项目不计分		

班级: 姓名: 指导教师:

小　　结

1. 导线连接方式应根据具体情况加以合理选择。

2. 良好的导线连接应达到接触电阻不大于等长度导线的电阻值,恢复绝缘后的绝缘等级应达到原有的等级。

3. 铝导线连接应特别注意清除表面氧化层。

4.3 搪锡工艺

在进行铜导线连接时,为了使导线的接头质量更加可靠,常使用搪锡的方法,将铜导线用锡焊接在一起,搪锡方法一般有三种:电烙铁搪锡;浸锡法;浇锡法。

4.3.1 电烙铁搪锡

10mm² 以下的铜导线接头,可以用 150W 以上的烙铁进行搪锡。在搪锡前须清除线头表面氧化层,再涂上一层中性焊剂。搪锡时,宜将接头置于水平状态,以免锡液流向一端而造成接头含锡不匀,并要使锡液充分填满接头所有空隙,接头两端焊锡应丰满而光滑。

4.3.2 浸锡法

在导线终端连接时,还可以用浸锡法搪锡。先将锡块放入锡锅内加热使之熔化,表面成磷黄色。将清除氧化层的线头涂上一层中性焊剂,插入熔化的锡中,挂满锡后取出,如图 4-27。

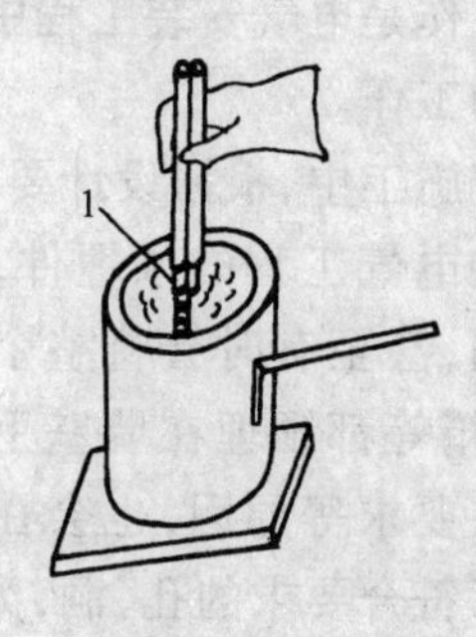

图 4-27　浸锡法搪锡

4.3.3 浇锡法

16mm² 及其以上的铜导线接头,宜采用浇锡法。浇锡前,先将锡放在锡锅加热使锡熔化,表面成磷黄色,把涂有中性焊剂的接头放在锡锅上,用勺盛上熔化的锡进行浇焊。刚开始浇焊时,因为接头较冷,锡在接头上的流动性较差,此时,应继续浇下,使接头处提高温度,直至全部焊牢为止,见图 4-28。

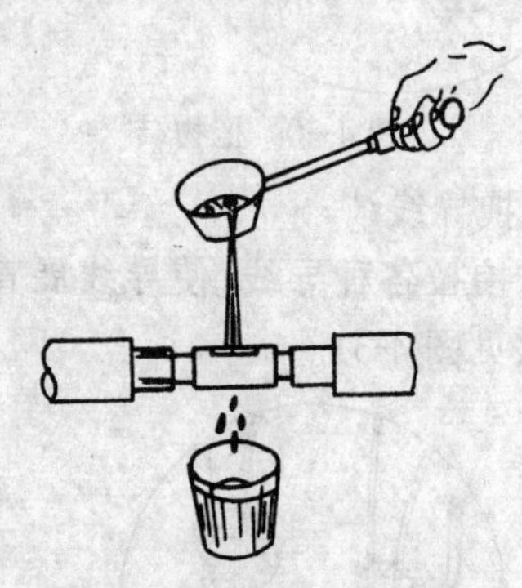

图 4-28　浇锡法搪锡

4.4 结　　绳

在电器施工中,常需利用绳索捆绑各种物品和牵引导线,而绳索结的扣法必须满足各种场合的需要,且应考虑解结方便和安全可靠。以下介绍几种常用的绳结:

(1) 扛物结

用来扛抬工件,扣结方法见图 4-29。

(2) 拖物结

用来拖拉较重的物品,扣结方法见图 4-30。

图 4-29　扛物结

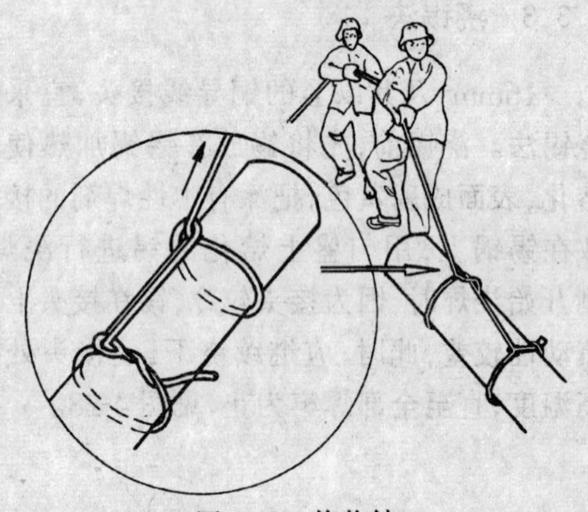

图 4-30　拖物结

(3) 拽导线结

用来拽拉各种导线，使导线展直、收紧，扣结方法见图 4-31。

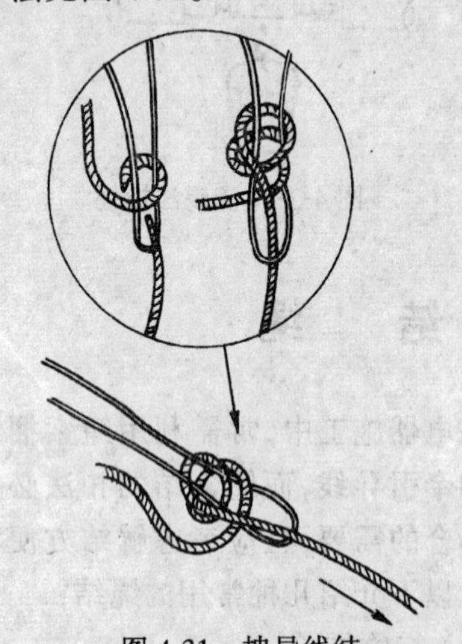

图 4-31　拽导线结

(4) 吊物结

用来吊取工件或工具，扣结方法见图 4-32。

(5) 吊钩吊物结

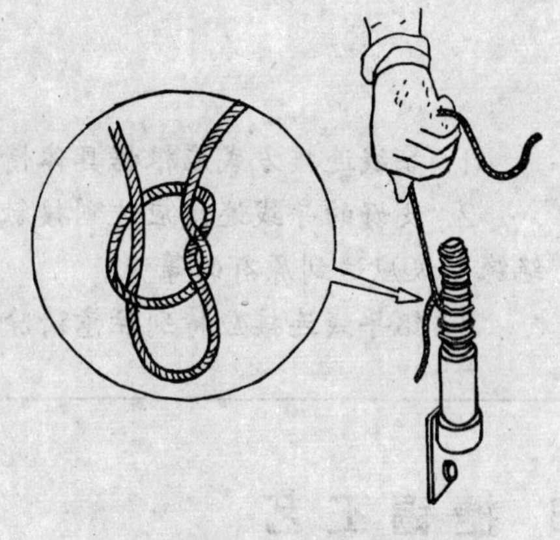

图 4-32　吊物结

用起重机或滑轮吊物时，在吊钩上的扣结方法见图 4-33。

(6) 吊钩牵物结

用滑轮或卷扬机牵拉物体时，在吊钩上的扣结方法见图 4-34。

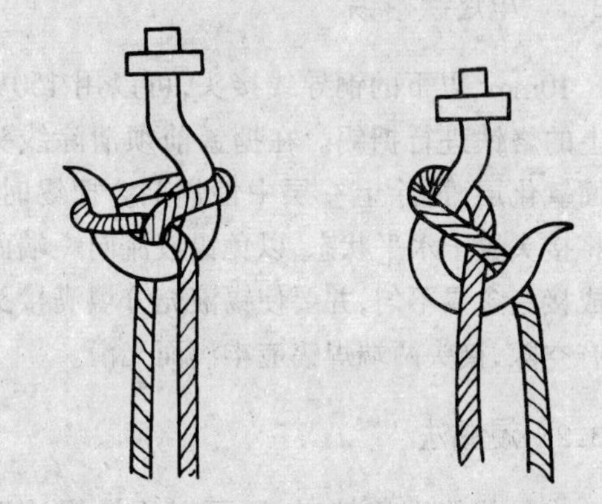

图 4-33　吊钩吊物结　　图 4-34　吊钩牵物结

4.5　预埋和固定

预埋工作是电气安装工程中一项非常重要和繁杂的工作。

在建筑施工中，根据设计要求，常需要预先埋下一些电气工程的预埋件，供固定电器设备等使用，甚至有时会将整个装置如计量表箱、配电箱等都预埋在墙壁上。由于工程配合或设备要求等原因，也会在工程施工过程中预留下符合要求的孔、洞，为日后设备的安装和固定提供方便。预埋和预留工作做得好，不仅可以避免日后钻凿挖补，而且可以避免破坏建筑立体，还可以减轻下道工序的工作量。在不能预埋和预留的地方或遗漏预埋的地方也不可避免地需用其他方法如打墙洞、埋设、用膨胀螺钉和使用射钉枪等进行电气设备的固定。

4.5.1 预埋

(1) 预埋铁板法

预埋铁板的方法通常用在混凝土工程中，根据所需固定设备的要求，选择厚度、大小合适的钢板，在其一面焊上 4～6 根长度适当有弯圈的钢筋，将平面放在所需位置的模板上，用铁钉固定牢固，见图 4-35。

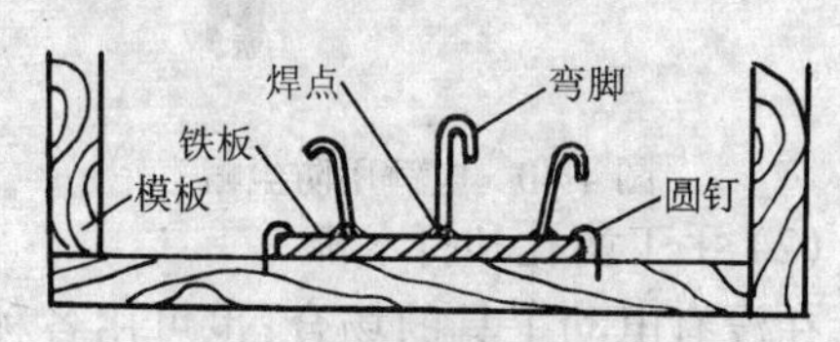

图 4-35 预埋铁板方法

(2) 预埋螺丝

自制带有弯头的螺丝，在模板合适位置钻一个孔，将弯头螺丝穿出模板，弯头部分用铁丝固定在已绑扎好的钢筋上，见图 4-36。为保护螺纹不被碰伤和防水泥在螺纹上固化，可在螺纹上抹上黄油，拧上螺母，并用包扎带包扎好。

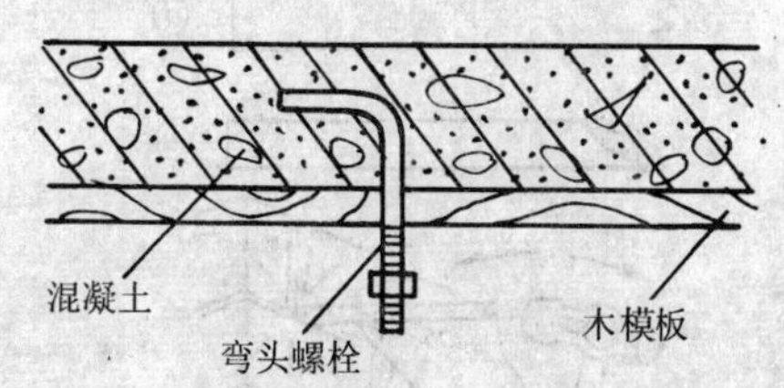

图 4-36 预埋螺丝方法

4.5.2 打孔埋没法

在电气安装过程中，要把一些角钢支架之类的安装器材和机器设备固定在混凝土结构或砖墙中。若与土建配合失误，常需事后在混凝土结构或墙上开孔，然后将角钢支架、机器设备固定在其中。

(1) 电动工具打孔

在建筑物上打孔，现在一般都使用冲击钻或电锤，冲击钻和电锤构造示意图见图4-37。

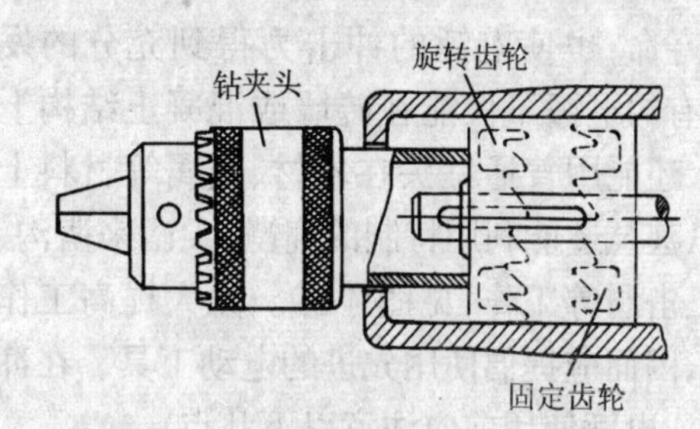

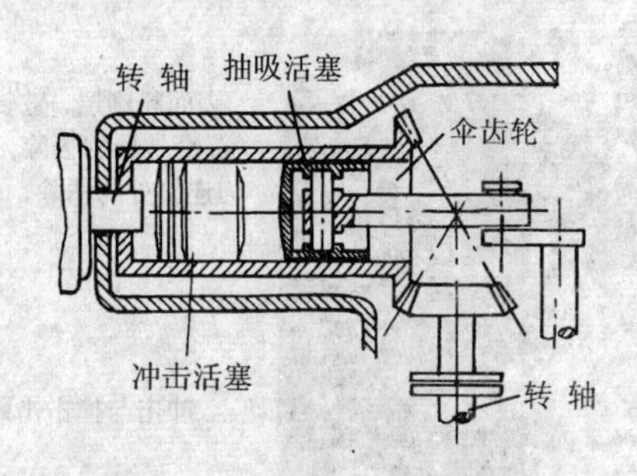

图 4-37 冲击钻和电锤动作原理

冲击钻的冲击力较小，宜在砖墙上打孔。电锤的冲击力较大，不但能在砖墙上打孔，还特别适宜在混凝土结构上打孔。但在混凝土上打孔时，应尽量避开钢筋的位置，若事先无法知晓钢筋的位置：在打孔时应特别小心，先轻压电锤试打，如电锤钻头不往里进，应及时停止工作，查明是否碰到钢筋。冲击钻和电锤使用的钻头一般不通用，冲击钻钻头是直柄的，与麻花钻钻头相似，钻头的夹头结构见图 4-38。

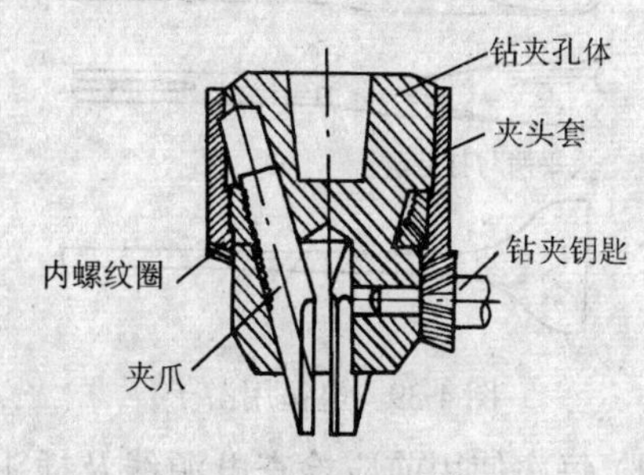

图 4-38 钻轧头结构图

夹钻头时应用钻夹钥匙来夹紧。电锤的钻头尾部一般有方柄、键槽、凹坑等几种，固定钻头是直接插入电锤中，利用弹簧来锁紧钻头。由于电锤的冲击力较大，钻头行程也较大，所以在装入钻头前应先将钻头尾部清洁后抹上油脂后，再插入电锤，这样，既有利于延长电锤寿命，也使电锤的冲击力得到充分的发挥。有的电锤不仅能在砖墙或混凝土结构上打孔，还能用普通钻头在木材、金属等材料上打孔，甚至还能利用特制的扁凿、尖凿来凿沟、开槽、击洞等工作，见图 4-39。大大提高工作效率，因而应提倡使用先进的电动工具。在冲击钻或电锤使用前应注意以下几点：

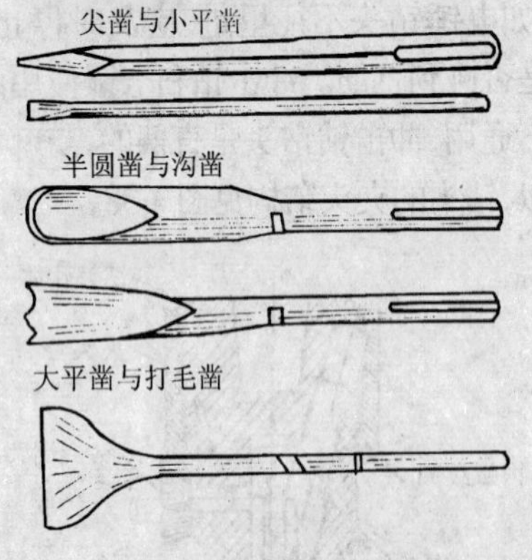

图 4-39　电锤用凿子

1) 每次使用前应检查电源线及插头，若有损伤应及时修理。

2) 机器不可弄湿，不得在潮湿环境内操作。

3) 若是多用途冲击钻或电锤，应根据工作要求，调整机器的工作方式，选择至合适位置。

4) 向上方打孔时，应在钻头上套有防尘帽，见图 4-40。

图 4-40　电锤用防尘帽

(2) 手工凿孔和打木榫

在没有电动工具的场合，也可用各种凿子来凿墙孔或墙洞，各种凿子见图 4-41。

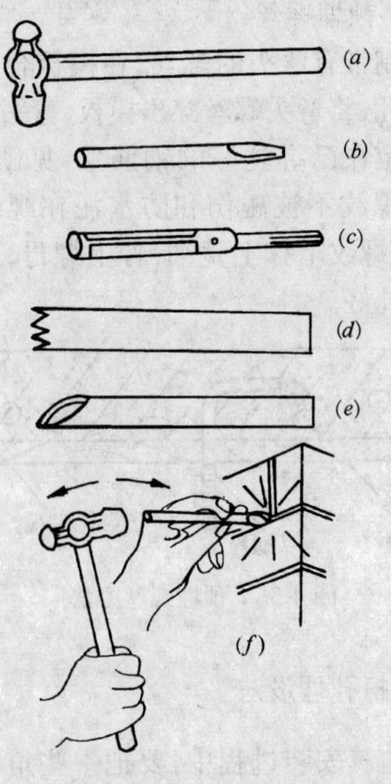

图 4-41　手工用凿子
(a)榔头；(b)凿子；(c)墙冲；(d)锯齿凿；(e)斜管凿；(f)打木榫孔

1) 木榫孔的开凿：

木榫常用在砖墙、水泥墙和水泥楼板上作电气线路和电气设备的固定点。木榫必须牢固地打入木榫孔内，才能承受线路的拉力和电器设备的重量。木榫孔的开凿有两种情况：是在砖墙上打孔，榫孔宜用扁平凿（平口凿）凿成方形孔，扁平凿的宽度宜与孔的宽度相同，孔口、孔底的尺寸应基本相同。孔深比木榫长度大5mm左右。选择孔位时，应尽量利用墙缝。在水泥墙上打孔宜用墙冲凿成圆形，见图4-42。用墙冲和铁锤打朝天榫孔，应参见图4-43所示的方法。

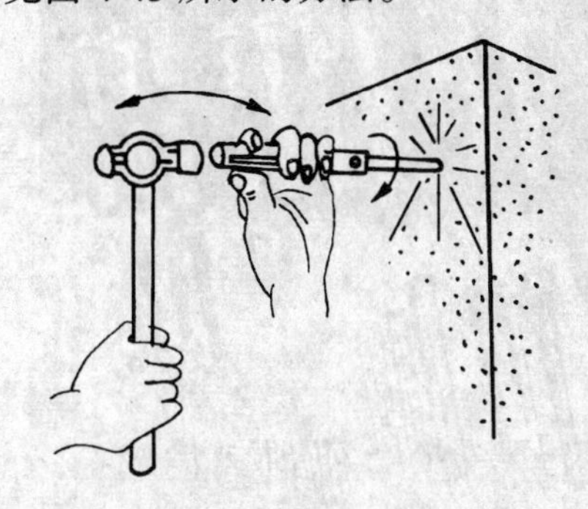

图4-42 墙冲的使用方法

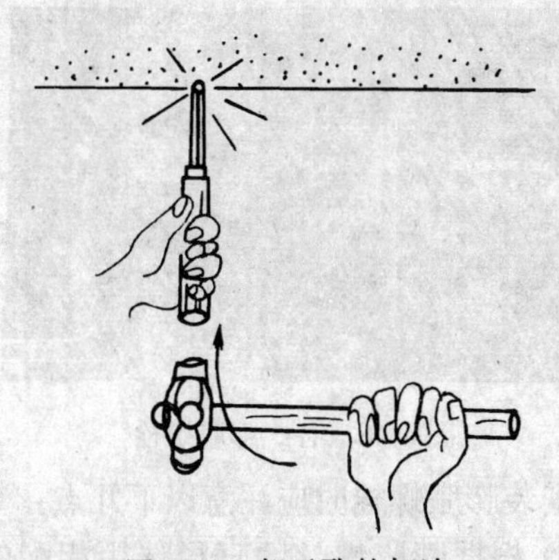

图4-43 朝天孔的打法

2) 木榫的制作：

木榫通常选用干燥的松木、洋松等木纹直、质地疏密相当的木材制作。但不要用杂木（太硬）和杉木（太软）。木材一定要选用干燥的木材。制作木榫时，不管榫孔是方孔还是圆孔，木榫都应削成四方柱体（略有斜度），如图4-44所示。

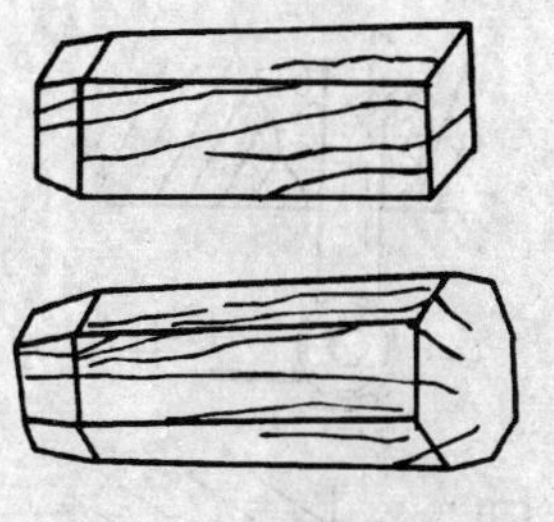

图4-44 木榫的制作

4.5.3 固定

(1) 角铁支架的埋设

在电气施工中，常需用到角铁支架固定在混凝土结构或砖墙中。由于不同的需要，角铁支架按形状可分为一字形角铁和Π形角铁。按用途可分为终端角铁、转弯角铁等。为了使角铁埋入墙体有足够的强度，在其埋入墙体的一端都需制成丫字形，俗称为掰脚。不同用途的角铁，由于受力方向不同，掰脚在墙孔内翘起的方向也不相同。翘起方向应和角铁受力方向相反，见图4-45。

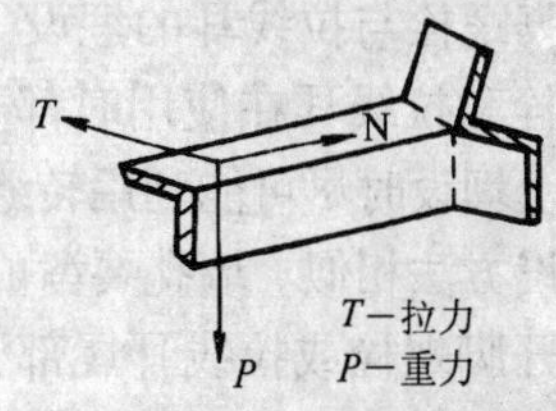

图4-45 脚铁的掰脚

在埋设各种角铁支架时，不论用什么方法打孔，孔的外口应尽可能小点，与角铁相似，只要能把角铁塞进去就行，内孔道应是逐渐扩大。在砖墙上开凿时，应尽量选择转缝处，一般只凿角铁内的砖块，见图4-46。

埋设时，应选用高标号（不低于400号）的水泥。水泥与淘净的粗砂以1:2或1:3的比例加水调匀。灌浆时，先对墙孔进行清理，吹尽孔内粉末灰尘，用水浇湿，并用条形泥板把水泥浆抹入孔内，将角铁插入，再检查深度是否符合要求。调整好角铁支架的角度，然后，用较硬的石头填入孔内并榫紧，最后用水泥浆抹平孔口，待养护期满后再加负荷。

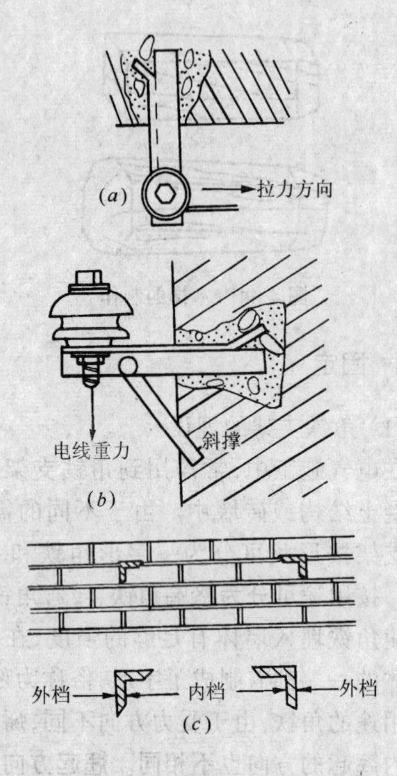

图 4-46　角铁在砖墙中的固定方法

(2) 开脚螺栓与拉线耳的埋设

开脚螺栓和拉线耳在使用时都要受到拉力。在砖墙上埋设时尽可能利用转缝,埋设方法与角铁埋设方法相似。墙孔要凿成长方形,长边略大于开脚螺栓或拉线耳尾部张开的最大宽度,短边口部要窄,孔底向孔口的短边两侧扩大,其宽度应使开脚能在孔内旋转。埋设时仍需要先清理墙孔并加水浇湿。加入少量水泥砂浆,将开脚螺栓或拉线耳的尾部从孔的长边插入并旋转 90°。为防止因外界拉力过大使开脚部分可能发生并拢趋势,在埋设时,在开脚内应塞上石子,灌满水泥砂浆,见图 4-47。

(3) 膨胀螺栓的安装

膨胀螺栓是一种先进的安装材料,按材料可分为金属类和塑料类。金属膨胀螺丝使用最多的是铁质镀锌,少量有使用铜质的。塑料类有聚丙烯和尼龙两类。按膨胀方式有塑料胀管式、沉头胀管式、箭尾式胀管、金属胀腹式、敲击式和适用石膏板等薄板上使用的双翼塑胶式、双翼金属式等,见图 4-48。

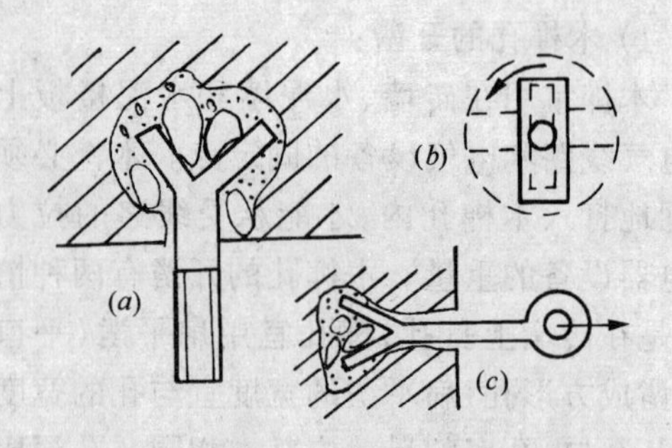

图 4-47　开脚螺丝与拉线耳环的固定方法
(a)拉脚的开脚螺丝圬埋;(b)开脚螺丝在孔内旋转 90°;(c)拉线耳环圬埋方法

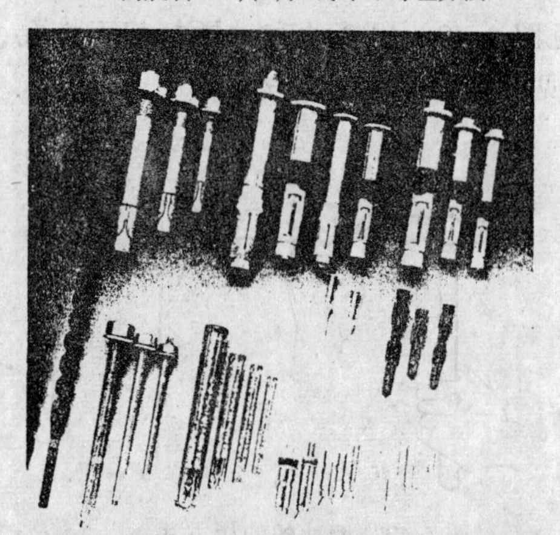

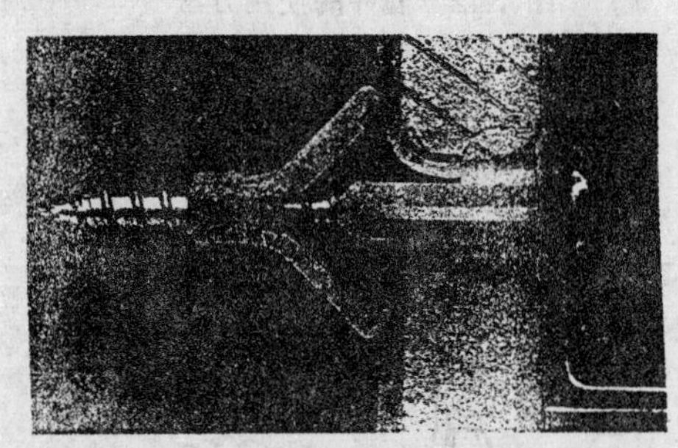

图 4-48　各式膨胀螺栓

安装膨胀螺栓时应注意以下几点:

1) 根据膨胀螺丝的直径选用相配的钻头,确定打孔深度。

2) 孔打好后,清除浮灰,再放入塑料胀管式膨胀螺丝。

3) 若是箭尾式胀管,胀管放入孔内后,用专用工具伸入胀管内击打圆锥体,使胀管尾部胀开。

4) 旋紧螺丝力矩要适当,以免滑丝。各种膨胀螺丝的安装方法见图 4-49。

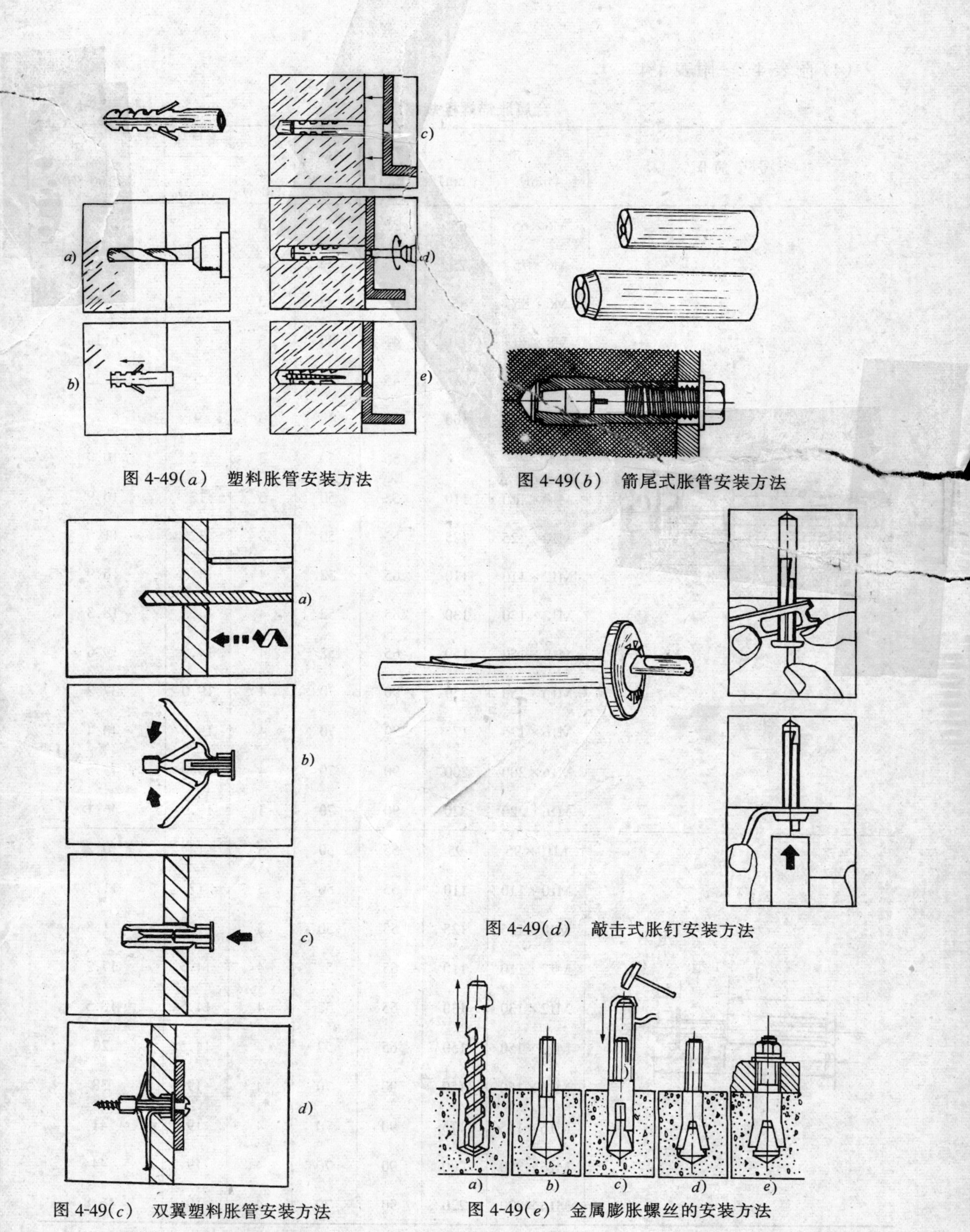

图 4-49(*a*)　塑料胀管安装方法

图 4-49(*b*)　箭尾式胀管安装方法

图 4-49(*c*)　双翼塑料胀管安装方法

图 4-49(*d*)　敲击式胀钉安装方法

图 4-49(*e*)　金属膨胀螺丝的安装方法

a)钻孔;*b*)清除灰渣,插入螺栓;*c*)锤入套管;*d*)套管胀开,上端与表面齐平;*e*)被锚固件就位后紧固螺母

（4）附表 4-1～附表 4-4

金属胀锚螺栓规格表 **附表 4-1**

型号与简图	规格（mm）	L（mm）	L_1（mm）	C（mm）	安装后参考尺寸		质量（kg/100 件）
					a（mm）	b（mm）	
I 型: 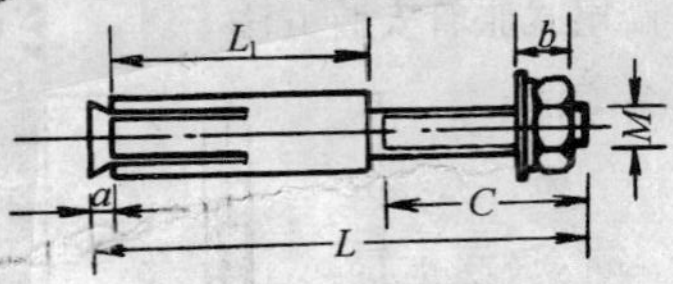	M6×65	65	35	35	3	8	2.77
	M6×75	75	35	35	3	8	2.93
	M6×85	85	35	35	3	8	3.15
	M8×80	80	45	40	3	9	6.14
	M8×90	90	45	40	3	9	6.42
	M8×100	100	45	40	3	9	6.72
	M10×95	95	55	50	3	12	10.0
	M10×110	110	55	50	3	12	10.9
	M10×125	125	55	50	3	12	11.6
	M12×110	110	65	52	4	14.5	16.9
	M12×130	130	65	52	4	14.5	18.3
	M12×150	150	65	52	4	14.5	19.6
	M16×150	150	90	70	4	19.0	37.2
	M16×175	175	90	70	4	19.0	40.4
	M16×200	200	90	70	4	19.0	43.5
	M16×220	220	90	70	4	19.0	46.1
II 型: 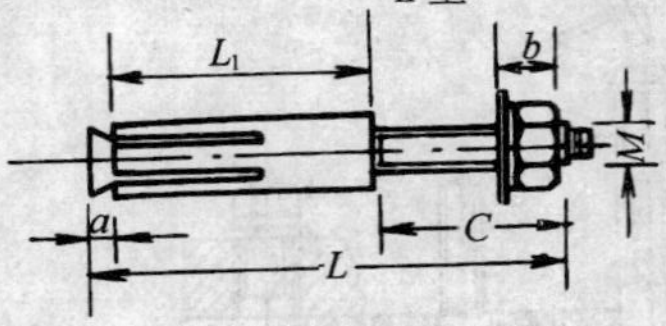	M10×95	95	55	50	3	12	10.2
	M10×110	110	55	50	3	12	11.1
	M10×125	125	55	50	3	12	11.8
	M12×110	110	65	52	4	14.5	17.2
	M12×130	130	65	52	4	14.5	18.5
	M12×150	150	65	52	4	14.5	20
	M16×150	150	90	70	4	19	38
	M16×175	175	90	70	4	19	41
	M16×200	200	90	70	4	19	44
	M16×220	220	90	70	4	19	46.8

金属胀锚螺栓的使用要求　附表 4-2

规　格	M6	M8	M10	M12	M16
钻孔直径(mm)	ϕ10.5	ϕ12.5	ϕ14.5	ϕ19	ϕ23
钻孔深度(mm)	40	50	60	75	100
允许拉力(N)	2400	4400	7000	10300	19400
允许剪力(N)	1800	3300	5200	7400	14400

注：本表数值为胀锚螺栓与 C13 级混凝土固结后允许的数值。

塑料胀锚螺栓规格表　附表 4-3

规　格 直径×长度 (mm)	使　用　规　定		
	钻孔直径 (mm)	钻孔深度 (mm)	适用螺钉 直径(mm)
甲　型			
ϕ6×31	6	36	3.4～4
ϕ8×48	8	53	4～4.8
ϕ10×59	10	64	4.5～5
ϕ12×60	12	65	5.5～6.3
乙　型			
ϕ6×36	6	36	3.4～4
ϕ8×42	8	53	4～4.8
ϕ10×46	10	64	4.5～5
ϕ12×64	12	65	5.5～6.3

塑料胀锚螺栓规格表　附表 4-4

规　格 外径×长度 (mm)	钻孔直径规定(mm)			钻孔深度 (mm)
	混凝土 中钻孔	加气混凝 土中钻孔	砖结构 中钻孔	
ϕ6×30 ϕ8×50 ϕ9×60 ϕ10×70 ϕ12×70	钻孔直径可与胀锚螺栓直径相同	钻孔直径应比胀锚螺栓直径小0.5～1	钻孔直径应与胀锚螺栓直径小0.5	钻孔深度应与胀锚螺栓长度相等或深1～2

(5) 射钉法

射钉枪是一种利用火药的能量，把各种射钉直接射入钢铁、混凝土、砖墙体内的一种工具，见图 4-50。

图 4-50　射钉枪

射钉射入建筑物后，能立即与建筑物紧固在一起，我们可以利用射钉露出被射体外面的射钉头部或露出的螺丝紧固电气设备、电气管道等，见图 4-51。

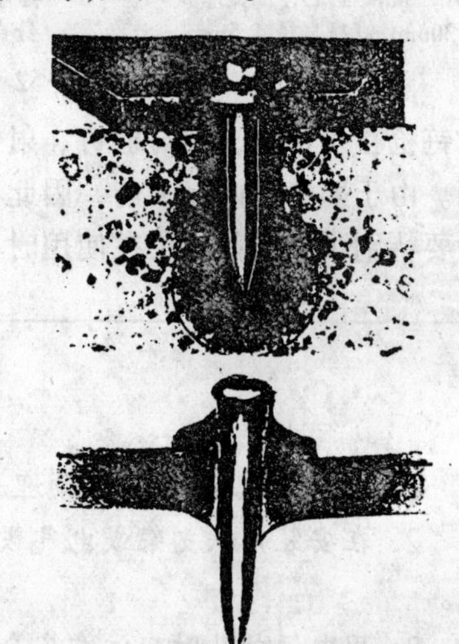

图 4-51　射钉固定在水泥或钢板中

各种射钉及用途见图 4-52。

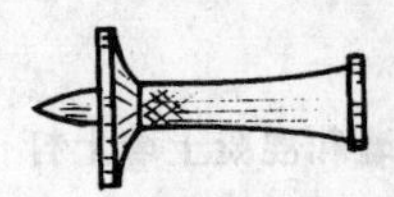

(a)圆头钢钉
适用于钢结构上固定屋顶及侧墙浪板，钉身直径 3.7mm

(b)内牙钉
适用于混凝土上悬吊天花板，管线槽及管路，钉身直径 3.7mm

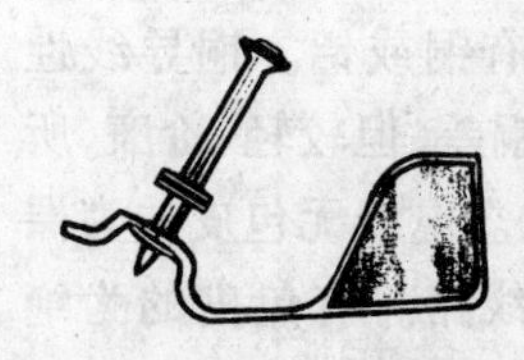

(c)悬吊系统
适用于混凝土上悬吊天花板，管线槽及管路，钉身直径 3.7mm

图 4-52　各种射钉的规格和用途(一)

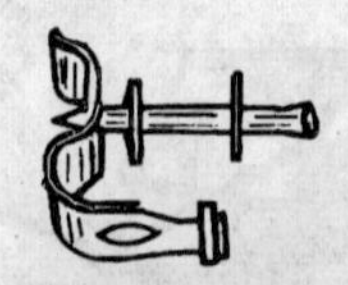

(d)眼钉
适用于混凝土上悬吊天花板或临时吊管用

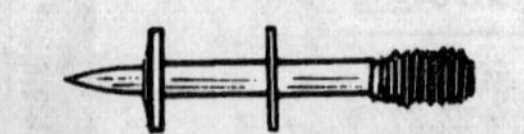

(e)M6-11 螺牙钉
适用于混凝土上作固定,牙长 11mm,钉身直径 3.7mm

(f)M6-20 螺牙钉
适用于混凝土上作固定,牙长 20mm,钉身直径 3.7mm

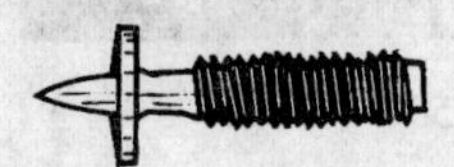

(g)M10 螺牙钉
适用于混凝土上作固定,牙长 30mm,钉身直径 4.5mm

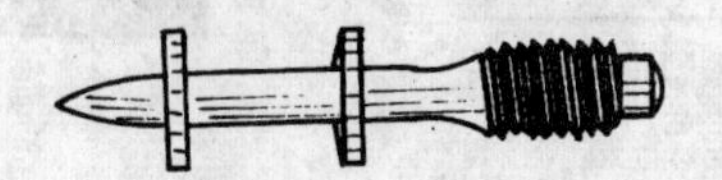

(h)M6 螺牙钉
适用于钢构上作固定,钉身直径 3.7mm

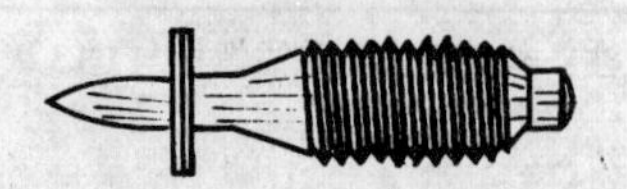

(i)M10 螺牙钉
适用于钢结构上作固定,牙长 24mm,钉身直径 4.5mm

图 4-52　各种射钉的规格和用途(二)

射钉枪在工作时，须与射钉、射钉弹一同使用。由于射钉弹内有火药，因此在使用储存时要特别小心！射钉枪在使用时，必须双手紧握枪身，在建筑体上抵紧枪身，才能扣动扳机。在空心砖墙体上禁止使用射钉枪。

小　结

1. 在建筑电气施工中,预埋工作应积极配合土建工程共同完成。

2. 在安装角铁支架或电气设备时应尽量采用膨胀螺丝。以提高安装质量和工效。

3. 用电锤打孔时应注意安全保护和文明施工。

4. 使用射钉枪应取得相关单位的批准和认可。

习　题

1. 学习使用电锤分别在砖墙和混凝土墙上打孔。
2. 学习使用电锤利用专用凿子开墙槽。

4.6 常用电线

输送和分配电能都需要电线,按照制造电线的金属材料来分,有铜或铝。铜导线性能最好,铝导电性虽比铜差,但较轻、价廉,所以常使用在输电线路上。电线无包皮的为裸线,主要用于屋外架空线路。有包皮的为绝缘导线。根据绝缘材料的不同可分为塑料绝缘和橡皮绝缘导线。

4.6.1 裸导线

1) TJ 型铜绞线:由多根硬铜单线绞合而成有一定长度要求的导线,它具有较强的抗拉强度,适用于架空电力线路。其技术数据见表 4-11。

2) LJ 型铝绞线:由多根硬铝单线绞合而成,抗拉强度比同截面积的铜绞线低,但重量也较轻。适用于架空电力线路。技术数据见表 4-12。

3) LGJ 钢芯铝绞线:在铝绞线中心插入一根或数根钢丝,使导线的抗拉能力得到很大的提高,扩大使用范围。技术数据见表 4-13。

TJ 型铜绞线技术数据　　表 4-11

标称截面 (mm^2)	规　格 (根数/直径)	制造长度 (m)	拉断力 (kN)	每千米重量 (kg)	安全载流量 (A)
16	7/1.7	4000	5.86	143	120
25	7/2.12	3000	8.90	222	156
35	7/2.5	2500	12.37	309	195
50	7/2.97	2000	17.81	445	247
70	19/2.12	1500	24.15	609	304
95	19/2.5	1200	33.58	847	377
120	19/2.8	1000	42.12	1062	429
150	19/3.15	800	51.97	1344	504

LJ 型裸铝绞线技术数据　　表 4-12

标称截面 (mm^2)	规　格 (根数/直径)	拉断力 (kN)	安全载流量 (A)	制造长度 (≥m)	每千米重量 (kg)
16	7/1.70	2.57	93	4500	43.5
25	7/2.12	4.00	120	4000	67.6
35	7/2.50	5.55	150	4000	94.0
50	7/3.00	7.50	190	3500	135
70	7/3.55	9.90	234	2500	190
95	7/4.14	13.40	290	2000	258
120	19/2.80	17.80	330		323
150	19/3.15	22.50	388		409
185	19/3.50	27.80	440		504
240	19/3.98	33.70			652

LGJ 型钢芯铝绞线技术数据　　表 4-13

标称截面 (mm^2)	规格(根数/直径) 铝	规格(根数/直径) 钢	拉断力 (kN)	安全载流量 (A)	每千米重量 (kg)
16	6/1.80	1/1.80	5.30	97	61.7
25	6/2.20	1/2.20	7.90	124	92.2
35	6/2.80	1/2.80	11.90	150	149
50	6/3.20	1/3.20	15.50	195	195
70	6/3.80	1/3.80	21.30	242	275
95	7/4.14	7/1.80	33.10	295	398
120	7/4.60	7/2.00	40.90	335	492
150	28/2.53	7/2.20	50.80	393	598
185	28/2.88	7/2.50	65.70	450	774
240	28/3.22	7/2.80	78.60	540	969

4.6.2　绝缘导线

绝缘导线可分为橡皮绝缘和塑料绝缘之分。电线的线芯有铜芯和铝芯之分。使用场合的不同有硬线和软线之分。常用绝缘电线的技术规格有工作电压、标称截面积和结构特征。选择电线要依据工作电压、工作电流与使用场合等技术规格选用。

(1) 聚氯乙烯绝缘电线

该类电线采用GB 5023.2 85标准与国际电工委员会IEC 227 (1979)标准的规定一致。适用于交流额定电压 U_0/U、450/750V、300/500V及以下的固定敷设。电线长期允许工作温度：BV-105型不超过105℃；其他型号不超过70℃。

1) 型号及名称：

BV铜芯聚氯乙烯绝缘电线；

BLV铝芯聚氯乙烯绝缘电线；

BVR铜芯聚氯乙烯绝缘软电线；

BVVB铜芯聚氯乙烯绝缘聚氯乙烯护套平型电线；

BLVVB铝芯聚氯乙烯绝缘聚氯乙烯护套平型电线；

BV-105铜芯耐热105℃聚氯乙烯绝缘电线。

2) 结构见图4-53。

图4-53　聚氯乙烯绝缘电线

1—导体(铜、铝)；2—PVC绝缘；3—PVC护套

(2) 聚氯乙烯绝缘软电线

适用于家用电器、小型电动工具、仪器、仪表及动力照明等装置的连接。电线长期允许工作温度不超过70℃；RV-105工作温度不超过105℃。

1) 型号及名称：

RV铜芯聚氯乙烯绝缘软电线；

RVB铜芯聚氯乙烯绝缘平型软电线；

RVS铜芯聚氯乙烯绝缘绞型软电线；

RVV铜芯聚氯乙烯绝缘聚氯乙烯护套圆型软电线；

RVVB铜芯聚氯乙烯绝缘聚氯乙烯护套平型软电线；

RV-105铜芯耐热105℃聚氯乙烯绝缘软电线。

2) 结构见图4-54。

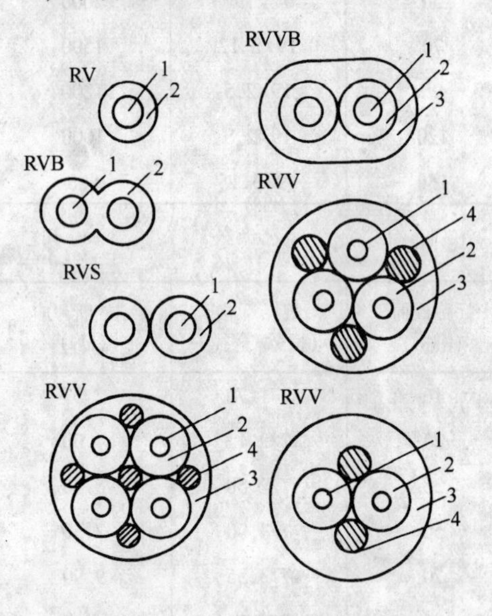

图4-54　聚氯乙烯绝缘软电线

1—导体(铜)；2—PVC绝缘；3—PVC护套；
4—棉纱填芯

(3) 橡皮绝缘电线

适用于电器设备及照明装置配线用。氯丁橡皮线具有良好的耐气候老化性能和不延燃性，并能耐油、耐腐蚀性，特别适用于户外敷设。

1) 型号及名称：

BXF铜芯氯丁橡皮线；

BLXF铝芯氯丁橡皮线；

BX铜芯橡皮线；

BLX铝芯橡皮线；

BXR铜芯橡皮软线；

BXS铜芯棉纱编织橡皮绝缘绞型软电线。

4.7 绝缘材料

绝缘材料是导电能力极差，电阻系数大于$10^6\Omega/cm$的物质。绝缘物质在电气设备中的作用是把不同电位的带电部分隔离。电工常用的绝缘材料，按化学性质可分为无机绝缘材料、有机绝缘材料和混合绝缘材料。

(1) 无机绝缘材料

有云母、石棉、大理石、瓷器、玻璃、硫磺等。主要用作电机和电器的绕组绝缘、开关底板、绝缘等。

(2) 有机绝缘材料

有虫胶、树脂、橡胶、棉纱、纸、麻、蚕丝、人造丝、塑料、化学纤维等。

(3) 混合绝缘材料

由以上两种材料经加工制成的各种成型绝缘材料，用作电器的底座、外壳等。

(4) 绝缘材料的性能

绝缘材料的绝缘性能是随着使用条件的改变而会发生变化，影响性能的因素有温度、使用电压、湿度。

1) 绝缘材料的电阻系数随温度的升高而降低，漏电流会增大。当漏电流超过一定限度，引起绝缘迅速老化，而导致事故发生。

一般绝缘材料的温度上限为100～180℃。

2) 当绝缘材料承受的电压超过一定值时，就会促使其内部结构发生变化，绝缘材料就会被击穿。绝缘材料被击穿时的电压值称为绝缘材料的耐压强度。

3) 绝缘材料如纸、木材、绸布等吸收了空气中的水分后，绝缘性能会变坏。因此应该注意绝缘材料的防湿问题。

(5) 绝缘包带

绝缘包带在电气工程中主要用作包缠电线和电缆的接头。绝缘包带的种类较多，常用的有下列几种：

1) 黑胶布带：

黑胶布带又称黑胶布，是电工用途最广、用量最多的绝缘带。适用于交流电压380V以下的电线、电缆作线头包扎绝缘。它是在棉布涂上有粘性、耐湿性的绝缘剂制成。绝缘剂是用25～40%绝缘胶和树脂、沥青等材料配制而成。常用的黑胶布规格为厚度0.45～0.5mm，宽为20mm。

2) 塑料绝缘胶带：

在聚氯乙烯薄膜上涂有粘贴剂而成。适用交流电压500V及以下电线、电缆接头作包扎绝缘。宽度一般为20mm。可代替黑胶布使用，防水性较黑胶布好。

3) 黄蜡带：

用干燥的棉布涂一层绝缘混合物而制成。绝缘混合物主要成分为亚麻油(4%以上)、树脂(18%以上)。这种混合物不溶于水、酒精及其他矿物油。黄蜡带厚度为0.25～0.28mm，宽为20mm。黄蜡带吸水性很小，因而耐压强度较高。

4) 聚氯乙烯绝缘带：

又叫塑料带，主要作电气线路的绝缘保护，或用于绑扎线路。常用的塑料带厚度为0.3～0.6mm，宽度为20mm。

第5章 照 明 安 装

照明安装是安装电工最常见、最基本的操作，是基本功。主要包括照明线路安装和照明器具安装，操作程序为选择材料、确定线路、安装定位、固定器具、接线、通电试验等，每一步都有具体标准要求。操作中严格遵守电工安全操作规程，并注意文明生产和环境保护。

通过本章学习，了解各种照明线路、器具的安装方法，重在实践，应结合书中内容多练习多操作，以提高操作技能为目的。

5.1 照明线路安装

照明配电线路一般由导线、导线支撑保护物和用电器具等组成，分为明线敷设和暗线敷设两种，按配线方式的不同有硬质塑料管、半硬塑料管、钢管、金属线槽、普利卡金属套管和塑料护套线等敷设方法。

照明配电线路安装原则是安全、可靠、美观、经济、简便。

5.1.1 硬质塑料管(PVC管)敷设

硬质塑料管路的敷设应先根据线管的每段埋设位置和线管所需长度进行锯断、弯曲，进行部分管与盒(箱)的预埋和连接，再与土建主体工程密切配合施工完成整体管路敷设。

(1) 管的切断

硬质聚氯乙烯塑料管的切断可用带锯的多用电工刀或手钢锯，切口要垂直整齐。

硬质PVC塑料管的切断也可用专用截管器进行，操作时边转动管子边进行剪切，如图5-1所示。

图5-1 PVC管切断

(2) 管的弯曲

1) 冷煨法：

PVC塑料管在常温下可进行冷煨加工，先将弯管弹簧插入管内煨弯处，再用手或其他硬物进行弯曲，弯曲的角度要小些，待弯管回弹后可达要求，最后抽出管内弯簧，如图5-2所示。

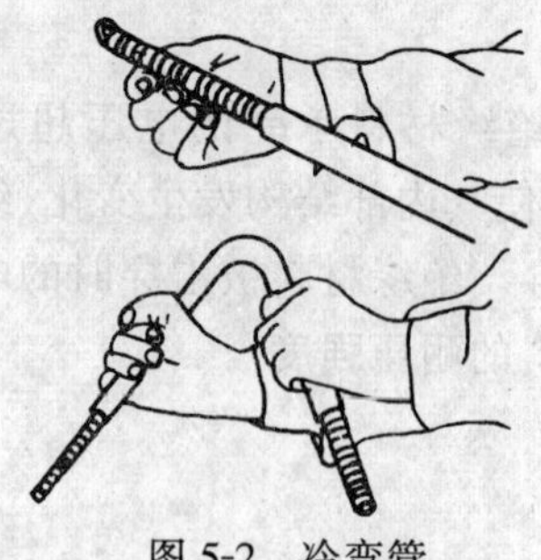

图5-2 冷弯管

冷煨管也可用手板弯管器进行，先将弯簧插入管内，再用手板即可成型。取弯簧时可逆时针转动弯簧，使之外径收缩容易拉出，如图5-3所示。

2) 热煨法：

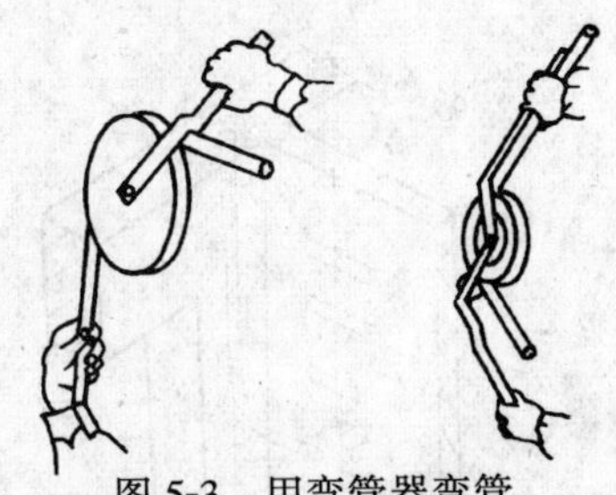

图 5-3 用弯管器弯管

硬质塑料管一般进行热煨加工。操作时先将塑料管加热，加热方法可用喷灯、水煮、电炉子等，注意不能将管烤伤、变色。加热中要一边前后窜动，一边转动，直到管子成柔软状态。

煨制时可在管口处插入一根橡胶棒，手工进行弯曲，成型后放入冷水中定型。弯 90°弯时，管端部应与原管垂直，管端不宜过长，如图 5-4(*a*)所示。弯鸭脖弯时，两直管间保持平行，端部也不应过长，如图 5-4(*b*)所示。

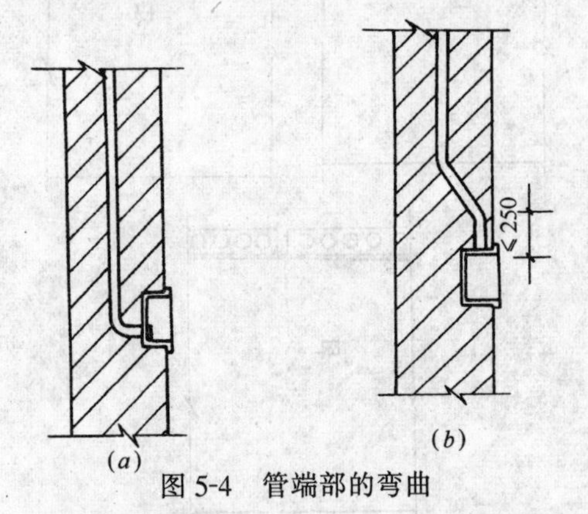

图 5-4 管端部的弯曲

硬塑管的热煨也可用自制弯管胎具进行，如图 5-5 所示。

管口直径在 50mm 以上的硬塑料弯曲后，应在冷却过程中进行整形。大管径的弯曲应装上炒干的砂子，将管口封严再加热弯曲。

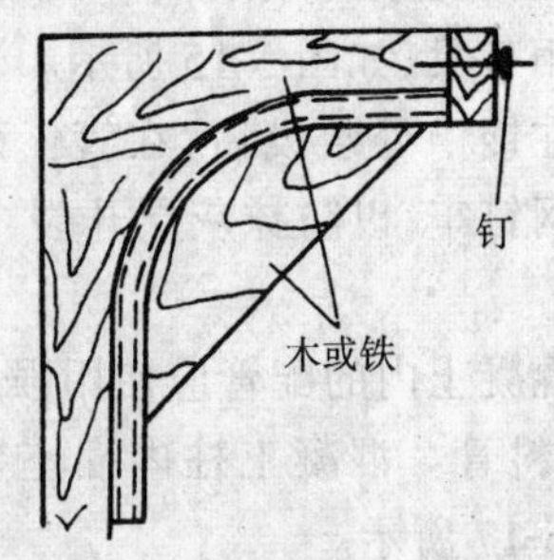

图 5-5 自制弯管胎具

(3) 管的连接

1) 插入法：

操作时将一根管的端部加热软化为阴管，另一根管的端部涂上胶合剂后插入阴管即可，如图 5-6(*a*)所示。

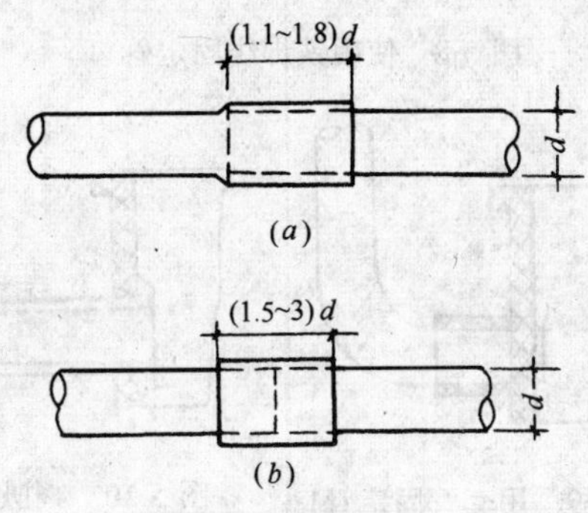

图 5-6 管的连接

2) 套接法：

操作时截一段比连接管管径大一级的硬塑管做套管，把二根连接管的端部涂上胶合剂，再分别插入套管内。应保证中心一致，连接紧密牢固，如图 5-6(*b*)所示。

3) 专用接头套接法：

硬质 PVC 管的连接，可直接用专用成品管接头进行连接，操作统一方便，连接时需涂胶合剂。

4) 管与盒(箱)的连接：

管与盒(箱)连接时，应通过敲落孔一管一孔顺直插入盒(箱)内，要固定牢靠。

为保证管子入盒后长度的合适，管口可用图 5-7～图 5-10 的方法进行加工。

(4) 管子的敷设

管路敷设应尽量减少中间接线盒，在管路较长或转弯时可加装接线盒。管子应尽量

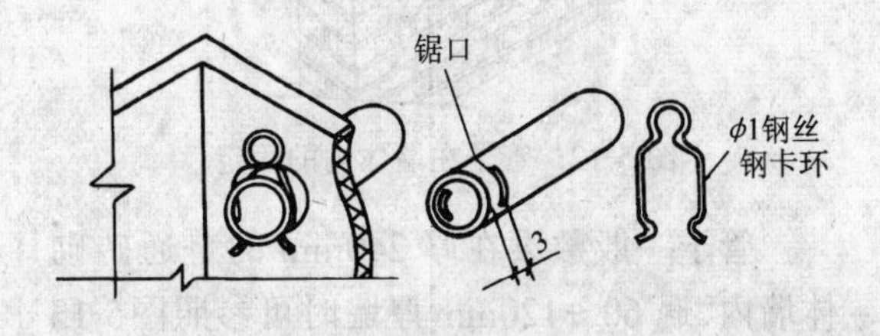

图 5-7 使用钢卡环固定管口

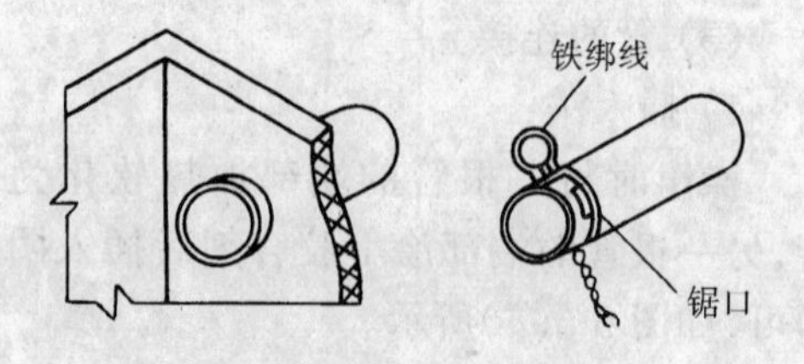

图 5-8 使用铁绑线固定管口

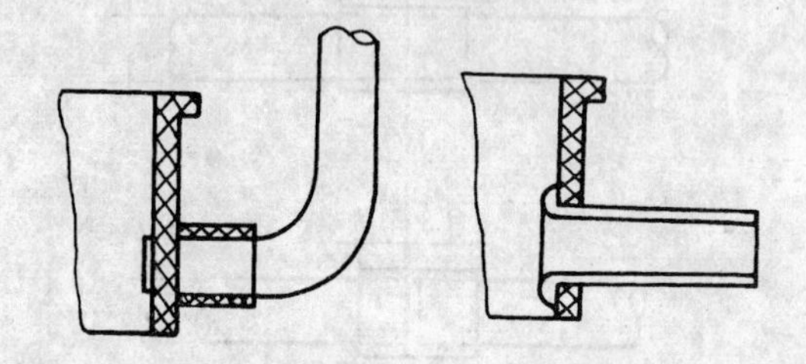

图 5-9 用套管固定管口　　图 5-10 喇叭口

在墙体内敷设，敷设在墙体中间时如图 5-11 所示。

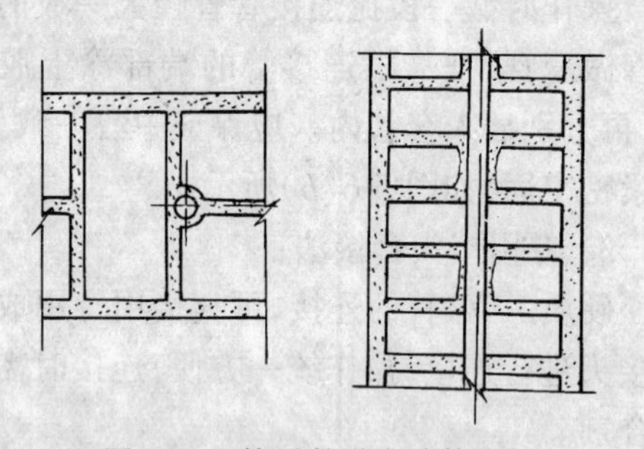

图 5-11 管子敷设在墙体中间

管子在墙内的固定方法如图 5-12 所示。

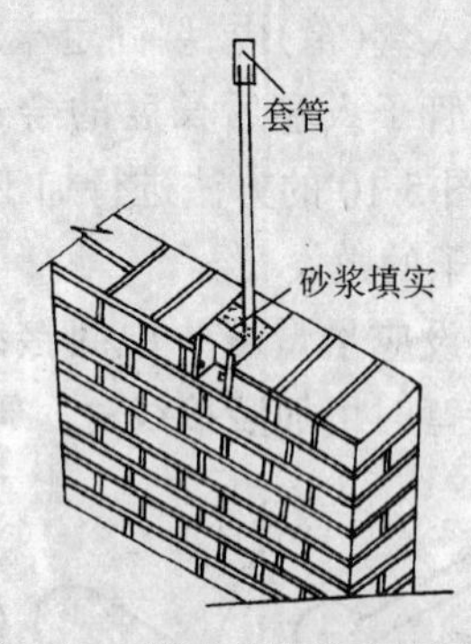

图 5-12 管子在墙体内的固定

管子一般敷设在厚 240mm 的普通砖砌体墙内，遇 60～120mm 厚墙时可参照图5-13 进行敷设。

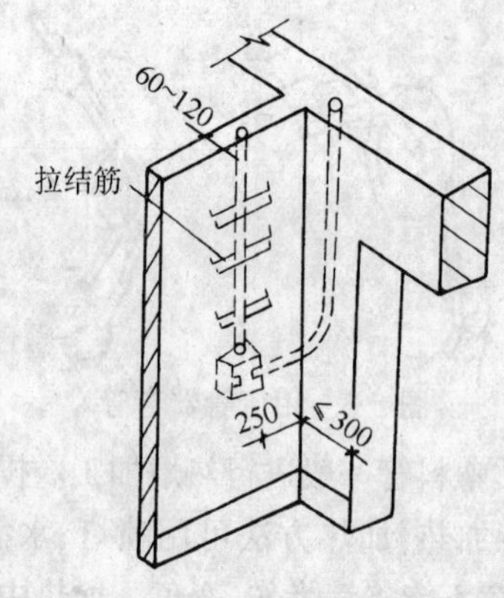

图 5-13 在 60～120mm 墙内管子敷设

敷设在墙体的立管与预制楼板的关系如图5-14所示。

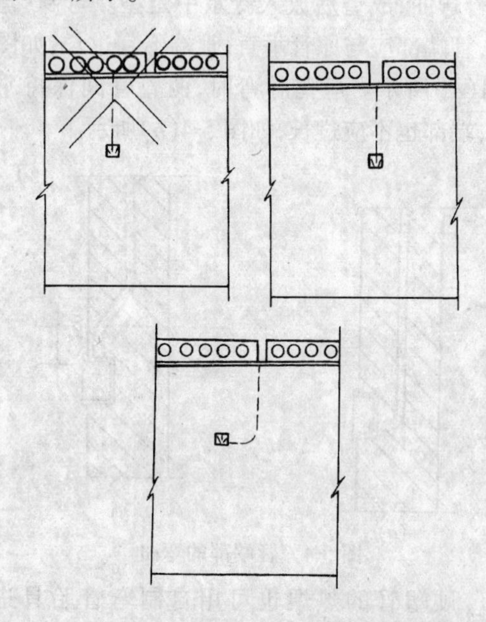

图 5-14 立管与楼板位置关系

承重的加气混凝土墙体管子的敷设应在墙体砌筑完成后，在墙体表面镂槽敷设管子，操作时应使用薄钢片制成的一面带齿、一面带刃的专用工具，如图 5-15 所示。

管子在镂槽处敷设后，在管子两侧用钢钉将钢板网钉牢，以防抹灰层开裂，如图5-16 所示。

现浇混凝土内的配管应使用强度高的硬质 PVC 塑料管。混凝土柱内插座盒配管的做法如图 5-17 所示。

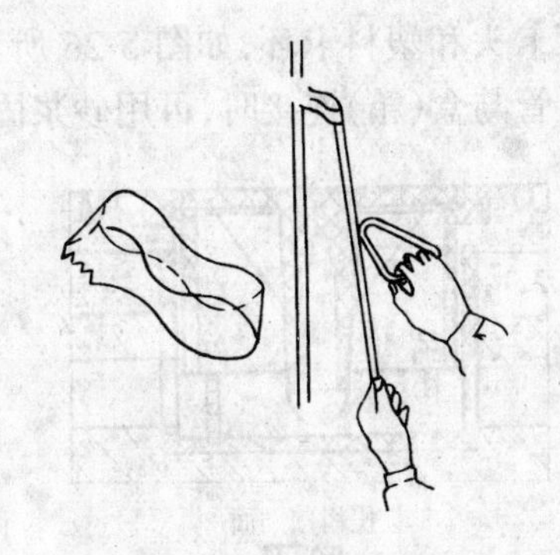

图 5-15　镂槽工具

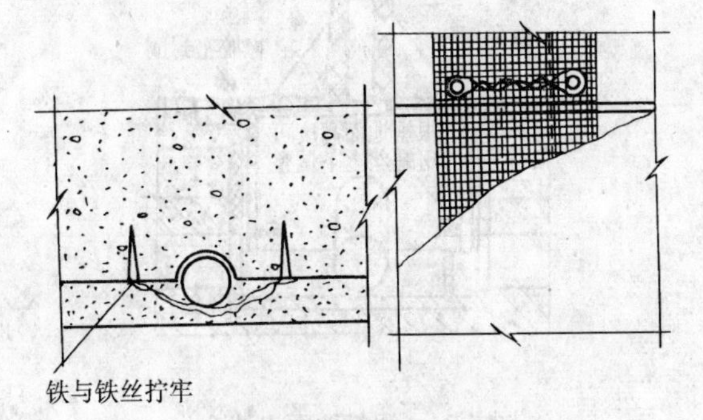

图 5-16　墙体管子固定做法

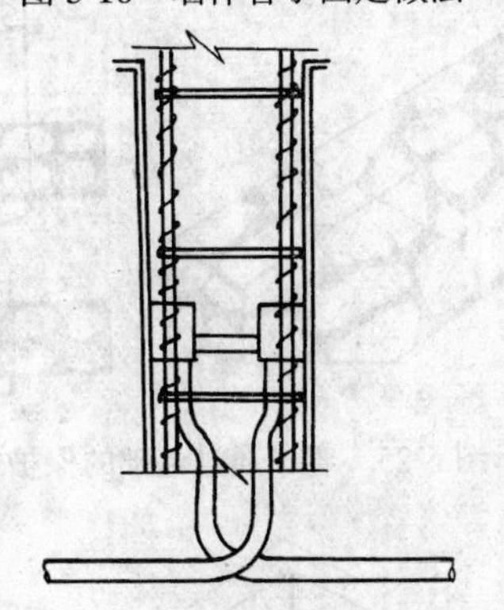

图 5-17　柱内插座盒配管做法

管路通过建筑物变形缝时，应在两侧装设接线盒，盒之间的塑料管外应套钢管保护，如图 5-18 所示。

现浇混凝土楼板内管子敷设时，应保证入盒管垂直进入盒的敲落孔，如图 5-19 所示。

现浇混凝土楼面垫层内管子敷设时，先用水泥砂浆保护管路，如图 5-20 所示。

在不同结构的楼板上预埋固定器具螺栓的做法如图 5-21 所示。

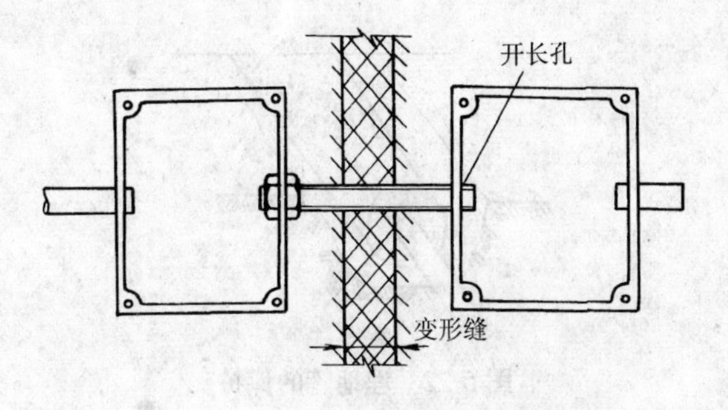

图 5-18　暗配管变形缝补偿装置

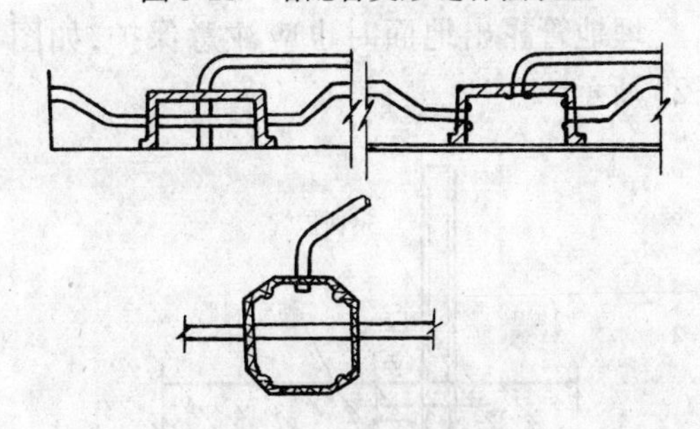

图 5-19　管入盒做法

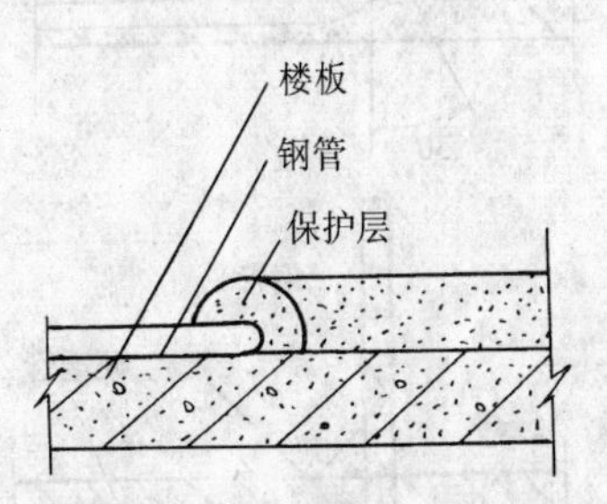

图 5-20　楼面垫层内管子保护

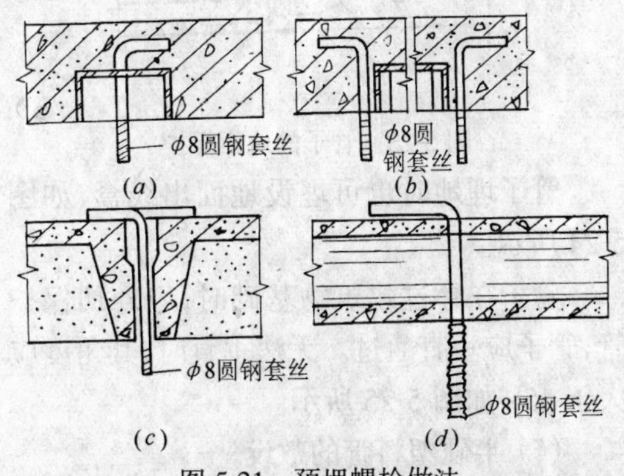

图 5-21　预埋螺栓做法

(a)现浇楼板预埋螺栓；(b)现浇楼板预留螺栓；(c)沿预制板吊挂螺栓；(d)空心楼板吊挂螺栓

地下土层内管子敷设时，应注意管子四周的保护，如图 5-22 所示。

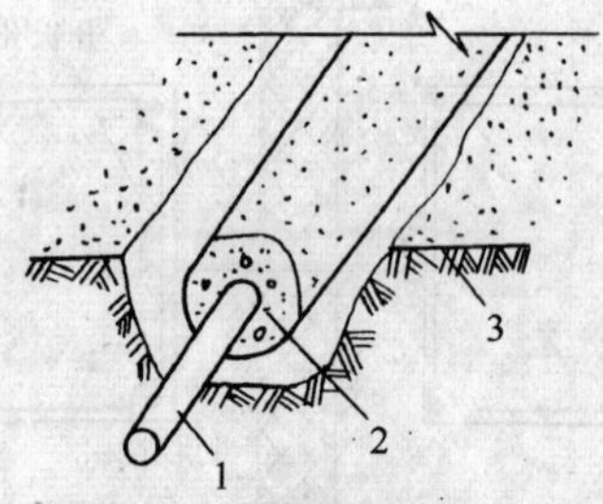

图 5-22　埋地管的保护

1—线管;2—混凝土保护层;3—土层

埋地管露出地面时也应注意保护,如图5-23 所示。

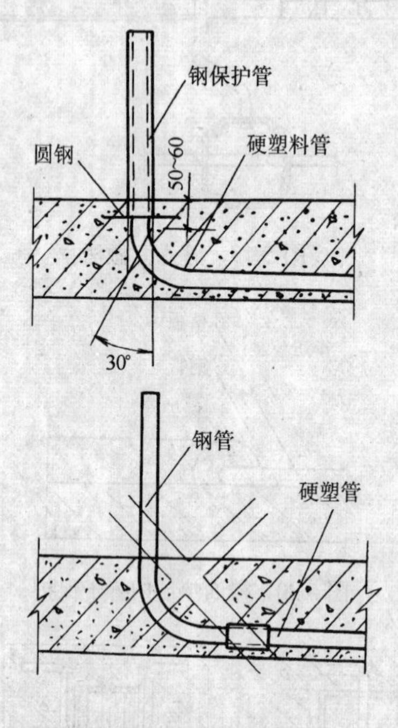

图 5-23　管子的地面保护

管子埋地时也可埋设地面出线盒,如图5-24 所示。

管子在穿过建筑物基础时,应外加保护管,管子应垂直通过。无法垂直时,其角度应大于 45°,如图 5-25 所示。

(5) 半硬塑料管的敷设

半硬塑料管有难燃平滑塑料管和难燃聚氯乙烯波纹管两种,用于室内一般场所的配线。

半硬塑料管的切断可用电工刀或钢锯条操作。

塑料波纹管与盒(箱)连接时,应使用专用的管卡头和塑料卡环,如图 5-26 所示。平滑塑料管与盒(箱)连接时,可用砂浆固定。

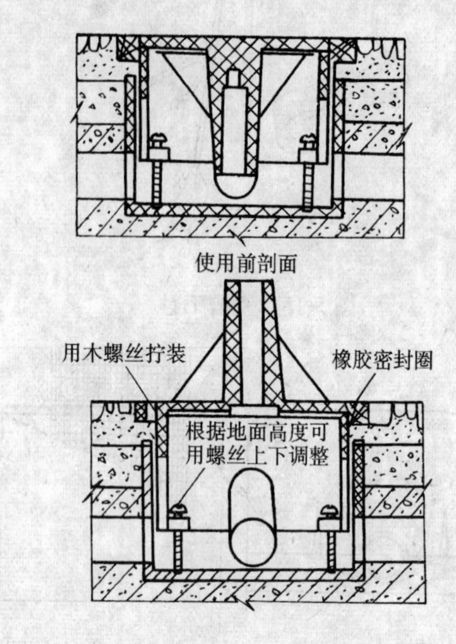

图 5-24　塑料地面出线盒

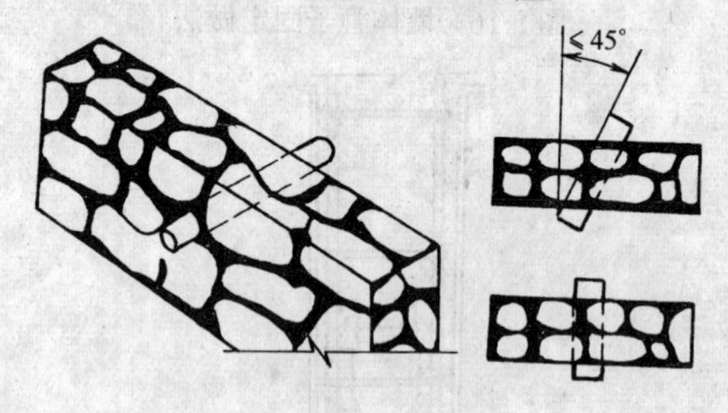

图 5-25　管子通过基础的保护

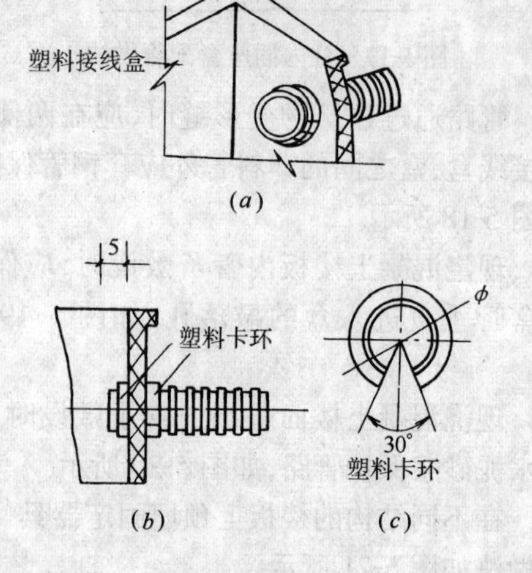

图 5-26　塑料波纹管与盒(箱)的连接

塑料波纹管可采用套管连接，如图 5-27 所示。

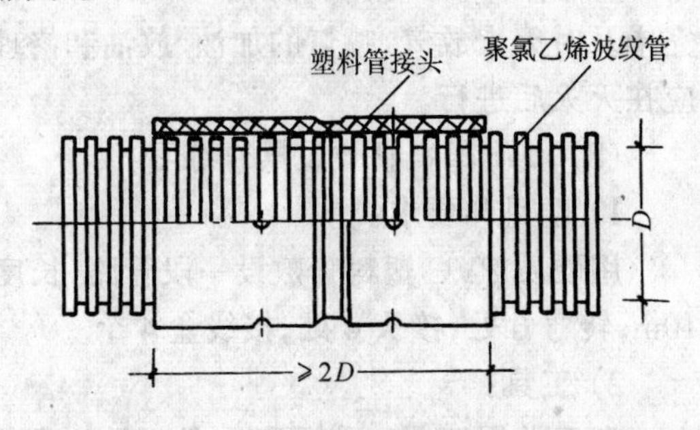

图 5-27 塑料波纹管的连接

半硬塑料管在轻质空心石膏板隔墙敷设时，应加以适当填料和套管保护，如图 5-28 所示。

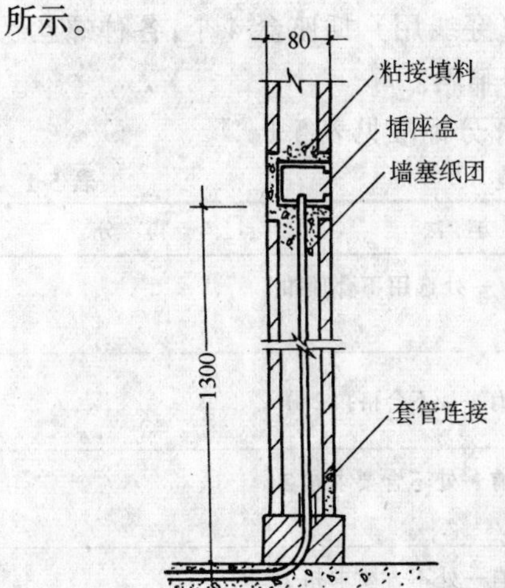

图 5-28 空心石膏板隔墙配管图

半硬塑料管在预制空心楼板板孔内敷设时，也需用油毡纸等加以保护，如图 5-29 所示。

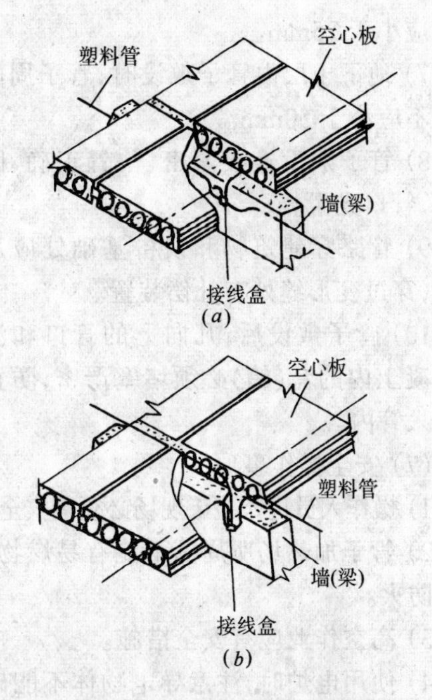

图 5-29 空心楼板板孔配套图

(6) 硬质塑料管敷设的有关要求

1) 硬质塑料管的弯曲角度不宜小于 90°，弯曲半径不应小于管外径的 6 倍；埋在地下或混凝土楼板内时，不应小于管外径的 10 倍。管的弯曲处不应有折皱、裂缝现象，弯扁程度不应大于管外径的 10%。

2) 硬塑料管用插入法连接时，插接长度应为管内径的 1.1～1.8 倍；用套接法连接时，套管长度应为管内径的 1.5～3 倍。

3) 硬塑料管与盒(箱)连接时，伸入盒(箱)内的长度应小于 5mm，多根管进入时应长度一致、排列均匀。

4) 管路水平敷设时拉线点之间距离应符合以下要求：

A. 无弯管路，不超过 30m；

B. 两个拉线点之间有一个弯时，不超过 20m；

C. 两个拉线点之间有二个弯时，不超过 15m；

D. 两个拉线点之间有三个弯时，不超过 8m；

E. 暗配管两个拉线点之间不允许出现 4 个弯。

管路垂直敷设时应符合以下要求：

A. 导线截面 $50mm^2$ 以下为 30m；

B. 导线截面 $70～95mm^2$ 为 20m；

C. 导线截面 $120～240mm^2$ 为 18m。

5) 硬质塑料管在承重的加气混凝土砌块墙体表面敷设时，只允许在墙体上垂直敷设，不得水平敷设。墙体内镂槽敷设的管子直径不应大于 25mm。

6) 硬塑料管暗配时，管子并列敷设的间

距不应小于25mm。

7）地下土层内管子敷设时，管子周围保护层不应小于50mm。

8）管子敷设连接紧密、位置正确、固定可靠、管口光滑。

9）管路穿建筑物和设备基础处应加套保护，穿过变形缝处有补偿装置。

10）管子敷设后，凡向上的管口和浇灌到混凝土内的盒（箱）必须堵塞严密，防止异物进入管内。

(7) 安全操作事项

1）操作人员进入施工现场必须戴安全帽。

2）管子加热场所周围不能有易燃物品，注意防火。

3）高空作业应有安全措施。

4）使用电炉时，注意导电物体不能碰触炉丝，用完后及时关掉电源。

5）使用喷灯时，喷嘴前严禁站人，工作完毕及时灭火放气，喷灯的加油、放油和修理应在灭火后进行。

(8) 硬质塑料管敷设操作练习

1）题目和要求：

用硬质PVC塑料管敷设一段管路，长度10m，转弯6处，接头4处，接线盒4个。

2）工具：

电工常用工具、手锯和锯条、喷灯或电炉、卷尺、弯曲胎具等。

3）材料：

硬质PVC塑料管12m，成品管接头、管卡，导线（穿线用），插座盒4个，各种螺丝及胶合剂等辅料。

4）评分标准见表5-1。

硬质塑料管敷设操作评分表 **表5-1**

项目	标准要求	评分方法	得分
选择材料	选材合理、符合要求	此项满分为5分，有一处选用不合理扣1分	
管子切断	切断工具合理，断口垂直整齐无毛刺、长度正确	此项满分为10分，有一处不合格扣2分	
管子弯曲	弯曲角度正确，弯曲处无折皱裂缝，工具合理	此项满分为10分，有一处不合要求扣2分	
管子连接	连接紧密牢固，连接件合理，方法正确	此项满分为10分，有一处不合要求扣2分	
管子固定	固定牢靠，方法合理	此项满分为5分，有一处不合要求扣1分	
管内穿线	穿线方法正确，导线良好	此项满分为5分，有一处不合要求扣2分	
尺寸定位	定位准确、符合要求，尺寸不超差	此项满分为10分，有一处超差扣2分	
工艺程序	合理科学，工作效率高	此项满分为10分，有一项不合要求扣2分	
操作时间	3h	此项满分为15分，超过10min扣2分	
文明生产与环境保护	材料无浪费，现场干净，废品清理分类符合要求	此项满分为10分，有一项不合要求扣2分	
安全操作	遵守安全操作规程，不发生任何安全事故	此项满分为10分，有违反安全规程处扣5分	
合计		满分为100分	

5.1.2 塑料护套线配线

塑料护套线一般用于室内照明工程的明敷设和空心楼板板孔穿线的暗敷设，不得直接埋入到抹灰层内暗敷设。

(1) 护套线的定位

护套线的走向可用粉线沿建筑物表面弹线定位，从始端到终端弹出线路的中心线，并标出照明器具及支持点、穿墙套管、导线分支点及转角处的位置。护套线配线各固定点的位置如图 5-30 所示。

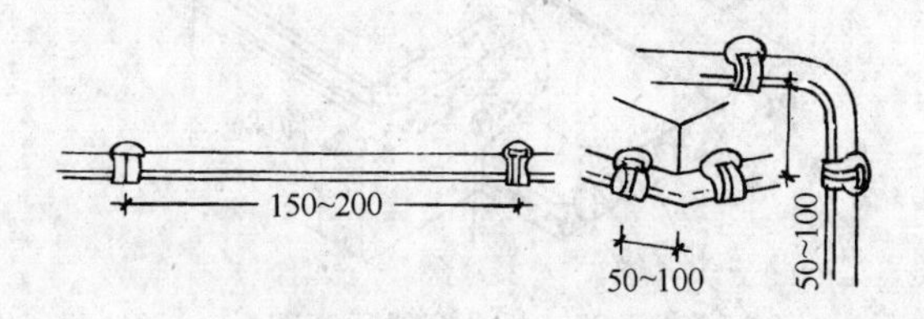

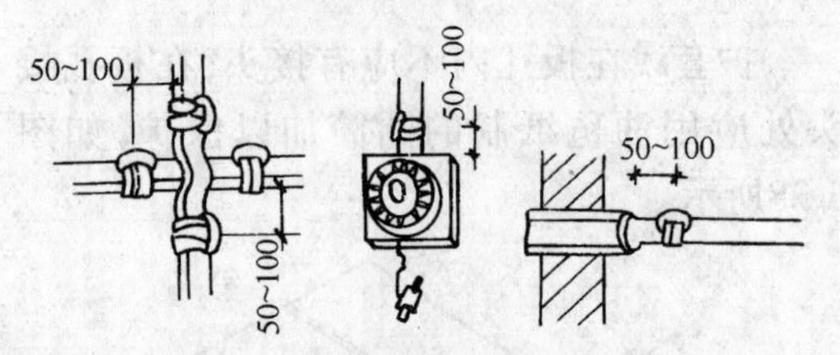

图 5-30 塑料护套线固定点位置

(2) 护套线的固定

护套线的固定一般使用专用的铝线卡（钢精轧头），如图 5-31 所示。

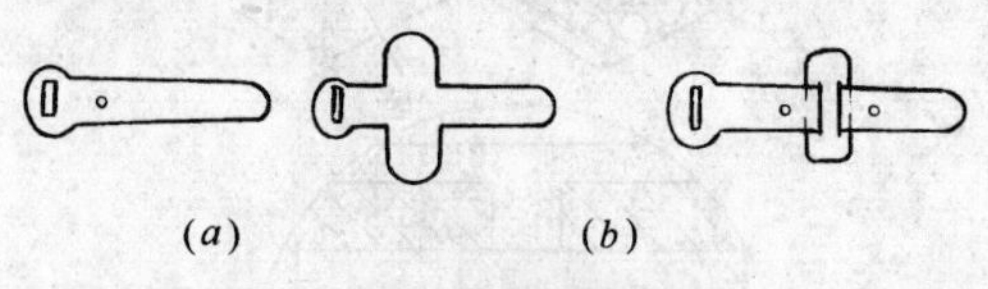

图 5-31 铝线卡
(a)钉装式；(b)粘接式

护套线与铝线卡的配用见表 5-2 所示。

塑料护套线与铝线卡号数的配用 表 5-2

导线截面 (mm^2)	BVV、BLVV 双芯			BVV、BLVV 三芯	
	1 根	2 根	3 根	1 根	2 根
1.0	0	1	3	1	3
1.5	0	2	3	1	3
2.5	1	2	4	1	4

续表

导线截面 (mm^2)	BVV、BLVV 双芯			BVV、BLVV 三芯	
	1 根	2 根	3 根	1 根	2 根
4	1	3	5	2	5
5	1	3		3	
6	2	4		3	
8	2			4	
10	3			4	

铝线卡的固定可用粘接法，用粘接剂将线卡粘接在弹线的位置上，但建筑物表面必须未抹灰或未刷油以保证粘接的牢固性。

铝线卡可用钉子钉在已安装好的木砖或木榫上，也可直接钉在木结构上。

铝线卡可用水泥钉直接钉入建筑物混凝土结构或砖墙上。

塑料护套线的固定较为简便的方法是使用成品塑料钢钉电线卡（规格要与护套线配套），可以边敷线边固定。

(3) 护套线的敷设

护套线敷设时首先要放线，最好两人操作，如图 5-32 所示。

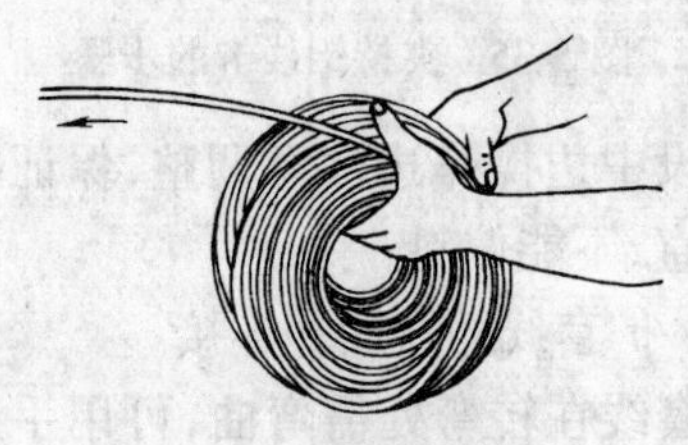

图 5-32 护套线放线

放线时线盘不能弄乱，导线不能产生扭曲、套结，不能在地上拖拉。如有扭弯要校直，校直时两人操作，一人握住导线的一端，一人用力在平坦的地面上甩直。

护套线在敷设中也应注意校直，其勒直、勒平的方法如图 5-33 所示。

敷设中还要随时收紧护套线，如图 5-34 所示，图中的瓷夹板为临时安装。

用铝线卡固定护套线时，护套线应位于线夹钉位的中心，操作步骤见图 5-35 所示。

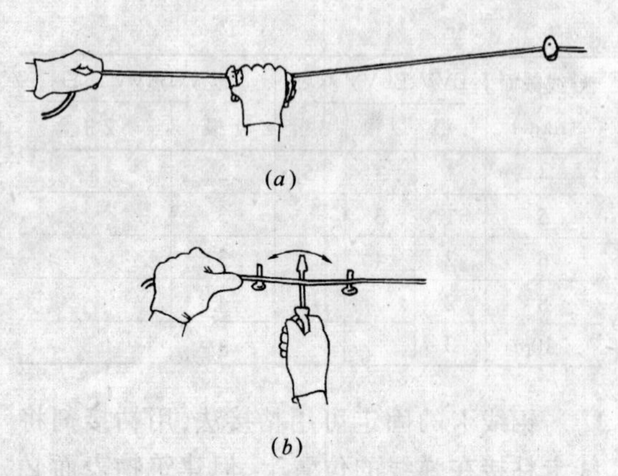

(*a*)

(*b*)

图 5-33　护套线的勒平、勒直方法

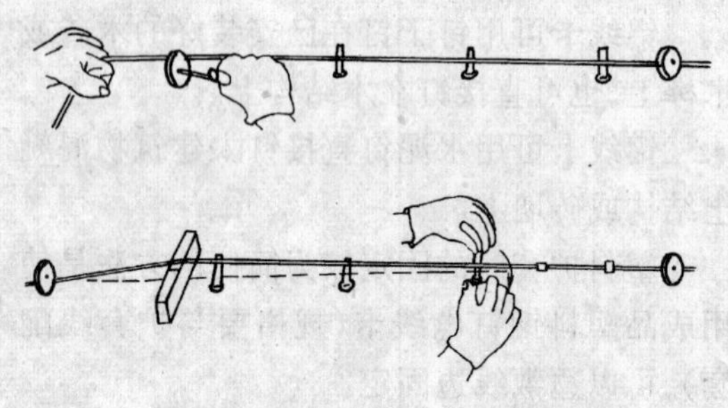

图 5-34　护套线的收紧方法

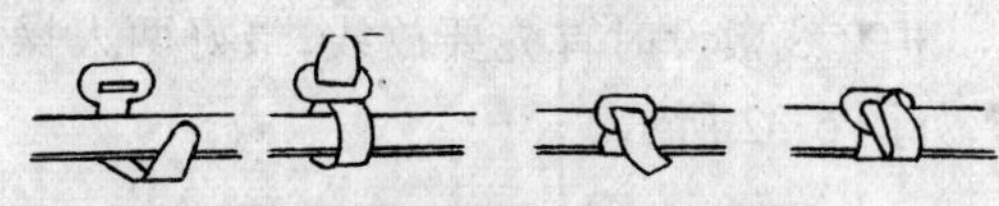

图 5-35　夹持铝线卡的步骤

敷设中边操作边注意调整，保证护套线横平竖直，不能偏斜。

(4) 护套线的弯曲和连接

护套线在转弯处需弯曲，可用手工进行操作，弯曲后导线应垂直，不能损伤护套线。多根护套线在同一平面同时弯曲时，应由里向外紧贴弯曲。

塑料护套线应通过接线盒或电器器具进行连接，护套线接线盒如图 5-36 所示。线与线不能直接连接。

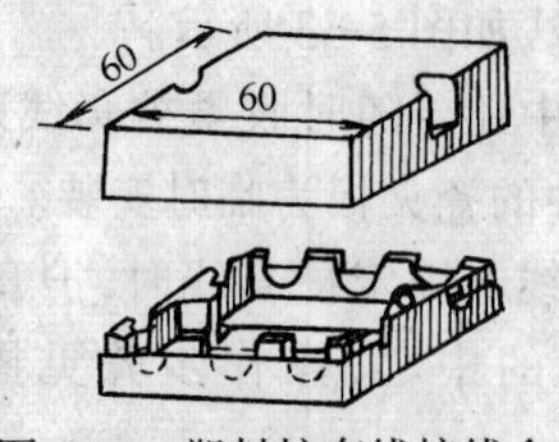

图 5-36　塑料护套线接线盒

(5) 塑料护套线暗敷设

护套线在空心楼板板孔穿线敷设的示意如图 5-37 所示。

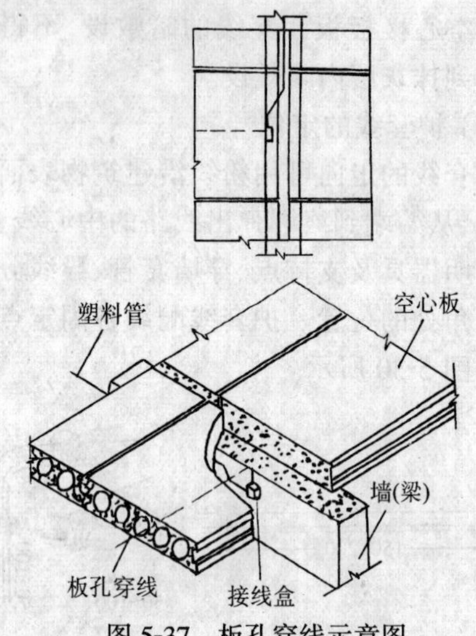

图 5-37　板孔穿线示意图

护套线在板孔内不应有接头，在板孔接头处应用油毡纸制的圆筒加以保护，如图 5-38所示。

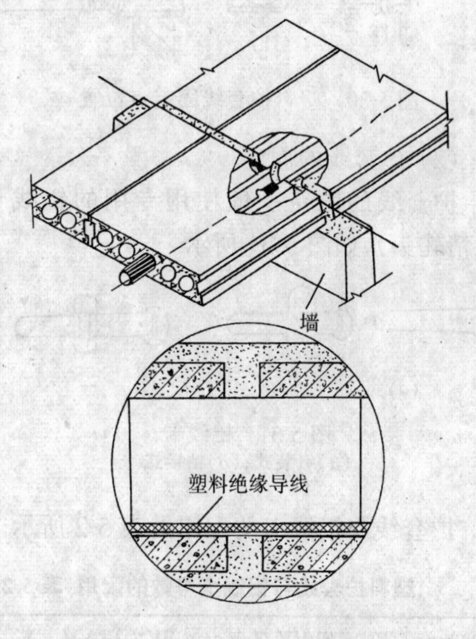

图 5-38　空心板板孔接头处作法

(6) 塑料护套线配线有关要求

1) 塑料护套线与其他管道间的最小距离应大于以下规定：

A. 与蒸汽管平行时1000mm,在管道下边500mm。

B. 与暖热水管平行时300mm,在管道下边200mm。

C. 与煤气管道在同一平面上布置,间距50mm。

2) 塑料护套线穿过楼板、墙壁时应用保护管保护,保护高度距地面不低于1.8m,其保护管突出墙面的长度为3~10mm。

3) 水平或垂直敷设的护套线,平直度和垂直度不应大于5mm。

4) 护套线在同一平面上转弯时,弯曲半径不应小于护套线宽度的3倍;在不同平面上转弯时,弯曲半径应不小于护套线厚度的3倍。

5) 导线间和导线对地间的绝缘电阻值必须大于0.5MΩ。

6) 护套线敷设平直整齐、固定牢靠,应紧贴建筑物表面,多根平行敷设间距一致,分支和转弯处整齐。

7) 护套线明敷设时,中间接头应在接线盒内,暗敷设时板孔内应无接头。导线进入接线盒内应留有余量。

8) 护套线敷设后应无扭绞、死弯、绝缘层损坏和护套线断裂等现象。

(7) 安全操作事项

1) 梯子下端应有防滑措施,不得缺档,不得垫高使用。单面梯子与地面夹角以60°~70°为宜,人字梯在距梯脚40~60cm处设拉绳,不准站在梯子最上一层工作,不准两人同时登一梯操作。

2) 使用手电钻必须戴手套、穿电工绝缘鞋,手电钻必须有专用保护线。

3) 空心板板孔打洞时,锤把不能松动,凿子应无毛刺,应戴安全帽和防护眼镜。

(8) 塑料护套线配线操作练习

1) 题目和要求:

办公室室内塑料护套线布线,屋顶中央灯座一个,墙壁开关接线座一个,插座接线座二个,采用明敷设。

2) 工具:

电工常用工具、小锤子、剪刀、万用表、兆欧表、人字梯、卷尺、粉线袋、线坠等。

3) 材料:

塑料护套线(截面为1.0mm^2),塑料钢钉电线卡,接线座三个,电工辅料等。

4) 评分标准见表5-3。

塑料护套线配线操作评分表 表5-3

项目	标准和要求	评分方法	得分
选择材料	选材合理、符合要求	此项满分为10分,有一处选用不合理扣2分	
线路定位	定位准确、尺寸不超差、符合要求	此项满分为10分,用米尺测量,一处超差扣2分	
固定	安装牢固、导线与建筑物表面无缝隙	此项满分为15分,有一处不合格扣3分	
布线	整齐、美观、无缺陷、表面清洁	此项满分为15分,有一处不合格扣3分	
弯曲连接	弯曲半径符合要求,连接方法正确不超差	此项满分为10分,有一处不合要求扣2分	
工艺程序	科学合理,工作效率高	此项满分为10分,有一处不合理扣2分	
绝缘检查	导线之间、导线与地之间绝缘阻值大于0.5MΩ	此项满分为10分,有一处不合格扣5分	
操作时间	2h	此项满分为10分,超过10min扣2分	
文明生产与环境保护	材料无浪费,现场干净,废品清理分类合理	此项满分为5分,有一项不合要求扣2分	
安全操作	遵守安全操作规程,不发生任何安全事故	此项满分为5分,有一处不合要求扣2分	
合计		满分为100分	

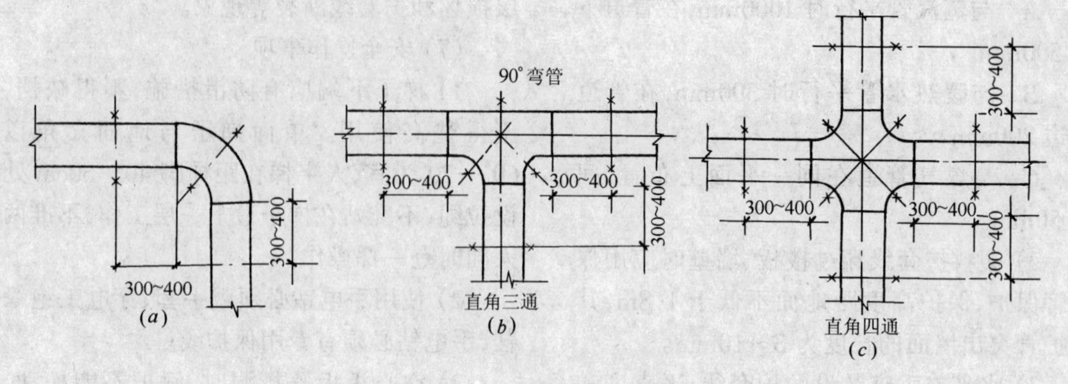

图 5-39　金属线槽固定点距离

5.1.3　金属线槽配线

金属线槽一般用厚度为 0.4～1.5mm 的钢板制成,用于正常环境下室内明敷设。

(1) 安装定位

金属线槽安装前,先根据电路走向和接线盒、电气设备的位置用粉袋弹线定位,并标出线槽支路、吊架的位置。

金属线槽在直线段固定间距不应大于 3m,在线槽的首端、终端、分支、转角、接头及进出接线盒处不大于 0.5m,如图 5-39 所示。

(2) 金属线槽的固定

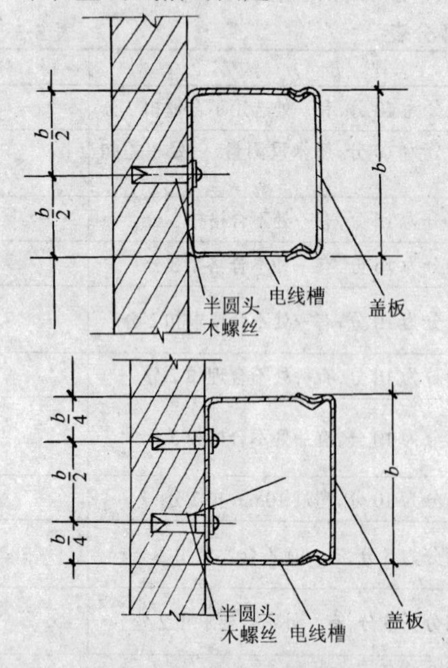

图 5-40　金属线槽在墙上固定

金属线槽安装在墙上时可采用塑料膨胀螺栓固定,如图 5-40 所示。

金属线槽在墙上水平安装可采用钢支架固定,如图 5-41 所示。

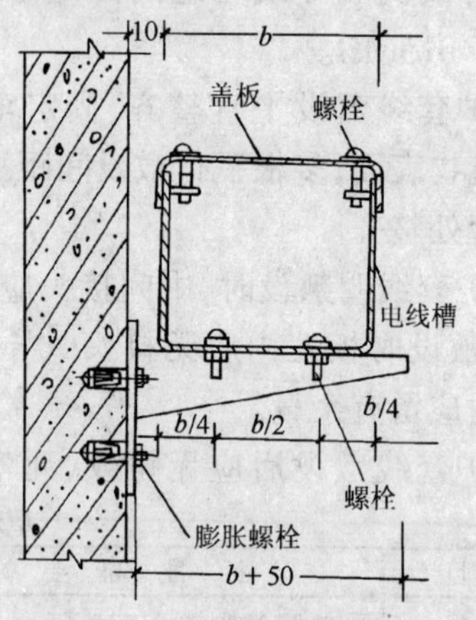

图 5-41　金属线槽用水平支架固定

金属线槽悬吊安装可采用吊杆和吊架卡箍固定,如图 5-42 所示。

吊杆和吊架卡箍的制作如图 5-43 所示。

金属线槽在吊顶内安装时,可采用万能吊具与角钢结构固定,如图 5-44 所示。金属线槽在吊顶下安装时,吊杆应固定在吊顶的主龙骨上。

(3) 金属线槽的安装

金属线槽是由直线连接板、弯通、二通、三通、四通、接线盒及线槽盖等部件组装而成的,通过螺栓螺母紧固在一起。

金属线槽吊装时各部件的组装如图5-45 和 5-46 所示。

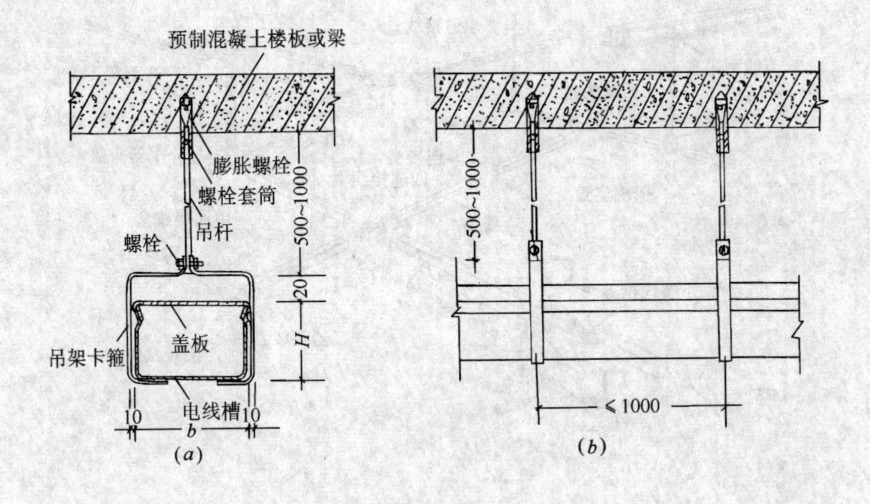

图 5-42　金属线槽用吊架固定

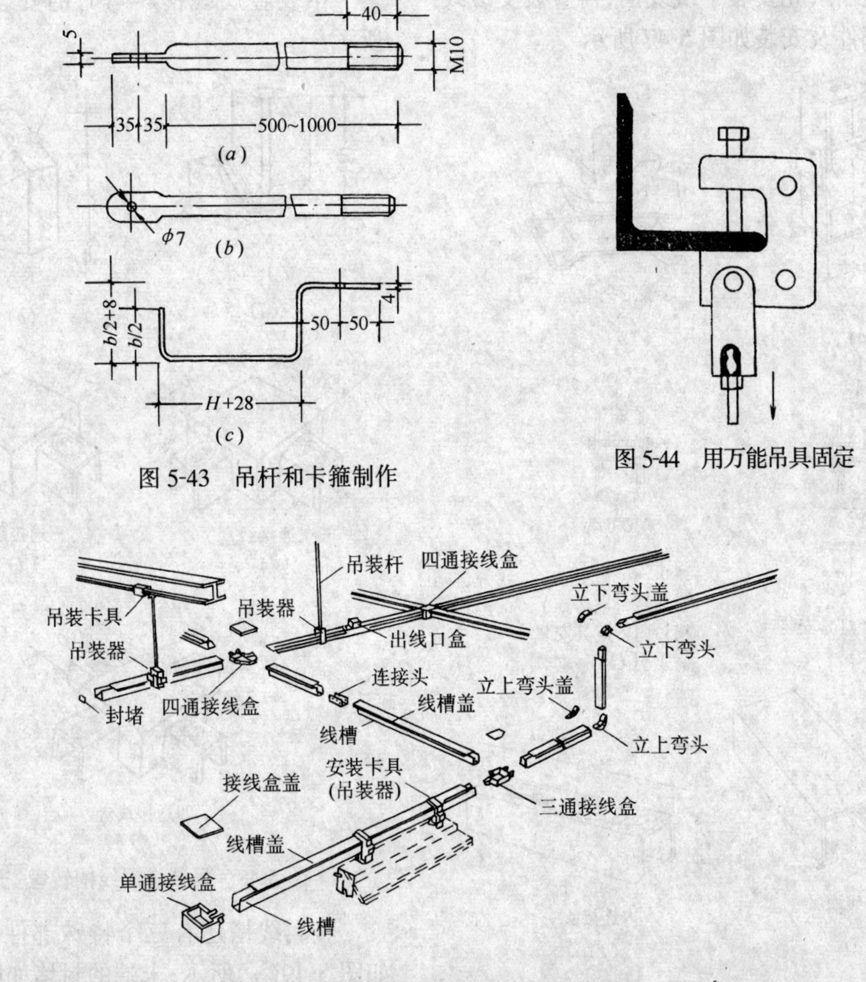

图 5-43　吊杆和卡箍制作

图 5-44　用万能吊具固定

图 5-45　金属线槽吊装开口向上安装图

万能型吊具
三通接线盒
吊装器
接线盒盖
通接线盒
吊装器
连接头
四通接线盒
线槽
立下弯头
立下弯头盖
立上弯头
立上弯头盖
单通接线盒
下装线槽盖
二通接线盒
接线盒盖
蝶形夹卡
封堵

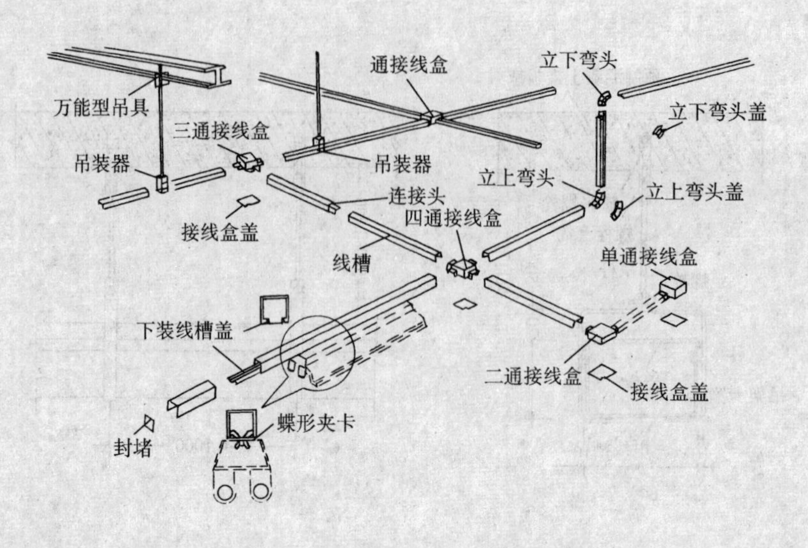

图 5-46　金属线槽吊装开口向下安装图

组装时，先安装干线线槽，再安装支线线槽，各部件及安装如图 5-47 所示。

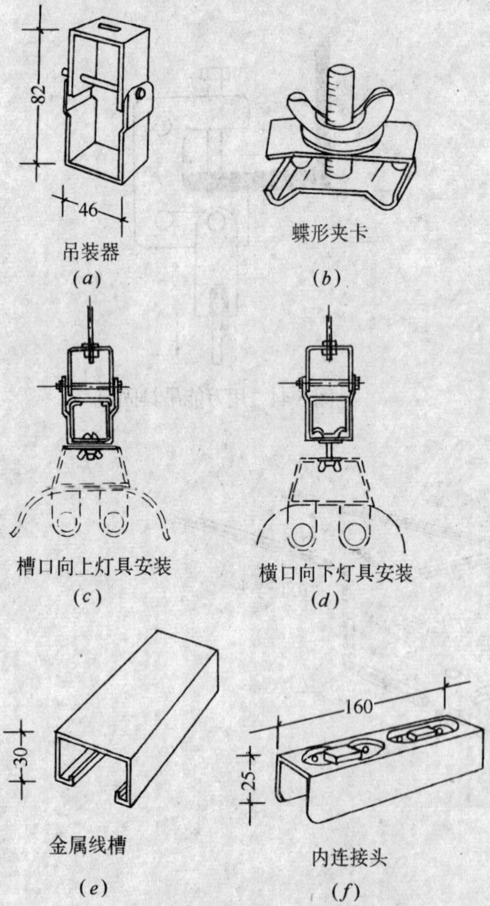

82
46
吊装器
(a)
蝶形夹卡
(b)
槽口向上灯具安装
(c)
横口向下灯具安装
(d)
30
金属线槽
(e)
160
25
内连接头
(f)

图 5-47　吊装金属线槽的部件及安装

吊装金属线槽转弯时的安装如图 5-48 所示。

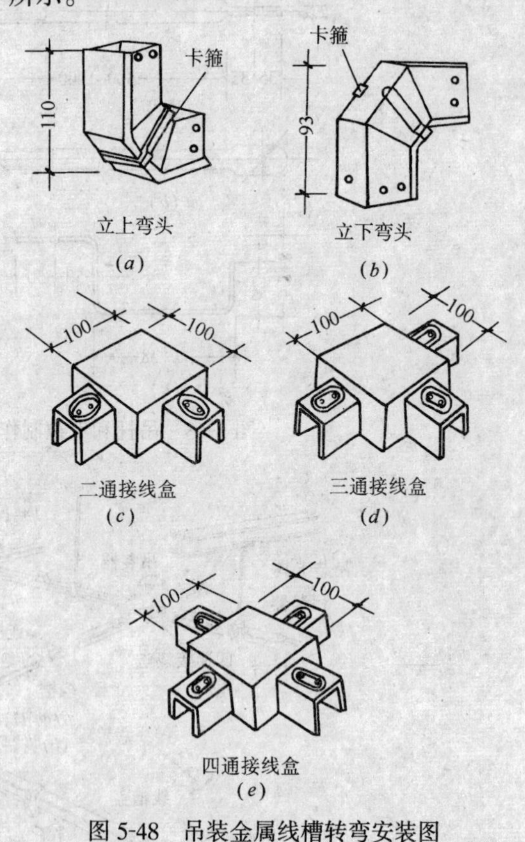

110
卡箍
立上弯头
(a)
卡箍
93
立下弯头
(b)
100
100
二通接线盒
(c)
100
100
三通接线盒
(d)
100
100
四通接线盒
(e)

图 5-48　吊装金属线槽转弯安装图

金属线槽还有三个特殊部件，出线口盒如图 5-49(*a*)所示；末端的封堵如图 5-49(*b*)所示；盒(箱)进出线处的抱脚如图 5-49(*c*)

所示。

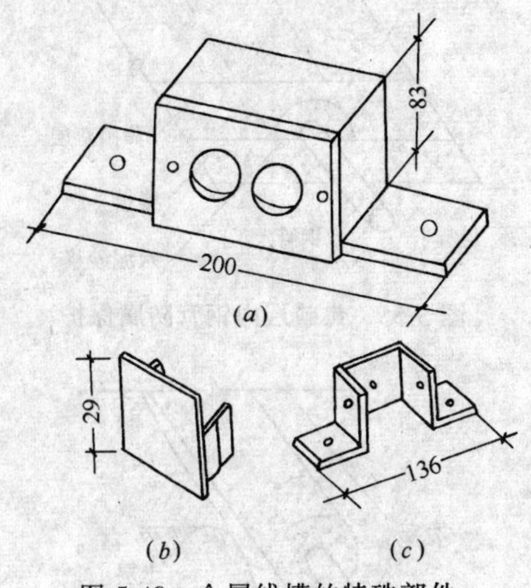

图 5-49　金属线槽的特殊部件

(4) 线槽内导线敷设

金属线槽装好后应进行放线,先用尼龙线绳将导线绑扎成捆,再分层排放在线槽内并做好标志。

放线时应考虑回路的性质,强电、弱电线路应分槽放线;同一回路的相线、中性线应放入同槽内;要求防干扰的线路、应急呼叫信号线路应放入专用线槽内。

(5) 金属线槽配线的有关要求

1) 选择金属线槽的规格时,应满足导线填充率、载流导线的根数、散热及安装方式的要求。

2) 金属线槽所有非导电的铁件应相互连接并良好接地。

3) 线槽内电线或电缆的总截面(包括外保护层)不应超过线槽内截面的 20%,槽内导线不宜超过 30 根。

4) 线槽应固定牢靠,横平竖直,盖板无翘角,线槽接口严密整齐,线槽内外干净。

5) 导线之间和导线对地间的绝缘电阻值必须大于 0.5MΩ。

5.1.4　钢管敷设

钢管敷设适于明装和暗装,操作时与建筑结构施工一起进行,有关管路走向和盒(箱)位置的确定可参考前面硬质塑料管的敷设。

(1) 钢管的安装加工

1) 管子切断:

钢管切断可使用型钢切割机(无齿锯),切割时用力要均匀,不能过猛,否则会使砂轮崩裂。

钢管切割也可使用细齿钢锯,锯切时锯条应保持垂直,保证锯口整齐,锯后用锉修整。

2) 管子套丝:

钢管端部的套丝可用套丝绞板或板架、板牙,如图 5-50 所示。

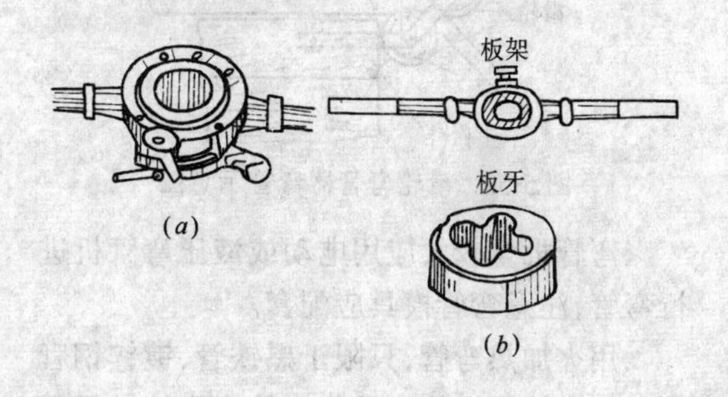

图 5-50　套丝工具

钢管套丝的操作如图 5-51 所示。

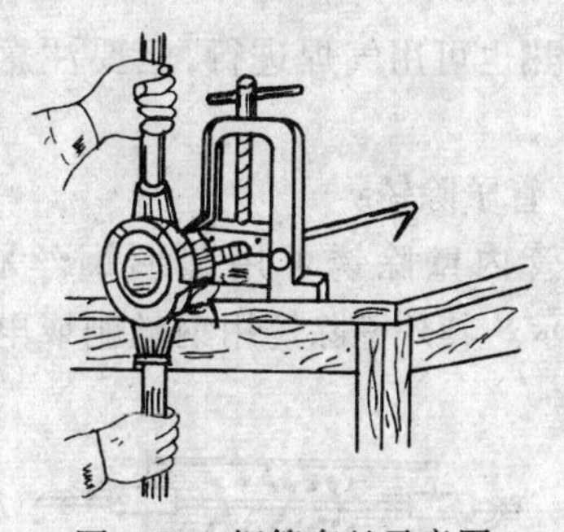

图 5-51　钢管套丝示意图

3) 管子弯曲:

钢管弯曲有冷煨和热煨。使用管弯管器的操作如图 5-52 所示,弯曲中要从起弯点逐点向后移动弯管器直到达到要求的角度,注意弯起的直管段应与管子平行。弯曲弧不应过直,不应有折皱、凹穴和裂缝现象。

使用滑轮弯管器的操作如图 5-53 所示,适用弯制直径较大的管子,且管子弯制后的外观形状和尺寸较佳。

图 5-52　管弯管器弯管示意图

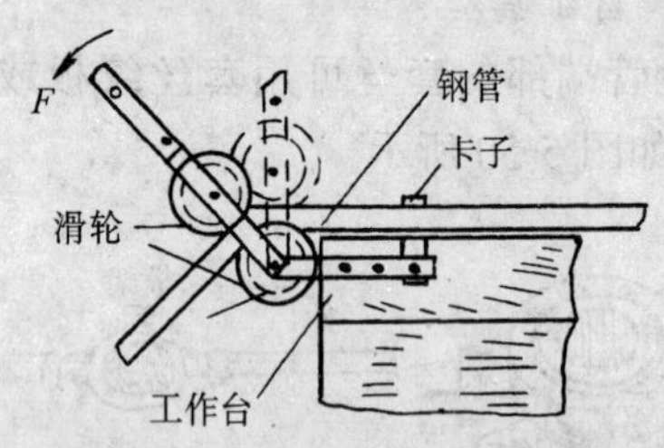

图 5-53　滑轮弯管器弯管示意图

弯管批量较大应用电动或液压弯管机进行弯管,注意弯管模具应配套。

用火加热弯管,只限于黑铁管,镀锌钢管严禁用火加热煨管。操作时管内先填满干砂子,两端用物堵严,再用火加热后放在模具上弯曲。

加热也可用气焊进行,但要注意掌握好火候。

4) 管子除锈:

钢管内壁除锈可用圆形钢丝刷,如图 5-54所示。其外壁除锈用钢丝刷或电动除锈机。

图 5-54　钢管内壁除锈示意图

5) 管子防腐:

钢管暗敷设采用黑铁管时应进行防腐处理。

埋入砖墙内的铁管刷樟丹油一道。

埋入焦碴层中的铁管,应用厚度大于 50mm 的水泥浆保护,如图 5-55 所示。

埋入土层内的铁管,应刷两道沥青油或用混凝土保护层防腐,如图 5-56 所示。

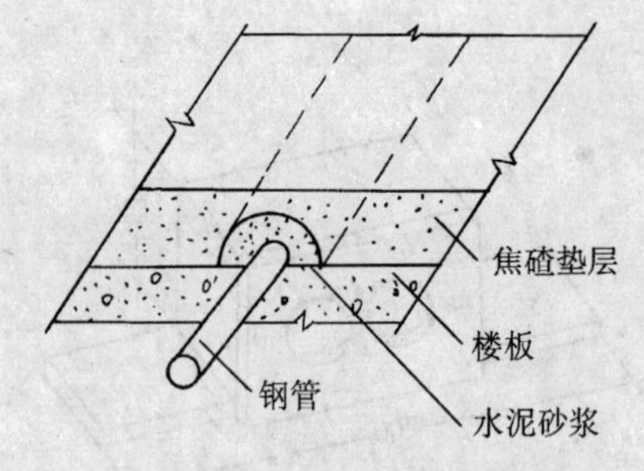

图 5-55　焦碴层内钢管防腐保护

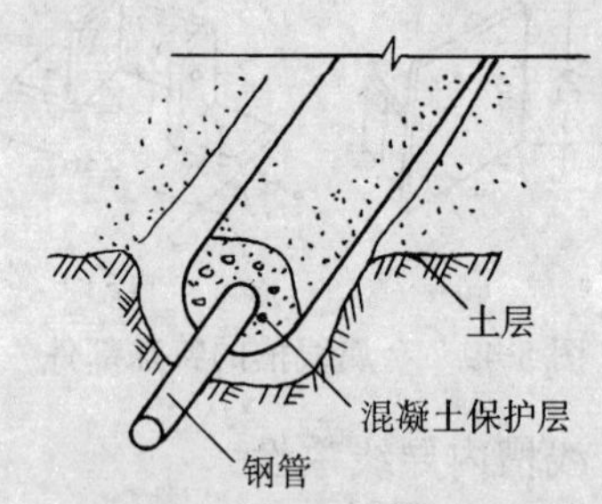

图 5-56　土层内钢管防腐保护

铁管内防腐可刷樟丹油一道,操作时可将铁管交错倾斜放置在架上,用透明塑料软管串接铁管,在最高一层管口灌入樟丹漆,由最低一层管口自然排出即可,如图 5-57 所示。

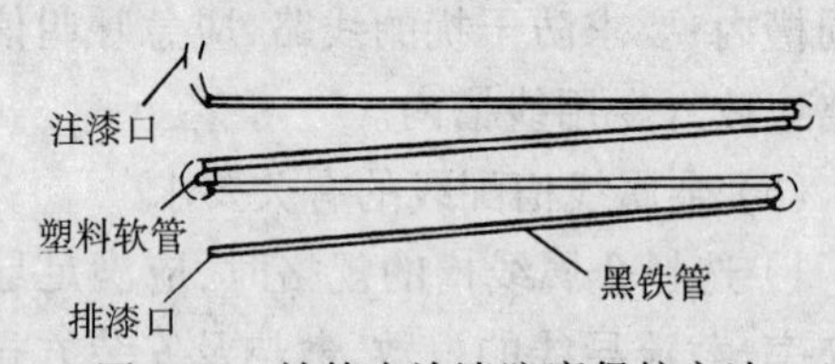

图 5-57　铁管内涂漆防腐保护方法

6) 管子连接:

管与管连接时可采用丝扣连接。用套管连接时如图 5-58 所示。

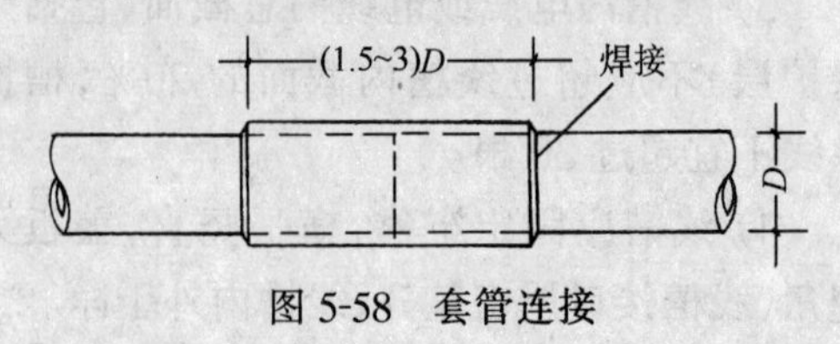

图 5-58　套管连接

钢管连接时,如管径较大可采取打喇叭口对口焊接方法,焊接时应保证两管中心对正,焊接严密牢靠,管内光滑无焊渣。

钢管与盒(箱)的连接可采用焊接,注意钢管伸入盒(箱)内的长度应小于 5mm。

钢管与盒(箱)的连接也可用锁紧螺母或护圈帽固定两种方法,具体见图 5-59 所示。

7) 管子接地:

钢管采用丝扣连接时,为保证接地可靠,应焊接跨接线,具体如图 5-60 所示。

(2) 钢管的敷设

现浇混凝土墙体内管子敷设时,应在绑扎钢筋后进行定位,将管路与钢筋固定好,接线盒与模板固定好。接线盒可用钢筋套子固定,如图 5-61 所示,也可用螺丝固定,如图 5-62所示。

现浇混凝土墙体内钢管应沿最近的路径在两层钢筋间敷设,并把管子绑扎在内壁钢筋的里边一侧。

现浇混凝土楼板内管子敷设时,应先敷设带弯曲的管子,后敷设直管段的管子。

楼(室)面垫层内管子敷设时,混凝土保护层不应小于 15mm。

地面内钢管敷设时,应尽量减少中间接头。如为土层应在管路四周用混凝土保护。

地面内配管使用金属地面出线盒时,地

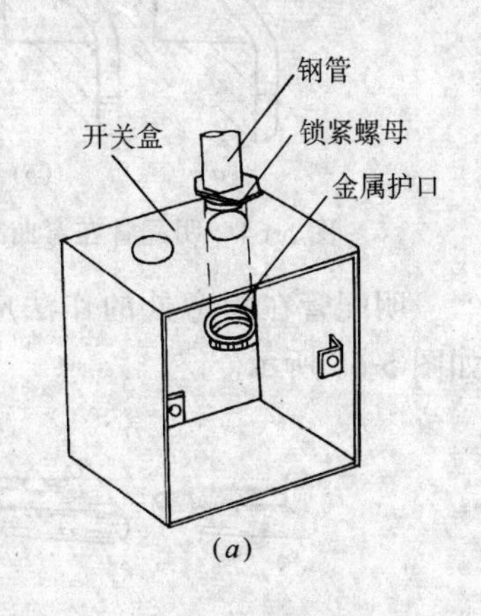

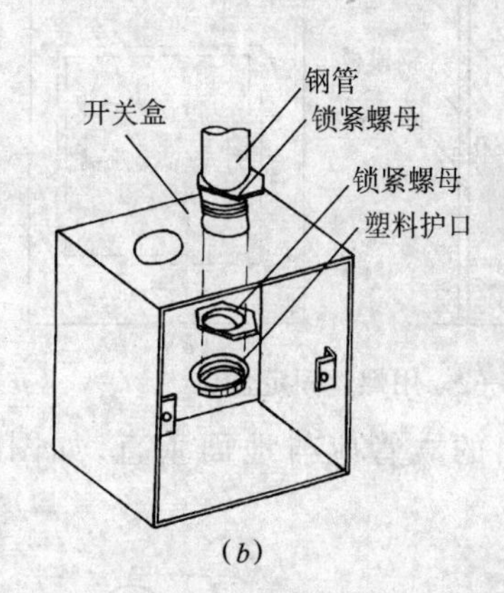

图 5-59 钢管与盒(箱)连接

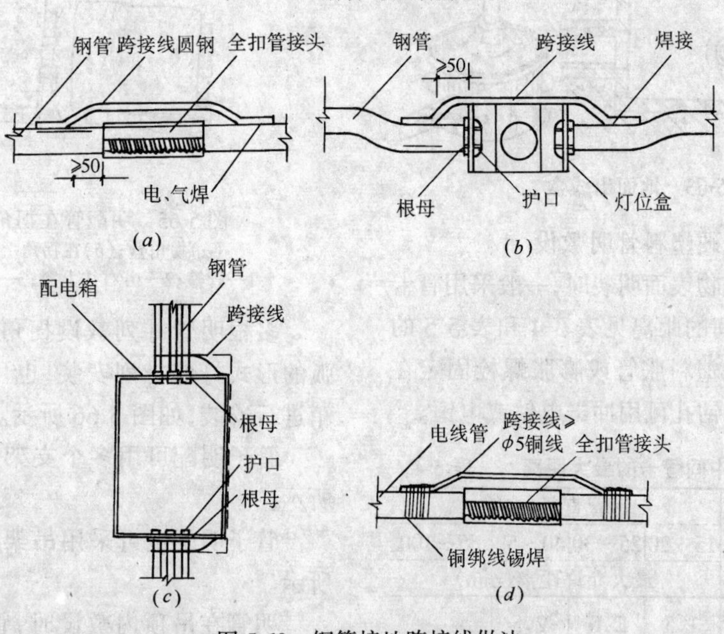

图 5-60 钢管接地跨接线做法

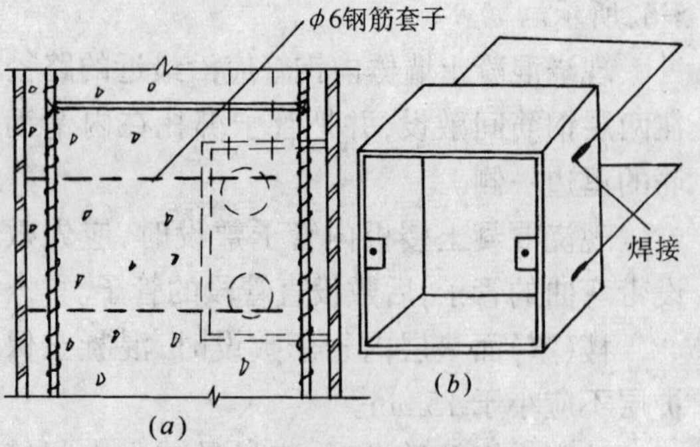

图 5-61　用钢筋套子固定盒位

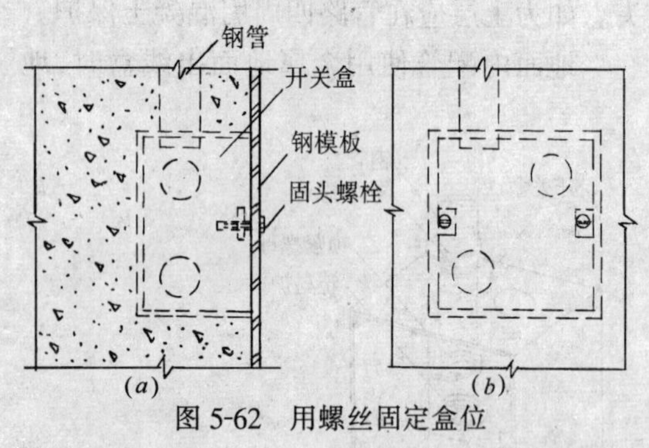

图 5-62　用螺丝固定盒位

面出线盒引出的立管应与地面垂直，如图5-63所示。

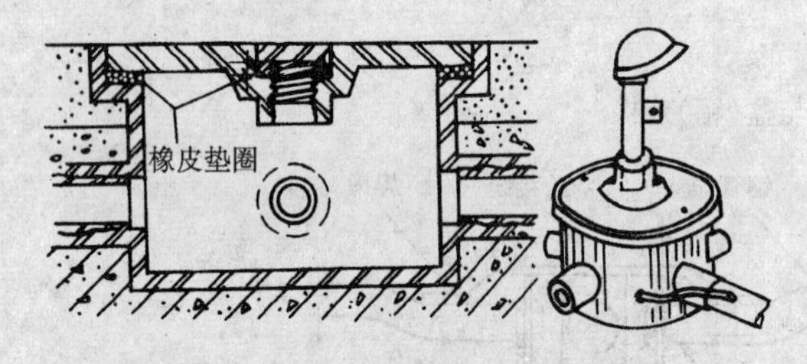

图 5-63　地面出线盒

(3) 钢管与硬塑料管明敷设

管路沿建筑物表面明装时，一般采用管卡子固定，固定点间的距离见表 5-4 和表 5-5 的规定。管卡子用塑料胀管或膨胀螺栓固定在建筑物表面上。钻孔可用冲击电钻或电锤。

钢管中间管卡的最大距离　　表 5-4

敷设方式	钢管种类	钢管直径(mm)			
		15～20	25～30	40～50	65～100
		最大允许距离(mm)			
吊架、支架或沿墙敷设	厚钢管	1.5	2.0	2.5	3.5
	薄钢管	1.0	1.5	2.0	

硬塑料管中间管卡最大距离　　表 5-5

最大允许距离(m) ＼ 硬塑料管 ＼ 敷设方式	内　径(mm)		
	20 以下	25～40	50 以下
吊架、支架或沿墙敷设	1.0	1.5	2.0

明配管在弯曲处的作法应采用图 5-64(*b*)而图 5-64(*a*)的作法不正确。

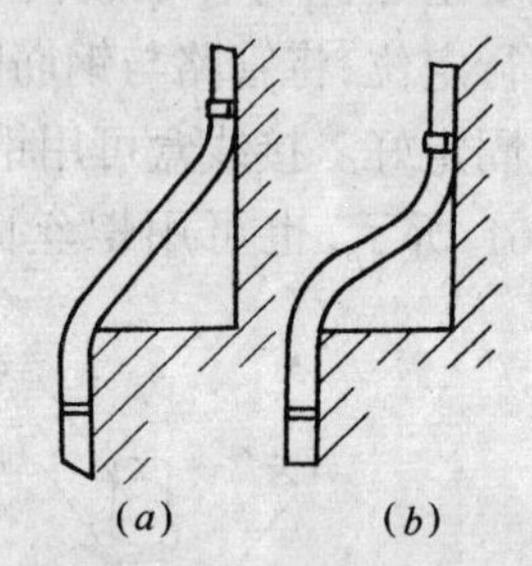

图 5-64　明配管在弯曲处做法

明配管在拐弯处的作法应使用拐角盒，如图 5-65 所示。

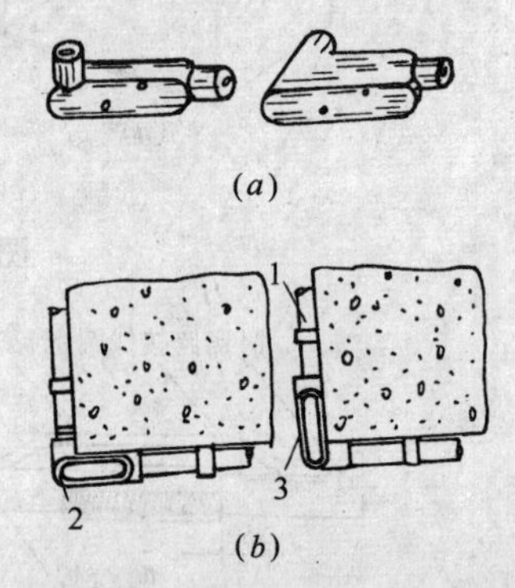

图 5-65　明配管在拐角处作法
(*a*)拐角盒；(*b*)在拐角上的施工；
1—管箍；2—由右往上穿；3—由上往下穿

多根明管并列敷设拐角时，可按同心圆弧的形式打弯排列安装，也可使用中间接线箱进行安装，如图 5-66 所示。

管子明配可用多个支架固定，如图 5-67 所示。

管子明配也可采用吊架固定，如图 5-68 所示。

明管在吊顶内敷设时，管子可以固定在钢龙骨吊顶的吊杆和吊顶的主龙骨上，并使

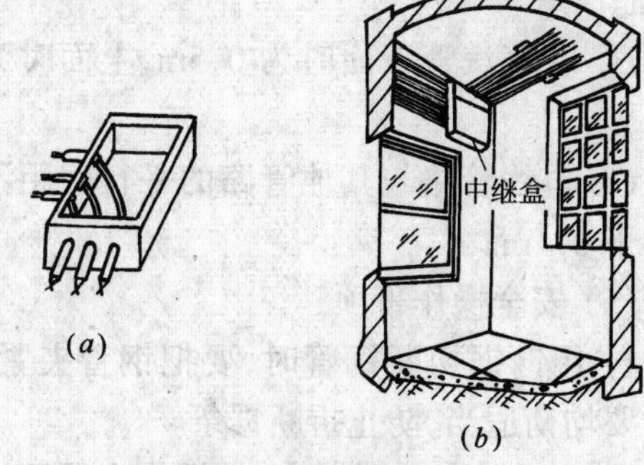

图 5-66　多管排列拐角作法
(a)中继盒；(b)用中继盒连接的多根明配管

用吊装卡具安装，如图 5-69 所示。

明管在吊顶内敷设时，如管子内径较大或管子较多时，应用与楼顶板或梁固定的支架进行安装，如图 5-70 所示。

(4) 钢管敷设的有关要求

1) 导线穿于同一根管时，导线截面积(包括外护层)的总和，不应超过管内径截面积的 40%。

2) 管路与其他管道间的最小距离不得小于以下规定：

A. 与蒸汽管平行时 1000mm；交叉时 300mm。

B. 与煤气配管在同一平面上间距不应小于50mm；在不同平面时间距不应小于

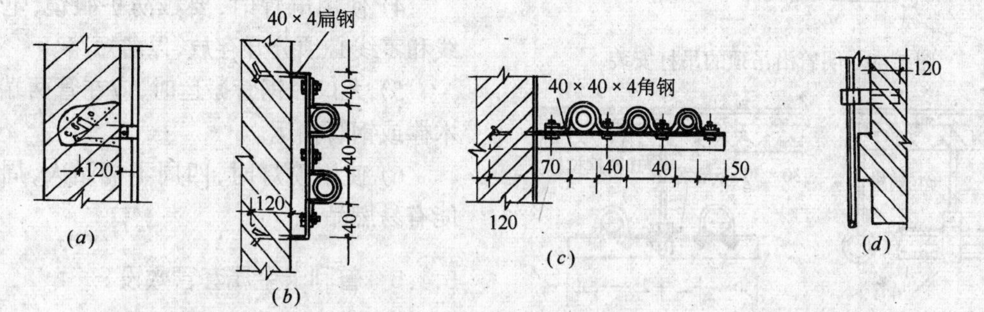

图 5-67　管子明配支架安装
(a)单管扁钢支架；(b)双管扁钢支架；(c)多根管的角钢支架；(d)墙垛角钢水平托架

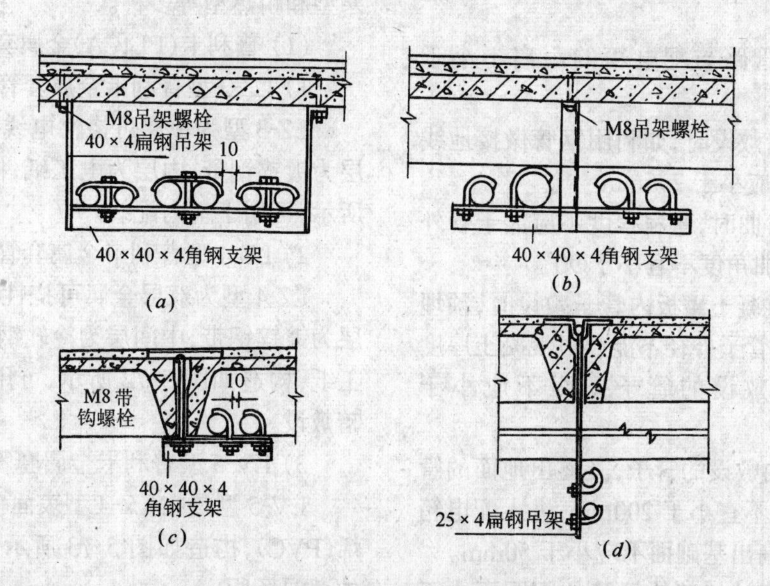

图 5-68　钢管明配吊架安装
(a)明管在现浇楼板下吊装；(b)明管在楼板梁上吊装；
(c)明管沿预制板下安装；(d)明管沿预制板梁下吊装

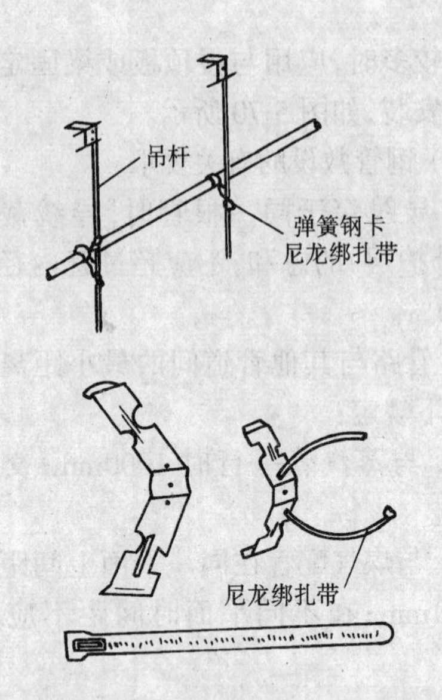

图 5-69　明管沿吊顶的吊杆安装

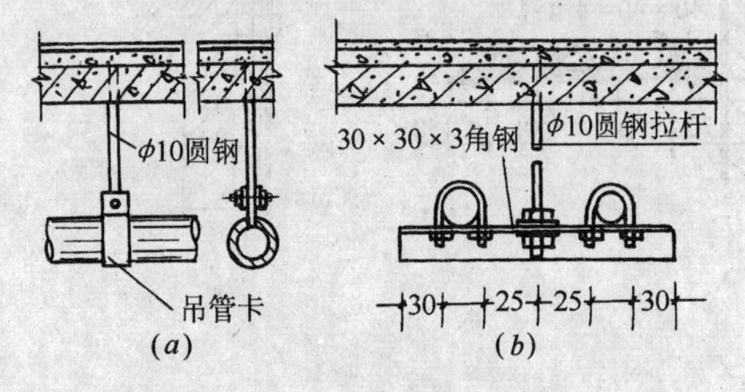

图 5-70　明管在吊顶内用支架安装
(a)单管吊卡;(b)双管角钢吊架

20mm。

C. 煤气管路与配电箱的距离不小于300mm。

3) 钢管暗敷设时,如利用钢管做接地线其管壁厚度不应小于2.5mm。

4) 钢管弯曲时,弯扁程度不应大于管外径的10%,弯曲角度不宜小于90°。

5) 现浇混凝土楼板内管子敷设时,预埋在混凝土内的管子外径不能超过混凝土厚度的1/2,并列敷设的管子间距不应小于25mm。

6) 地面内敷设的管子,其露出地面的管口距地面高度不宜小于200mm;进入配电箱的管路,管口高出基础面不应小于50mm。

7) 明配管时与其他管路的间距不小于以下规定:

A. 在热水管下面时为0.2m,上面时为0.3m。

B. 在蒸汽管下面时为0.5m,上面时为1m。

C. 电线管路与其他管路的平行间距不应小于0.1m。

(5) 安全操作事项

1) 用钢锯切断钢管时,要把钢管夹紧,用力要均衡适当,防止折断锯条。

2) 用手动弯管器煨弯时,操作人员要错开所弯的管子,防止弯管器滑脱伤人。

3) 用火煨弯时,周围不能有易燃物品,管口四周不能站人,操作完及时熄火。

4) 使用电焊时,要戴防护眼镜,电焊把线和零线必须分开存放,以防短路。

5) 大口径钢管搬运时,应在管两端插入木棒或钢管抬运。

6) 使用喷灯时,四周不能站人,周围不能有易燃品。

5.1.5　普利卡金属套管敷设

普利卡金属套管可在任何环境下室内、室外配线使用,可以分为标准型、防腐型、耐寒型和耐热型等多种。

(1) 普利卡(PLICA)金属套管的种类

1) LZ-3型普利卡金属套管:

LZ-3型为单层可挠性电线保护套管,外层为镀锌钢带,内层为电工纸,构造如图5-71所示,可用于室内配线。

2) LZ-4型普利卡金属套管:

LZ-4型为双层金属可挠性保护套管,外层为镀锌钢带,中间层为冷轧钢带,内层为电工纸,构造如图5-72所示,可用于混凝土内暗敷设。

3) LV-5型普利卡金属套管:

LV-5型是在LZ-4型表面覆一层聚氯乙烯(PVC),构造如图5-73所示,可用于室内外潮湿场所。

(2) 普利卡金属套管的安装加工

1) 管子切断:

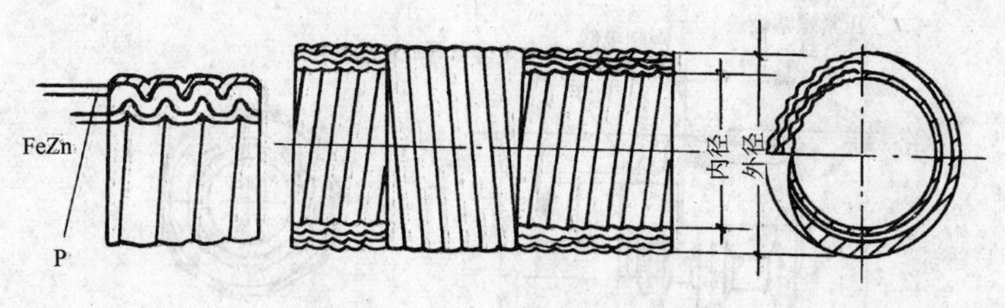

图 5-71　LZ-3 型普利卡金属套管

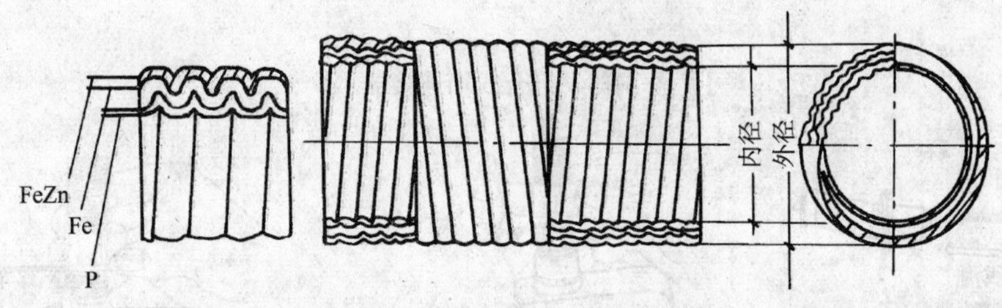

图 5-72　LZ-4 型普利卡金属套管

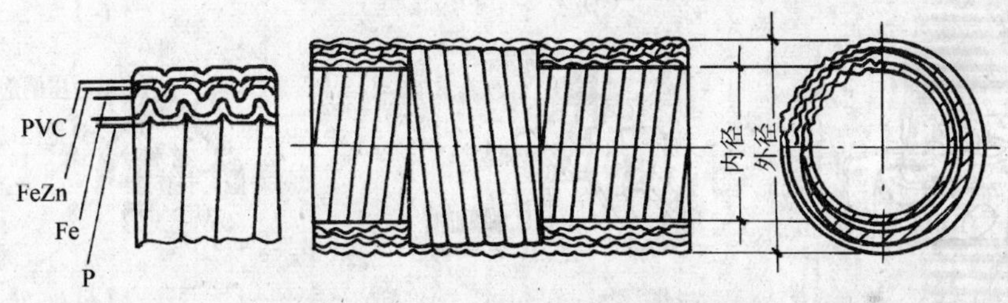

图 5-73　LV-5 型普利卡金属套管

普利卡金属套管的切断可用钢锯进行，也可使用专用的切割刀进行。操作中应注意刀口整齐无毛刺。

2）管子连接：

普利卡金属套管与盒(箱)的连接应使用专用的线箱连接器或组合线箱连接器，其结构如图 5-74 和图 5-75 所示，用螺母固定。

普利卡金属套管的互接可用专用的直接头进行套接，为螺纹连接。

普利卡金属套管与钢管连接时，可采用

(a)

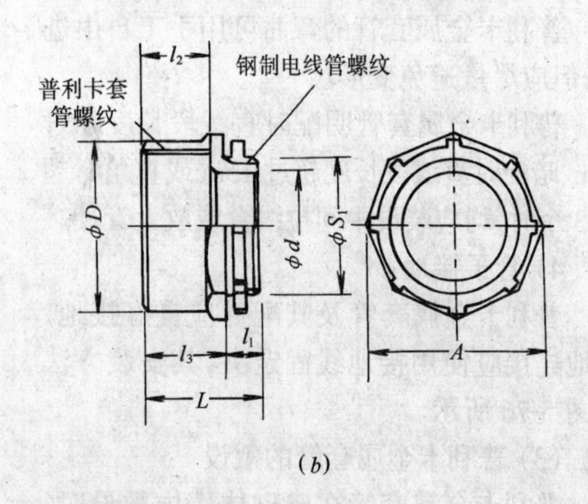

(b)

图 5-74　线箱连接器

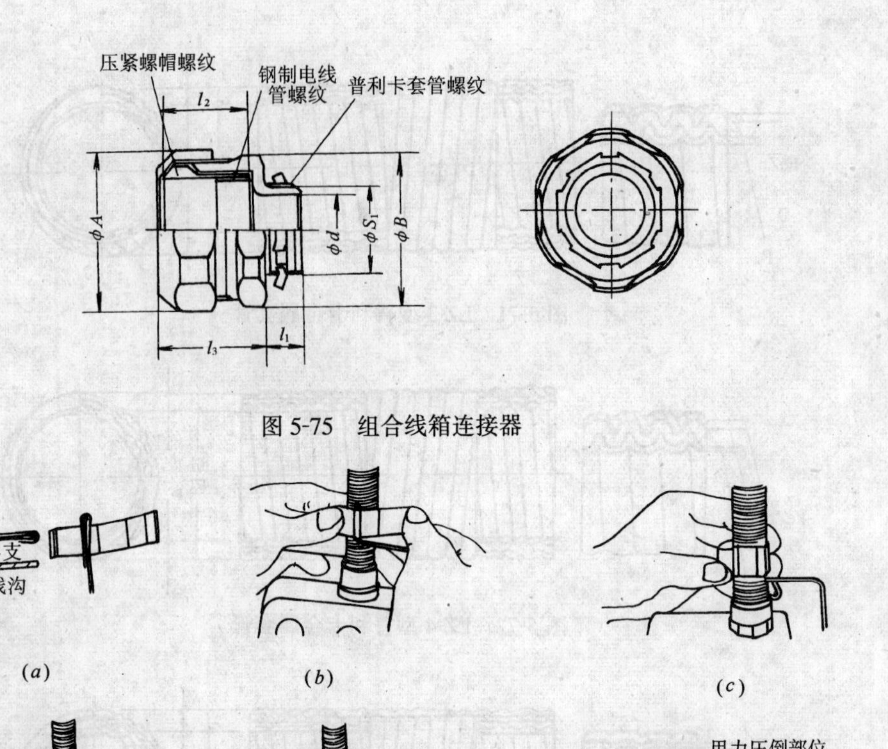

图 5-75　组合线箱连接器

图 5-76　接地线固定夹安装图

(a)接地线放入线沟；(b)加添接头线；(c)将两端上下咬合；(d)用钳尖夹扁；

(e)将咬合部分弄倒；(f)用力压倒部位

有螺纹连接或无螺纹连接，也需用专用的接头。

3）管子弯曲：

普利卡金属套管的弯曲可用手工自由进行，但应尽量避免变形。

普利卡金属套管明配时直线段长度超过30m、暗配时直线段长度超过15m或直角弯超过3个时，均应装设中间拉线盒或放大管径。

4）管子接地：

普利卡金属套管及其配件应良好接地，接地连接应使用接地线固定夹，其安装方法见图5-76所示。

(3) 普利卡金属套管的敷设

普利卡金属套管在砖砌体墙内敷设时，管入盒处应在盒四周的侧面，其他可参考硬塑管的敷设。

普利卡金属套管在现浇混凝土内敷设时，垂直方向管路应放在钢筋的侧面，水平方向管路应放在钢筋的下侧；在平台板上管路

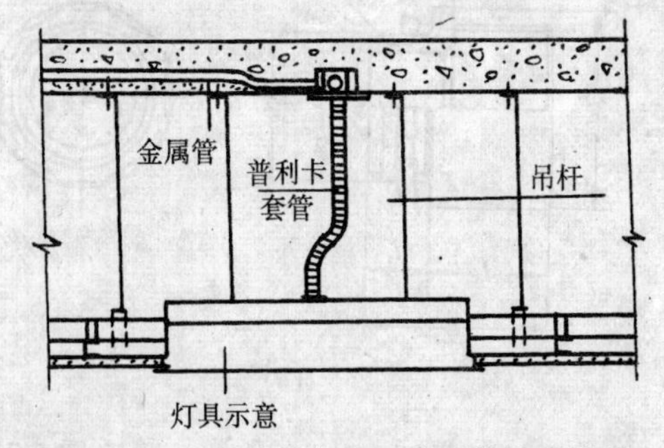

图 5-77　吊顶内管与盒连接用线箱连接器

应放在钢筋网中间。

普利卡金属套管室内明敷设时，应使用专用的金属套管管卡子固定，方法同钢管敷设。

普利卡金属套管在吊顶内敷设时，管与盒的连接使用线箱连接器，如图 5-77 所示。

管与盒的连接使用混合接头时，安装示意如图 5-78 所示。

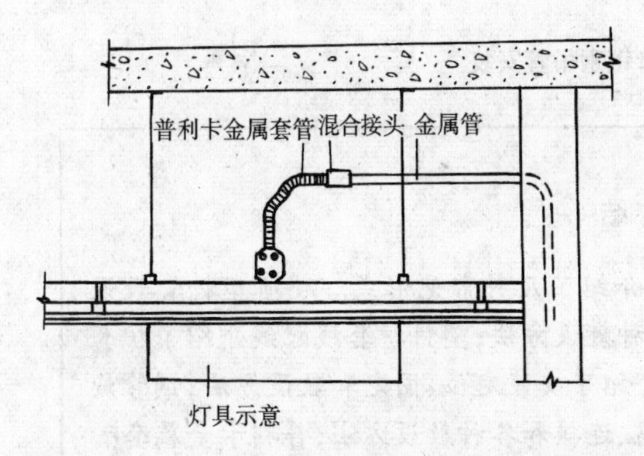

图 5-78 吊顶内管与盒连接用混合接头

管与盒的连接使用分线箱时，安装示意如图 5-79 所示。

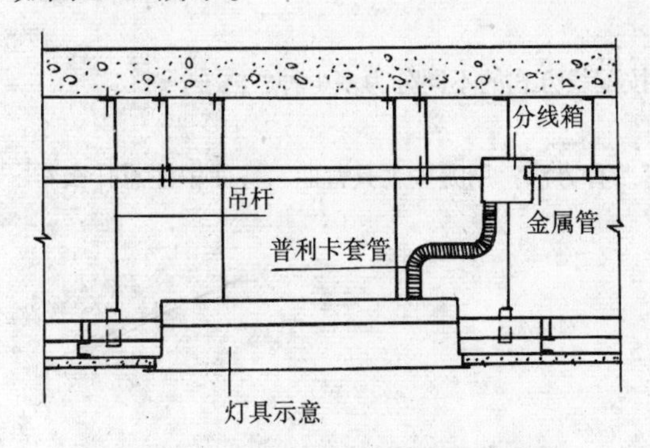

图 5-79 吊顶内管与盒连接用分线箱

普利卡金属套管在吊顶内敷设时，管子规格在 24 号及以下可直接固定在主龙骨上，如图 5-80 所示。

管子规格在 50 号及以下可利用吊顶的吊杆和吊板进行安装，如图 5-81 所示。

普利卡金属套管在吊顶内的敷设也可采用钢索吊管安装，如图 5-82 所示。

(4) 普利卡金属套管敷设的有关要求

1) 穿入普利卡金属套管内导线的总截面积(包括外护层)不应超过管内径截面积的 40%。

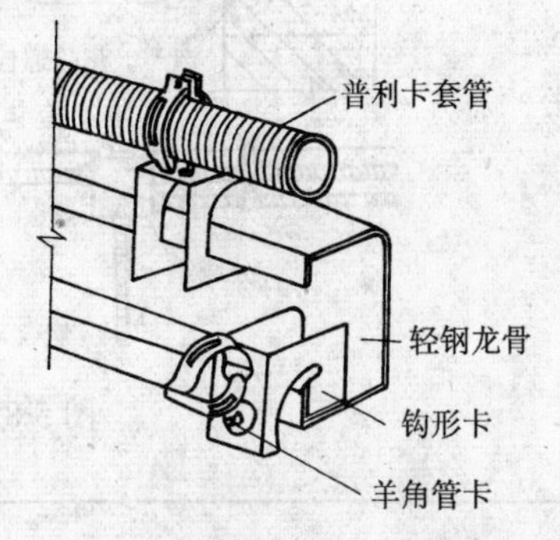

图 5-80 金属套管在主龙骨上安装

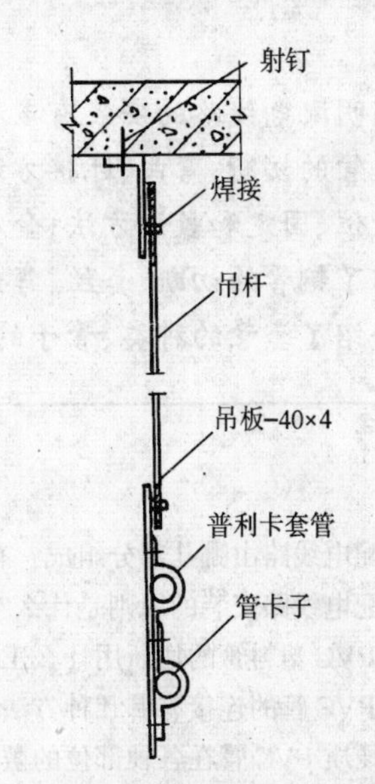

图 5-81 金属套管使用吊杆吊板安装

2) 普利卡金属套管的弯曲角度不宜小于 90°，明配管子的弯曲半径不应小于管外径的 3 倍。

3) 普利卡金属套管在现浇混凝土内敷设时，管子应用铁绑线绑在钢筋上，绑扎间距不应大于 50cm，在管入盒(箱)处绑扎间距不应大于 30cm。

4) 管子连接紧密，排列平直，安装牢固，暗配管保护层大于 15mm。

5) 管子接地牢靠，符合要求。接地线截面选用正确。

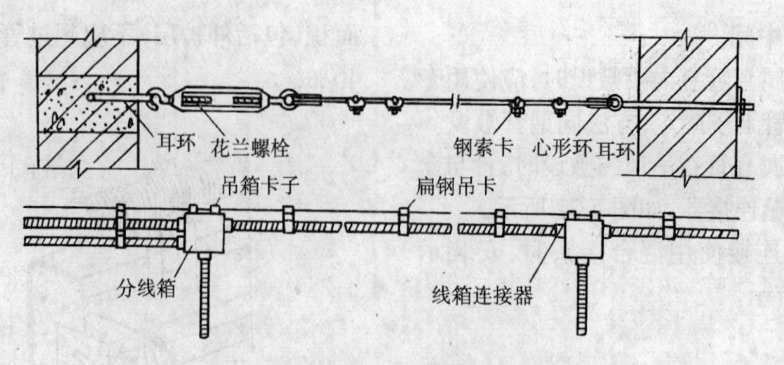

图 5-82　金属套管钢索吊管安装

小　　结

照明配电线路的安装有多种形式，本章介绍了几种常见形式。硬质塑料管敷设介绍了管的切断、弯曲、连接方法和工具，各种敷设方法；塑料护套线配线介绍了护套线的定位、固定和敷设方法；金属线槽配线介绍了安装定位、固定和敷设方法；钢管敷设介绍了钢管的切断、套丝、弯曲、除锈、防腐、连接和各种敷设方法；普利卡金属套管敷设介绍了套管的种类、管子的切断、连接、弯曲、接地和敷设方法。

习　　题

1. 照明配电线路由哪几部分组成？有哪二种类型？按配线方式的不同分为多少种？
2. 照明配电线路安装的原则是什么？
3. 硬质 PVC 塑料管的切断用什么工具？其弯曲有哪二种方法？用哪些工具弯曲？弯曲中注意什么？
4. 硬质 PVC 管的连接有哪几种方法？
5. 简述硬质 PVC 管在各种部位的敷设方法？
6. 硬质塑料管敷设有哪些技术要求？
7. 硬质塑料管敷设时注意哪些安全事项？
8. 塑料护套线配线一般用于什么场合？
9. 塑料护套线敷设前用什么方法定位？
10. 塑料护套线的固定有哪几种方法？
11. 简述塑料护套线的勒直、收紧、铝线卡夹持的操作方法。
12. 塑料护套线配线有哪些技术要求？
13. 塑料护套线配线时注意哪些安全事项？
14. 金属线槽配线用于什么场合？
15. 简述金属线槽的固定方法？
16. 金属线槽配线有哪些技术要求？
17. 简述钢管的切断、套丝、弯曲使用的工具及操作方法？
18. 怎样进行钢管的除锈？
19. 简述钢管在不同部位的敷设方法？
20. 钢管敷设有哪些技术要求？

21. 进行钢管敷设时应注意哪些安全事项?

22. 普利卡金属套管有哪几种类型?

23. 简述普利卡金属套管的敷设方法?

5.2 照明器具安装

电气照明中最基本的要求是应有足够的照度,要求光源的亮度和灯具的反射、配光等要合适。一般室内照明推荐的照度标准为500~700Ix,看书学习照度不得低于100Ix,光线太暗对保护视力不利。要运用灯具的作用,控制光线的投射方向,使光线不直接射向人眼,以免强光刺激人眼而产生不舒服的眩光。还要求合适的对比度,如看书、学习,应使书面、写字台周围的照度变化不能太大。另外,还应考虑光的显色性,白炽灯的光线接近太阳光谱,显色性较好,而荧光灯的显色性较差。对特殊照明器具的要求各有不同,这些在安装时都应引起注意。

5.2.1 普通灯具的安装

(1) 灯具和导线的选择

照明灯具选择可参考以下原则:

住宅(公寓)照明宜选用白炽灯、稀土节能荧光灯为主的照明光源,灯具可根据厅、室使用条件选用升降式灯具。

高级公寓的起居厅照明宜采用可调光方式。

单身宿舍照明宜选用荧光灯,并宜垂直于外窗布置灯具。

办公室照明采用荧光灯时宜使灯具纵轴与水平视线相平行。

学校教室照明宜采用蝙蝠翼式和非对称配光灯具,并且布灯原则应采取与学生主视线相平行,安装在课桌间的通道上方,与课桌面的垂直距离不宜小于1.7m。

灯座的形式有多种,吊线灯应用吊式灯座,平座灯应用平座式灯座,吸顶灯、吊链灯、吊杆灯和壁灯一般用管接式灯座,而悬吊式铝壳可用于室外吊灯。

照明灯具导线的选用应根据敷设方式、负载电流的大小及使用环境等综合考虑。同时应满足一定机械强度的要求,其工作电压等级不应低于交流250V,最小线芯截面应符合表5-6的规定。

线芯最小允许截面　　表5-6

安装场所及用途		线芯最小截面(mm^2)		
		铜芯软线	铜线	铝线
照明用灯头线	民用建筑室内	0.4	0.5	1.5
	工业建筑室内	0.5	0.8	2.5
	室　外	1.0	1.0	2.5
移动式用电设备	生活用	0.2		
	生产用	1.0		

(2) 照明装置木(塑料)台的安装

灯具安装时,应选择合适的木(塑料)台,木台应比灯具的固定部分大40mm左右,厚度不应小于20mm,木台应完整无节裂变形。塑料台应无老化、无脆裂、并应有足够的强度。

安装木台前,应先用电钻将木台的出线孔钻好,塑料台不需钻孔可直接固定灯具。

混凝土屋面暗配线路,灯具木(塑料)台应固定在灯位盒的缩口盖上。

混凝土屋面明配线路,应预埋木砖或打洞,使用木螺栓或塑料胀管固定木(塑料)台。

空心板板孔穿线或板孔配管工程,应在板孔处打洞,放置铁板或T形螺栓,固定木(塑料)台,如图5-83所示。

瓷夹板配线安装木(塑料)台时,导线应在其表面引进吊线盒或灯座内。

塑料护套线直敷配线的木(塑料)台,应将木台挖槽,将护套线压在木(塑料)台下面。

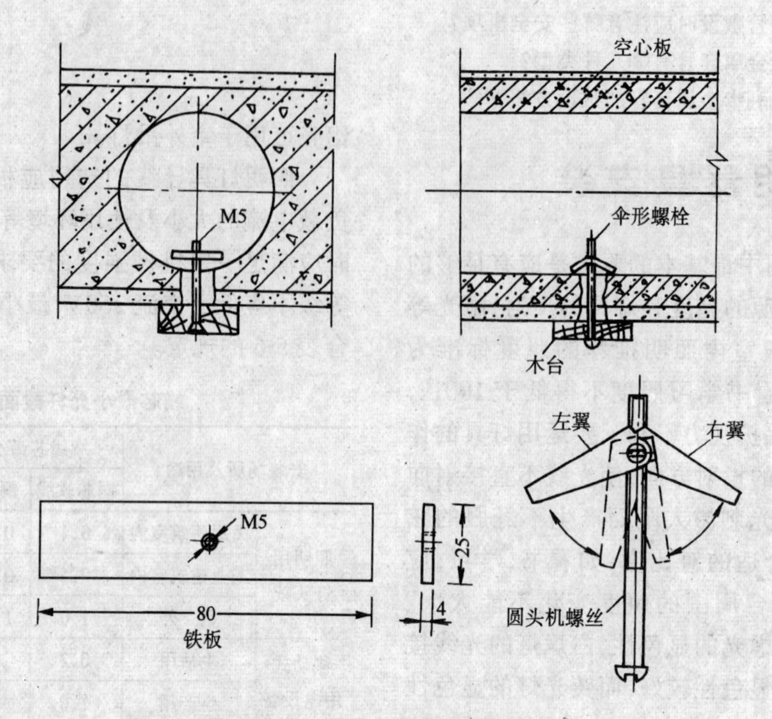

图 5-83　空心板木(塑料)台固定

槽板配线工程,应使用高桩木台,具体如图 5-84 所示。

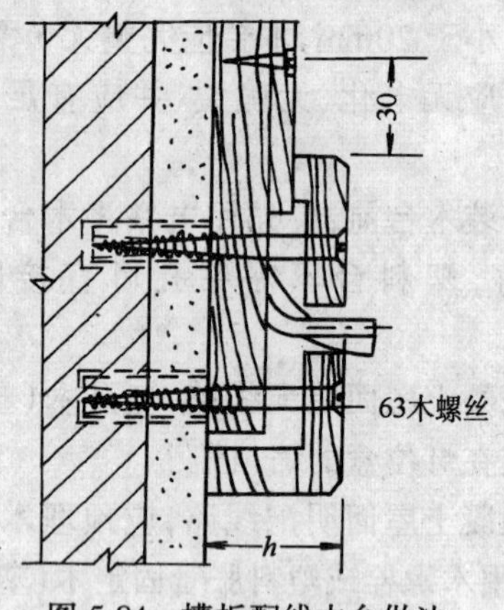

图 5-84　槽板配线木台做法

(3) 白炽灯安装

白炽平灯座安装时注意相线(即来自开关的电源线)应接到与平灯座中心触点相连的接线桩上,零线应接到与灯座螺口触点相连接的接线桩上。中心触点铜片不能与螺旋金属圈相碰,否则会发生短路。

瓷(胶木)平灯座应与木(塑料)台固定良好。露天使用必须选用防水灯座和灯罩,潮湿场所应选用瓷质平灯座,并在木(塑料)台与建筑物之间垫橡胶垫防潮。

白炽软线吊灯的安装高度应在 2m 以上,安装时拧下吊灯座与吊线盒盖,将吊线盒底与木(塑料)台固定牢,把软线分别穿过灯座和吊线盒盖的孔洞,为防止灯座和吊线盒螺丝承受拉力,应打保险扣,打法如图 5-85 所示。

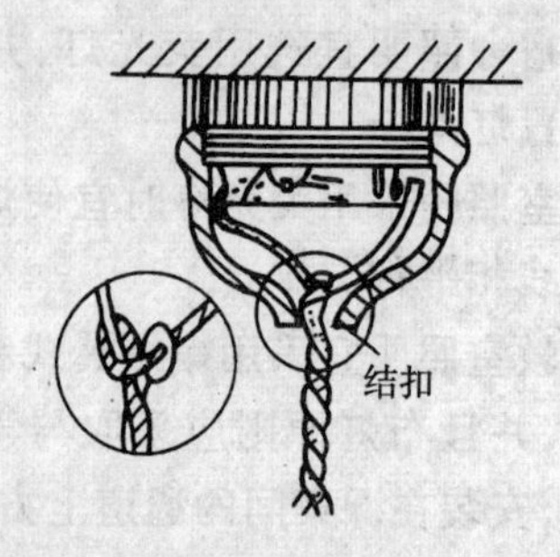

图 5-85　吊线盒软线打保险扣方法

(4) 荧光灯安装

荧光灯一般要安装在室内屋顶中央处,其高度与白炽灯要求一样。其灯架是用吊链吊装在屋顶下，把两个吊线盒分别与木台固定牢，将吊链与吊环安装一体，把软线与吊链编花，并将吊链上端与吊线盒盖用U形铁丝挂牢，整套的荧光灯只需将露出的两根灯线按一般白炽灯的接法接入照明电路即可。散件的荧光灯应按原理接线。

荧光灯可能出现的接线方法有四种，如图5-86所示。

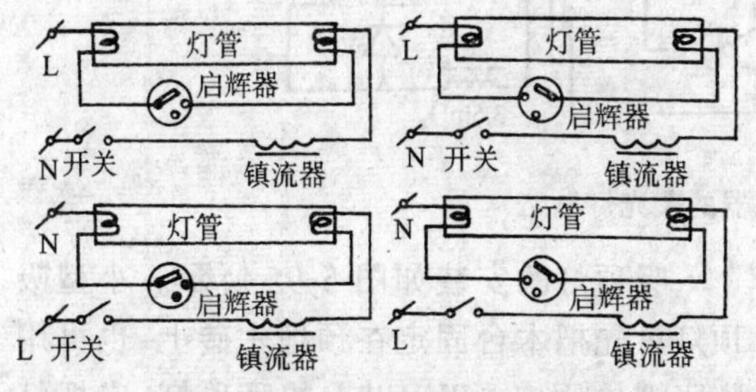

图5-86 荧光灯的四种接线方法

一般应采用第四种方法，这种方法启动性能好，灯管使用寿命最长。接线时注意应将相线接入开关，开关的控制线应与镇流器相连接，电容器应并联在镇流器前侧的电路中。

四出线镇流器荧光灯的电路如图5-87所示。接线时要注意主、副绕组不能接错，否则会烧坏镇流器和灯管。

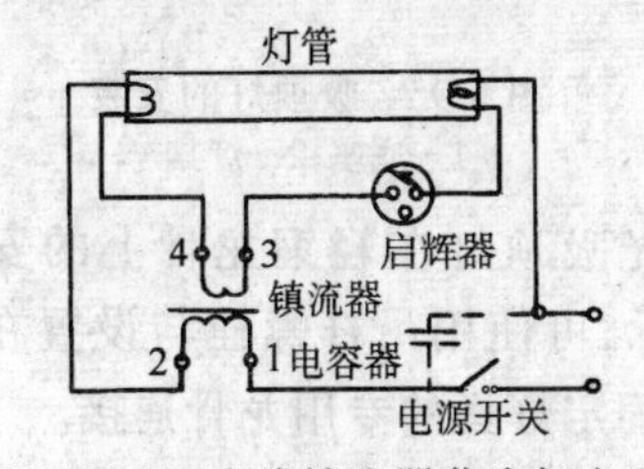

图5-87 四出线镇流器荧光灯电路

快速启动器荧光灯的电路如图5-88所

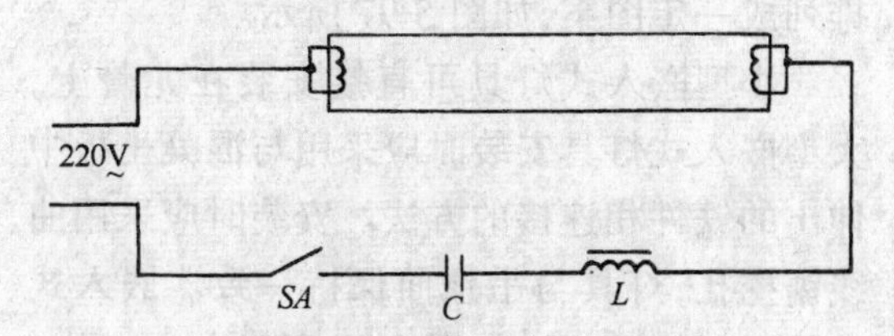

图5-88 用快速启动镇流器的荧光灯电路

示。这种镇流器采用漏磁变压器原理，具有启动快、功耗小的特点，并且可以延长灯管寿命和启动时不产生对无线电的干扰。

双管荧光灯并联接线如图5-89所示。

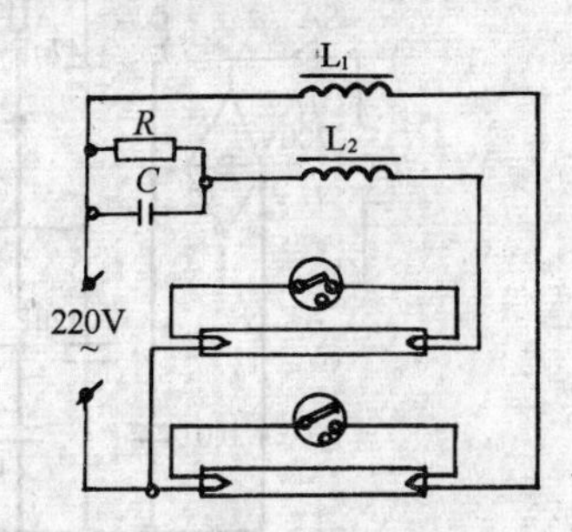

图5-89 双管荧光灯并联接线电路

环形荧光灯的接线如图5-90所示。

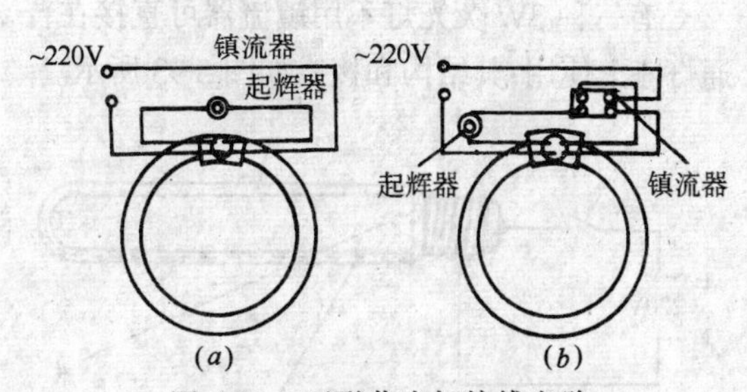

图5-90 环形荧光灯接线电路

(a)二出线镇流器的接线图；

(b)四出线镇流器的接线图

V形荧光灯的接线如图5-91所示。

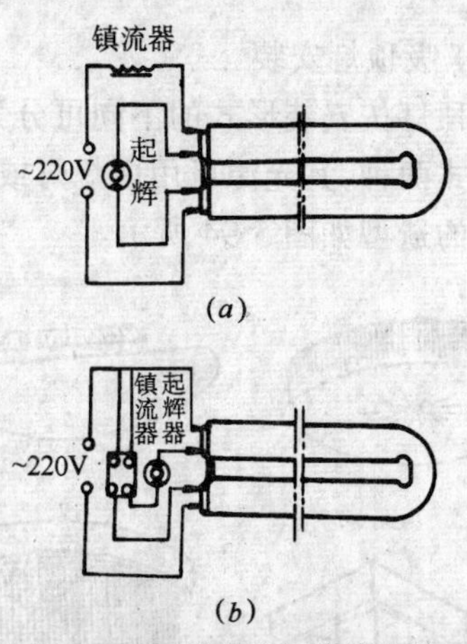

图5-91 V形荧光灯接线电路

(a)二出线镇流器的接线图；

(b)四出线镇流器的接线图

用电子镇流器的荧光灯接线如图5-92所示。

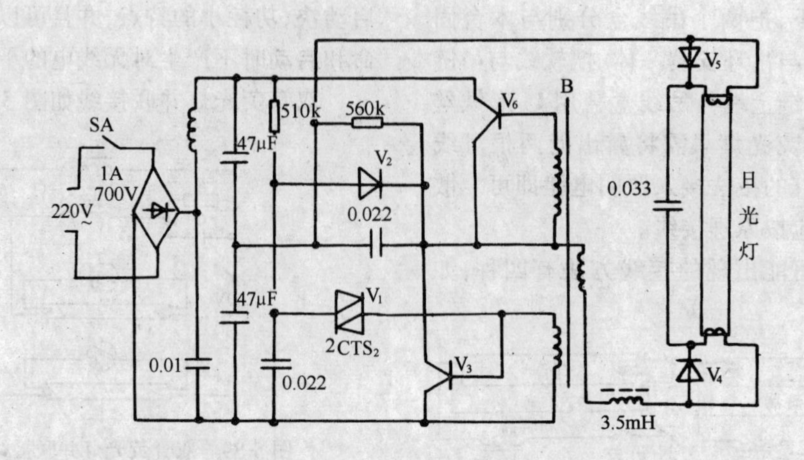

图 5-92 用电子镇流器的荧光灯电路

有一种 3W 荧光灯不用镇流器可直接在普通灯座上使用，其结构和接线如图 5-93 所示。

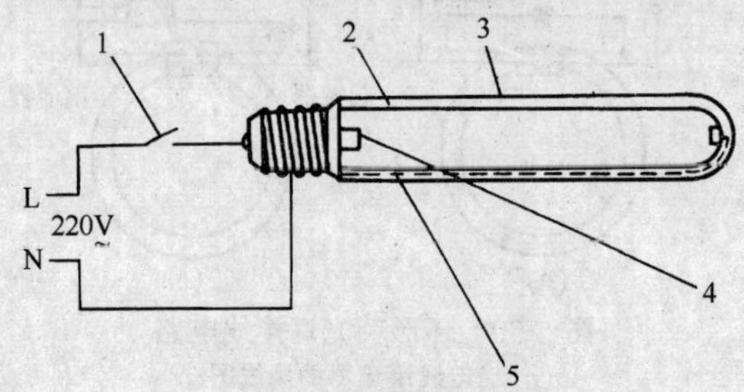

图 5-93 自镇流荧光灯
1—开关；2—内灯管；3—外灯管；
4—电极；5—透明导电膜

(5) 吸顶灯安装

吸顶灯按安装形式的不同可分为明装式和嵌入式两种，其光源可用白炽灯或荧光灯。吸顶灯的造型如图 5-94 所示。

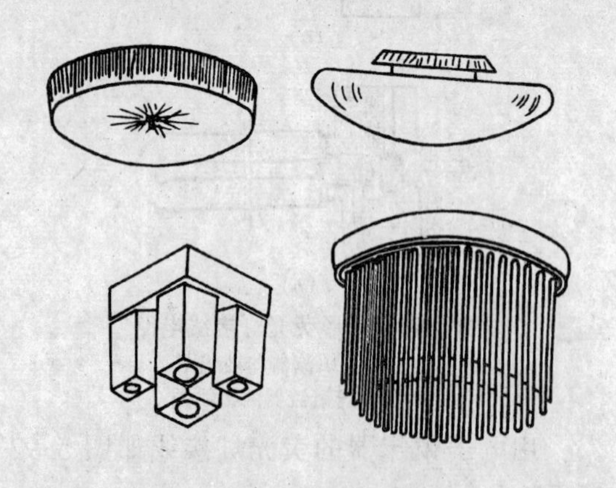

图 5-94 吸顶灯的造型

吸顶灯的安装如图 5-95 所示。小型吸顶灯可先把木台固定在预埋木砖上，也可用膨胀螺栓固定。3kg 以上的吸顶灯，应把灯具(或木台)直接固定预埋螺栓上，或用膨胀螺栓固定。

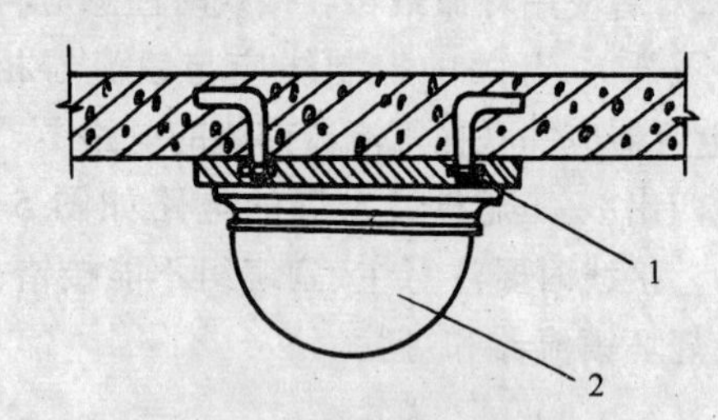

图 5-95 吸顶灯的安装
1—底座；2—灯具

荧光吸顶灯在轻钢龙骨上的安装如图 5-96所示，可使用吊杆螺栓与设置在吊顶龙骨上的固定灯具的专用龙骨连接。

嵌入式吸顶灯镶嵌在顶棚中，嵌入筒灯安装在吊顶的罩面板上，大小不同的灯具可排列成一定图案，如图 5-97 所示。

小型嵌入式灯具可直接安装在龙骨上，大型嵌入式灯具安装时应采用与混凝土板中伸出的铁件相连接的方法。安装时应采用曲线锯挖孔，灯具与吊顶面保持一致。嵌入式灯具在顶棚的开口如图 5-98 所示。

嵌入式吸顶灯与吊顶的连接固定如图 5-99所示。

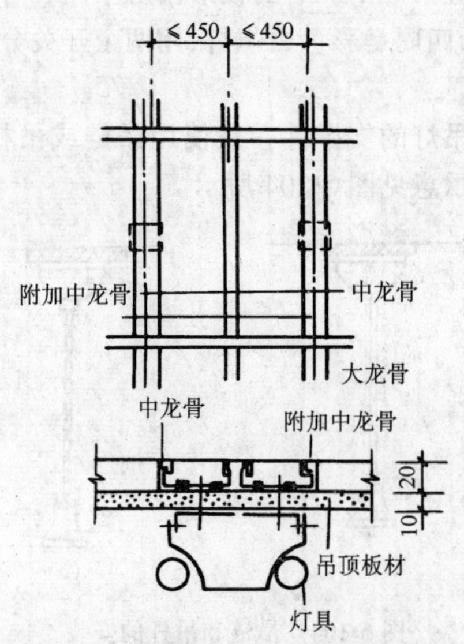

图 5-96　荧光吸顶灯在轻钢龙骨上安装

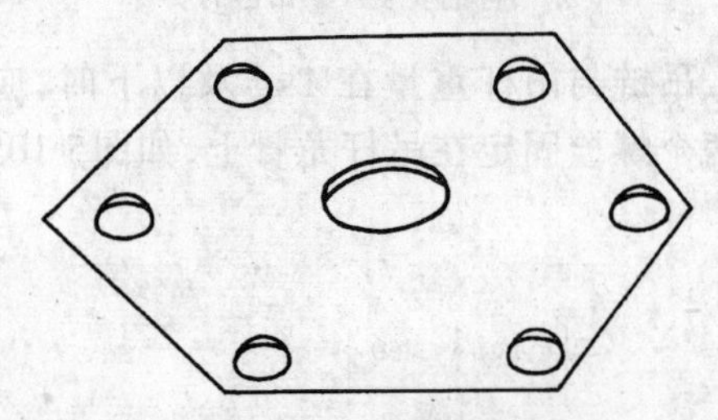
图 5-97　灯具的排列

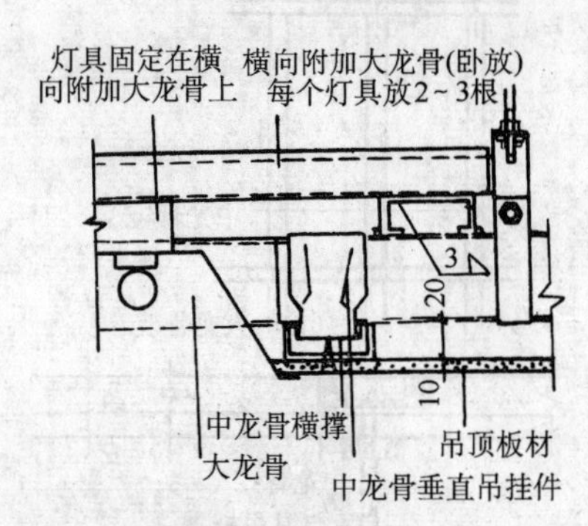

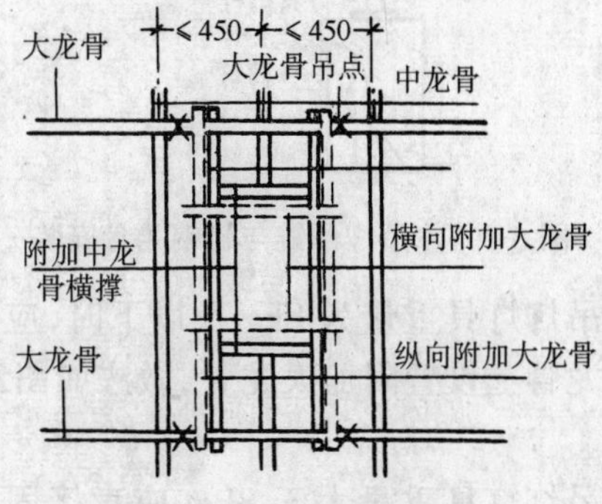

图 5-98　嵌入式灯具顶棚开口

(6) 壁灯安装

壁灯一般是由底座、支架、光源和灯罩组成,造型如图 5-100 所示。

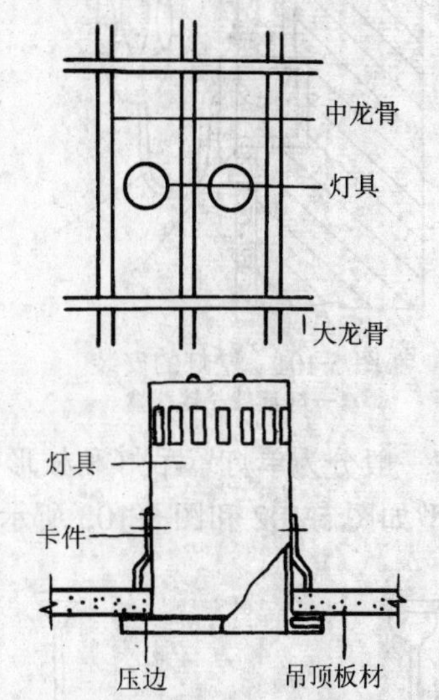

图 5-99　嵌入式吸顶灯与吊顶的连接

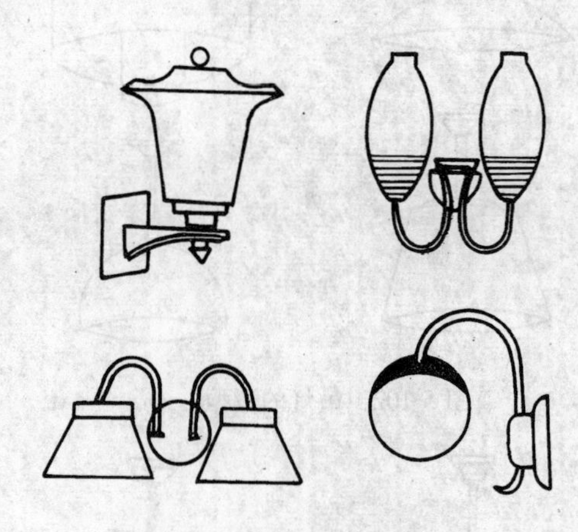
图 5-100　壁灯的造型

壁灯可安装在较大面积的空墙面上,也可安装在门的两侧或走道的墙壁上。壁灯安装高度一般在 1.9～2.5m 之间,以房间总高的 2/3 为宜,床头壁灯不宜低于 1.5m。

壁灯的底座支架必须牢固,一般采用暗线安装,如图 5-101 所示。

壁灯装在柱上,应将木台固定在预埋柱内的木砖或螺栓上,也可打眼用膨胀螺丝固定灯具木台。

(7) 吊灯安装

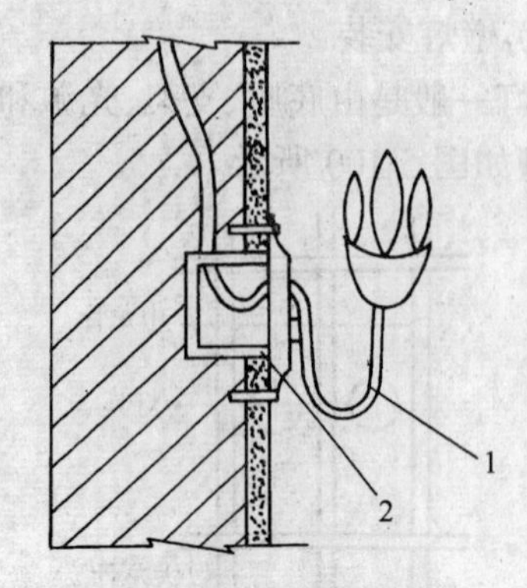

图 5-101　壁灯的安装
1—灯具;2—接线盒

吊灯一般分为单灯罩吊灯和枝形吊灯两种,其造型如图 5-102 和图 5-103 所示。

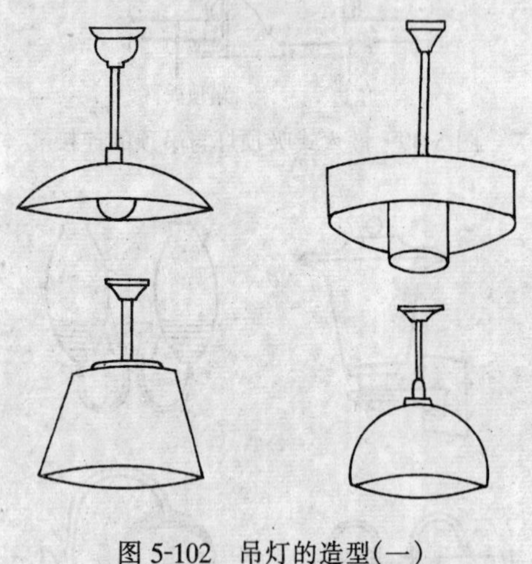

图 5-102　吊灯的造型(一)

图 5-103　吊灯的造型(二)

吊灯主要用白炽灯作光源,灯具的体积小、亮度高、光色好。近几年来荧光灯管的形状不断改进,环形、U 形等异型灯管也用于装饰性吊灯中。有的枝形吊灯中间装有环形灯管,四周是彩色白炽灯,用两个开关分别控制。

吊灯的支撑件一般使用吊链或吊杆,其安装示意见图 5-104 所示。

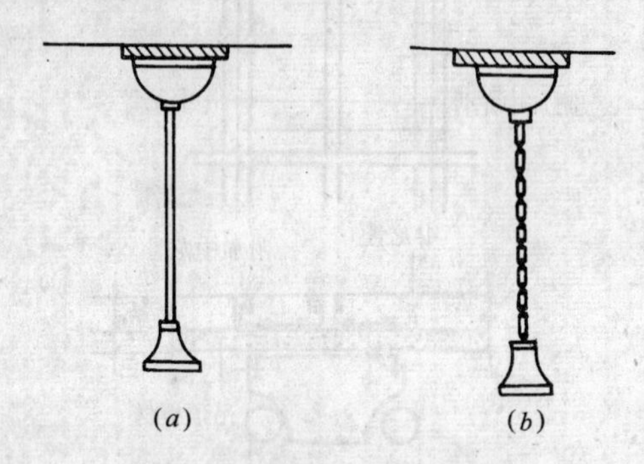

图 5-104　吊链和吊杆的安装
(a)吊杆的安装;(b)吊链的安装

吊链与吊杆重量在 1kg 及以下时,应使用两个螺栓固定在吊杆龙骨上,如图5-105所示。

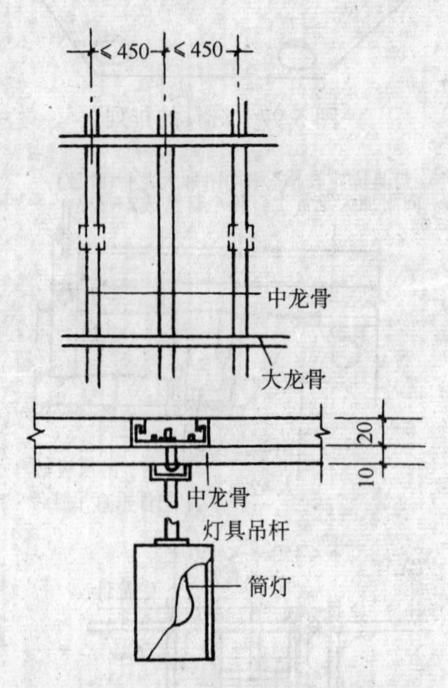

图 5-105　吊杆吊链与轻钢龙骨安装

吊灯灯具重量为 8kg 及以下时,应在吊顶大龙骨上设置附加大龙骨,做法如图5-106所示。

吊灯灯具重量大于 8kg,应直接固定在

混凝土上梁或楼板上。

吊灯灯具尺寸与安装高度的示意见图5-107所示。

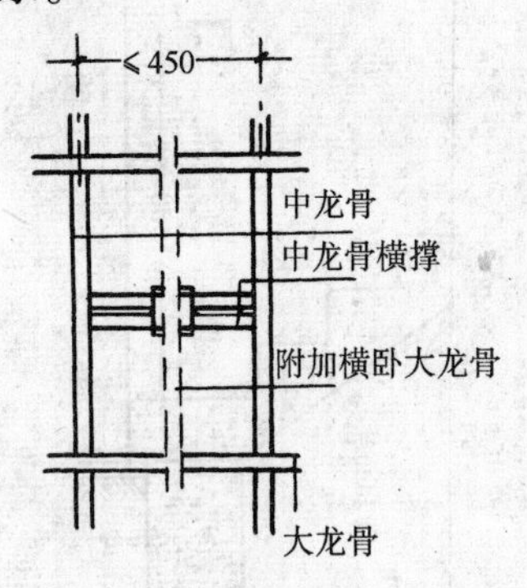

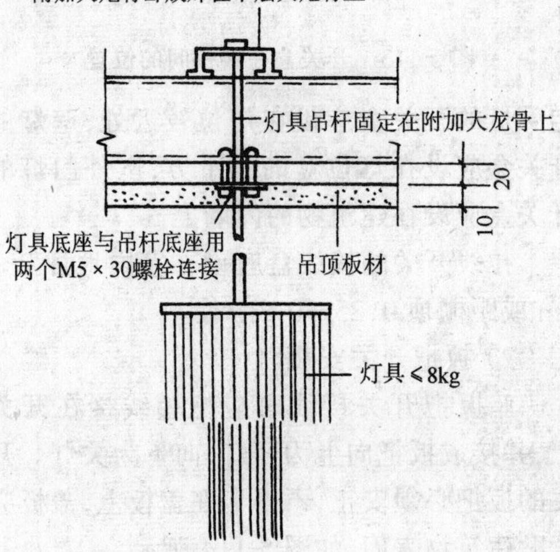

图5-106 吊灯在龙骨上安装

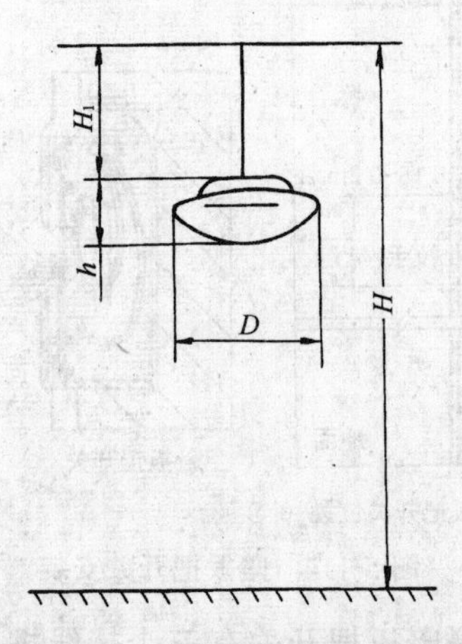

图5-107 灯具尺寸与安装高度

根据灯具的外形可把灯具分为薄型、匀称型和厚型三种。

薄型：$h/D<1/3$（h 为灯具的厚度，D 为灯具的最大横向直径）。

匀称型：$1/3<h/D<1$。

厚型：$1<h/D$。

薄型灯具一般安装在层高 $H<3$m 的房间，匀称型灯具一般安装在层高 $3\text{m}<H<4$m 的房间，而厚型灯具一般安装在 $H>4$m 的房间。

灯具上部到天花板的高度 H_1 也有一定要求，薄型灯具一般应 $H_1/h>1.5$；匀称型 $H_1/h>2$。

吊灯的悬挂高度应不低于1.9m，即高于人眼的水平视线。

(8) 灯具开关安装

1) 开关盒位的确定。

开关盒一般距地面高度为1.3m，开关装在门旁时应考虑门的开启方向，开关与门框水平距离应为0.15～0.2m。开关盒与门旁混凝土柱的位置关系如图5-108所示。

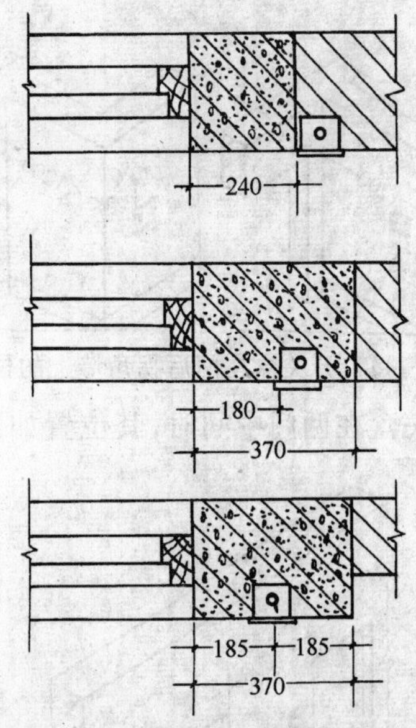

图5-108 开关盒与门旁混凝土柱的位置

开关盒与门旁墙垛的位置关系如图5-109所示。

开关盒在门旁垂直墙体上的位置如图5-110所示，应注意防止门开启后开关被挡在门后。

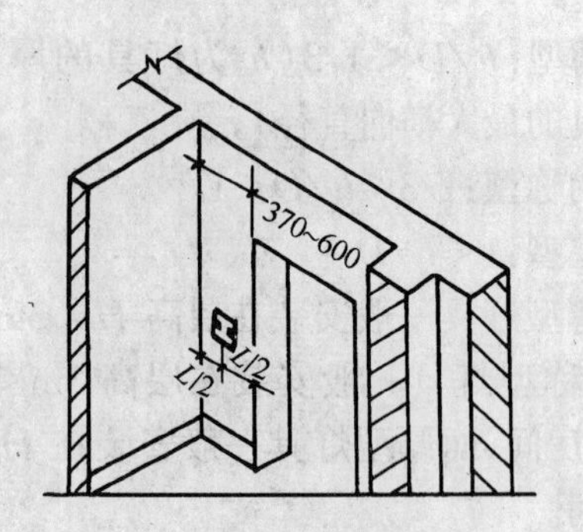

图 5-109 开关盒与门旁墙垛位置

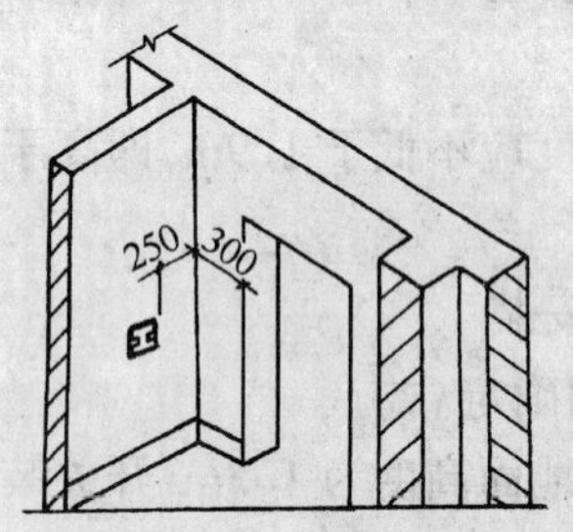

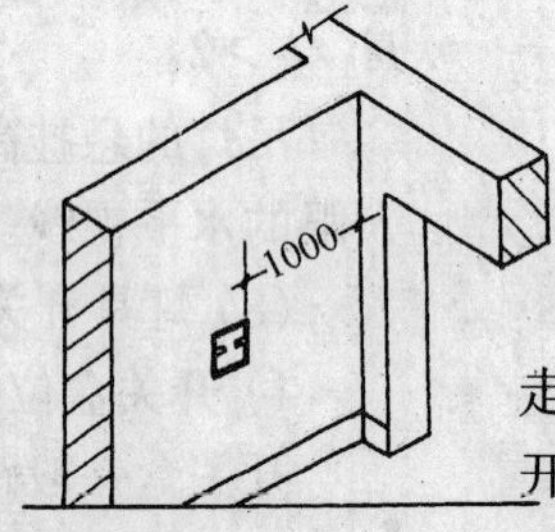

图 5-110 开关盒在门旁垂直墙体上位置

开关盒在门后拐角墙上的位置如图5-111所示。

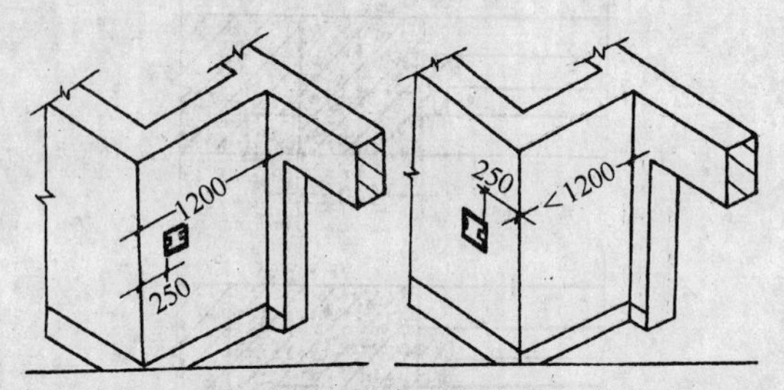

图 5-111 开关盒在门后拐角墙上的位置

开关盒在两门中间时，其位置如图5-112所示。

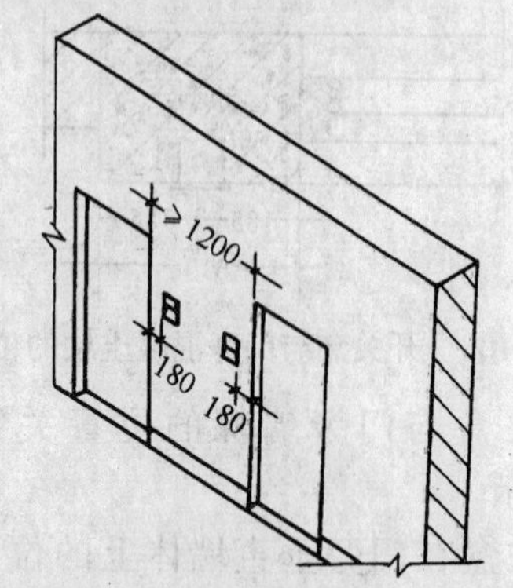

图 5-112 开关盒在两门中间墙上的位置

楼梯间开关盒的位置如图 5-113 所示。

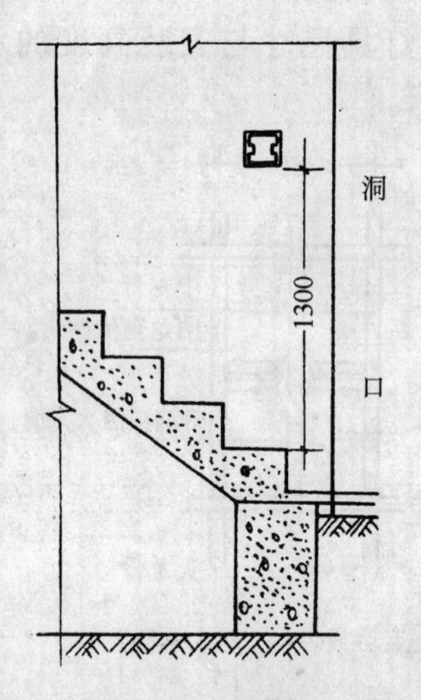

图 5-113 开关盒在楼梯间的位置

走廊灯的开关盒应设在灯位较近处，壁灯的开关盒应设在灯位盒的正下方，室外门灯的开关盒应设在建筑物的内墙上。

拉线开关的接线盒应设在室内地坪 2～3m 或距棚顶 0.25～0.3m 处。

2）扳把开关安装。

暗扳把开关接线时应把相线接在开关上，并接成扳把向上为开灯，向下为关灯。开关的扳把必须安正，不得卡在盖板上，盖板应紧贴建筑物表面，如图 5-114 所示。

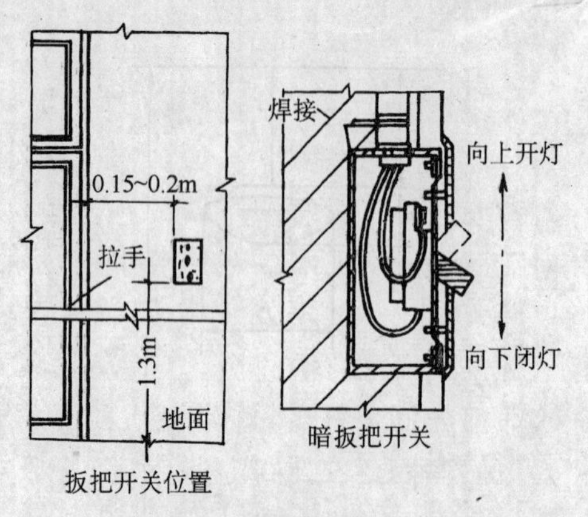

图 5-114 暗扳把开关安装

双联暗扳把开关有三个接线桩，其中两个分别与两个静触点连通，另一个与动触点连通，可用来在不同地点上控制一盏或多盏灯,具体接线见图 5-115 所示。

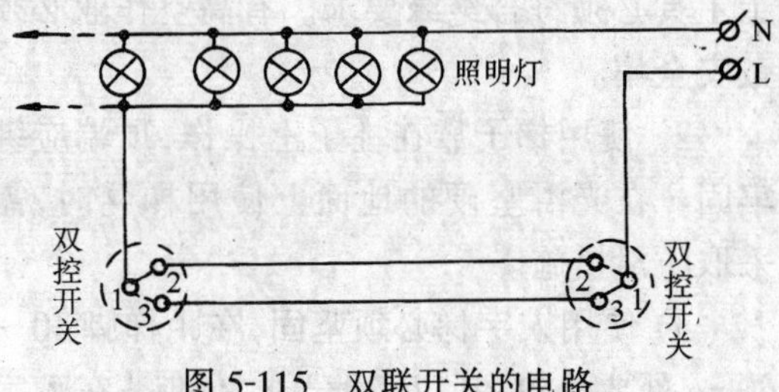

图 5-115 双联开关的电路

明扳把开关安装时先把木(塑料)台固定在墙上,再在木(塑料)台上进行安装和接线。

3) 跷板开关安装。

跷板开关均为暗装开关,开关与盖板连成一体,面板上可装 1～4 个开关,组成单联、双联、三联和四联开关。还有内装指示灯的跷板开关可显示方位。

跷板开关面板上有 ON 字母的是开的标志,跷板上部顶端有压制条纹或红点的应朝上安装。开关开、断安装的示意如图 5-116 所示。

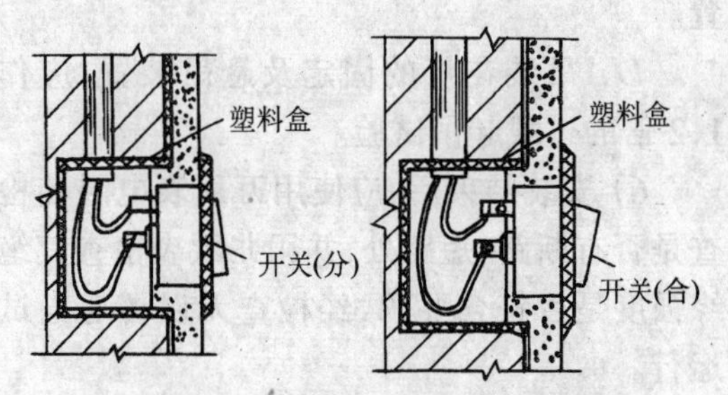

图 5-116 跷板开关通断示意图

4) 拉线开关安装。

拉线开关有明装和暗装二种,现在一般住宅工程中已不采用,一般用跷板开关取代。

暗装拉线开关安装时应使用开关盒,面板上的拉线出口应垂直朝下。明装拉线开关安装时应先固定好木(塑料)台,再用木螺丝将开关底座固定在木(塑料)台上,接好线后拧上开关盖。安装示意如图 5-117 所示。

(9) 普通灯具安装的有关要求

1) 灯具安装使用的导线必须绝缘良好,无漏电现象,灯具内配线严禁外露。灯具内的导线应远离热源,多股软线的端头应盘圈、挂锡。

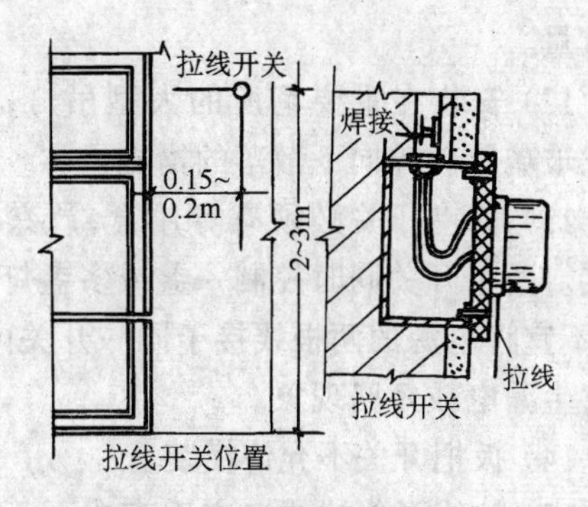

图 5-117 拉线开关安装

2) 螺口灯座接线时,相线必须接在中心端子上。

3) 固定直径在 75mm 及以下的木(塑料)台时,可用一个螺丝;固定直径在 100mm 及以上的木(塑料)台的螺丝不能少于两个。

4) 木(塑料)台的安装应紧贴建筑物表面无缝隙,保证牢固,注意导线不能压在台的边缘上。

5) 白炽软线吊灯安装灯具重量不得超过 1kg。

6) 电源线与灯具软线直接相连时,两个接头应错开 30～40mm。

7) 吊链荧光灯安装时两个灯位盒中心距离应符合以下要求:

20W 荧光灯为 600mm;

30W 荧光灯为 900mm;

40W 荧光灯为 1200mm。

成排的灯位盒应在同一条直线上,允许偏差不应大于 5mm。两根吊链应平行,不能出现梯形。

8) 吊灯的吊杆如采用钢管时,其内径一般不小于 10mm。

9) 成排安装壁灯的灯位盒,应在同一条直线上,高低差不应大于 5mm。

10) 吸顶灯与安装面连接处必须能承受相当于灯具 4 倍重量的悬挂而不变形。

11) 固定吊式花灯吊钩的圆钢直径,不应小于灯具吊挂销钉的直径,且不得小于 6mm。必须保证吊钩能承受超过四倍灯具的重量。

12）安装在重要场所的大型吊灯，应有防止玻璃罩破碎向下散落的措施。

13）暗装开关必须有专用盒，严禁无盒安装。两个开关同时控制一盏或多盏灯接线时，不宜将电源的两根线接于同一开关内，以免发生漏电或短路现象。

14）扳把开关不允许横装。

15）拉线开关拉线口应垂直向下不使拉线发生磨擦。拉线开关并列安装时，相邻间距不应小于20mm。

16）安装在室外或潮湿场所的拉线开关，应使用瓷质防水拉线开关。

17）同一场所安装的开关，其通断位置应一致，开关动作灵活、接点接触牢靠。

18）在塑料管暗敷设工程中，不应使用带金属安装板的跷板开关。

19）需接地或接零的灯具、开关的金属外壳，应由接地螺栓连接。

20）导线进入器具的绝缘保护良好，在器具内的余量适当，吊链灯的引下线美观整齐。在同一接线端子上的导线不超过2根。

21）照明器具安装牢靠端正，位置正确，排列整齐。器具表面清洁，内外明亮，与建筑物表面无缝隙。

22）允许偏差

灯具、开关、插座安装的允许偏差见表5-7规定。

电气器具安装允许偏差表　　表5-7

项目			允许偏差(mm)	检验方法
1	灯具	在屋中心	20	抽查总数的10%，但不少于10套(件)。用吊线、拉线或尺量检查。每件不少于一点
		成排灯具中心线	5	
2	开关插座	同一场所高差	5	
		并列安装高差	0.5	
		面板垂直度	0.5	

(10) 安全操作

1）操作者必须穿电工绝缘鞋，使用的电工工具必须符合绝缘要求。有高空作业必须戴安全帽。

2）使用梯子靠在柱子上操作，顶端应绑牢固。在光滑坚硬的地面上使用梯凳时，需采取防滑措施。

3）使用人字梯必须坚固，在距梯脚40～60cm处要拴拉绳，以防劈开。不准站在人字梯最高层操作，梯凳上禁止放工具、材料。

4）安装较重大的灯具，必须搭脚手架操作。

5）大型花灯可采用绞车悬挂固定，但要注意以下几点：

A．绞车的钢丝绳抗拉强度不小于花灯重量的10倍。

B．钢丝绳的长度：当花灯放下时，距地面或其他物体不得少于250mm，且灯线不应拉紧。

C．绞车的棘轮必须有可靠的闭锁装置。

D．吊装花灯的固定及悬吊装置，应作1.2倍的过载起吊试验。

6）安装结束后，应使用万用表电阻档检查是否有断路、短路处，并用兆欧表检查其绝缘强度是否符合要求，经检查无误再通电试运行。

(11) 普通照明器具安装操作练习

1）题目和要求。

A．在室内屋顶安装两套荧光灯（散件），可用护套线走明线，要求两个灯分别控制。

B．在室内墙壁上安装两个壁灯，其中一个靠近门，可用护套线走明线，要求两个灯分别控制。

C．在室内屋顶中央安装一吊式花灯，可用护套线走明线，要求中间的灯和四周的灯分别控制。

注：实际操作时，任选以上一个题目。

2）工具：

电工常用工具、万用表、人字梯。

3）材料：

荧光灯2套、壁灯2套、单联跷板式开关4个，双联跷板式开关1个，软导线、护套线若干，木（塑料）台5个，电工辅料若干。

4）评分标准见表5-8。

普通照明器具安装操作评分表　表5-8

项目	标准要求	评分方法	得分
选择材料	器具材料选择合理、符合要求	此项满分为5分，有一处选用不合理扣1分	
器具、线路定位	各器具、导线定位准确合理，尺寸误差符合要求	此项满分为10分，出现一处定位超差不合理扣2分	
安装质量检测	各器具安装牢固、整齐、美观，外表清洁符合安装要求	此项满分为40分，安装不牢固扣10分，其他1处扣5分	
工艺程序	安装工艺流程合理，程序科学工作效率高	此项满分为15分，出现一处工艺不合理扣5分	
通电试验	一次通电正确，不发生任何故障	此项满分为10分，一次通电不正确扣5分	
操作时间	3h	此项满分为10分，超过10min扣2分	
文明生产与环境保护	材料无浪费现象，施工现场干净，废品分类符合要求	此项满分为5分，有一项不符合扣2分	
安全操作	遵守安全操作规程，不发生任何安全事故	此项满分为5分违反安全操作规程一处扣2分	
合计		满分为100分	

5.2.2　特殊灯具安装

(1) 应急灯安装

应急照明包括备用照明、疏散照明和安全照明，是大型建筑物中为保障人身安全和财产安全的安全设施。

备用照明是当正常照明出现故障而能继续工作的应急照明，宜安装在墙面或顶棚部位。

疏散照明是在紧急情况下将人安全地从室内撤离使用的应急照明，分为应急出口照明和疏散走道照明。疏散照明宜设在安全出口的顶部、疏散走道及其转角处距地1m以下的墙面上，其设置原则见图5-118所示。

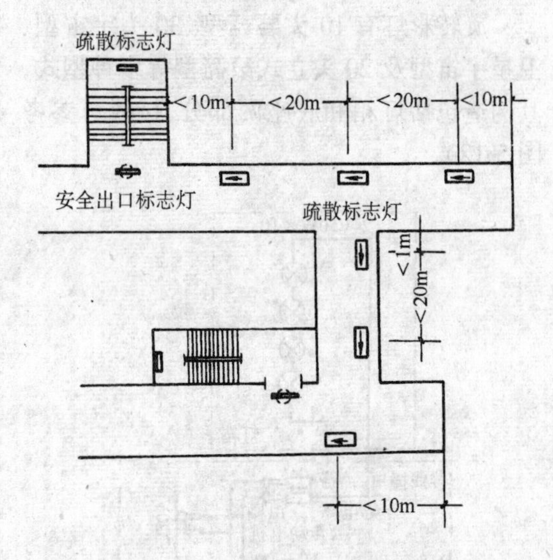

图5-118　疏散照明设置示例

安全照明也是一种应急照明。另外，疏散走道上的安全出口标志灯宜安装在疏散门口的上方，并应有图形和文字符号。

(2) 舞厅灯安装

舞厅照明多种多样，一般有坐席的低调照明和舞池的背景照明，顶棚上设置嵌入式灯具作点式布置，并可设置各种宇宙灯、旋转效果灯、频闪灯、射灯等现代舞用灯光，中间还有镜面反射球，舞池地板安装由彩灯组成的图案，通过程控或音控而变换图形。

1）地板灯光安装：

舞池地板彩灯是由许多小方格组成的，方格为木质，内壁四周镶以玻璃镜面，可增加反光和亮度，每个方格内装设一个或几个彩灯，如图5-119所示。

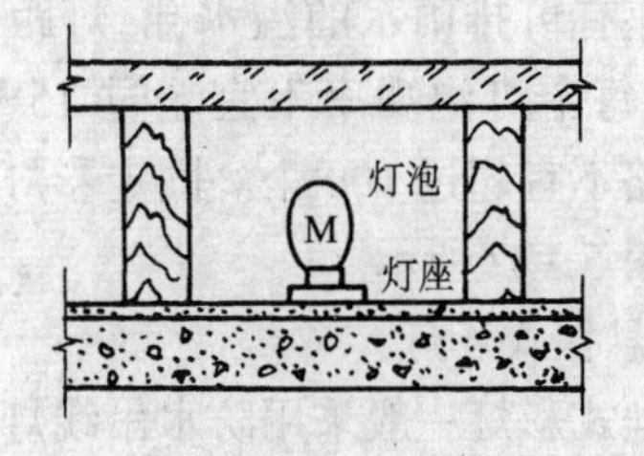

图5-119　舞池地板方格部面图

舞池地板为厚度大于 20mm 的高强度有机玻璃，铺在方格的最上面。

2）旋转彩灯安装：

旋转彩灯有 10 头蘑菇型、30 头宇宙型、卫星宇宙型及 20 头立式滚筒型等多种型式，其构造包括灯箱和底座两部分，接线可参考图 5-120。

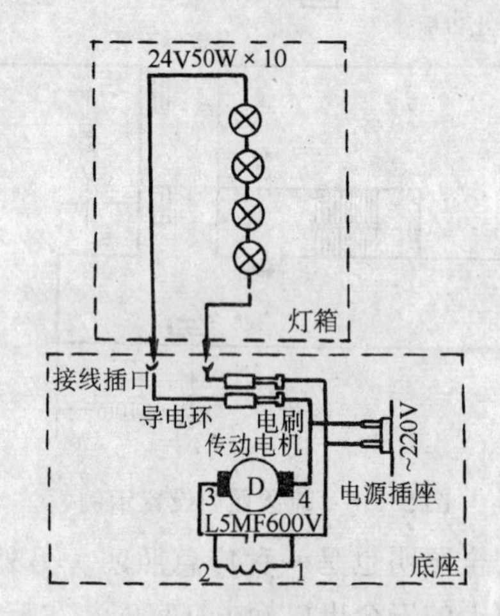

图 5-120　10 头蘑菇型旋转彩灯电气原理图

(3) 景观照明安装

景观照明可在夜晚突出建筑物的轮廓，显示出建筑艺术立体感，一般采用泛光灯。

景观照明可设置在建筑物自身或相邻建筑物上，也可设置在地面绿化带中，其安装方式如图 5-121 所示。

(4) 节日彩灯安装

节日彩灯主要设置在临街的大型建筑物上，沿其建筑物轮廓装设彩灯，夜晚使建筑物更为美观。彩灯装置有固定式和悬挂式两种。

1）固定式彩灯：

固定式彩灯一般采用定型的彩灯灯具，灯具底座有可排雨水的溢水孔，灯距一般为 600mm，每个灯泡功率不宜超过 15W，每一单相回路不宜超过 100 个。固定彩灯装置的安装和图 5-122 所示。

2）悬挂式彩灯：

悬挂式彩灯一般采用防水吊线灯头连同线路一起悬挂于钢丝绳上，做法如图 5-123 所示。灯的间距为 700mm，距地面 3m 以下的位置不准装设灯头。

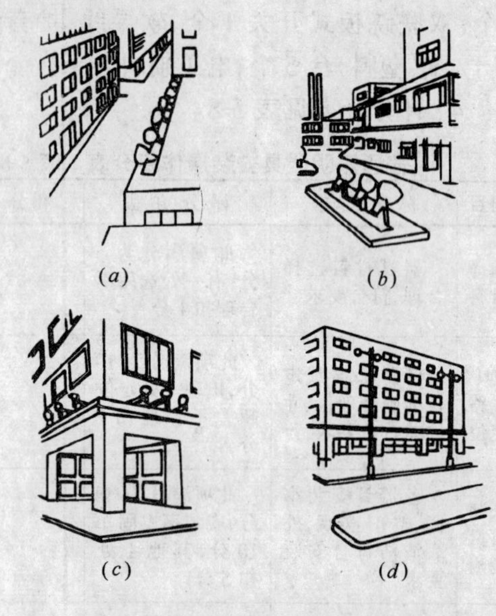

图 5-121　景观照明灯安装方式

(*a*)在邻近建筑物上安装；(*b*)在靠近建筑物地面上安装；(*c*)在建筑物本体上安装；(*d*)在路边上安装投光灯座

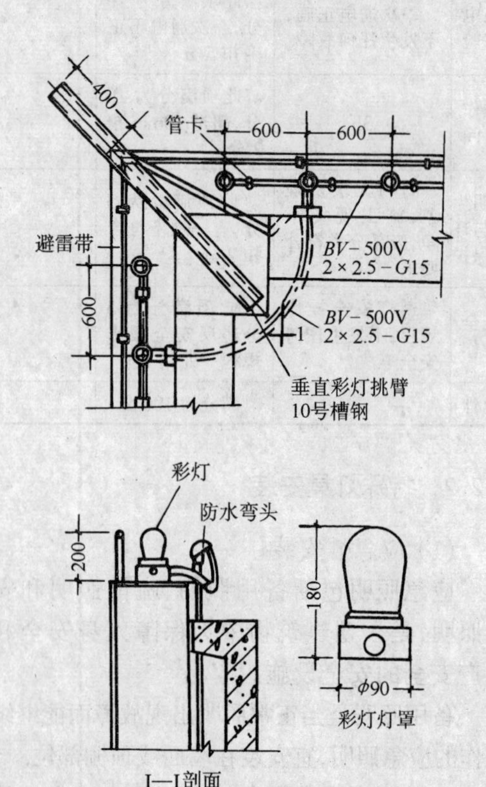

图 5-122　固定式彩灯装置的安装

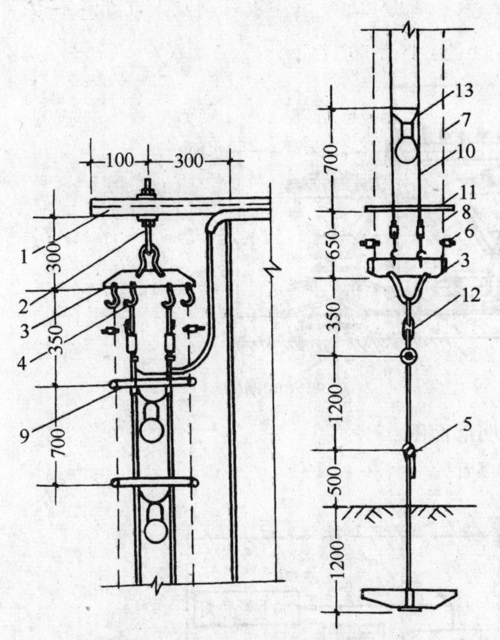

图 5-123 悬挂式彩灯的安装

1—角钢;2—拉索;3—拉板;4—拉钩;5—地锚环;6—钢丝绳扎头;7—钢丝绳;8—绝缘子;9—绑扎线;10—铜导线;11—硬塑管;12—花篮螺丝;13—接头

(5) 水下照明灯安装

水下照明可分为观赏照明和工作照明两种,其光源一般用金属卤化物灯、白炽灯,灯具的位置有三种,如图 5-124 所示。

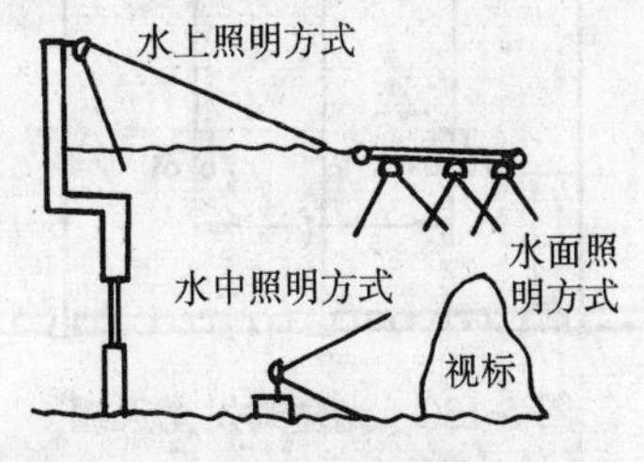

图 5-124 水中照明灯具安装位置

(6) 喷水照明装置安装

喷水照明装置由喷嘴、压力泵及水下照明灯组成。水下照明灯用于喷水池中作为水面、水柱、水花的彩色灯光照明,每只照明灯为 300W,其中额定电压 220V 的用于喷水照明,额定电压 12V 的用于水下照明,水下照明灯的滤色片分为红、黄、绿、蓝、透明等五种。

水下照明灯具是具有防水措施的投光灯,灯下的三角架可调整投光角度。喷水照明一般采用可调光的白炽灯,如高度较高且不需调光时可采用高压汞灯或金属卤化物灯。

喷水照明安装时需用水下接线盒,用软电缆连接,其平面布置见图 5-125 所示,部面布置见图 5-126 所示。

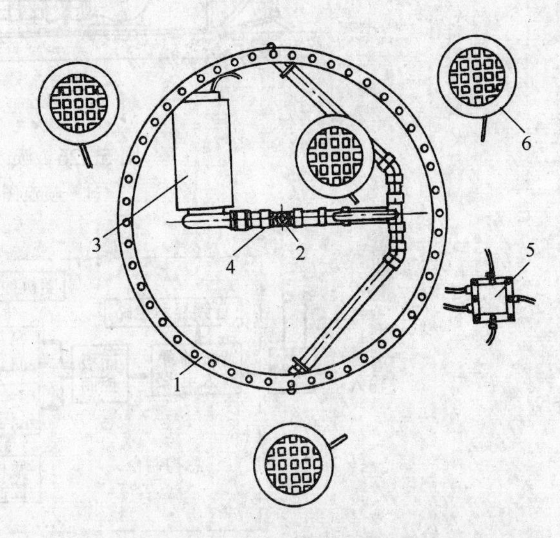

图 5-125 喷水照明平面布置图

1—喷流图;2—喷管;3—潜水泵;4—集流腔;5—水下接线盒及电缆;6—照明设备及支架

灯光喷水装置可与电子系统相配合而成“音乐喷泉”、“声控喷泉”、“时控喷泉”等多种方式,图 5-127 为彩色音乐喷泉控制系统原理。

(7) 光檐照明安装

光檐照明与一般照明装置不同,它是在房间内的上部沿建筑檐边,在檐内装设光源,光线从檐口射向天棚并经天棚反射而照亮房间,如图 5-128 所示。

光檐可以做成单面、双面或环型等几种型式。灯泡在光檐槽内的位置,应保证站在室内最远端的人看不见灯泡。灯泡离墙的距离 a 一般不小于 10~15cm,灯泡的间距一般为$(1.5\sim1.9)a$。

(8) 发光天棚安装

发光天棚一般用磨砂玻璃、半透明有机玻璃、棱镜、格栅等制作,光源装在这些大片

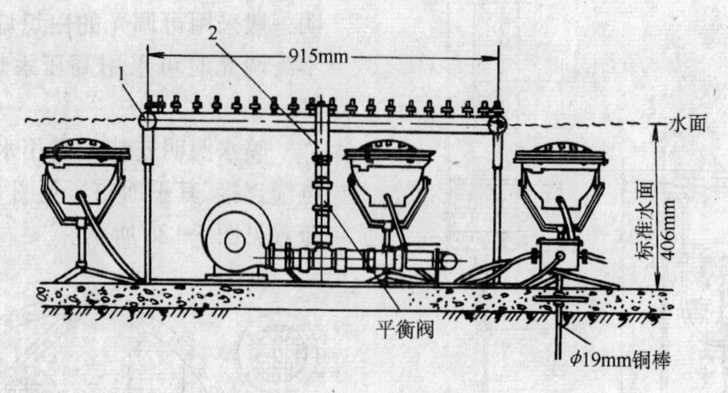

图 5-126　喷水照明部面图

1—喷流图;2—喷管

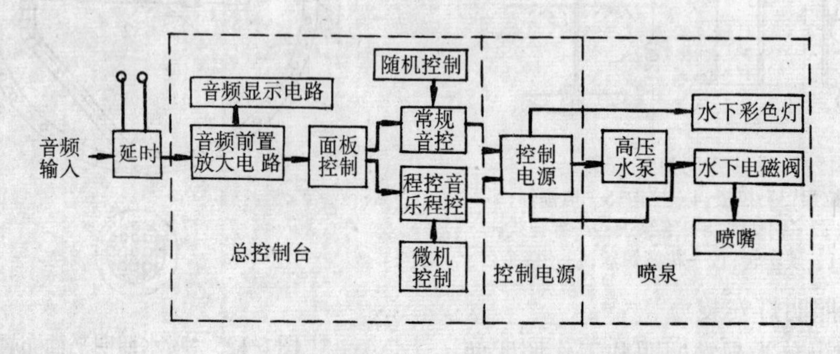

图 5-127　彩色音乐喷泉控制系统原理图

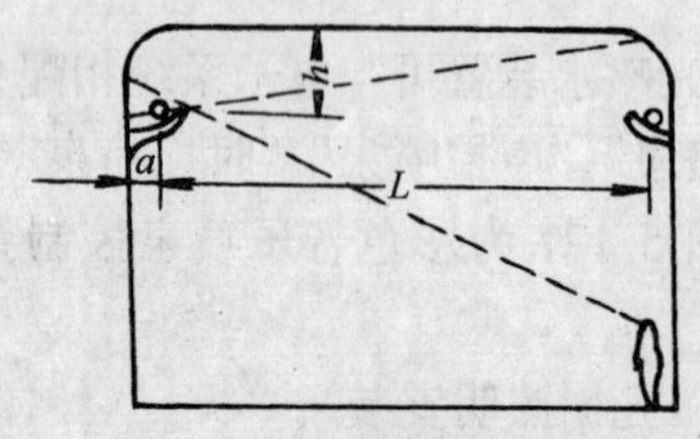

图 5-128　光檐照明示意图

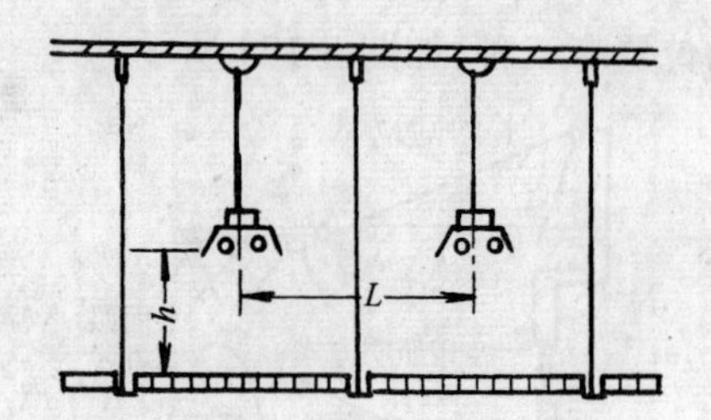

图 5-130　光盒式发光天棚

安装的介质之上。

发光天棚的照明装置可以将光源装在带有散光玻璃或遮光栅格内，如图 5-129 所示，也可以将光源悬挂在房间的顶棚内，如图 5-130所示。

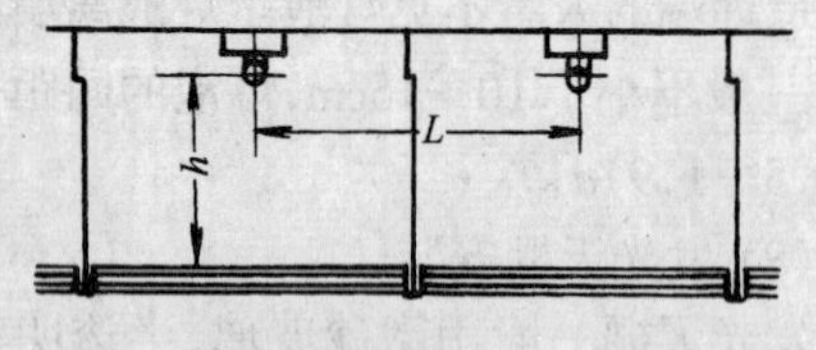

图 5-129　吊顶发光天棚

(9) 光带和光梁安装

光带是与室内顶棚相平连续组成的带状式照明装置，其灯具嵌入顶棚内，外面罩以半透明反射材料。而突出顶棚下成梁状时的光带称为光梁。

光带和光梁的光源一般为组合荧光灯，安装时应与建筑物外墙平行，外侧的光带、光梁的间距应均匀一致。

(10) 霓虹灯的安装

霓虹灯是一种艺术和装饰灯光，可以显

示字形、图案和彩色画面。它主要由霓虹灯管和高压变压器组成。

1）霓虹灯管的安装：

霓虹灯管由直径10～20mm的玻璃管弯制而成，灯管两端各装一个电极，玻璃管内抽成真空，再充入氖、氦管惰性气体作为发光的介质，在两极的两端加上高压，电极发射出电子激发管内惰性气体，使电流导通灯管发出红、绿、蓝、黄、白等颜色的光束。其灯光色彩、气体种类和玻璃管颜色的关系见表5-9所示。

霓虹灯的色彩与气体、玻璃管颜色关系　表5-9

灯光色彩	气体种类	玻璃管颜色
红	氖	透　明
桔黄	氖	黄　色
淡蓝	少量汞和氖	透　明
绿	少量汞	黄　色
黄	氦	黄　色
粉红	氦和氖	透　明
纯蓝	氙	透　明
紫	氖	蓝　色
淡紫	氪	透　明
鲜蓝	氙	透　明
日光、白光	氦或氩或汞	白　色

霓虹灯的安装用角铁做成框架，灯管用绝缘支持件固定，支持件可用玻璃、瓷、塑料等制成，再用细裸铜线扎紧，如图5-131所示。

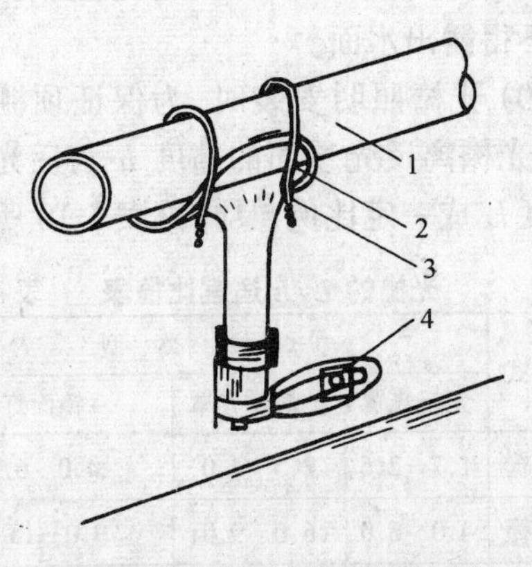

图5-131　霓虹灯管支持件固定
1—霓虹灯管；2—绝缘支持件；
3—裸铜丝扎紧；4—螺钉固定

小型霓虹灯管安装时，用套上透明玻璃管的镀锌铁丝在框架上组成200～300mm间距的网格，再用细裸铜线把霓虹灯管绞紧，如图5-132所示。

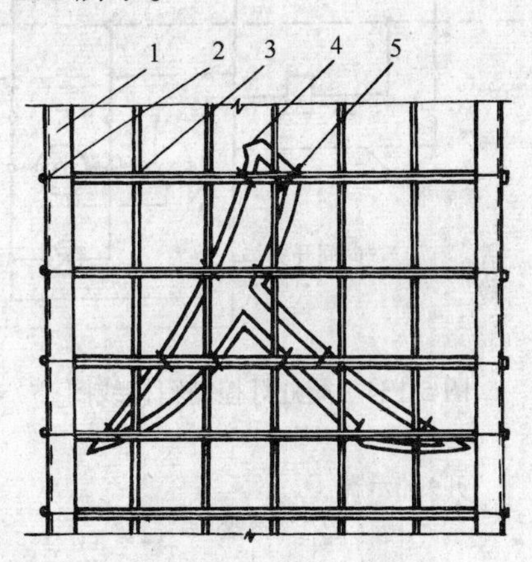

图5-132　霓虹灯管绑扎固定
1—型钢框架；2—ϕ1.0镀锌铁丝；
3—玻璃套管；4—霓虹灯管；5—ϕ0.5铜丝扎紧

2）霓虹灯变压器安装：

霓虹灯变压器的外形如图5-133所示，它是一种漏磁很大的单相干式变压器。

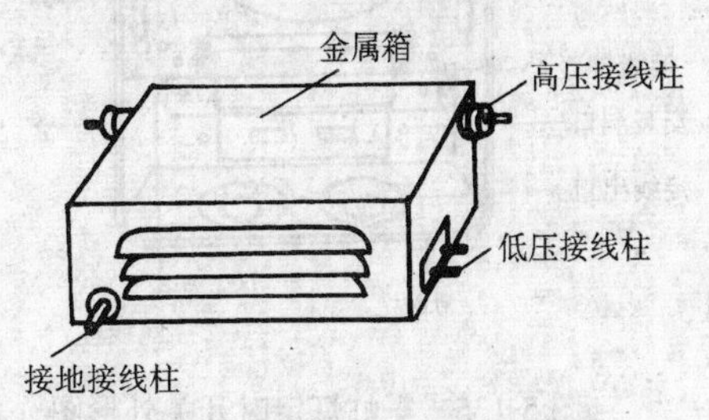

图5-133　霓虹灯变压器外形图

霓虹灯变压器必须放在金属箱内，安装时应紧靠灯管，以减少高压接线，不能安装在易燃品周围。高压线连接应使用高压绝缘线。

3）低压电路安装：

霓虹灯控制箱有电源开关、定时开关和控制接触器，其接线见图5-134所示。

通过钟表式定时开关的控制，使霓虹灯时通时断，闪烁发光。定时开关的外形如图5-135所示。

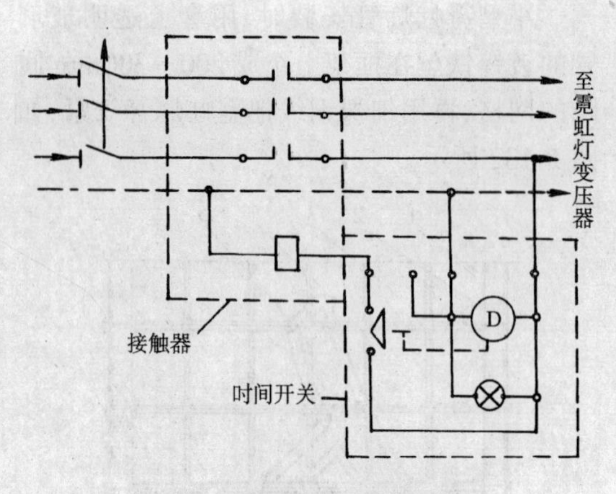

图 5-134 霓虹灯控制箱接线图

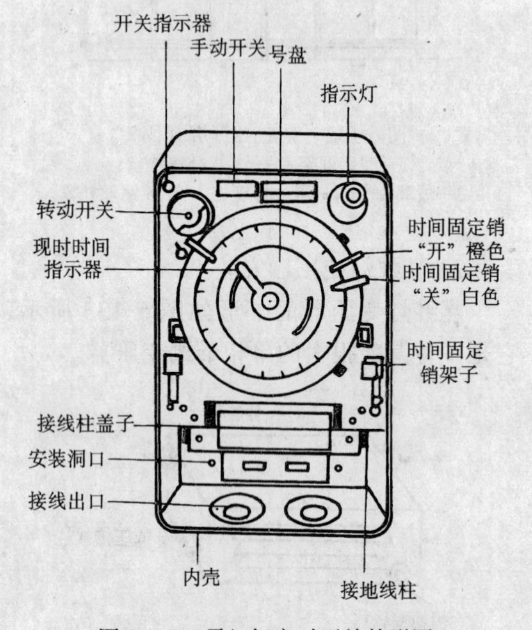

图 5-135 霓虹灯定时开关外形图

为防止电磁波干扰，可在电源进线处并接一个电容，如图 5-136 所示。

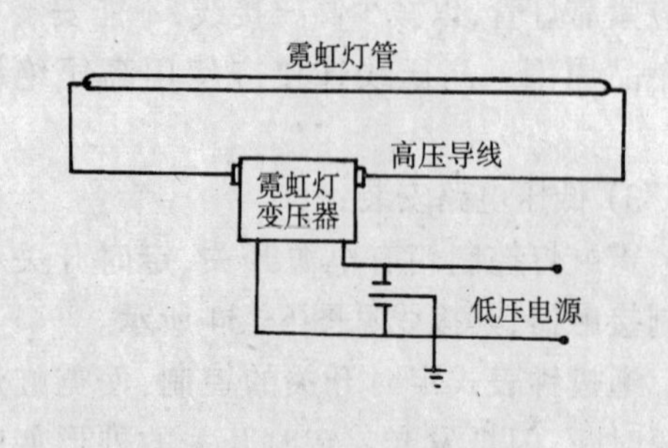

图 5-136 并接电容器电路

(11) 特殊灯具安装的有关要求

1) 疏散在走道上的标志灯应有指示疏散方向的箭头标志，标志灯间距不应大于 20m(人防工程不应大于 10m)。

2) 在离开建筑物处地面安装泛光灯时，为保证亮度均匀，灯与建筑物的距离 D 与建筑物高度 H 之比不应小于 1/10。

3) 在建筑物主体上安装泛光灯时，投光灯凸出建筑物的长度应在 0.7～1.0m 处。

4) 安装景观照明时，应使整个建筑物受照面上半部的平均亮度为下半部的 2～4 倍。

5) 安装彩灯装置时，应使用钢管敷设。灯具两旁应用不小于 ϕ6mm 的镀锌圆钢进行跨接连接。

6) 悬挂式彩灯导线应采用绝缘强度不低于 500V 的橡胶铜导线，截面不应小于 $4mm^2$，导线应有一定的机械强度。

7) 水中照明灯具必须具有抗蚀性和耐水构造，并具有一定的机械强度。

8) 游泳池内设置水下照明灯时，照明灯上口距水面宜在 0.3～0.5m，在浅水部分灯具间距宜为 2.5～3m；在深水部分灯具间距宜为 3.5～4.5m。其电源、灯具、接线盒等应有安全接地保护措施。

9) 喷水照明灯在水面以下设置时，一般安装在水面以下 30～100mm 为宜。安装后灯具不得露出水面。

10) 光檐照明安装时，为保证顶棚亮度均匀，光檐离反光顶面的高度 h 与反光顶棚的宽度 L 成一定比例，具体见表 5-10 所示。

光檐的 L/h 适宜比值表　　表 5-10

光檐形式	灯的类型		
	无反光罩	扩散反光罩	镜面灯
单边光檐	1.7～2.5	2.5～4.0	4.0～6.0
双边光檐	4.0～6.0	6.0～9.0	9.0～15.0
四边光檐	6.0～9.0	9.0～12.0	15.0～20.0

11) 霓虹灯管应安装在人不易触及的地方,并不应和建筑物直接接触。

12) 安装在室外的霓虹灯变压器离地高度应在3m以上,离阳台、架空线路等距离不应小于1m。变压器的铁芯、金属外壳、输出端的一端等均应进行可靠的接地。

13) 霓虹灯高压导线支持点间的距离,在水平敷设时为0.5m;垂直敷设时为0.75m。高压导线在穿越建筑物时,应穿双层玻璃管加强绝缘,玻璃管两端超出建筑物的长度为50~80mm。

14) 重型装饰灯具的接地(接零)保护做法必须符合规范。

15) 灯具安装应牢固端正、位置正确。灯具内外干净明亮。

16) 导线连接牢固紧密,不伤芯线。相线、零线的保护接地(零)线连接正确。导线的余量适当,配线整齐、美观。

17) 灯具中心线与设计中心线安装允许偏差不应大于5mm。

(12) 安全操作事项

1) 高凳、人字梯的下脚应垫胶皮,并加拉绳,防止滑动。梯上搭板时不能搭在最高档,板上不得同时站两人操作。

2) 高空作业应系安全带。脚手架必须牢固安全。

3) 在顶棚内操作时,现场严禁吸烟和用火,如使用工作灯,注意防火。

(13) 特殊灯具安装操作练习

1) 题目和要求:

安装校名字形的霓虹灯。

2) 工具:

电工常用工具、万用表、高凳。

3) 材料:

霓虹灯管(校名字形)、霓虹灯变压器、霓虹灯控制箱、导线、细裸铜丝、角铁框架、电工辅料等。

4) 评分标准见表5-11。

特殊灯具安装操作评分表　　表5-11

项目	标准要求	评分方法	得分
选择材料	器具、材料选择合理,符合要求	此项满分为5分,有一处选用不合理扣1分	
霓虹灯管的安装	灯管位置正确,不超差,固定牢固美观	此项满分为20分,有一处不符合要求扣2分	
变压器的安装	定位正确,安装牢固,接地可靠	此项满分为10分,有一项不合要求扣5分	
高压电路的连接	接线正确,符合安全要求,合理美观	此项满分为10分,有一项不合要求扣2分	
低压电路的连接	接线正确、符合连接要求、线路美观	此项满分为20分,有一处不合要求扣2分	
通电试验	一次通电正确,灯管工作正常无故障	此项满分为15分,一次通电不正确扣5分	
操作时间	3h	此项满分为10分,超过10min扣2分	
文明生产与环境保护	材料无浪费现象,现场干净,废品清理分类合理	此项满分为5分,有一项不合要求扣2分	
安全操作	遵守安全操作规程,不发生任何安全事故	此项满分为5分,违反安全操作一处扣2分	
合计		满分为100分	

5.2.3 其他电器安装

(1) 插座的安装

1) 插座盒位置的确定。

插座安装应使用插座盒,插座盖板应与插座盒相配套。插座盒位置的确定应符合有关要求。

一般住宅居室应在最方便使用插座的两面墙上各设置一个插座盒,插座不应被挡在门后,在开关的垂直上、下方不应设置插座盒,插座盒与开关盒的水平距离应大于250mm,如图5-137所示。

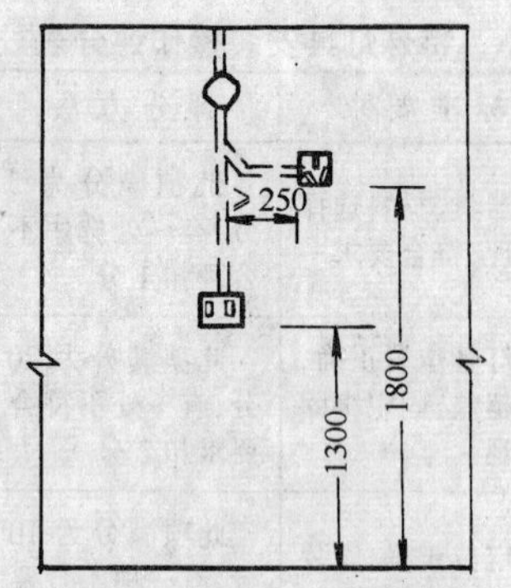

图 5-137　插座盒与开关盒的相关位置

插座盒不应设在水池、水槽及散热器的上方，也不能设置在散热器的背后。插座盒不应设在室内墙裙或踢脚板的上皮线上，也不应设在小于 370mm 墙垛上。

住宅方厅应设置二个插座盒，其中一个应考虑在能放置电冰箱的位置。住宅厨房也应设置二个插座盒，其中一个应考虑在能放置排烟机的位置，具体如图 5-138 所示。

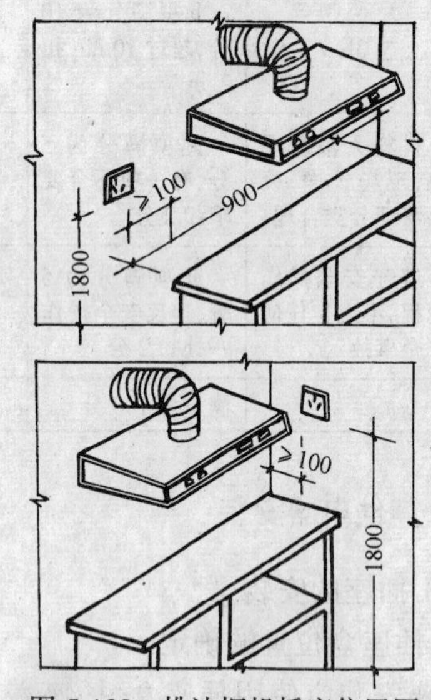

图 5-138　排油烟机插座位置图

2）插座的安装。

插座有明装、暗装之分，明装插座应固定在木（塑料）台上，暗装插座与插座盒配套。插座接线应按接线孔排列位置正确连接，具体如图 5-139 所示。

交直流或电压不同的插座安装在同一场所时，应有明显的标志以示区别。

双联及以上的插座接线时，应采取并接方式，不能串联。

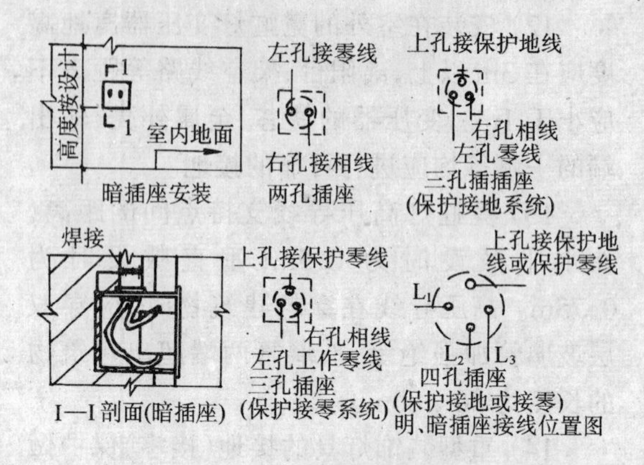

图 5-139　插座安装接线

插座面板安装应摆正，使用统一的沉头螺丝，面板四周应紧贴建筑物表面，四周无缝隙、孔洞，面板外表清洁，保证美观性。

3）插座的保护接地（零）线。

插座的保护接地（零）线应单独敷设，不应在插座内与工作零线接线桩直接相连。一般使用铜芯导线，其截面与其他电源线相同，并带有统一颜色标记。

插座的保护接地（零）线有 TT、IT、TN-C、TN-S 和 TN-C-S 系统等不同形式，电路示意图见前面第一章。

（2）吊扇安装

吊扇安装前应先进行组装，注意各部件连接必须牢靠，扇叶不能变形，吊杆上的悬挂销钉必须装设防振橡皮垫及防松装置。

吊扇安装在屋顶中央的吊钩上，具体如图 5-140 所示。

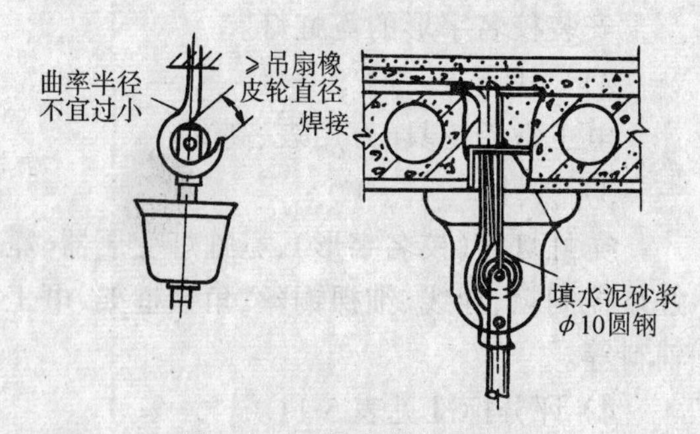

图 5-140　吊扇吊钩安装

挂上吊扇后，吊扇的重心和吊钩的直线部分应处在同一条直线上。接好线后将吊杆护罩固定牢固。电扇调速开关装好后可进行通电试验，电扇应运转稳定无噪声，各种速度正常。

(3) 电钟安装

电钟安装一方面要保证固定牢靠，另一方面应接线正确，具体见图 5-141 所示。

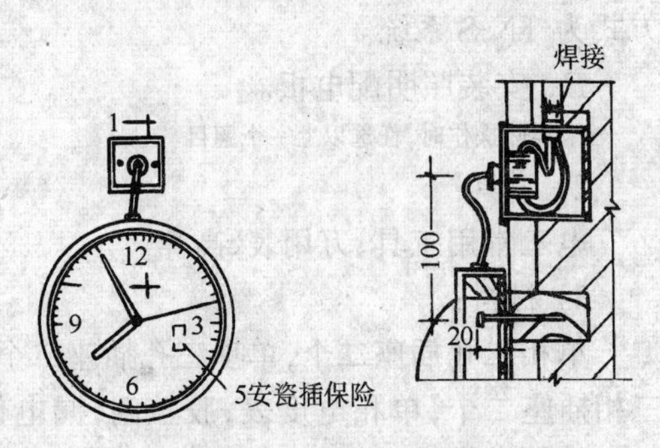

图 5-141 电钟安装图

(4) 电铃安装

室内电铃一般安装在木台上，具体如图 5-142 所示。

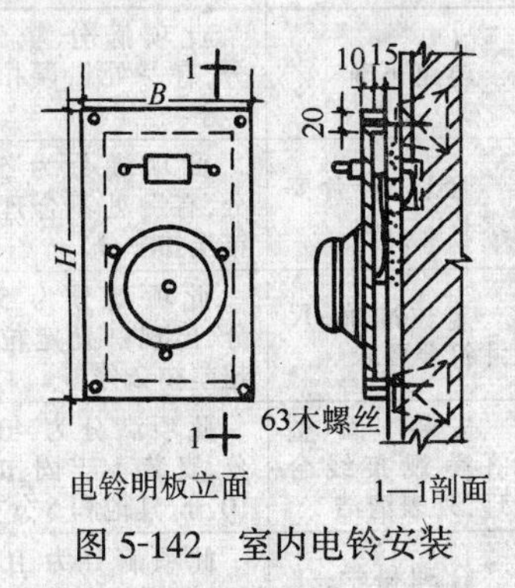

图 5-142 室内电铃安装

室外电铃一般安装在防雨箱内，具体如图 5-143 所示。

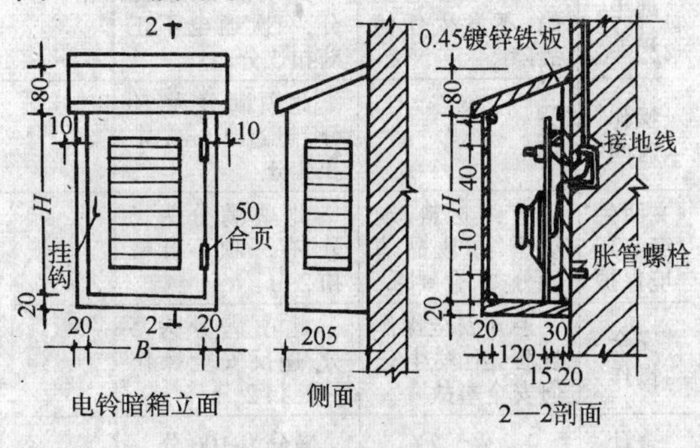

图 5-143 室外电铃安装

电铃安装接线时注意电源相线应通过控制开关或延时控制盒，使电铃不震时不带电，接好线后通电调试，并将电铃调整到最响状态。

(5) 单相电度表安装

电度表一般安装在电源进线的部位，可在楼道、门厅或屋檐下。要求安装场所干燥、不受阳光直射、避免振动并便于查看。

电度表应安装在表板或配电盘上，室外安装应有木制表箱，表箱内部净尺寸要比电度表及熔断器、开关的外形大 5cm 左右，表板和表箱必须安装牢固。

电度表安装时必须保证与地面垂直，否则会引起计量误差。如需并列安装几只电度表时，相互间距应在 5cm 以上，否则会引起电磁干扰。

电度表的接线一般是一进一出式，即电源接 1、3 端子；负载接 2、4 端子，如图 5-144 所示。

电度表接线的原则是电度表的电流线圈与负载串联成一回路，而电压线圈并在相线和零线上。

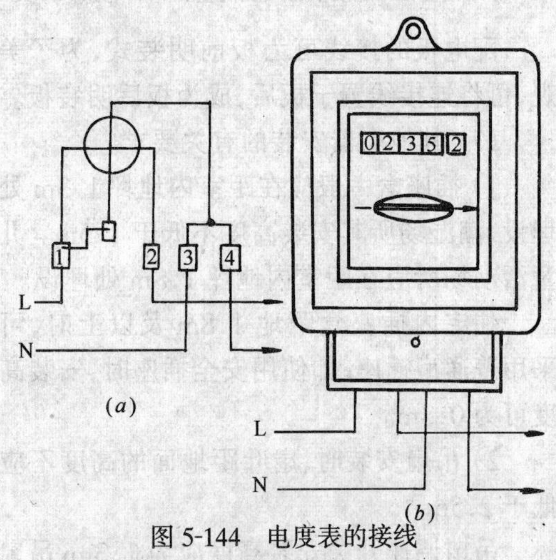

图 5-144 电度表的接线

(a)原理图；(b)实物图；L—相线；N—零线

(6) 照明配电板安装

电源经总保险盒(或总开关)进入照明配电板，板上主要安装单相电度表、瓷闸盒(有的用胶盖闸和瓷插式熔断器),也可装漏电保护开关,如图 5-145 和图 5-146 所示。

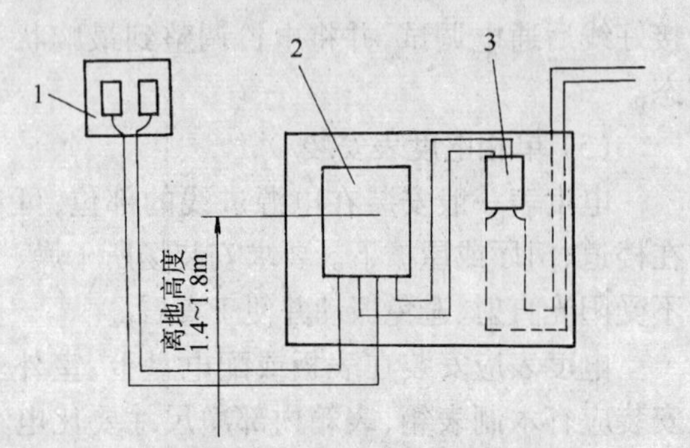

图 5-145 照明配电板安装

1—总熔丝盒;2—电度表;3—瓷闸盒

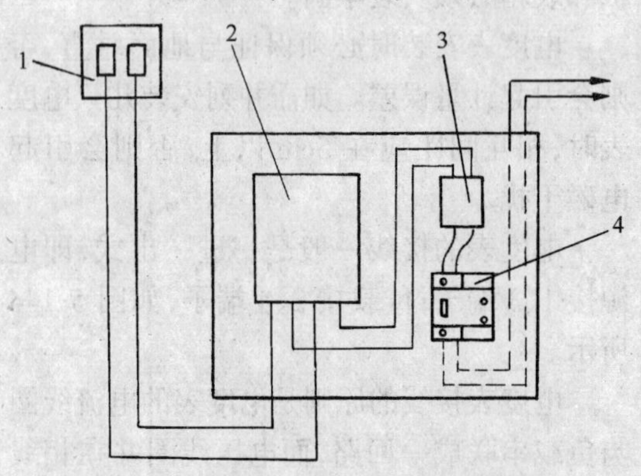

图 5-146 带漏电保护开关的配电板安装

1—总熔丝盒;2—电度表;3—瓷闸盒;4—漏电保护开关

配电板的接线可为板前明装式,为了美观,可将连接线置于板后,成为板后明装板。

(7) 其他电器安装的有关要求

1) 插座盒一般应在距室内地坪 1.3m 处埋设,潮湿场所其安装高度不低于 1.5m。儿童活动场所应在距室内地坪 1.8m 处埋设。

住宅内插座盒距地 1.8m 及以上时,可采用普通型插座;如使用安全插座时,安装高度可为 0.3m。

2) 吊扇安装时,扇叶距地面的高度不应低于 2.5m。

吊扇调速开关安装高度应为 1.3m,吊扇运转时扇叶不应有显著的颤动。

3) 室内电铃安装高度,距顶棚不应小于 200mm,下皮地面不应低于 1.8m。

室外电铃下皮距地面不应低于 3m。

4) 单相电度表安装高度应使电度表中心距地面 1.8m 左右。

(8) 其他电器安装操作练习

1) 题目和要求:

A. 在室内不同部位安装二孔插座二个,三孔插座二个,三相插座二个。其中一半插座供电方式为 TT 系统,另一半插座供电方式为 TN-S 系统。

B. 安装照明配电板。

注:实际操作时,任选以上一个题目。

2) 工具:

电工常用工具、万用表、高凳。

3) 材料:

单相二孔插座二个,单项三孔插座二个,三相插座二个,单相电度表,胶盖闸,漏电保护开关,木闸板,连接导线及电工辅料。

4) 评分标准见表 5-12。

其他电器安装操作评分表　表 5-12

项目	标准要求	评分方法	得分
绘电路图	电路正确	此项满分为 5 分,有一处错误扣 2 分	
选择材料	合理、符合要求	此项满分为 5 分,有一处不合理错误扣 2 分	
器具定位	定位准确,尺寸符合要求	此项满分为 5 分,出现一处定位超差扣 2 分	
安装质量检测	安装牢固、整齐美观布线合理,外表清洁	此项满分为 40 分,安装不牢固扣 10 分,其他和 5 分	
工艺流程	合理科学,工作效率高	此项满分为 10 分,出现一处工艺不合理,扣 2 分	
通电试验	一次通电正确,不发生任何故障	此项满分为 15 分,一次通电不正确扣 5 分	
操作时间	2h	此项满分为 10 分,超过 10min 中扣 2 分	
文明生产与环境保护	节约材料,现场干净、废品清理分类、合要求	此项满分为 5 分,有一项不合格扣 2 分	
安全操作	遵守安全操作规程,不发生任何安全事故	此项满分为 5 分,违反安全操作一处扣 2 分	
合计		满分为 100 分	

小　结

照明器具安装介绍了灯具和导线的选择原则、照明装置木台的安装方法；白炽灯、荧光灯、吸顶灯、壁灯、吊灯的安装方法；各种灯具开关的安装方法；应急灯、舞厅灯、景观照明、节日彩灯、喷水照明、发光天棚和霓虹灯的安装方法；常用插座、电扇、电铃、电度表和照明配电板的安装方法。

习　题

1. 选择照明灯具可参考哪些原则？
2. 简述照明装置木(塑料)台的安装方法？
3. 白炽灯安装应注意什么？
4. 荧光灯的接线有哪几种方法？分别画出电路图？
5. 吸顶灯的安装有哪两种形式？其光源用什么灯具？
6. 简述吸顶灯的安装方法？
7. 壁灯由哪些部件组成？如何进行安装？
8. 吊灯一般分为哪两种？
9. 简述吊灯的安装、固定方法？
10. 如何确定开关盒的位置？
11. 普通灯具安装有哪些技术要求？
12. 普通灯具安装应注意哪些安全事项？
13. 应急照明包括哪几种照明？
14. 舞厅灯包括哪些灯具？
15. 景观照明可设置在什么地方？
16. 节日彩灯设置在什么地方？有哪两种形式？
17. 喷水照明装置由哪几部分组成？
18. 霓虹灯有什么特点？主要由哪两部分组成？
19. 简述霓虹灯的安装方法？
20. 特殊灯具安装有哪些技术要求？
21. 如何安装插座？
22. 安装单相电度表应注意什么？
23. 照明配电板包括哪几部分？怎样安装？

第6章　低压电器及配电装置的安装

低压电器通常是指交、直流工作电压为1200V及以下的电器。按它在线路中的地位和作用分为低压配电器和低压控制电器两大类。低压配电器主要有各种低压开关,在电路中用作隔离、转换以及接通和分断电路用。低压控制电器主要有接触器、主令电器和电磁铁等。本章主要让读者掌握各种低压电器的选用、安装、调整方法。

6.1　常用低压电器

6.1.1　低压开关

低压开关主要用作隔离、转换以及接通和分断电源用,常用的主要类型有刀开关、自动空气开关等。

(1) 低压刀开关和刀熔开关

1) 刀开关和刀熔开关的结构示意图,如图6-1(*a*)和6-1(*b*)所示。

2) 刀开关安装使用时注意事项:

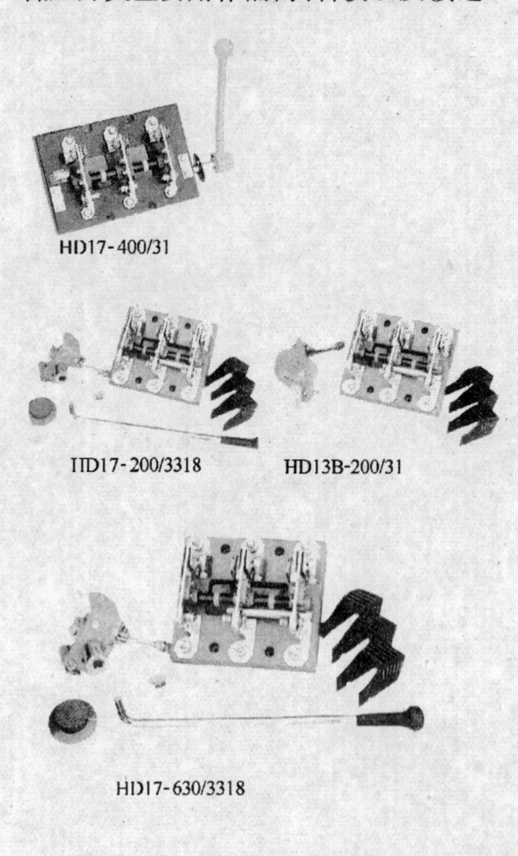

(*a*)

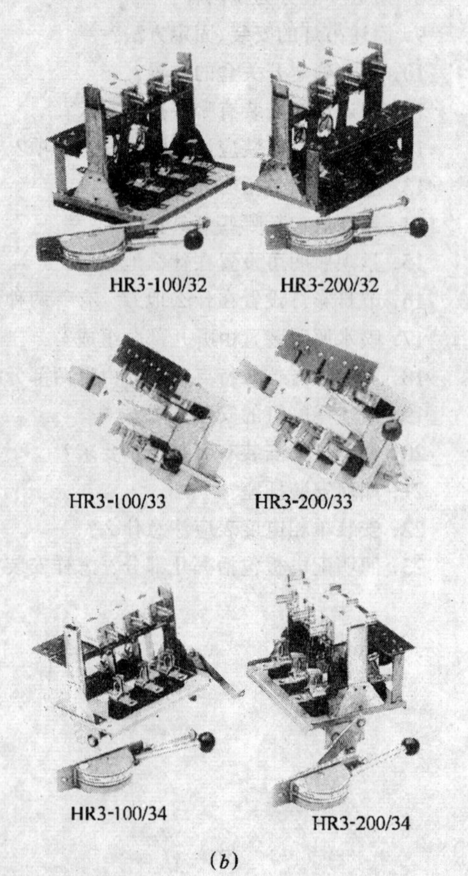

(*b*)

图6-1　低压刀开关结构示意图

A. 刀开关应垂直安装在开关柜(板)上,并要使夹座位于上位。

B. 刀开关作隔离开关使用时,合闸顺序是先合上刀开关,再合上其他带负载的开关;分闸顺序则相反。

C. 无灭弧罩的刀开关一般不允许分断负载,否则会造成电源短路、开关烧坏等现象。

(2) 开启式负荷开关

1) 开启式负荷开关的结构如图 6-2 所示。

2) 开启式负荷开关安装时注意事项:

A. 开启式负荷开关安装时底板应垂直于地面,手柄应向上合闸。

B. 接线时,应把电源接在进线座上,负载接在下方的出线座上,当闸刀拉开后,更换熔丝时就不会发生触电事故。

C. Hk 系列闸刀开关没有灭弧装置,因此不宜带负载操作,若带一般性负载时,应动作迅速,使电弧很快熄灭。

3) 开启式负荷开关的选用:

A. 一般照明电路和功率小于 5.5kW 电动机的控制电路中仍可采用。如用于照明电路时,可选用额定电压 220V 或 380V,额定电流等于或大于电路最大工作电流的两极开关。

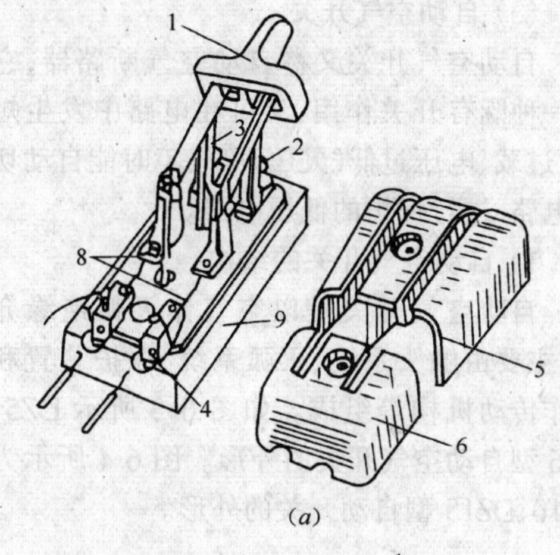

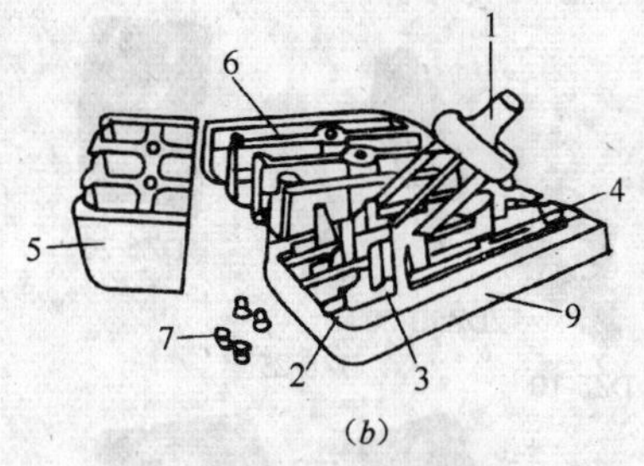

图 6-2 开启式负荷开关结构示意图
(a)二极闸刀开关;(b)三极闸刀开关
1—瓷质手柄;2—进线座;3—静夹座;
4—出线座;5—上胶盖;6—下胶盖;
7—胶盖固定螺母;8—熔丝;9—瓷底座

B. 用于电动机的直接启动时,可选用额定电压 380V 或 500V,额定电流等于或大于电动机额定电流 3 倍的三极开关。Hk 系列开启式负荷开关的技术数据如表 6-1 所示。

Hk1 系列开启式负荷开关 表 6-1

型号	极数	额定电流值(A)	额定电压值(V)	可控制电动机最大容量(kW)		配用熔丝规格			
						熔丝成分			熔丝线径(mm)
				220V	380V	铅	锡	锑	
Hk1 15	2	15	220	—	—				1.45~1.59
30	2	30	220	—	—				2.30~2.52
60	2	60	220	—	—	98%	1%	1%	3.36~4.00
15	3	15	380	1.5	2.2				1.45~1.59
30	3	30	380	3.0	4.0				2.30~2.52
60	3	60	380	4.5	5.5				3.36~4.00

(3) 自动空气开关

自动空气开关又称自动空气断路器，它是一种既有开关作用，又可在电路中发生短路、过载、电压过低(欠压)等故障时能自动切断电路，进行保护的低压电器。

1) 自动空气开关的结构：

自动空气开关是以空气作灭弧绝缘介质，主要由触头系统、灭弧系统、保护装置和操作传动机构等组成。如图 6-3 所示 DZ5、DZ6 型自动空气开关的外形。图 6-4 所示为 DZ10、DZ15 型自动开关的外形。

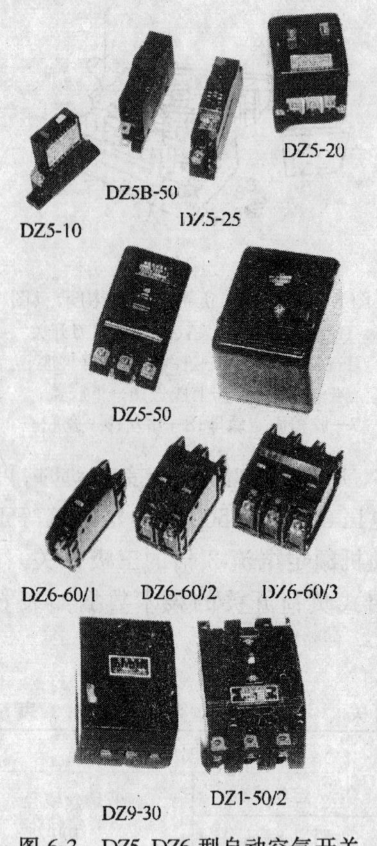

图 6-3　DZ5、DZ6 型自动空气开关

2) 自动空气开关的型号：

自动空气开关的型号说明如下：

DZ 5-20 型自动空气开关的技术数据如表 6-2 所示。

3) 自动空气开关的使用与维护：

A. 要分断自动开关时必须将手柄拉“分”字处，要闭合由手动分断的自动开关，可

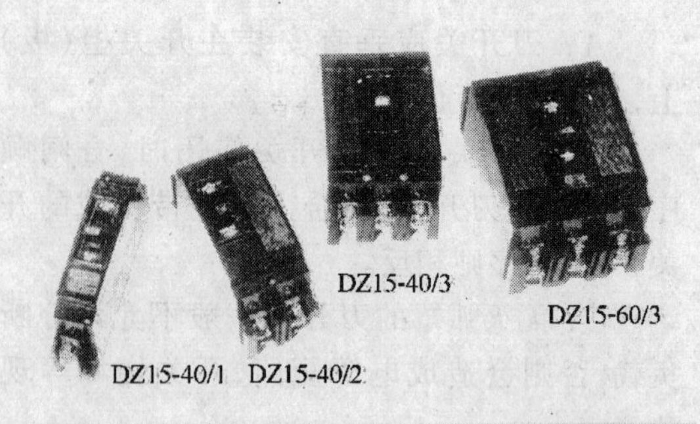

图 6-4　DZ10、DZ15 型自动空气开关

使手柄推“合”字处；若要闭合经自动脱扣的自动开关，先用手柄拉“分”字处使自动开关再扣，然后再用手柄推“合”字处。

B. 装在自动开关中的电磁脱扣器，牵引杆与双金属片之间距离的调节螺钉均不得任意调动，以免影响脱扣器动作性能而发生事故。

C. 自动开关分断短路电流后，应及时进行外观检查。如主触头、灭弧室、电磁脱扣器和衔铁等处。

D. 自动开关在正常情况下应定期维护，转动部分若有不灵活或润滑油已干燥时应添加润滑油。

4) 自动空气开关的安装与调整：

A. 自动开关应垂直安装，安装前检查开关的基本技术数据是否符合要求。

B. 板后接线的自动开关，必须安装在绝缘底板上，板前接线的自动开关允许安装在金属架上。

C. 固定自动开关的底板必须平整，不然将在旋紧安装螺钉时自动开关的胶木底会

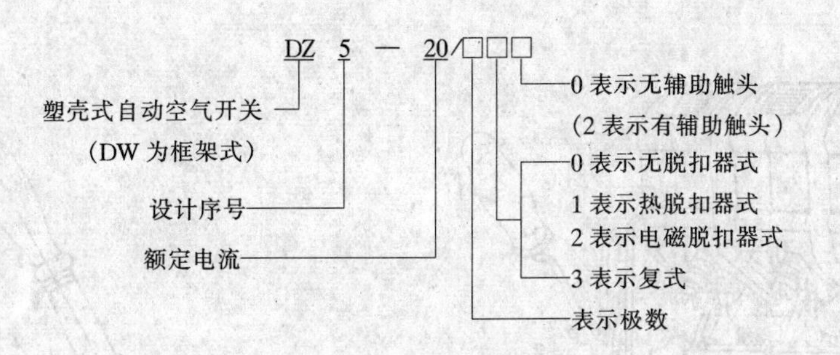

DZ5-20 型自动空气开关技术数据 **表 6-2**

型号	额定电压（V）	主触头额定电流（A）	极数	脱扣器型式	热脱扣器额定电流（括号内为整定电流）（A）	电磁脱扣器瞬时动作整定值（A）
DZ5-20/330 DZ5-20/230	交流 380 直流 220	20	3 2	复式	0.15(0.10～0.15) 0.20(0.15～0.20) 0.30(0.20～0.30) 0.45(0.30～0.45) 0.65(0.45～0.65) 1.0(0.65～1.0) 2(1.5～2) 3(2～3) 4.5(3～4.5) 6.5(4.5～6.5) 10(6.5～10) 15(10～15) 20(15～20)	为电磁脱扣器额定电流的 8～12 倍
DZ5-20/320 DZ5-20/220			3	电磁式		
DZ5-20/310 DZ5-20/210			3 2	热脱扣器式		
DZ5-20/300 DZ5-20/200			3 2	无脱扣器式		

受到弯曲力而损坏。

D．电源端的导线接在自动开关灭弧室侧的接线端上，接负载的导线接在自动开关脱扣器侧的接线端子上。连接导线的截面积必须和脱扣器的额定电流相当，避免因过热而影响脱扣器的性能。

（4）低压断路器的安装

常用 DW 系列框架式（万能式）低压断路器。这种断路器没有外壳，体积较大，具有多种保护功能，大容量的可以用电动合闸。一般用在低压配电柜中，刀开关的后面，一台变压器配一个 DW 型断路器做为线路总电源开关，这种断路器容量较大，最小 100A，最大可达 6000A。DW 系列低压断路器如图 6-5所示。

1）DW10 系列断路器的安装、调整

A．自由脱扣机构的调整。

a．自由脱扣机构在主轴上横向移动应松紧适度，可通过调整垫圈 1 的数量达到目的。调整方法如图 6-6 所示。

b．自由脱扣机构在主轴上转动与扣片咬合后，不得扣死或打滑。

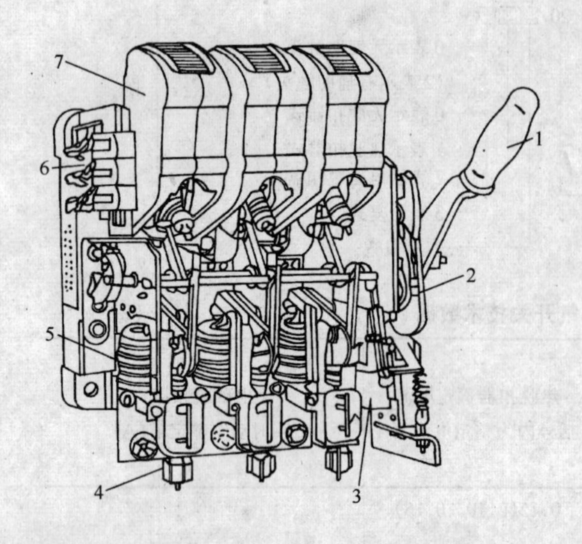

图 6-5 DW 系列低压断路器

1—操作手柄;2—自由脱扣机构;3—失压脱扣器;
4—过流脱扣器脱扣电流调节螺母;5—过流脱扣器;
6—断路器辅助触头;7—灭弧罩(内有主触头)

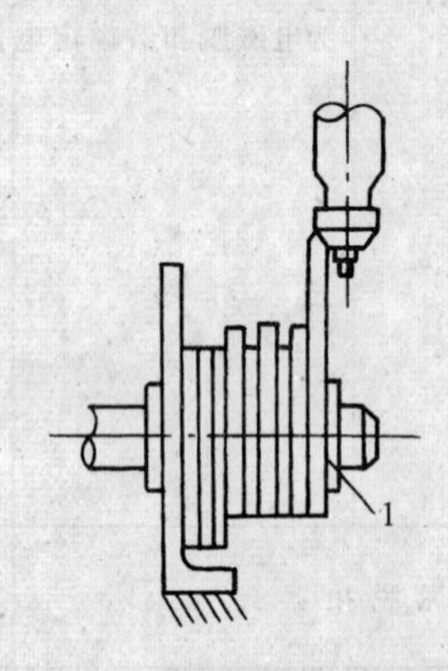

图 6-6 脱扣机构在主轴横向移动松紧度调整示意图

1—垫圈

c. 自由脱扣机构向上推动后,其杠杆和扣片接触面纵向接触线长在 2~3mm 之内,可旋动螺钉进行调整。杠杆与扣片接触面的横向偏差允许在 0.5mm 之内,可加减垫圈达到调整目的。调整方法如图 6-7 所示。

B. 过流脱扣器的安装、调整。

a. 过流脱扣器转动灵活,铁芯位置居中,绝对不许与线圈相碰。各相过流脱扣器铁芯和标盘,前后高低一致,铁芯不得歪斜。

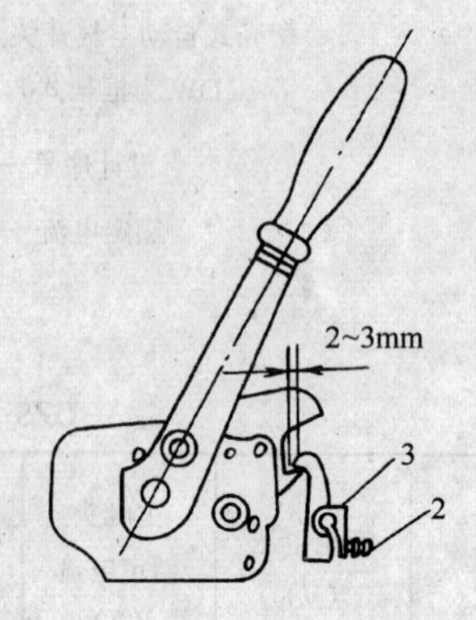

图 6-7 杠杆与扣片接触面之间间距的调整示意图

2—螺钉;3—垫圈

b. 缓慢闭合衔铁,当衔铁与铁芯的距离为 0.5~3mm 时,能使自由脱扣机构迅速脱扣。继续推动衔铁应能与铁芯安全闭合,此时衔铁上的绝缘拉杆的前侧与脱扣轴之间应有可见的间隙,如图6-8所示,可通过调节平衡块 4 的位置来满足要求。

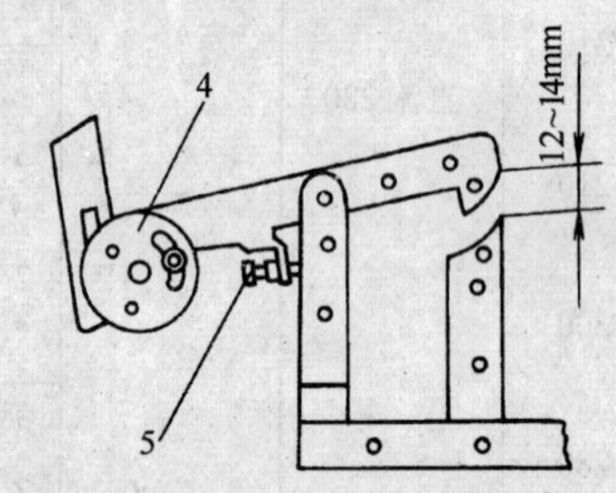

图 6-8 过流脱扣器绝缘拉杆前侧与脱扣轴间隙的调整

4—平衡块;5—螺钉

c. 过流脱扣器动静铁芯的断开距离在 12~14mm,可旋动螺钉 5 达到目的,如图6-8所示。

d. 过流脱扣器脱扣的安装。

① 检查铁芯不应与过流线圈相碰,开关闭合、断开动作可靠。

② 闭合开关,通入额定电流,调节弹簧拉力使开关断开。经反复试动作数次,动作电流对整定电流值的偏差不超过 ±10%,同

一开关各相脱扣器动作值离散度不大于15%。过电流整定值如表 6-3 所示。

过流脱扣器过电流整定值表　　表 6-3

开关型号	额定电流（A）	过载脱扣器额定电流（A）	瞬时过电流脱扣器整定电流（A）		
DW10-400/2 400/3	400	100	100	150	300
		150	150	225	450
		200	200	300	600
		300	300	450	900
		350	350	525	1050
		400	400	600	1200
DW10-600/3 600/2	600	400	400	600	1200
		500	500	750	1500
		600	600	900	1800

C. 触头断开距离、超额行程和压力调整。

a. 断路器的弧触头的断开距离在 36～40mm，弧触头刚刚接触时，动、静触头之间的距离应大于 5mm，如图 6-9 所示。若不满足要求，可调整弹簧压力。

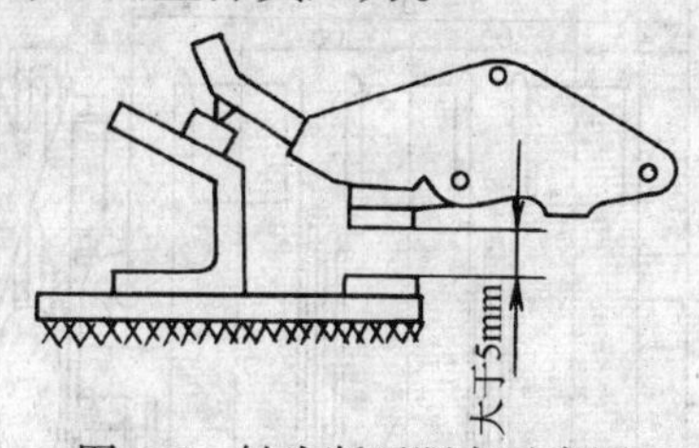

图 6-9　触头断开距离示意图

b. 主触头之间超额行程的调整方法：是使动、静触头，刚刚接触时，自由脱扣机构的杠杆与扣片两平面之间距离为 9～11mm，如图6-10（*a*）所示，可通过调节图 6-10（*b*）中螺母 6 来保证。

D. 失压、分励脱扣器的调整。

a. 失压脱扣器线圈无外施加电压时，衔铁与铁芯之间最大断开距离在 6～7mm，可调节衔铁定位板来满足此项要求。调整方法如图 6-11 所示。

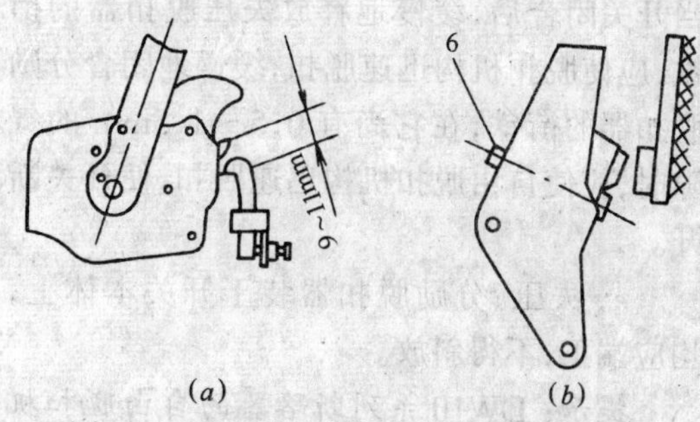

图 6-10　主触头之间超额行程的调整方法

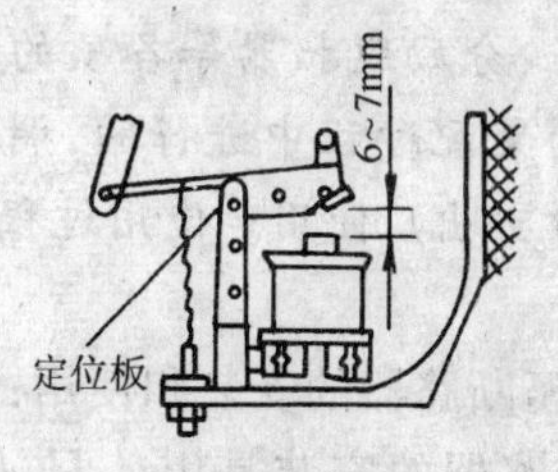

图 6-11　失压脱扣器最大断开距离的调整

b. 分励脱扣器的线圈无外施加电压时，衔铁与铁芯的最大断开距离在 5～6mm，可通过调节衔铁上的定位板达到目的。调节方法如图 6-12 所示。

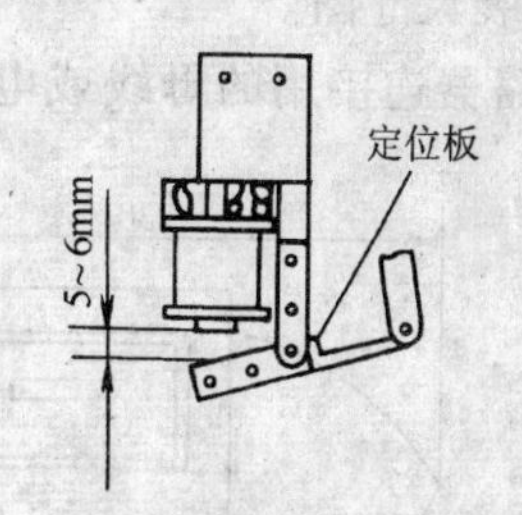

图 6-12　分励脱扣器最大断开距离的调节

c. 失压脱扣器动作的调试

在电校调整工作台上，对失压线圈接上可调电源，通以 85% U_N，用手闭合衔铁，在气隙尚有 2mm 时，铁芯应能吸合且能可靠保持。将电压连续升至 105% U_N 或降至 75% U_N，在这一电压范围内，铁芯能可靠保持吸合。失压脱扣器释放电压在 75%～40% U_N，装配电校时控制在 65%～50%范围内，可调节反力簧拉力实现。

d. 失压脱扣器装于开关本体上，当自由脱扣机构处于开关再扣位置时，失压脱扣器衔铁与铁芯之间应为 0.5～1.5mm 的间隙。

当开关闭合后，缓慢地释放失压脱扣器的衔铁，应使脱扣机构迅速脱扣，缓慢地闭合分励脱扣器的衔铁，在它尚有 0.5～1.5mm 的气隙时，应使自由脱扣机构迅速脱扣，使开关断开。

e．失压、分励脱扣器装于开关本体上，均应端正，不得斜放。

提示：DW10 系列断路器的自由脱扣机构、过流脱扣器、触头断开距离、超额行程和压力及失压、分励脱扣器等各项的调整均是在出厂前的装配过程中进行的，调整好并加以标记后方可出厂使用。使用过程中无需再调整。

2) 低压断路器的安装和使用：

A．断路器的安装是用 4 只 $\phi 8$ 螺栓固定在垂直支架上。要求安装架必须垂直、平稳，4 只螺栓拧紧程度均匀一致，安装孔上要有弹簧、胶垫，不可缺少。具体安装位置参照图 6-13 所示的 DW10 万能式自动空气断路器外形及安装尺寸图。

B．断路器连接用的母线或电缆应具有足够的截面，使断路器母线温升不超过其额定值。被连接母线或电缆靠近断路器的一端应加以固定，以免各种应力传输到断路器。电源引进线应连接于静触头，接至用户的母线或电缆应连接在出线端。

C．灭弧室应正确地安装，并检查断路器在接通和分断过程中可动部分与灭弧室的零件无碰撞、卡住现象。

D．灭弧室上方至相邻电器的导电部分和接地部分的距离应不小于 250mm，断路器应可靠接地。

E．安装断路器还应检查主轴、失压脱扣器、分励脱扣器、过流脱扣器和自由脱扣器（操作手柄部分）等各部分运动的灵活性、可靠性。

F．断路器定期地进行触头清理，抹净烟痕，修锉金属粒子及凸凹处，保持触头有良好的接触，并调整触头压力弹簧，保证弧触头初压力 3～4kg，终压力 6.5～8kg，若银钨触块的厚度小于 1mm 时，则需要更换弧触头。

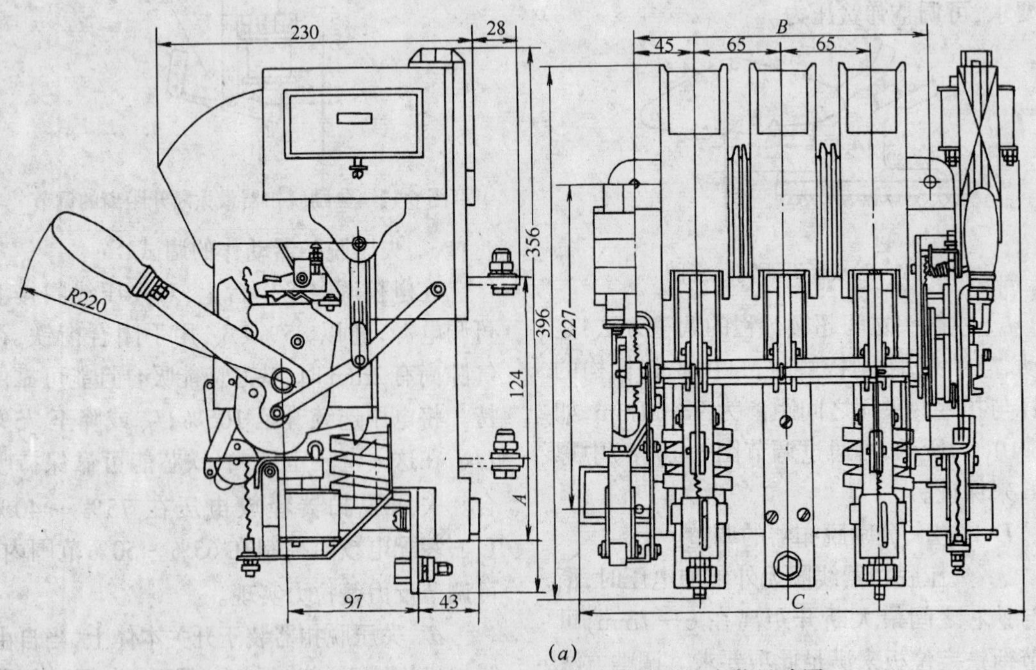

图 6-13　DW10 万能式自动空气断路器外形及安装尺寸图

(*a*)主视图

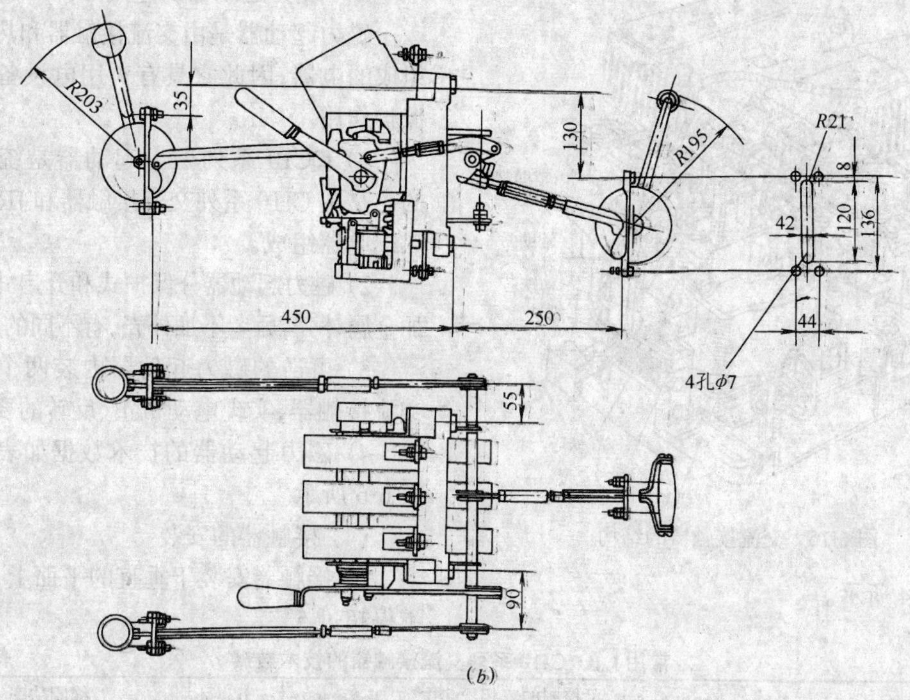

(b)

图 6-13 DW10 万能式自动空气断路器外形及安装尺寸图

(b)侧视图

6.1.2 接触器的选用和安装

接触器是用来频繁地远距离接通或断开交直流主电路及大容量控制电路的控制电器。它具有手动切换电器所不能实现的远距离操作功能和失压保护功能，但不能切断短路电流，也不具备过载保护的功能。它主要用于控制电动机、电热设备、电焊机、电容器组等，是电力拖动自动控制的重要组成元件。

(1) 交流接触器的结构

交流接触器主要由电磁系统、触头系统、灭弧装置和辅助部件等组成，其外形如图6-14所示。其内部结构以 CJO-20 为例如图 6-15 所示。

(2) 交流接触器的选用

1) 依据接触器控制电动机负载电流的类别选择相应类型的接触器。

2) 选择接触器主触头的额定电压应大于或等于负载回路的额定电压。

3) 选择接触器主触头的额定电流。

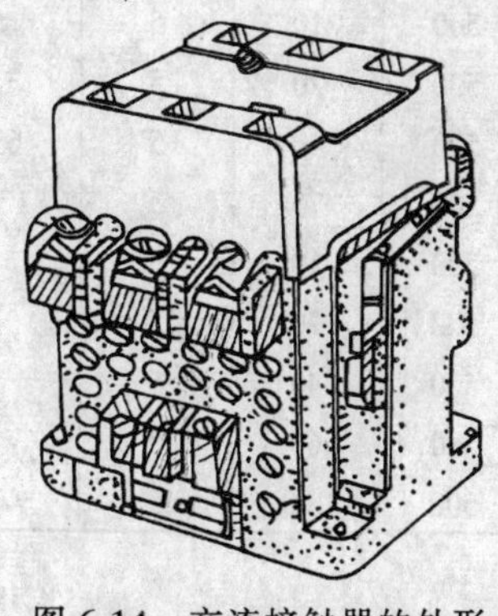

图 6-14 交流接触器的外形

A. 接触器控制电阻性负载(如电热设备)时，主触头的额定电流应等于负载的工作电流。

B. 接触器控制电动机时，主触头的额定电流应稍大于电动机的额定电流。

C. 接触器在频繁启动、制动和频繁正、反转的场合时，容量增大一倍以上选择接触器。

D. 接触器触头的数量、种类应满足控制电路的要求。交、直流接触器的技术数据

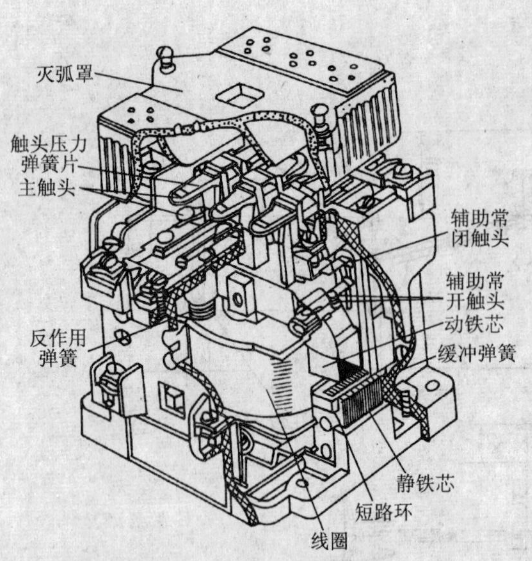

图 6-15　交流接触器的结构

如表 6-4 所示。

(3) 磁力起动器的选用

磁力起动器是由交流接触器和热继电器组成的电器,因此它具有对用电设备的过载保护作用。

1) QC10 系列磁力起动器是统一设计的。是由 CJ10 系列交流接触器和 JR15 系列热继电器组成。

2) 磁力起动器分保护式和开启式。前者加金属外壳,后者不加外壳,有不同的用途。

3) 可逆的磁力起动器内装两个相同的交流接触器,实现电动机正、反转的要求。

4) 磁力起动器的技术数据如表 6-5 与表 6-6 所示。

(4) 接触器的安装

1) 接触器安装于垂直的平面上,其倾斜不得超过 5°。

常用 CJO,CJ10 系列交流接触器的技术数据　　表 6-4

型号	触头额定电压(V)	主触头额定电流(A)	辅助触头额定电流(A)	可控制的三相异步电动机的最大功率(千瓦)			额定操作频率(次/h)	吸引线圈电压(V)	线圈功率(V·A)	
				127V	220V	380V			起动	吸持
CJO-10	500	10	5	1.5	2.5	4	1200	交流	77	14
CJO-20	500	20	5	3	5.5	10	1200	36	156	23
CJO-40	500	40	5	6	11	20	1200	110	280	33
CJO-75	500	75	5	13	22	40	600	127	660	55
CJ10-10	500	10	5		2.2	4	600	220	65	11
CJ10-20	500	20	5		5.5	10	600	380	140	22
CJ10-40	500	40	5		11	20	600	直流	230	32
CJ10-60	500	60	5		17	30	600	110	495	70
CJ10-100	500	100	5		29	50	600	220		

QC10 系列磁力起动器型号及分类　　表 6-5

磁力起动器等级	额定电流(A)	型号						
		开启式			保护式			
		不可逆式	可逆式		不可逆式		可逆式	
		有热保护	无热保护	有热保护	无热保护	有热保护	无热保护	有热保护
1	5	QC10-1/2	QC10-1/3	QC10-1/4	QC10-1/5	QC10-1/6	QC10-1/7	QC10-1/8
2	10	QC10-2/2	QC10-2/3	QC10-2/4	QC10-2/5	QC10-2/6	QC10-2/7	QC10-2/8
3	20	QC10-3/2	QC10-3/3	QC10-3/4	QC10-3/5	QC10-3/6	QC10-3/7	QC10-3/8
4	40	QC10-4/2	QC10-4/3	QC10-4/4	QC10-4/5	QC10-4/6	QC10-4/7	QC10-4/8
5	60	QC10-5/2	QC10-5/3	QC10-5/4	QC10-5/5	QC10-5/6	QC10-5/7	QC10-5/8
6	100	QC10-6/2	QC10-6/3	QC10-6/4	QC10-6/5	QC10-6/6	QC10-6/7	QC10-6/8
7	150	QC10-7/2	QC10-7/3	QC10-7/4	QC10-7/5	QC10-7/6	QC10-7/7	QC10-7/8

磁力起动器对应控制电动机容量和选取热元件　　表 6-6

起动器型号	起动器额定电流(A)	所配接触器额定电流(A)	所配热继电器电流等级(A)	可控鼠笼式电动机最大功率(kW) 220V	380V
QC10-1	5	5	20	1.5	2.2
QC10-2	10	10	22	2.2	4
QC10-3	20	20	40	5.5	10
QC10-4	40	40	40	11	20
QC10-5	60	60	100	17	30
QC10-6	100	100	100	29	50
QC10-7	150	150	150	47	75

2）接线前，应注意接触器线圈电压是否与电源电压相符。

3）安装接触器固定螺钉上应加有弹簧垫片和垫圈。螺钉的直径见表 6-7 所示。

安装接触器用螺钉直径　　表 6-7

接触器型号	安装螺钉直径
CJ10-10	M4
CJ10-20	M4
CJ10-40	M5
CJ10-60	M6
CJ10-100	M8

4）安装时，切勿使螺钉、弹簧垫圈等零件落入接触器内，以免造成机械卡阻或短路故障。接线时，应旋紧未接线的接线螺钉，防止因振动而失落。

6.1.3　热继电器的选用和安装

热继电器主要作为电动机及电气设备过载保护，常采用双金属片受热弯曲而动作，常与交流接触器配合使用。现在常用的热继电器有 JR16B、JRS 系列和 T 系列。

(1) 热继电器的结构

热继电器的型式多样，其中以双金属片式用得最多。双金属片式热继电器的基本结构由加热元件、主双金属片、动作机构、触头系统、电流整定装置、复位机构和补偿元件等组成，其外形如图 6-16 所示。

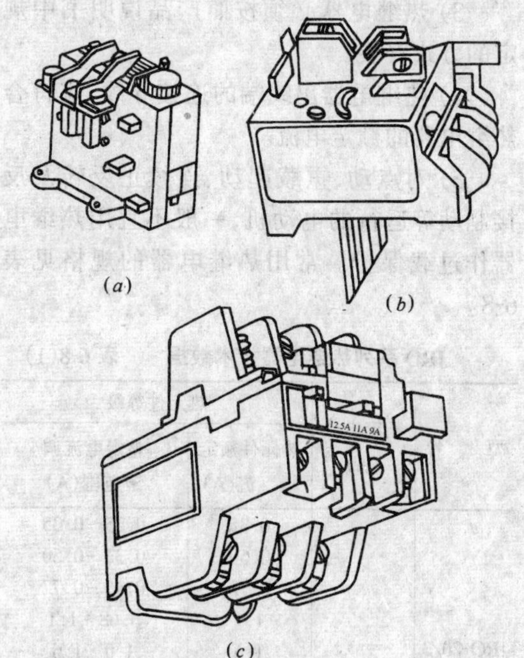

图 6-16　热继电器
(a)JRO、JR16 系列；(b)JRS 系列；(c)T 系列

另外、对 JRO、JR15、JR16 和 JR14 型热继电器国家有关部门已于1996年规定淘汰使用。新装配电装置不能再采用上述继电器。但考虑到目前有不少设备还在使用这些继电器，故本书对热继电器做了简单介绍。目前推广使用的新型保护继电器有 JL-10 电子型电动机保护继电器、EMT6 系列热敏电阻过载继电器等。

(2) 热继电器的选用

1）热继电器额定电流的选择：热继电器的额定电流应略大于电动机的额定电流。

2）热继电器的整定电流的选择：依据热继电器的型号和热元件额定电流，即可查出热元件整定电流的调节范围。通常热继电器的整定电流调整到等于电动机的额定电流。旋钮上的电流值与整定电流之间可能有些误差,可在实际使用时按情况作适当调节。

(3) 热继电器的安装使用

1) 热继电器只能作为电动机的过载保护,而不能作短路保护使用。

2) 热继电器安装时,应清除触头表面尘污,以免因接触电阻太大或电路不通,影响热继电器的动作性能。

3) 热继电器必须按照产品说明书中规定的方式安装。

4) 热继电器出线端的连接导线,应符合热继电器的额定电流。

5) 对点动、重载起动、连续正反转及反接制动等运行的电动机,一般不宜用热继电器作过载保护。常用热继电器的规格见表6-8。

JRO 系列热继电器技术数据　　表 6-8(1)

型　号	额定电流(A)	热元件等级	
		热元件额定电　流(A)	整定电流调节范围(A)
JRO-20/3 JRO-20/3D	20	0.35	0.25~0.35
		0.50	0.32~0.50
		0.72	0.45~0.72
		1.1	0.68~1.1
		1.6	1.0~1.6
		2.4	1.5~2.4
		3.5	2.2~3.5
		5.0	3.2~5.0
		7.2	4.5~7.2
		11.0	6.8~11.0
		16.0	10.0~16.0
		22.0	14.0~22.0
JRO-40	40	0.64	0.40~0.64
		1.0	0.64~1.00
		1.6	1.0~1.6
		2.5	1.6~2.5
		4.0	2.5~4.0
		6.4	4.0~6.4
		10.0	6.4~10
		16.0	10~16
		25.0	16~25
		40.0	25~40

续表

型　号	额定电流(A)	热元件等级	
		热元件额定电　流(A)	整定电流调节范围(A)
JRO-60/3 JRO-60/3D	60	22.0	14~22
		32.0	20~32
		45.0	28~45
		63.0	40~63
JRO-150/3 JRO-150/3D	150	63.0	40~63
		85.0	53~85
		120.0	75~120
		160.0	100~160

注:1. JRO-40 为二相结构,其余均为三相结构。
2. D 为带断相保护装置。

JR16B 系列热继电器技术数据　　表 6-8(2)

型　号	额定电流(A)	热元件等级	
		热元件额定电　流(A)	整定电流调节范围(A)
JR16B-20/3 JR16B-20/3D	20	0.35	0.25~0.35
		0.50	0.32~0.50
		0.72	0.45~0.72
		1.1	0.68~1.1
		1.6	1.0~1.6
		2.4	1.5~2.4
		3.5	2.2~3.5
		5	3.2~5
		7.2	4.5~7.2
		11	6.8~11
		16	10~16
		22	14~22
JR16B-60/3 JR16B-60/3D	60	22	14~22
		32	20~32
		45	28~45
		63	40~63
JR16B-150/3 JR16B-150/3D	150	63	40~63
		85	53~85
		120	75~120
		160	100~160

JRS系列热继电器技术数据 **表6-8(3)**

型号	主电路		控制触头		热元件		
	额定绝缘电压(V)	额定电流(A)	额定工作电压(V)	额定工作电流(A)	编号	额定整定电流(A)	整定电流调节范围(A)
JRS1-12/Z JRS1-12/F	660	12	220	4	1	0.15	0.11~0.13~0.15
					2	0.22	0.15~0.18~0.22
					3	0.32	0.22~0.27~0.32
					4	0.47	0.32~0.40~0.47
			380	3	5	0.72	0.47~0.60~0.72
					6	1.1	0.72~0.90~1.1
					7	1.6	1.1~1.3~1.6
					8	2.4	1.6~2.0~2.4
			500	2	9	3.5	2.4~3.0~3.5
					10	5.0	3.5~4.2~5.0
					11	7.2	5.0~6.0~7.2
					12	9.4	6.8~8.2~9.4
					13	12.5	9.0~11~12.5
JRS1-25/Z JRS1-25/F	660	25	220	4	14	12.5	9.0~11~12.5
			380	3	15	18	12.5~15~18
			500	2	16	25	18~22~25

JRS系列热继电器的保护特性 **表6-8(4)**

整定电流倍数	动作时间	起始条件	周围空气温度(℃)
1.05	>2h	冷态	20±5
1.20	<20min	热态	
1.50	<3min	热态	
6	>5s	冷态	
任意两相1.0 另一相0.9	>2h	冷态	
任意两相1.1 另一相0	<20min	热态	
1.00	>2h	冷态	55±2
1.20	<20min	热态	
1.05	>2h	冷态	-10±2
1.30	<20min	热态	

注：1. h为小时；min为分；s为秒。

2. 手动复位时间小于2min。

T系列热继电器技术数据 表6-8(5)

项目 \ 型号	T16	T25	T45	T85	T105	T170	T250	T370
整定电流调节范围(A)	0.11~0.16	0.17~0.25	0.25~0.40	6.0~10	35~52	90~130	100~160	160~250
	0.14~0.21	0.22~0.32	0.30~0.52	8.0~14	45~63	110~160	160~250	250~400
	0.19~0.29	0.28~0.42	0.40~0.63	12~20	57~82	140~200	250~400	310~500
	0.27~0.40	0.37~0.55	0.52~0.83	17~29	70~105			
	0.35~0.52	0.50~0.70	0.63~1.0	25~40	80~115			
	0.42~0.63	0.60~0.90	0.83~1.3	35~55				
	0.55~0.83	0.70~1.1	1.0~1.6	45~70				
	0.70~1.0	1.0~1.5	1.3~2.1	60~100				
	0.90~1.3	1.3~1.9	1.6~2.5					
	1.1~1.5	1.6~2.4	2.1~3.3					
	1.3~1.8	2.1~3.2	2.5~4.0					
	1.5~2.1	2.8~4.1	3.3~5.2					
	1.7~2.4	3.7~5.6	4.0~6.3					
	2.1~3.0	5.0~7.5	5.2~8.3					
	2.7~4.0	6.7~10	6.3~10					
	3.4~4.5	8.5~13	8.3~13					
	4.0~6.0	12~15.5	10~16					
	5.2~7.5	13.5~17	13~21					
	6.3~9.0	15.5~20	16~27					
	7.5~11	18~23	21~35					
	9.0~13	21~27	27~45					
	12~17.6	26~35	28~45					
三相热元件、结构形式	摩擦脱扣式	摩擦脱扣式	跳跃式	摩擦脱扣式	背包跳跃式	背包式	主回路带互感器跳跃式	
断相保护	有	有	有	有	有	有	有	有
手动和自动复位	只有手动	有	有	有	有	有	有	有
操作频率(次/h)	15	15	15	15	15	15	15	15
电寿命(万次)	5	5	5	5	5	5	5	5

6.1.4　熔断器的选用和安装

熔断器是低压电路中最常用的电器之一。它串联在线路中,当线路或电气设备发生短路或过电流时,熔断器中的熔体首先熔断、切断电源,起到保护设备作用。

(1) 熔断器的结构与主要技术参数

熔断器主要由熔体和安装熔体的熔管或熔座两部分组成。熔体是熔断器的主要部分,常做成丝状或片状,熔管是熔体的保护外壳,在熔体熔断时兼有灭弧作用。

每一种熔体都有两个参数,额定电流与熔断电流。所谓额定电流是指长时间通过熔体而不熔断的电流值。熔断电流一般是额定电流的两倍,因此熔断器一般不宜做过载保护,主要用作短路保护。

(2) 常用的低压熔断器

1) RC1A 系列瓷插式熔断器:

RC1A 系列瓷插式熔断器的结构图 6-17 所示。

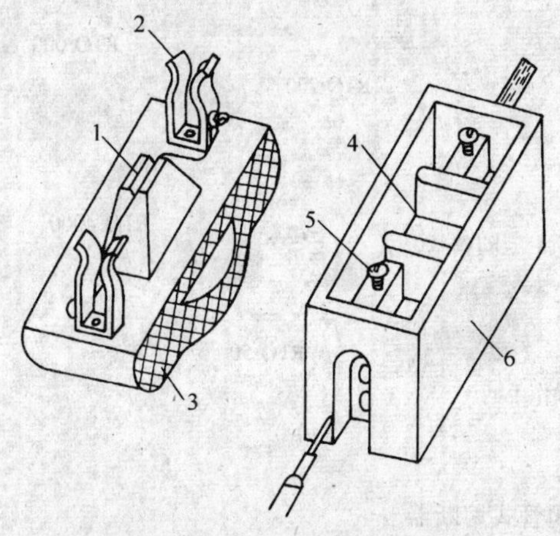

图 6-17　RC1A 系列瓷插式熔断器
1—熔丝;2—动触头;3—瓷盖;
4—空腔;5—静触头;6—瓷座

RC1A 系列瓷插式熔断器的技术数据如表 6-9 所示。

2) RL1 系列螺旋式熔断器:

RL1 系列螺旋式熔断器的结构如图6-18 所示。其技术数据如表 6-10 所示。

螺旋式熔断器的技术数据如表 6-10 所示。

RC1A 系列瓷插式熔断器技术数据　表 6-9

型　号	额定电压 (V)	熔断器额定电流 (A)	熔体额定电　流 (A)	极限分断能力 (A)
RC1A-5	380	5	2.5	250
RC1A-10	380	10	2、4、6、10	
RC1A-15	380	15	15	500
RC1A-30	380	30	20、25、30	1500
RC1A-60	380	60	40、50、60	
RC1A-100	380	100	80、100	3000
RC1A-200	380	200	120、150、200	

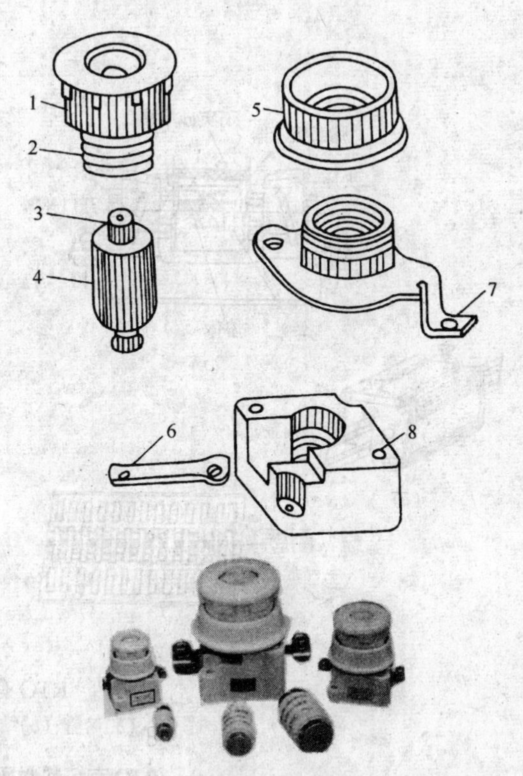

图 6-18　RL1 系列螺旋式熔断器
1—瓷帽;2—金属管;3—指示器;4—熔管;
5—瓷套;6—下接线端;7—上接线端;8—瓷座

提示:熔断器在装接使用时,电源线应接在下接线座,负载应接在上接线座上。更换熔断管时,金属螺纹壳的上接线不会带电,保证维修者安全。

螺旋式熔断器技术数据　　表 6-10

型号	额定电压(V)	额定电流(A)	熔体额定电流(A)	极限分断能力(kA)
RL1	500	15	2,4,6,10,15	2
		60	15,20,30,35,40,50,60	3.5
		100	60,80,100	20
		200	100,125,150,200	50
RL2	500	25	2,4,6,10,15,20,25	1
		60	25,35,50,60	2
		100	80,100	3.5

3) RTO 系列有填料封闭管式熔断器：

RTO 系列有填料封闭管式熔断器的结构如图 6-19 所示。

RTO 系列有填料封闭管式熔断器的技术数据如表 6-11 所示。

(3) 熔断器选择及安装注意事项

1) 熔断器的选择：

A. 依据环境和负载性质选择适当类型的熔断器。

B. 熔断器的额定电压必须等于或大于线路的额定电压。

C. 熔断器的额定电流必须等于或大于所装熔体的额定电流。

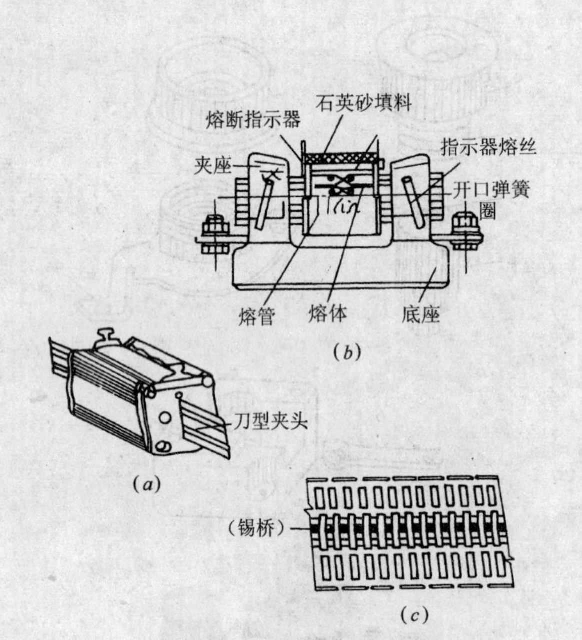

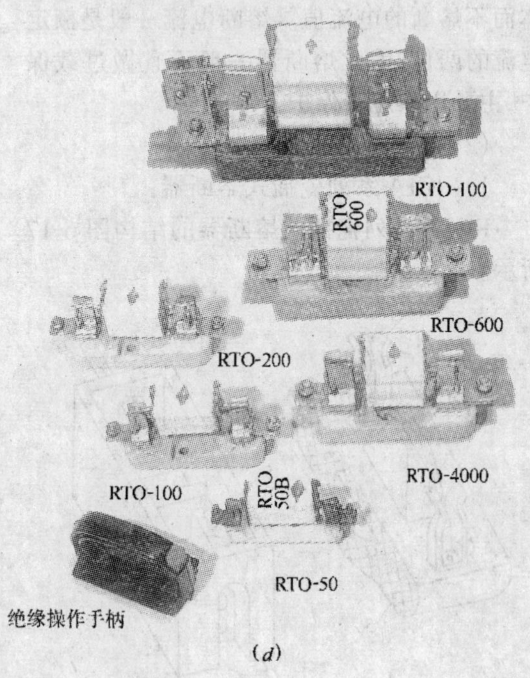

图 6-19　RTO 有填料封闭管式熔断器
(*a*)熔管；(*b*)结构；(*c*)锡桥；(*d*)外形

RTO 有填料封闭管式熔断器技术数据　　表 6-11

型　号	熔断器额定电压(V)	熔断器额定电流(A)	熔体额定电流等级(A)	极限断流能力(kA)	功率因数
RTO-100	交流 380	100	30,40,50,60,100	交流 50	>0.3
RTO-200		200	120,150,200,250		
RTO-400	直流 400	400	300,350,400,450	直流 25	
RTO-600		600	500,550,600		

D. 熔断器的分断能力应大于电路可能出现的最大短路电流。

E. 熔断器在电路中，应使上、下两级的配合有利于实现选择性保护。

2) 熔体额定电流的选择：

A. 对于负载电流比较平稳、没有冲击电流的短路保护，熔体的额定电流等于或稍大于负载的工作电流。

电阻性负载(照明及电热设备)

$$I_{FE}=1.1I_N$$

B. 对于一台不经常启动而且启动时间不长的电动机的短路保护。

$$I_{FE}=(1.5\sim2.5)I_N$$

C. 对一台经常启动或启动时间较长的电动机的短路保护。

$$I_{FE}=(1.6\sim2)I_N$$

D. 对于多台电动机的短路保护：

$$I_{FE}=(1.5\sim2.5)I_{N\cdot m}+\Sigma I_N$$

式中 I_{FE}——熔断器熔体额定电流；

I_N——负载的额定电流；

$I_{N\cdot m}$——最大一台电动机的额定电流；

ΣI_N——其余电动机额定电流之和。

3) 熔断器在安装中应注意的事项：

A. 正确选择熔体，以保证其工作的可靠性和选择性。熔体的额定电流应不大于熔断器的额定电流。

B. 装在配电板上的熔断器，都应尽可能地与控制开关保持直线位置，以便操作和维修。

C. 作为保护用的熔断器，必须装在开关后；作为隔离用的，必须装在开关前。

D. 在安装 RL 型熔断器时，必须把电源进线接入与中心触片相连的接线柱上，如果接反，在换熔芯时，容易发生触电事故。

E. RCIA 型熔断器不准横装或斜装，必须垂直安装。更换熔体，不能随意加粗或减细，也不得把两股以上的熔丝绞合并联使用，更不准用其他金属丝去替换，以免造成事故。

F. 有爆炸或火灾危险的场所，不得使用熔断时电弧可能与外界接触的熔断器，应按危险场所等级选用相应的防爆型熔断器。

6.1.5 交流接触器的拆装与维修实训练习

(1) 准备

常用电工工具、锉刀、尖嘴钳、交流接触器等。

(2) 操作步骤及要求

1) 松开灭弧罩上的固定螺钉，取下并检查灭弧罩有无炭化现象，若有可用锉刀或小刀刮掉，并将灭弧罩内吹刷干净。

2) 用尖嘴钳取下三副主触头的触头压力弹簧和三个主触头的动触头，检查触头磨损状况，决定是否需要修整或调换触头。

3) 松开底盖上的紧固螺钉，取下盖板。将铁芯、缓冲弹簧、线圈和胶木支架取出，检查动、静铁芯结合处是否紧密，短路环是否完好，决定是否修整。

4) 维修完毕，将各零部件擦干净。

5) 装配后，进行 10 次通断试运行，并验证主、辅触头的压力，若纸条拉出后有撕裂现象，则触头压力比较合适。

(3) 考核评分标准见表 6-12

交流接触器拆装车维修

考核评分标准表 **表 6-12**

序号	考核项目	单项配分	要 求	考核记录	得 分
1	拆卸和装配	20	零件无损坏或失落吸合时无噪声、铁芯不卡住、触头接触良好符合安全技术规范		
2	装配与修理质量	70			
3	文明生产	10			

班级： 姓名： 指导教师：

小　　结

低压电器分为低压配电器和低压控制电器两大类,低压配电器主要包括各种低压开关,在电路中用作隔离、转换以及接通和分断电路用。低压控制器主要有接触器、电磁铁等。交流接触器主要用于控制电动机、电热设备、电焊机等;热继电器主要用作电动机及电气设备过载保护;熔断器主要用作短路保护。本节侧重介绍各种常用低压电器的选用、安装、调整方法。

习　题

1. 什么是低压电器? 按其在电路中的作用分为哪几类?
2. 低压开关的主要作用有哪些? 它有哪些类型? 各类开关安装时有何要求?
3. DW10 系列低压断路器出厂前要做哪些调整?
4. 低压断路器安装时有哪些要求?
5. 如何正确选用交流接触器?
6. 交流接触器安装时有哪些要求?
7. 熔断器选择及安装有哪些注意事项?

6.2　低压配电装置的安装

一般低压配电装置是由一些电器元件、母线、互感器、电工仪表等组成。低压电源要经过配电装置进行配电。在安装过程中,熟练掌握配电柜(盘)电器设备及二次接线的技术要求。

6.2.1　低压配电屏的安装

低压配电屏适用于额定电压 500V 和额定电流 1500A 以下的三相交流配电系统,是控制和分配电能的一种装置。

(1) 低压配电屏的类型

低压配电屏有离墙式、靠墙式及抽屉式三种类型。

1) 离墙式低压配电屏,能够双面进行维护,型号有 BSL-10 型等,如图 6-20 所示。

2) 靠墙式低压配电屏,维护不方便。适用于用户需要不同的线路方案进行组合。型号有 BDL-12 型等。

3) 抽屉式低压配电屏,主要电器设备均装在抽屉里或手车上,通过备用抽屉或手车立即更换故障的回路单元,保证迅速供电。型号有 BFC-2 型等。

(2) 基础钢制作安装

1) 柜(盘)在室内的布置就位,按图施工,低压配电屏离墙安装时距墙体不应小于 800mm,低压配电柜靠墙安装时距墙不应小于 50mm,巡视通道宽不应小于 1500mm,如图 6-21 所示。

2) 配电柜(盘)安装在基础型钢上,依据配电盘的尺寸及钢材规格而定。一般选用 5～10号槽钢或∟50×5 角钢制作,如图 6-22 所示。

3) 基础型钢安装时不平直角及水平度,每米长应小于 1mm,全长时应小于 5mm,基础型钢的位置偏差及不平行度在全长时均应小于 5mm。

4) 埋设的配电柜(盘)应做良好的接地,一般选 40×5 镀锌扁钢在基础型钢的两端分别接地,焊接面为扁钢宽度的 2 倍。

(3) 配电柜(盘)安装

1) 按规定的顺序排列配电柜,先调整好中间一面柜(盘),然后向左或向右分开调整。

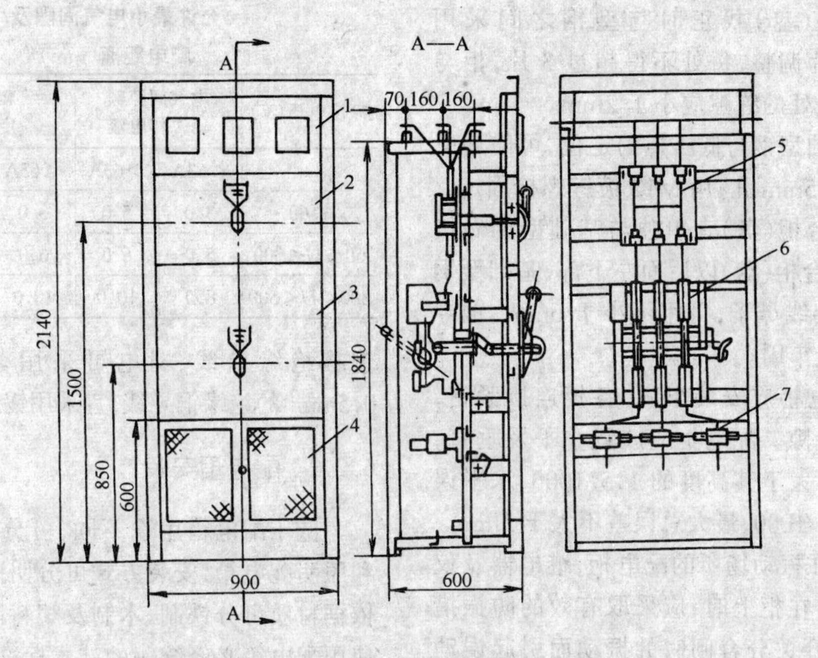

图 6-20 BSL-10 型低压配电屏

1—仪表板；2—上操作板；3—下操作板；4—门；5—刀开关；6—自动开关；7—电流互感器

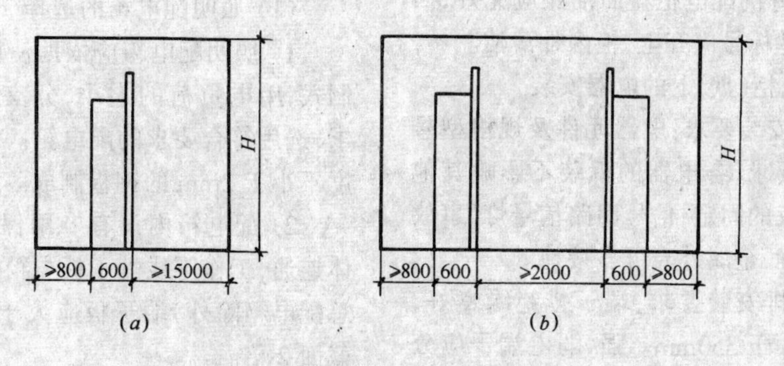

图 6-21 低压配电柜的布置示意图

(*a*)低压配电柜单列布置；(*b*)低压配电柜双列布置

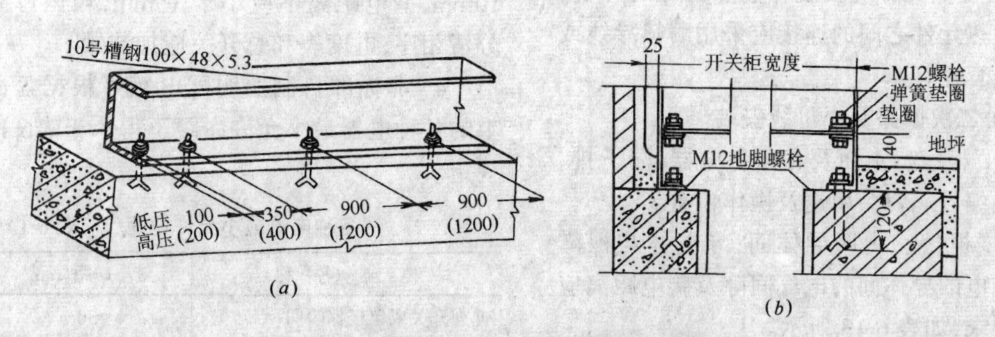

图 6-22 开关柜底脚安装示意图

(*a*)槽钢与地基的固定；(*b*)地基槽钢与箱体的另一种固定方法

注：有无地沟或地沟的尺寸由设计而定

2）柜（盘）找正时与型钢之间采用0.5mm铁片调整，每处不得超过3片，柜与柜之间接缝处的缝隙应小于2mm。

3）基础型钢与低压柜的定位，可使用电钻，钻ϕ12.5mm孔，用M12镀锌螺栓固定。

4）每台柜（盘）宜单独与基础型钢做接地连接，每台柜（盘）以后面左下部，基础型钢侧面焊上接线鼻子，再用不小于6mm^{2}钢导线与柜连接牢固。

5）配电柜应安装牢固，各柜连接紧密，无明显的缝隙。配电柜应放置水平及垂直，垂直误差不大于其高度的1.5/1000，水平误差不大于1/1000，最大总误差不大于5mm。

6）装在振动场所的配电柜，继电器及仪表直接安装在柜上时，应采取有效的防振措施，防止因开关分合闸时的振动而引起误动作。

7）安装好的配电柜盘面油漆应完好，回路名称及部件标号应齐全，柜内外清洁。

（4）配电柜（盘）上的电器安装

1）电器安装要求：电器元件及规格型号应符合设计要求，各电器的拆装不影响其他电器及导线束的固定，信号回路信号灯、事故电钟显示准确，金属外壳可靠接地。

2）端子排安装要求：端子排绝缘良好，离地高度应大于350mm。强、弱电端子应分开布置或明显标记。

3）发热元件应安装在散热良好的环境，两个发热元件之间的连接应采用耐热导线或裸铜线套瓷管。

4）二次回路及小母线安装

A．柜（盘）正面及背面各电器、端子排，应明显编号、名称、用途及操作位置。

B．柜（盘）内两导体间，导电体与裸露的不带电的导体间的电气间隙及爬电距离应符合要求，如表6-13所示。

C．柜（盘）内的配线电流回路，电压不低于500V，应使用截面不小于2.5mm^{2}铜芯绝缘导线，其他回路导线截面不应小于1.5mm^{2}铜芯绝缘导线，弱电可采用截面不小于0.5mm^{2}的绝缘铜导线，宜采用锡焊连接接点。

允许最小电气间隙及爬电距离（mm）　　表6-13

额定电压（V）	电气间隙额定工作电流		爬电距离额定工作电流	
	＜63A	＞63A	＜63A	＞63A
＜60	3.0	5.0	3.0	5.0
60＜U＜300	5.0	6.0	6.0	8.0
300＜U＜500	8.0	10.0	10.0	12.0

6.2.2　配电箱安装

低压配电箱用途不同，可分动力配电箱和照明配电箱，安装方式可分明装和暗装，又依据材质可分铁制、木制及塑料制品配电箱，使用配电箱必经统一的技术标准进行审查和鉴定，方可选用。

（1）照明配电箱的选择

1）照明配电箱应依据使用要求，进户线制式，用电负荷的大小，分支回路等设计要求，选用符合要求的配电箱。铁制箱体，用厚度不小于2mm的钢板制成。

2）配电箱内设有专用保护端子板与箱体连通，工作零线端子板与箱体绝缘。（用做总配电箱除外）端子板应大于箱内最大导线截面2倍。

3）带电体之间的电气间隙不应小于10mm，漏电距离不应小于15mm，箱内母线分清相序，电度表和总开关应加装锁。

4）非标准自制照明配电箱可根据盘面上的各种电器最小允许净距不得小于表6-14规定。

各种电器最小允许净距　　表6-14

电　器　名　称	最小净距（mm）
并列开关或单极保险间	30
并列电度表间	60
电度表接线管头至表小沿	60
上下排电器管头间	25

续表

电 器 名 称	最小净距(mm)
开关至盘边	40
管头至盘边	40
电度表至盘边	60
进户线管头至开关下沿 10～15A	30
进户线管头至开关下沿 20～30A	50
进户线管头至开关下沿 6A	80

5）木制配电箱及盘面，应厚度不小于20mm、红、白松板材制成，宽度超过600mm，配电箱应做成双扇门。用于室外的配电箱，要做成防水坡式或包镀锌铁皮。

(2) 配电箱位置的确定

1）配电箱应安装在电源的进口处，并尽量缩短距离，一般配电箱的供电半径为30m左右，便于维护。

2）照明配电箱底边距地高度一般为1.5m，照明配电板底边距离不应小于1.8m，距配电箱与暖气管道距离不小于300mm，与给排水管道不应小于200mm，与煤气管、表不应小于300mm。

3）普通砖砌墙体，在门、窗、洞口旁设置配电箱时，箱体边缘距门、窗或洞口边缘不宜小于0.37m。

(3) 箱体预埋

1）建筑施工中，配电箱安装高度（箱底边距地面一般为1.5m），又将箱体埋入墙内，箱体放置平正，箱体放置后用托线板找好垂直使之符合要求。木制箱体宜突出墙面10～20mm，尽量与抹灰面相平；铁制箱体，依据面板是悬挂、半嵌入式和嵌入式安装的要求。如图6-23所示。

2）宽度超过500mm的配电箱，其顶部要安装混凝土过梁；箱宽度300mm及其以上，顶部应设置钢筋砖过梁，ϕ6mm以上钢筋，不少于3根，保持箱体稳固。

3）在240mm墙上安装配电箱时，要将箱后背凹进墙内不小于20mm，后壁要用10mm厚石棉板，或钢丝直径为2mm、孔洞为10mm×10mm的钢丝网钉牢，再用1:2水泥砂浆抹好，以防墙面开裂。

4）暗配钢管与铁制配电箱连接时，焊接固定，管口露出箱体长度应小于5mm，先将管与接地线做横向焊接连接，再将跨接线与箱焊接牢固。

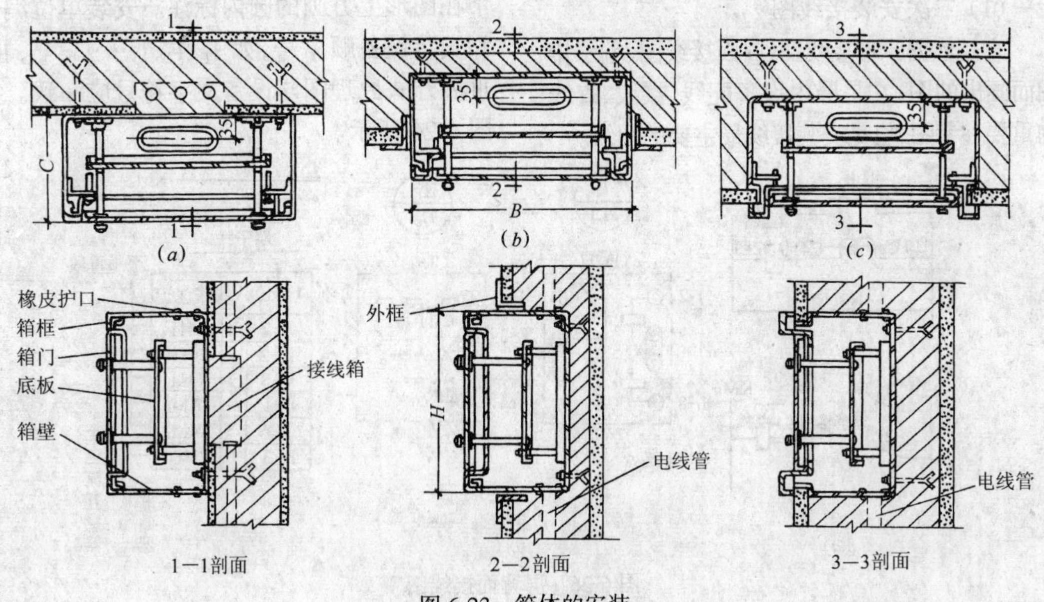

图6-23 箱体的安装

(a)悬挂安装；(b)半嵌入安装；(c)嵌入安装

5）对落地式配电箱的固定和安装，也可参照基础型钢制作方法进行。如图 6-24 所示。

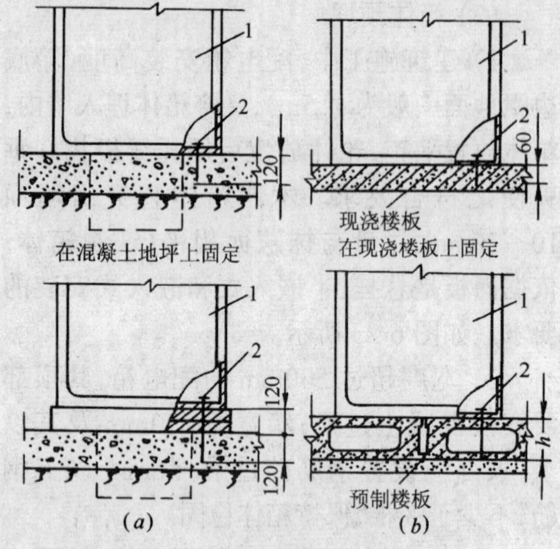

图 6-24　落地式配电箱箱体固定示意图
(a)在混凝土地坪上固定；(b)在现浇楼板上固定；
1—配电箱；2—螺栓

6.2.3　二次接线的安装

在变电所的开关柜或控制屏上用于监视测量仪表、继电保护和自动装置的全部低压回路的接线，均为二次接线，它表示二次设备之间的电气联系。

（1）二次安装接线图

它是依据原理接线图、屏面接线图、端子排图而画出的图，它是屏内设备配线、接线、查线的重要参考图，也是安装接线最主要的图纸。

1）屏背面接线图上设备的排列是与屏面布置图相对应的，看图者相当于站在屏后，设备左右布置正好与屏面布置图相反，其特点是：

A. 设备安装位置与实际位置相符。

B. 设备轮廓与实际形状尽量相似，一般可不按比例画。

C. 设备的引出端子是按实际排列顺序画出的。

D. 设备的内部接线简单，如图 6-25 所示。

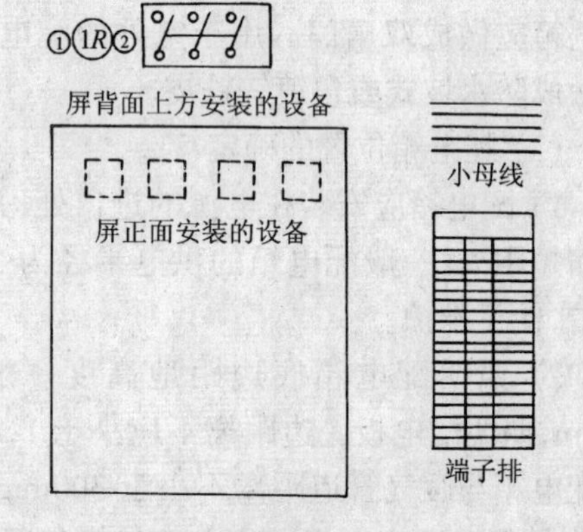

图 6-25　屏背面接线图

2）屏内设备的标注方法，屏背面接线图中所画的设备很多，必须用规定的符号和数字在图形上方画的圆内标注。安装单位编号和安装设备顺序号，如 I_1、I_2、I_3……；Ⅰ、Ⅱ、Ⅲ展开式原理图与设备文字符号应一致。如图 6-26 所示。

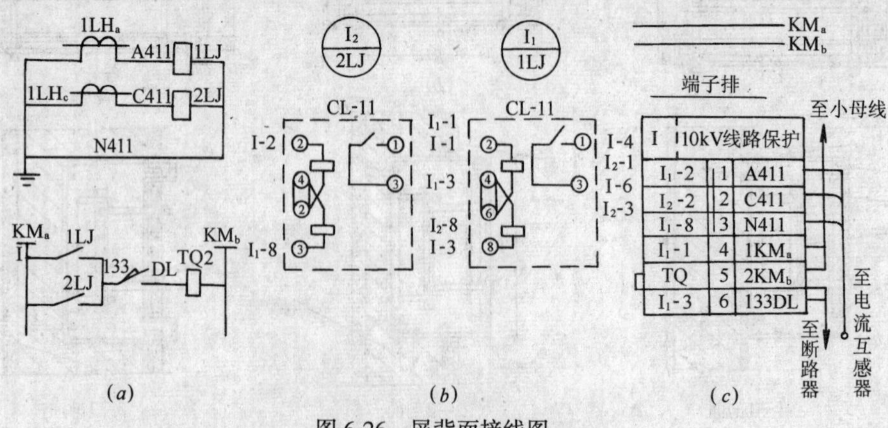

图 6-26　屏背面接线图
(a)原理接线图；(b)屏背面接线图；(c)端子排图

3）屏内设备间连接线的相对编号法，屏后接线图设备之间的连线一般不直接画出每一根导线，多采用相对编号法表示。甲设备的代号为 I_2，乙设备代号为 I_4，如 I_2 的接线柱①与 I_4 的接线柱②相连，则在甲设备的接线柱①上标"I_4-2"，在乙设备的接线柱②上标"I_2-1"。图纸上的"I_4-2"与"I_2-1"是同一根导线的两端。如图 6-27 所示。

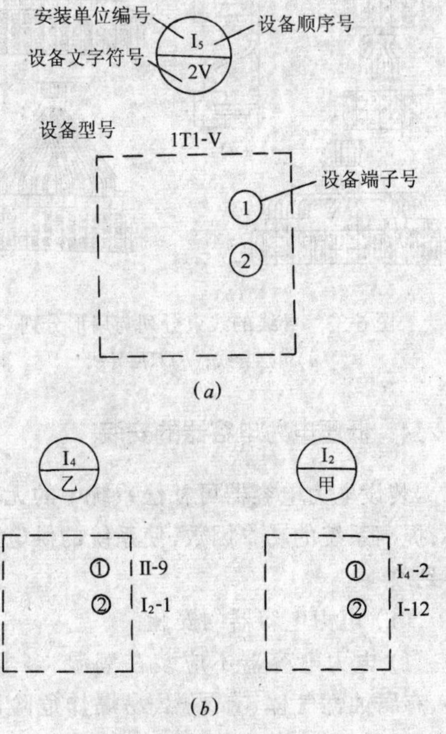

图 6-27 屏背面接线图中设备的标注与相对编号法示意图
(a)屏背面接线图中设备的标注方法；
(b)相对编号法示意图

(2) 二次接线的敷设方式

1）二次接线的敷设方式很多，通常利用金属夹或塑料夹将导线敷设在混凝土或砖墙上，或利用线卡直接将导线敷设在混凝土或金属表面上，如图 6-28 所示。

2）利用带扣的抱箍将导线敷设在配电屏或开关板上，还有的导线敷设在塑料线槽内。如图 6-29 所示。

3）安装接线图导线敷设位置的确定：用

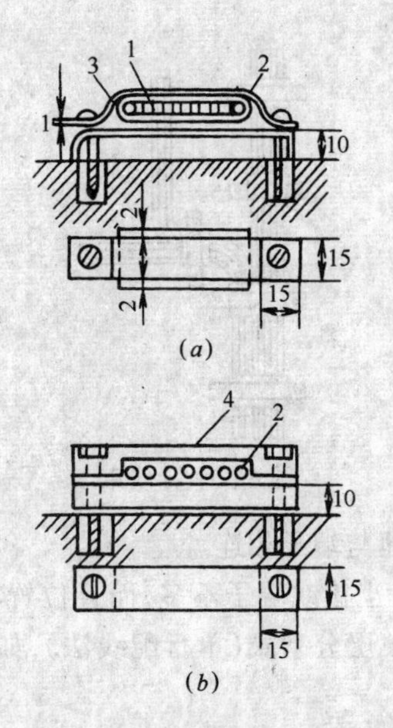

图 6-28 导线敷设在混凝土或砖墙结构上
(a)装在金属线夹上；(b)装在绝缘线夹上
1—绝缘垫；2—导线；3—金属线夹；4—绝缘线夹

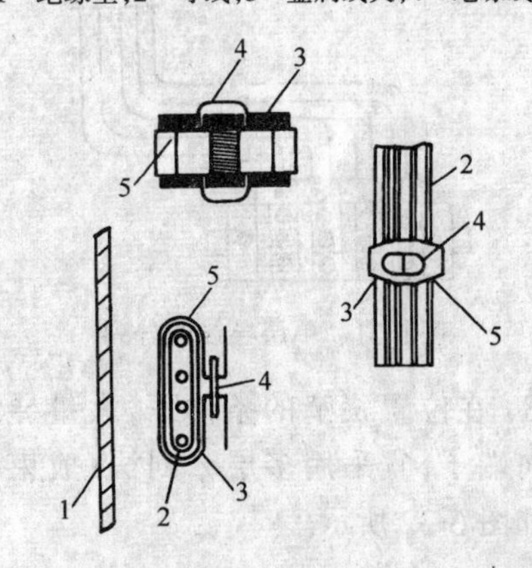

图 6-29 用带扣的抱箍绑扎导线
1—配电盘；2—导线；3—绝缘层；4—扣；5—抱箍

直尺和线锤划好线，线夹固定螺钉之间的距离，绝缘导线垂直敷设时为 200mm，水平敷设时为 150mm。

4）敷设时首先将一个线夹与导线的一端夹住，然后逐步将导线沿敷设方向都夹好导线。在线夹下要用黄蜡带或塑料带包扎垫好，绑扎成束。如图 6-30 所示。

5）导线的弯曲半径一般为导线直径的 3 倍左右，当导线穿过金属板时，应加装绝缘套管。

6）导线的分列是指导线由线束排列，并

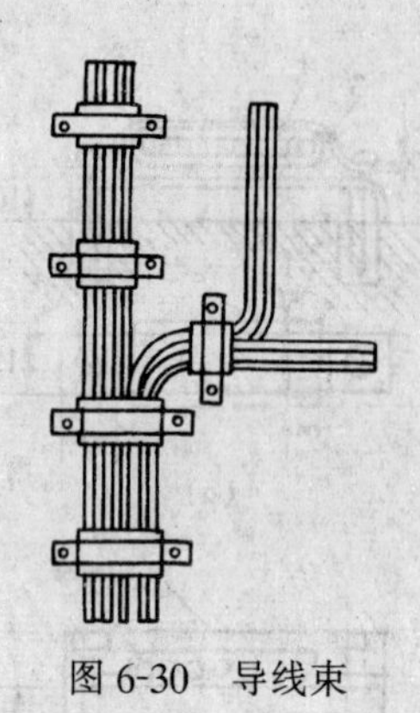

图 6-30　导线束

有顺序地与端子相连。

A. 当接线端子不多，而且位置较宽时，可采用单层分列式（单行配线法），如图 6-31 所示。

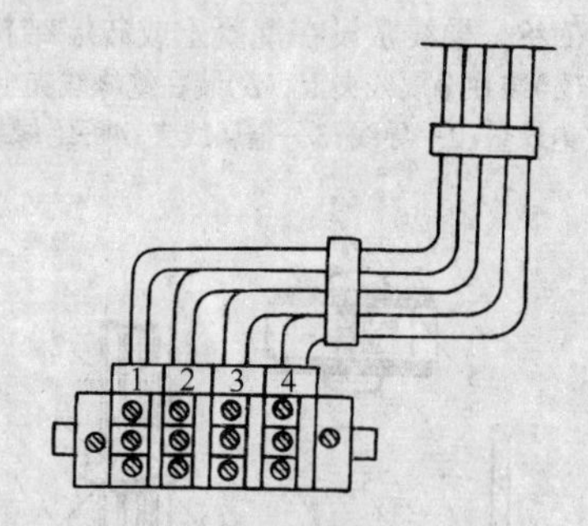

图 6-31　单层导线的分列

B. 在位置狭窄的条件下，大量导线需要接向端子，宜采用多层分列法（成束配线法），如图 6-32 所示。

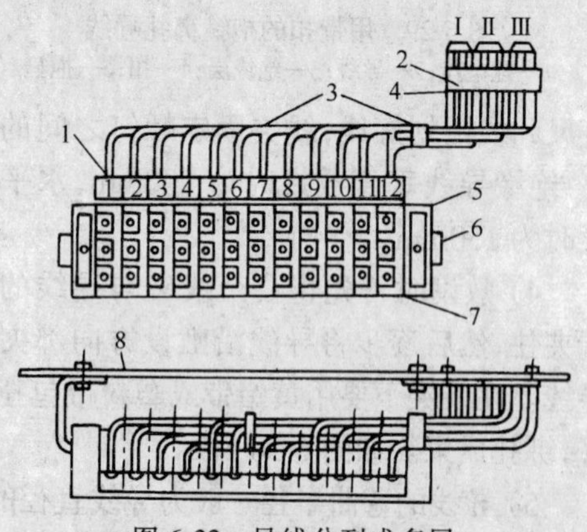

图 6-32　导线分列成多层

1—编号牌；2—绑带；3—线夹或抱箍；4—绝缘层；5—空白端子；6—端子板条；7—组合端子板；8—配电盘（或屏）

C. 除了单层和多层分列法外。在不复杂的单层或两层配线的线束中，可采用扇形分列法，如图 6-33 所示。

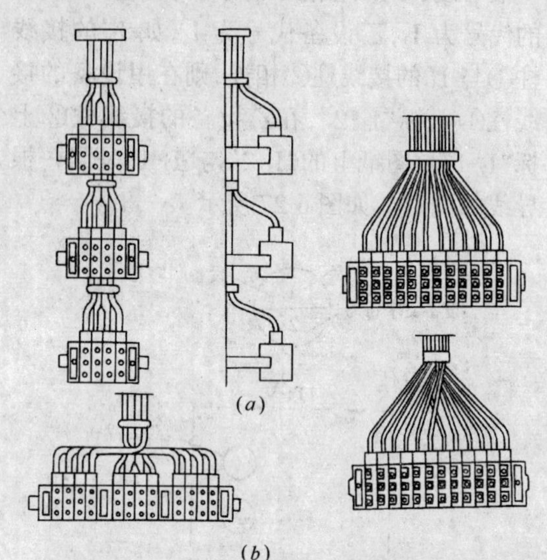

图 6-33　导线的线束分列与扇形分列

(*a*)单层导线；(*b*)双层导线

6.2.4　低压电力电容器的安装

装设电力电容器可补偿系统中的无功功率，提高系统的功率因数，使系统的供电质量得到改善。

(1) 电力电容器的安装

1) 电力电容器不应装在潮湿、多尘、高温、有腐蚀性气体、有易燃、易爆炸危险以及长期遭受振动的场所。

2) 电容器连接时，应考虑防止由于温度变化，引起绝缘油膨胀而使电容器套管受到过大的压力。

3) 电力电容器应有良好的通风环境，每千乏进风口（下孔）有效面积至少应为 $10cm^2$，出风口（上孔）有效面积至少为 $20cm^2$，主要有：

A. 电力电容器的分层架子不应超过三层，层与层之间不应装水平隔板。

B. 电力电容器带电桩头与上层电容器的箱底相距至少应为 100mm。

C. 电力电容器离地面至少相距为

100mm。

D. 电容器箱壁宽面之间至少应为50mm间距。

4) 电力电容器的裸导电部分离地面低于2.2m时,应加设遮护。网式遮护到裸导电体的距离不应小于100mm,无孔板式遮护到裸导电体的距离不应小于50mm。

5) 电力电容器有单独的操作开关,操作开关可采用自动空气开关或刀闸,所配的开关及导线每千乏以2A计算,所配的熔体额定电流每千乏以2.5A计算。

6) 电容器的结构如图6-34所示。电力电容器必须加装放电电阻,并采用三角形接法,如图6-35所示。一般采用15~25W的灯泡六个,两个串联接成一相,三相以三角形连接后与电容器组连接。

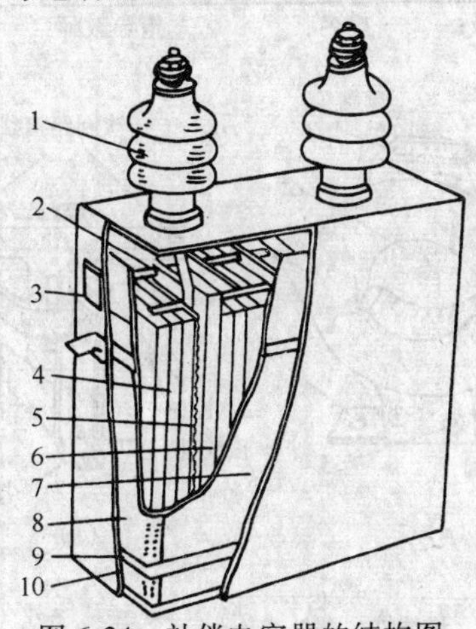

图6-34 补偿电容器的结构图

1—出线套管;2—出线连接片;3—连接片;4—扁形元件;5—固定板;6—绝缘件;7—包封件;8—连接夹板,9—紧箍;10—外壳

熔丝的选择应为电容器额定电流的1.3倍。

(2) 电容器的运行和维护

1) 电容器运行中的监视:

A. 运行电压不允许高于允许值,表6-15所示是移相电容器的过电压标准。

B. 电容器应在额定电流下运行,允许过载电流不得超过额定电流的1.3倍,以免发生热击穿,自动将电容器与电网切除。

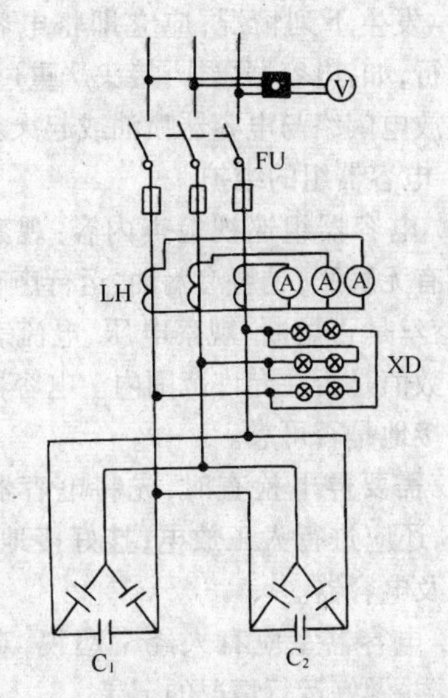

图6-35 低压电容器组放电灯泡接线图

移相电容器的过电压标准　　表6-15

型式	允许过电压倍数	最大持续时间	原　因
工频	1.10	长期	系统电压波动
工频	1.15	30min	系统电压波动
工频	1.20	5min	轻负荷时的电压升高
工频	1.30	1min	轻负荷时的电压升高
谐波	只要电流不超过额定电流的1.3倍	可以长期	电源电压波形畸变

C. 电容器的运行温度是电容器安全运行可靠保证。电容器一般靠空气自然冷却,所以周围空气温度对电容器的运行有很大影响。

D. 电力电容器应在稳定的电压下运行,如暂时不可能,可允许在超过额定电压的5%的范围内继续运行,且允许在1.1倍额定电压下短期运行。

2) 电容器组的操作:

A. 变电所发生全所停电事故时,在将所有线路断电后,应将电容器断开。只有各线路恢复合闸送电后,才可将电容器投入运行。

B. 电容器组切除后,至少经过3min,方能再次合闸,以防止操作过电压击穿电容器组的绝缘。

C. 发生下列情况,应立即将电容器组停止运行,如:电容器爆炸;接头严重过热;套管严重放电闪络与电容器喷油或起火。

3) 电容器组的维护

A. 电容器组巡视检查内容:观察电容器外壳有无膨胀,是否渗漏油、运行声音是否正常、熔丝是否熔断、观察电压、电流表和温度计的数值是否在允许范围内。电容器外壳的保护接地是否可靠。

B. 需要停电检查时,先将电容器自行放电外,还应进行人工放电,挂好接地线后,方可触及电容器。

C. 电容器室应有人经常巡视,观察各种现象,并做好运行情况的记录。

6.2.5 安装低压电容器柜控制电路实训练习

(1) 准备

常用电工工具一套、低压电容柜架一个、电压表、电流表、刀开关、接触器、按钮、电容器、熔断器、导线、紧固件、编码套管和缠绕管等。

(2) 操作步骤及要求

1) 仔细阅读原理图,并在图上编号,绘制安装接线图。

2) 选择电器元件的型号及规格。

3) 在安装柜上合理布局配线,并固定相关器件牢固可靠。

4) 布线时应尽量对称、美观、接线牢固。

5) 通电检查前应先查控制电路,检查线路正确无误后方可试电。

(3) 考核评分标准(表 6-16)

6.2.6 电流互感器的安装

电流互感器是一种特殊的变压器,其作用是把大电流转变成小电流进行测量。它的初级绕组匝数很少,甚至只有一匝,导线较粗,直接串在线路中可通过很大的电流(负载电流);次级绕组匝数很多,通过的电流小,用来接监测电路运行情况的电测仪表。电流互感器的结构图和符号如图 6-36 所示。

安装低压电容柜控制电路考核评分标准 **表 6-16**

序号	考核项目	单项配分	考核要求	考核记录	得分
1	绘出接线图	15	图纸整洁、接线图正确		
2	线路敷设	50	线路敷设布局合理,工艺较好,交叉线少、接线正确		
3	电器元件固定	20	电器接触良好无设备损坏安装牢固		
4	综合印象	15	文明生产,节省材料,符合安全技术规范		

班级: 姓名: 指导教师:

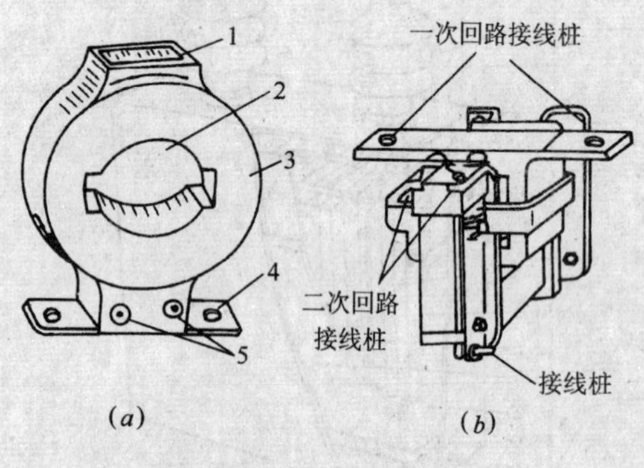

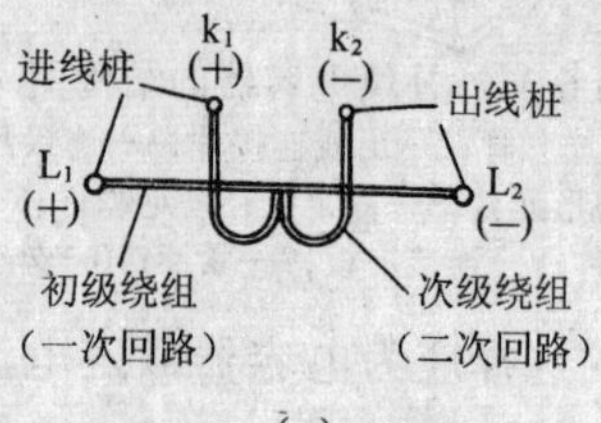

图 6-36 电流互感器

(a)LMZ 系列穿芯式电流互感器;(b)LQG 系列双绕组电流互感器;(c)符号

1—铭牌;2—一次母线穿孔;3—铁芯,外绕二次绕组,环氧树脂浇注;4—安装板;5—二次接线端子

(1) 电流互感器的安装

1) 电流互感器初级标有“L_1”或“+”的

接线柱,应接电源进线;标有"L_2"或"－"的接线柱接出线负载上。次级标有"k_1"或"＋"接线柱与电度表电流线圈的进线连接;标有"k_2"或"－"接线柱与电度表的出线柱连接。

2) 电流互感器次级的"k_2"或"－"接线柱、外壳及铁芯都必须可靠接地。

3) LQG 系列双绕组电流互感器,精度较高,安装时需断开电路,将其一次侧串接进去,二次侧接电测仪表。接线方式如图 6-37 所示。

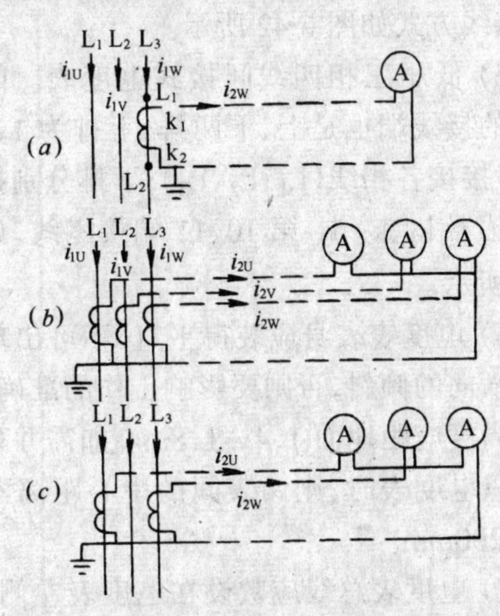

图 6-37 电流互感器与测量仪表的接线方式
(a)单相接线;(b)星形接线;
(c)不完全星形接线

4) LMZ 系列穿芯式电流互感器,其精度较低,安装方便,只需将母线从中间孔穿入作为一次侧绕组,二次侧接电测仪表。接线方式如图 6-37 所示。

提示:电流互感器应安装在电度表的上方。接线时,一定注意同名端问题。避免极性接反,造成仪表计量错误或继电保护装置不能正确动作。LQG 系列一般与电度表配合使用,LMZ 系列一般与电流表配合使用。

(2) 电流互感器的极性判别方法

1) 电流互感器在连接时应注意极性,一般用 L_1 与 k_1,L_2 与 k_2 表示同极性端子,也可以同极性端子上注以"·"号表示,如图6-38 所示。

2) 电流互感器的同极性端子可用试验的方法确定。如图 6-39 所示:一次线圈串接一节电池,二次线圈接入一个电流计。合上开关 S,若电流计正向偏转,则电池正极所接端子 L_1 与电流计正表笔所接的端子 k_1 为同极性端子;若电流计反向偏转,则 L_1 与 k_1 为反极性端子。

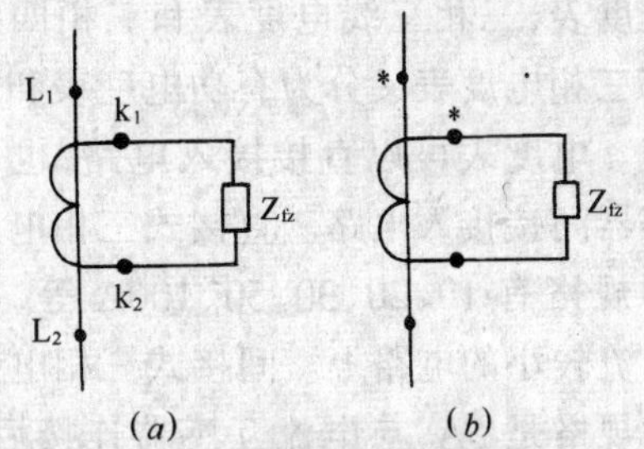

图 6-38 电流互感器的同名端标志方法

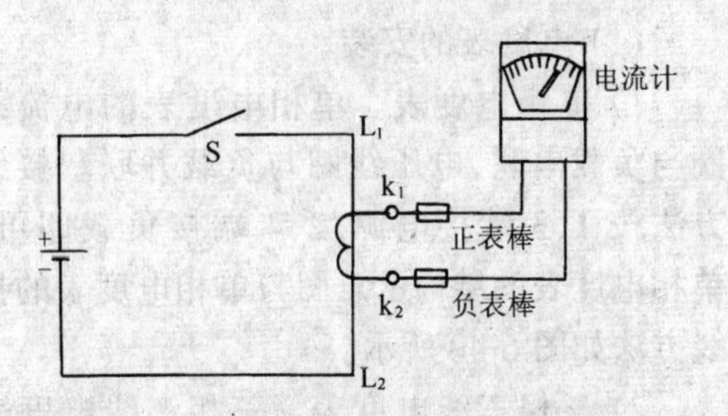

图 6-39 电流互感器同极性判别方法

(3) 电流互感器运行中的维护

1) 电流互感器在运行中,应防止二次回路开路。在调换电测仪表时,应先将二次回路短接后再拆除仪表,进行调换;当仪表调换好后,应先将仪表接入二次回路,再拆除短接片,并检查仪表是否正常。若在拆除短接片时发现有火花,此时电流互感器已开路,应立即再重新短路,查明仪表回路确无开路现象,方可重新拆除短接片。在进行拆除短接片时,应站在绝缘橡皮垫上,另外还要停用该电路回路的保护装置,待工作完毕后,方可将保护装置投入运行。

2) 在操作电流互感器电流试验端子时,为了防止电流互感器二次侧开路,在旋转压板时不要太紧,避免太紧了使铜螺钉容易滑牙,造成开路。

3) 若电流互感器运行中有嗡嗡声响,可检查其内部铁芯是否松动，可将铁芯螺栓拧紧。

4）当电流互感器的二次线圈的绝缘电阻低于10～20MΩ时，必须烘干，使绝缘恢复。

6.2.7 电度表的安装

电度表是用来计量用电量的仪表，分为单相电度表，三相三线电度表和三相四线电度表。三相电度表又分为有功电度表和无功电度表。电度表可以直接接入电路，也可以用互感器间接接入电路。直接式三相电度表常用的规格有10、20、30、50、100A等，一般用于电流较小的电路上。间接式三相电度表常用的规格是5A，与电流互感器连接后，用于电流较大的电路上。

（1）电度表的安装

1）单相电度表。单相电度表的电流线圈与负载串联，电压线圈与负载并联。接线方法按1、3端接电源，2、4端接负载即可。单相电度表的结构示意图与单相电度表的接线方法如图6-40所示。

2）三相三线电度表。三相三线电度表中有两个测量元件，只能用在三相三线制供电系统中。低压计量时分为直接式和间接式两种接线方式。两元件双盘电度表的结构示意图及三相三线有功表直接接线和间接接线方法如图6-41所示。

3）低压三相三线间接表的接线方法：三相间接表接线端子分上、下两排，上排是电压线圈的进线端，直接接电源相线，下排为电流线圈进线端，接互感器k_1、k_2端，如图6-42（c）所示。

4）低压三相四线电度表。该表中有三个测量元件，也分为直接式和间接式两种。直接式表电压线圈与电流线圈用连片连在一起，接线方式如图6-42所示。

5）低压三相四线间接式电度表。间接式表的接线端也是上、下两排，上排为1、4、7端，直接接各相线（L_1、L_2、L_3）；下排分别接各相互感器k_1、k_2端、第10、11端接零线，如图6-43所示。

6）电度表表身应装得平直，不可出现纵向或横向的倾斜，否则要影响工作的准确性。安装高度应距地面1.4～1.8m。如需并列安装多只电度表时，则两表间的中心距离不得小于200mm。

7）电度表总线应敷设在电度表左侧，不可接反，中间不准有接头。电度表之间沿线敷设长度不宜超过10m。一般以“左进右出”原则接线。

（2）电度表的选择

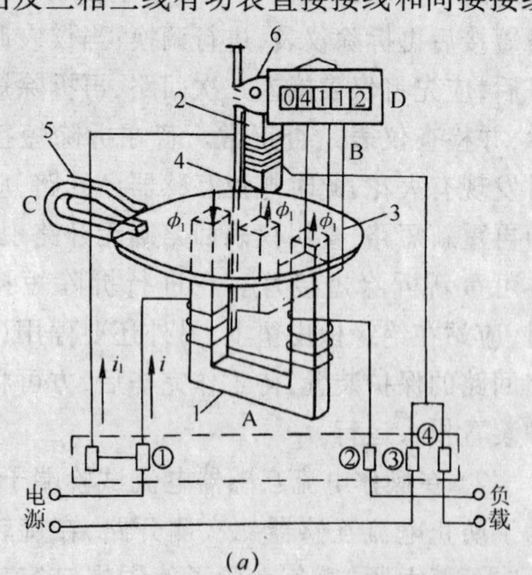

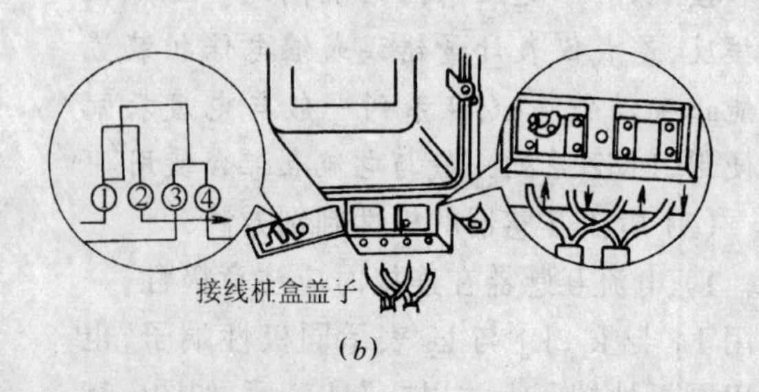

图6-40 单相电度表的结构与接线方法

（a）感应系电度表的结构示意图；（b）单相电度表的接线方法

1—电流元件，2—电压元件；3—铝制圆盘；4—转轴；5—永久磁铁；6—蜗轮蜗杆传动机构

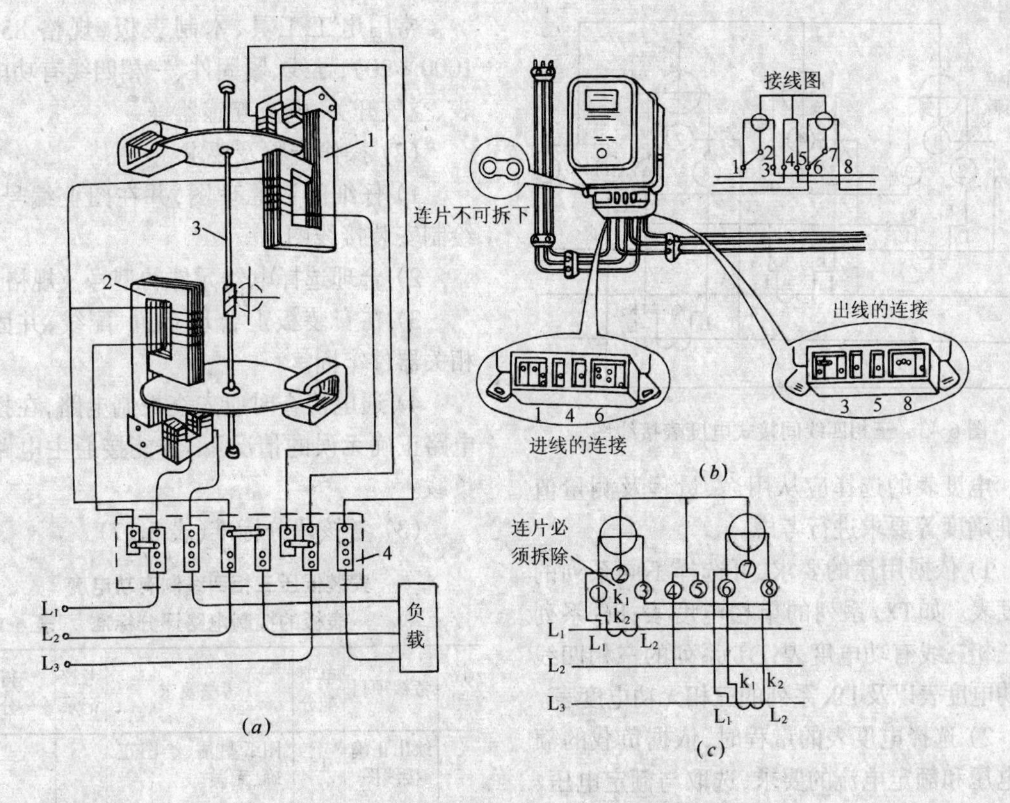

图 6-41　三相三线电度表结构与接线图

(a)两个元件双盘电度表结构示意图；(b)低压三相三线有功表直接接线图；(c)低压三相三线间接式电度表接线图

1—第一组元件；2—第二组元件；3—转轴；4—端子

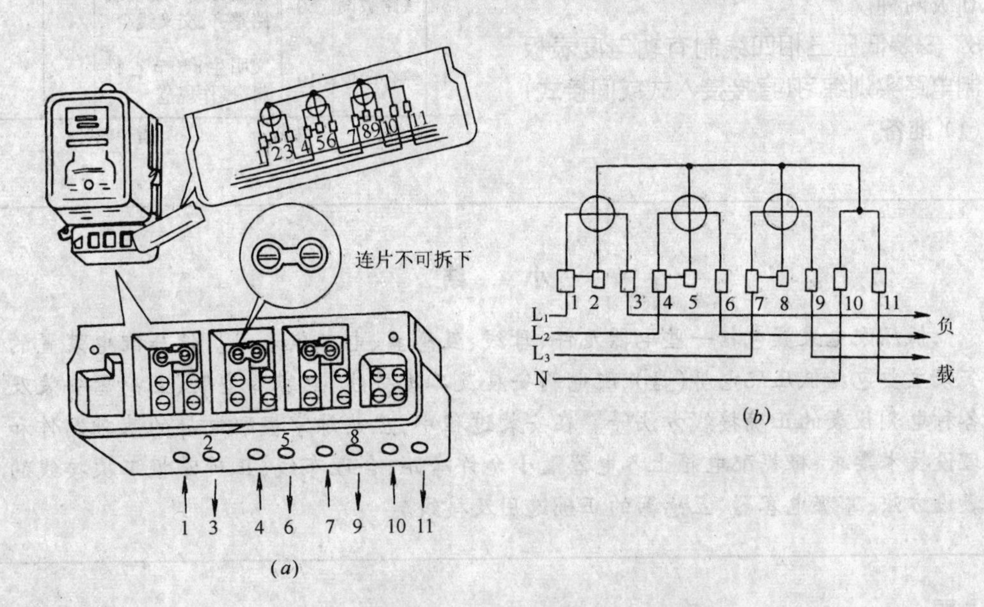

图 6-42　低压三相四线直接式电度表接线图

(a)；(b)三相四线有功电度表直接接入的接线圈

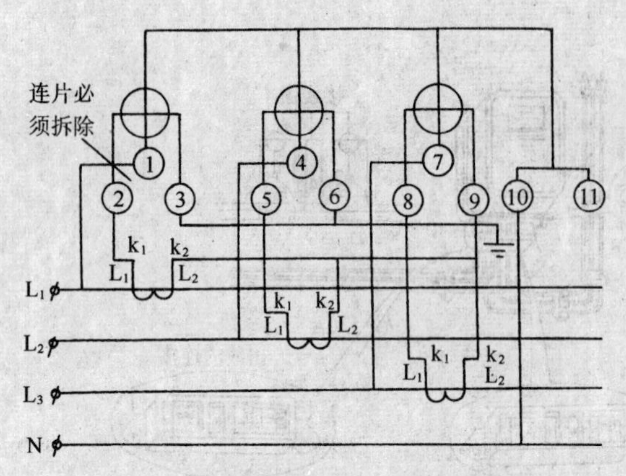

图 6-43 三相四线间接式电度表接线图

电度表的选择应从用途、量程及测量值的准确度等要求进行考虑。

1) 依据用途的要求，可选择不同系列的电度表。如 DD 系列的单相电度表；DS 系列的三相三线有功电度表；DT 系列的三相四线有功电度表以及 DX 系列的三相无功电度表。

2) 选择电度表的量程时，依据负载的额定电压和额定电流的要求，选取与额定电压、电流相符的电度表。

3) 电度表准确度等级一般可选 1.0 级和 2.0 级两种。

6.2.8 安装低压三相四线制有功电度表板的控制电路实训练习(直接接入式或间接式)

(1) 准备

常用电工工具、木制表板(规格 850×1000×20)、导线、紧固件、三相四线有功电度表、空气开关、电流互感器等

(2) 操作步骤及要求

1) 仔细阅读原理图，并在图上编号，并绘制安装接线图。

2) 合理选择电器元件的型号及规格。

3) 在安装板上合理布置、配线，并固定相关器件牢固。

4) 通电检查时应先查控制电路，在控制电路正确无误的情况下，方能接通主电路和负载。

(3) 考核评分标准(表 6-17)

安装低压三相四线制有功电度表板的控制电路评分标准　　表 6-17

序号	考核项目	单项配分	考核要求	考核记录	得分
1	绘出正确接线图	15	图纸整洁、绘图正确、无误		
2	电器元件固定	25	电器元件排列合理、整齐、安装牢固		
3	线路敷设	50	接线正确，敷设线路整齐、交叉线少		
4	综合印象	10	文明生产、节省材料、操作规范		

班级：　　姓名：　　指导教师：

小　结

低压配电装置包括一些电器元件、母线、互感器、电工仪表等。低压配电装置的安装主要包括低压配电屏(盘)、配电箱安装及二次接线、电容器安装、互感器安装及各种电测仪表的正确接线方法等。在安装过程中，应熟练掌握配电屏的基础制作和埋设技术要求；根据配电箱上各电器最小允许净距，合理布线，正确掌握二次接线的敷设方法；掌握电容器、互感器的正确选用及接线。

习　题

1. 配电柜、(盘)安装的要求。

2. 照明配电箱选择条件。

3. 低压电容器的运行和维护？

4. 二次接线的敷设方式？

5. 电力电容器的安装要求？

6. 电流互感器的作用是什么？

7. 电流互感器运行中需要哪些维护？

8. 电流互感器极性判别方法？

9. 电流互感器的接线方式？

10. 如何选择电度表？

11. 画出低压三相有功电度表接线图(直接接入式、间接式)。

第7章 电动机的安装

交流电动机使用极为广泛。交流电动机可分为三相电动机和单相电动机。在三相电动机中，由于鼠笼式电动机的结构简单、价格低廉、运行可靠，所以使用量为最大。单相电动机不需要三相电源，只要有单相电源即可使用，它广泛应用于工业、农业、医疗机构外，还大量应用于家庭。本章着重介绍三相交流异步电动机铭牌、基本维护保养和安装控制线路。

7.1 三相交流异步电动机铭牌

在电动机机座上都装有一块标牌，叫铭牌。它扼要地表明了该电机有关技术参数，可以帮助我们正确地选择、使用和维护电机。例如：

三相异步电动机

型　号 Y160M-4	额定电压 380V
额定功率 11kW	额定电流 22.6A
接法 Δ	定　额 S_1
频率 50Hz	转　速 1460r/min
绝缘等级 B 级	重　量 130kg
防护等级 IP44	

7.1.1 型号说明

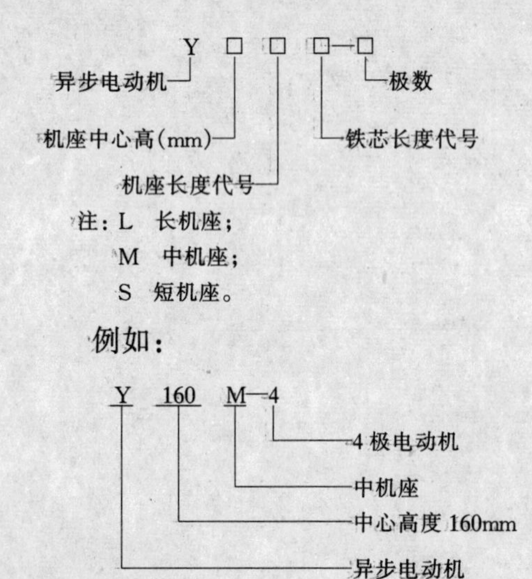

我国目前使用最多的是 Y 系列三相异步电动机。它是全国统一设计的新系列小型鼠笼转子电动机，功率和机座号等级分别采用 IEC 有关标准，且功率等级与安装尺寸的关系也与国际上通用标准相同，因此 Y 系列电动机与国际上同类产品有较好的互换性。它具有许多优点：

1) 效率高，比旧系列电机提高 0.41%。

2) 起动性能好，比旧系列电机提高 30%。

3) 功率和机座等级分别采用 IEC 有关标准，因此 Y 系列电动机与国际上同类产品有较好的互换性。

4) Y 系列电机与同功率的旧系列电机体积平均缩小 15%，重量平均减轻 12%。

5) 噪音低，符合 IEC 噪音指标。

6) 采用 B 级绝缘，定子绕组的温升限度不超过 80℃，最高允许温度达 130℃。

Y 系列电机在 3kW 以下定子绕组为 Y 接法，4kW 以上的电动机的定子绕组则均为 Δ 接法。

Y 系列还有派生系列电机：YR、YZ 和 YZR、YB 系列等。YR 为绕线转子电动机，YZ 和 YZR 系列为起重冶金用电机，YB 为防爆电机。

7.1.2 铭牌内容说明

(1) 额定功率

它表示电动机在额定工况满载运行时，

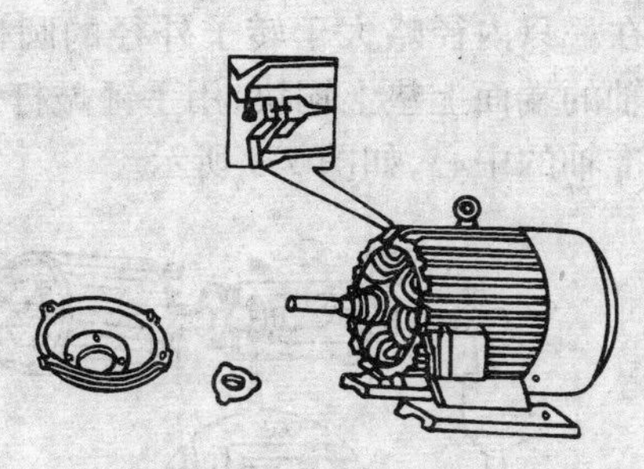
在端盖与机座间所作的对正记号

小型电动机前端盖的拆卸

图 7-3 电机拆卸步骤

续表

防护等级	简称	定义
4	防溅	任何方向的溅水对产品应无有害的影响
5	防喷水	任何方向的喷水对产品应无有害的影响
6	防海浪或强力喷水	猛烈的海浪或强力喷水对产品应无有害的影响
7	浸水	产品在规定的压力和时间内浸在水中,进水量应无有害的影响
8	潜水	产品在规定的压力下长时间浸在水中,进水量应无有害的影响

电动机外壳防护等级由“IP”及两个数字组成。第一位数表示上述第一类防护型式的等级,第二位数字表示第二类防护型式的等级。如只需单独标志一类防护型式的等级时,则被略去数字的位置应以“X”补充。如写IPX3(第二类防护型式3级);IP5X(第一类防护型式5级)。

7.2 电动机的拆卸和装配

电动机在检修和进行例行保养时,均需经常拆装,如果拆卸不当,就会损坏零部件,因此应掌握电动机的正确拆卸和装配技术。拆卸前,应预先在线头、两边端盖等处做好标记,以便以后装配,在拆卸过程中,应随时进行检查和测量,认真做好原始记录。

7.2.1 拆卸步骤(图 7-3)

1) 标记电源线在接线盒中的接线位置,注意电源的相序或电线的颜色;

2) 拆卸皮带轮或联轴器;

3) 拆卸风罩和冷却风扇;

4) 拆卸轴承盖和端盖;

5) 抽出或吊出转子。

7.2.2 主要零部件的拆卸方法

(1) 皮带轮或联轴器的拆卸

先在皮带轮(或联轴器)的轴伸端上做好尺寸标记,皮带轮(或联轴器)上若有定位螺丝应先松开取下,用两爪或三爪拉具把皮带轮(或联轴器)慢慢拉出,如图 7-4。在操作时,应将拉具的丝杠尖端对准电动机轴的中心孔,使受力均匀,以便顺利拉出皮带轮(或联轴器)。

图 7-4 用拉具拆卸皮带轮

(2) 轴承盖和端盖的拆卸

先把轴承的外盖螺栓松下,拆下轴承外

盖，按对角线顺序，交替松开端盖紧固螺栓，然后在周围均匀加力，将端盖撬下来。

(3) 抽出转子

小型电机的转子可以连同端盖一起取出，见图 7-5 抽出转子时应小心。对于大型电机，由于转子较重，要用起重设备将转子吊出，如图 7-6。

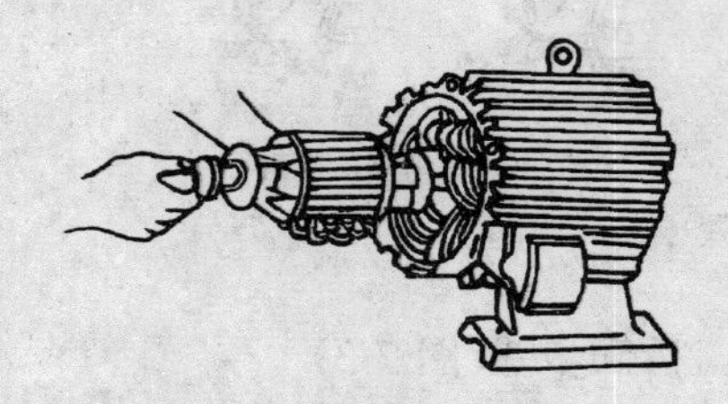

图 7-5 小型电动机转子的抽出

7.2.3 电动机机械故障的检修方法

电动机在长期运行中，机械部分最常见的故障往往多发生在轴承上，因而对轴承的拆卸、清洗、添加润滑剂，就显得非常重要。

(1) 在转轴上拆卸轴承

转轴上轴承拆卸最好用拉具拆卸。拉具的拉爪应扣在轴承的内圈上，不能拉外圈，否则，会拉坏轴承，见图 7-7。若没有拉具，也可用铜棒拆卸，用铜棒顶住轴承内圈，用锤均匀敲打，如图 7-8。敲打时要沿轴承内圈四周相对两侧均匀敲打，不可敲偏，用力不可过猛。

(2) 搁在圆桶上拆卸

在轴承的内圈下面用两块铁板夹住，搁在一只内径略大于转子外径的圆桶上面，在轴的端面上垫上铜块，用手锤敲打，着力点对准轴的中心，如图 7-9 所示。

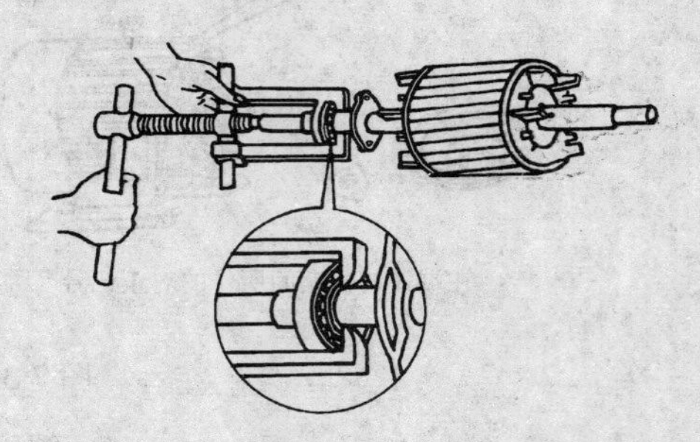

图 7-7 用拉具拆卸轴承

(3) 在端盖内拆卸轴承

在拆卸电机时，若轴承留在端盖轴承孔内

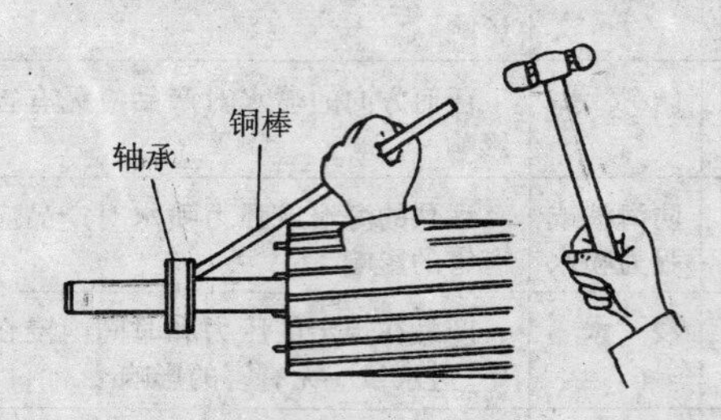

图 7-8 用铜棒拆卸轴承

时，则应采用图 7-10 所示的拆卸方法：先将端盖止口面向上半稳放置在两块铁板上，但不能抵住轴承，然后用一个直径略小于轴承外径的金属棒，沿轴承外圈敲打，将轴承敲出。

(4) 轴承的清洗和直观检查

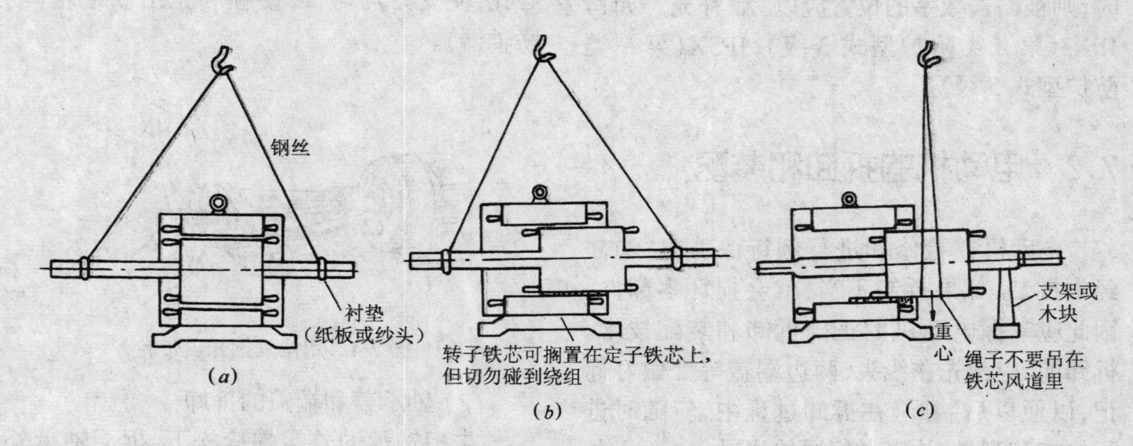

图 7-6 用起重设备吊出转子

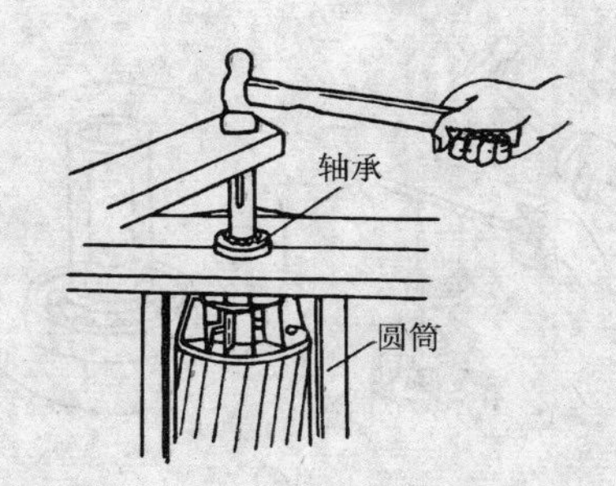

图 7-9　搁在圆筒上拆卸轴承

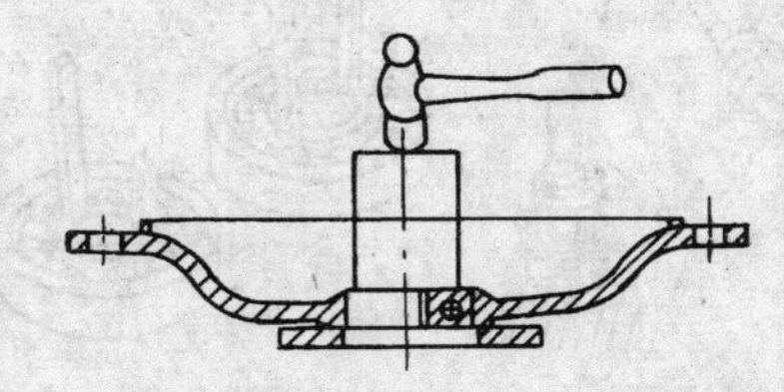
图 7-10　拆卸端盖内孔轴承

轴承从电机上卸下后，应先在柴油或汽油中清洗干净，最好用压缩空气吹干。检查滚珠、内外滚道有无伤痕、裂纹，然后固定轴承内圈，让其转动，好的轴承应当是旋转平衡、转速均匀、无杂音并慢慢停下，如图 7-11。如发生杂音、振动、扭动或转动突然停止，或用手推动轴承发生撞击声或手感游隙过大，均说明轴承不正常，见图 7-12。

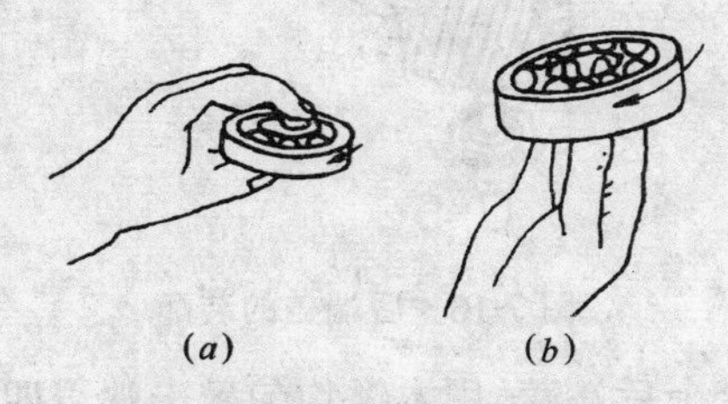

图 7-11　用旋转法检查轴承

(a) 检查小型轴承；(b) 检查大型轴承

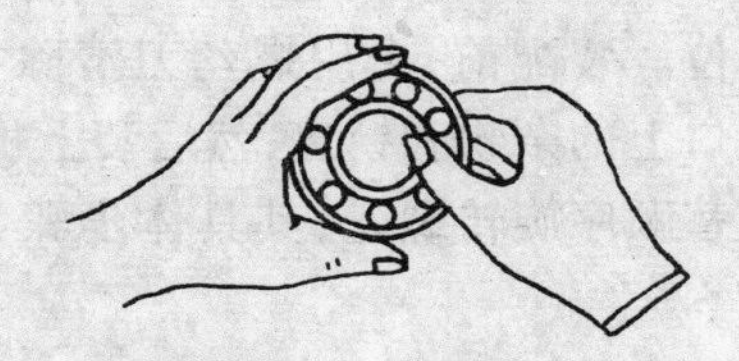
图 7-12　用推动法检查轴承

(5) 轴承加润滑剂

经清洗和检查认可的轴承在内、外圈里应填充润滑脂，填充应均匀，不应完全装满，两极电机装二分之一，四、六、八极电机装三分之二。

Y 系列电机应选用 ZL-3 锂基润滑脂。锂基润滑脂耐热、耐寒、耐水、化学稳定性好，可用于低温和温度变化范围较大的工作环境。

7.2.4　电动机的干燥

长期停用的电动机或使用环境较恶劣的电动机，由于潮湿、水滴、油污等的侵蚀，将导致绕组绝缘电阻下降。使用前应及时检查绝缘电阻阻值。测量电机绝缘电阻选用 500V 或 1000V 兆欧表。应测量的绝缘电阻包括：各相绕组对机座的绝缘电阻；相与相之间的绝缘电阻。额定电压在 500V 以下的电动机绝缘电阻不得少于 0.5MΩ，低于此值，电动机不得通电运转，必须先进行干燥处理。电机绕组的干燥方法常采用外部干燥法和内部干燥法。

(1) 灯泡干燥法

用此法，工艺、设备简单，操作方便。适用于小型电动机干燥。其干燥设备如图 7-13。将待烘的电动机拆除端盖、抽出转子，置于红外线灯泡照射之下，改变红外线灯泡的数量，可以改变干燥温度。灯泡功率可按 $5kW/m^3$ 左右考虑。在烘干过程中，应随时监视烘烤温度，A 级绝缘不得超过 120℃，B、E 级绝缘不得超过 130℃。

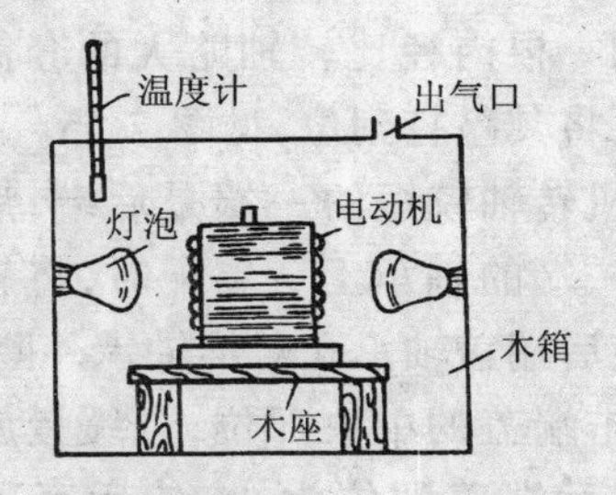

图 7-13　灯泡干燥法

(2) 电流干燥法

在拆除端盖、抽出转子后，将电动机定子绕组按一定的接线方法输入 220V 交流电。

利用绕组本身的铜损发热干燥。通过绕组的电流应为额定电流的一半左右，所以电路中应加可变电阻、电压表、电流表、熔丝等。接法如图 7-14。通过测量铁心温度，可知绕组温度，应控制绕组的温度不超过绝缘等级的温度。

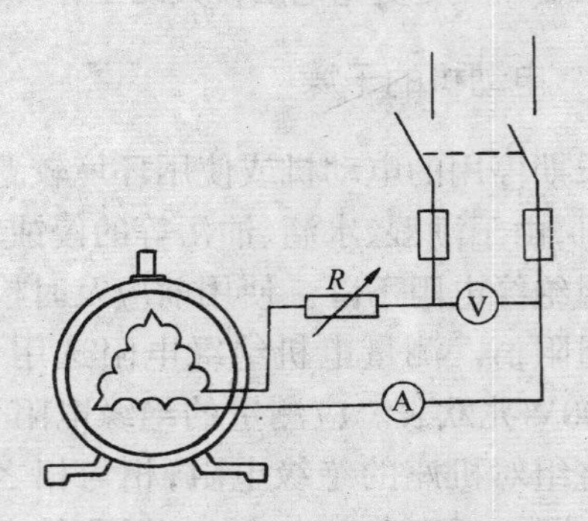

图 7-14 电流干燥法

干燥电动机前必须将电动机清洗干净，特别是定子绕组上的污物。用电流干燥法烘烤电动机时，外壳须可靠接保护线。烘烤过程中，每隔 1h 用兆欧表测量一次绕组的绝缘电阻，认真做好记录。在烘烤前段，由于绕组温度升高，会排除潮气，绝缘电阻在一段时间内有所下降，随后逐渐回升，最后 3h 趋于稳定，一般要在 5MΩ 以上，烘烤才算结束。

7.2.5 电动机的装配

电动机的装配程序与拆卸时的程序相反。将轴承内盖油槽内加足润滑脂，先套在轴上，然后再装轴承，为使轴承内圈受力均匀，可用一根内径比转轴略大的套筒抵住轴承内圈，将其敲打到位，见图 7-15。

电机转轴较短的一端是后端，后端盖应装在这一端的轴承上。装配时，将转子竖之放置，使后端盖轴承孔对准轴承外圈，用木锤均匀敲击端盖的中央部位，且缓慢旋转后端盖，直到后端盖到位为止，然后套上轴承外盖，用对角线方法旋紧轴承盖紧固螺钉，见图 7-16。

按拆卸时所做的记录，将转子送入定子

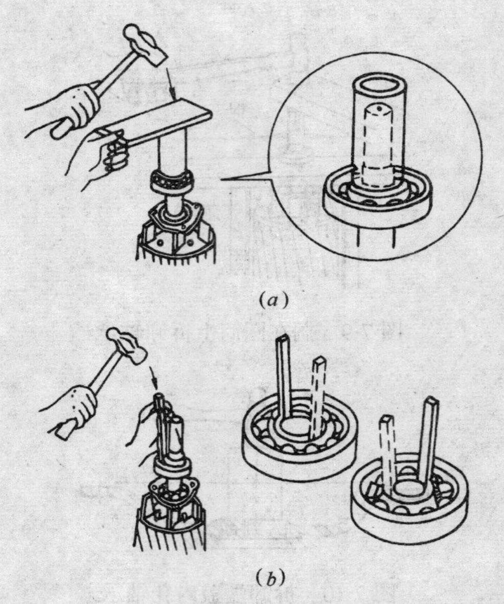

图 7-15 轴承的装配

(a)用套管抵住轴承敲打；

(b)用铜棒抵住轴承内圈敲打

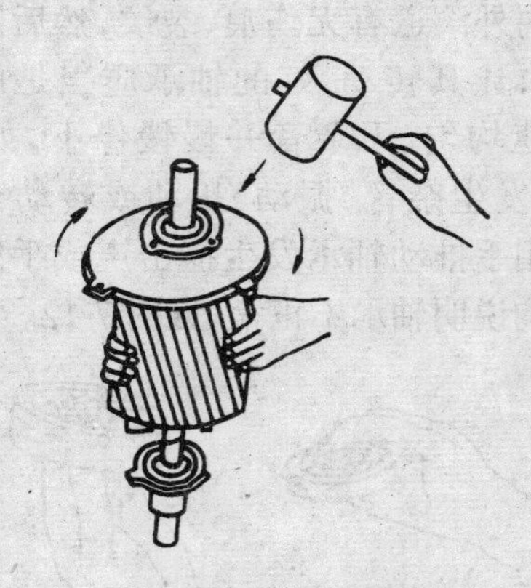

图 7-16 后端盖的装配

内，合上后端盖，用木锤均匀敲击端盖四周直至到位。拧紧端盖螺钉，上、下、左、右对角逐个拧紧。参照后端盖的装配方法，将前端盖装配到位。装配前，先用螺丝刀清除机座和端盖止口上的杂物和锈斑，然后装上机座，按双角交替顺序旋转螺丝，其具体步骤如图 7-17。

装配完工后，要检查所有的紧固螺钉是否拧紧，拆卸时所做的记号是否对上，转子转动是否灵活，再测量一下绝缘电阻是否达到

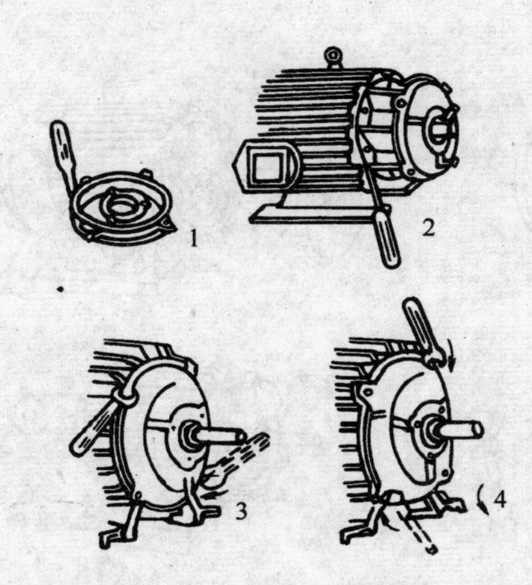

图 7-17 前端盖的装配

要求。按原来拆除电线的标记接上电源试运转，查看运转是否平稳，用钳形电流表检测三相空载电流是否平衡，是否符合允许值。

7.2.6 电动机的试运行

(1) 起动前检查

1) 新的和长期停用的电动机，在使用前应检查电动机绕组绝缘电阻。通常 500V 以下的电机选用 500V 的兆欧表。绝缘电阻每 1kV 工作电压不得小于 1MΩ。测量时应断开电源，并在冷却状态下测量。

2) 检查电动机的铭牌所标示的电压、功率、接法、转速与电源和负载是否相符。

3) 扳动电动机转轴，检查转子能否自由转动，传动机构的工作是否可靠，转动时有无杂音。

4) 检查电动机固定情况是否良好，电动机及控制设备等金属外壳接地保护线是否可靠。

5) 检查电动机的起动、保护和控制电路是否符合要求，接线是否正确。

(2) 电动机试运行

1) 通电试车。先将主电路电源断开，接通控制电路电源进行空操作试车。检查各电器元件能否按要求动作，动作是否灵活，有无机械卡阻，是否有过大噪音。空操作试车正常后，可接通主电路对电动机进行空载试验，观察电动机运转是否正常，并校正电动机正确的转向。对不允许反向旋转的电动机，须在通电前用相序表测出电源相序，L_1 接 U_1 端、L_2 接 V_1 端，L_3 接 W_1 端，这时，从电动机伸出轴方向看，电动机顺时针旋转，若不符机器要求，只须任换两个接头即可。若无法测相序，可以在与所拖动机械连接之前通电试运转，确定旋转方向和正确的相序及接线。

2) 带负载试车。连接传动装置带负载试车，观察各机械部件和各电器元件是否按要求动作，同时调整好时间继电器、热继电器等控制电器的整定值。

提示：送电时，应先送主电路，再送控制电路；断电时，应先断控制电路，再断主电路。

7.2.7 电动机的拆装和清洗实训练习

(1) 实习目的

小型电动机的拆装和清洗。

(2) 工具、器材

1) 小型电动机；

2) 手锤、铜棒、二爪或三爪拉具、煤油、钠基润滑脂；

3) 电工手工工具。

(3) 操作过程

1) 先用拉具拉下皮带轮(或联轴器)，按图 7-18 的步骤进行拆卸；

2) 清洁电动机内部灰尘，检查电动机各零部件完整性后再清洗油污；轴承清洗干净后，装入规定的润滑脂，不能加满，应留出三分之一空间；

3) 电动机装配步骤按拆卸的逆顺序进行。

(4) 注意事项

1) 拆卸转子时注意保护定子绕组；

2) 直立转子时，轴伸端面应垫木板加以保护；

3) 拆卸时不能用锤直接击打零部件，应垫铜棒；拆卸短盖时应打上装配记号。

(5) 质量检查与评分(表 7-4)

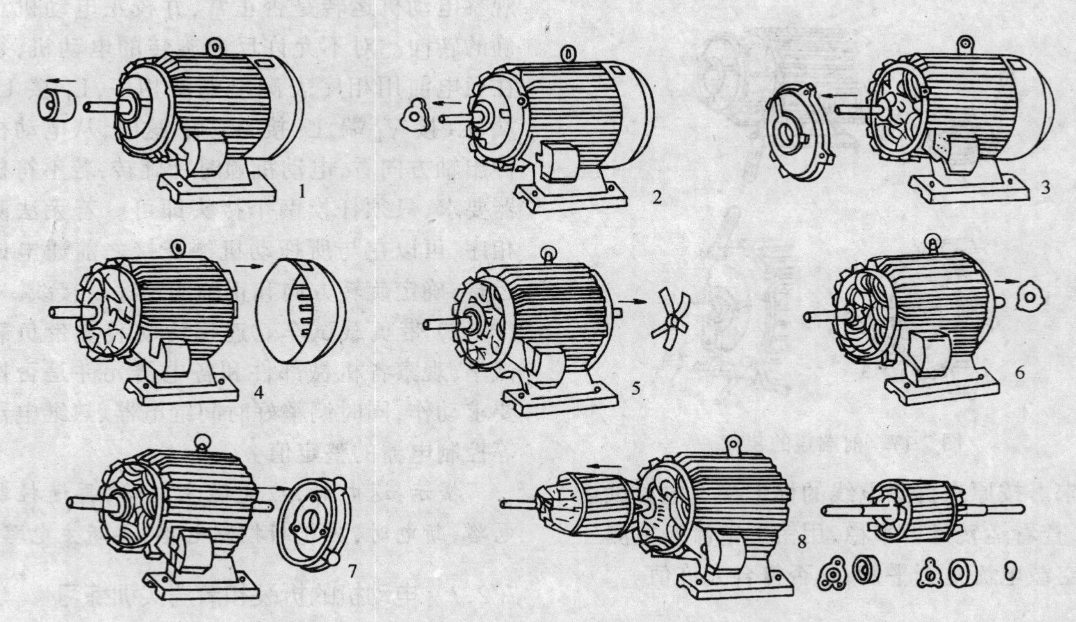

图 7-18　电动机拆卸步骤

质量检查与评分标准　　表 7-4

序号	内　容	评分标准	分值	得分
1	拆装顺序	每错一次扣5分	20分	
2	零件损伤	损伤一次扣5分	15分	
3	电机清洁	零部件清洗不净扣5～10分	15分	
4	轴承清洗、加油	轴承清洗不干净、加润滑脂不当	15分	
5	正确使用工具	工具使用不当酌情扣5～10分	15分	
6	装配质量	缺(多)件或转子转动不灵活而返工一次扣5～10分	20分	

小　结

电动机检修装配完毕后应达到如下要求：

1. 机械部分固定可靠，转子转动灵活。
2. 电气绝缘达到规定要求，接线端子首、尾端连接正确。

习　题

1. 请解释 IP54 的含义。
2. 有一台交流电动机转速为 2950r/min，试计算转差率 S。

7.3 电动机控制线路

欲使电动机能按照人们的要求工作,就必须设计正确、可靠、合理的控制线路。电动机在连续不断的工作中,有可能产生短路、过载等各种电器故障和机械故障。所以对一个完善的控制线路来讲,除了承担电动机与电源通、断的重要任务外,还担负着保护电动机的作用。当电动机发生故障时,控制电路应能及时发出信号或自动切断电源,以免事故扩大。

电动机的控制线路,一般可以分为主电路和辅助电路两部分。凡是流过电动机负荷电流的电路算为主电路;凡是控制电路通断或监视和保护主电路正常工作的电路,称为辅助电路。主电路上流过的电流一般都较大,而辅助电路上流过的电流则都较小。

主电路一般由负荷开关、自动空气开关、熔断器、接触器的主触点、自耦变压器、减压起动电阻、热继电器的热元件、电动机、频敏变阻器等电气元件及连接它们的导线组成。

辅助电路一般由转换开关、熔断器、按钮、接触器线圈及辅助触点、各种继电器的线圈及其触点、信号灯等电气元件及连接它们的导线组成。

由于电动机拖动的生产机械的要求各有不同,因而它所要求的控制电路也不尽相同,但各种控制电路总是由一些基本控制环节组成。每个基本控制环节起着不同的控制作用。常用的控制基本环节有全压起动、降压起动、制动和调速等控制线路。

7.3.1 电动机全压起动控制

对于 7.5kW 以下容量的电动机,只要把电动机接上电源就可以直接起动,称为全压起动。根据控制方法的不同,可分为手动控制和自动控制。由于手动控制的方法不方便、劳动强度较大,因此目前广泛采用按钮、接触器等电器自动控制电动机的运转。这种起动方式是最简单的一种工作方式。

(1) 点动控制

点动控制线路是用按钮和接触器控制电动机最简单的控制线路,接线图如 7-19。

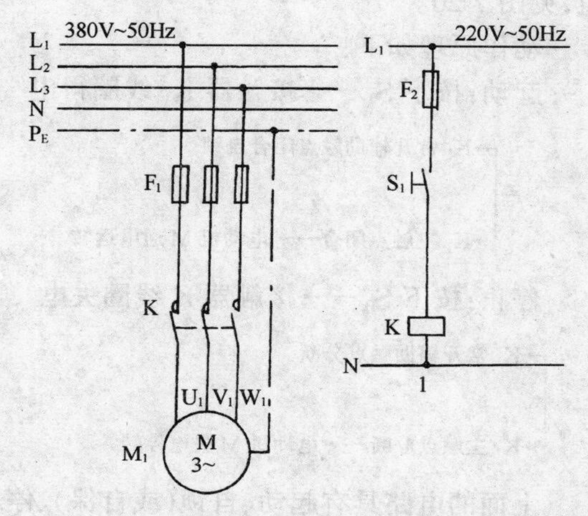

图 7-19 点动控制电路

动作原理如下:

起动:按下常开按钮 S ⟶ 接触器 K 线圈得电 ⟶ K 主触点闭合 ⟶ 电动机 M 通电运转

停止:放开常开按钮 S ⟶ 接触器 K 线圈失电 ⟶ K 主触点分开 ⟶ 电动机 M 断电停转

(2) 具有自锁功能的单向控制电路

若要电动机一经按过按钮起动后,在松

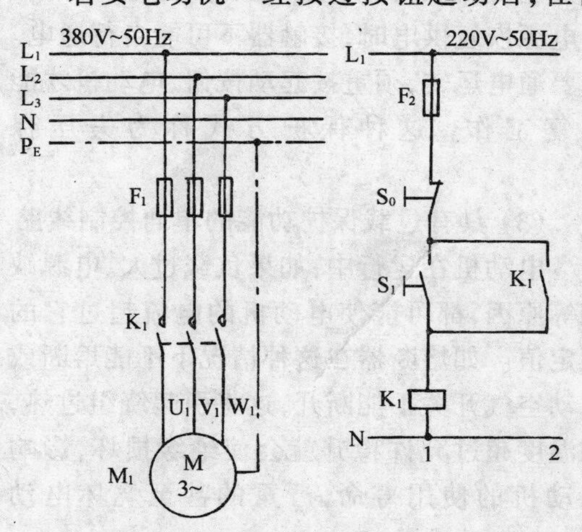

图 7-20 有自锁功能的单向控制电路

开按钮仍能连续运转，则需把接触器K的常开辅助触点并联在常开按钮两端，这对触点叫做自锁触点，这个按钮叫做起动按钮。同时，需在控制线路适当位置再串联一个常闭按钮，控制电动机停机，这个按钮叫做停止按钮，见图7-20。

动作原理如下：

起动：按下 S_1 ⟶ 接触器 K_1 线圈得电

┌→ K_1 常开辅助触点闭合自锁

└→ K_1 主触点闭合 ⟶ 电动机M通电运转

停止：按下 S_0 ⟶ 接触器K线圈失电

┌→ K_1 常开辅助触点分断

└→ K_1 主触点分断 ⟶ 电动机M失电停转

上面的电路具有起动、自锁（或自保）、停止功能，简称为“起、保、停”电路。这个电路的另一个重要特点是具有欠电压和失电压保护功能。当电源电压下降时，电动机转矩便要降低，转速随之下降，会影响电动机正常运行。当电源电压低于85%时，接触器线圈电流减少，磁场减弱，动铁芯释放，常开辅助触点分断，触除自锁，同时主触点也分断，电动机失电停转，得到保护。这种保护方式称为欠压保护方式。当电源临时停电时，控制线路失电，接触器释放，主、辅触点同时都分断。当电源恢复供电时，接触器不可能自行通电。若要通电运转，须重按起动按钮，电动机才能恢复工作。这种保护方式称为失压保护。

(3) 具有过载保护功能的单向控制线路

电动机在运行中，如果负载过大、电源缺相等原因，都可能使电动机的电流超过它的额定值。如熔断器在这种情况下不能熔断或自动空气开关不能断开，这将引起绕组过热，如温度超过允许稳升就会使绝缘损坏，影响电动机的使用寿命，严重的甚至烧坏电动机。

因此，对电动机必须采用过载保护装置。一般采用热继电器作为过载保护。电路如图7-21。图中 F_2 为热继电器，它的热元件串联在主电路中，常闭触点则串联在控制线路中。若电动机在运行过程中，由于过载或其他原因，使负载电流超过额定值，经过一段时间，串联在主电路中的热继电器的双金属片受热弯曲，使串联在控制线路中的常闭触点分断，切断控制线路，接触器K的线圈失电，主触电分断，使电动机断电停转，达到过载保护的功能。

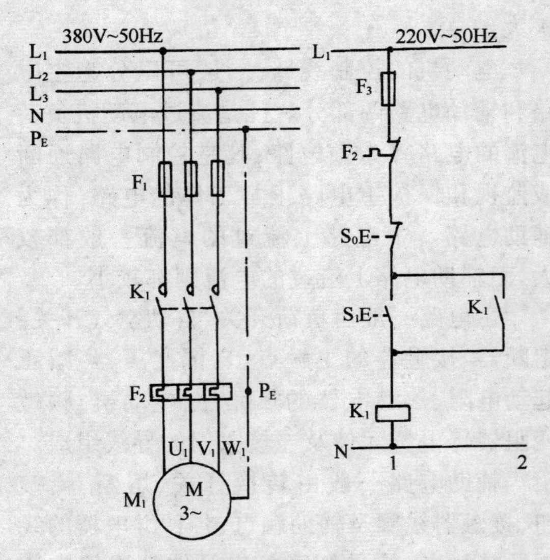

图7-21 有过载保护的单向控制电路

(4) 电动机正、反转控制电路

在实际工作中，生产机械往往要求有正反两个运动方向的功能，如建筑工地上的卷扬机需要上下起吊重物，混凝土搅拌机的正、反运转等，这就要求拖动这些机械的电动机具有正、反转功能。根据异步电动机工作原理可知，若将接至电动机的三相电源进线中任意两相对调接线，就可达到能反转的目的。可见电动机改变旋转方向是非常方便的。

1) 接触器联锁的正、反转控制：

电路图如7-22图中采用两个接触器，即正转用的接触器 K_1 和反转用的接触器 K_2。

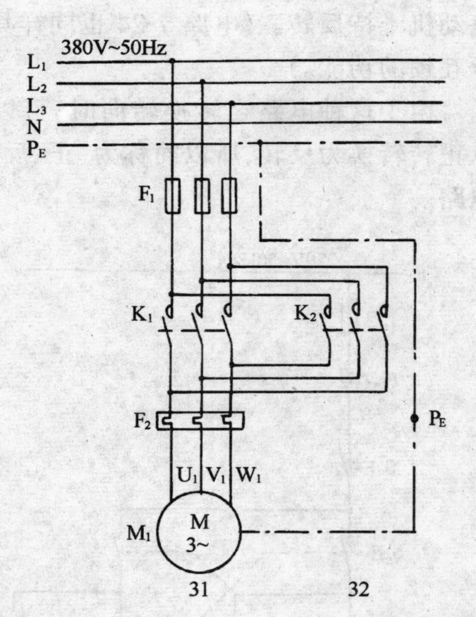

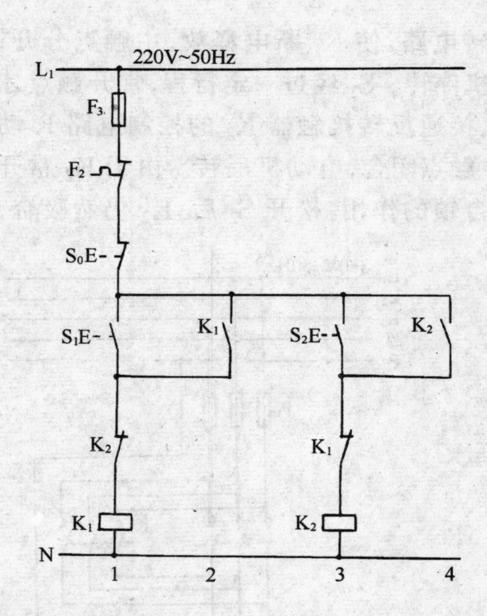

图 7-22 接触器联锁正、反转电路

当 K_1 得电吸合后，其三对主触点闭合，三相电源接入电动机，其中 L_1 接 U_1，L_2 接 V_1，L_3 接 W_1，电动机的转向，从主轴伸出端视之为顺时针。而当 K_2 得电吸合后，三对主触点接通时，三相电源的 L_1 接 W_1，L_2 接 V_1，L_3 接 U_1，即更换了电动机绕组接电源之间的两相相序，电动机的旋转方向随之发生了改变。

从电路中可以看出，接触器 K_1 和 K_2 接触器不能同时通电。否则，它们的主触点便同时闭合，将造成 L_1 与 L_3 两相电源短路，因此必须采取措施，使得 K_1 和 K_2 不能同时吸合。在这个电路中采用的是在 K_1 和 K_2 的各自线圈回路中分别串联对方的一副常闭辅助触点，以保证接触器 K_1 与接触器 K_2 不会同时吸合。这两副常闭辅助触点在电路中所起的作用为联锁(或互锁)作用，因而这两副常闭触点叫做联锁触点。

接触器联锁正、反转控制电路动作原理如下：

接通电源。

正转控制：

按下 S_1 → K_1 线圈得电
- → K_1 常开辅助触点闭合、自锁
- → K_1 主触点闭合 → 电动机正转
- → K_1 常闭辅助触点分断，联锁

反转控制：

按下 S_0 → K_1 线圈失电
- → K_1 常开辅助触点分断
- → K_1 主触点分断 → 电动机停转
- → K_1 常闭辅助触点闭合

再按 S_2 → K_2 线圈得电
- → K_2 常开辅助触点闭合，自锁
- → K_2 主触点闭合 → 电动机反转
- → K_2 常闭辅助触点分断，联锁

这种电路在改变电动机转向时，须先按停止按钮 S_0，再按 S_2 才能是电动机反转，因而可以简称为："正、停、反"控制电路。

2) 按钮与接触器复合联锁的正、反转控制：

用按钮和辅助触点作复合联锁的电路，如图 7-23。

它的主电路结构与前面的正、反转控制电路相同。它的控制电路除了用常闭触点作电气联锁外，又加用复合按钮中常闭合触点作电气联锁，这两种联锁电路的配合使用，组成复合联锁，使电路运行更加安全、更加可靠。

分析电路动作原理可以看出，从正转切换到反转过程中，可以先停止，再反转，也可以不经过停止而直接切换。因为在按动反转按钮 S_2 时，它的常闭触点首先断开，自动分

断正转电路，使 K_1 断电释放，主触点分开，电动机停转。S_2 经过一定行程，常开触点才闭合，接通反转接触器 K_2 的控制电路 K 动作，主触点闭合，电动机反转。由于 K_2 常开触点自锁的作用，松开 S_2 后，K_2 仍然吸合，电动机维持反转。（电路 7-24 也同样具备联合互锁的功能。）

由于这种电路在转换转向时，可以直接从正转转换为反转，所以简称为"正、反"控制电路。

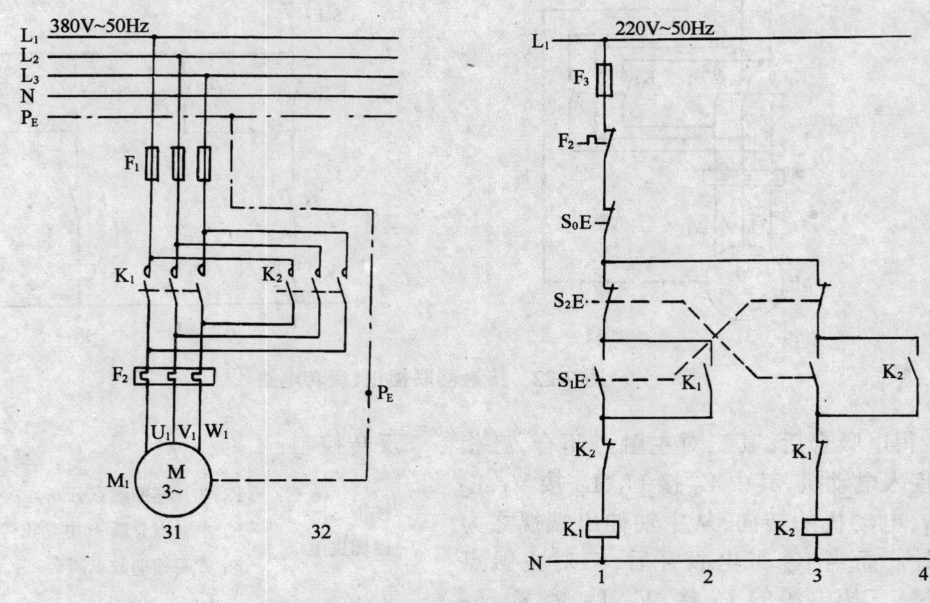

图 7-23　复合联锁正、反转电路

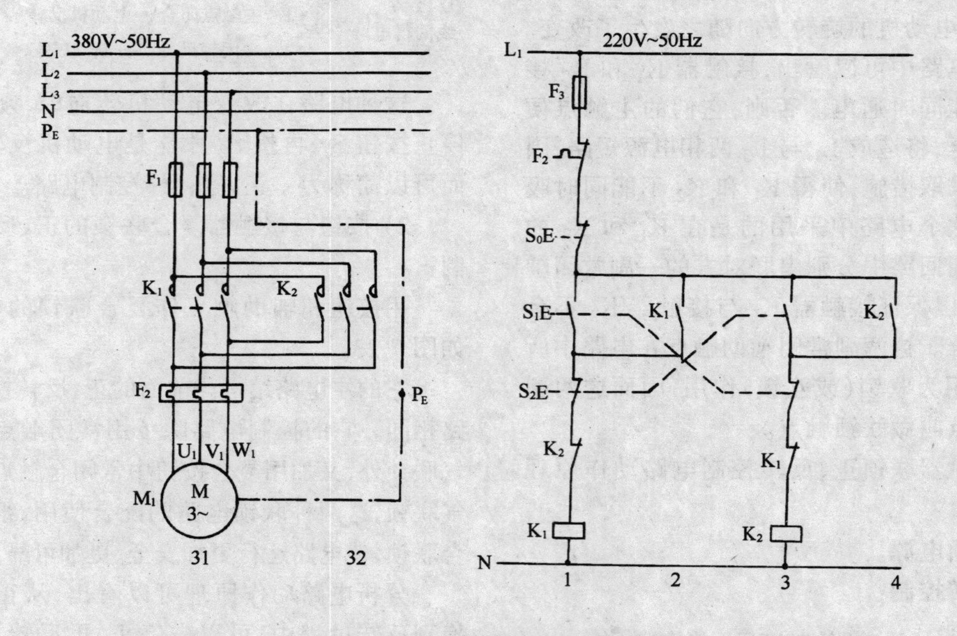

图 7-24　复合联锁正、反转电路

小　结

1．三相电动机改变旋转方向可以任意调换二相电源相序。

2．在正、反转的所有控制电路中，为保证两个接触器不同时吸合，必须加入联锁（或复合联锁）电路，没有联锁的电路是不能使用的。

3．图 7-23，图 7-24 均为联合互锁正、反转控制电路。由于控制电路的差异，在具体安装时，按钮组的接线数目也不相同。图 7-23 为五根线，图 7-24 为六根线。

习　题

根据复合联锁正、反转电路原理，试设计利用行程开关控制的自动往复（正、反转）电路。

7.3.2　电动机降压起动控制电路

当电动机的功率在 7.5kW 以上，或者为了防止电动机的起动电流过大，而造成电源电压产生较大变动，而影响其他用电设备正常工作，有的生产机械要求起动平稳，为达到以上要求，在电动机起动过程中，多采用降压起动措施，以减小起动电流，避免对外界的影响和延长电动机寿命。

所谓降压起动通常采用以下两种方法：

方法一：在起动时，改变电动机的接法，使电动机的工作电压得到提高，而电源电压不变。经过一段时间后，电动机再恢复到正常的接法，完成起动到工作的一个完整过程。

方法二：在起动时，用电阻、电抗器或变压器来降低电源电压，而电动机的接法不改变，经过一段时间后，将电阻、电抗器或变压器切除，电动机得到正常的工作电压，进入正常工作状态。

(1) 星—三角形起动控制电路

这种起动方法只适用于正常工作时定子绕组接成三角形的电动机。由于 Y 系列电动机在 4kW 以上均为 Δ 接法，所以对 Y 系列电动机来讲，采用 Y-Δ 起动方法较为方便的一种降压起动方法。在起动时，将定子绕组接成星形，每组绕组上得到的电压为 220V，由于降低了每相绕组上的电压，进而减小起动电流。当电动机转速升高接近额定值时，再通过转换接触器，将电动机恢复成三角形接法，电动机绕组得到正常工作电压。电动机正常工作，完成起动过程。

这种起动方法的优点是起动设备成本低，使用方法简单。但其起动转矩只有全压起动时的 1/3，只适用于空载或轻载起动。

1) 手动控制 Y-Δ 降压起动电路：

电路图见 7-25。图中采用三个接触器进行 Y-Δ 降压起动。其中 K_2 与 K_1 先后吸合，这时电动机接成星形接入电源，进行起动。经过一段时间后，操作按钮 S_2，K_2 释放，K_3 吸合，这时电动机接成三角形接入电源，实现全压运行。在这个电路中，每个接触器在工作时，主触点通过的都是相电流，所以三个接触器可以用相同规格，且热继电器的热元件通过的也是相电流，因而整定电流的值应是电动机额定电流的 $1/\sqrt{3}$。接触器 K_2 与 K_3 不能同时吸合，否则将造成电源短路，所以在电路中设置了联锁触点。

动作原理如下：

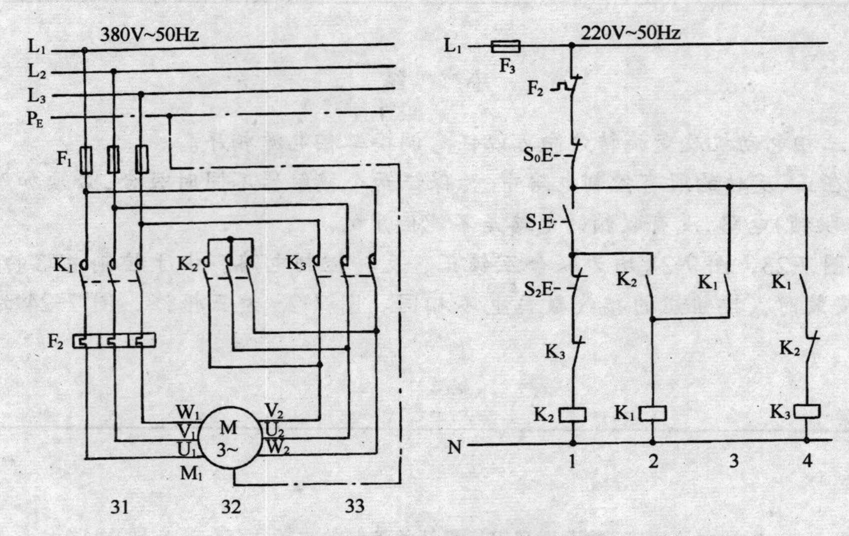

图 7-25 手控 Y-Δ 降压起动电路

起动：

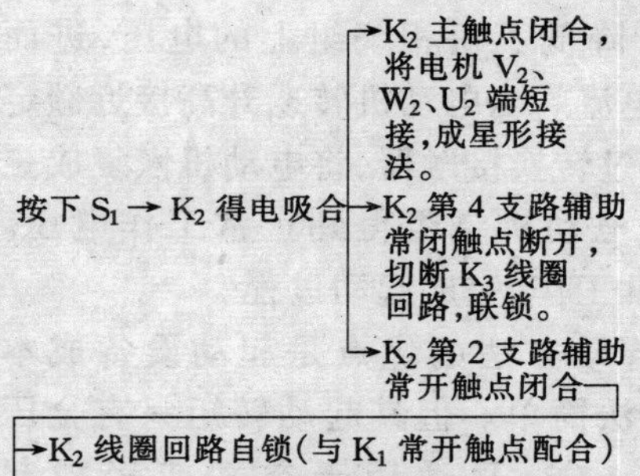

→K_1 第 3 支路辅助常开触点闭合，自锁

K_1 得电吸合

→K_1 主触点闭合，电源 $L_1 \to U_1$

$L_2 \to V_1$

$L_3 \to W_1$

起动开始。

运转：

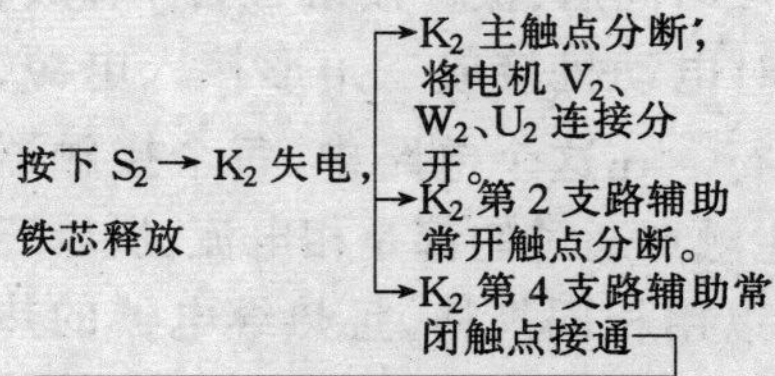

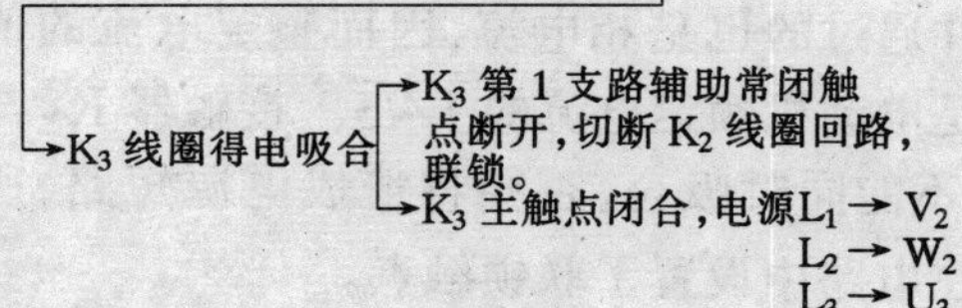

电动机接成三角形全压运转

2）用时间继电器控制的 Y-Δ 降压起动电路：

前面的电路在进行星形与三角形转换时，由于存在因人而异，不易在最佳时机进行切换。进行自动控制时就需要有一个能控制时间的器件，常用的是空气阻尼式时间继电器。时间继电器有断电延时和通电延时两种。在这个电路中，选用的是通电延时，外形如图 7-26。延时时间的长短可以通过调整延时调节螺丝来改变。

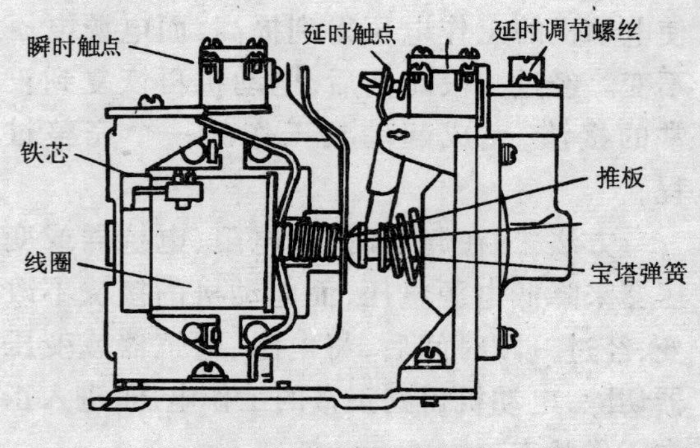

图 7-26　时间继电器

用时间继电器控制的 Y-Δ 降压起动电路，如图 7-27。主电路的组成与前面电路相同。在控制电路中加入了时间继电器，用时间继电器对起动电路进行自动控制。

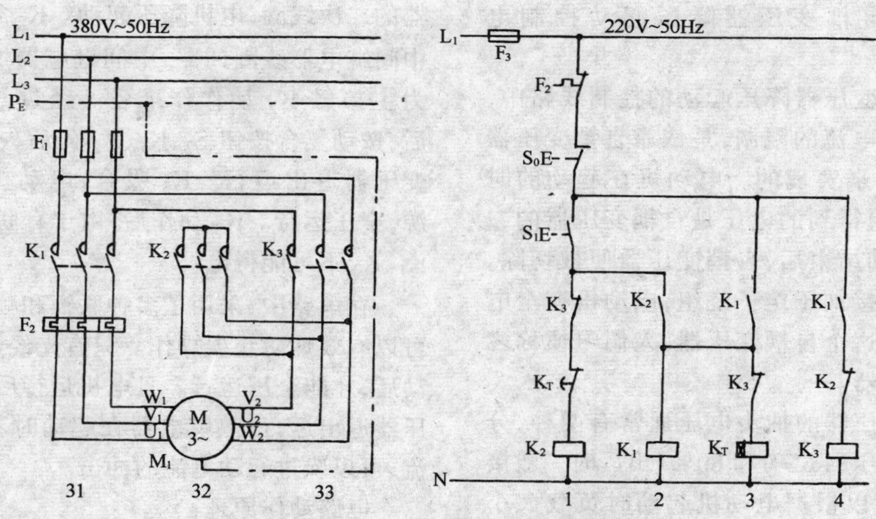

图 7-27　用时间继电器的 Y-Δ 降压起动电路

动作原理：

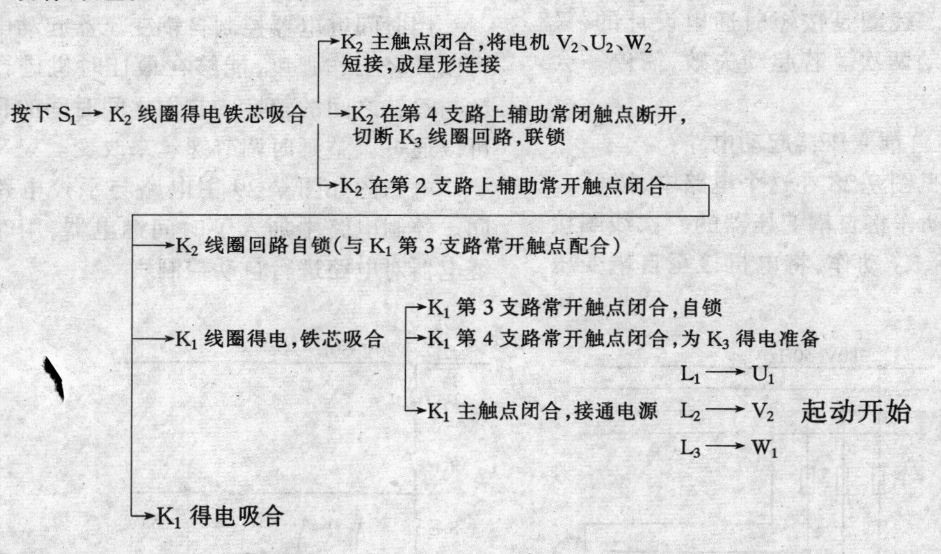

延时开始，经设定时间后

第 1 支路常闭触点分断 → K_2 线圈失电，铁芯释放

→ 主触点分断，电机 U_2、V_2、W_2 连接分开

→ 第 2 支路常开触点分断

→ 第 4 支路常闭触点连通 → K_3 线圈得电吸合

→ K_3 第 1 支路常闭触点分断，切断 K_2 线圈回路，联锁

→ K_3 主触点闭合，电源 L_1 → V_1，L_2 → W_2，L_3 → U_2 电动机接成三角形全压运转

→ K_3 第 3 支路常闭触点分断，K_T 退出运行。

(2) 自耦变压器降压起动控制电路

在自耦变压器降压起动的控制线路中，电动机起动电流的限制，是依靠自耦变压器的降压作用来实现的。电动机在起动的时候，定子绕组得到的电压是自耦变压器的二次电压，起动结束后，自耦变压器便被切除，额定电压直接加于定子绕组，电动机在全电压下运行。这个自耦变压器，人们习惯称之为起动补偿器。

自耦变压器的抽头电压通常有两种，分别是电源电压的65%和80%(出厂时一般接在65%)，可以根据电动机起动时负载大小来选择不同的起动电压。如果在65%的抽头电动机起动困难，若电压允许，可以改接80%的抽头。线圈是按短时通电设计的，只允许连续起动两次。若起动失败，需停一会儿再起动。

1) 手控自耦变压器起动电路：

电路图见图7-28在这个电路中，按下 S_1 后，K_1 首先动作将自耦变压器的一次线圈接入电源，其后 K_2 动作，将电机接至自耦变压器的二次线圈，电机降压起动。K_2 得电接通中间继电器线圈回路，中间继电器 K_4 动作，为主接触 K_2 动作作准备。经过一段时间后，按动复合按钮 S_2、K_1、K_2 先后失电，自耦变压器退出运行。K_3 吸合，电动机直通电源，全压运行。K_3 动作后，由于有联锁作用，K_1、K_2 不可能得电。

在电路中，采用了多种联锁和顺序控制，可以有效地防止误操作。只有先经过降压起动后，才能全压运行。且电机运行后，自耦变压器退出运行，热继电器在起动时不通过电流，可以躲过起动电流的冲击。

电路动作原理：

2) 用时间继电器控制的自耦变压器起动电路：

用时间继电器控制自耦变压器起动电路可以减轻工作强度，能够在最佳时机进行起动与运转之间的转换。它们之间时间的长短可以通过调整延时调节螺丝来改变。

电路图如图7-29主电路与手控电路相同。控制电路中加入了时间继电器，用时间继电器对电路进行自动控制。

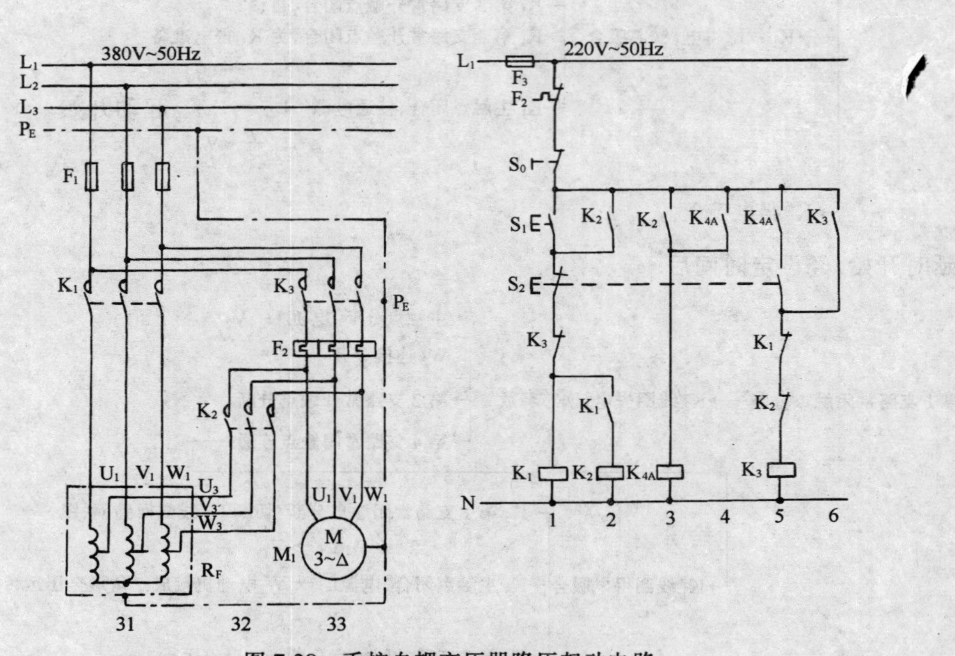

图7-28 手控自耦变压器降压起动电路

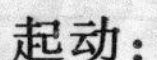

起动：

按下 S_1——K_1 线圈得电，铁芯吸合
- K_1 第 5 支路常闭触点断开，与 K_2 第 5 支路常闭触点串联切断 K_3 线圈回路，联锁
- K_1 主触点闭合，接通自耦变压器电源
- K_1 第 2 支路常开触点闭合

K_2 线圈得电，铁芯吸合
- K_2 第 2 支路常开触点闭合，自锁
- K_2 主触点闭合将自耦变压器二次电压接至电机，起动开始
- K_2 第 3 支路常开触点闭合，中间继电器 K_4 线圈得电铁芯吸合
  - K_4 第 5 支路常开触点闭合，为 K_3 动作作准备
  - K_4 第 5 支路常开触点闭合，自锁

运转：

按下复合按钮 S_2
- 第 1 支路常闭触点分断
  - K_1 失电
    - 第 2 支路常开触点分断
    - 第 5 支路常闭触点复原
    - 主触点分断，切断电源与自耦变压器
  - K_2 失电
    - 第 5 支路常闭触点复原
    - 主触点分断，切断电机与自耦变压器二次绕组的连接，自耦变压器退出运行
    - 第 2 支路常开触点分断，解除自锁
- 第 5 支路常开按钮闭合
  - K_3 线圈得电铁芯吸合
    - 第 6 支路常开触点闭合，自锁
    - 第 1 支路常闭触点分断，切断 K_1 线圈回路，联锁
    - 主触点闭合，将电机接至电源，电机全压运行

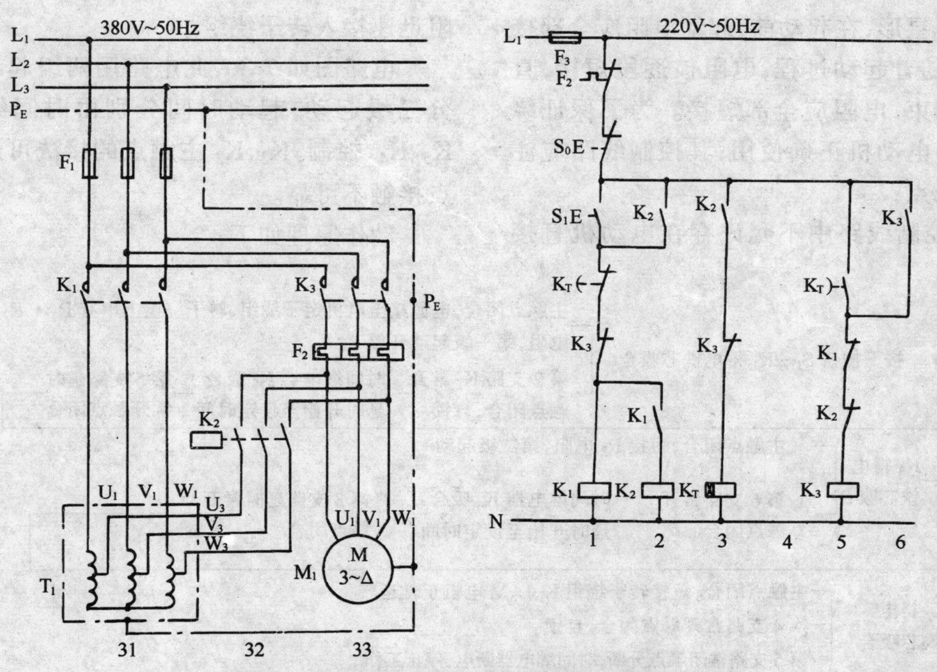

图 7-29　用时间继电器的自耦变压器降压起动电路

小　结

1．当电动机在 7.5kW 以上时，可考虑选择降压启动方式。

2．应根据不同的负载特性和电动机的特点来选择降压启动方式。

3．在运用 Y-Δ 降压启动电路时，应特别注意电机的六各界先头与两个运转接触器之间的正确接法。避免它们之间的相序与接线的矛盾，热继电器接在不同部位，整定电流也不一样。

4．当选择用时间继电器来转换启动与运转过程时，应注意合理调节延时时间。

5．选择自耦变压器降压启时，注意，不能连续启动超过两次，否则应等自耦变压器冷却后再启动。

习　题

1．简述电动机降压控制电路两种方法的基本原理，并比较它们的差别。

2．Y-Δ 起动电路和自耦变压器起动电路各使用在什么场合较合适。

7.3.3　绕线式转子异步电动机控制电路

三相绕线式转子异步电动机的优点之一是可以通过滑环在转子绕组中接外加电阻式频敏变阻器，以减小起动电流，增加起动转矩。

(1) 转子回路串入电阻起动

串接在三相转子绕组中的起动电阻，一般都接成星形，在起动前，起动电阻应全部接入电路，随着起动过程，电阻被逐段短接，直到起动结束，电阻应全部短接。为了保证绕线式转子电动机正确使用，其控制线路应注意以下几点：

1) 控制线路中不允许存在电动机直接起动的可能。

2) 转子绕组串接多级起动电阻时，必须确保起动电阻逐级短接不得出现跳跃式的短接。

3) 在电动机正常运行过程中，不允许存在起动电阻再次接入转子绕组的可能。

4) 电动机停止工作后，必须确保起动电阻迅速接入转子绕组。

电路图如 7-30，此电路用两组起动电阻分三级起动，起动时间分别由时间继电器 K_5、K_4、控制，K_2、K_3 主触点的接法可避免触点接触不可靠。

动作原理如下：

按下按钮 S_1—K_1 得电铁芯吸合
- 主触点闭合，电源接至电机定子绕组，转子绕组上串有 R_1+R_2 电阻，第一级起动开始
- 第 2 支路 K_1 常开触点闭合，自锁 — 时间继电器 K_5 吸合延时开始至设定时间 — 第 5 支路延时常开触点闭合

K_3 得电铁芯吸合
- 主触点闭合，短接 R_2 电阻，第二级起动
- 第 6 支路常开触点闭合 — 时间继电器 K_4 吸合延时开始至设定时间 — 第 3 支路延时常开触点闭合

K_2 得电铁芯吸合
- 主触点闭合，短接转子绕组 K、L、M 电机正常运转
- 第 4 支路常开触点闭合，自锁
- 第 5 支路常闭触点分断，时间继电器断电，停止工作

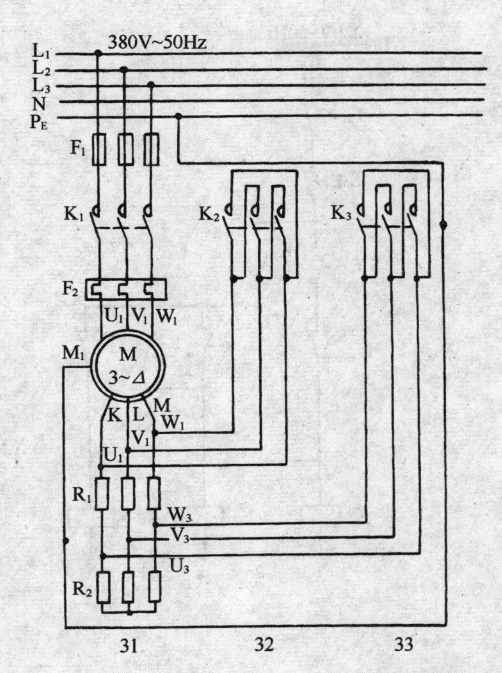

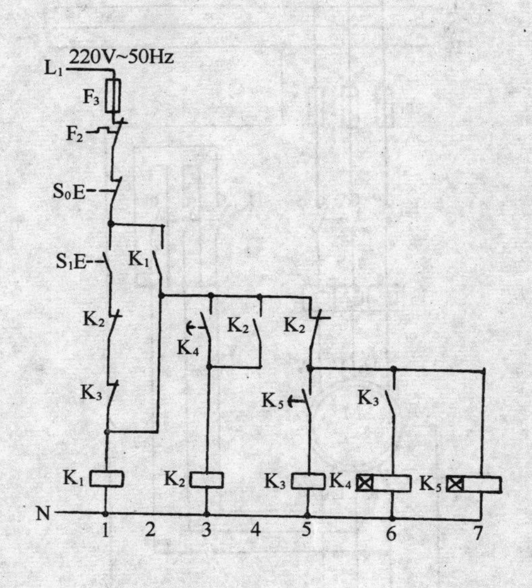

图 7-30 转子绕组串电阻起动的绕线式转子电动机电路

在这个电路里，第 1 支路 K_2、K_3 辅助常闭触点串联接在起动按钮接线中，是保证起动电机时 K_2、K_3 为释放状态，即在转子电路中串联电阻值为最大。

(2) 转子回路串入频敏变阻器起动

频敏变阻器的外形如图 7-31 由铁芯和绕组两个主要部分组成，一般做成三柱式，每个柱上有一个绕组，通常接成星形。频敏变阻器的阻抗能够随着转子电流频率的下降而自动减小，所以它是绕线式转子电动机较为理想的一种起动器材。在异步电动机的起动过程中，转子电流的频率 f_2 与电源频率 f_1 的关系为 $f_2=Sf_1$，S 为转差率，电动机转速为零时，转差率 $S=1$，即 $f_2=f_1$。当 S 随着电动机转速上升而减小时，f_2 便下降。由此可以看出，在绕线式转子异步电动机应用频率变阻器起动的时候，可以获得一条近似的恒转矩起动特性，同时其控制线路也可以因此而大为简化。

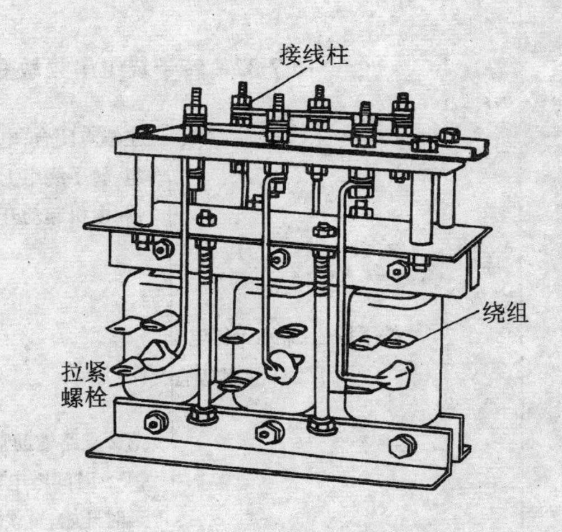

图 7-31 频敏变阻器

与用电阻起动方法一样，起动结束后，应将转子绕组短接。

采用适当的频敏变阻器，可使起动电流限制在额定电流的 2.5 倍以内，起动转矩为额定转矩 1.2 倍左右，其电路图见图 7-32。

动作原理如下：

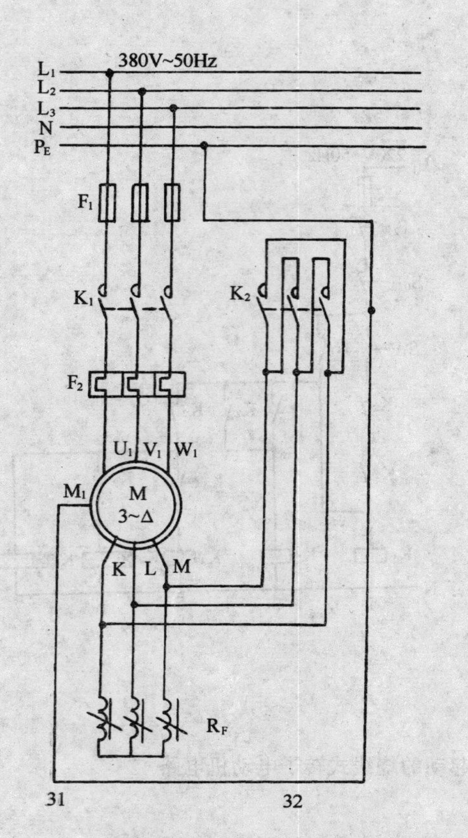

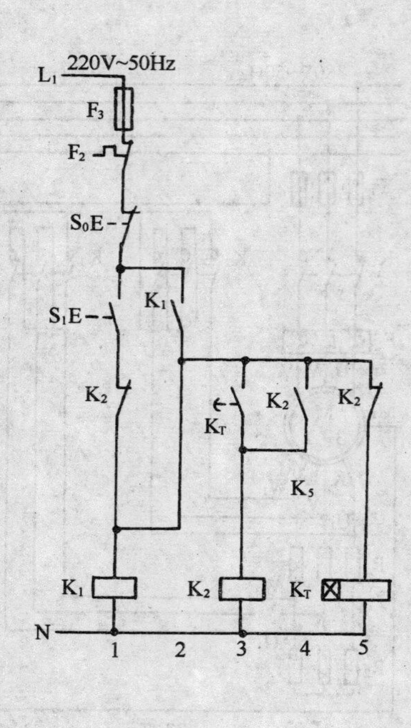

图 7-32　转子绕组串频敏变阻器起动的绕线式转子电动机电路

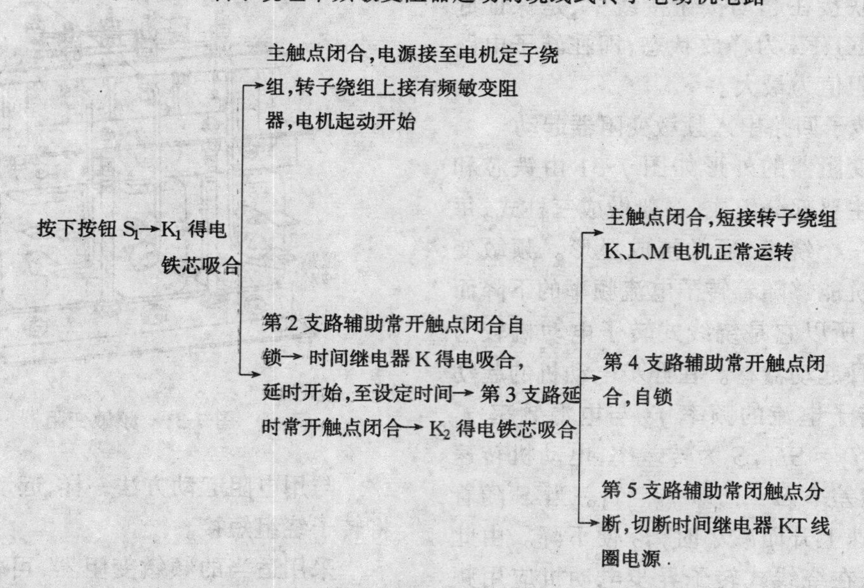

在这个电路里，第 1 支路的 K_2 辅助常闭触点串接在起动按钮接线中，是保证在起动时频敏变阻器能可靠地接在转子回路中。

7.3.4　电动机控制线路的实训练习

实习 7-1

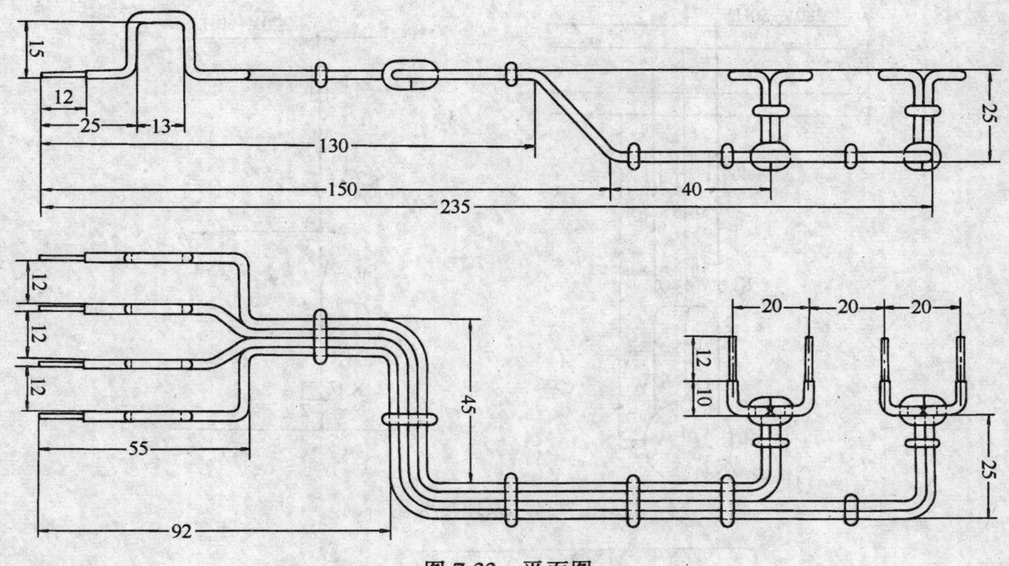

图 7-33 平面图

(1) 实习目的

练习扎制接线排。

(2) 工具、器材

1) 常备电工工具;

2) 直尺;

3) BV1.38 导线若干。

(3) 实习过程

1) 仔细阅读图纸,弄清各部分的尺寸要求(见图 7-33);

2) 先将电线拉直,再剪切为 500mm 左右;

3) 依次按图纸的形状和尺寸要求扎制线排。

(4) 技术要求

1) 尺寸准确、形状符合图纸要求;

2) 线排平整。

(5) 评分标准(表 7-5)

评分标准　　表 7-5

序号	内 容	评分标准	分值	得分
1	尺 寸	尺寸准确、每指出一处错误扣 5 分	50	
2	扎制线排	扎制平整、角度正确、不符合要求酌情扣分	30	
3	安全操作	合理使用工具	20	
4	总 分		100	

实习 7-2

(1) 实习目的

练习安装用按钮和接触器控制的三相电动机单向旋转控制电路。

(2) 工具、器材

1) 常备电工手工工具;

2) 电器的数量及规格见元件清单(表 7-6);

电动机控制电路元件清单　　表 7-6

序号	元件名称	型 号	规 格	数 量
1	接触器			
2	起动按钮			
3	停止按钮			
4	热继电器			
5	主电路熔断器			
6	控制电路熔断器			
7	接线排			
8	时间继电器			
9	电动机			
10				

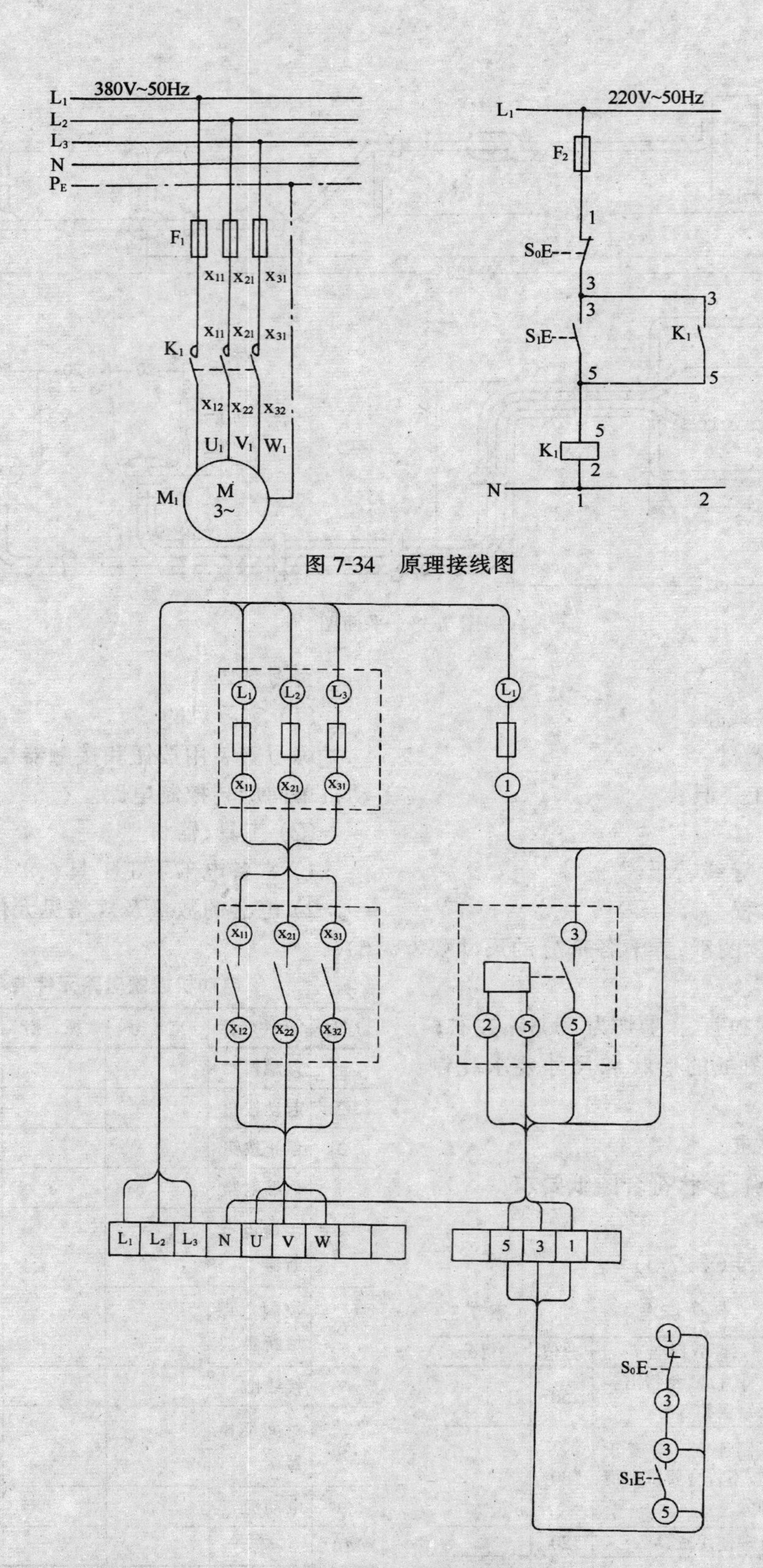

图 7-34 原理接线图

图 7-35 安装接线图

质量检查与评分标准　　表 7-7

序　号	内　容	评 分 标 准	分　值	得　分
1	绘　　图	图纸不整洁或错画　酌情扣分	15 分	
2	元器件固定	元器件排列合理、整齐、每指出一处错误扣 5 分	10 分	
3	接线可靠	导线连接可靠、剥皮适当、横平竖直	15 分	
4	线路正确	通电后每返工一次扣 10 分　　三次扣完	50 分	
5	安全操作	文明施工　综合参考	10 分	
6	时　　间	4h,每超 10min 扣 5 分　不满 10min 算 10 分钟		
7	总　　分		100 分	

3）木制安装板，规格为 400mm × 300mm×20mm；

4）导线：主电路用 BV1.38；

控制电路用 BV1.13；

按钮接线用 BVR0.75mm^2；

5）紧固件、编码套管和缠绕管若干。

(3) 实习过程

1）仔细阅读原理接线图和安装接线图(见图 7-34 和图 7-35)；2）在安装板上固定有关器件；

3）先接控制电路导线和按钮接线，后接主电路导线。

(4) 技术要求

1）导线通道尽可能少，同路并行导线按主、控电路分类集中、单层密排、紧贴安装板布线；

2）同一平面导线不能交叉、非交叉时，只能在另一导线因接入接点而抬高时从其下方通过；

3）导线横平竖直，分布均匀；

4）线端应套上编号套管，按钮接线应缠上缠绕管。

(5) 评分标准(见评分表 7-7)

实习 7-3

(1) 实习目的

练习安装有热继电器保护的三相电动机单向控制电路。

(2) 工具、器材

1）常备电工手工工具；

2）电器的数量及规格见元件清单(表 7-8)；

电动机控制电路元件清单　　表 7-8

序号	元件名称	型号	规格	数量
1	接触器			
2	启动按钮			
3	停止按钮			
4	热继电器			
5	主电路熔断器			
6	控制电路熔断器			
7	接线排			
8	时间继电器			
9	电动机			
10				

3）木制安装板，规格为 400×300×20；

4）导线：主电路用 BV1.38；

控制电路用 BV1.13；

按钮接线用 BVR0.75mm^2；

5）紧固件、编码套管和缠绕管若干。

(3) 实习过程

1）仔细阅读原理接线图 7-36，并在图上编号，完成安装接线图 7-37。

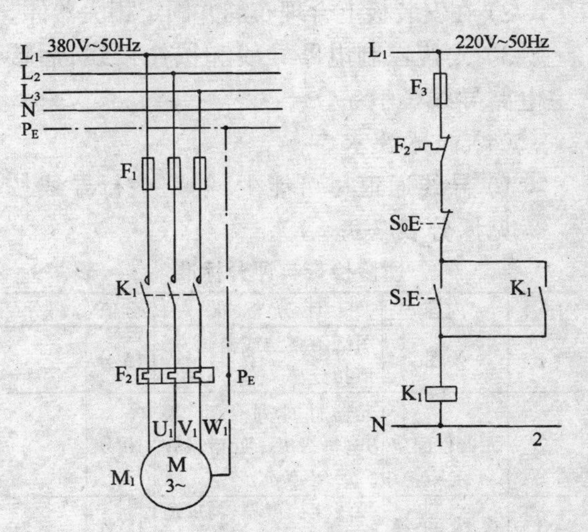

图 7-36　原理接线图

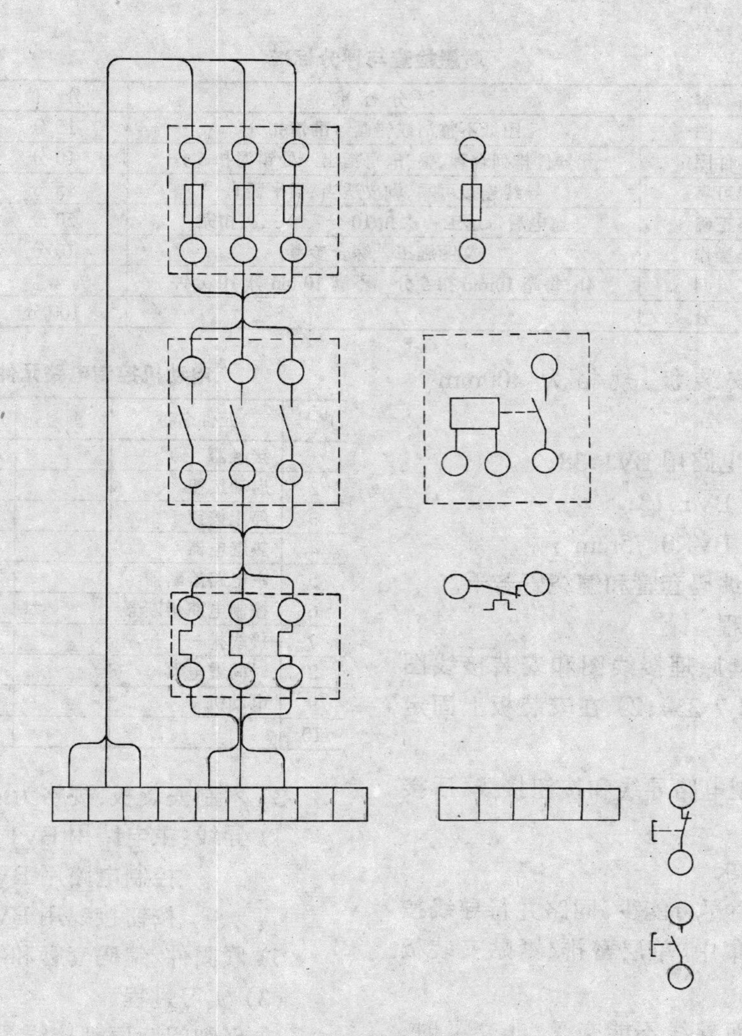

图 7-37 安装接线图

2）在安装板上合理布局并固定相关器件。

3）先接控制电路导线和按钮接线，后接主电路导线。

(4) 技术要求

1）导线通道尽可能少，同路并行导线按主、控电路分类集中，单层密排，紧贴安装板布线。线端应套上编号套管，按钮接线应缠上缠绕管。

2）安装热继电器时应将平面向上。

(5) 评分标准

见评分表 7-9。

质量检查与评分标准 表 7-9

序号	内容	评 分 标 准	分值	得分
1	绘图	图纸不整洁或错画，酌情扣分	15 分	
2	元器件固定	元器件排列合理、整齐，每指出一处错误扣 5 分	10 分	
3	接线可靠	导线连接可靠、剥皮适当、横平竖直	15 分	

续表

序号	内容	评 分 标 准	分值	得分
4	线路正确	通电后每返工一次扣 10 分，三次扣完	50 分	
5	安全操作	文明施工综合参考	10 分	
6	时　间	3h，每超 10min 扣 5 分 不满 10min 算 10min		
7	总　分		100 分	

实习 7-4

(1) 实习目的

练习安装接触器互锁三相电动机换向控制电路。

(2) 工具、器材

1) 常备电工手工工具;

2) 木制安装板,规格为 400×300×20;

3) 导线:主电路用 BV1.38;

控制电路用 BV1.13;

按钮接线用 BVR0.75mm^2;

4) 紧固件、编码套管和缠绕管若干。

(3) 实习过程

1) 仔细阅读原理接线图,图 7-38,并在图上编号,并绘制安装接线图(见图 7-39、图 7-40)。

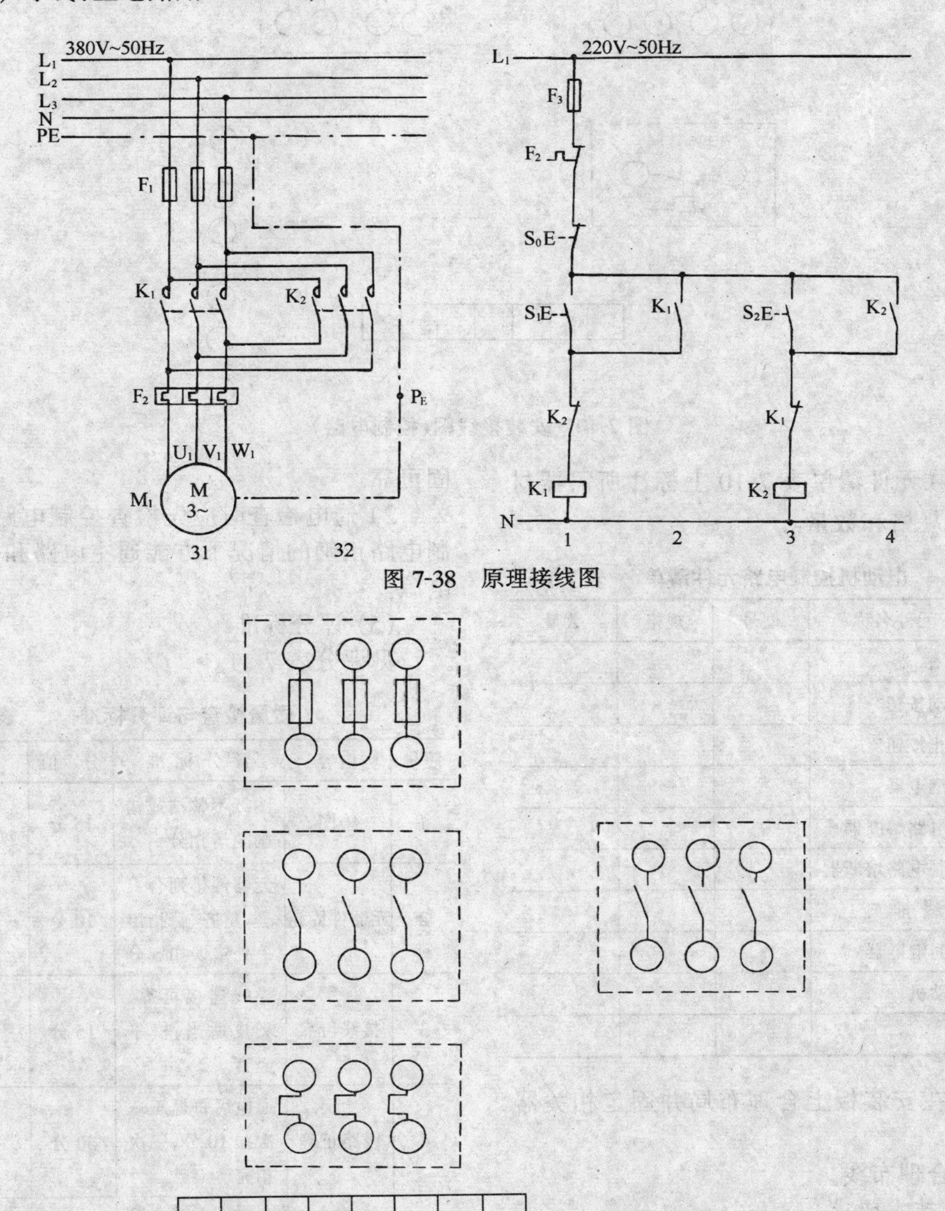

图 7-38 原理接线图

图 7-39 安装接线图(主电路)

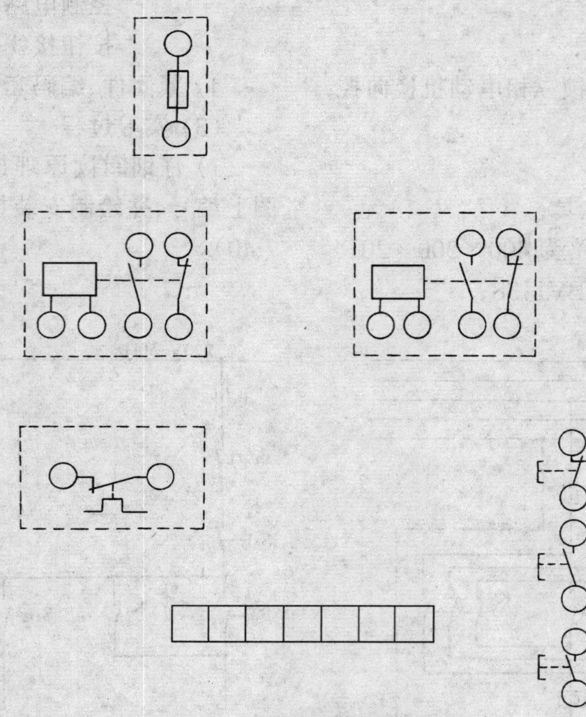

图 7-40　安装接线图(控制电路)

2）在元件清单表 7-10 上标注所需器材的型号、规格和数量。

电动机控制电路元件清单　　表 7-10

序号	元件名称	型号	规格	数量
1	接 触 器			
2	起动按钮			
3	停止按钮			
4	热继电器			
5	主电路熔断器			
6	控制电路熔断器			
7	接 线 排			
8	时间继电器			
9	电动机			
10				

3）在安装板上合理布局并固定相关器件。

4）合理布线。

(4) 技术要求

1）布线时应尽可能对称、美观、接线牢固可靠。

2）通电检查时应先检查控制电路，在控制电路正确的情况下方能通主电路和电动机电源。

(5) 评分标准

见评分表 7-11。

质量检查与评分标准　　表 7-11

序号	内容	评 分 标 准	分　值	得分
1	绘图	图纸不整洁或错画酌情扣分	15 分	
2	元器件固定	元器件排列合理、整齐、每指出一处错误扣 5 分	10 分	
3	接线可靠	导线连接可靠、剥皮适当、横平竖直	15 分	
4	线路正确	通电后每返工一次扣 10 分，三次扣完	30 分	
5	安全操作	文明施工综合参考	10 分	

续表

序号	内　容	评分标准	分　值	得分
6	时　　间	4h，每超 10min 扣 5 分 不满 10min 算 10min	20 分	
7	总　　分		100 分	

实习 7-5

(1) 实习目的

练习安装按钮与接触器联合互锁的三相电动机换向控制电路。

(2) 工具、器材

1) 常备电工手工工具；

2) 木制安装板，规格为 400×300×20；

3) 导线：主电路用 BV1.38；

控制电路用 BV1.13；

按钮接线用 BVR0.75mm^2；

4) 紧固件、编码套管和缠绕管若干。

(3) 实习过程

1) 仔细阅读原理接线图，见图 7-41，并在图上编号，并绘制安装接线图（见图 7-42 和图 7-43）

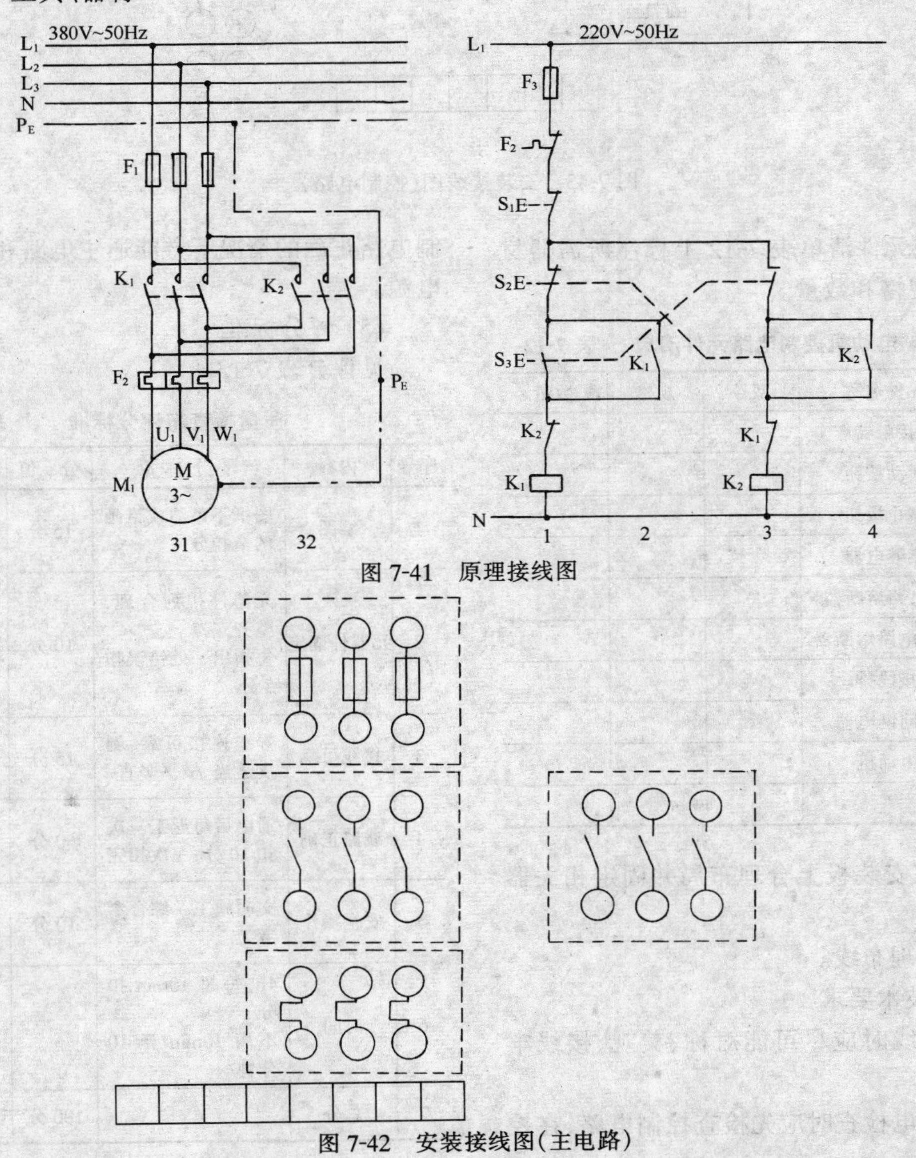

图 7-41　原理接线图

图 7-42　安装接线图(主电路)

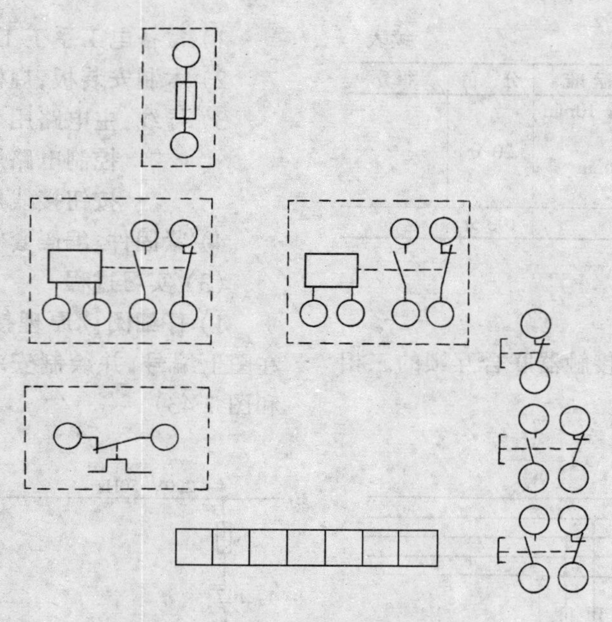

图 7-43　安装接线图(控制电路)

2）在元件清单表 7-12 上标注所需器材的型号、规格和数量。

电动机控制电路元件清单　　表 7-12

序号	元件名称	型号	规格	数量
1	接触器			
2	起动按钮			
3	停止按钮			
4	热继电器			
5	主电路熔断器			
6	控制电路熔断器			
7	接线排			
8	时间继电器			
9	电动机			
10				

3）在安装板上合理布局并固定相关器件。

4）合理布线。

(4) 技术要求

1）布线时应尽可能对称、美观、接线牢固可靠。

2）通电检查时应先检查控制电路，在控制电路正确的情况下方能通主电路和电动机电源。

(5) 评分标准

见评分表 7-13。

质量检查与评分标准　　表 7-13

序号	内容	评 分 标 准	分　值	得分
1	绘图	图纸不整洁或错画酌情扣分	15 分	
2	元器件固定	元器件排列合理、整齐 每指出一处错误扣 5 分	10 分	
3	接线可靠	导线连接可靠、剥皮适当、横平竖直	15 分	
4	线路正确	通电后每返工一次扣 10 分，三次扣完	50 分	
5	安全操作	文明施工　综合参考	10 分	
6	时间	4h，每超 10min 扣分 不满 10min 算 10 分钟		
7	总分		100 分	

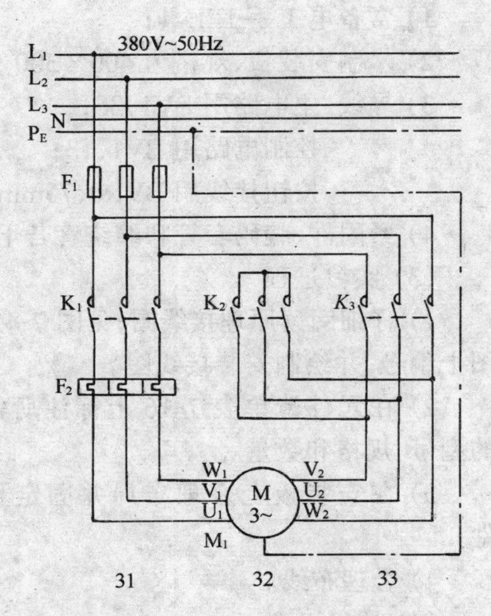

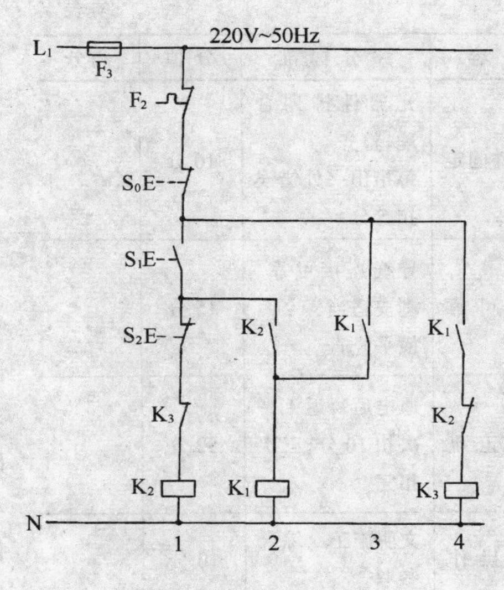

图 7-44　原理接线图

实习 7-6

(1) 实习目的

练习安装手动控制的 Y-Δ 电动机降压起动电路。

(2) 工具、器材

1) 常备电工手工工具；

2) 木制安装板，规格为 500×400×20；

3) 导线：主电路用 BV1.38；

控制电路用 BV1.13；

按钮接线用 BVR0.75mm^2；

4) 紧固件、编码套管和缠绕管若干。

(3) 实习过程

1) 仔细阅读原理接线图(见图 7-44)，并在图上编号，并绘制安装接线图。

2) 在元件清单表 7-14 上标注所需器材的型号、规格和数量。

电动机控制电路元件清单　　表 7-14

序号	元件名称	型号	规格	数量
1	接触器			
2	起动按钮			
3	停止按钮			
4	热继电器			
5	主电路熔断器			
6	控制电路熔断器			
7	接线排			
8	时间继电器			
9	电动机			
10				

3) 在安装板上合理布局并固定相关器件。

4) 合理布线。

(4) 技术要求

1) 布线时应尽可能对称、美观、接线牢固可靠。

2) 通电检查时应先检查控制电路，在控制电路正确的情况下方能通主电路和电动机电源。

(5) 评分标准

见评分表 7-15。

质量检查与评分标准　　表 7-15

序号	内容	评分标准	分值	得分
1	绘图	图纸不整洁或错画酌情扣分	15分	

续表

序号	内　容	评分标准	分值	得分
2	元器件固定	元器件排列合理、整齐 每指出一处错误扣5分	10分	
3	接线可靠	导线连接可靠、剥皮适当、横平竖直	15分	
4	线路正确	通电后每返工一次扣10分，三次扣完	50分	
5	安全操作	文明施工　综合参考	10分	
6	时　　间	4h，每超 10min 扣5分 不满 10min 算 10min		
7	总　　分		100分	

实习 7-7

(1) 实习目的

练习安装用时间继电器控制的 Y-Δ 电动机降压起动电路。

(2) 工具、器材

1) 常备电工手工工具；

2) 木制安装板，规格为 400×300×20；

3) 导线：主电路用 BV1.38；

控制电路用 BV1.13；

按钮接线用 BVR0.75mm^2；

4) 紧固件、编码套管和缠绕管若干。

(3) 实习过程

1) 仔细阅读原理接线图，见图 7-45，并在图上编号，并绘制安装接线图。

2) 在元件清单表 7-16 上标注所需器材的型号、规格和数量。

3) 在安装板上合理布局并固定相关器件。

4) 合理布线。

(4) 技术要求

1) 布线时应尽可能对称、美观、接线牢固可靠。

2) 通电检查时应先检查控制电路，在控制电路正确的情况下方能通主电路和电动机电源。

3) 注意时间继电器延时时间的调节。

(5) 评分标准

见评分表 7-17。

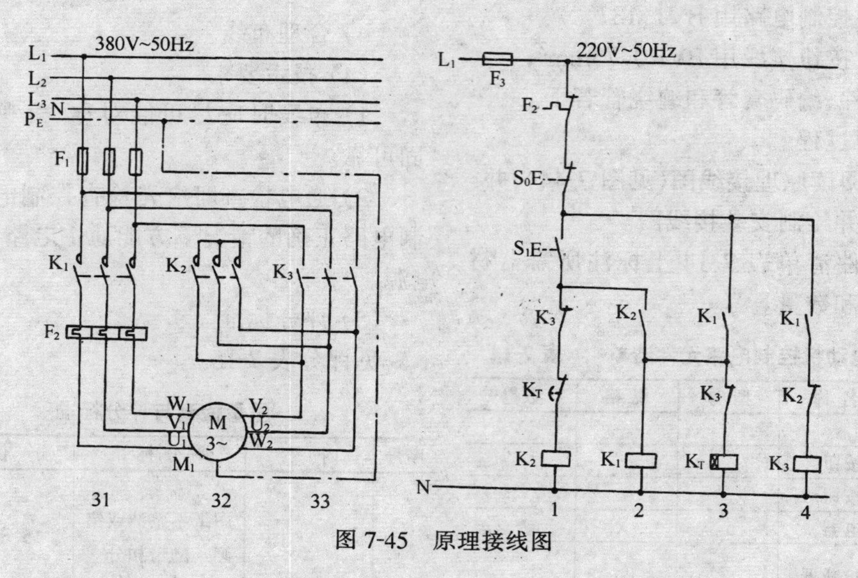

图 7-45　原理接线图

电动机控制电路元件清单　　表 7-16

序号	元件名称	型　号	规　格	数量
1	接触器			
2	起动按钮			
3	停止按钮			
4	热继电器			
5	主电路熔断器			
6	控制电路熔断器			
7	接线排			
8	时间继电器			
9	电动机			
10				

质量检查与评分标准　　表 7-17

序号	内容	评分标准	分值	得分
1	绘图	图纸不整洁或错画　酌情扣分	15分	
2	元器件固定	元器件排列合理、整齐 每指出一处错误扣5分	10分	
3	接线可靠	导线连接可靠、剥皮适当、横平竖直	15分	
4	线路正确	通电后每返工一次扣10分，三次扣完	50分	
5	安全操作	文明施工 综合参考	10分	
6	时间	4h，每超10min扣5分不满10min算10min		
7	总分		100分	

第8章 电子技术基本操作

为了测量线路中的电压、电流、电功率等各种电量，常用的电工仪表有：电压表、电流表、功率表、兆欧表等。在电子技术基础实验里最常用的电子仪器又有：示波器、低频信号发生器、万用表等。要正确地进行测量及观察实验现象，测得准确数据，就必须掌握这些仪器、仪表的使用方法，这也是应学会的重要操作技能。

8.1 电工常用仪表及电子仪器的使用

8.1.1 电流表和电压表的使用

电压、电流的测量是最基本的电工测量，测量电路中电压、电流的仪表型号很多，使用方法基本相同。使用电流表、电压表时的步骤及注意事项如下：

1）根据实际测量要求，合理选择测量的方法、测量线路和测量仪表。选择仪表时应注意，要从测量要求的实际出发，既能满足测量要求，又要综合地统筹考虑来选择仪表类型、准确度、内阻和量程等，特别要着重考虑引起测量误差较大的因素。对于仪表的使用环境和工作条件，必须在国标规定的限度内使用。

2）测量时，仪表要正确接线。电压表应并联在待测电路中；电流表应串联在待测电路中。测量直流电压、电流时，应注意电表的极性不能接错。各种接线方法如图 8-1、图 8-2、图 8-3 及图 8-4 所示。

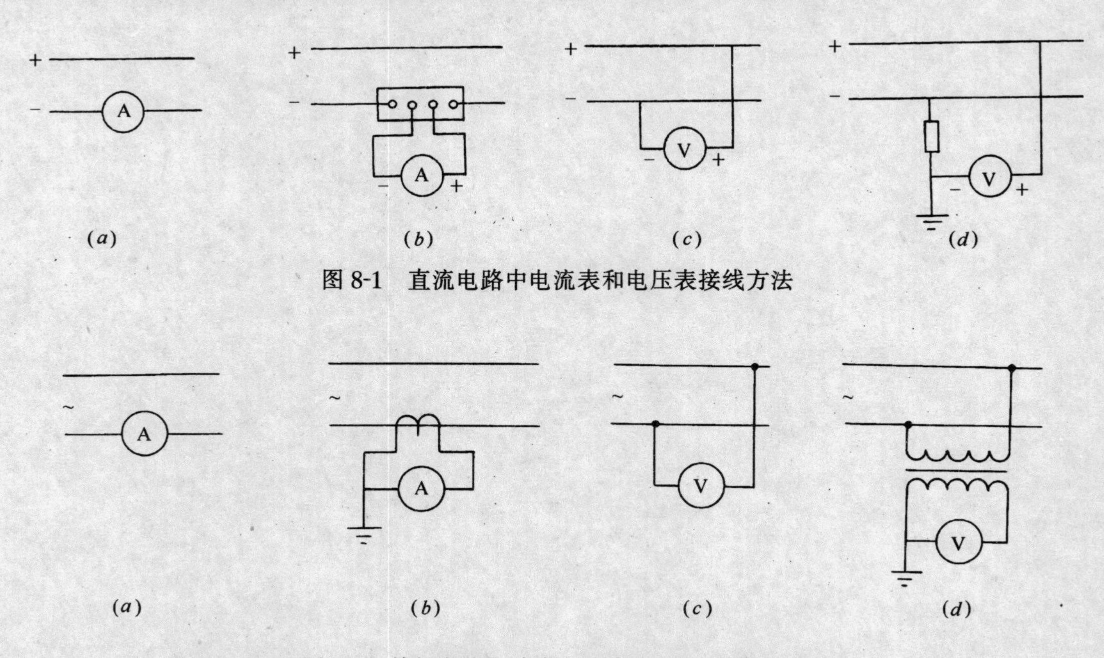

图 8-1　直流电路中电流表和电压表接线方法

图 8-2　单相交流电路中电流表、电压表接线方法

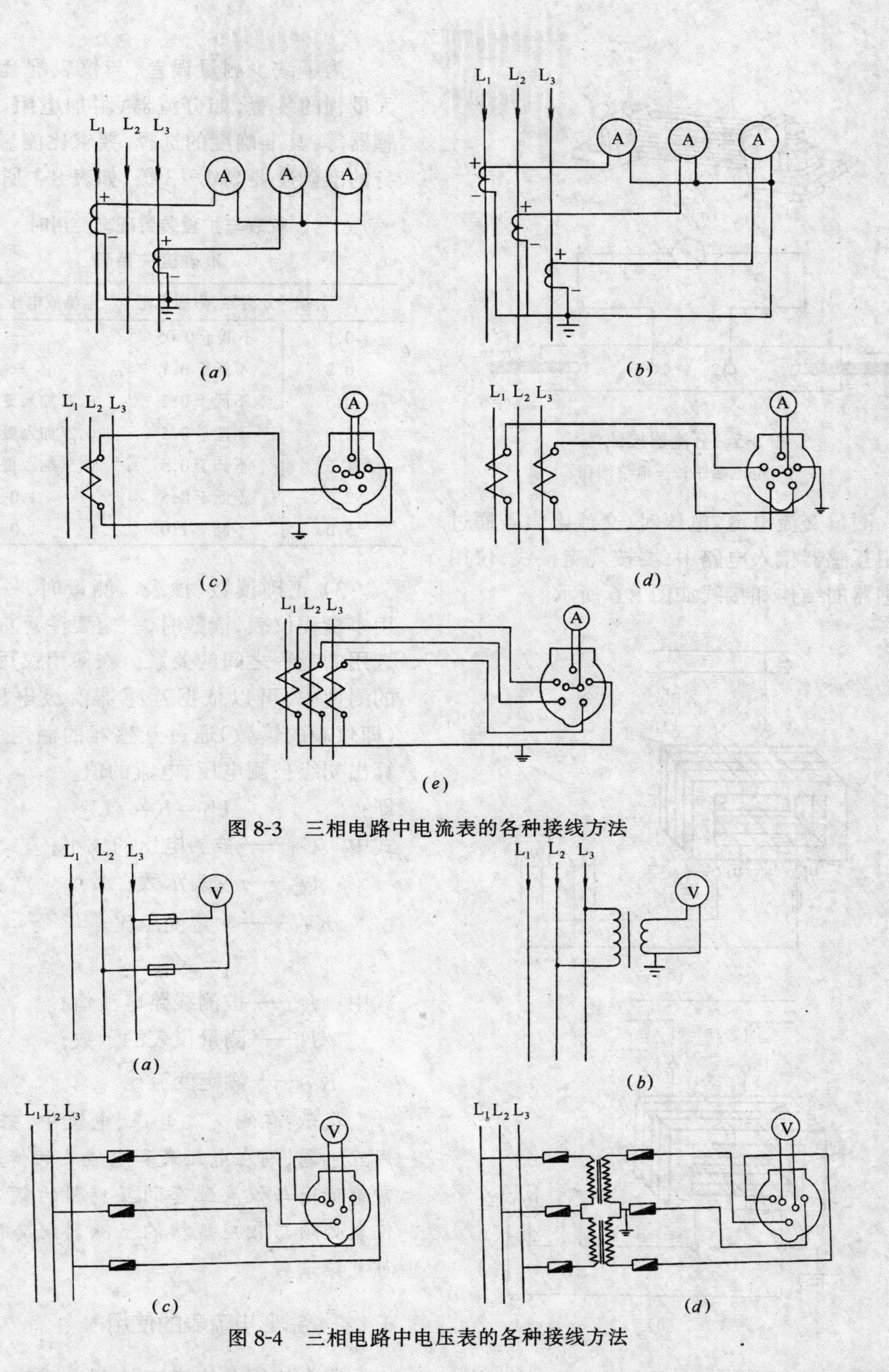

图 8-3 三相电路中电流表的各种接线方法

图 8-4 三相电路中电压表的各种接线方法

测电流若带有外附分流器时,要注意将电流接头串于电路中,电位接头接电测仪表,分流器与电表的连线应当用规定的定值导线(0.035Ω)。分流器的接线方法如图 8-5 所示。

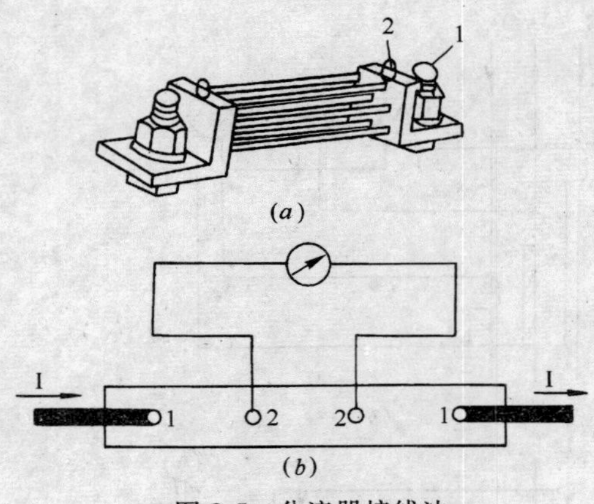

图 8-5　分流器接线法

1—电流端钮;2—电位端钮

测量交流电流、电压时,交流电表若通过仪用互感器接入电路中,要按规定接线,仪用互感器的结构和接线如图 8-6 所示。

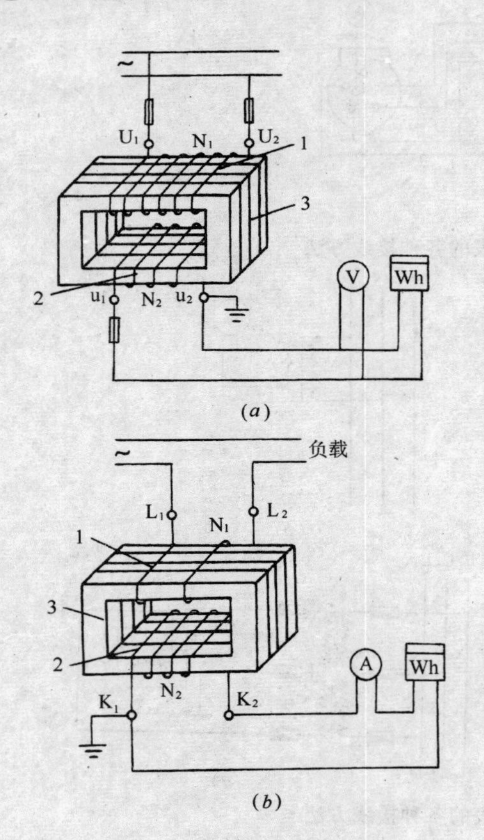

图 8-6　仪用互感器的结构和接线

(a)电压互感器及其接线;(b)电流互感器及其接线

1—一次线圈;2—二次线圈;3—铁芯

为了减少测量误差,与仪表配套使用扩大量程的装置,如分流器、附加电阻、仪用互感器等,其准确度的选择,要求比测量仪表本身的准确度要高 1～3 级,如表 8-1 所示。

仪表与扩程装置配套使用时准确度关系表　　**表 8-1**

仪表等级	分流器、附加电阻	电流或电压互感器
0.1	不低于 0.05	—
0.2	不低于 0.1	—
0.5	不低于 0.2	0.2(加入更正值)
1.0	不低于 0.5	0.2(加入更正值)
1.5	不低于 0.5	0.5(加入更正值)
2.5	不低于 0.5	1.0
5.0	不低于 1.0	1.0

3) 正确读数、抄表。测量时,一般均使用多量程仪表,读数时,一定要注意刻度盘与选用的量程之间的关系。在使用仪用互感器的测量中,可以依据互感器次级电压、电流(即仪表的读数)通过互感器的额定变比,推算出初级被测电压、电流的值。

即:

$$U_1 = K_{TV} \cdot U_2$$

式中　U_1——被测电压的大小;

U_2——仪表示数;

K_{TV}——额定变压比。

$$I_1 = K_{TI} \cdot I_2$$

式中　I_1——被测线路电流值;

I_2——测量仪表的示数;

K_{TI}——额定变流比。

提示:在测交流电压、电流中,若使用仪用互感器,则在电压表和电流表的标度上,通常都标出与仪表配套的互感器的额定变比,仪表必须与相应规格的互感器配套使用,才可直接读数。

8.1.2 钳形电流表的使用

通常使用电流表直接测电流时,必须切断电路,再接入电流表或互感器的初级接线端子后进行测量。而钳形电流表(俗称卡表)

则在通电状态下就可直接进行电流测量，解决了要求不停电测电流问题。钳形电流表有互感器式和电磁系钳形电流表两类，如图 8-7 所示，使用方便，但一般准确度低，通常为 2.5 级或 5 级。

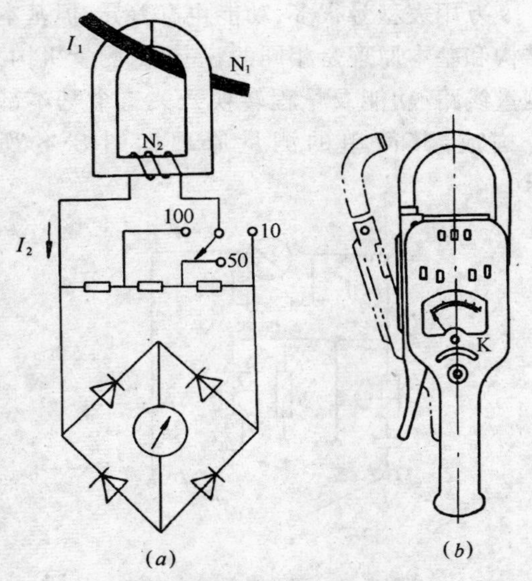

图 8-7 钳形电流表线路及外形
(a)钳形电流表线路；(b)钳形电流表外形

(1) 钳形电流表的使用方法

使用时，将量程开关置于合适位置，手持胶木手柄，用食指勾紧铁芯开关便可打开铁芯，将被测通电导线从铁芯钳口卡入铁芯中央，放松铁芯开关使铁芯自动闭合，被测通电导线的电流就在铁芯中产生交变磁通，表上就感应出电流，可直接读数。

(2) 卡表使用时的注意事项

1) 测量前应先估计被测电流的大小，以便选择合适的量程，若无法估计时则应选用最大量程，然后再根据表指针的偏转情况确定合适的量程。

2) 测量时被测通电导线应放在钳口内中心位置。钳口的结合面应保持良好的接触，保持清洁，以减少误差。

3) 若被测电流较小时，为使读数较准确，在条件允许时，可将被测导线多绕几圈，再进行测量，读数时要注意被测电流实值等于仪表的读数除以导线绕的圈数。

4) 使用完毕，要把仪表的量程开关置于最大量程位置上。

8.1.3 电流、电压测量的操作练习

(1) 电流表、卡表测电流

1) 准备：电流表(mA 表)、卡表、直流稳压电源、小灯泡、限流电阻、单相电源、负载箱、刀闸开关、导线等。

2) 操作要领及要求：

A. 电流表测电流：在断电的情况下，用直流稳压电源、小灯泡、限流电阻及单刀开关连接成简单的直流电路，并把电流表串接在该电路中。接线时一定注意电流表的极性不能接反，接通电源前，先要估算一下被测电流的值，选择合适的电流量程，若无法估计被测电流的大小，可选最高量程，碰触接通电路，由表针偏转的快慢及偏转角的大小来确定合适量程后再接通电路进行测量。

B. 卡表测电流：用单相交流电源、负载箱、刀闸开关等接成闭合电路，通电状态下，用卡表测负载电流。测量时，若负载电流较小，不易读数时，在允许的条件下可将一次线路多绕几圈卡入卡口，只是读数时要注意，被测电流实值等于表的读数除以线路所绕的圈数。

3) 考核评分标准见表 8-2。

电流测量实训练习评分表 **表 8-2**

序号	考核项目	单项配分	要求	考核记录	得分
1	线路的接线正确	40	布线合理，接线正确无误		
2	仪表选择、量程选择正确	20	仪表选择正确、且量程选择合理、测量误差最小		
3	测量方法正确	10	测量误差小		

续表

序号	考核项目	单项配分	要　求	考核记录	得分
4	读数正确	20	会正确使用仪表，操作方法无误，读数正确		
5	综合印象	10	文明生产，节省材料等		

班级：　　姓名：　　指导教师：

(2) 电压表测电压

1) 准备：交、直流电压表，直流电路、交流电源等。

2) 操作要领及要求：

在低压线路中，要想测电路中某两点间的电压，只要把电压表的两端直接并联到被测两点即可。接线方法如图 8-1、图 8-2、图 8-4所示。测量时应注意：要根据被测电压的性质选择电压表的类型，并为减少测量误差选好量程档，测直流电压时，一定要注意极性不能接反。测量电压是带电进行的，因而更要注意安全。

3) 考核评分标准见表 8-3。

电压测量实训练习评分表　　表 8-3

序号	考核项目	单相配分	要　求	考核记录	得分
1	仪表选择正确	30	类型选择正确、量程选择正确		
2	仪表使用及测量方法正确	30	测量误差较小		
3	读表	20	量程换算正确、读数正确		
4	综合印象	20	文明生产等		

班级：　　姓名：　　指导教师：

8.1.4　万用表的使用

万用表又称多用表、复用表，是一种多功能、多量程的便携式电测仪表，是从事电子电器安装、调试和维修的必备仪表。它有模拟万用表和数字万用表两类，一般都能测直流电流、电压、交流电压、直流电阻等，有的万用表还能测交流电流、电容及三极管的 h_{FE} 值等。

万用表型号很多，功能也有差异，但基本结构和基本原理是相同的，一般由测量机构、测量线路、功能及量程转换开关三个基本部分构成，其简单的测量原理如图 8-8 所示。

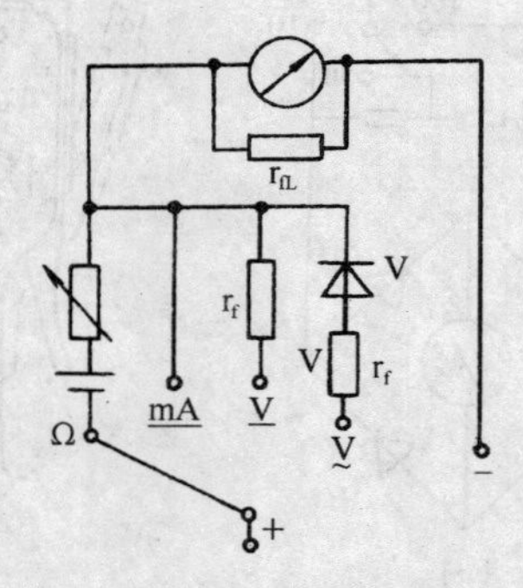

图 8-8　万用表最简单的测量原理图

(1) 模拟万用表的使用方法

各种型号的万用表面板结构不完全一样，但表盘、转换开关、表头指针的机械调零旋钮、零欧姆调整旋钮和表笔插孔都是共同具备的。图 8-9 所示为 MF50-1 型万用表面板结构，以此为例，说明模拟万用表的使用。

1) 万用表面板各部分的功能：

A. 刻度盘(表盘)。

MF50-1 型万用表表盘上共设有 8 条标度尺，最上面的是电阻标度尺，依次是直流电流和交、直流电压公用标度尺，0～10V 交流电压专用标度尺，测晶体三极管共发射极直流放大系数 h_{FE} 的两条标度尺，负载电流 LI 标度尺，负载电压 LV 标度尺，最后的一条是测电平用的标度尺。如图 8-10 所示 MF 50-1 型万用表标度尺读法。

B. 量程转换开关。

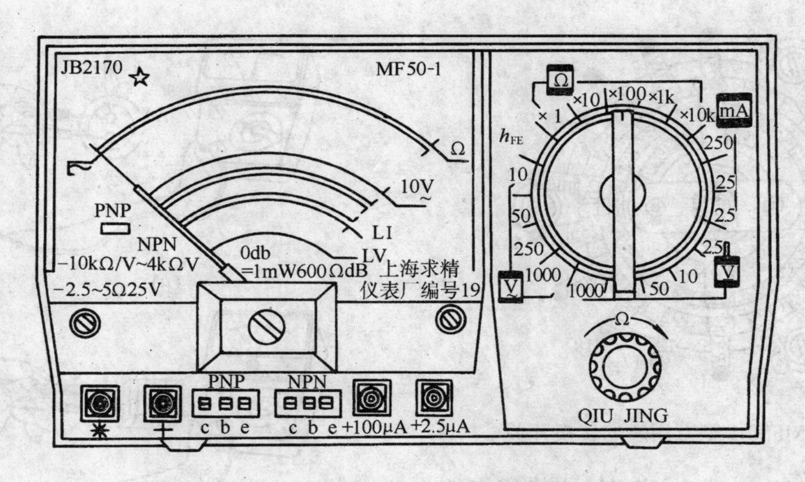

图 8-9 MF50-1 型万用表面板结构

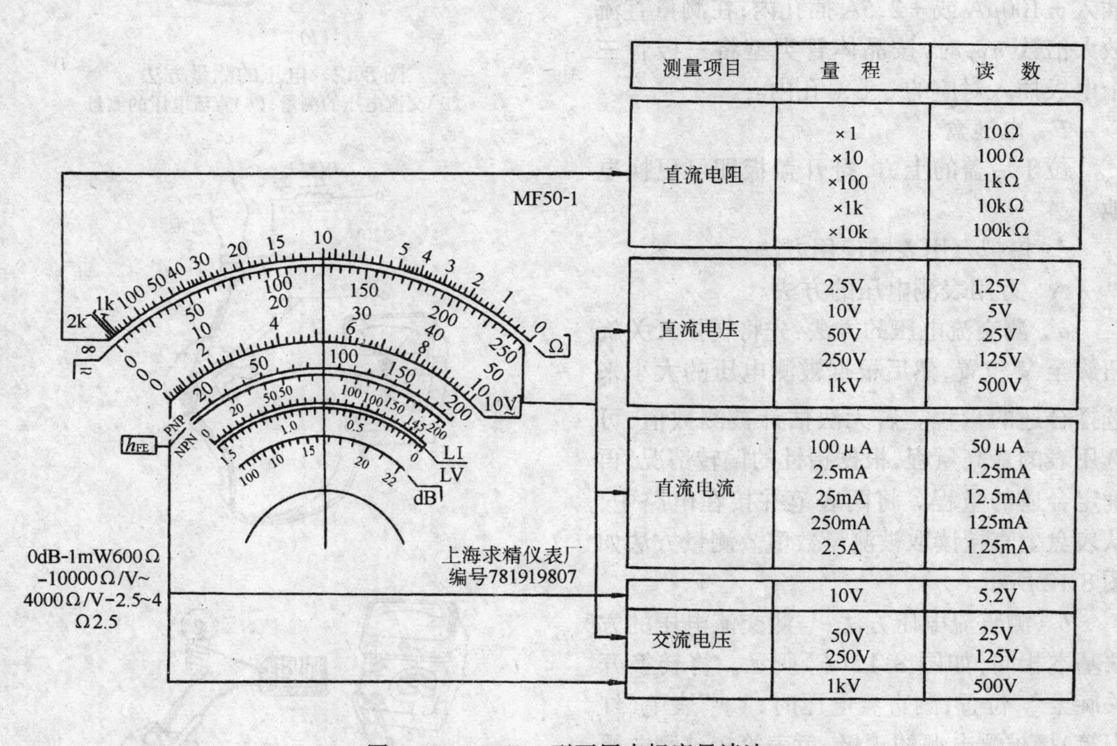

测量项目	量 程	读 数
直流电阻	×1 ×10 ×100 ×1k ×10k	10Ω 100Ω 1kΩ 10kΩ 100kΩ
直流电压	2.5V 10V 50V 250V 1kV	1.25V 5V 25V 125V 500V
直流电流	100μA 2.5mA 25mA 250mA 2.5A	50μA 1.25mA 12.5mA 125mA 1.25mA
交流电压	10V	5.2V
	50V 250V	25V 125V
	1kV	500V

图 8-10 MF50-1 型万用表标度尺读法

如图 8-11 所示 MF50-1 型万用表的转换开关结构图。该开关为单层三刀十八位结构,它配合标有各种工作状态和量程范围的指示盘,用来完成测试功能和量程的选择。

C. 机械调零旋钮。

仪表使用前,用螺丝刀旋动机械调零旋钮,使指针调整在零位。

D. 零欧姆调整旋钮。

测量电阻时,先将两表笔短接,调整零欧姆旋钮,使指针调整在零位。

E. 插孔。

表笔插孔是万用表通过表笔与被测量连接的部位,使用时,红、黑表笔分别插入"+"、

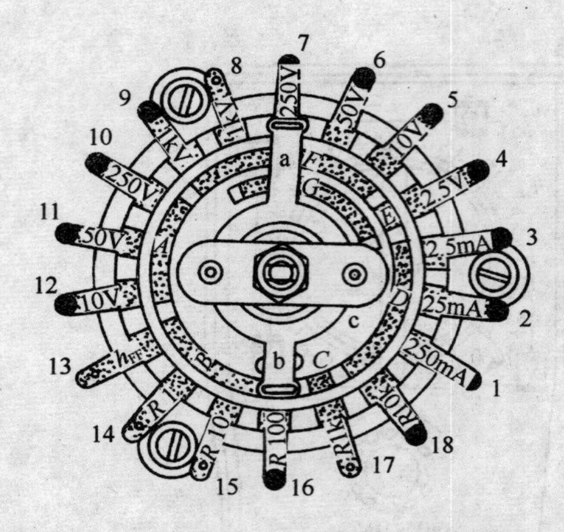

图 8-11　MF50-1 型万用表的转换开关

“ * ”孔内；测 100μA 或 2.5A 时，应将红表笔插入 + 100μA 或 + 2.5A 插孔内；在测量直流放大倍数 h_{EF}时，按晶体管类型将三极管三个电极插入对应的 e、b、c 孔内。

F．电池盒。

位于后盖的上方，打开盖板即可更换电池。

2）模拟万用表的使用方法：

A．万用表测电压的方法。

a．测交流电压的方法：先将转换开关旋钮旋至 $\underset{\sim}{V}$ 位置，然后根据被测电压的大小来选择合适的量程。若无法估计被测数值，可选用表的最高量程，根据指针的偏转情况，再确定合适的量程。将两表笔并接在电路中，从表盘上直接读取被测量数值。测量方法如图 8-12 所示。

b．测直流电压方法：与测交流电压的方法基本相同，如图 8-12(*b*)所示。将转换开关旋至 $\underline{V}$ 位置，测直流电压时，“ + ”表笔（红表笔）接被测电源的正极，负表笔接被测电源的负极，极性不能接反。若无法确定被测电源极性时，可选用较大量程，用两表笔迅速碰触测试点，观察表针指向来确定极性。

B．万用表测直、交流电流。

测电流的方法与测直、交流电压方法基本相同。如图 8-13 所示。将量程开关拨至“mA”范围的适当量程档（或交流电流档），测试表笔串接在被测电路中，使电流从红表笔

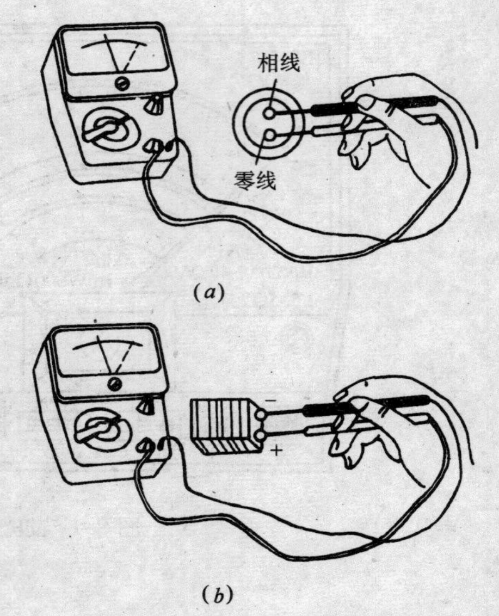

(*a*)

(*b*)

图 8-12　电压的测量方法

(*a*)交流电压的测量；(*b*)直流电压的测量

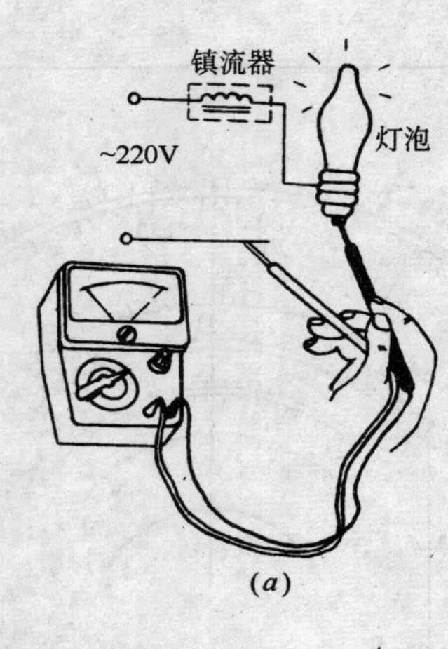

(*a*)

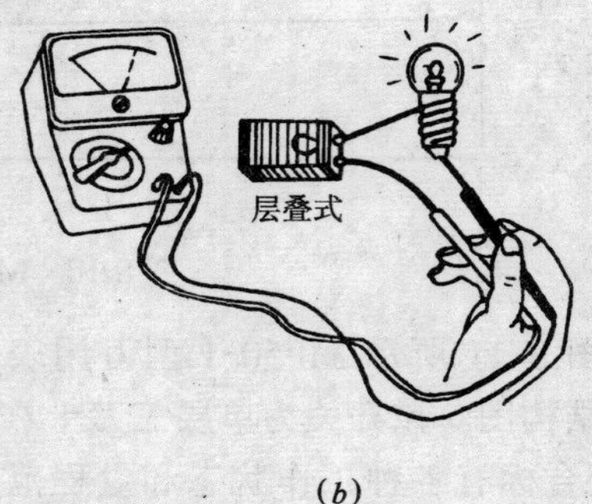

(*b*)

图 8-13　交流、直流电流的测量

(*a*)测交流电流；(*b*)测直流电流

入,黑表笔流出,指针在表盘上的相应刻度线读数。

提示:在测未知的电压、电流时,应先将量程拨至最高量程,用测试表笔很快碰触测试点,根据表针偏转情况确定适当的量程。测高压或大电流时,应严格遵守有关操作规程。测量中不允许带电旋动开关旋钮,以防损坏仪表,保证人身安全。

C. 万用表测电阻。

把量程转换开关置于“Ω”档适当量程位置上,先将两表笔短接、旋零欧姆旋钮调零后,再用表笔测量被测电阻。面板上×1、×10、×100、×1k、×10k 的符号表示倍率,读出指针在 Ω 刻度的示数,再乘上该档的倍率,就是被测电阻值。测量方法如图 8-14 所示。例如:用×100 档测一电阻,表盘读数为 21.5,则所测电阻的值应为 $21.5\times100=2150\Omega$。

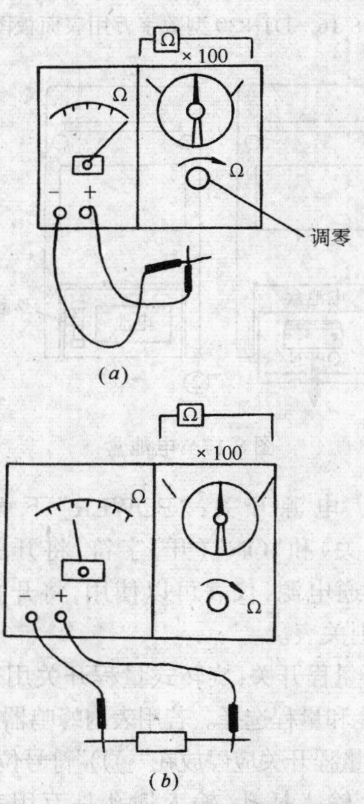

图 8-14 万用表测电阻的方法

(a)欧姆调零;(b)测电阻值

提示:万用表“Ω”档测电阻前,一定要进行欧姆调零,当表笔短接后,指针不能调至零位时,说明电池电压不足,应及时更换,每次换档后都应重新调零。严禁在被测电路带电情况下测量电阻。

D. 三极管直流放大倍数 h_{FE}的测量。

将转换开关置于 $R\times10$ 档,表笔短接调零后,再将转换开关置于 h_{FE}档,把被测晶体管的 e、b、c 管脚按管型插入相应的插孔内,读出指针在 β 刻度线上的读数即可。测量方法如图 8-15 所示。

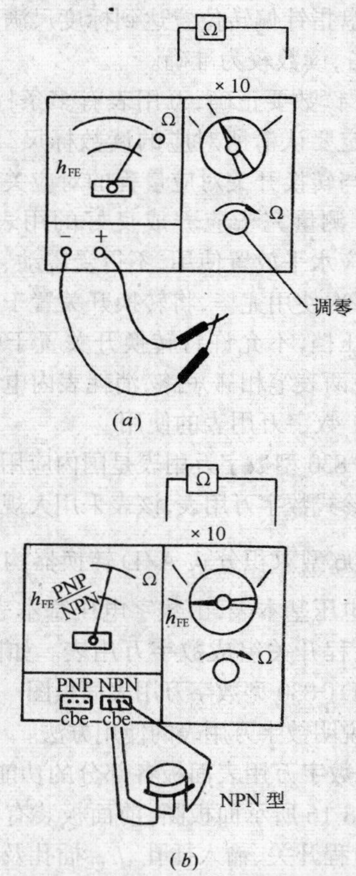

图 8-15 万用表测 h_{FE}值的方法

3) 模拟万用表使用注意事项:

A. 要根据所要求测量的项目和精度,以及经济条件等合理选择万用表。在条件允许的情况下,应尽可能选用灵敏度高、基本误差小、测量功能全、量程范围大等的万用表。

B．使用前，要充分了解万用表的性能，了解和熟悉转换开关等部件的作用和用法。

C．端钮或插孔选择要正确。红表笔应插入“+”插孔内，黑表笔应插入“−”插孔内，使用“Ω”档时，应注意万用表内电池的正极与面板上“−”号插孔相连，电池的负极与面板上的“+”相连。

D．转换开关的位置应选择正确。测量前要根据被测电量的种类和大小，把转换开关置于合适的位置，并且反复核对无误后方可进行测量。测量时量程选择要合适，应尽量使表盘指针偏转位置达到标度尺满刻度的2/3左右，读数较为准确。

E．读数要正确，万用表有多条标尺，读数时一定要认清所对应的读数标尺，以及表盘读数与转换开关对应量程的对应关系。

F．测量完毕应养成良好的用表习惯。万用表应水平放置使用，不得受震动、受热或受潮，每次使用完毕，将转换开关置于空档或最高电压档，不允许将转换开关置于电阻档上，以免两表笔相碰短路，消耗表内电源。

(2) 数字万用表的使用

DT-830型数字万用表是国内应用广泛的一种袖珍式数字万用表，该表采用大规模集成电路7106型双积分式A/D转换器构成$3\frac{1}{2}$位数字电压基本表，由数字电压基本表、测量线路、量程开关组成数字万用表。如图8-16所示为DT-830型数字万用表面板图。现以它为例来说明数字万用表的使用方法。

1) 数字万用表面板各部分的功能：

图8-16所示面板图，前面板装有液晶显示屏、量程开关、输入插孔、h_{FE}插孔及电源开关，后面板附有电池盒，如图8-17所示。

A．液晶显示器：采用LCD显示器，最大显示值为1999(或−1999)，仪表具有自动显示极性功能。显示屏左端显示箭头符号时，应更换电池，输入信号超量程时，屏左端出现“1”或“−1”提示字样。

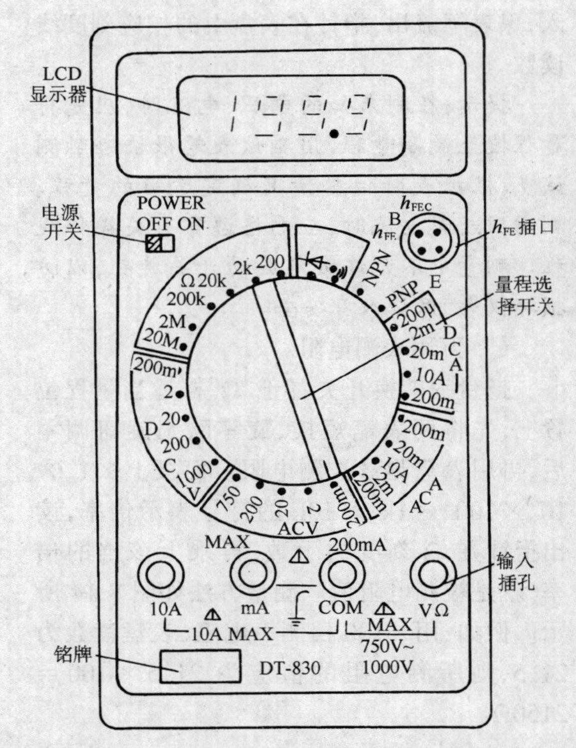

图8-16　DT-830型数字万用表面板图

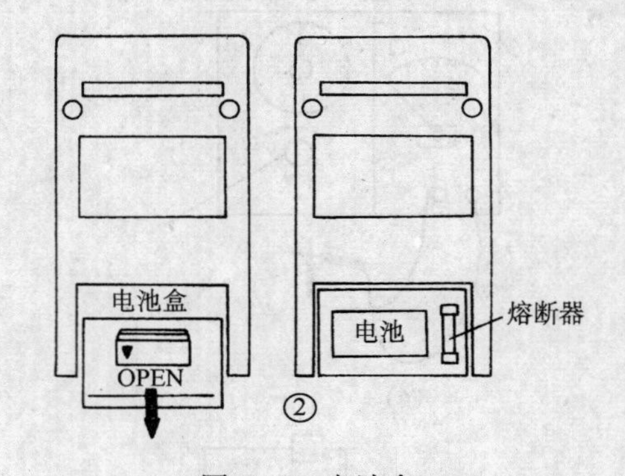

图8-17　电池盒

B．电源开关：“POWER”下面注有“OFF”(关)和“ON”(开)字符，将开关拨至“ON”接通电源，仪表可以使用，将开关拨至“OFF”则关表。

C．量程开关：旋转式量程开关用来完成测试功能和量程选择。若用表内蜂鸣器做通断检查时，量程开关应停放在“·)))”符号位置。

D．输入插孔：输入插孔是万用表通过表笔与被测量连接的部位，使用时黑表笔置

于“COM”插孔，红表笔应根据被测量的种类、大小，置于“V·Ω”、“mA”或“10A”插孔。

E．h_{FE}插孔：面板右上部有一个四眼插孔，并标有B、C、E字母，测量三极管h_{FE}值时，应将三极管三个电极对应插入孔中。

F．电池盒：位于后盖的下方。拉出活动抽板，可更换电池，为检修方便，盒内装有快速熔丝管。

2）数字万用表的使用方法：

A．交、直流电压的测量：将量程开关置于“ACV”范围内的适当量程档，黑表笔插入“COM”插口，红表笔插入“V·Ω”插孔，电源开关拨至“ON”位，将表笔并联在电路中，显示器上便直接显示被测量的值。若将量程开关拨至“DCV”范围内的适当量程档进行测量时，则显示屏上显示出被测直流电压的值。测量方法如图8-18所示。

B．交、直流电流的测量：将量程开关拨至“ACA”范围内的适当量程档，黑表笔插入“COM”孔内，红表笔根据估计的被测量的大小，插入相应的“mA”或“10A”插孔内，把仪表串接入测量电路，检查无误后，接通表内电源，即可显示出被测交流电流值。若将量程开关置于“DCA”范围内的适当量程档，用上述方法进行测量，则显示屏上直接显示出被测直流电流的值，方法如图8-19所示。

提示：数字万用表测量电压、电流时，直接显示被测量的数值，其单位与量程开关拨至的相应档的单位有关。如量程置于“～200mV”档，显示值以“mV”为单位，若置于“mA”档，则显示值以“mA”为单位等。

C．电阻的测量：将量程开关拨至“Ω”范围内适当的量程档，黑表笔插入“COM”孔，红表笔插入“V·Ω”插孔，接通电源后，去测量不带电情况下的直流电阻值。

D．二极管的测量：将量程开关置于“⊳|”

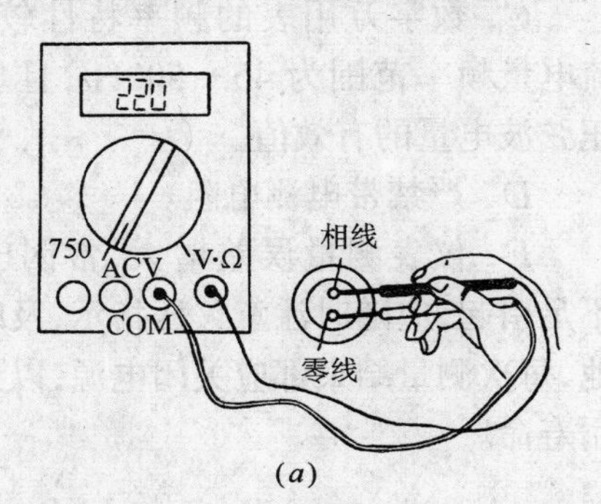

(*a*)

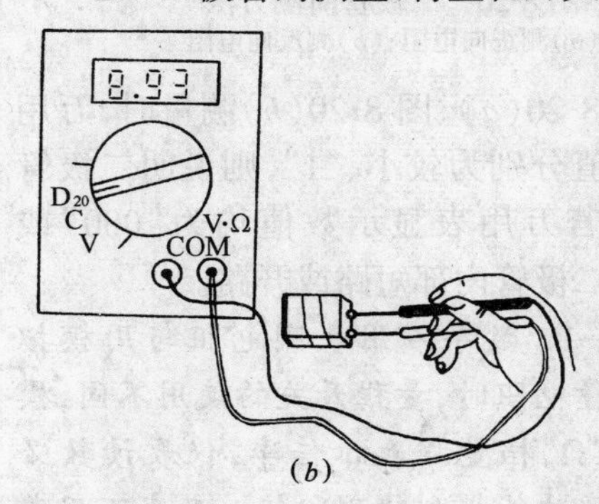

(*b*)

图8-18　数字万用表测电压的方法
(*a*)交流电压的测量；(*b*)直流电压的测量

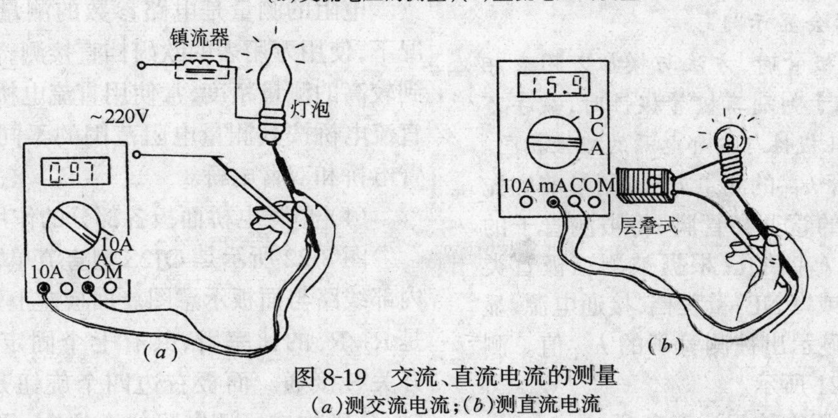

(*a*)　(*b*)

图8-19　交流、直流电流的测量
(*a*)测交流电流；(*b*)测直流电流

符号档，红、黑表笔分别插入“V·Ω”和“COM”插孔，用表笔测试二极管，如图 8-20 所示。

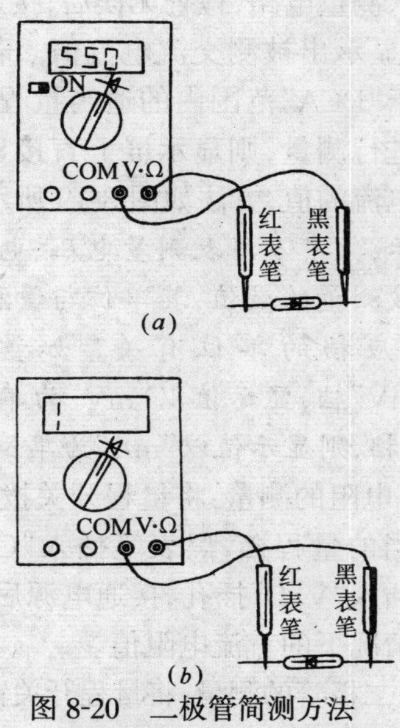

图 8-20　二极管简测方法
(a)测正向电阻；(b)测反向电阻

若图 8-20(a)、图 8-20(b)测量时，万用表显示数值分别为较小、“1”，则说明二极管是好的。若万用表显示数值均为“000”或“1”，说明二极管内部短路或开路。

提示：1. 数字万用表测电阻与用模拟万用表测量电阻时，量程开关的使用不同，模拟万用表“Ω”档量程表示倍率，仪表读数必须乘以倍率才能得到待测阻值。数字万用表“Ω”档量程表示测量范围，当待测阻值，超过量程时，显示器会显示“1”。

2. 检测二极管时，方法与模拟万用表相似，不同之处在于判别二极管极性时，数字万用表的面板插孔极性与内部电源的极性相同。

E. 三极管 h_{FE} 的测量方法：测量前应先判别出三极管的管型和管脚，将被测管子的相应管脚插入 h_{FE} 插孔，根据被测三极管类型选择“NPN”或“PNP”量程档，接通电源，显示屏上会直接显示出被测管子的 h_{FE} 值。测量方法如图 8-21 所示。

3）数字万用表使用注意事项：

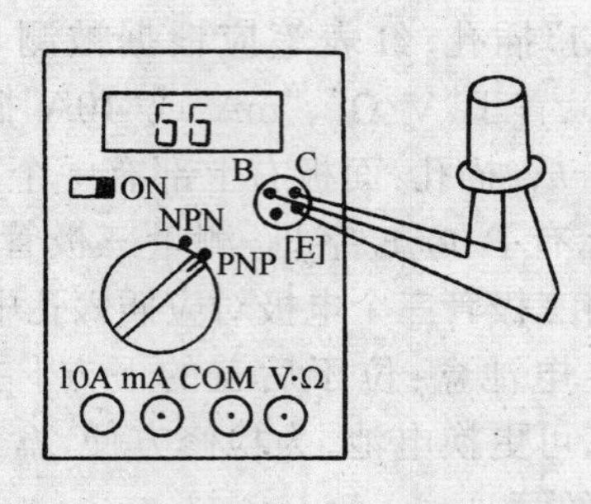

图 8-21　三极管 h_{FE} 的测量方法

A. 使用前，表笔插孔位置选择要正确。黑表笔插入“COM”孔，红表笔要根据被测电量要求，插入相应的位置，检查无误后再进行测量。

B. 量程开关的位置应选择正确。测量前要根据被测电量的种类和大小，确定量程开关的位置，对于测前无法估计大小的待测量，应选择最高量程检测量后，根据显示结果选择合适量程。

C. 数字万用表的频率特性较差，测交流电量频率范围为 45～500Hz，且显示的是正弦波电量的有效值。

D. 严禁带电测电阻。

E. 仪表测量误差增大，常因电源电压不足引起，应随时注意欠压指示，及时更换电池，每次测量结束都应关闭电源，以延长其使用寿命。

8.1.5　电桥的正确使用

电阻的测量是电路参数的测量，通常情况下，使用万用表的欧姆档直接测，但为了得到较高的测量精度，常使用直流电桥来测量，直流电桥按其测量电阻范围的不同，分为单臂电桥和双臂电桥。

(1) 单臂电桥面板各部分的作用

图 8-22 所示是 QJ23 型直流单臂电桥的内部线路与面板示意图。面板左上角的旋钮是 R_2/R_3 的比率臂，共有七个固定比例，由开关 S 接通。面板右边四个旋钮是比较臂 R_4，分别构成可调电阻的个位、十位、百位和

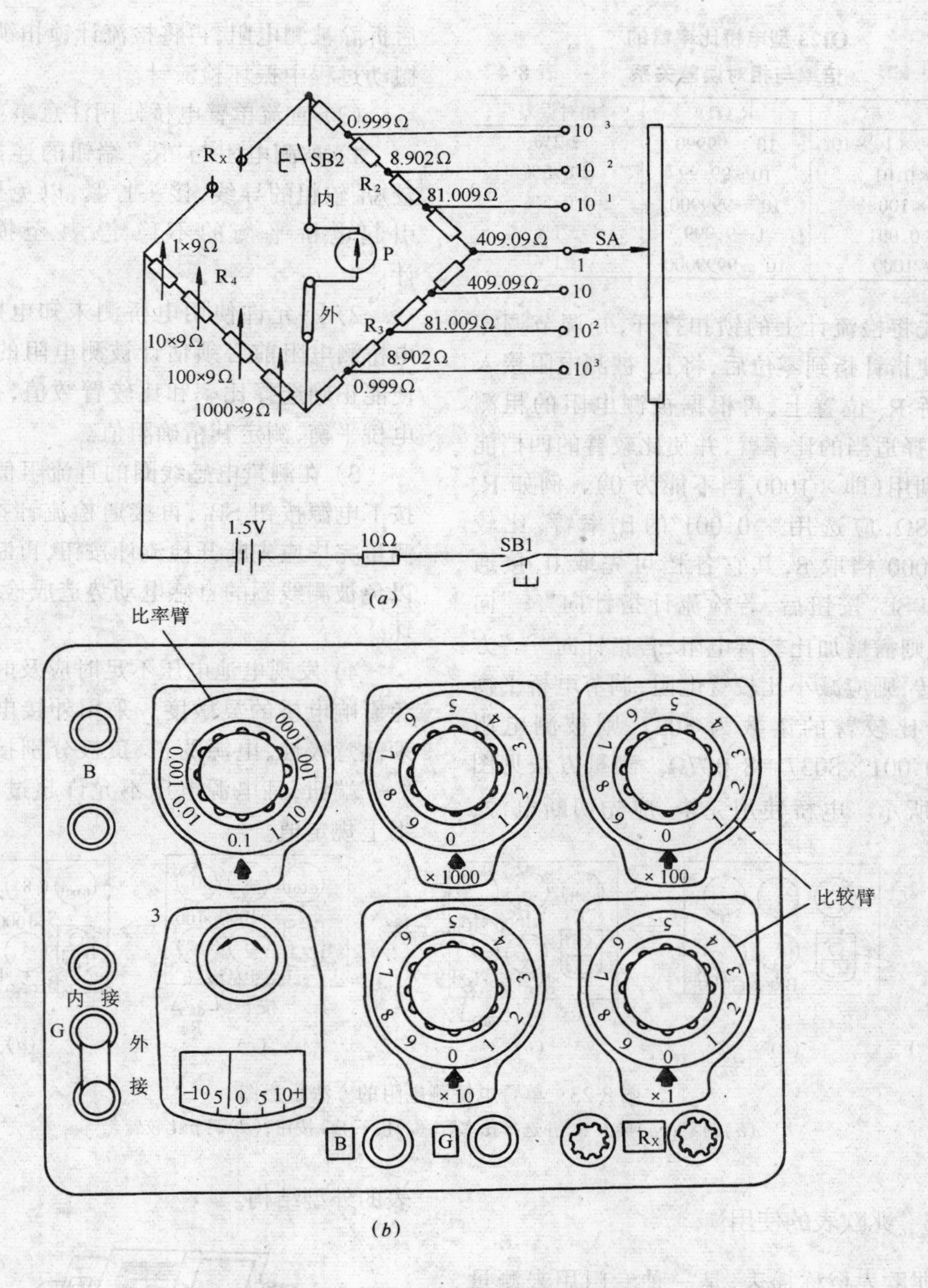

图 8-22　QJ23 型电桥内部线路与面板

(*a*)原理线路；(*b*)面板示意图

千位，左下角是内附检流计，其上有调零旋钮。若使用外附检流计，应用连接片将内附检流计短路，然后将外附检流计接在注有“外接”字样的两个端钮上。当使用外接电源时，从面板左上角的两个端钮接入，被测电阻接在“R_x”位置，B、G 为按钮。

QJ23 型电桥的测量范围是 1 ~ 9999000Ω。测量中，比率臂的位置和测量的相对误差的关系见表 8-4 所示。

(2) 直流单臂电桥的使用

QJ23 型电桥比率臂的倍率与相对误差关系　　　　表 8-4

倍　　率	$R_x(\Omega)$	相对误差
×0.1，×1，×10	10^2～99990	±2%
×0.01	10～99.99	±0.5%
×100	10^5～999900	±0.5%
×0.001	1～9.999	±1%
×1000	10^6～9999000	±1%

先将检流计上的锁扣打开，并调节调零旋钮使指针指到零位后，将 R_x 被测电阻接入到电桥 R_x 位置上，再根据被测电阻的粗测值，选择适当的比率臂，并使比较臂的四档能充分利用（即×1000 档不能为 0）。例如 R_x 约为 8Ω，应选用×0.001 的比率臂，比较臂×1000 档取 8，其它各档可先取 0，接通 SB_1 和 SB_2 按钮后，若检流计指针向“+”向偏转，则需增加比较臂电阻，若指针向“－”方向偏转，则应减小比较臂电阻，调节电桥平衡时，若比较臂的读数为 8037，则被测电阻 $R_x=0.001\times8037=8.037\Omega$。测量方法见图 8-23 所示。电桥使用完毕，应先切断电源，后拆除被测电阻，再将检流计锁扣锁上，以防搬动过程中振坏检流计。

（3）直流单臂电桥使用注意事项

1）被测电阻与“R_x”端钮的连接应采用较短、较粗的导线，接头拧紧，以免接触不良引起电桥平衡的不稳定，甚至损坏检流计。

2）不允许使用电桥测未知电阻。使用电桥测电阻前必须估计被测电阻的大小，以便能正确选择比率和比较臂数值，很快调整电桥平衡，测定其精确阻值。

3）在测量电感线圈的直流阻值时，应先按下电源按钮 SB_1，再接通检流计按钮 SB_2。测量完毕应先断开检流计按钮，再断开电源，以免被测线圈的自感电动势造成检流计的损坏。

4）发现电池电压不足时应及时更换，以免影响电桥的灵敏度。采用外接电源时，必须注意极性，电源的正、负极分别接到“+”、“－”端钮，且电源电压不允许超过电桥说明书上规定值。

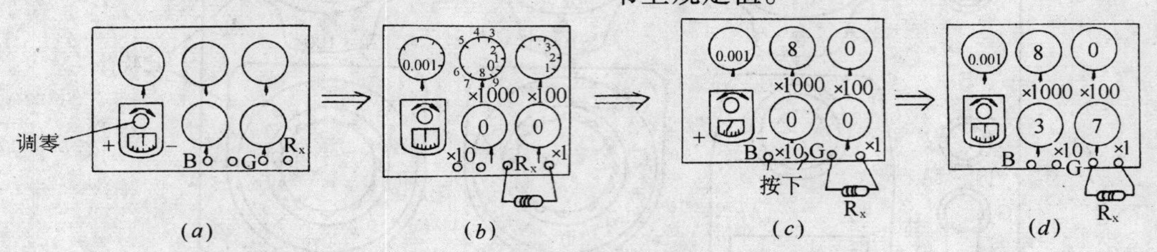

图 8-23　单臂电桥测电阻的方法示意图

（a）调零；（b）接入 R_x 并选择比率臂；（c）按下 BG 按钮；（d）调节比较臂

8.1.6　兆欧表的使用

兆欧表俗称摇表，是一种专门用来测量电气设备及电路绝缘电阻的便携式仪表。它主要由三部分组成：手摇直流发电机、磁电式比率表和测量线路组成。其特点是本身带有电压较高的电源，电压为 500～5000V，因此用摇表测量绝缘电阻，能得到符合实际工作条件的绝缘电阻。图 8-24 所示为 ZC11 型摇表的外型结构。

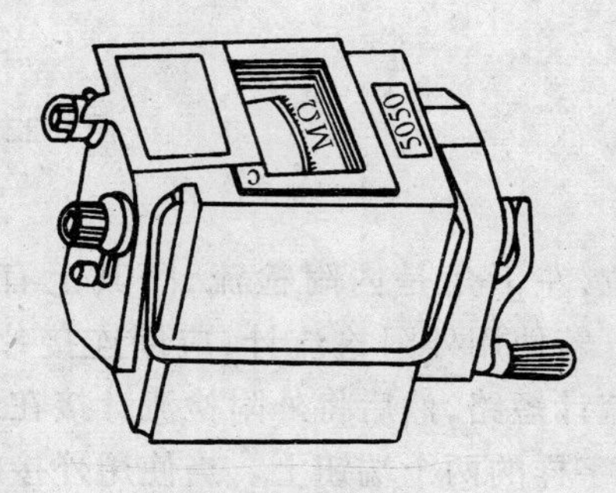

图 8-24　摇表

摇表常用规格有 250V、500V、1000V、2500V 和 5000V，选用摇表主要考虑它的输出电压及其测量范围，参考表 8-5 所示：

不同额定电压兆欧表使用范围　表 8-5

测量对象	被测绝缘额定电压(V)	兆欧表的额定电压(V)
线圈绝缘电阻	500V 以下 500V 以上	500 1000
电力变压器电机线圈绝缘电阻	500V 以上	1000～2500
发电机绝缘电阻	380V 以下	1000
电气设备绝缘	500V 以下 500V 以上	500～1000 2500
瓷　瓶		2500～5000

(1) 摇表的使用方法

1) 摇表使用前的准备工作：

A. 根据被测量要求，合理选择合适规格的摇表，参看表 8-5 所示。

B. 检查摇表的好坏。其方法是将摇表水平放置，摇动手柄，指针应指到"∞"处，再慢慢摇动手柄使"L"和"E"输出线瞬时短接，指针应迅速回零。注意摇动手柄时不得让"L"和"E"短接时间过长，否则将损坏摇表。

C. 检查被测电气设备和电路是否已全部切断电源，有电容元件的设备或线路，是否已先行放电，使用摇表绝对不允许带电操作。

2) 摇表的测量方法：

A. 使用摇表测量时，首先要正确接线。摇表有三个接线柱："L"(线路)、"E"(接地)、"G"(保护环或屏蔽端子)。在测量电气设备或线路对地绝缘电阻时，"L"用单根导线接设备或线路的待测部位，"E"接设备外壳或接地，当测电缆的绝缘电阻时，为消除因表面漏电产生的误差，"L"接线芯，"E"接外壳，"G"接线芯与外壳间的绝缘层，见图 8-25 所示。

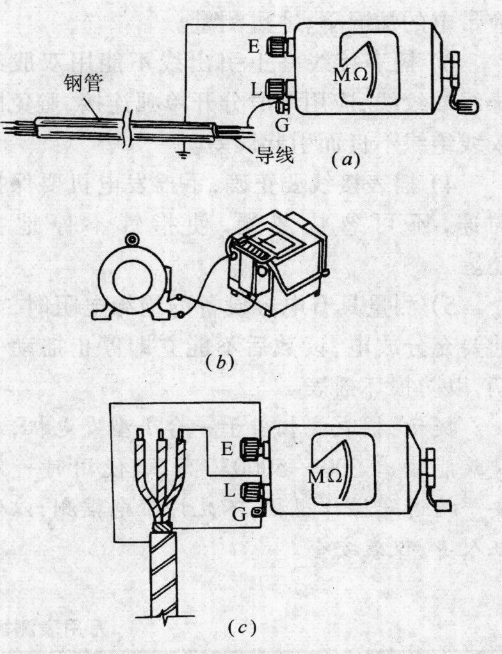

图 8-25　摇表的接线方法

(*a*)测量照明或动力线路绝缘电阻；(*b*)测量电机绝缘电阻；(*c*)测量电缆绝缘电阻

B. 摇测绝缘电阻。方法是将摇表水平放置于平稳牢固的地方，摇动手柄，由慢到快，转速要均匀，不允许忽快忽慢，一般规定转速要达到 120r/min，通常要摇动 1min 后，待指针稳定下来再读数。读数的单位是兆欧。若被测电路中有电容时，测完后一定要先拆去接线，再停止摇动，以免电容器对摇表放电，损坏摇表。若测量中发现指针指零，说明被测绝缘物发生短路，应立即停止摇动，以防表内线圈损坏。

C. 摇测完毕，摇表未停转以前，切勿用手去触及设备测量部位或摇表接线柱，并应对设备充分放电，以免引起触电事故。

(2) 摇表使用的注意事项

1) 摇表使用前，必须要先切断电源，并将设备进行充分放电，以保证人身安全和测量准确。

2) 禁止在雷电时或附近有高压导体的设备上测量，只有在设备不带电又不可能感应带电的情况下，才可测量。

3）摇表接线柱上引出线不能用双股绝缘线或绞线，应用单股分开单独连接，避免因绞线绝缘不良而引起误差。

4）摇表接线要正确，手摇发电机要保持匀速，不可忽快忽慢，使指针不停地摆动。

5）测量具有电容设备的绝缘电阻时，测前要充分放电，读数后不能立即停止摇动手柄，以防损坏摇表。

提示：摇表就相当于一台小型发电机，本身就能输出 500～5000V 高压，使用时一定要严格遵守操作规程，不允许带电摇测，以保证人身、仪表安全。

8.1.7 电阻测量操作练习

(1) 万用表测电阻

1）准备：万用表一块、电阻若干（阻值各异）、电烙铁一把、焊剂、焊料适量。

2）操作要领及要求：

使用万用表欧姆档测电阻，首先要将两表笔短接调零，测量过程中不允许用手捏住引线与表笔接触部位，要注意量程选择要合适，以保证测量结果的准确度，会正确读数，达到熟练使用万用表测量电阻的要求。

3）训练步骤与记录：

A. 任取八支电阻，使用万用表进行逐一测量，将数据结果记录在表 8-6 中。

万用表测标称电阻的阻值记录　　表 8-6

测量内容	R_1	R_2	R_3	R_4	R_5	R_6	R_7	R_8
电阻标称值								
万用表量程								
测 量 值								

B. 把测量过的电阻，任取四支，按图 8-26 所示焊成简单电路，并按要求测量电路中各点间电阻值及计算数值，记录在表 8-7 中。

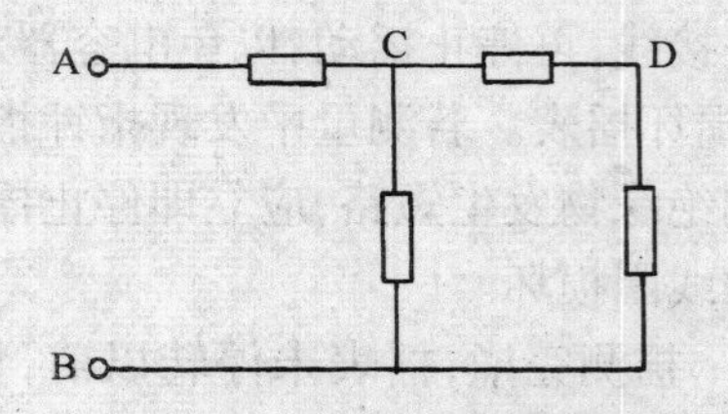

图 8-26　电阻混联电路

测量电路中各点间电阻值及计算值记录　　表 8-7

测 量 内 容	R_{AC}	R_{CD}	R_{CB}	R_{DB}	R_{AB}
理论计算值					
万用表量程					
实测数据					

C. 分别用正确测法和错误测法（双手捏住电阻两端）测量标称阻值为 470kΩ、47kΩ、51Ω、2.2MΩ、7.5Ω 电阻的阻值，将测量结果记录在表 8-8 中。测量方法见图 8-27 所示。

(2) 单臂电桥测电阻

1）准备：QJ23 型单臂电桥一块、待测电阻若干支。

2）操作要领及要求：

用正、误方法测标称电阻的记录　　表 8-8

测量内容 / 测量结果	470kΩ	47kΩ	51Ω	2.2MΩ	7.5Ω
万用表量程					
正确测法数据					
错误测法数据					

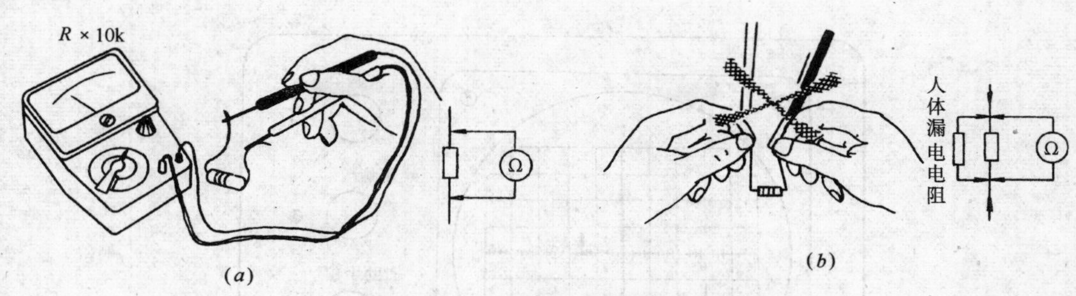

图 8-27　万用表测电阻的方法
(a)正确测量方法；(b)错误测量方法

单臂电桥不允许测未知电阻，故使用电桥前，必须用万用表粗测电阻值，或通过理论估算一下阻值，根据粗测值和估算值的大小合理选择比率臂和比较臂数值，使电桥能尽快平衡，测出电阻的精确值，熟练掌握电桥的使用方法。

3）单臂电桥测电阻的测量结果记录在表格 8-9 中。

单臂电桥测标称电阻的记录　　表 8-9

电阻标称值	3.9Ω	51Ω	10kΩ	470kΩ	2MΩ
电桥测量值					

(3) 摇表测绝缘电阻

1）准备：ZC11 型摇表一块、小型单相变压器一个、小型异步电动机一台、电缆线一段。

2）操作要领及要求：

摇表不允许带电测量，使用前必须要先切断电路或设备的电源，并将设备进行充分放电后摇测。摇表的使用方法前面已述，摇表测变压器相间对地、电动机相间对地绝缘电阻及摇表测电缆绝缘电阻的正确接线方法如图 8-25 所示，要求能熟练掌握摇表的正确使用方法。

(4) 考核评分标准(表 8-10)

电阻测量操作练习评分表　　表 8-10

序号	考核项目	单项配分	要求	考核记录	得分
1	仪表选择正确	20	根据被测量要求合理选择仪表及仪表型号		
2	仪表量程选择正确	20	测量误差最小		
3	接线正确且符合要求	20	连线选择合理，接线方法正确无误		
4	测量方法正确	20	操作规范，顺序准确		
5	读数正确	10	读数准确		
6	综合印象	10	文明生产		

班级：　　　　姓名：　　　　指导教师：

8.1.8　示波器的使用

通用示波器的型号很多，面板布置和使用方法大同小异。现以 ST-16 型示波器为例，说明通用示波器的使用方法。

ST-16 型示波器是一通用小型示波器，它具有 0～5MHz 的频带宽度和 20mV/div 的垂直输入灵敏度，扫描时基系统采用触发扫描，最快扫描速度达 100ns/div。其面板图如图 8-28 所示。

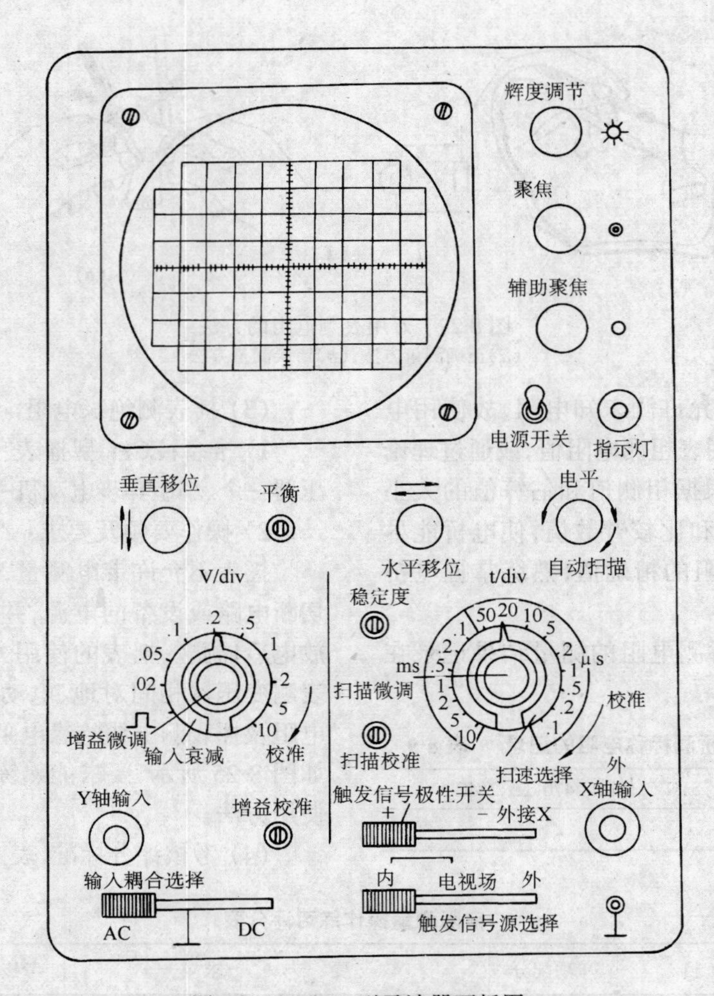

图 8-28　ST-16 型示波器面板图

(1) ST-16 型示波器面板布局及各旋钮开关的作用。

1) 示波管屏幕处于面板左上方，便于用来观察输入、输出波形。

2) 位于右上方的电源开关和示波管控制部分的旋钮。

A. 辉度调节：调节光点及波形亮度，顺时针旋转亮，反之则暗。

B. 聚焦：调节电子束焦距，使光点和波形显示清晰。

C. 辅助聚焦：与聚焦调节配合使用，使光点散焦最小。

D. 电源开关和指示灯：控制电源的通断，通过指示灯来显示，接通电源后，指示灯亮。

3) 面板左下部分为垂直系统控制部件（*Y* 轴系统）。

A. *Y* 轴灵敏度选择 V/div：调节该旋钮，可改变荧光屏上波形的幅值。当置于"_⊓_"档时，内部产生 100mV 电网频率 (50Hz) 方波，供示波器校准用。

B. 增益微调（红色旋钮）：它与 *Y* 轴灵敏度选择同心，可在一定范围内连续改变垂直放大器增益。

C. *Y* 轴输入：被测信号的输入端，若使用探头输入时，信号被衰减 10 倍。

D. 垂直移位：调节波形在垂直方向的位置。

E. 两个半可调调节孔：平衡、增益校准。

平衡：垂直放大系统的输入电路中的直流电平保持平衡状态的调节装置。

F. 输入耦合方式选择 DC⊥AC：测直流或极低频率的交流信号，开关置于 DC 上，测交流信号时置于 AC 上，当三位开关置于"⊥"处，*Y* 轴输入端接地。

4）面板右下半部分为水平扫描系统的控制旋钮。

A. 扫速切换开关：用来选择内部扫描速度，每小格所对应的时间值由 0.1μs/div～10ms/div 共分十六档。

B. 扫描微调：与扫速切换开关同心，在一定范围内，可连续调节扫描速度。

C. 水平移位：调节波形在水平方向的位置。

D. 电平（触发电位调节）：调节触发信号波形上触发点的相应电平值，使在这一电平上起动扫描，若旋钮顺时针旋转，并脱开与它相连动的开关，扫描电路转为自动扫描。

E. 两个半调电位器：稳定度、扫描校准。

稳定度：水平系统平衡调节。

F. *X* 轴输入（外触发）：*X* 轴信号或外触发信号的输入端。

G. 触发信号极性开关（+/-，外接 *X*）：是一个三位板键开关，"+"、"-"是选择触发信号的上升沿还是下降沿来启动扫描电路。"外接 *X*"是触发信号由 *X* 轴输入端输入。

H. 触发信号源选择（内、电视场、外）：当开关置于"内"时，扫描触发信号取自垂直放大器；当开关置于"电视场"时，使被测电视信号与场频同步；当开关置于"外"时，外接触发信号。

(2) ST-16 型示波器的使用方法

1）使用前的检查：

A. 检查电源电压与仪器所需电压是否一致，相符方可使用。

B. 将仪器面板上各控制旋钮或开关置于表 8-11 中所示的位置。

仪器面板上各控制旋钮或开关的位置　　表 8-11

控制旋钮	作用位置	控制旋钮	作用位置
☼	逆时针旋足	AC⊥DC	⊥
⊙	居中	电平	自动
○	居中	t/div	2ms
↑↓	居中	微调	校准
⇄	居中	+/-外接 X	+
V/div	校准	内电视场外	内
微调	校准		

C. 接通电源，指示灯显示，待仪器进入正常工作状态，顺时针调节辉度旋钮，此时屏幕应显示出不同步的校准信号方波。

D. 将触发电平调节至方波，波形达到稳定后，将方波波形移至屏幕中间，若仪器性能基本正常，则此时屏幕显示的方波垂直幅度为 5 格（5div），方波周期在水平轴上的宽度为 10 格（10div），如图 8-29 所示。否则应旋转"增益校准"或"扫描校准"电位器分别进行校正，以达到上述要求。

2）观察交流信号电压的波形：

A. 将面板上有关控制开关及旋钮置于表格 8-12 所示位置。

B. 调节"辉度"旋钮使荧光屏上显示一条亮度适中的水平扫描线。调节"聚焦"与"辅助聚焦"旋钮，使扫描基准线变得又细又

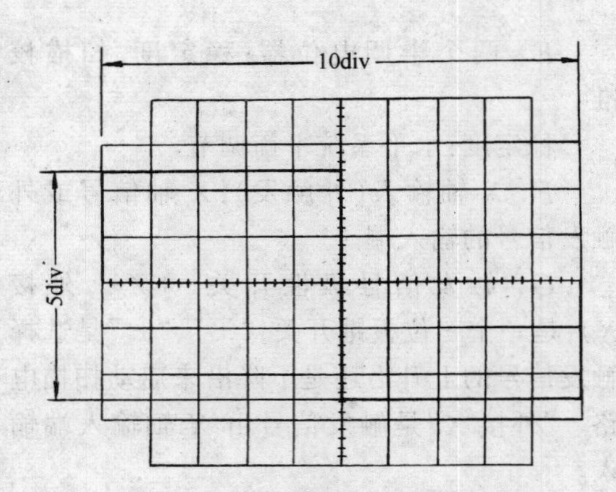

图 8-29 荧光屏上的校准方波波形

清晰，调节“水平移位”和“垂直移位”旋钮，使扫描基准线位于荧光屏中央。

C. 将被测的交流信号经示波器的探头衰减10倍后，从“*Y*”输入端引入示波器，同时将示波器输入耦合方式选择开关从“⊥”拨至“AC”上。

D. 根据信号电压的大小，适当调节“V/div”及其微调旋钮，使荧光屏上能显示适当幅值的正弦波形。

E. 根据信号频率的大小，适当调节“t/div”及其微调旋钮，使荧光屏上能显示2～5个完整波形。

有关控制旋钮的作用位置 **表 8-12**

控制旋钮	V/div	t/div	+/－外接X	内、电视场、外	AC⊥DC
作用位置	0.02～1.0	0.5ms	+	内	⊥

F. 调节电平位置，使荧光屏上显现的正弦波稳定不动。

G. 调节“垂直移位”、“水平移位”旋钮，使被测波形位于荧光屏中央。观察交流信号的波形如图8-30所示。

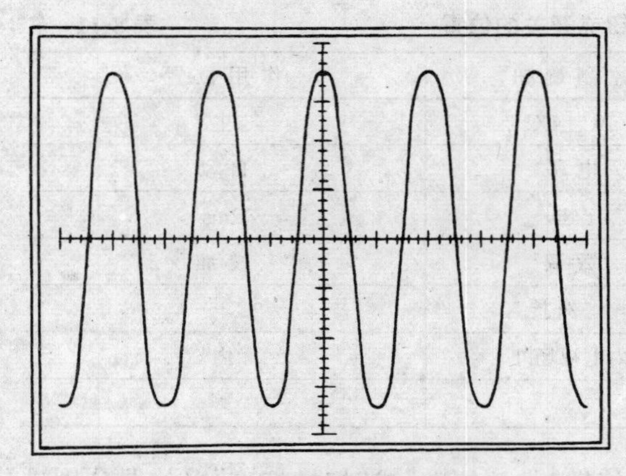

图 8-30 交流电压信号的输出波形

3）测量交流电压信号的幅值及其频率：

ST-16型示波器机内有校准信号可以比较，因此在观察信号电压波形的同时，就能够从荧光屏的刻度上直接读取电压的大小和周期。只是测量前，必须先用校准方波信号对示波器的垂直放大系统增益和水平扫描进行校准。

A. 示波器经过校准后，将面板上的有关旋钮置于适当位置，如表8-13所示位置，直接或通过探头输入被测信号，可观察到如图8-31所示正弦波。调节“电平”使波形稳定。

调节“0.5V、1kHz”信号电压的有关旋钮及作用位置 **表 8-13**

控制旋钮	V/div	t/div	AC⊥DC
作用位置	0.02V	0.5ms	AC

B. 根据电压波形及有关控制旋钮的作用位置，确定电压幅值。如图8-31中所示；波形的峰点与谷点之间距离是7格，V/div作用位置为0.02V/div（即每格0.02V），加之探头对信号衰减10倍，可计算出电压的大小为：

$$U_{pp}=10\times0.02\times7=1.4\text{V}$$

将此值换算成有效值：

$$U=\frac{U_{pp}}{2\sqrt{2}}=0.5(\text{V})$$

C. 对于周期性信号的频率测量，一般可按时间测量方法测出信号的周期，取其倒数即为频率值，其准确度将取决于周期测量精度。如图8-31所示：波形中两个谷点（或两个峰点）间的水平距离是2格，根据t/div

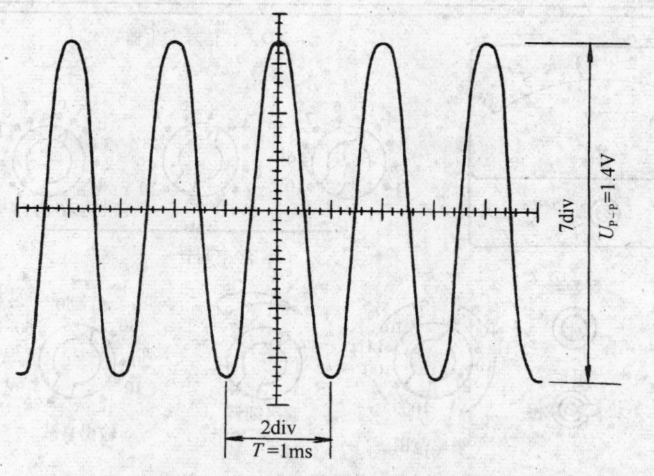

图 8-31　0.5V、1kHz 的信号电压波形

作用位置 0.5ms/div，可推算信号电压的周期 T 为：

$$T=0.5\times2=1\text{ms}$$

则

$$f=\frac{1}{T}=1000\text{Hz}$$

(3) 示波器使用注意事项

1) 仪器所用供电电源，必须满足其技术指标要求。

2) 仪器应避免外磁场干扰，规定不得工作在强磁场中。为确保操作人员的安全和减少外界电磁场的干扰，仪器外壳应可靠接地。

3) 测试信号输入线通常采用屏蔽线，且尽量短，以减少测量误差。

4) 测试中，荧光屏上辉度不宜调得过亮，暂时不用时，应将辉度调至最小，光点不许长时间停留在一点，以免烧坏该处荧光粉。关机时应将辉度调小后再切断电源。

8.1.9　XD-2 型低频信号发生器使用

XD-2 型低频信号发生器是一种多用途的 RC 信号发生器，它能产生 1Hz～1MHz 的正弦波电振荡信号，最大输出电压 5V，并直接由电压表指示。最大衰减量达 90dB，分 9 档，具有较小的失真度。

(1) XD-2 型信号发生器的使用方法

XD-2 型低频信号发生器面板图如图 8-32 所示。

1) 使用前准备：

将电源线接入"～220V，50Hz"交流电源上，并开机预热。

2) 信号发生器的使用：

A. 频率选择：使用时，根据所需频率，先将面板左下方的"频率范围"旋钮置于相应波段，然后再调节面板上方的三个"频率调节"旋钮（×1 档、×0.1 档及×0.01 档）细调到所需频率。

B. 输出电压幅度调节：调节"输出细调"旋钮，使电压表指示在某一数值上，同时将"输出衰减"置于相应的档位上。此时，输出电压幅度等于电压表示数乘以"输出衰减"旋钮指示的分贝数换算成电压衰减倍数，输出端得到所需的电压。

C. 阻尼：当输出电压频率较低时，电压表指针产生抖动，可将"阻尼"置于"慢"的位置。

提示：XD-2 型信号发生器使用时，输出电压直接由电压表显示。电压表读数时，一定要注意将输出衰减档的衰减分贝换算成衰减倍数后，再乘以电压示数，才是输出电压的数值。

8.1.10　DA-16 型晶体管毫伏表使用

DA-16 型晶体管毫伏表具有极高的灵敏度、稳定度。该毫伏表用于测量 100μV～

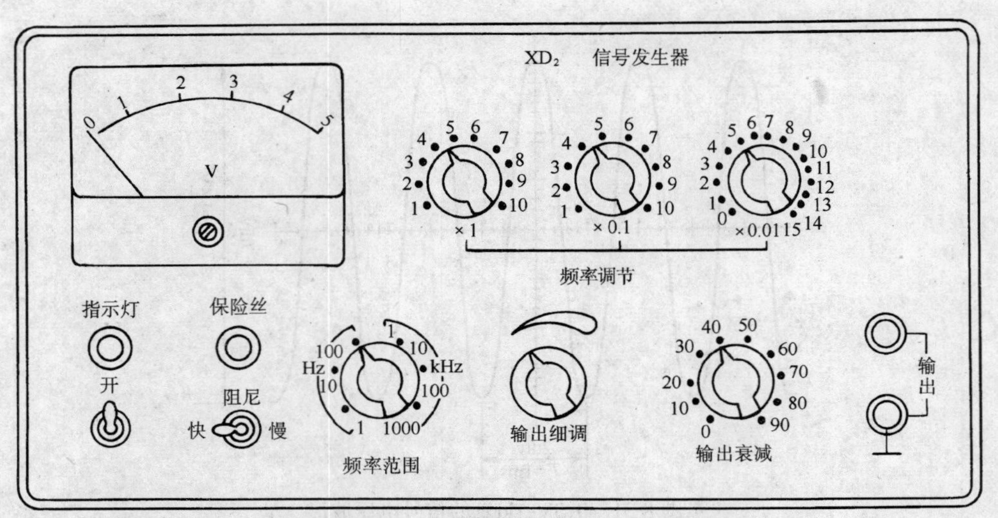

图 8-32 XD-2 型低频信号发生器面板图

300V 的交流电压，其频率范围从 20Hz～1MHz，电表指示为正弦波有效值。

DA-16 型晶体管毫伏表的使用方法：

DA-16 型晶体管毫伏表仪器面板图如图 8-33所示。

1）接通电源，待表针摆动停止后，调节校正“调零”电位器，使指针到零位，方可进行测量。

2）输出端短路，指针稍有噪声偏转是正常的。

3）毫伏表量程范围共 11 档，测量时根据需要，量程转换开关应选择合适位置，才能进行电压测量。表头指示值即为被测正弦电压的有效值。

4）使用 100mV 以下量程档时，应尽量避免输入端开路，以防外界干扰电压造成仪表过载。

5）本仪器灵敏度较高，测量时应先接地线，后接另一输入线，测量结束时，则应先取下另一输入线后取地线，接地点必须良好，或正确选择接地点，以免引起较大的测量误差。

8.1.11 JT-1 型晶体管特性图示仪使用

晶体管特性图示仪是一种用示波管荧光屏直接显示晶体管特性曲线的专用仪器。使

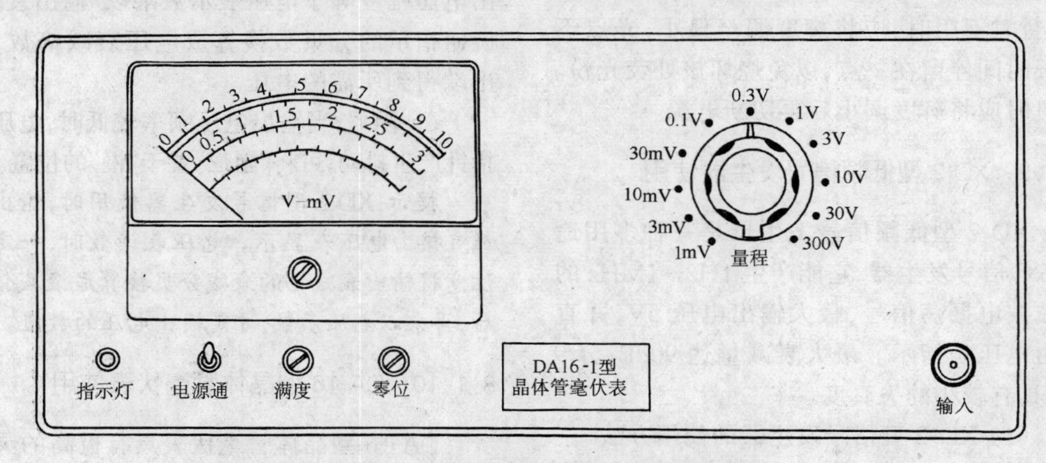

图 8-33 DA16-1 型晶体管毫伏表面板图

用比较广泛的是 JT-1 型晶体管特性图示仪，通过事先已校准并刻有标称值的旋钮所指示的档级和荧光屏的标尺刻度，直接读测晶体管特性曲线的各项参数。JT-1 型晶体管图示仪的面板图如图 8-34 所示。

（1）面板上各部分的作用

1）示波器部分：

位于面板上半部，由示波管屏幕、Y 轴作用、X 轴作用及示波管屏幕下的亮度、聚焦、辉度、辅助聚焦旋钮组成。如图 8-35 所示，这些旋钮的作用与调节方法与前述的示波器调节方法相同。

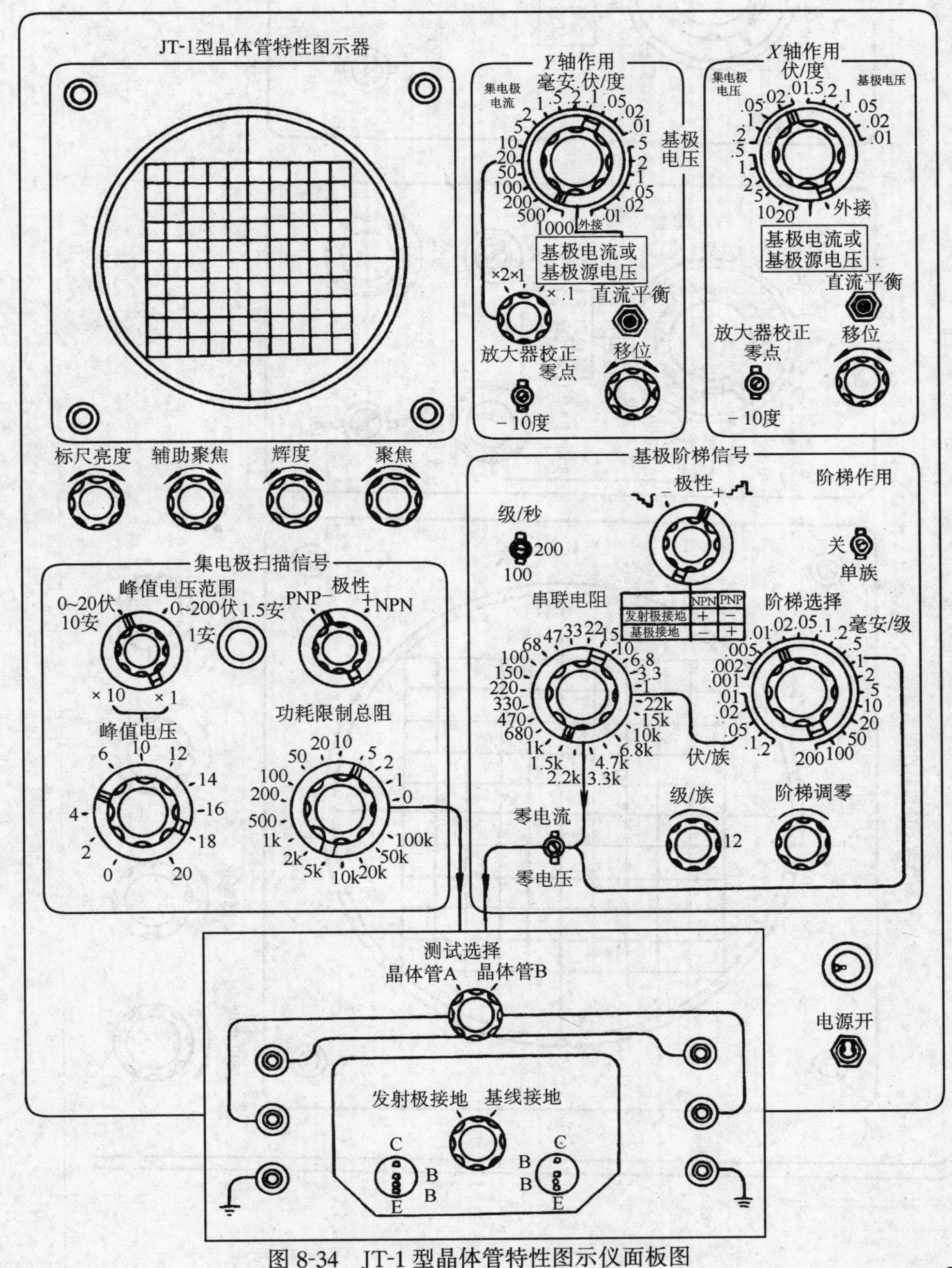

图 8-34　JT-1 型晶体管特性图示仪面板图

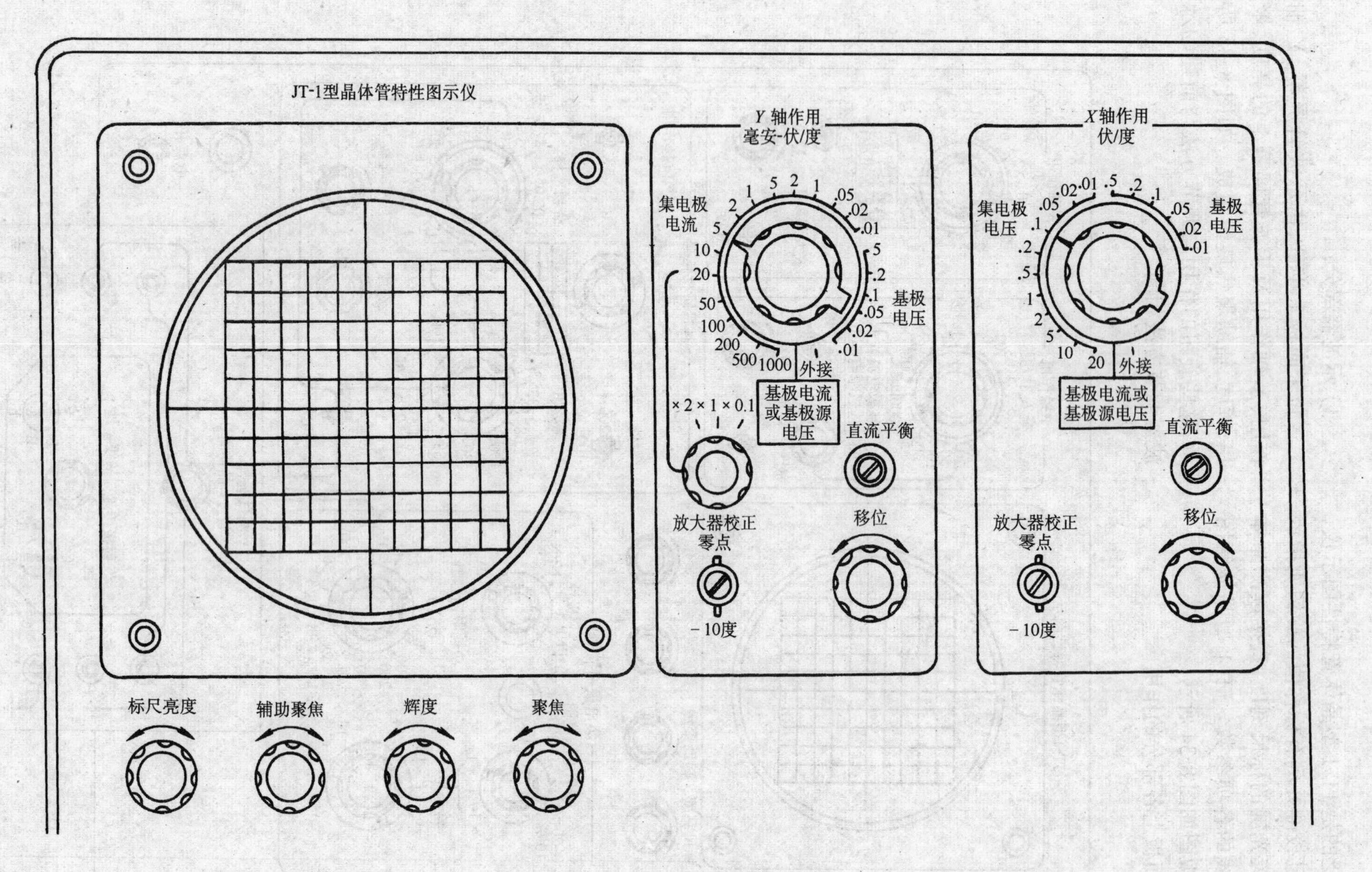

图8-35 JT-1型晶体管特性图示仪的示波器部分

A．*Y* 轴作用："*Y* 轴作用"部分的"毫安—伏/度"开关，是一个 24 档的步进式开关，就相当于普通示波器的 *Y* 轴增益旋钮，可分别接入集电极电流、基极电压、基极电流等作为 *Y* 轴变量，为扩大"*Y* 轴作用"部分的量程，在该部分设有"毫安/度倍率"开关，共有"×2"、"×1"、"×0.1"三档。

B．*X* 轴作用："*X* 轴作用"部分的"V/度"开关是一个 19 档步进开关，就相当于普通示波器的 *X* 轴增益旋钮，可分别接入集电极电压、基极电压、基极电流、基极源电压作为 *X* 轴变量。

"*X* 轴作用"与"*Y* 轴作用"部分的作用是根据所测特性曲线的要求，通过转换开关的换接，向示波器部分的水平放大器和垂直放大器输入所需要的信号。"*X* 轴作用"与"*Y* 轴作用"部分都为了保证能够准确读数，配有"放大器校正"开关。进行定量测量时，应先对放大器进行零位和放大倍数的校正，同时在调节以上两开关时，还能改变信号的灵敏度。

2）集电极扫描信号部分：

位于面板的左下部的集电极扫描信号部分如图 8-36 所示。

集电极扫描可根据被测晶体管的型号和性能，通过该部分各旋钮（峰值电压范围、峰值电压、极性开关）的控制，给晶体管提供测试所需的不同极性、不同大小的集电极扫描电压。"功耗限制电阻"能限制集电极功耗，保护被测晶体管，电阻范围为 0～100kΩ。一般应根据被测晶体管的额定功率和测量时所加峰值电压的大小来选择其阻值。

3）基极阶梯信号部分：

这部分位于仪器面板的右下部，如图 8-37 所示，可以产生阶梯信号可调，级数可变的阶梯电流。

"阶梯选择"开关，共有 22 档，用来调节阶梯电流的大小。

"串联电阻"是串接在被测晶体管的基极与发射极之间的电阻，只在测量晶体管输入特性时才起作用。

"极性开关"：根据被测管的不同类型和接法，选择、改变阶梯信号的极性。

"阶梯作用"开关分"重复"、"关"、"单族"三档。"重复"阶梯信号重复加在被测管基极上（共发射极接法）。"关"——阶梯信号停止输出。"单族"——只输出一级阶梯信号，相应显示一条曲线。

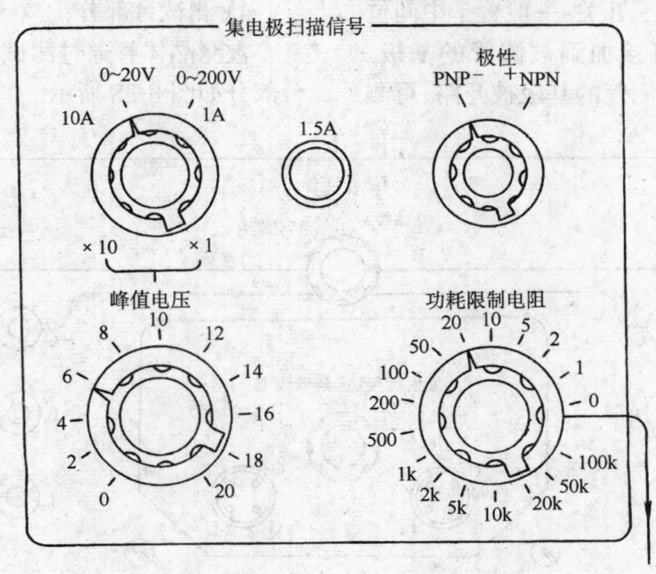

图 8-36　集电极扫描信号部分

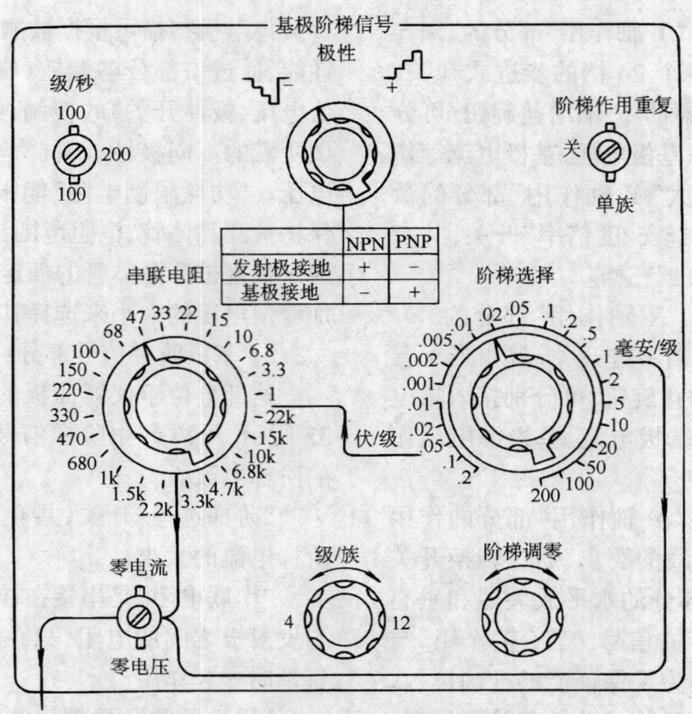

图 8-37　基极阶梯信号部分

“级/秒”开关：用来改变阶梯信号的频率和相位。在测试三极管输入特性时，一般都用 200 级/s 档。

“级/族”旋钮：调节阶梯信号级数，从 4～12级连续可调。

“零电流、零电压”开关：一般置于中间位置，此时阶梯信号直接加到被测管的基极。置于“零电流”时，被测管的基极被开路，可测晶体管的 I_{CEO} 和 $U_{BR(CEO)}$；置于“零电压”时，基极与发射极短接，可测 I_{CES} 和 U_{CES} 特性。

“阶梯调零”旋钮：阶梯信号的起始电位调零。

4）测试台部分：

被测晶体管通过测试台接入仪器。测试台部分如图 8-38 所示。

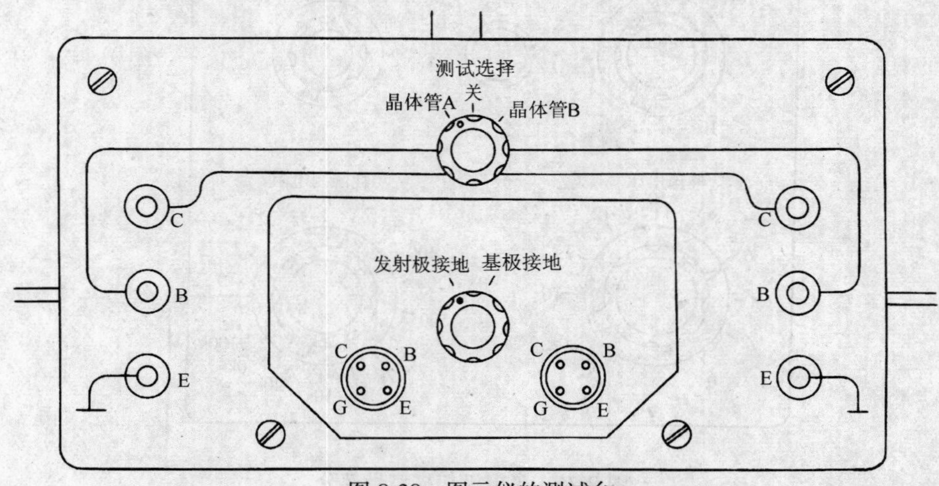

图 8-38　图示仪的测试台

(2) 图示仪的使用方法

1) 测试前的调整:

A. 示波管及其控制电路的调整方法:接通电源 3～5min 后,调节"辉度"、"聚焦"等,使荧光屏上显示的线条或亮点轮廓清晰、亮度适中。

B. 阶梯信号零电位调整方法:先将有关旋钮置于表 8-14 所示的适当位置上,可看到阶梯信号波形,调节级/族,使屏幕上显示如图 8-39 所示波形。再调节"*X* 轴作用"、"*Y*"轴作用的移位,使图像显示在标尺位置上,然后将 *Y* 轴"放大校正"旋钮拨向"零位",调节 *Y* 轴"移位",使光条与最上面一根标尺线重合,放开 *Y* 轴放大器校正后,再调节"阶梯调零"使光条与标尺重合,就把阶梯信号初值调到零电位上。

零电位调整的有关控制旋钮及作用位置 **表 8-14**

控制旋钮	作用位置	控制旋钮	作用位置
Y 轴作用	基极电流或基极源电压	阶梯选择	0.01V/度
X 轴作用	集电极电压:1V/度	阶梯作用	重 复
级/s	200	集电极扫描信号中的"峰值电压"	10V
阶梯信号极性	—		

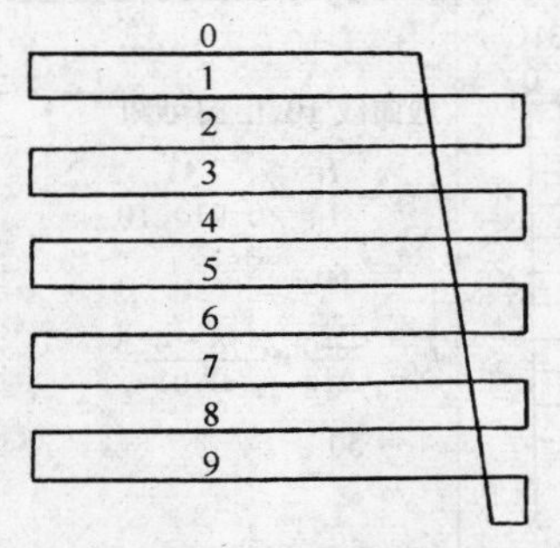

图 8-39 检查阶梯信号时显示的波形

C. 直流平衡的调整方法:在上述调整的基础上,将"峰值电压"调到 1V 左右,将"*Y* 轴作用"的"放大器校正"置于"零点",改变"*Y* 轴作用"开关(基极电压)由 0～0.01V/度各档,调节"直流平衡"使得放大器对校正信号的零点位置基本不变。同理,改变"*X* 轴作用"基极电压由 0.5～0.1V/度各档,调节 *X* 轴"直流平衡",使放大器对校正信号的零点位置基本不变。

提示:图示仪使用前,首先要对仪器各部分进行调整,应指出的是只有当图示仪较长时间无人使用时,才进行直流平衡的调整。

2) 使用图示仪进行测试的步骤:

A. 将集电极扫描信号的所有旋钮(峰值电压范围、极性、峰值电压、功耗限制电阻)调到所需的范围。

B. 将"*Y* 轴作用"的 mA—V/度与"倍率"旋钮调到待测需要的范围。

C. 将"*X* 轴作用"的 V/度旋钮调到所需的范围。

D. 将阶梯信号的"极性"、"串联电阻"、"阶梯选择"、"阶梯作用"、"级/s"等旋钮置于需要的位置。

E. 将测试台接地开关置于需要的位置上,然后插上被测晶体管,调节峰值电压,显示曲线,再调节 *Y* 轴、*X* 轴、阶梯部分适当旋钮,即可进行有关的测试。例如,使用图示仪测试晶体三极管的输出特性见表 8-15 所示。

(3) 使用注意事项

1) 集电极扫描部分的"极性"开关与被测管的极性连接切勿接错。

2) 根据被测管的极限参数,调节有关旋钮时,应注意不能超过极限参数值,以免损坏管子。通常在开始时,功耗电阻应取大些,阶梯电流应取小些,然后根据显示图形再作适当调整。

测试晶体三极管的输出特性 **表 8-15**

测试量	面板上开关和旋钮位置	显示图形	读法
输出特性 $h_{FE}(\overline{\beta})$ 及 $h_{fe}(\beta)$	① 集电极扫描信号、基极阶梯信号中的"极性" PNP 型 − NPN 型 + ② 峰值电压范围——0～20V ③ 峰值电压——6V ④ X 轴作用——集电极电压 0.5V/度 ⑤ Y 轴作用——集电极电流 0.5mA/度 ⑥ 阶梯作用——重复 ⑦ 集电极功耗电阻——100Ω ⑧ 级/族——任选，如 10 级/族 ⑨ 阶梯选择——0.01mA/级，根据实际选择 ⑩ 测试选择——发射极接地	PNP 型 3AX31C U_{CB} −2.5V −2.5mA I_C	选曲线 10，由图可知 $h_{FE}=\frac{I_C}{I_B}=\frac{4.7}{0.01\times10}=47$ $h_{fe}=\frac{\Delta I_C}{\Delta I_B}$ $=\frac{4.7-4.2}{0.01\times10-0.01\times9}=50$
	① X 轴作用——基极电流或基极源电压 ② 其余同上	PNP 型 3AX31C I_B −0.1mA −0.05mA 0 −5mA −2.5mA I_C	选曲线 10，由图可知 $h_{FE}=\frac{I_C}{I_B}=\frac{5}{0.01\times10}$ $=50$ $h_{fe}=\frac{\Delta I_C}{\Delta I_B}=\frac{4.8-4.3}{0.01}$ $=50$
	① X 轴作用——集电极电压 0.5V/度 ② Y 轴作用——集电极电流 1mA/度 ③ 集电极功耗电阻——500Ω ④ 其余同上	NPN 型 3DG6 I_C 10mA 5 1 2.5 5V U_{CE}	选曲线 10，由图可知 $h_{FE}=\frac{I_C}{I_B}=\frac{9.7}{0.01\times10}$ $=97$ $h_{fe}=\frac{\Delta I_C}{\Delta I_B}$ $=\frac{9.7-8.7}{0.01\times10-0.01\times9}$ $=100$
	① X 轴作用——基极电流或基极源电压 ② 其余同上	NPN 型 3DG6 I_C 10mA 5 I_B 0.05 0.1mA	选曲线 10，由图可知 $h_{FE}=\frac{I_C}{I_B}=\frac{9.7}{0.01\times10}$ $=97$ $h_{fe}=\frac{\Delta I_C}{\Delta I_B}=\frac{9.7-8.7}{0.01}$ $=100$

3）测量时，若发现输出曲线有漂移现象，应立即除去基极信号，待分析原因、排除故障后，再进行测试。

4）测试时，应注意按规定的测试条件。

5）打开“测试选择”开关后，调节“峰值电压”旋钮，应由零逐渐加大，每次测试完毕，“峰值电压”旋钮应调回零位。

8.1.12 常用电子仪器、仪表使用操作练习

（1）准备

ST-16 型示波器一台、DA-16 型晶体管毫伏表、XD-2 型低频信号发生器各一台，导线若干。

（2）操作要领及要求

1）XD-2 型信号发生器使用时，如图 8-40 所示：应先调节信号频率，根据“频率范围”旋钮指示波段 1kHz～10kHz 和“频率调节”旋钮指示值 4.4，可直接读取信号频率为 4.4kHz；再调节信号的输出幅度，通常调节面板上的“输出细调”旋钮，使表头指示某一值如 1V，同时调节“输出衰减”旋钮置于 40dB，即可直接读出输出信号的幅度 10mV。

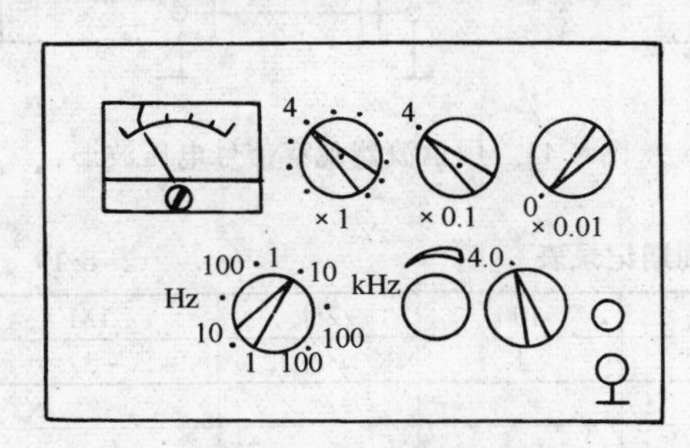

图 8-40　XD-2 型信号发生器面板上各旋钮调节使用方法示意

2）使用晶体管毫伏表测量信号电压，应先估算被测量的大小或先将电压表“量程”旋钮置于最大位置，然后根据被测量的大小再确定合适的量程。

3）使用示波器观察或测量信号波形及幅度时，首先应调节有关旋钮，使屏幕上显示一条清晰的扫描基线，然后再根据信号电压的大小，适当调节 V/div、t/div 及其微调，使屏幕上显示适当幅值而且完整的波形图。

在实训练习中，XD-2 型信号发生器用来产生频率为 1Hz～1MHz、最大幅值 5V 的正弦波信号，并分别给电压表和示波器提供信号；电压表用来测量信号电压的大小；示波器用来观察信号电压的波形。要求能熟练掌握三种常用电子仪器的使用方法及它们之间的连接方式，如图 8-41 所示。

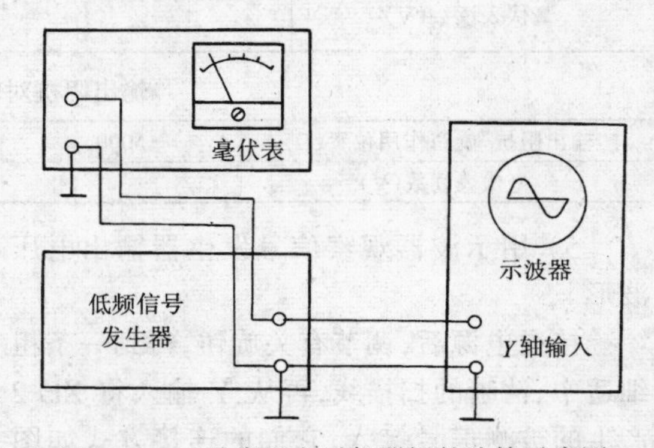

图 8-41　三种常用电子仪器间的连接示意图

（3）操作步骤与记录

1）使用 XD-2 型信号发生器产生 1kHz，5V 的正弦信号。

2）将信号发生器“输出衰减”调至“0dB”，改变信号的频率，使用毫伏表测量相应的电压值。如图 8-42 所示，并将结果记录在表格 8-16 中。

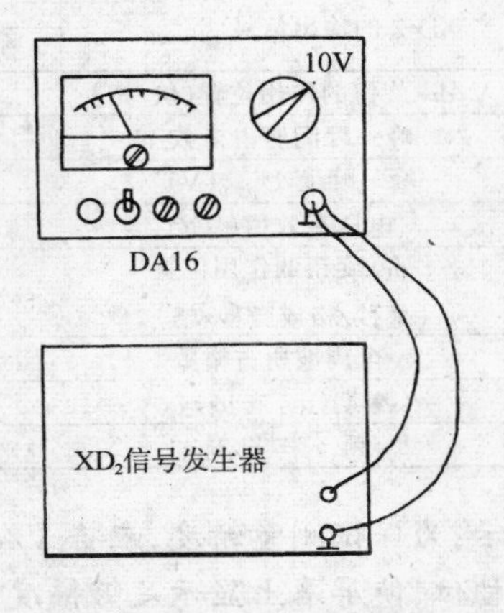

图 8-42　用 DA16 电压表测量信号电压

3）改变信号发生器的“输出衰减”位置，使用毫伏表直接测量输出电压值，并记录在表 8-17 中。

4）改变输出阻抗，分别测量相应的输出电压并记录在表 8-18 中，观察信号发生器输出阻抗对输出电压的影响。

信号电压的频率对输出电压的影响记录 表 8-16

信号频率(Hz)	50	100	1kHz	10kHz	50k	100k	500k	1MHz
电压表读数(V)								

输出衰减对输出电压的影响 表 8-17

信号发生器“输出衰减”旋钮的作用位置(dB)	0	10	20	30	40	50	60	70	80	90
毫伏表读数(V)										

输出阻抗对输出电压的影响 表 8-18

“输出阻抗”旋钮作用位置(Ω)	5000	600	150	50
毫伏表读数(V)				

5）用示波器观察信号发生器输出电压波形。

接通电源后，调节有关旋钮，得到一条粗细适中、清晰的扫描线，再从 Y 输入将 XD-2 产生的被测信号接入，它们的连接方式如图 8-43所示。适当调节 V/div、t/div 旋钮及其微调，观察 XD-2 输出信号的波形如图 8-30 所示。将示波器的 V/div、t/div 的微调旋钮均旋至“校准”位置，根据显示波形的幅值所占格数，直接读取电压值；根据显示的一个周期波形在水平轴上所占的格数，直接读取信号的周期，并将测量结果记录在表 8-19 中。

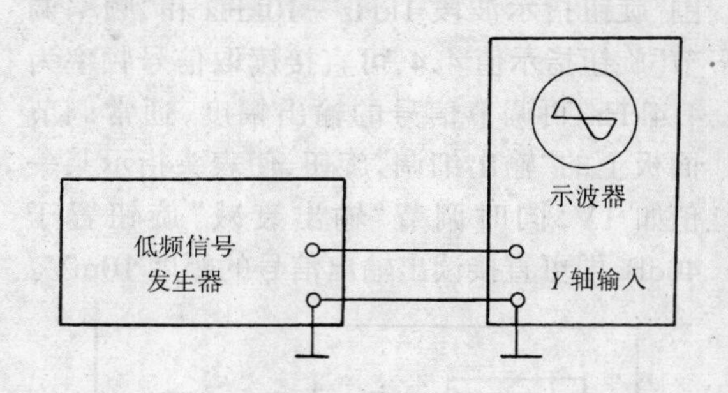

图 8-43 用示波器观察信号电压波形

测量信号的电压值和周期记录表 表 8-19

XD-2 的输出信号		f(Hz)	1000	100	25k	1M
		U(V)	0.5	1	2	3
电压测量	V/div 旋钮的作用位置(伏/格)					
	峰—峰间所占格数					
	峰—峰值 U_{p-p}(V)					
	电压有效值(V)					
周期、频率测量	t/div 旋钮的作用位置(毫秒/格或微秒/格)					
	一个周波所占格数					
	周期(ms 或 μs)					
	频　率(Hz)					

提示：为保证测量精度，应将 V/div 置于合适的档位，使屏幕上显示足够幅度的波形；t/div 置于合适档位，使屏幕上一个周期占有足够的格数。

(4) 考核评分标准(表 8-20)

常用电子仪器、仪表使用操作练习评分表 **表 8-20**

序号	考核项目	单项配分	要求	记录	得分
1	正确使用仪器、仪表	60	熟练、正确使用 XD-2 输出正弦信号,正确使用毫伏表测量信号,正确使用示波器观察波形及测电压和频率		
2	接线正确	10	测试中,仪器、仪表间接线正确且合理		
3	记录与结论	20	记录全面、正确,结论正确		
4	综合印象	10	操作熟练、规范文明生产,节省材料等		

小　　结

本节中各种常用电工仪表在使用时都应按以下几个步骤进行:

1. 仪表使用前,应按测量要求合理选择仪表类型、型号、量程等。

2. 使用过程中,应规范操作,正确使用仪表测量各种相应电量,使用方法正确,读数准确等。

3. 测量完毕,应养成良好的用表习惯。

习　题

1. 钳形电流表使用时有哪些注意事项?
2. 使用电流表、钳形电流表测电流的方法有何异同?
3. 万用表由哪几部分组成? 各部分的作用是什么?
4. 用万用表进行测试时,怎样才能使自己的读数迅速准确?
5. 万用表的使用过程中应注意哪些? 为什么?
6. 用万用表测交、直流电压时,各应注意哪些问题? 怎样读取数据?
7. 测量电阻时,为什么不允许带电测量?
8. 在带电测试中,为什么不能去拨动转换开关?
9. 万用表使用完毕,一般转换开关应置于交流电压最高档,不允许置于“Ω”档上,为什么?
10. 单臂电桥使用中有哪些注意事项?
11. 兆欧表使用有哪些注意事项?
12. 万用表、兆欧表、电桥均可测电阻,测量方法有何区别?
13. 使用示波器观察波形时,应调节哪些旋钮,才能做到:

(1) 波形清晰、线条均匀、亮度适中。

(2) 波形在荧光屏的中央且大小适中。

(3) 显示 2~5 个完整波形。

(4) 波形稳定。

14. 晶体管图示仪在使用过程中应做哪些调整?
15. 如何使用图示仪来测试信号的特性曲线?

8.2 常用电子元器件的识别与检测

电子电器设备的性能、质量和可靠性等指标，不仅决定于设计与生产，还与正确选用元器件密切相关，因此，我们在学习电子元器件的主要性能、规格和标志方法等基本知识的基础上，还应具备对各种元器件的正确识别能力和正确筛选技能。

8.2.1 常见电子元器件的感性认识

任何电子电器设备，都是由许许多多大小、形状、颜色和功能各异的元器件组成。我们只有对每一种元器件有了初步的认识：即认识元件外形，了解元件的电路符号、表示方法及常用规格后，才能进一步通过元件的特性，理解它在电子线路中的作用。为了加强对常用电子元器件的感性认识，表 8-21 中从外形、名称、代表字母、电路图符号几个方面介绍了常用的电子元器件。

8.2.2 常用电子元器件的检测

常用的各种电子元器件，无论是在使用前还是在电器、无线电维修中都离不开对它的测试，因而熟练地掌握各种常用电子元器件检测方法，是我们通过学习必须掌握的操作技能。

常用电子电器元器件外形和符号 **表 8-21**

元器件实物外形举例	名　称	代表字母	电路图符号
小功率实芯电阻器；轴向式引线金属膜电阻器；片状金属膜电阻器；碳膜电阻；被釉线绕电阻；线绕电阻；RJ X-1 S10 精密线绕电阻；万用表分流电阻	电阻器	R	代表电阻器的圆柱体；代表电阻器的引出线；实际电阻；电阻符号
	线绕电阻器	R	有抽头的固定电阻
	可变电阻器	R	可变电阻
	热敏电阻器	R	t° 热敏电阻
0.5w 100kΩ	微调电阻器	W	微调电阻

续表

元器件实物外形举例	名 称	代表字母	电路图符号
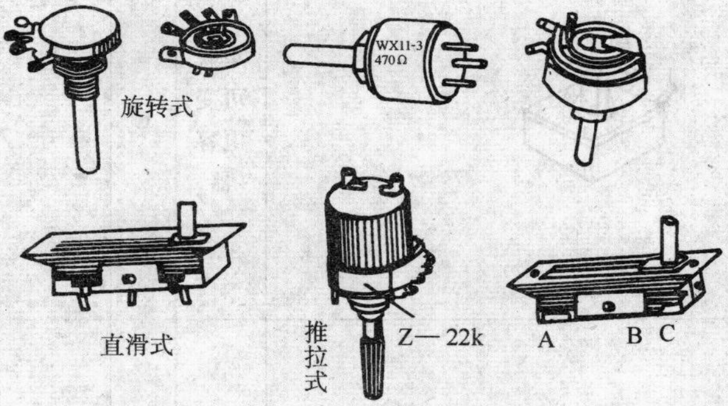 旋转式 WX11-3 470Ω 直滑式 推拉式 Z—22k A B C	电位器	W	
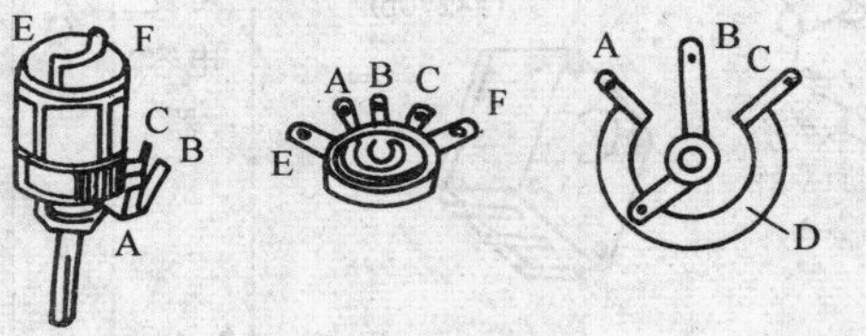 E F C B A A B C F E A B C D	带开关电位器	W	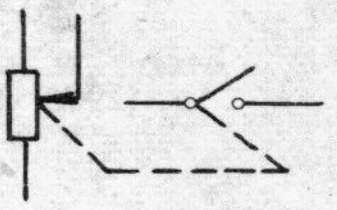
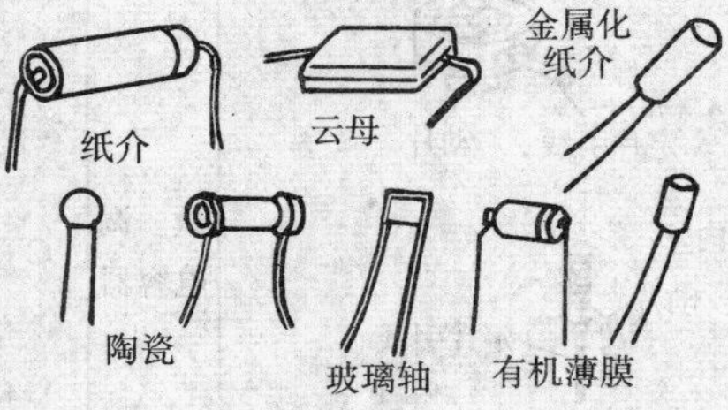 纸介 云母 金属化纸介 陶瓷 玻璃轴 有机薄膜	固定电容器	C	
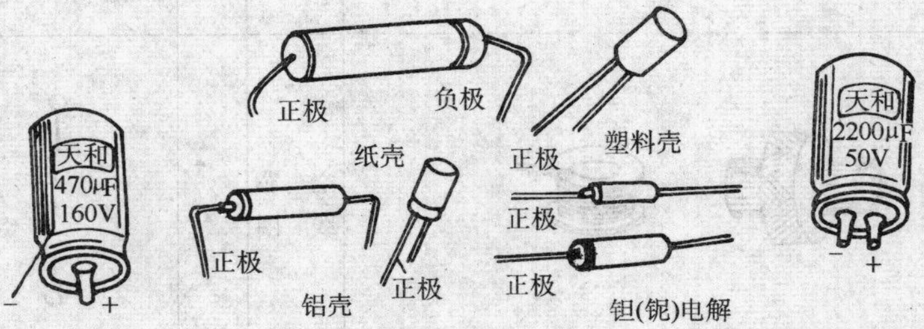 天和 470μF 160V − + 正极 负极 纸壳 正极 塑料壳 正极 正极 铝壳 正极 正极 钽(铌)电解 天和 2200μF 50V − +	电解电容器	C	 + −

续表

元器件实物外形举例	名　称	代表字母	电路图符号
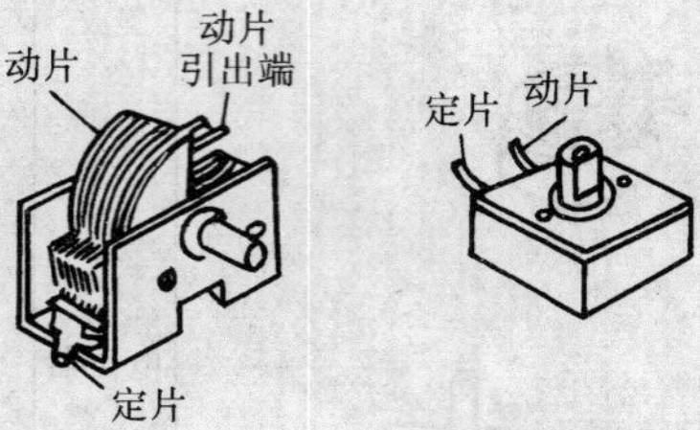 动片　动片引出端　定片　定片　动片	单联可变电容器	C	
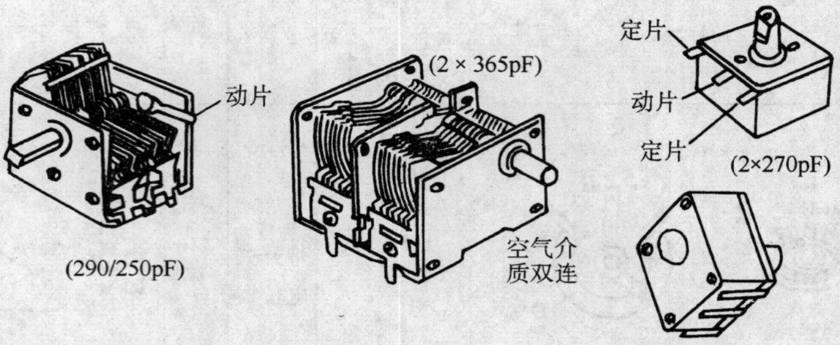 动片　(290/250pF)　(2 × 365pF)　空气介质双连　定片　动片　定片　(2×270pF)	双联可变电容器	C	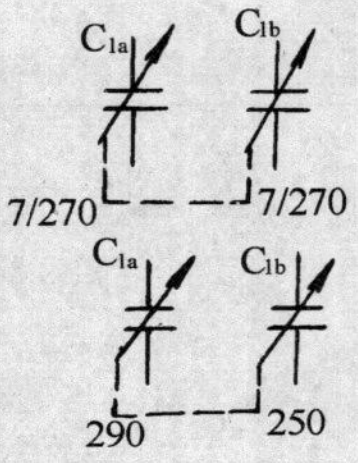 C_{1a} C_{1b} 7/270 7/270 C_{1a} C_{1b} 290 250
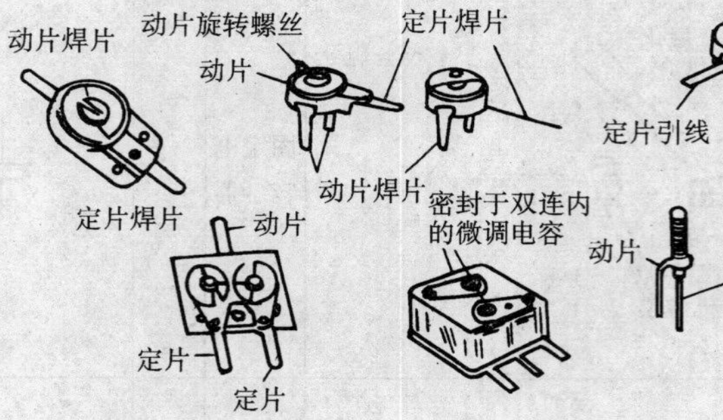 动片焊片　动片旋转螺丝　定片焊片　动片　定片引线　动片　动片焊片　定片焊片　动片　密封于双连内的微调电容　动片　定片引线　定片　定片	微　调电容器	C	 定片　动片
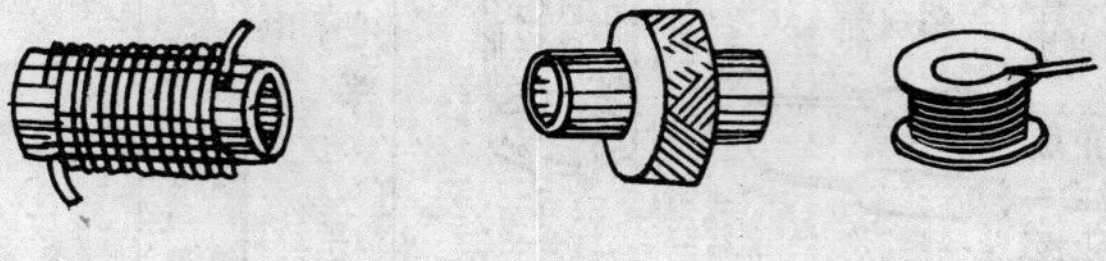	空　芯线　圈	L	

续表

元器件实物外形举例	名　称	代表字母	电路图符号
	磁　芯 线　圈	L	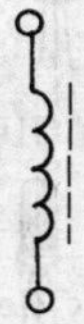
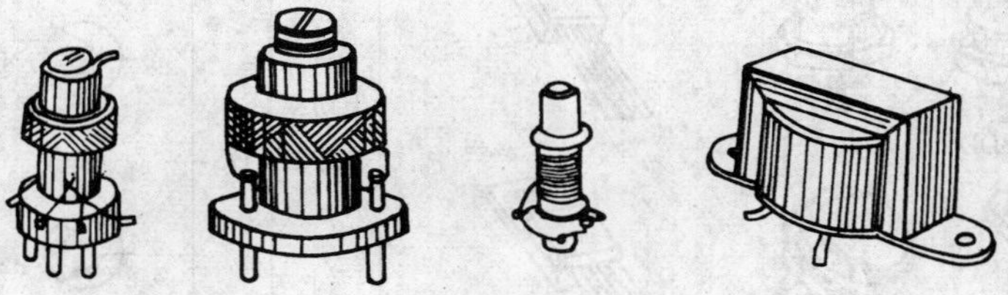	可调磁 芯线圈 铁　芯 线　圈	L L	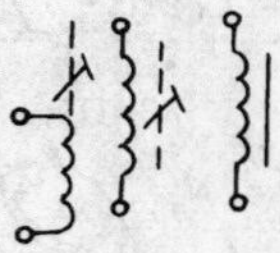
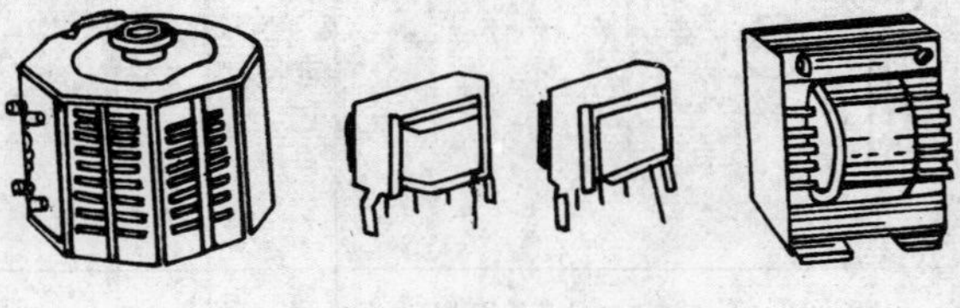	铁芯变 压　器	B	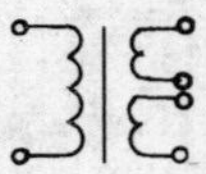
 SZP1　SZZ1　70圈　7圈　1　2　3　4	磁芯变 压　器	B	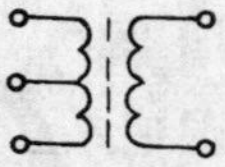

续表

元器件实物外形举例	名称	代表字母	电路图符号
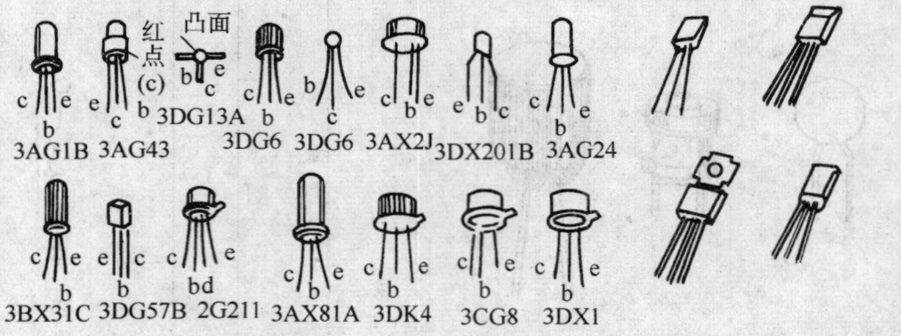 红点(c) 凸面 3AG1B 3AG43 3DG13A 3DG6 3DG6 3AX2J 3DX201B 3AG24 3BX31C 3DG57B 2G211 3AX81A 3DK4 3CG8 3DX1	中小功率晶体三极管	BG	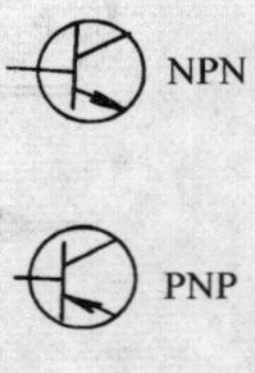 NPN PNP
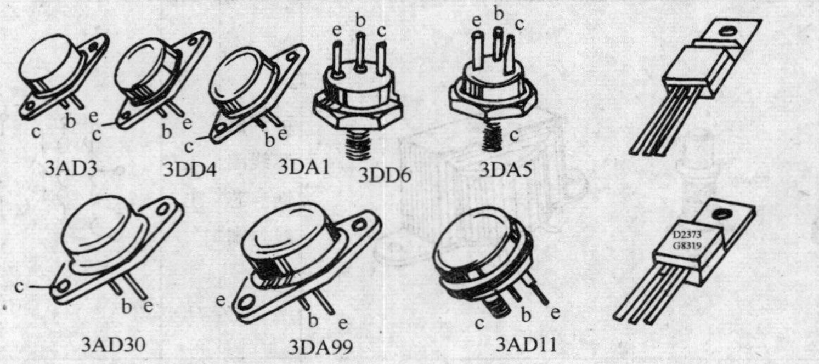 3AD3 3DD4 3DA1 3DD6 3DA5 3AD30 3DA99 3AD11 D2373 G8319	大功率晶体三极管	BG	 NPN PNP
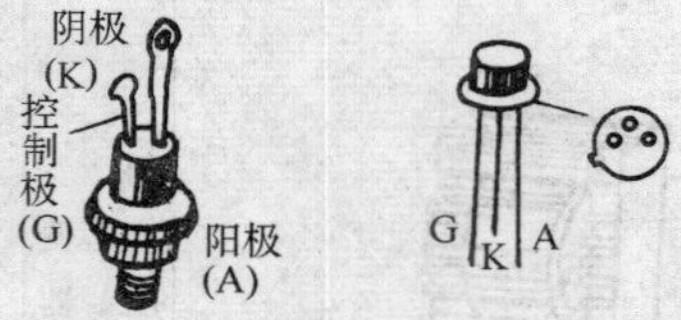 阴极(K) 控制极(G) 阳极(A) G K A	可控硅	SCR	 A G C
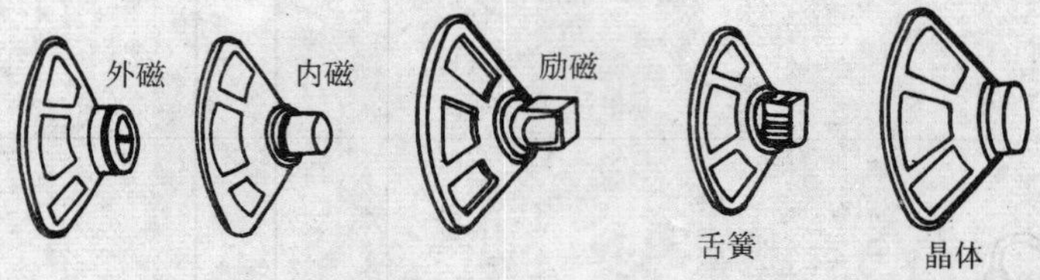 外磁 内磁 励磁 舌簧 晶体	扬声器	Y	
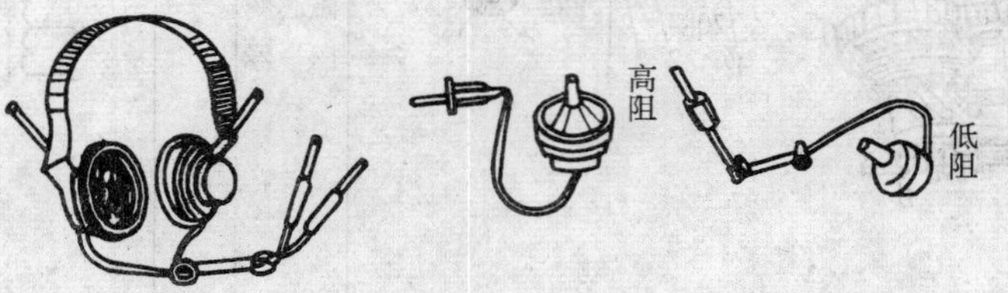 高阻 低阻	耳机	EJ	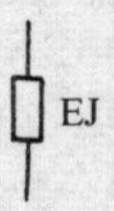 EJ

续表

元器件实物外形举例	名　称	代表字母	电路图符号
2AK1　2AP9　2CP10　2AP10　2CZ11　2CK10　2CP24　2CP21　2CP26	晶体二极管	V	+ −
+ − 2CW17　2CW7　+ − 2CW14　+ − 3W100	稳压二极管	V	− +
树脂封装　凸起　金属底座　− + 圆形　全塑封装　− + 圆形　+ − 箭头形　+ − 方形　圆形　陶瓷底座	发光二极管	LED	+ −
正极标志　2CU2A	光电二极管	U	+

(1) 常用电阻器的检测

电阻器是电子电器设备中用得最多的基本元件之一。在一台电子设备中,电阻约占元件总数的 40% 左右。电阻器是一种耗能元件,在电路中用于控制电压、电流的大小或与电容和电感组成具有特殊功能的电路等。为了适应不同电路和工作条件的需求,电阻的种类很多,通常按外形结构分为固定式和可变式(电位器)两大类,要想正确识别和检测电阻,我们必须了解电阻的标志方法,掌握基本检测方法。

1) 电阻器的标志方法:

电阻器的标称阻值和允许误差参数,一般都直接标志在电阻体表面上,标志方法通常分为直接标志法、文字符号法、色标法几种。

A. 直接标志法:顾名思义就是将电阻的主要参数和技术性能直接标志在电阻体表面的标志方法。读数识别如图 8-44 所示。

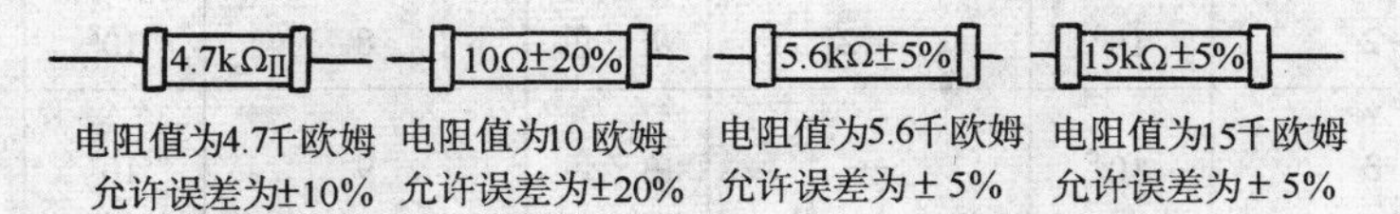

图 8-44　电阻器直标法读数识别

B. 色标法：是用不同颜色表示元件（不仅是电阻元件）的各种参数，并直接标志在产品上的一种标志方法。国际上电阻器广泛采用色环标志法，主要原因是由于采用该方法标志的电阻，颜色醒目，标志清晰，不易褪色，从各方向都能看清阻值和偏差，有利于电气设备的装配、调试和检修。各种固定电阻器色标符号见表 8-22 所示。色环标志读数识别如图 8-45 所示，辨认这种电阻值应从左至右，最左边的为第一环。

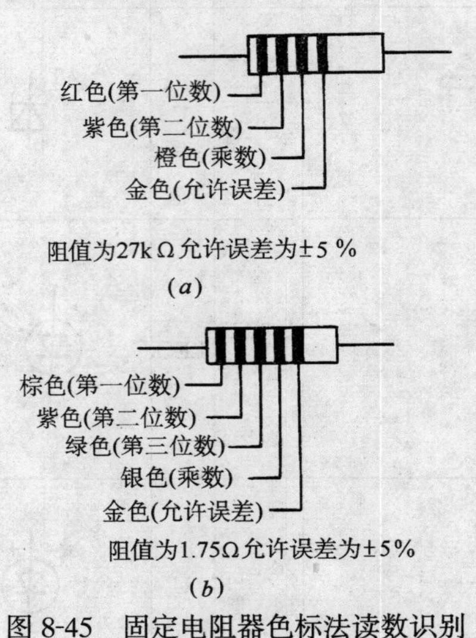

图 8-45　固定电阻器色标法读数识别

C. 文字符号法：即是将需要标志的主要参数和技术性能用字母和数字符号两者按规律组合起来标志在电阻体表面的方法。标志时，文字、数字符号组合的一般规律是阻值的整数和小数部分分别标在阻值单位标志符号的前和后。单位标志符号的意义如表 8-23 所示。电阻器阻值允许误差标志符号如表 8-24 所示。文字符号法读数识别如图 8-46 所示。

2）常用电阻器的质量判别和检测：

A. 固定电阻器检测。

图 8-47 所示为常见固定电阻器种类。

a. 外观检查：固定电阻器的标志清晰、颜色均匀、光泽好、引线对称、无伤痕、无腐蚀等，用过的电阻如有烧焦现象，应及时更换。

b. 参数和性能的检测：使用万用表欧姆档的适当量程测量电阻值，当要求测量精度更高时，可使用直流电桥测量阻值。若测得阻值超过允许误差范围的、内部断路、时断时通的及阻值不稳定的电阻均应丢弃不用。

B. 电位器的检测。

图 8-48 所示为几种常见电位器。

a. 外观检查：电位器标志清晰、无残缺、无腐蚀、旋转轴转动灵活、松紧适度。带开关的电位器在动作时应干脆，声音清晰。推拉式开关电位器其开关动作应推拉自如，通、断可靠。

电阻器的色标符号　　表 8-22

颜　色	有效数字	乘　数	允许偏差(%)	颜　色	有效数字	乘　数	允许偏差(%)
银　色	—	10^{-2}	±10	黄　色	4	10^4	—
金　色	—	10^{-1}	±5	绿　色	5	10^5	±0.5
黑　色	0	10^0	—	蓝　色	6	10^6	±0.2
棕　色	1	10^1	±1	紫　色	7	10^7	±0.1
红　色	2	10^2	±2	灰　色	8	10^8	—
橙　色	3	10^3	—	白　色	9	10^9	+50 −20

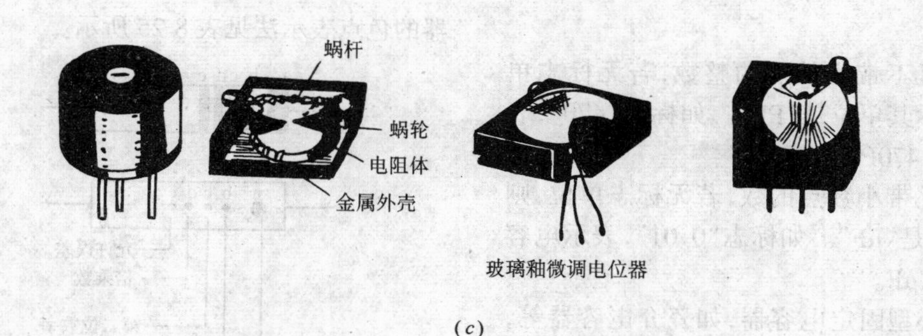

(c)

外壳 滑块 蜗杆
接触刷 电阻体
WHW1-4.7kΩ
808
合成碳膜微调电位器

(d)

图 8-48 几种常见电位器

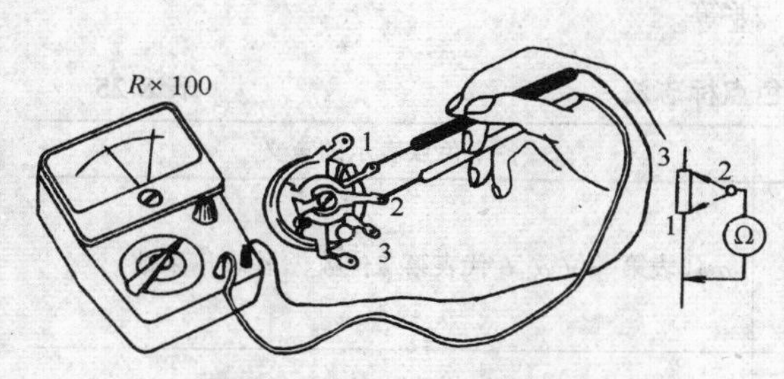

图 8-49 检查电位器的方法

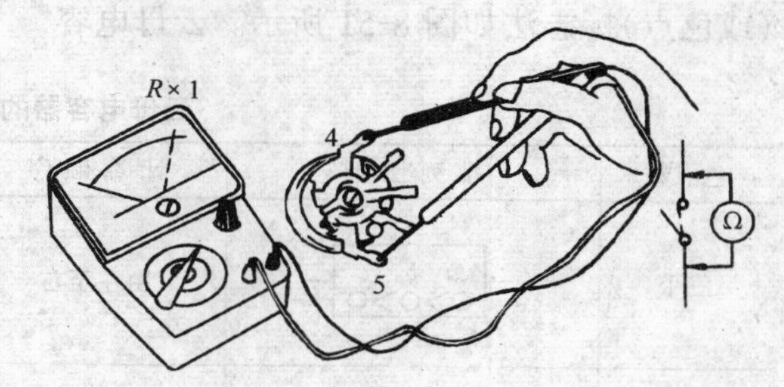

图 8-50 检测电位器“开”“关”法

b．电位器检测方法：如图 8-49 所示。使用万用表欧姆档适当量程，测量电位器固定阻值，(1,3 两焊片间电阻)是否与标称值相符。再测中间焊片 2 分别与 1,3 焊片间阻值，缓慢旋转转轴，万用表指针移动平稳，不出现停顿或跳动现象，说明电位器质量较好，反之则反。

检测开关电位器方法：如图 8-50 所示。使用万用表 $R\times1$ 档测“开”指针偏转示数为零，$R\times10$k 档测“关”，指针应不动。

提示：万用表欧姆档检测电阻时，使用前一定要先调零，更换量程档后，每次都要重新调零，并选择合适量程，以确保测量结果的精度。

(2) 电容器的检测

电容器是一种储能元件，它也是组成电子电器设备的基本元件之一。一台电子设备中电容的数量仅次于电阻，而且在电路中起到耦合、滤波、旁路或与电感元件组成振荡电路等作用，因而我们必须学会正确识别、检测电容的基本方法。

1) 电容器的标志方法：

电容器的标志方法与电阻器一样，通常分为直接标志法、文字符号法和色标法。

A．直标法：与电阻标志方法完全相同。但有些电容器体积较小，可遵循下列规则标

志：

a. 凡不带小数点的整数，若无标志单位，则表示其单位是"PF"。如标志"470"，表示容量为470PF电容器。

b. 凡带小数点的数，若无标志单位，则表示单位是"μF"。如标志"0.01"，表示电容量为0.01μF。

c. 小型固定电容器，如瓷介电容器等，其耐压100V以上，由于体积小，工作电压可不标志。

B. 文字符号法：具体方法与电阻器相同。例如：标志为P33—0.33PF；2P2—2.2PF；6n8—6800PF；4m7—4700μF。电容器允许误差标志符号与电阻器采用符号相同，见表8-20所示。

C. 色标法：原则上与电阻器色标法相同，其单位用"PF"表示。瓷介电容器的色环（或色点）标志法如图8-51所示。云母电容器的色点表示法见表8-25所示。

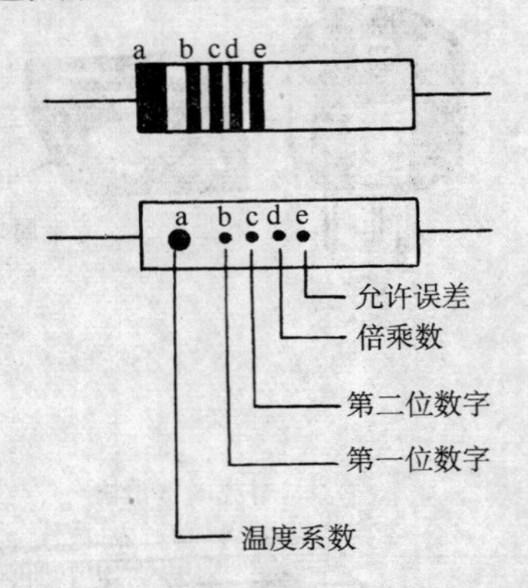

图8-51　瓷介电容器的色环（色点）标志法

2）常用电容器的质量判别和检测：

A. 外观检查：固定电容器外观应完好、无损；表面标志清晰，无残缺，电极无折伤；可变电容器外观应无腐蚀、污垢、光泽好；结构稳定可靠、转动灵活、松紧适度；动、定片间不碰等。

云母电容器的色点标志法　　表8-25

色点数	排列图形	计算顺序	各个色点表示的意义
三个	a b c / ○>○>○	由左至右	*a*代表第一位数，*b*代表第二位数，*c*代表倍乘数
四个	a b c d / ○>○>○>○	由左至右	*a*代表第一位数，*b*代表第二位数，*c*代表倍乘数，*d*代表允许误差
五个	a b c / ○>○>○ / ○ ○ / d e	上排由左至右	*a*代表第一位数，*b*代表第二位数，*c*代表第三位数
		下排由左至右	*d*代表倍乘数，*e*代表允许误差
五个	a b c / ○>○>○ ; d e / ○ ○	正面由左至右	*a*代表第一位数，*b*代表第二位数，*c*无色，表示反面还有色点
		反面由左至右	*d*代表第三位数，*e*代表倍乘数
六个	a b c / ○>○>○ / f e d / ○>○>○	上排由左至右	*a*代表第一位数，*b*代表第二位数，*c*代表第三位数
		下排由右至左	*d*代表倍乘数，*e*代表允许误差，*f*代表工作电压

续表

色点数	排列图形	计算顺序	各个色点表示的意义
六个	A a b ○>○>○ e d c ○ ○ ○	上排由左至右	A 代表型式(只有黑银两种颜色),a 代表第一位数,b 代表第二位数
		下排由右至左	c 代表倍乘数,d 代表允许误差,e 代表工作特性(包括温度系数,试验方式等)
六个	a b c ○>○>○	正面由左至右	a 代表第一位数,b 代表第二位数,c 无色,表示反面还有色点
	d e f ○>○>○	反面由左至右	d 代表第三位数,e 代表倍乘数,f 代表允许误差

B. 电容器检测:电容器的测量可用电容测量仪,也可用万能电桥,小电容可用高频Q表。由于在一般电路中,对电容器的电容量允许误差要求较宽,况且电容器的质量异常表现为短路、断路、漏电和容量减小、失效等几种现象,因此,通常使用万用表就能对电容器方便地进行定性或半定量的质量检测。

a. 固定电容器漏电的检测。

① 非电解电容漏电阻的检测方法:如图8-52所示。使用万用表 $R\times10k$ 档,将两表笔接触电容器两电极时,表头指针应顺时针方向偏转一下,(5000PF 以上电容)然后逐渐回落,直至回到"∞"处,说明电容器性能好。若指针回落,稳定后不能回到"∞"处,则指针指示的数值即是该电容器的漏电阻。检测时,若表头指针指零欧姆,则说明电容器内部绝缘介质击穿造成短路。若表头指针始终指向"∞"处,说明电容器内部开路或失效。

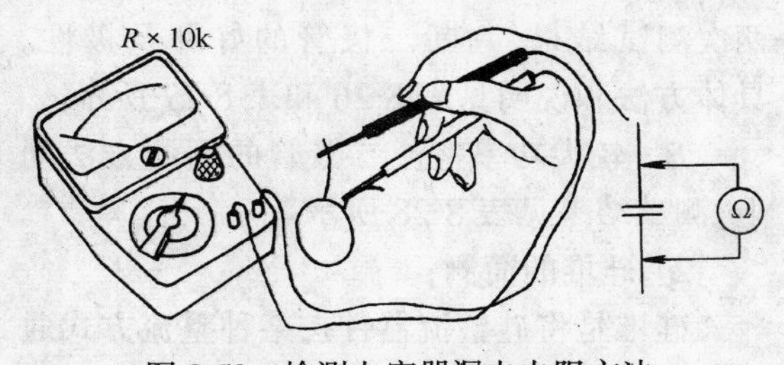

图 8-52　检测电容器漏电电阻方法

② 电解电容器($1\mu F$ 以上)的检测方法:一般选用万用表 $R\times1k$ 或 $R\times100$ 档测量电容器两端,良好的电容器,表针顺时针摆动,然后慢慢回摆至"∞"处,此时迅速交替表笔,再测一次,表针摆动基本相同,表针摆幅越大,表明电容器的容量越大。若测试结果:指针不能回摆至"∞"处,则表明电容器有漏电阻,漏电阻阻值越小,该电容质量越差。若测量时指针立即指到"0Ω"不回摆,就表示该电容已短路。若测量时指针根本不动,始终指向"∞"处,表明电容器已失效或断路。根据上述现象,我们还可预先测量几个已知质量完好的电容器,记下摆幅与被测电容器的表针摆幅作对比,这样就可大致估测电容值。若电容的正、负极标记无法辨认时,可根据正向联接时漏电阻大,反向联接时漏电阻小的特点来检测判断其极性,如图8-53所示。

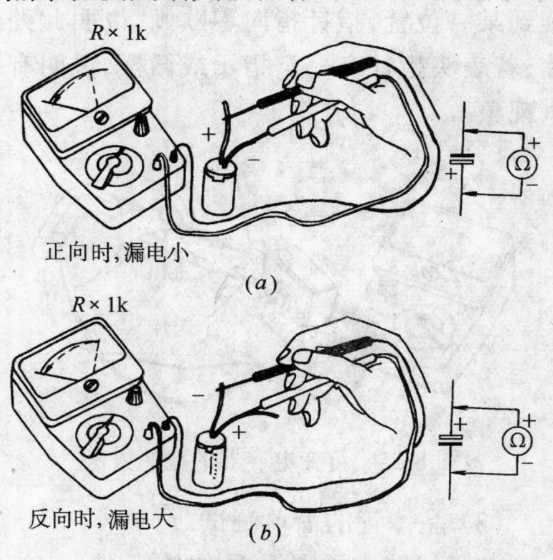

图 8-53　电解电容的检测方法

提示：使用万用表欧姆档检测漏电阻时，不能用双手捏住被测电容器两极，以免引起测量误差。

③ 小电容器的检测：对于容量较小的固定电容器，往往用万用表测量时看不出表针摆动，既使用 $R\times10k$ 量程也无济于事。这种情况下可借助于一个外加直流电压和万用表配合使用进行测量，测量电路如图 8-54 所示。一个良好的电容器在接通电源的瞬时，电表指针应有较大摆幅，然后表针逐渐回零。若电源接通时表针不摆，说明电容器已失效或断路。若表针一直指示电源电压而不向回摆动，则说明电容器已短路(击穿)。若表针向回摆动，但不返回零位，说明电容器有漏电现象。

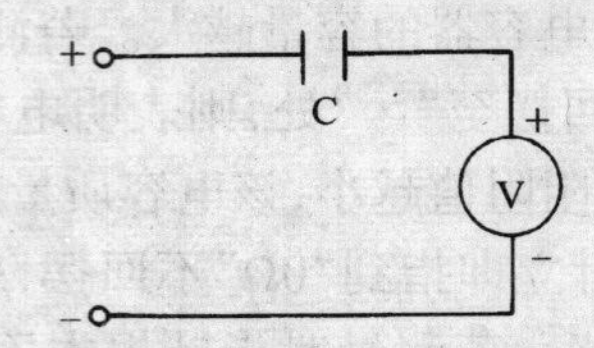

图 8-54 小容量电容的检测

b. 可变电容器碰片或漏电的检测方法：万用表置于万用表欧姆档 $R\times10k$，如图 8-55 所示，两表笔分别接在可变电容器或微调电容器的动片和定片上，缓慢来回旋转可变电容器的转轴或微调电容器的动片，若表头指针始终静止不动，则无碰片、漏电现象。若旋到某一位置，指针指向零欧姆，说明此处碰片，若表头指针有一定指示或微摆，说明有漏电现象。

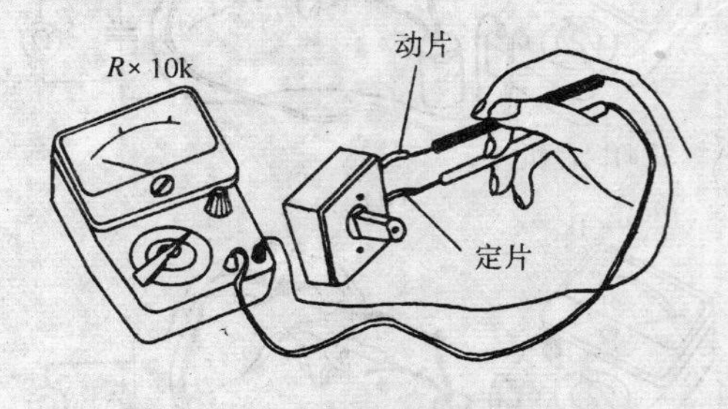

图 8-55 可变电容器的检测方法

(3) 晶体管的简单测试

电子线路中的各种晶体管元件，一般在外壳上注有标志。在使用过程中，若有标志不清或有损坏时，可用万用表简易地辨别晶体管的种类、极性及好坏。通常使用万用表的欧姆档测量极间电阻来判断，其等效电路如图 8-56 所示。

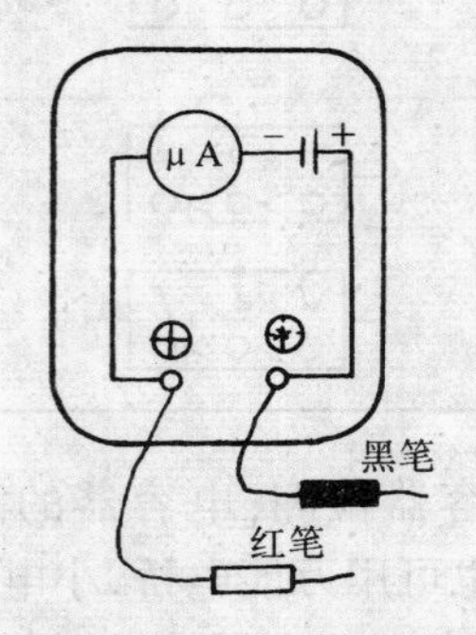

图 8-56 万用表内部电源极性示意图

提示：使用欧姆档时，应注意万用表面板上的正、负表笔与内部电源的极性相反。

1) 二极管的简测：

二极管外壳上，一般标有极性符号或在外壳一端印有色圈表示负极、外壳一端制成圆角形表示负极等。晶体二极管的内部结构示意图及几种常用二极管的外形如图 8-57 所示和图 8-58 所示。

二极管的简易测试是利用二极管的单向导电性，使用万用表欧姆档来判别其极性和好坏。

A. 小功率二极管的简测方法：首先将万用表拔至欧姆档“$R\times100$”或“$R\times1k$”量程档，然后将万用表的两表笔分别接到二极管的两极上，更换表笔位置，重新测试。根据两次测试结果，判断二极管的好坏及极性。具体方法和说明见表 8-26 和表 8-27 所示。

B. 较大功率整流二极管的简测方法同上，测试结果见表 8-28 所示。

2) 硅堆的简测：

硅堆是将硅整流器件按某种整流方式通过一定的制造工艺，用绝缘瓷、环氧树脂等和外壳封装成一体制成。如图 8-59 所示几种硅堆外形。

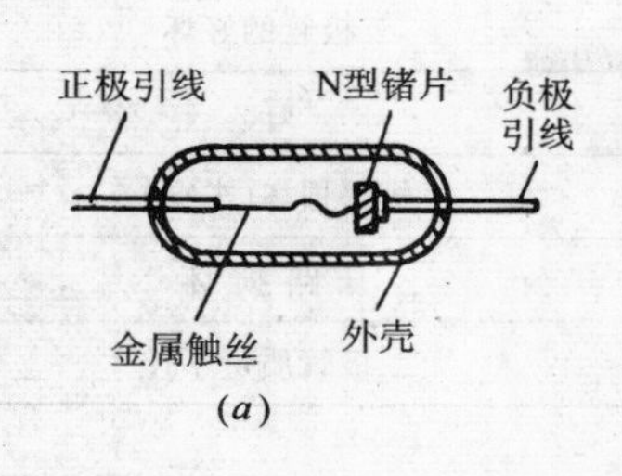

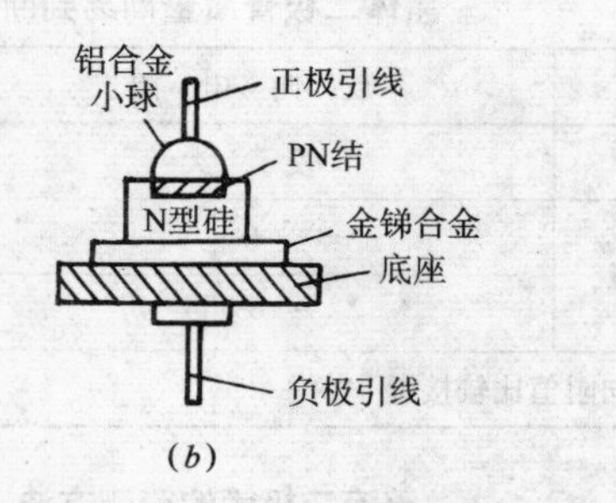

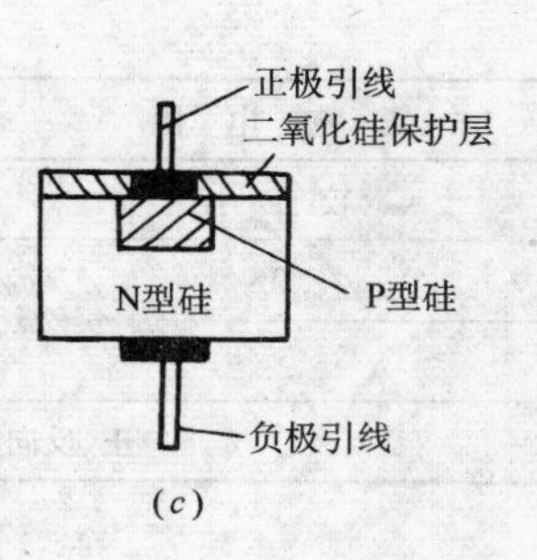

图 8-57　晶体二极管的内部结构示意图

(a)点接触型；(b)面接触型；(c)平面型

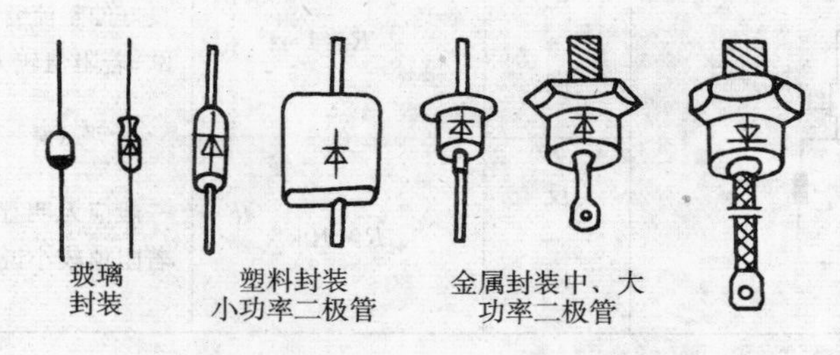

图 8-58　几种晶体二极管外形

晶体二极管的简易测试方法　　**表 8-26**

测试项目	测试方法	正常数据		极性判断
		硅管	锗管	
正向电阻	测硅管时 测锗管时 红笔 黑笔	表针指示在中间偏右一点	表针偏右靠近满度，而又不到满度	万用表黑笔连接的一端为二极管的正极(或阳极)
		(几百欧～几千欧)		
反向电阻	测硅管时 测锗管时 红笔 黑笔	表针一般不动	表针将起动一点	万用表黑笔连接的一端为二极管的负极(或阴极)
		(大于几百千欧)		

晶体二极管质量简易判断 **表 8-27**

正向电阻	反向电阻	二极管的好坏
较小	较大	好
0	0	短路损坏(击穿)
∞	∞	开路损坏
正、反向阻值比较接近		二极管质量不佳

整流二极管的简测方法 **表 8-28**

接法	万用表档位		说明
低阻 黑 红 高阻	正向	$R\times1$	良好的整流管正向电阻约在几欧～十几欧,若阻值较大,则管子有问题
	反向	$R\times10\text{k}$	一般应无明显读数或有相当高的阻值。若阻值较小说明管子有问题

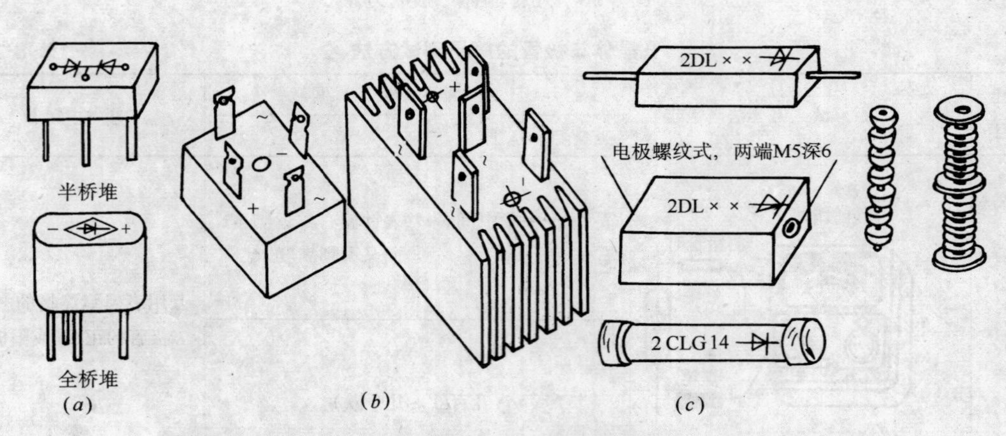

图 8-59 几种硅整流堆的外形、封装和内部结构

硅整流堆的简测与整流二极管简测原理相同。

A. 小功率硅堆的简测:小功率硅堆是将整流二极管按桥式或半桥方式组合而成,故常称作桥堆。与二极管检查方法相同,检查其输入、输出端正、反向阻值的大小即可判断出它的好坏。如图 8-60 所示。

图示 8-60(*a*)中输出端 AB 间是二极管的同向串联,若桥堆是好的,检测时应满足单向导电性,正向阻值较小,反向阻值较大。

图示 8-60(*b*)中输入端 CD 间是二极管的反向串联,若桥堆是好的,测量其正、反向阻值均应较大。

除上述检测方法外,也可分别测量引出管脚间的正、反向电阻(即检查每只二极管的好坏)来判断桥堆好坏,测试结果见表 8-29 所示。

B.高压硅整流堆的检测:高压硅堆是

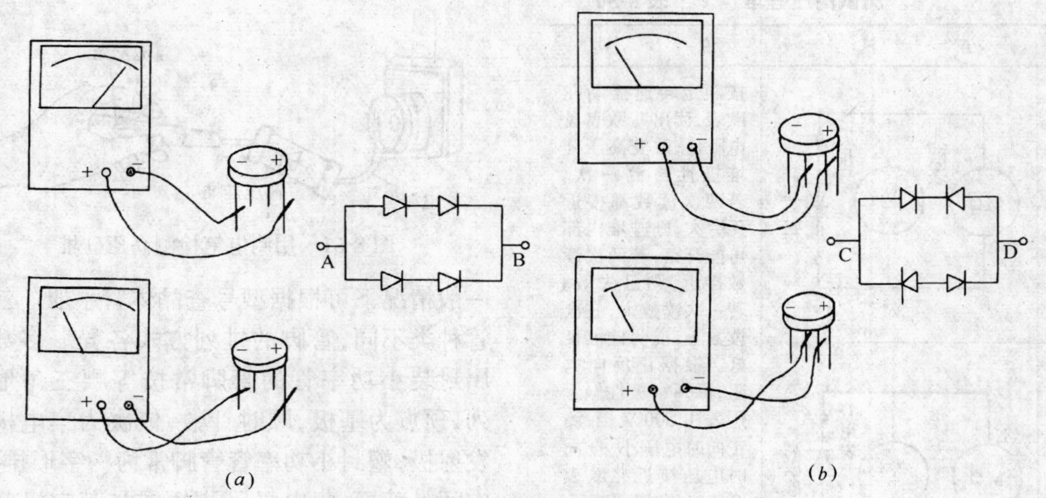

图 8-60　小功率桥堆的检测方法

(a)检测桥堆输出端；(b)检测桥堆的输入端

用万用表检测单相小电流桥堆的正反向电阻　　表 8-29

~C A − B + ~D R×1k档	正向电阻	A→C A→D C→B D→B	约 5～7kΩ
		A→B	约 2.5(5～7)kΩ
		C→D	无穷大
	反向电阻	C→D D→A B→C B→D	无穷大
		B→A	无穷大
		D→C	无穷大

注：不同的桥堆此值有所差异。

由硅二极管串联封装而成，由于串联二极管较多，使用万用表的欧姆档量程已不能测出其正、反向阻值大小，通常可按表 8-30 所示方法来检测管脚极性和判断好坏。

高压小电流硅堆可用图 8-61 所示方法检测。良好的高压硅堆，正向时电笔中氖泡发光，反向时不发光；若正、反向氖泡均不发光，说明其内部断路；若正、反向测氖泡均发光，则说明其内部短路。

3）三极管的简测：

三极管是按一定的制作工艺，将两个 PN 结结合在一起，构成三层半导体，并在其上各自引出一根引线制成三个电极，再封装在管壳里制成的。三极管的内部结构和符号表示及常见三极管的外形如图 8-62 和图 8-63 所示。

A．三极管管型及管脚的判别。

使用三极管，首先要弄清其各管脚极性。

测试高压硅堆　　　　表 8-30

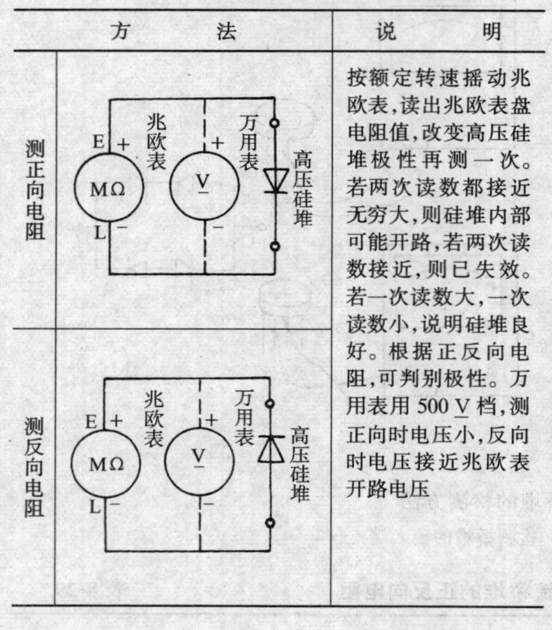

方法		说明
测正向电阻		按额定转速摇动兆欧表，读出兆欧表盘电阻值，改变高压硅堆极性再测一次。若两次读数都接近无穷大，则硅堆内部可能开路，若两次读数接近，则已失效。若一次读数大，一次读数小，说明硅堆良好。根据正反向电阻，可判别极性。万用表用 500 V 档，测正向时电压小，反向时电压接近兆欧表开路电压
测反向电阻		

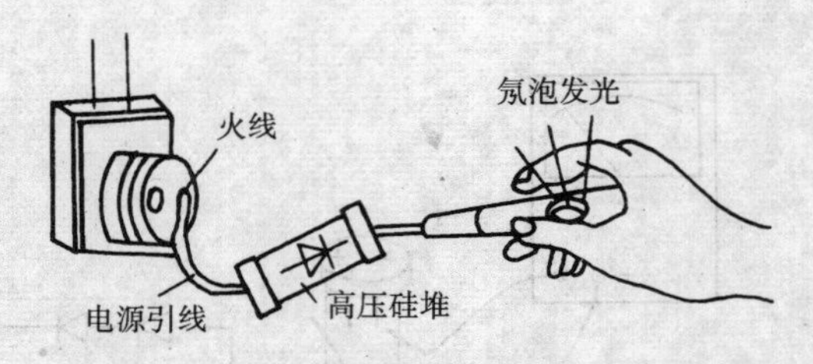

图 8-61　用测电笔检测高压硅堆

一般情况下可根据型号查晶体管手册。三极管种类不同，管脚的排列方式各异。多数金属封装小功率管的管脚常按等腰三角形排列，顶点为基极，顺时针数，依次为集电极和发射极；塑封小功率管管脚常为一字形排列，中间是基极、集电极管脚短或与其它极间距较远；大功率三极管一般直接用金属外壳作集电极。常见的三极管管脚排列如表 8-31 所示。

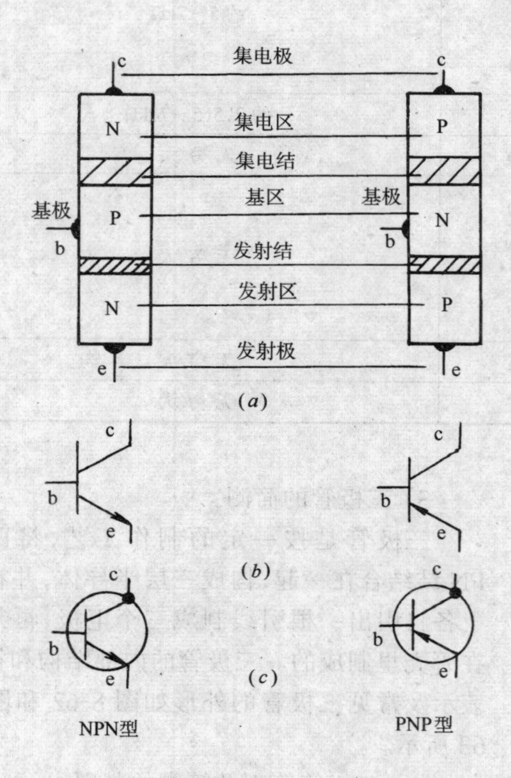

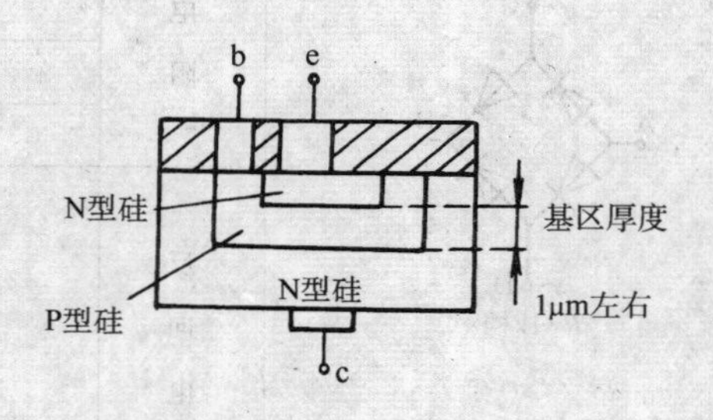

平面工艺制作的晶体三极管管芯

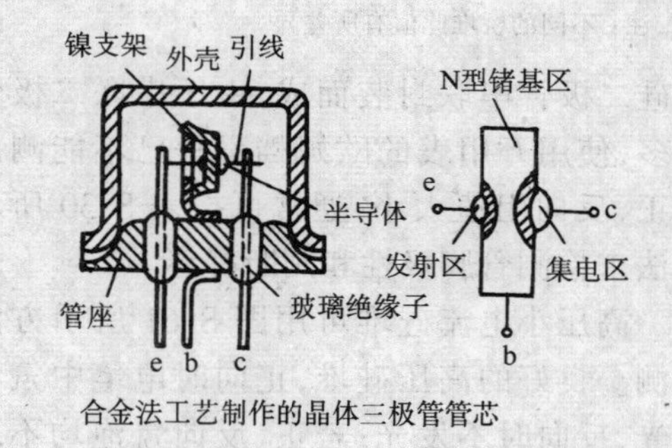

合金法工艺制作的晶体三极管管芯

图 8-62　晶体三极管的结构和符号

(a)结构；(b)符号；(c)大功率管外壳集电极

玻璃封装　　陶瓷环氧封装　　硅酮塑料封装

金属封装

图 8-63　几种晶体三极管的外形和封装

虽然晶体管手册中对三极管的管脚极性都有标注，但由于生产工艺不同，既使同一型号的管子，其管脚也可能不同，有的三极管标志不清等，必要时可使用万用表测量各管脚间电阻的方法来判别各管脚极性及管型。图 8-62 所示的三极管内部结构示意图，为了便于理解，我们把三极管内部的两个 PN 结等效成两个 PN 结的反向串联，如图 8-64 所示。其中基极与集电极、发射极之间，均是一个 PN 结，因此，只要判别出两个 PN 结的好坏，就可确定三极管的好坏，同时根据表笔极性判别基极及管型。

常见三极管的管脚排列　　　　**表 8-31**

大功率三极管(金属封装)
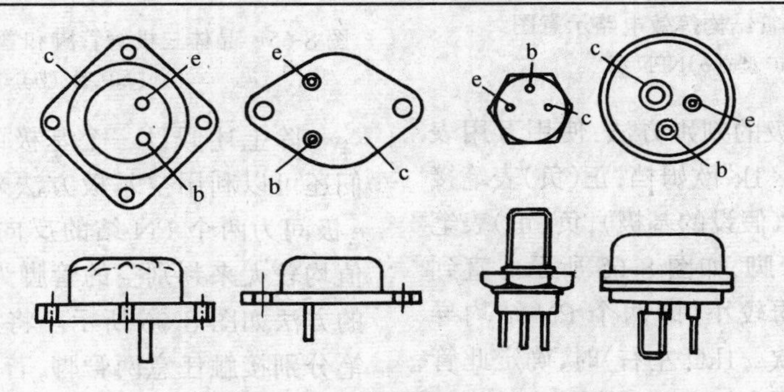
小功率三极管(金属封装)
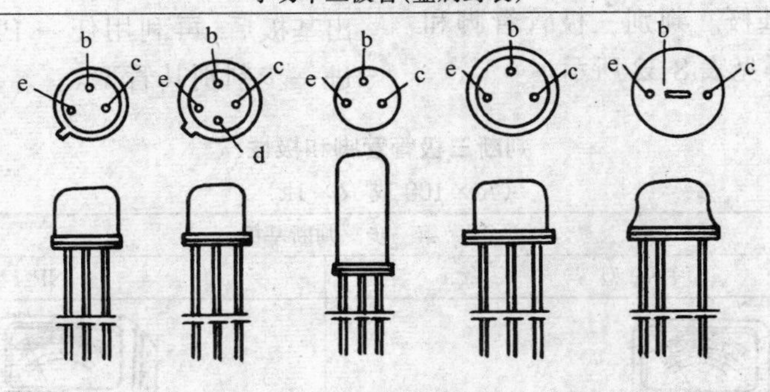
小功率三极管(塑料封装)
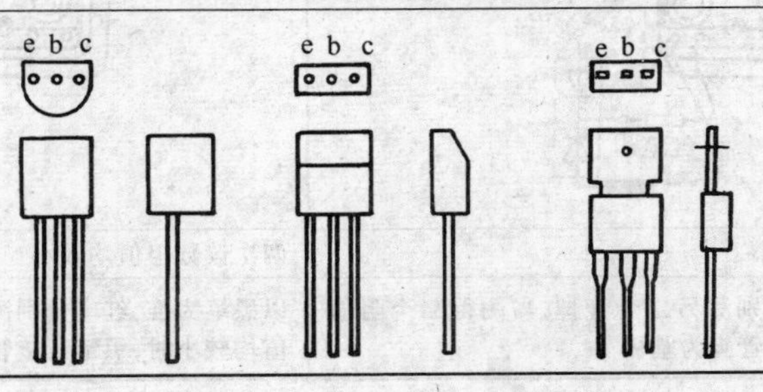

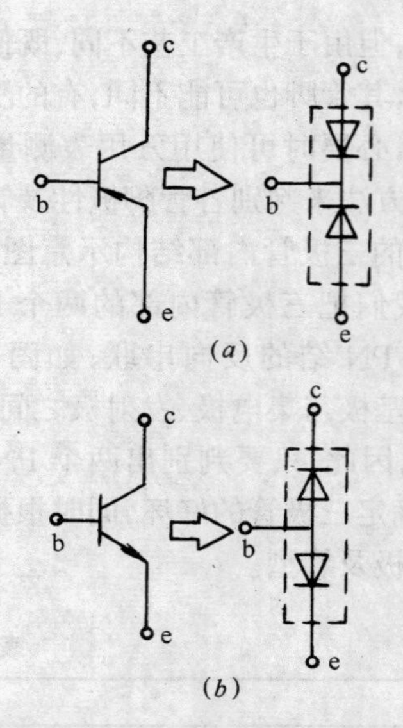

图 8-64　三极管结构等效电路示意图
(a)PNP 型;(b)NPN 型

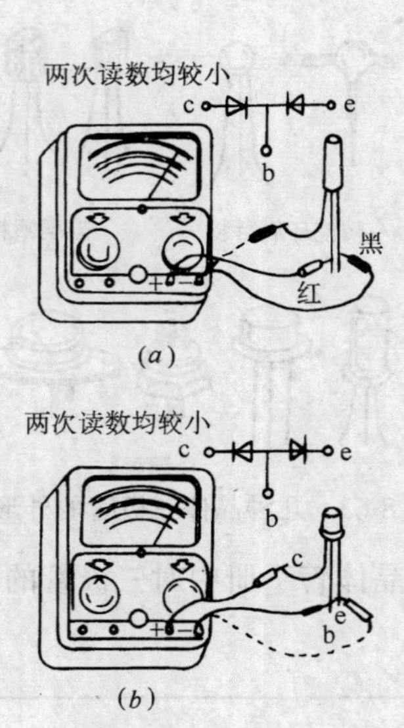

图 8-65　晶体三极管管脚和管型的简易判断方法
(a)PNP 型;(b)NPN 型

a. 管型与基极的判别方法:使用万用表的“$R\times100$”或“$R\times1\text{k}$”欧姆档,正(负)表笔接被测管的任一管脚(假设的基极),负(正)表笔分别接另外两个管脚,如图 8-65 所示。直到测出两个电阻值均较小(即两个 PN 结均导通,阻值约在几百欧~1kΩ 左右)时,确定此管为 PNP(NPN)型三极管,此时正(负)表笔所接管脚即为三极管的基极。判别三极管管脚和极性的方法及说明详见表 8-32 所示。

除上述假设一个基极的判别方法外,我们还可以利用空基极方法来判别:即利用 c、e 极间为两个 PN 结的反向串联,正、反向阻值均较大来判别空的管脚为基极。简易判别的方法如图 8-66 所示。将万用表的正、负表笔分别接触任意两管脚,若正测、反测两阻值均较大,则判定空着的管脚即为基极。判别出基极后,再利用任一 PN 结的单向导电性进一步判别其管型。

判断三极管管脚和极性
($R\times100$ 或 $R\times1\text{k}$)　　**表 8-32**

内容	第一步　判断基极	
	PNP 型	NPN 型
方法		
读数	两次读数阻值均较小	两次读数阻值均较小
	以红笔为准,黑笔分别测另二个管脚,当测得二个阻值均较小时,红笔所接管脚为基极	以黑笔为准,红笔分别测另二个管脚,当测得二个阻值均较小时,黑笔所接管脚为基极

续表

内容	第二步　判断集电极	
	PNP 型	NPN 型
方法	100k　c　b	100k　c　b
读数	红笔接基极,黑笔连同电阻分别按图示方法测试,当指针偏转角度最大时,黑笔所接的管脚为集电极	黑笔接基极,红笔连同电阻分别按图示方法测试,当指针偏转角度最大时,红笔所接的管脚为集电极

注:1. 判断基极要反复测几次,直到二次读数均较小为止。

2. 根据上述方法可判断 PNP 型和 NPN 型。

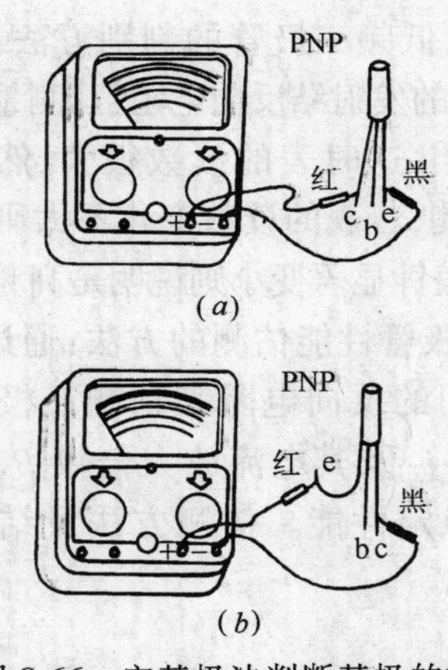

图 8-66　空基极法判断基极的方法

b. 集电极、发射极的判别方法:基极和管型确定后,用万用表 $R\times100$ 或 $R\times1\text{k}$ 档,用双手将两表笔分别与另外两管脚相连,再用舌头舔一下基极。如图 8-67 所示。观察表针摆动情况,更换表笔重测,找出摆动大的一次,对于 PNP 型三极管,此时正表笔所接是集电极 c,负表笔所接为发射极 e。对于 NPN 型三极管恰好相反。

除上述方法外,c、e 极还可以利用表 8-32 所示的判别方法。

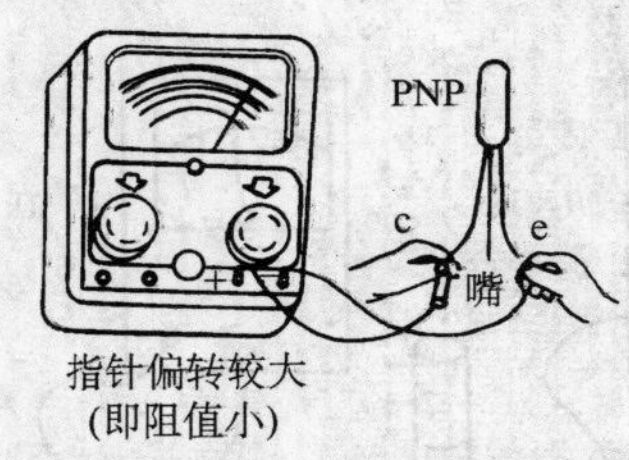

图 8-67　判断集电极的方法

B. 三极管好坏的判别。

判断三极管的好坏依据就是判断其内部两个 PN 结(发射结、集电结)的好坏。检测方法及结果见表 8-33 所示。若测得 PN 结的正、反向阻值均很大,说明三极管内部断路;若测得正、反向阻值均很小,说明三极管极间短路或击穿。

C. 硅管和锗管的判别方法:因硅管比锗管的正向阻值要大,所以利用万用表 $R\times100$ 或 $R\times1\text{k}$ 档测 PN 结的正向电阻。如图 8-68 所示,PNP 型管子,正表笔接基极,负表笔接任一极,(NPN 型与其相反),此时表针位置在表盘中间靠右一点的地方,此管为硅管;若表针位置在表盘右端或满刻度时,此管为锗管。

判断三极管好坏（$R\times100$ 或 $R\times1k$）　　**表 8-33**

		PNP 型	NPN 型
方法		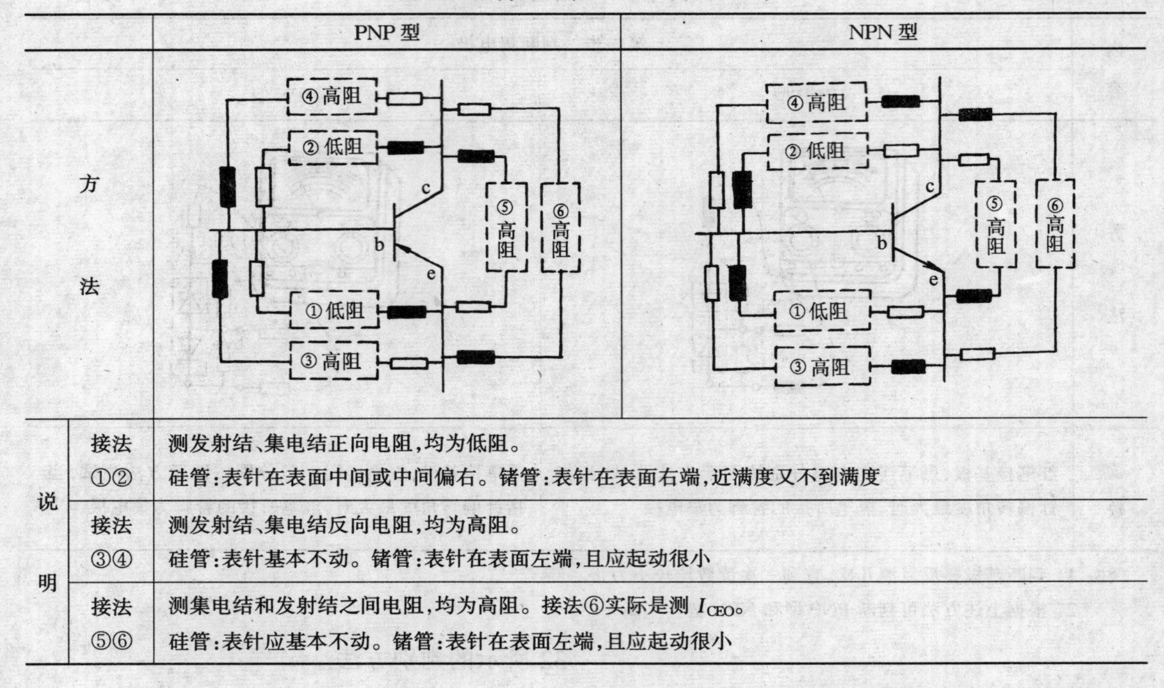	
说明	接法①②	测发射结、集电结正向电阻，均为低阻。 硅管：表针在表面中间或中间偏右。锗管：表针在表面右端，近满度又不到满度	
	接法③④	测发射结、集电结反向电阻，均为高阻。 硅管：表针基本不动。锗管：表针在表面左端，且应起动很小	
	接法⑤⑥	测集电结和发射结之间电阻，均为高阻。接法⑥实际是测 I_{CEO}。 硅管：表针应基本不动。锗管：表针在表面左端，且应起动很小	

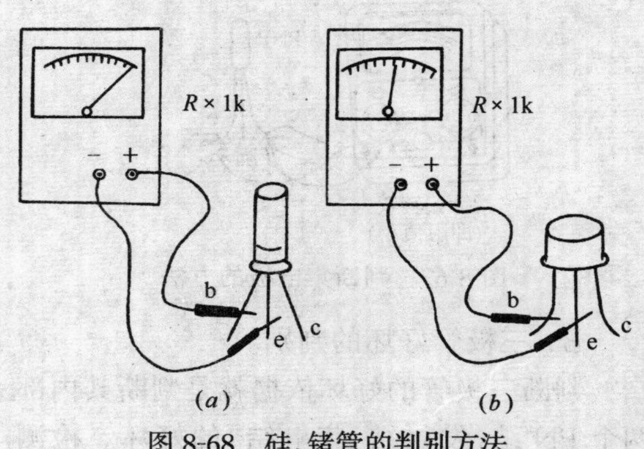

图 8-68　硅、锗管的判别方法
(a)PNP 型锗管；(b)PNP 型硅管

D. 高、低频三极管的判别方法：用万用表测三极管的发射结反向电阻值，测量时应选用 $R\times1k$ 档，这时表的读数很大，然后再用 $R\times10k$ 档测，若表的读数变化不大则证明是低频管，若表针显著变小则说明是高频管。

E. 三极管性能估测的方法：通过测量 c 极、e 极之间的反向电阻来估测三极管的穿透漏电流 I_{CEO} 及其电流放大倍数 β，同时判别管子的稳定性能。估测方法及结果见表 8-34所示。

三极管性能估测的方法　　**表 8-34**

内　容	方　法	说　明	
穿透电流 I_{CEO}		小功率三极管 $R\times100$ 或 $R\times1k$	测集电极—发射极间反向电阻，阻值越大，则 I_{CEO} 越小。 1. 硅管比锗管阻值大；高频管比低频管阻值大（高频管阻值约几十千欧以上，低频管约几～几十千欧）。 2. 小功率管比大功率管阻值大。 3. 用手捏住管壳，如表针摇摆不定或阻值迅速减小，则管子热稳定性差
		大功率三极管 $R\times10$	

续表

内容	方法	说明	
共发射极电流放大系数 β	NPN e b R c	小功率三极管 b-c 间接电阻：$R=100\text{k}\Omega$	在基极—集电极间接入电阻 R，或用手同时捏住基极和集电极（但这两极不能短接），万用表表针偏转角度越大，说明 β 越大。 此法可判定集电极。当基极确定后，测得 β 大的那一脚为集电极
		大功率三极管 b-c 间接电阻：$R=10\text{k}\Omega$	

注：测 PNP 型三极管将万用表表笔对调即可。

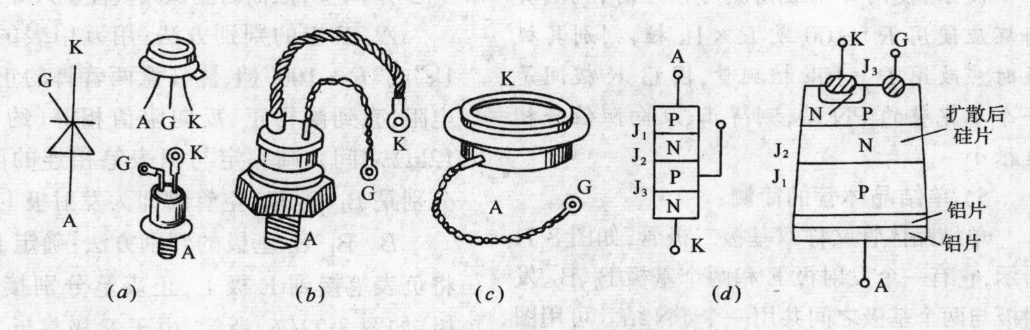

图 8-69　晶闸管符号、外形与结构示意图

(a)管式；(b)螺栓式；(c)平板式；(d)晶闸管结构示意图

4) 可控硅的简测。

可控硅是在硅整流二极管的基础上发展起来的新型大功率变流新器件，其内部由四层半导体(PNPN)构成，具有三个 PN 结，分别引出阳极(A)、阴极(K)、门极(G)三端，可控硅的结构、外形、符号等如图 8-69 所示。

外形是螺栓式、平板式的可控硅，其极性从外形上可判断。对于一些小电流塑封式可控硅就必须要掌握其极性、好坏的简单判断方法。

在可控硅简易测试中，为了便于理解，我们把可控硅内部结构等效成图 8-70 所示：可控硅内部的三个 PN 结，其中 A、K 极间为三个 PN 结的反向串联；A、G 极间为二个 PN 结反向串联；G、K 极间为一个不完整的 PN 结。

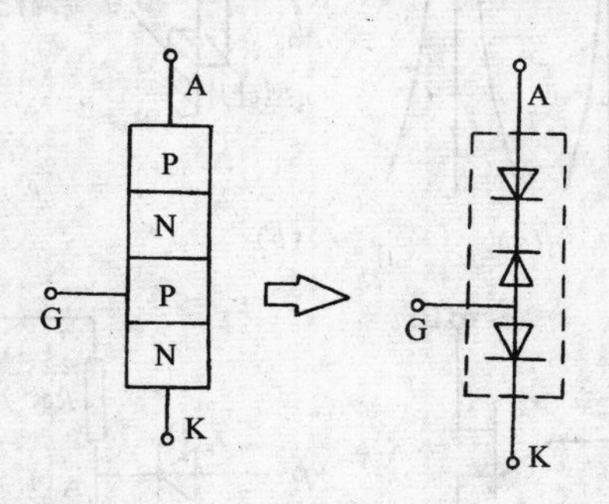

图 8-70　晶闸管内部结构等效电路

将万用表置于 $R\times1\text{k}$（或 $R\times100$）档，分别测量任意两极间正向、反向电阻的大小来判断可控硅的好坏和极性。简测方法与测试结果如表 8-35 所示。

可控硅的简测($R\times1k$)　　表 8-35

内容	可控硅好、坏的判别	极性的判别	
方法	检测 A、G 极极间正反向电阻	检测 A、K 极极间正反向电阻	检测 G、K 极极间正、反向电阻
说明	好的：测量 A、G 极间正、反向电阻值均约在几百千欧以上 若测量其正、反向电阻值均较小则说明是坏的	好的：测量 A、K 极间正、反向电阻均在几百千欧以上 若测量其正、反电阻均较小则说明是坏的	好的：G、K 极间是一个不完整的 PN 结满足单向导电性，但正、反向电阻相差很小 坏的：正反向电阻无差异

提示：使用万用表简测可控硅时，判别其好坏应使用 $R\times100$ 或 $R\times1k$ 档，判别其极性时应改用 $R\times10k$ 档测量，因 G、K 极间是一个不完整的 PN 结，测得正、反向阻值会相差很小

5) 单结晶体管的简测：

单结晶体管又称双基极二极管，如图 8-71 所示，它有一个发射极 E 和两个基极 B_1、B_2，发射极与两个基极之间共用一个 PN 结。可用图

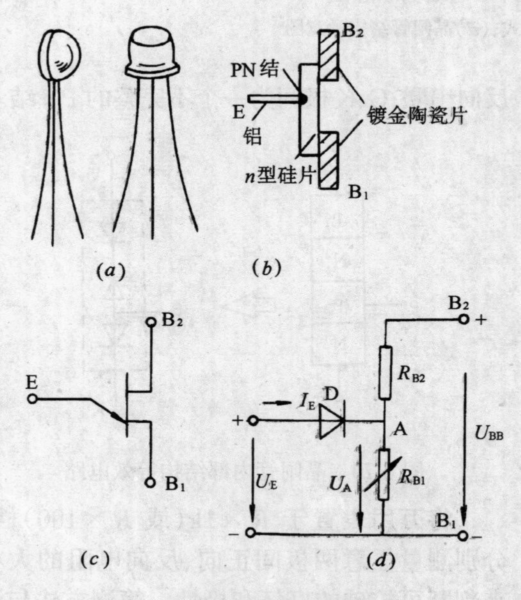

图 8-71　单结晶体管
(a)外形；(b)结构示意图；(c)图形符号（箭头指向第一基极 B_1）；(d)等效电路

8-72 所示的方法简易测试其极性及好坏。

A. E 极的判别方法：用万用表的“$R\times1k$”或“$R\times100$”档，测任意两管脚的正、反向电阻，直到测得正、反向阻值相等（约在 3～12kΩ 之间），则判定与两表笔相连的两管脚分别是 B_1、B_2 极，空管脚即为发射极 E。

B. B_1、B_2 基极的判别方法：确定 E 极后将负表笔接到 E 极上，正表笔分别接 B_1、B_2 极，如图 8-72(*b*)所示，由于 E 极靠近 B_2 极，所以 E 极对 B_1 的正向电阻比 E 极对 B_2 的正向电阻稍大些。若检测 PN 结损坏，则单结晶体管损坏。

8.2.3　各种电子元器件的识别与简测操作练习

(1) 准备

万用表一块、电阻、电容、晶体二极管、三极管、单结晶体管、可控硅、桥堆等各种电子元器件若干。

(2) 操作要领及要求

首先要学会从外形上识别各种电子元件。简测小功率电子元器件时，应使用万用表“$R\times100$”或“$R\times1k$”档，通过测量元件极间的正、反向电阻来判别各元件内部 PN 结的好坏，从而判别各元件的好坏及各管脚的极性，识别元件性能好坏。达到熟练使用万用表简测各种电子元件好坏，识别管脚极性

及估测元件有关参数及性能好坏的要求。

(3) 操作步骤:

1) 将若干电子元器件,依据外形特征进行识别、分类。

2) 使用万用表“$R\times100$”或“$R\times1k$”档分别检测各类电子元器件的好坏、管脚极性及估测参数和性能好坏,并作好检测记录。

(4) 考核评分标准(表 8-36)

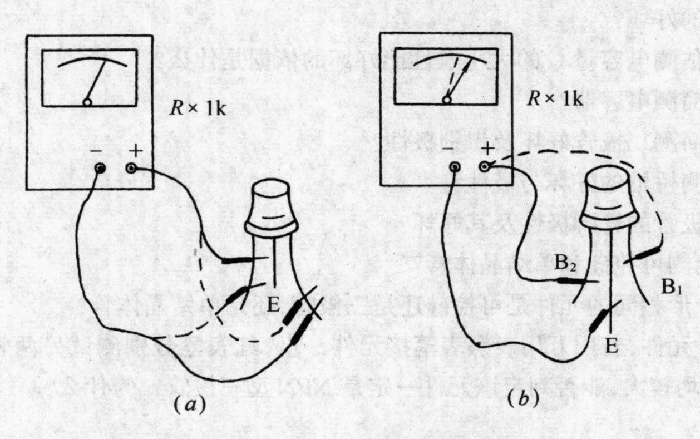

图 8-72　单结晶体管的简测方法

(a)判断 E 极的方法;(b)判断 B_1、B_2 极的方法

电子元器件识别与检测实训练习评分表　　**表 8-36**

序　号	考　核　项　目	单项配分	要　　求	考核记录	得　　分
1	元件分类	10	能从外形上识别各元件,并能正确归类		
2	使用万用表正确简测各元件	70	(1) 通过测试正确识别晶体管元件 (2) 测试方法正确 (3) 能正确判断出元件的管脚或极性及其好坏 (4) 估测元件性能好坏		
3	检测记录	10	记录全面且正确		
4	综合印象	10	文明生产		

小　　结

各种电子元器件的好坏、极性及有关参数、性能好坏的估测都可使用万用表来简单测试。简测各种小功率元件时,通常使用万用表的“$R\times100$”或“$R\times1k$”欧姆档测试,根据各种元器件内部结构不同、特性不同,以致测量结果不同,来区分各种元件及判别好坏、识别其极性。

习　题

1. 电阻有哪些标志方法?

2. 色环电阻的标称阻值和误差等级的规律是什么?

3. 使用万用表正确测量电阻值有哪些注意事项?

4. 如何检测电位器的好坏?

5. 用万用表欧姆档估测电容量C的大小及性能好坏的依据是什么?

6. 如何使用万用表简测电容器?

7. 如何使用万用表简测二极管好坏及识别极性?

8. 用万用表如何简测桥堆的好坏与极性?

9. 如何简测晶体三极管的管脚极性及其好坏?

10. 用万用表如何简测可控硅和单结晶体管?

11. 如何区别几个外形相同的元件是可控硅还是三极管,还是单结晶体管?

12. 用万用表简测一元件,若用万用表黑表笔接元件一极,红表笔分别测试另两管脚,结果电阻均很小;更换表笔,结果测得电阻均较大,能否判定该元件一定是NPN型三极管?为什么?

8.3　常见电路的安装与调试

简单电子线路的安装与调试是根据循序渐进的原则,为提高学生的学习兴趣,进一步提高实验技能,培养分析和解决问题能力而设置的综合性实训项目。它包括了电路元件的检测、安装、焊接、调整、测试等基本环节。

8.3.1　按图安装整流电路

(1) 12V5A稳压电源的整流电路图及元件明细表见图8-73和表8-37所示。

(2) 安装步骤

1) 按表8-37所列元件明细表逐一检测好电子元件并配齐备用。

2) 通电检查电源变压器一、二次侧绕组

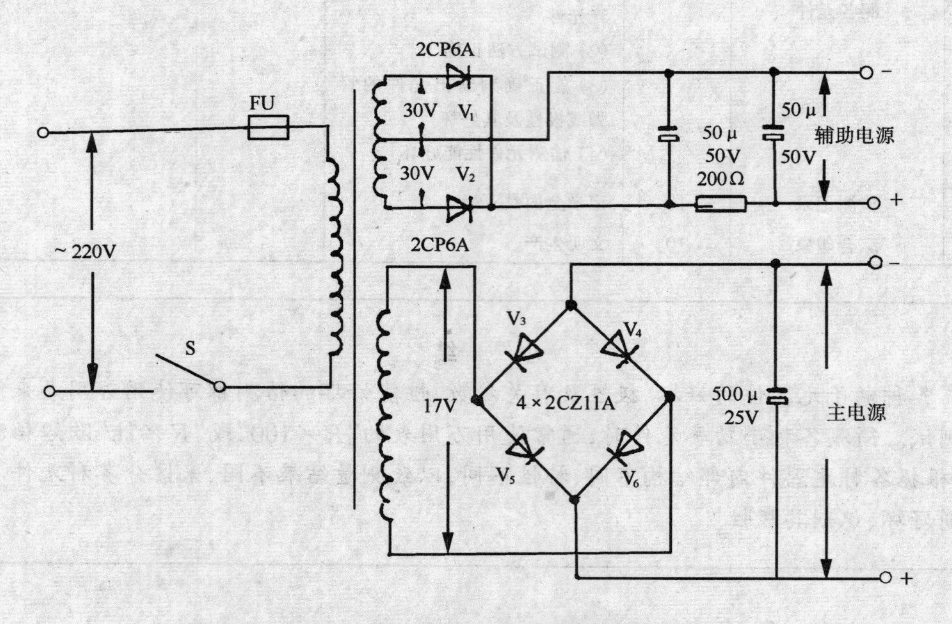

图8-73　12V5A稳压电源整流电路

12V5A 稳压电源整流电路元件明细表 　　　　表 8-37

序　号	符　　号	名　　称	型号或规格	件　　数
1	V_1、V_2	二极管	2CP6A	
2	V_3～V_6	二极管	2CZ13A	
3	C_1、C_2	电容器	CDX-1,50V50μ	
4	C_3	电容器	CDX-1,25V50μ	
5	R	电　阻	RT,200Ω,1/4W	
6	T	变压器	自制　W_1 220V W_2 2×30V、17V	
7	FU	熔断器	1A	
8	S	电源开关		

电压值是否符合要求。

3) 按图 8-74 所示制作底板。

A. 在 1.5mm×400mm×400mm 的镀铜或镀锌铁板上,按图 8-74(*a*)所示,确定各部件的安装位置并在底板上钻安装孔和接线通孔。

B. 在图 8-74(*a*)中的虚线处弯曲 90°。

C. 将主电源元件、变压器等部件安装在底板上。安装散热片时,散热片、压紧螺钉与底板间按图 8-74(*c*)所示的方法进行绝缘处理。

4) 按图 8-74(*b*)所示元件排列位置在一块 1mm×120mm×160mm 的布绝缘板上钻孔,铆牢空心铆钉,并将其安装在底板上。

5) 清除元件和空心铆钉的氧化层,将电子元件插入空心铆钉,同时作好元件标记和连接标记。

6) 检查所有焊脚位置准确无误后焊接,焊接后检查有无虚焊、漏焊。

7) 调试检查:

A. 检查电路无误后再通电测试。用万用表"V50V"量程测量主电源空载输出电压应为 24V 左右。若输出电压偏低:

a. 约为 17V 左右——滤波电容脱焊或损坏。

b. 约为 7～8V——电容器脱焊或损坏,整流电路的一个桥臂断开或一只二极管损坏。

c. 为 0V,变压器无异常发热现象——变压器一次或二次侧绕组断线或电源与整流桥接线脱焊。

若接通电源后,熔断器熔断——变压器一次侧或二次侧绕组短路或是整流桥的一只二极管反接或电容短路。

B. 用万用表测量辅助电源的空载输出电压应为 42V。若输出电压偏低:

a. 为 30V——两只滤波电容器全部脱焊。

b. 为 27V 左右——两只电容器和一只二极管均脱焊。

c. 为 0V——电源变压器一、二次侧绕组断线或中心抽头连接点脱焊或是滤波电阻脱焊或损坏。

若通电后二极管有异常发热现象——有一只二极管反接或是滤波电容短路。

C. 空载检验正常后,在主电源输出端接入一变阻器用来调节输出电流达 5A,用温度计测量二极管管壳的温升,若温升较高则说明散热片面积太小或散热不良,应及时处理。

提示:焊接前必须认真检查所有焊脚的位置正确无误,特别要注意元件的极性不能接反;焊接时,要迅速,不易时间过长,以免损坏元件,操作要注意安全。

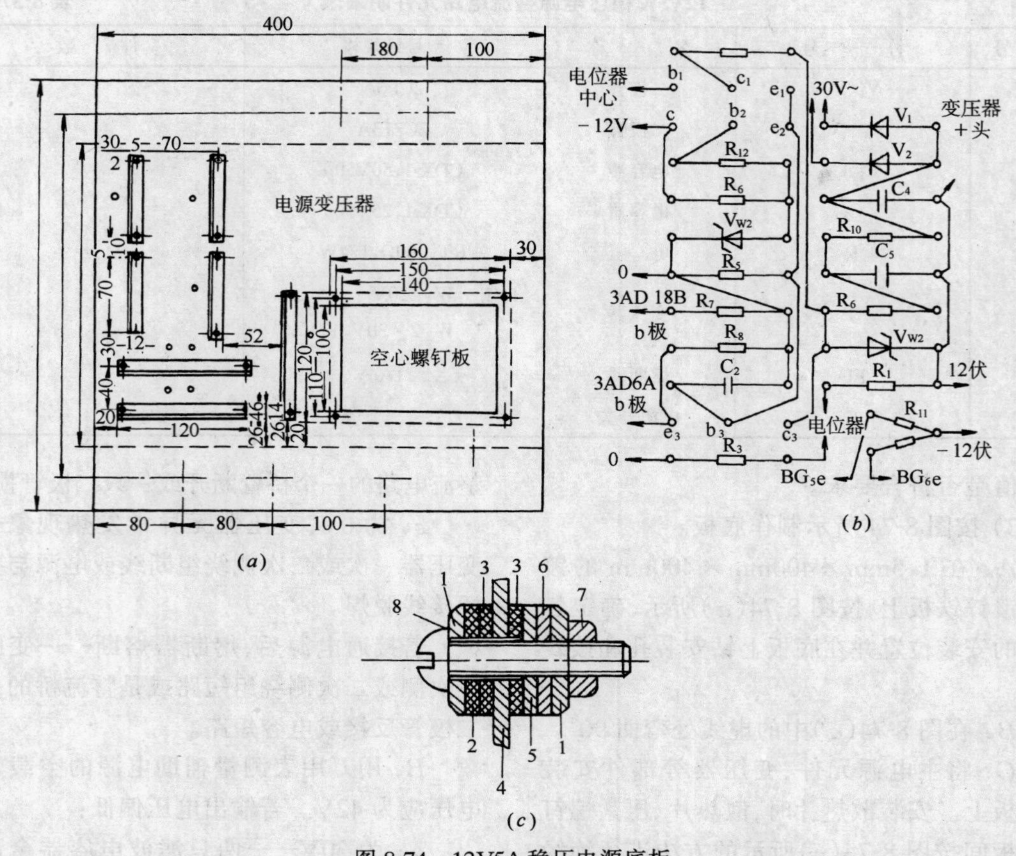

图 8-74 12V5A 稳压电源底板

(*a*)安装位置示意;(*b*)空心铆钉电路板;(*c*)散热片与底板的绝缘处理

1—铜垫圈;2—散热片;3—绝缘垫板;4—底板;5—钢垫圈;6—接线片;7—螺母;8—螺钉

8.3.2 小电子产品的制作

(1) 电子线路原理图及明细表

1) 家用调光、调速器的电子线路原理图及元件明细表如图 8-75 及表 8-38 所示。

2) 电子音乐门铃的制作原理图、接线图及元件明细表如图 8-76、表 8-39 所示。

3) 楼梯节能开关的原理图及元件明细表,如图 8-77 和表 8-40 所示。

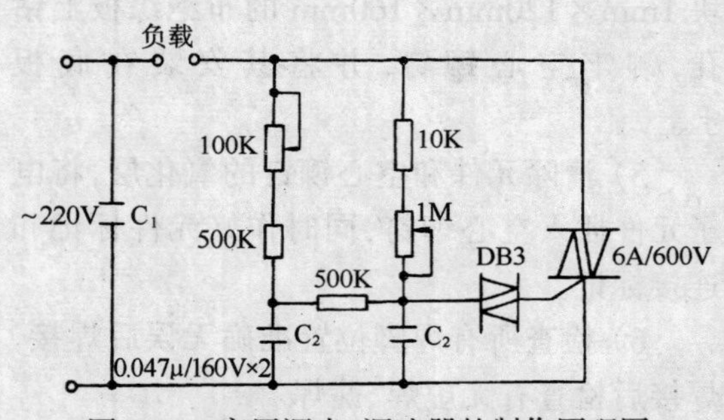

图 8-75 家用调光、调速器的制作原理图

家用调光、调速器元件明细表 **表 8-38**

BTA06/600V×1	C_1—0.22μF/400V×1	WH5100K×1	*R*—500K×2
DB3×1	C_2—0.047μF/160V×2	WH51M×1	*R*—10K×1

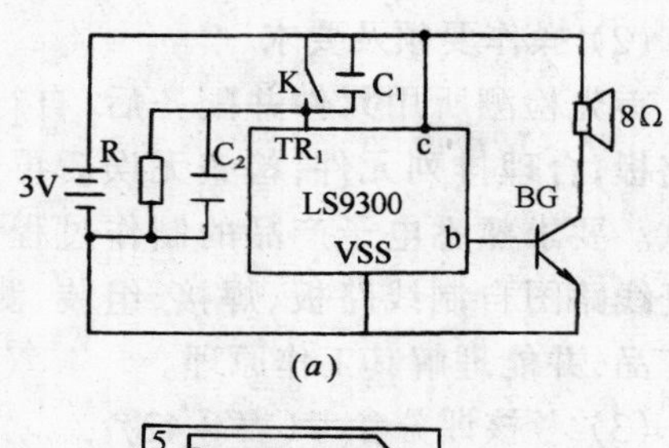

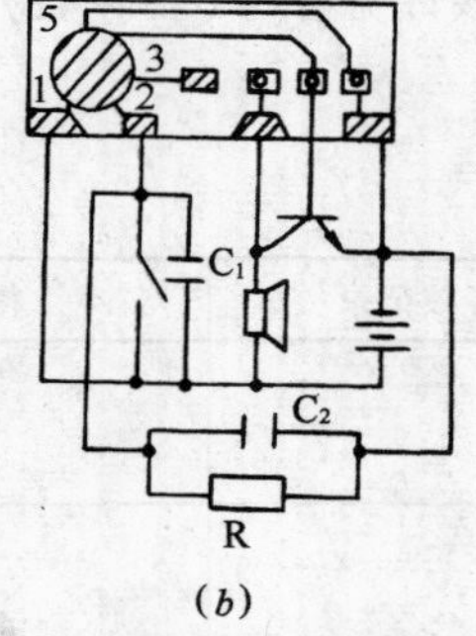

图 8-76　电子音乐门铃原理图和接线图

(a)原理图；(b)接线图

电子音乐门铃制作的元件明细表　　表 8-39

BG—3DG6×1	C_1、C_2—瓷片电容 0.22μF
8Ω　1/4W 扬声器×1	R—510Ω
LS9300 音乐片×1	

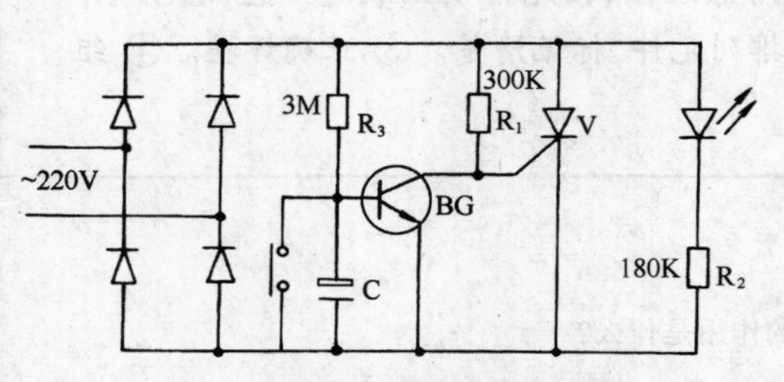

图 8-77　楼梯节能开关原理图

楼梯节能开关元件明细表　　表 8-40

IN4004×4	V—BT169D×1
BG—C9014×1	C—100μF/10V×1
R—300K×1; 180K×1; 3M×1	发光二极管×1

4）采用电容降压的充电器原理图及元件明细表如图 8-78 和表 8-41 所示。

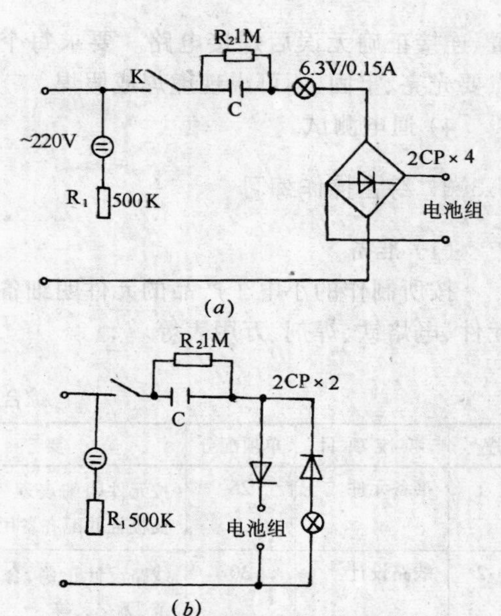

图 8-78　采用电容降压的充电器原理图

采用电容降压的充电器的元件明细表

表 8-41

2CP2×4	R—1M×1	500kΩ×1
6.3V/0.15A 灯泡×1	氖管×1	开关×1

电池型号	充电电流(mA)	C(μF,耐压≥400V)	
		桥式整流	半波整流
1号	100	1.5	3
2号	70	1	2
3号	40	0.62	1.2

(2) 小电子产品的制作过程

1）按元件明细表逐一检测电子元件并配齐备用。

2）按照电子线路原理图所示制作线路板：按要求截取一定尺寸的布绝缘板(或复铜板)，自行设计并合理排列元件位置并在板上钻孔，铆牢铆钉制成线路板。(或在复铜板上绘制电路图形、腐蚀、钻孔，制成印刷线路板)。

3）按照元件的排列顺序，检查元件位

置、连接正确无误后焊接电路。要求每个焊点要光亮、牢固、不可出现虚焊或假焊。

4）通电测试。

8.3.3 综合操作练习

（1）准备

按所制作的小电子产品的元件明细备齐元件、电烙铁、焊剂、万用表等。

（2）操作要领及要求

首先检测所用元件并配齐后，自行设计线路板，合理排列元件，检查无误后再焊接、测试。要求熟悉电子产品的制作过程，根据电子线路图自制线路板、焊接、组装、测试电子产品，并能理解其工作原理。

（3）考核评分参考（表 8-42）

综合操作练习评分表 **表 8-42**

序号	考核项目	单项配分	要求	考核记录	得分
1	准备元件	25	按元件明细表逐一检测元件好坏及极性并配齐备用		
2	线路设计	30	线路设计正确、合理，布线工艺规范、无交叉等		
3	焊接、标记	25	焊点牢固、大小适中、光亮整洁、无虚焊假焊，标记清楚		
4	测试	10	测试方法、结果正确		
5	综合印象	10	文明生产，节省材料，操作规范等		

小 结

电子线路的安装一般步骤：① 根据线路原理图，按元件明细表逐一检测元件并配齐。② 按原理图设计接线图，要求合理排列元件，标记清楚。③ 正确焊接。④ 组装后必要的测试。

习 题

1．"12V、5A"整流电路由哪几部分组成？各元件的作用是什么？

2．试述电子产品组装、调试过程。

3．简述节电开关的工作原理，分析各元件作用？

第9章　电缆线路施工

电缆本身具有多层绝缘保护和机械防护，因此在敷设时，不需要再进行绝缘支撑和特殊固定。电缆可以按现场要求敷设在各种位置，敷设方法简单，只要把电缆放置在支撑物上即可。

为了保证电缆的整体绝缘性能和可靠的导电性能，对电缆的断头要进行严格的特殊处理，要制作电缆终端头和中间接头。

9.1　电缆线路的敷设方法

电缆线路的敷设方法有多种，常用的有直接埋地敷设、排管埋地敷设、电缆沟(隧道)敷设和电缆室内明敷设。

9.1.1　电缆直接埋地敷设

电缆直接埋地敷设是把电缆直接埋入地下土壤中，是在电缆根数较少，土壤中不含有腐蚀电缆的物质，允许再次挖开的情况下采用的敷设方法。直埋法要使用铠装电缆。

(1) 开挖电缆沟

直埋电缆必须埋在冻土层下。为了防止电缆遭破坏，电缆的埋设深度不小于0.7m，穿越农田时应不小于1m。

电缆沟的宽度应根据土质、沟深和电缆条数、电缆间距离而定，一般一条电缆沟宽0.4～0.5m，两条电缆沟宽0.6m。沟深0.8m。电缆沟形式如图9-1所示。

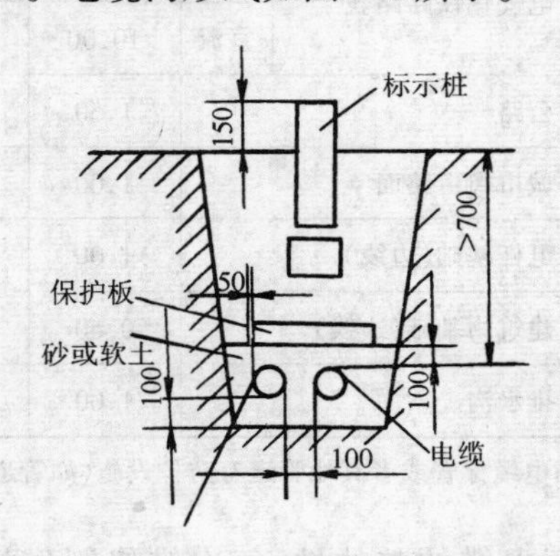

图9-1　电缆直接埋地敷设

电缆之间，电缆与其他管道、道路、建筑物等之间平行和交叉时的最小距离，应符合表9-1的规定。

(2) 电缆长度预留

电缆之间，电缆与管道、道路、建筑物之间平行和交叉时的最小允许净距　　表9-1

序号	项　目	最小允许净距(m)		备　注
		平　行	交　叉	
1	电力电缆间及其与控制电缆间			① 控制电缆间平行敷设的间距不作规定；序号第“1”、“3”项，当电缆穿管或用隔板隔开时，平行净距可降低为0.1m； ② 在交叉点前后1m范围内，如电缆穿入管中或用隔板隔开，交叉净距可降低为0.25m
	(1) 10kV及以下	0.10	0.50	
	(2) 10kV以上	0.25	0.50	
2	控制电缆间	—	0.50	
3	不同使用部门的电缆间	0.50	0.50	

续表

<table>
<tr><th rowspan="2">序号</th><th rowspan="2" colspan="2">项　　目</th><th colspan="2">最小允许净距(m)</th><th rowspan="2">备　　注</th></tr>
<tr><th>平　行</th><th>交　叉</th></tr>
<tr><td>4</td><td colspan="2">热管道(管沟)及热力设备</td><td>2.00</td><td>0.50</td><td rowspan="4">① 虽净距能满足要求,但检修管路可能伤及电缆时,在交叉点前后1m范围内,尚应采取保护措施;
② 当交叉净距不能满足要求时,应将电缆穿入管中,则其净距可减为0.25m;
③ 对序号第4项,应采取隔热措施,使电缆周围土壤的温升不超过10℃</td></tr>
<tr><td>5</td><td colspan="2">油管道(管沟)</td><td>1.00</td><td>0.50</td></tr>
<tr><td>6</td><td colspan="2">可燃气体及易燃液体管道(管沟)</td><td>1.00</td><td>0.50</td></tr>
<tr><td>7</td><td colspan="2">其他管道(管沟)</td><td>0.50</td><td>0.50</td></tr>
<tr><td>8</td><td colspan="2">铁路路轨</td><td>3.00</td><td>1.00</td><td></td></tr>
<tr><td rowspan="2">9</td><td rowspan="2">电气化铁路路轨</td><td>交流</td><td>3.00</td><td>1.00</td><td></td></tr>
<tr><td>直流</td><td>10.00</td><td>1.00</td><td>如不能满足要求,应采取适当防蚀措施</td></tr>
<tr><td>10</td><td colspan="2">公路</td><td>1.50</td><td>1.00</td><td rowspan="2">特殊情况,平行净距可酌减</td></tr>
<tr><td>11</td><td colspan="2">城市街道路面</td><td>1.00</td><td>0.70</td></tr>
<tr><td>12</td><td colspan="2">电杆基础(边线)</td><td>1.00</td><td>—</td><td></td></tr>
<tr><td>13</td><td colspan="2">建筑物基础(边线)</td><td>0.60</td><td>—</td><td></td></tr>
<tr><td>14</td><td colspan="2">排水沟</td><td>1.00</td><td>0.50</td><td></td></tr>
</table>

注:当电缆穿管或者其他管道有防护设施(如管道的保温层等)时,表中净距应从管壁或防护设施的外壁算起。

由于电缆的整体性,每次维修制作接头需要截取很长一段电缆,在施工时,要预留出将来维修用的长度,一般终端头预留1.5m,进建筑物预留2.3m,中间头预留5m。预留的方式是把原来的直线段改成弧线,如图9-2所示。

(3) 铺砂

在挖好的沟底铺上100mm厚筛过的松土或细砂土,作为电缆的垫层。

(4) 施放电缆

电缆由多人拖放,每2～4m长需设一人,以在拖放电缆时电缆不下垂碰触地面为原则。

提示:严禁在地面拖拉电缆。电缆应松弛地敷在沟底,以便伸缩。

(5) 穿保护管

电缆穿过铁路、公路、城市街道、厂区道路和排水沟时,应穿钢管保护,保护管直径不小于100mm并不小于电缆直径的1.5倍。

电缆埋深不能达到0.7m,与其他管线交叉间距不能大于0.5m时,也要穿钢管保护,与热力管道交叉时要穿石棉水泥管。

保护管长度为:伸出路基2m;伸出排水沟0.5m;伸出其他管线外径1m。

(6) 回填

在电缆上铺100mm厚的松土或细砂土;上面盖混凝土盖板或粘土砖,覆盖宽度应超过电缆外径两侧各50mm;在电缆沟内填土、夯实,覆土要高出地面150～200mm。

提示:如果沟上有路面,要进行水压服后铺设路面。

(7) 做标记

为了便于维护线路,在线路转弯、接头处和直线部分每隔50m左右竖立固定的标志

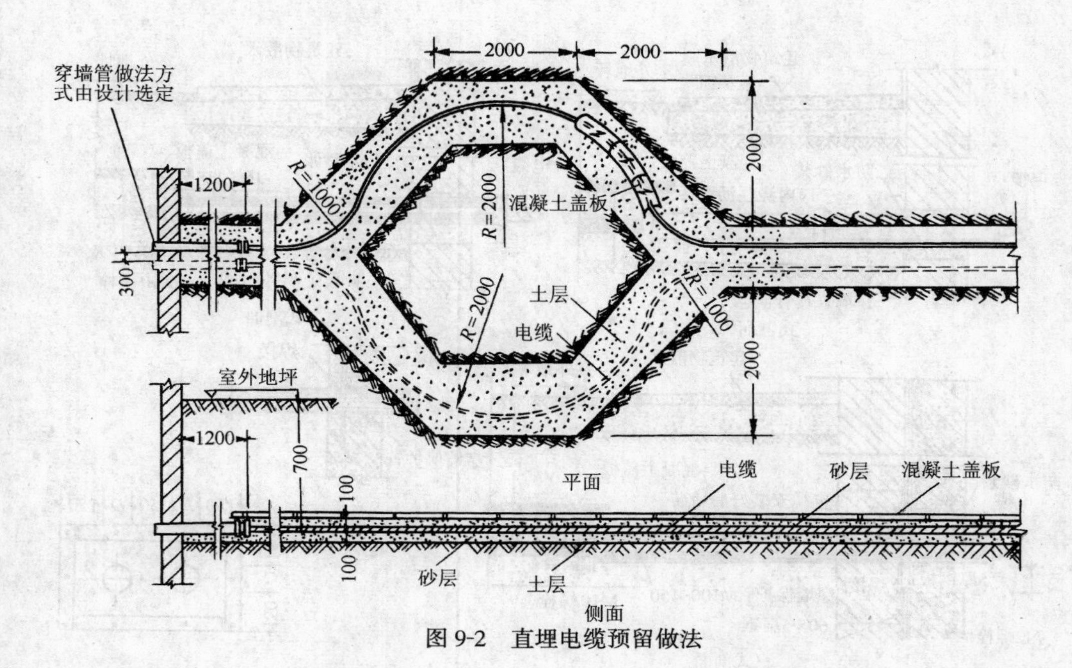

图 9-2　直埋电缆预留做法

桩。

(8) 直埋电缆进入建筑物的做法

电缆进入建筑物和穿过建筑物墙、楼板时，都要加钢管保护，如图 9-3 所示。

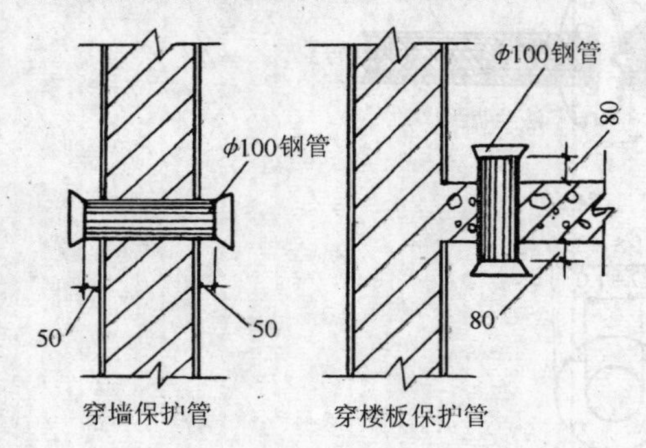

图 9-3　电缆穿墙保护管和穿楼板保护管

直埋电缆进入建筑物时，由于室内外湿差较大，电缆要采取防水防燃的封闭措施，其做法如图 9-4、9-5 所示，如果建筑物内采用穿钢管埋地敷设的方法到配电箱，电缆穿墙保护管与埋地钢管使用一根整体钢管，在墙外留出足够的长度，管口焊上法兰盘，穿好电缆后管口缠麻，用法兰盘固住，必要时管口再以沥青或防水水泥密封。

9.1.2　电缆在排管内的敷设

为了避免在检修电缆时开挖地面，可以把电缆敷设在埋在地下的排管中。用来敷设电缆的排管是用预制好的混凝土管块拼接起来的，也可以用多根灰硬质塑料管排接而成。混凝土管块如图 9-6 所示。

(1) 挖沟

根据排管的尺寸挖沟，沟的深度要求排管顶部距地面 0.7m，距人行道 0.5m。在排管下要有水泥砂浆垫层。沟的宽度以能够施工为宜。沟壁要适量放坡。

(2) 做垫层

在沟底以素土夯实，再铺 1:3 水泥砂浆垫层，沟底有不小于 1% 的坡度，以防管内积水。

(3) 敷设排管

将清扫干净的排管下到沟底，排列整齐，管孔对正，接口缠上胶条并用 1:3 水泥砂浆封实。如图 9-6 所示。

(4) 设置人孔井

为了便于检修和接线，在线路分支、转弯处和直线段每 50～100m 处要设置一电缆入

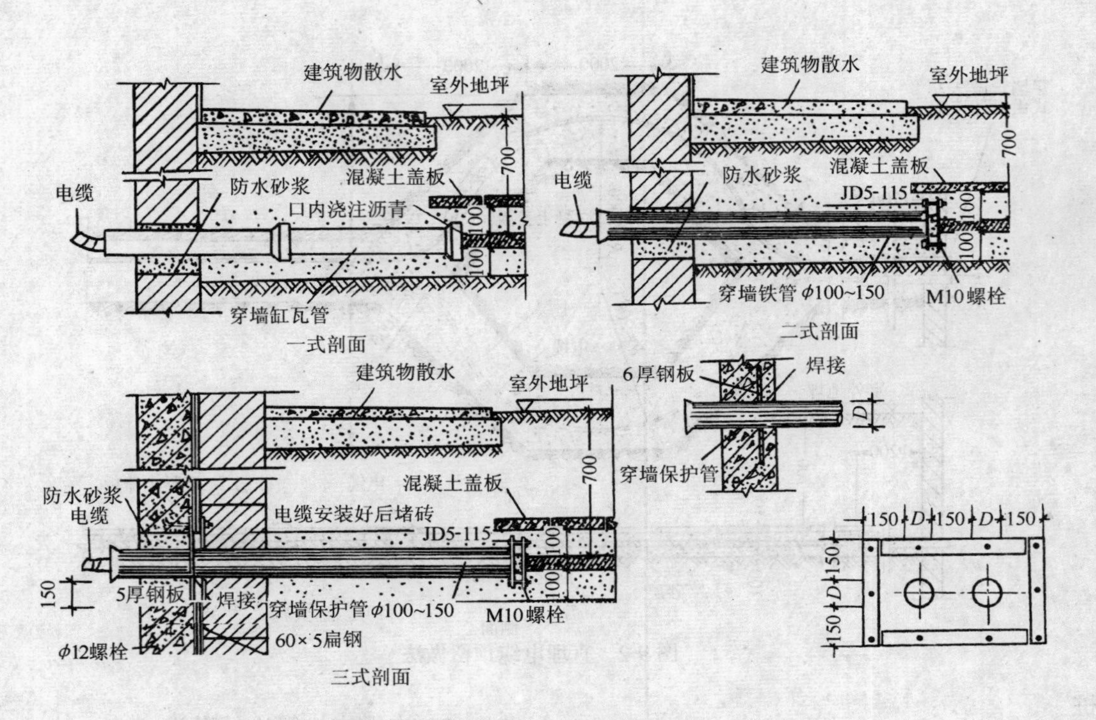

图 9-4　直埋电缆引入建筑物内的做法

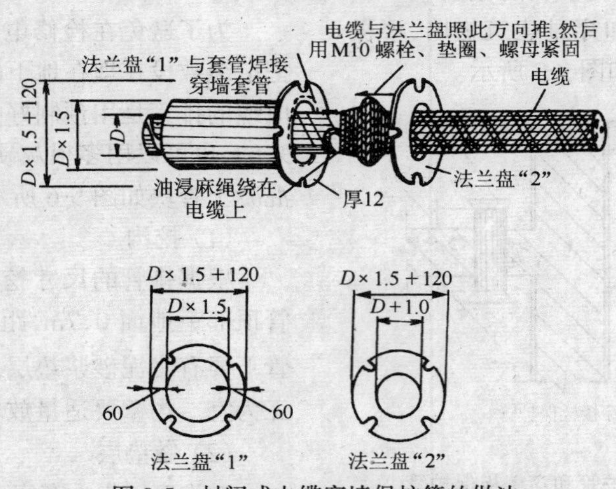

图 9-5　封闭式电缆穿墙保护管的做法

孔井,人孔井就是人可以进入修理电缆用的井,形式按线路要求各异,可参考有关图集。示意图如图 9-7 所示。图中右下角为一积水坑,准备排水用。

(5) 管道检查

排管敷设好后要进行检查清扫,确认排管内壁光滑,无尖刺,无异物,接口处无台阶,保证电缆拖放中不会被划伤。

检查清扫使用管路疏通试验棒,如图9-8(*a*)所示,试验棒用坚硬木材制作,规格尺寸见表 9-2。

用试验棒疏通管路的方法,如图 9-8(*b*)所示。

提示:当检查发现试验棒表面有擦伤痕迹、或不很通畅、或管内有台阶及错位的可能,使用 5m 长的试验电缆,按敷设张力进行

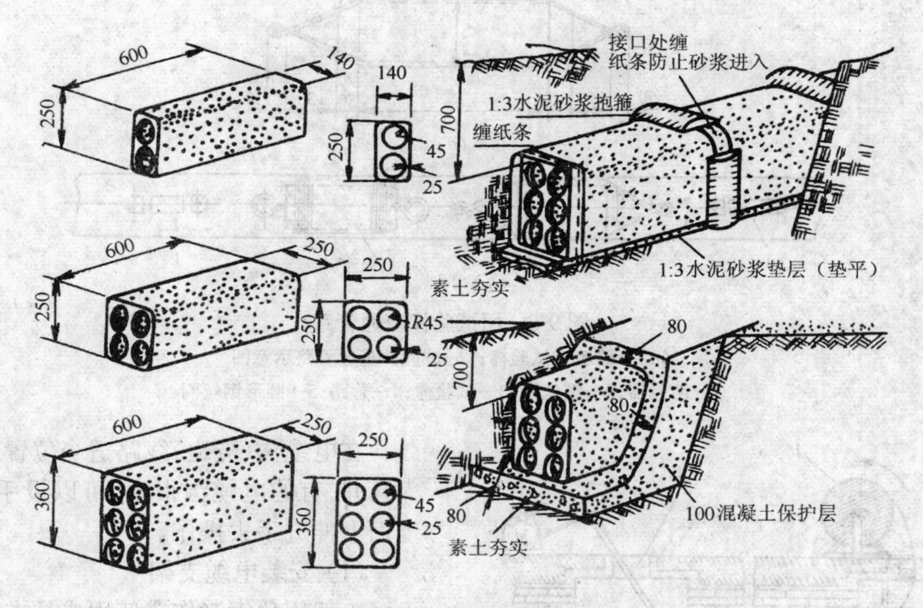

图 9-6　电缆排管敷设

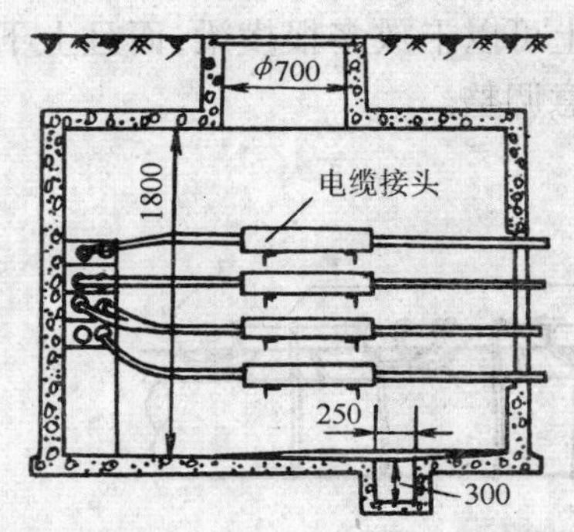

图 9-7　电缆排管人孔井断面

模拟试拉，然后检查电缆护套的异常情况，决定此管路能否使用。

试验棒规格表(mm)　　　　**表 9-2**

管路内径	试验棒外径 D	试验棒长度 L		
250	240			
200	190			
175	165			
150	140	1000	800	600
130	120			
100	90			
90	80			

(6) 回填

对管沟进行回填土，夯实并重新铺设路面。

(7) 敷设电缆

在排管中敷设电缆时，把电缆盘放在人孔井口，排管口上套上光滑的喇叭口，井口安装滑轮，用预先穿入排管中的钢丝绳把电缆拉入孔内，另一端在井口用人力或绞盘牵拉，如图 9-9 所示。

钢丝绳与电缆的绑扎方法如图 9-10 所示。

提示：电缆在人孔井中要留出足够的维修施工预留量。

9.1.3　电缆在电缆沟或电缆隧道内敷设

当平行电缆根数很多时，采用在电缆沟或电缆隧道内敷设，电缆隧道可以说是尺寸较大的可以进入的电缆沟。电缆沟(隧道)用砖或混凝土砌筑，沟壁要有足够强度安放电缆支架。电缆在电缆沟(隧道)内的敷设方法如图 9-11 所示。

电缆沟(隧道)的部分尺寸见表 9-3 和表 9-4。

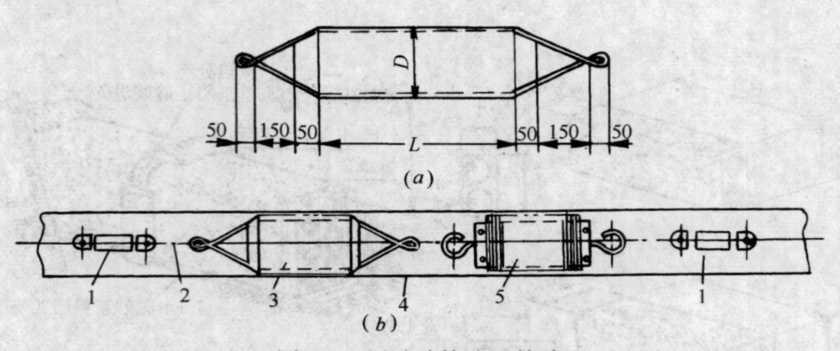

图 9-8　用试验棒疏通管路

(a)管路疏通试验棒;(b)试验棒疏通管路示意图

1—防捻器;2—钢丝绳;3—试验棒;4—管路;5—圆形钢丝刷

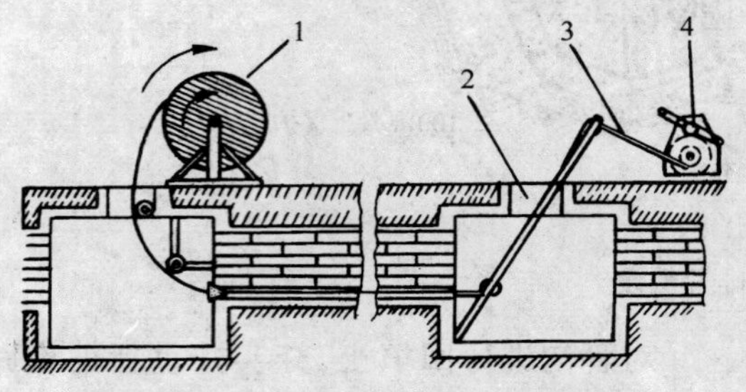

图 9-9　在两人孔井间敷设电缆

1—电缆盘;2—井坑;3—钢丝绳;4—绞盘

在电缆沟(隧道)线路适当位置也要设有人孔井,有的电缆沟很小,可以设手孔井,在地面上伸进手去操作。

(1) 安装电缆支架

支架用角钢制作或使用成品支架。将支架立柱用螺栓固定在墙面上,成品支架一根立柱上可以卡放多根横梁,而且上下间距可以任意调整。

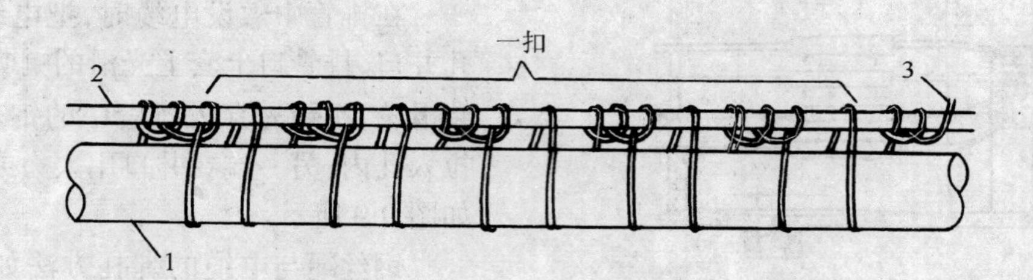

图 9-10　钢丝绳绑扎示意图

1—电缆;2—钢丝绳;3—尼龙绳

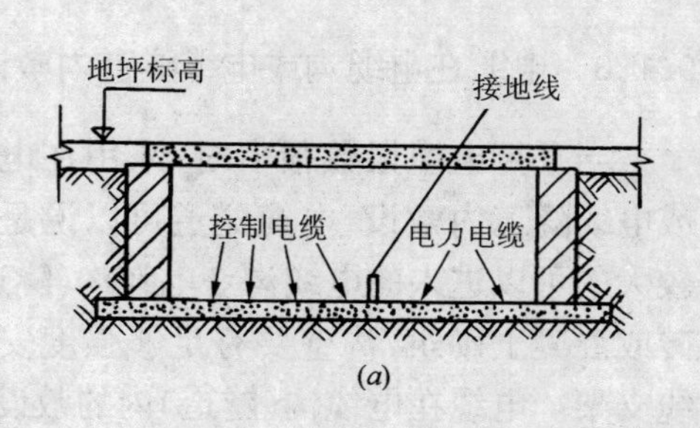

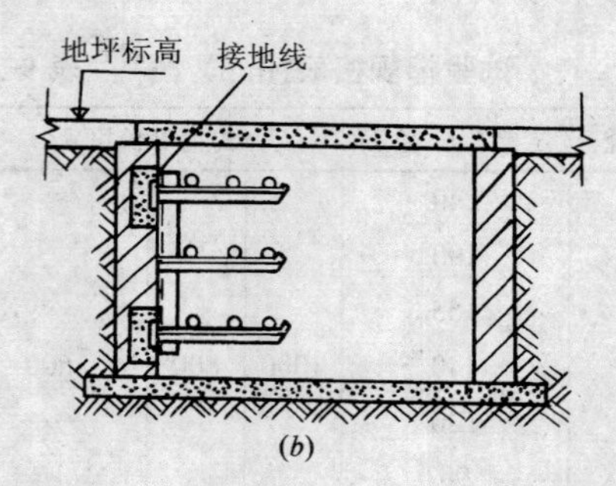

图 9-11　电缆在电缆沟(隧道)内敷设方式图(一)

(a)无支架电缆沟;(b)单侧支架电缆沟

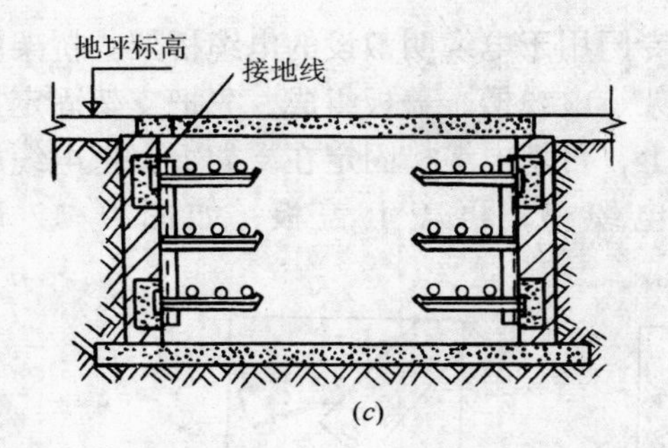

(c)

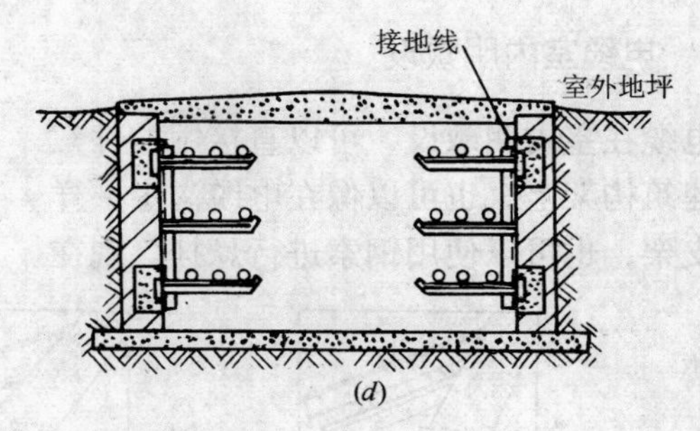

(d)

图 9-11　电缆在电缆沟(隧道)内敷设方式图(二)

(c)双侧支架电缆沟;(d)有覆盖层电缆沟

电缆沟部分尺寸　　**表 9-3**

名　称			最小允许距离(mm)
沟的高度			不作规定
两边有电缆支架时,架间水平净距(通道宽)			500
一边有电缆支架,架与壁间水平净距(通道宽)			450
电缆支架各层内垂直净距	电力电缆	10kV 及以下	150
		20～35kV	200
		110kV 及以上	不小于 2D+50
	控制电缆		100
电力电缆间水平净距			35 (但不小于电缆外径)

注: D 为电缆外径。

电缆隧道部分尺寸　　**表 9-4**

名　称			最小允许距离(mm)
隧道高度			1900
两边有电缆支架时,架间水平净距(通道宽)			1000
一边有电缆支架时,架间水平净距(通道宽)			900
电缆支架各层面垂直净距	电力电缆	10kV 及以下	200
		20～35kV	250
		110kV 及以上	不小于 2D+50
	控制电缆		100
电力电缆间水平净距			35 (但不小于电缆外径)

注: D 为电缆外径。

支架间隔 1m。

(2) 电缆敷设

电缆用人力拖放在沟(隧道)内的地面上,按组别分别放置在对应的支架上,根据需要,可以在部分支架上对电缆进行绑扎固定。

提示:控制电缆和电力电缆要放在不同支架上,控制电缆在下面。

9.1.4 电缆室内明敷设

电缆在室内明敷设，可以直接用挂件敷设在建筑构架上，也可以像在电缆沟中一样制作支架，也可以使用钢索进行悬挂。现在有专门用于电缆明敷设的电缆桥架。桥架由支架、电缆槽、盖板组成，先把支架固定在墙上，再把电缆槽固定在支架上，把电缆放入电缆槽，再盖上盖板，如图 9-12 所示。

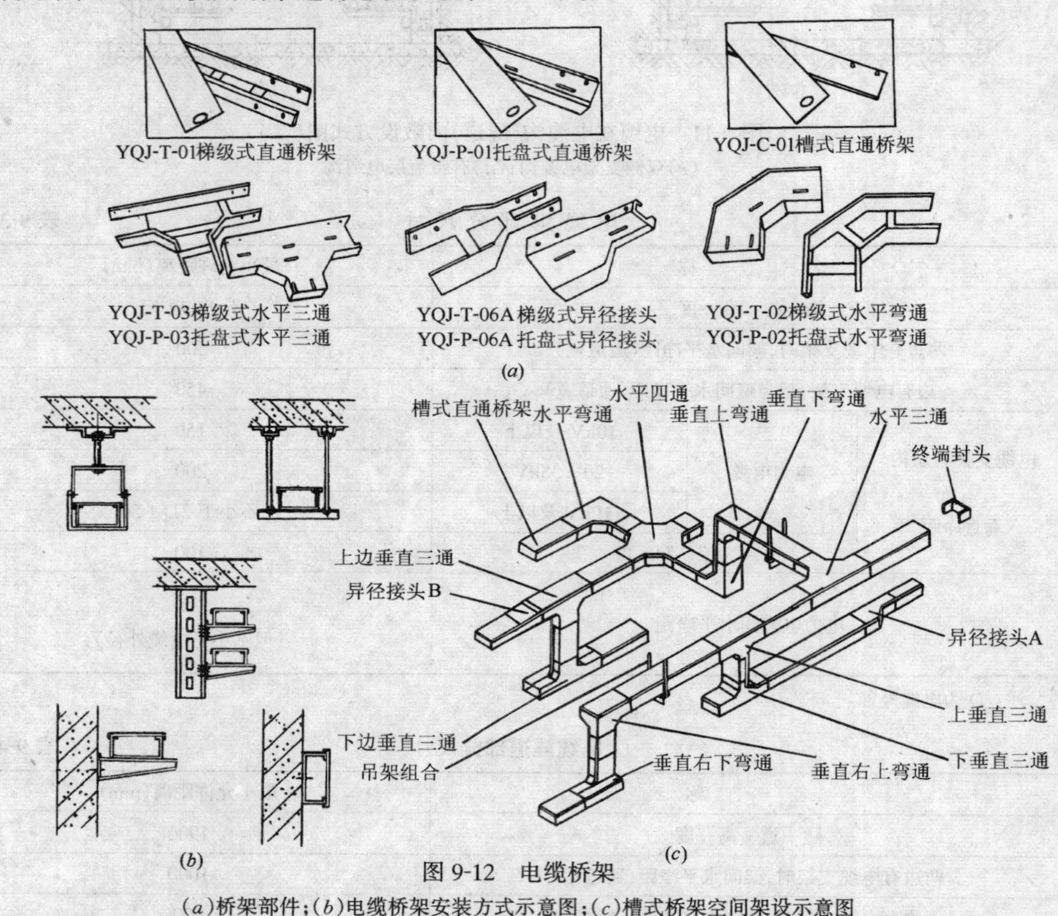

图 9-12 电缆桥架

(a)桥架部件；(b)电缆桥架安装方式示意图；(c)槽式桥架空间架设示意图

小 结

电缆敷设方法与适用范围见表 9-5。

电缆敷设方法与适用范围 **表 9-5**

敷 设 方 法	适 用 范 围
直埋敷设	电缆数量少；地面允许再次开挖
排管敷设	电缆数量少；地面不允许再次开挖
电缆沟敷设	电缆数量较多；沟盖可以打开；用于厂区
电缆隧道敷设	电缆数量很多；顶盖不可以打开；用于厂区
电缆室内明敷设	电缆数量不多；用于建筑物内

习　题

1. 电缆敷设方法有几种？举例说明其适用范围。
2. 直埋电缆上为什么要加盖防护板？
3. 直埋电缆为什么要加装防护管，在什么时候加装？
4. 如何利用人孔井积水坑排出积水？

9.2　电缆头的制作

由于电缆的绝缘层结构复杂，为了保证电缆断开处的绝缘性能、电气性能和机械强度，要使用专门的材料进行处理，这就是制作电缆中间头和电缆终端头，简称电缆头的制作。

9.2.1　电缆头的种类

制作电缆头的材料和方法有很多种，有些方法已被逐渐淘汰，主要方法有：

铸铁(铝)电缆头，把电缆接头封闭在铸铁(铝合金)壳内，用沥青或环氧树脂浇铸。主要用于室外。

尼龙斗电缆头，外壳为尼龙材料，用环氧树脂浇铸，或灌电缆油密封。主要用于室内。

干包电缆头，用绝缘带缠包，用于10kV以下塑料电缆。

热缩式电缆头，用热缩塑料材料制成管材，受热后收缩紧包在电缆头上。现在普遍使用。

插接装配式电缆头，用弹性材料制成管材，利用紧配合包在电缆头上。用于10kV以下塑料电缆。

冷缩式电缆头，用弹性材料制成管材，抽出支撑件，利用弹性紧包在电缆头上。是最简单的方法。

9.2.2　对电缆头的一般要求

与电缆本体比较，电缆头是薄弱环节，大部分电缆线路的故障发生在电缆头上。因此电缆头制作的质量好坏直接影响到电缆线路的安全运行。制作好的电缆头应满足下列要求：

1) 导体连接良好。对于终端接头，要求电缆芯线与出线杆、出线鼻子有良好的电气连接。对于中间接头，要求电缆芯线与连接管之间有良好的电气连接。要求接点的接触电阻要小而且稳定。与同长度同截面导线的电阻相比，对新装的电缆头其比值不应大于1；对已运行的接头，其比值不应大于1.2。

2) 绝缘可靠。要有能满足电缆线路在各种状态下长期安全运行的绝缘强度，所用绝缘材料不应在运行条件下加速老化而导致降低绝缘的电气强度。

3) 密封良好。结构上要能有效地防止外界水分和有害物质侵入到绝缘中去，并能防止接头内部的绝缘剂向外流失，避免“呼吸”现象发生，保持气密性。

4) 有足够的机械强度。能适应各种运行条件，能承受电缆线路上产生的机械应力，不受损伤。

5) 能经受电气设备交接验收试验标准规定的直流耐压实验。

制作好的电缆头要尽可能做到结构简单、体积小、省材料、安装维修方便、并兼顾形状的美观。

9.2.3　电缆头的制作安装要求

1) 在接头制作安装工作中，安装人员必须保持手和工具、材料的清洁与干燥，安装时不准抽烟。

2) 做接头前，电缆应经过试验并合格。对油浸纸绝缘电缆，在安装前应严格校验潮气，有潮气的电缆不能使用。将绝缘纸用钳子撕下(不能用手),浸入150℃的电缆油中,不应有泡沫或响声。

3) 做接头用的全套零部件、配套材料和专用工具、模具必须备齐。检查各种材料规格与电缆规格是否相符,检查全部零部件是否完好,无缺陷。

4) 应避免在雨天、雾天、大风天及湿度在80%以上的环境下进行工作。如需紧急处理应做好防护措施。

5) 在尘土较多及重灰污染区,应在帐篷内进行操作。

6) 气温低于0℃时,要将电缆预先加热后方可进行工作。

7) 应尽量缩短接头的操作时间,以减少电缆绝缘裸露在空气中的时间。

9.2.4 接头的导体连接

电缆终端头要与其他电器连接,因此要使用接线鼻子,铜芯电缆使用铜线鼻子,铝芯使用铝线鼻子,如果设备接点材料与电缆芯材料不同,则要使用铜—铝过渡线鼻子,保证铜接铜、铝接铝。

电缆中间头连接要使用连接套管,同样有铜连接管、铝连接管和铜—铝过渡连接管,保证同种材料连接。

连接管与接线鼻子的规格要与电缆芯线的规格相符。

铝芯电缆的接头一律采用压接,铜芯电缆的接头可以采用压接或焊接。

(1) 接头的点压接练习

1) 材料和工具:油压接钳、压模、铝电缆、铝连接管、钢丝刷、钢锉、凡士林、铝箔、毛刷、汽油、抹布、常用电工工具。

2) 选取与接头规格相符的压模。

3) 按接管孔深剥去芯线绝缘,孔深加5~10mm。

4) 用钢丝刷和锉刀去除导线表面和接管内壁的氧化膜,清扫干净并涂上一层中性凡士林油。

5) 连接管压接的坑数为4个。线鼻子的压接坑数为2个。

要求压坑位置在同一直线上。压坑与压坑间、压坑与边缘间的距离及压接顺序,如图9-13及表9-6所示。

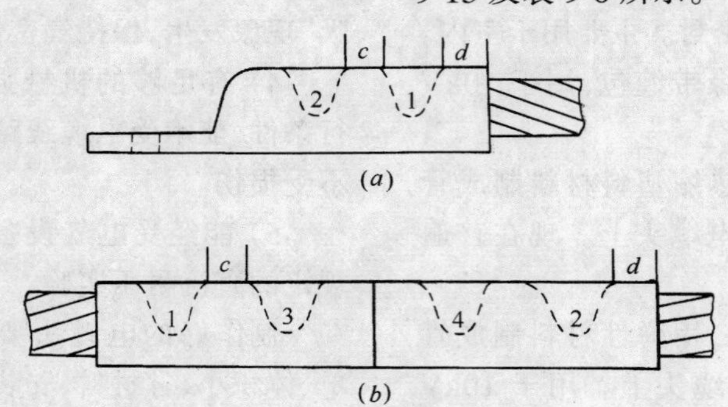

图9-13 点压接顺序和压坑之间及压坑与边缘的距离

(a)接线鼻子;(b)连接管

点压接顺序和压坑之间及压坑与边缘的距离(mm) **表9-6**

电缆标称截面 (mm²)	压坑之间和压坑边缘的距离		压接顺序	电缆标称截面 (mm²)	压坑之间和压坑边缘的距离		压接顺序
	c	d			c	d	
50	3	3	1→2 或 1→2→3→4	150	4	5	1→2 或 1→2→3→4
70	3	4		185	5	6	
95	3	4		240	5	6	
120	4	5					

6）压接时加压要均匀，不要太快，以阳模压至阴模接触为止，保持压力 5～30s 再除去压力，压接后接管不应有裂纹，管子边不翘起。压点断面及深度如图 9-14 及表 9-7 所示。

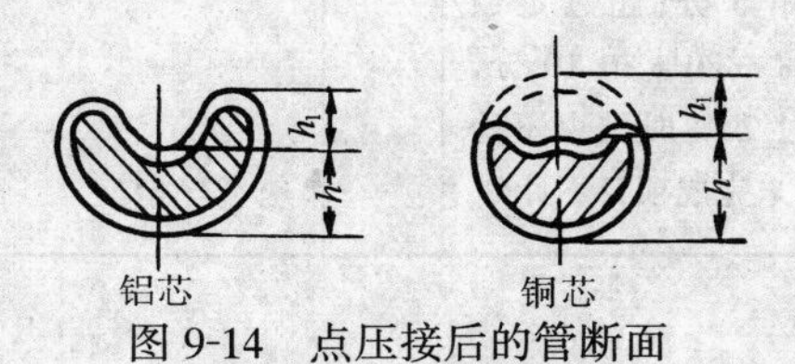

图 9-14　点压接后的管断面

7）6kV 以上电缆的接头压接后，应将管边缘及各部尖刺打磨光滑，清扫干净，接管上的压坑用铝箔填平，并在接管上包两层铝箔，以消除压坑引起的电场畸变。

8）考核评分：见表 9-8。

点压接后的管断面尺寸（mm）　表 9-7

适用电缆截面（mm^2）	铝芯		铜芯	
	h_1	h	h_1	h
16	5.4	4.6	4.5	4.5
25	5.9	6.1	5.0	5.0
35	7.0	7.0	5.5	5.5
50	8.3	7.7	6.5	6.5
70	9.2	8.8	7.5	7.5
95	11.4	9.6	9.0	9.0
120	12.5	10.5	10.0	10.0
150	12.8	12.2	11.0	11.0
185	13.7	13.3	12.5	12.5
240	16.1	14.9	12.5	14.5
300	—	—	13.0	17.0
400	—	—	15.0	19.0

铝连接管点压接考核评分表　表 9-8

考核项目	考核内容	考核要求	单项配分	评分标准	扣分	得分
主要项目	1. 剥切绝缘	1. 长度准确、不损伤线芯	10	1. 长度不准、损伤线芯扣 2～10 分		
	2. 线芯接管处理	2. 表面清洁、无氧化膜	20	2. 不清洁扣 2～10 分		
	3. 压接	3. 坑位正在一条直线上、间距合适不翻边、无裂纹	40	3. 坑位不正扣 2～10 分，间距不合适有翻边扣 2～10 分，有裂纹扣 10～20 分		
一般项目	1. 连接管选择	1. 规格与导线相符	5	1. 规格不符扣 1～5 分		
	2. 压模选择	2. 压模与接管相符	5	2. 规格不符扣 1～5 分		
	3. 油压接钳操作	3. 按规定操作顺序操作	10	3. 违规操作扣 3～10 分		
安全文明生产	1. 国颁安全生产法规有关规定或企业自定有关实施规定	1. 按达到规定的标准程度评定	7	1. 违反规定扣 1～7 分		
	2. 企业有关文明生产规定	2. 按达到规定的标准程度评定	3	2. 违反规定扣 1～3 分		

续表

考核项目	考 核 内 容	考 核 要 求	单项配分	评 分 标 准	扣分	得分
时间定额	180min	按时完成		超过定额10%及以下扣5分；超过定额10%～20%扣10分，超过20%时结束不计分；未完成项目不计分		

班级： 姓名： 指导教师：

(2) 接头的焊接

1) 根据电缆铜芯规格选取铜线鼻子。

2) 按线鼻子孔深度加10mm剥去线芯绝缘。

3) 用钢丝刷和锉刀去除导线和线管表面氧化层。扇形线芯要整圆扎紧。

4) 用油浸白布将绝缘末端包扎住，防止绝缘破坏。

5) 在线芯上涂上松香或焊锡膏，用熔化的焊锡反复浇透线芯，使线芯镀上锡。扇形线芯拆去绑线。

6) 把线鼻子用熔锡浇热套在线芯上，用熔化的焊锡把线管内浇满。

7) 停止浇锡用汽油抹布冷却，冷却过程中不得触动焊接部分，防止内部产生裂纹。焊接质量以没有裂纹和小孔为合格。

8) 用砂布打磨外表，用汽油擦净，拆去临时油浸包带，去除烫焦的绝缘。

9.2.5 10kV油浸纸绝缘电缆热缩终端头的制作练习

(1) 热缩电缆头

热缩电缆头采用辐射交联热收缩材料制成。热收缩材料是选用适量的多种功能高分子材料混合构成，经成型和射线辐照，使材料分子结构变成网状分子链，然后通过加热扩张成所需要的形状和尺寸，再经冷却定型。使用时经加热，迅速地收缩到扩张前的尺寸。

利用热缩材料代替瓷套管和壳体；以软质弹性胶填充内部空隙；用热熔胶进行密封，从而获得了体积小、重量轻、安装方便、性能优良的热缩电缆头。

热缩电缆头的适应性广，可以用于室内、外，可用于各种电缆，可用于各种环境条件及狭小的空间。

热缩电缆头不用包绕；不用灌胶；不用封铅；不用特殊工具；施工方便。

在许多地方，热缩电缆头已替代了传统的壳式电缆头。

(2) 终端头制作练习

1) 所需材料、工具：

户外式热缩终端头附件，如图9-15所示。

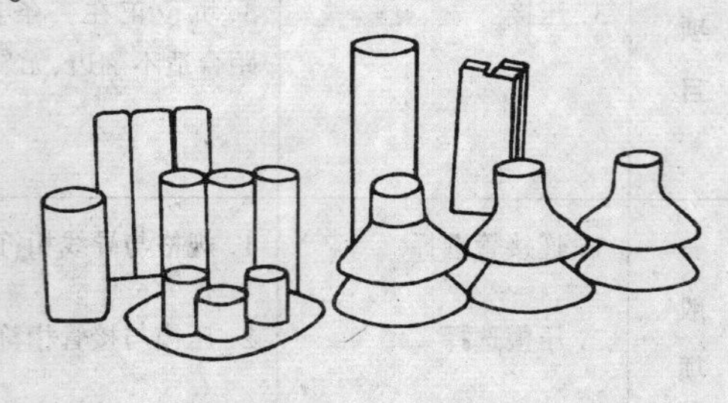

图9-15 户外式热缩终端头附件

其中，外绝缘热缩管为红色，内绝缘耐油管为白色，应力控制管为黑色，外护套分支手套热缩管为黑色。户内式没有雨裙。

丙烷喷枪或汽油喷灯、电吹风，压接工具，常用电工工具。

2) 锯钢铠：

电缆剥切尺寸，如图9-16及表9-9所示。

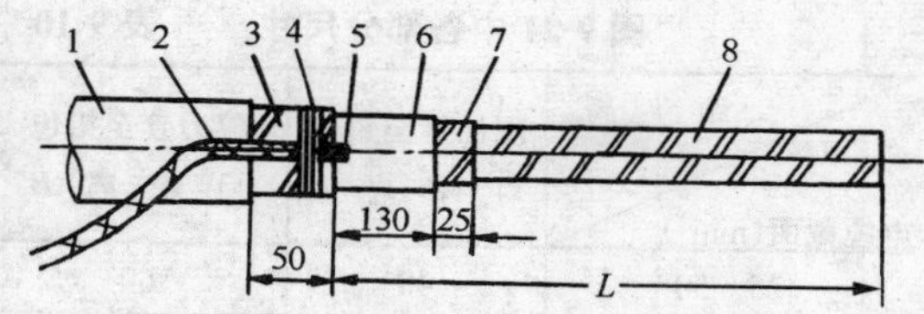

图 9-16　电缆终端头剥切尺寸(mm)

1—保护层;2—接地线;3—钢铠;4—绑扎线;
5—接地线焊接点;6—铅包;7—绝缘层;8—电缆芯

电缆终端头剥切尺寸(mm)　　表 9-9

电缆截面 \ 环境	1号 25～50 (mm^2)	2号 70～120 (mm^2)	3号 150～240 (mm^2)
户　内	450	530	600
户　外	500	580	650

按图中 L 加 50mm 长度剥去外护层,用汽油清洁从外护层到 50mm 外的钢铠,用 ϕ2mm 的裸铜线绑扎 3～4 匝,绑扎时同时把软编织铜线做的地线压在下面,地线前端留够长度将来在铅包上焊接。

按 L 的长度在钢铠上锯一环形深痕,其深度不超过钢铠厚度的 2/3,不得一次锯透,以免损伤铅包。

剥钢铠时,用电工刀在锯痕处把钢铠尖端撬起,如图 9-17 所示。然后用钢丝钳将钢铠撕下,从根部向末端剥除。

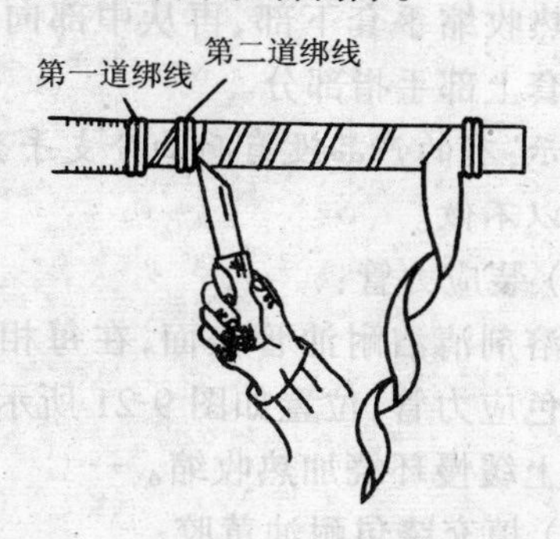

图 9-17　用电工刀撬起钢铠并剥除

3) 割铅包:

将铅包外的垫料层,包括沥青浸渍的纸带、黄麻等剥除,切割时在钢铠切断处外保留 5mm 垫料层。用汽油抹布擦去铅包表面的沥青。

在距钢铠切断口 $B = 130$mm 处的铅包上作圆环切割,用电工刀或切割器,切割深度不超过铅包厚度的一半,在距 B 点 25mm 的 D 处再切割第二道圆环,如图 9-18 所示。

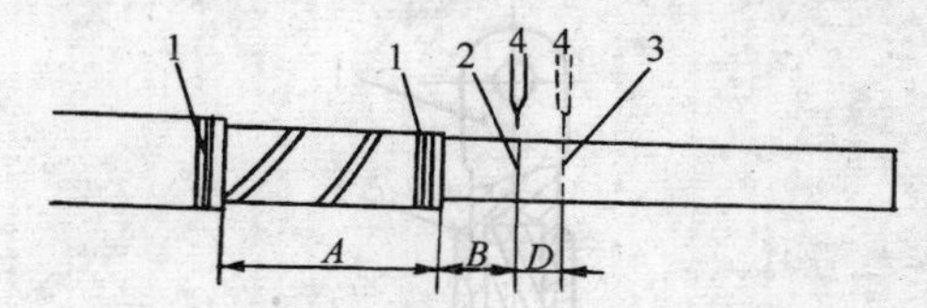

图 9-18　在电缆铅包上作圆周环切割

1—绑扎线;2、3—第一二道圆环切割;4—割刀

用电工刀从第二道圆环开始至电缆末端进行两条相互距离 10mm 的轴向切割,切割深度不超过铅包厚度的一半,如图 9-19 所示。

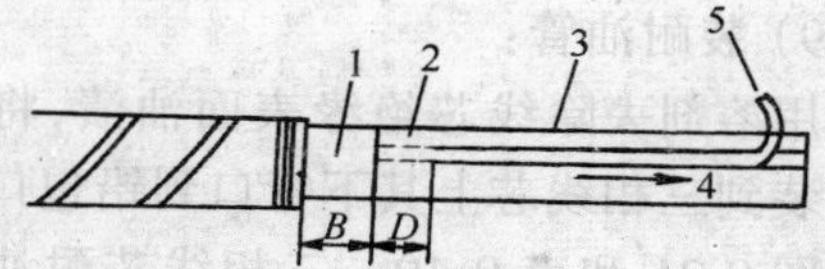

图 9-19　用电工刀切割铅包

1—铅包;2—第二次切割的铅包;3—轴向切割长条;
4—轴向切割方向;5—拉出长条方向

用钢丝钳拉出长条,拉至第二道圆环处。将铅包从末端向圆环处剥除。

4) 剥统包绝缘和两圆环间铅包:

剥下统包绝缘层在第二道圆环处割断。把第二道圆环与第一道圆环间的铅包剥除。用清洁的包带临时把铅包下的统包绝缘包扎起来防止松脱。

5) 焊接地线:

将接地线下的钢铠和铅包用砂布清理干净,涂上松香或焊锡膏,用 500W 电烙铁或喷灯把接地线与钢铠和铅包焊接牢固。

6) 分开电缆芯线并去除统包绝缘中的填料。

7) 剥除线芯端部绝缘。长度为线鼻子深度加 10mm。

8) 压接接线鼻子:

在每相线芯上装好接线鼻子，用整体围压模具进行围压压接。压接完毕用锉刀去除毛刺棱角。用耐油黄胶包敷压坑及裸露导线，包敷平坦略粗于线芯绝缘外径，如图9-20所示。

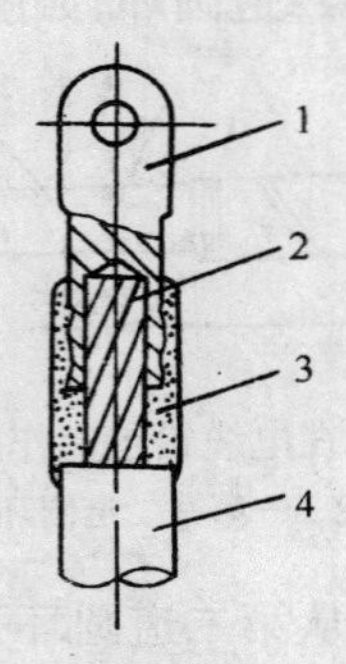

图 9-20　压接部位包敷耐油黄胶

1—接线鼻子；2—导线；3—耐油黄胶；4—线芯绝缘

9）装耐油管：

用溶剂去除线芯绝缘表面油渍，将耐油管套装到三相线芯上其下管口到铅包口的距离见图 9-21 和表 9-10。三相线芯耐油管分别自下而上缓慢环绕加热收缩，上管口收缩到接线鼻子上约 10～20mm。长出部分割去，如图 9-22 所示。

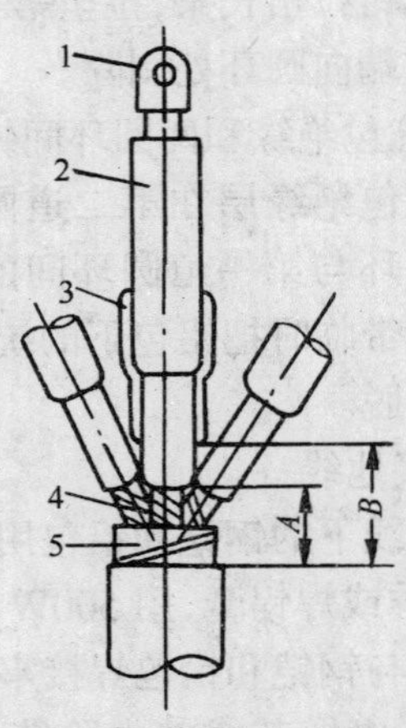

图 9-21　耐油管及应力管位置

1—接线鼻子；2—白色耐油管；3—黑色应力管；4—线芯绝缘；5—统包绝缘

10）装耐油分支手套：

图 9-21 中各部分尺寸　　表 9-10

电缆截面（mm^2）\ 距离	隔油管至铅包口距离 A	应力管至铅包口距离 B
25～50	40	60
70～120	45	70
150～240	50	80

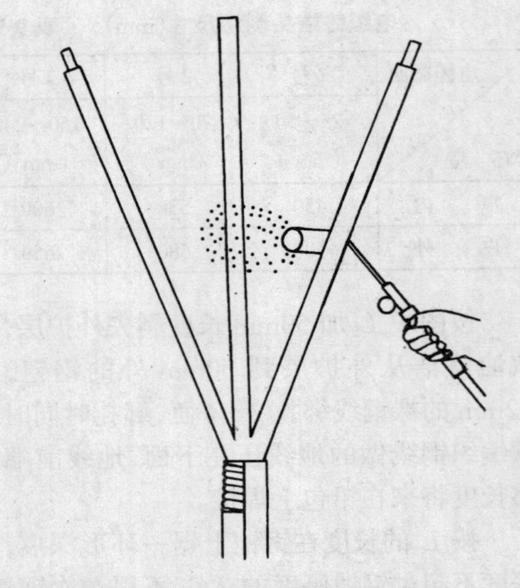

图 9-22　热缩管加热收缩

去掉统包绝缘处的临时包带，用溶剂清洁铅包及三叉处，用耐油黄胶把耐油管下部线芯绝缘外包平，套入耐油分支手套，从中部向下加热收缩手套下部，再从中部向上加热收缩手套上部手指部分。

提示：有的产品没有耐油分支手套，这一步骤可以不做。

11）装应力管：

用溶剂清洁耐油管表面，在每相线芯上套上黑色应力管，位置如图 9-21 所示。分别自下而上缓慢环绕加热收缩。

12）填充绕包耐油黄胶：

去除统包绝缘段的临时包带，用溶剂清洁铅包段、统包绝缘段及三叉处。取少量耐油黄胶捏成锥形塞入线芯三叉处，将耐油黄胶包敷在应力管根部和铅包之间。黄胶与铅包和应力管各搭接 5mm,最大直径等于铅包外径加 15mm,外形如图 9-23 所示。用黑色导电胶带在铅包和黄胶上包绕成喇叭口状,导电胶带和铅包黄胶各搭接 20mm。

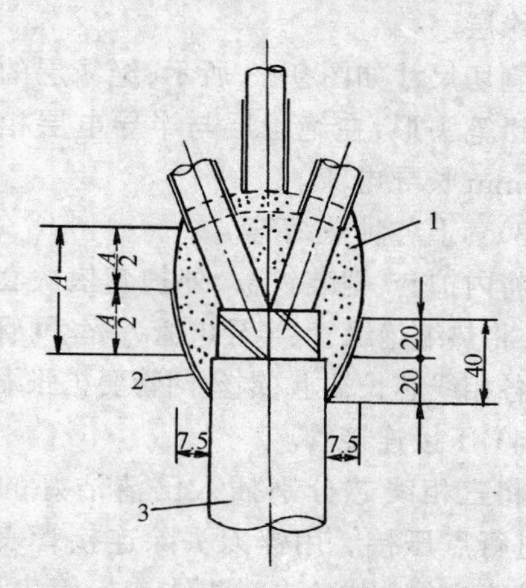

图 9-23 包绕耐油黄胶及导电胶带(mm)
1—耐油黄胶;2—黑色导电胶带;3—铅包

提示:已使用耐油分支手套的,这一步不做。

13) 装外护套分支手套:

从上面套入分支手套,手套下端与铅包搭接 70mm。从中部开始加热收缩手套。先加热铅包,再从中部向下缓慢环绕加热手套下部,然后再从中部缓慢向上环绕加热各分支部,加热时使填充黄胶软化,挤入空隙处将手套内空气排出去,如图 9-24 所示。

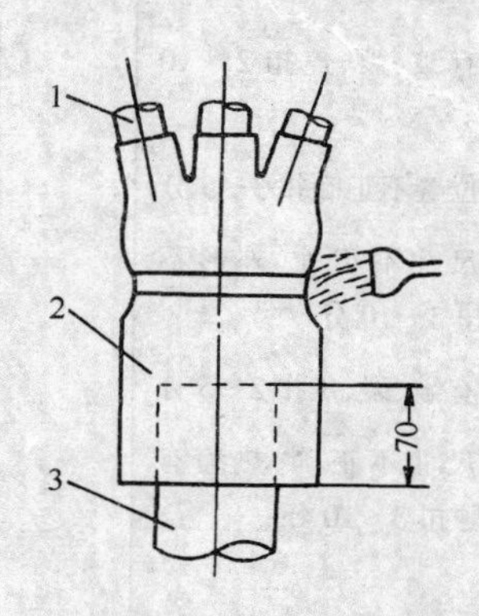

图 9-24 安装分支手套
1—应力管;2—分支手套;3—铅包

14) 装外绝缘管,包自粘带:

用溶剂清洁分支手套手指部,在手指部和接线鼻子处包绕热溶胶带 2~3 层。将外绝缘管套到线芯上直到手指根部。自下而上缓慢环绕加热收缩。收缩完毕,将接线鼻子接线部位的外绝缘管切除,用溶剂清洁外绝缘管及接线鼻子,在外绝缘管上端自下而上 30mm 部位,用绝缘自粘带以半叠绕方式绕包三层,绕包前先将粘带拉伸到原来带宽的一半,如图 9-25 所示。

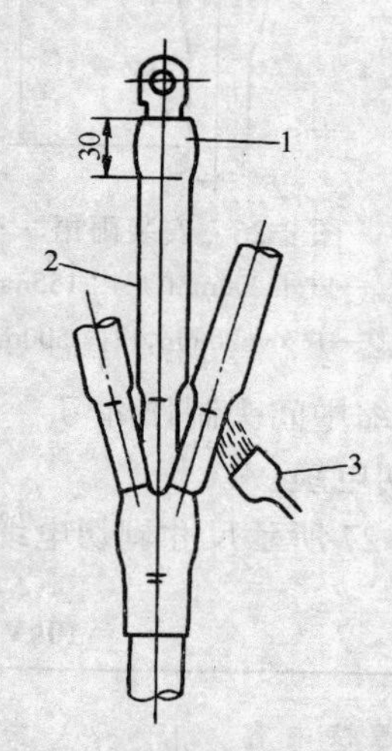

图 9-25 安装外绝缘管
1—自粘带绕包段;2—外绝缘管;3—喷灯

提示:有些产品,有一段专门套在接线鼻子上的绝缘套管,这时不用包自粘带。

15) 装雨裙:

户外终端头要安装雨裙。将三孔雨裙装入到位,加热收缩。每相再套入单孔雨裙两个,雨裙间距 100mm,自下而上加热收缩单孔雨裙,如图 9-26 所示。

16) 考核评分:见表 9-11。

9.2.6 10kV 交联电缆热缩中间接头制作练习

(1) 交联电缆热缩中间接头附件

由于交联电缆结构与油纸电缆不同,热缩接头附件也不完全相同。交联热缩中间头附件中有外护套热缩管、铠装铁盒套、内护套热缩管、线芯热缩绝缘管、半导电热缩管、铜丝网管。交联电缆热缩管中没有耐油管。

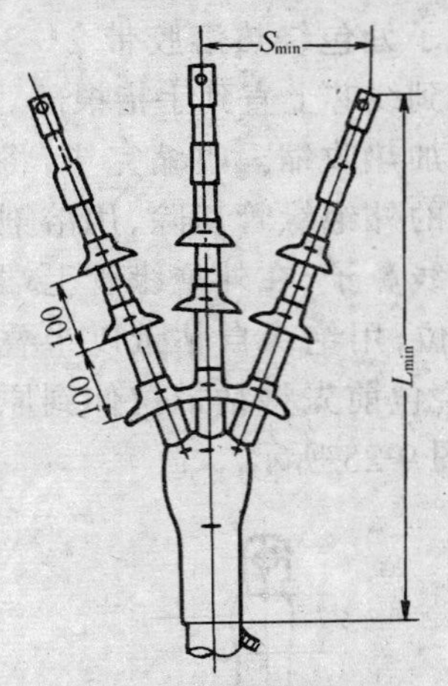

图 9-26 安装雨裙

S_{min}—户外 200mm，户内 155mm；

L_{min}—户外 600mm，户内 500mm

(2) 热缩中间头制作练习

1) 剥切电缆。

按图 9-27 所示尺寸剥切电缆，从外向内依次为外护套、钢铠、内护套。把电缆芯线适当分开，在图中接头中心处重叠 200mm，从中心处锯断线芯，要求锯口平齐。

2) 剥切各相线铜屏蔽层、半导电屏蔽层和绝缘层。

剥切尺寸如图 9-28 所示，绝缘层的前端削成铅笔头形，在绝缘层与半导电层相接处刷 15mm 长导电漆。

3)套上各种热缩管。

将内护套、铠装铁盒、外护套依次套在电缆上，将热缩绝缘管、半导电管、铜丝网管依次套在各相线芯长端上，铜丝网管要扩张缩短。

4) 压接连接管。

将三相线芯分别插入已清洁好的连接管，进行点压接。用锉刀去除连接管表面毛刺，校直电缆，用清洁剂清洁连接管表面，准备包绕屏蔽和绝缘。

5) 包绕屏蔽层和绝缘层。

10kV 油纸绝缘电缆热缩终端头考核评分表 　　**表 9-11**

考核项目	考核内容	考核要求	配分	评分标准	扣分	得分
主要项目	1. 锯钢铠	1. 剥削位置对，绑扎线位置对，锯钢铠不伤铅包	10	1. 位置不正确，损坏铅包扣 3～10 分		
	2. 剥铅包	2. 不伤内部绝缘	5	2. 损伤内部绝缘扣 3～5 分		
	3. 剥统包绝缘	3. 不得损伤相绝缘及线芯	5	3. 有损伤扣 3～5 分		
	4. 装耐油管	4. 热缩不皱、不裂、不焦	10	4. 有皱、裂、焦扣 2～10 分		
	5. 装应力管	5. 位置正确	5	5. 位置不正确扣 3～5 分		
	6. 填充绕包	6. 尺寸正确、外形美观	10	6. 尺寸不正确、外形不好扣 3～10 分		
	7. 装分支手套	7. 热缩不皱、不裂、不焦	5	7. 有皱、裂、焦扣 2～5 分		
	8. 装外绝缘管	8. 长度正确、热缩质量好	10	8. 尺寸不正确、热缩有问题扣 3～10 分		
	9. 装雨裙	9. 间距正确	10	9. 间距不正确扣 3～10 分		

续表

考核项目	考核内容	考核要求	配分	评分标准	扣分	得分
一般项目	1. 焊接地线	1. 确保地线与铅包钢铠有良好的电气联接，焊点光滑	10	1. 电气联接不良、不光滑扣2～10分		
	2. 压线鼻子	2. 绝缘剥削长度正确，压接牢固	10	2. 长度不准确，压接不牢扣2～10分		
安全文明生产	1. 国颁安全生产法规有关规定或企业自定有关实施规定	1. 按达到规定的标准程度评定	7	1. 违反规定扣1～7分		
	2. 企业有关文明生产规定	2. 按达到规定的标准程度评定	3	2. 违反规定扣1～3分		
时间定额	480min	按时完成		超过定额10%及以下扣5分；超过定额10%～20%扣10分，超过20%时结束不计分；未完成项目不计分		

班级： 姓名： 指导教师：

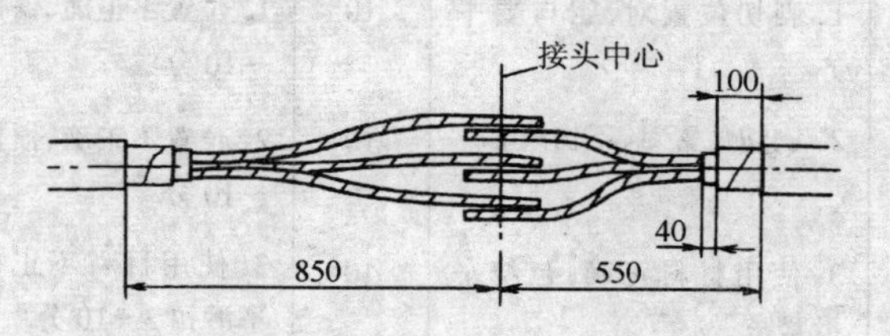

图 9-27 电缆剥切尺寸(mm)

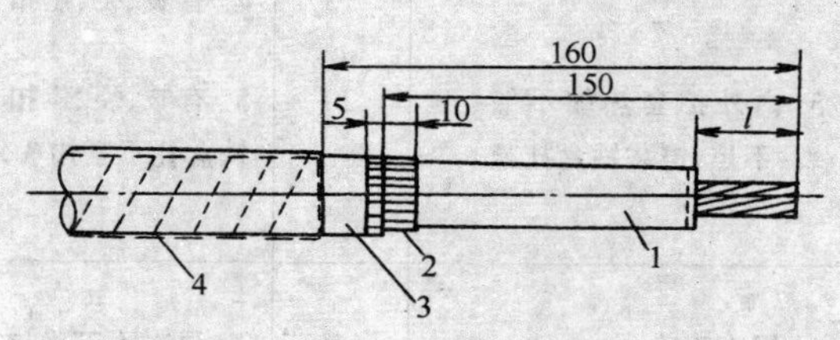

图 9-28 各层剥切尺寸(mm)

1—绝缘层；2—导电漆；3—半导电层；4—铜屏蔽带；l = (压接管长/2) + 5mm

用半导电胶带填平连接管的压坑，并用半叠绕方式在连接管上包绕两层。用自粘带拉伸包绕填平接线管与绝缘层端部（铅笔头部分）间的空隙。用自粘带自距长端半导电层10mm处开始到短端距半导电层10mm处半叠绕包绕6层。

6）装热缩管和铜丝网管。

将热缩绝缘管从长端线芯上移到连接管上，中部对正，从中部加热向两端收缩。加热时要均匀缓慢环绕进行，保证完好收缩。在绝缘管两端与半导电层上用半导电带以半叠绕方式绕包成约40mm长的锥形坡，以达到平滑过渡。

将热缩半导电管从长端移到绝缘管上，中部对正，从中部向两端加热收缩。两端部包压在铜带屏蔽层上约10～20mm。

将铜丝网从长端移到半导电管上，对正中心，将铜丝网拉紧拉直，平滑紧凑地包在半导电管上，两端用铜丝绑在铜带屏蔽层上并用焊锡焊好。

7）热缩内护套。

将三线芯并拢收紧用塑料带缠绕扎紧。在内护套端部用热熔胶带缠绕1～2层或涂密封胶。将热缩内护套移到线芯外，从中部开始加热收缩。

8）装铠装铁盒，焊接地线。

把铠装铁盒移到热缩内护套外，用油麻分五点扎紧。在两端钢铠上及铁盒上焊铜编织接地线进行跨接。

9）装热缩外护套。

在铁盒两端用热熔胶带缠绕1～2层或涂密封胶，将热缩外护套套在铠装铁盒外，从中部向两端加热收缩。收缩完毕后，在热缩外护套两端用自粘胶带绕包3层，包在热缩外护套上和电缆外护套上各100mm。待中间头完全冷却后，才可移动。

10）考核评分：见表9-12。

10kV交联电缆热缩中间接头考核评分表 **表9-12**

考核项目	考核内容	考核要求	配分	评分标准	扣分	得分
主要项目	1. 剥切电缆	1. 剥切位置对、锯口要平齐	10	1. 位置不正确、锯口不齐扣3～10分		
	2. 剥切线芯绝缘	2. 剥切位置对，不伤线芯	10	2. 位置不正确、损伤线芯扣3～10分		
	3. 包绕绝缘层	3. 使用材料正确，包绕平滑紧密	10	3. 使用材料不正确、包绕不平滑扣3～10分		
	4. 装热缩管	4. 热缩不皱、不裂、不焦	20	4. 有皱、裂、焦扣3～10分		
	5. 装护套	5. 内外护套热缩不皱、不裂、不焦，铠装铁盒扎紧	20	5. 有皱、裂、焦扣3～20分 铁盒扎不紧扣3分		
一般项目	1. 套热缩管	1. 层次正确	5	1. 层次不正确扣2～5分		

续表

考核项目	考核内容	考核要求	配分	评分标准	扣分	得分
一般项目	2. 压接线管	2. 压坑位置正确，不翻边	10	2. 位置不正确，翻边扣2～10分		
	3. 焊接	3. 焊点牢固、光滑	5	3. 焊点不牢、不光滑扣2～5分		
安全文明生产	1. 国颁安全生产法规有关规定或企业自定有关实施规定	1. 按达到规定的标准程度评定	7	1. 违反规定扣1～7分		
	2. 企业有关文明生产规定	2. 按达到规定的标准程度评定	3	2. 违反规定扣1～3分		
时间定额	480min	按时完成		超过定额10%及以下扣5分；超过定额10%～20%扣10分，超过20%时结束不计分；未完成项目不计分		

班级：　　　　姓名：　　　　指导教师：

9.2.7 插接装配式电缆头制作

插接装配式电缆头用弹性硅橡胶制成预制件。电缆终端头附件如图9-29所示，其中包括：分支手套、应力锥、绝缘套管、端封头管、雨裙、接地套箍、线鼻子。

装配式中间头只有一根套管，外面用热缩管封固。

装配式电缆终端头制作步骤：

1）剥外护层。户外头由电缆末端量取750mm，户内头量取550mm，剥除外护层。

2）装地线下套箍并固定。

3）剥除内护层留10mm其余切除。

4）装地线上套箍。上套箍内有铜衬套，套在铜屏蔽层上，并固定。

5）装分支手套。在电缆分支处及上下套箍段涂硅油润滑剂，装分支手套，用力套到位。

6）剥去外屏蔽层。从分支手套分支口

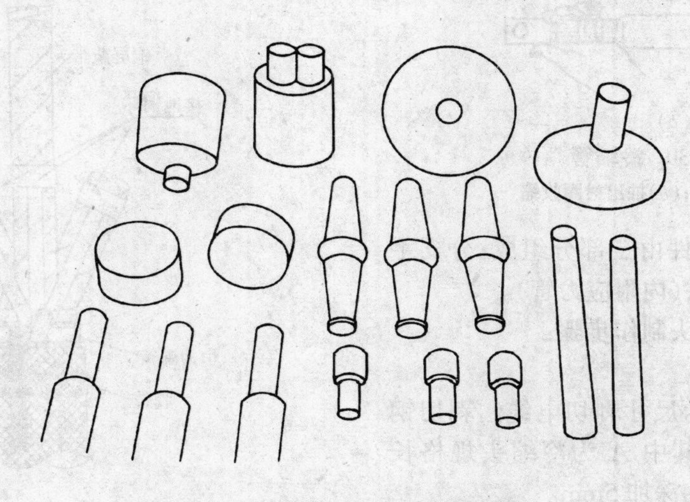

图9-29　装配式电缆终端头附件

量取 90mm，剥去 90mm 以外铜屏蔽层，再量取 20mm，剥去半导电层，用溶剂清洁干净。

7）装应力锥。在每相线芯上涂硅油润滑，将应力锥套到分支手套指根部。

8）装绝缘套管。绝缘套管与应力锥搭接 20mm。

9）装雨裙，每相三个。

10）压接线鼻子。从绝缘套管末端量取线鼻子孔深加 10mm，截去多余线芯，剥去线芯绝缘，套上接线鼻子，环压。

11）装端封头管。在线鼻子上涂硅油，把端封头管套入。

9.2.8 冷缩电缆头制作

冷缩电缆头附件是弹性橡胶制成，用螺旋状塑料衬圈支撑，使用时只要把附件套在电缆上，抽出塑料衬圈，附件就会紧密封固在电缆上。弹性橡胶弹性极大，同一规格的附件可用于 95～150mm 的不同截面的电缆，如图 9-30 所示。

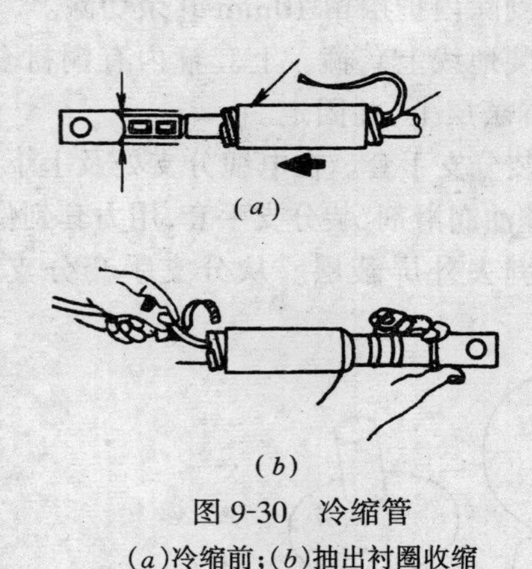

图 9-30 冷缩管
(*a*)冷缩前；(*b*)抽出衬圈收缩

电缆终端头附件由三部分组成：分支手套、直套管和终端头（内附应力管）。

冷缩电缆终端头制作步骤：

(1) 剥切电缆

按图 9-31 所示尺寸剥切电缆。剥切钢铠长度为 $A+B$，其中 A 为冷缩头规格长度，B 为接线鼻子孔深加 5mm。

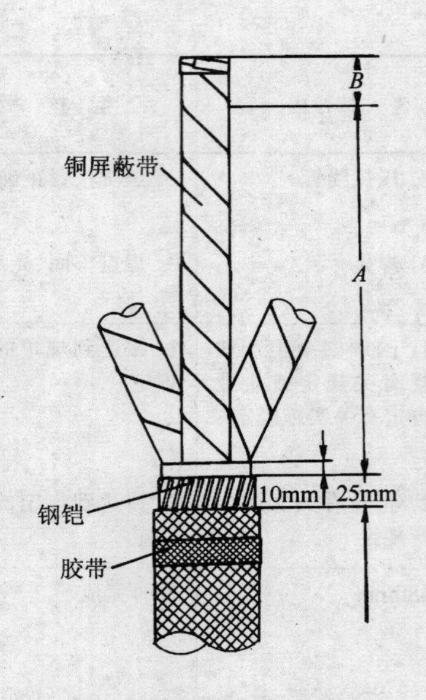

图 9-31 剥切电缆尺寸

从切口向下再剥切 25mm 外护套，露出钢铠，擦洗钢铠及切口以下 50mm 外护套。

从外护套口向下 25mm 包绕两层自粘胶带。并用胶带把铜屏蔽带端部固定。

钢铠向上保留 10mm 内护套，剥去其余部分内护套。

(2) 装接地线

从外护套口向上 90mm 装各相线芯上的接地铜环，将三条铜带一起搭在钢铠上，用卡簧连接地编织线一同卡住。如图 9-32 所示。

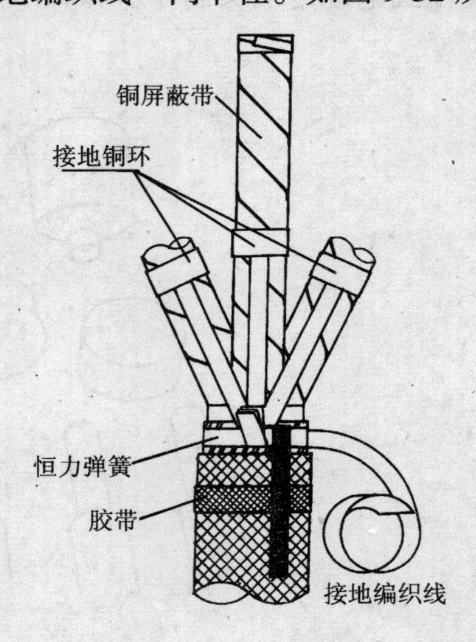

图 9-32 装接地线

接地编织线贴放在护套口下的自粘胶带上，再用胶带绕包两层。

将接地铜环处和钢铠卡簧处用 PVC 胶带绕包，如图 9-33 所示。

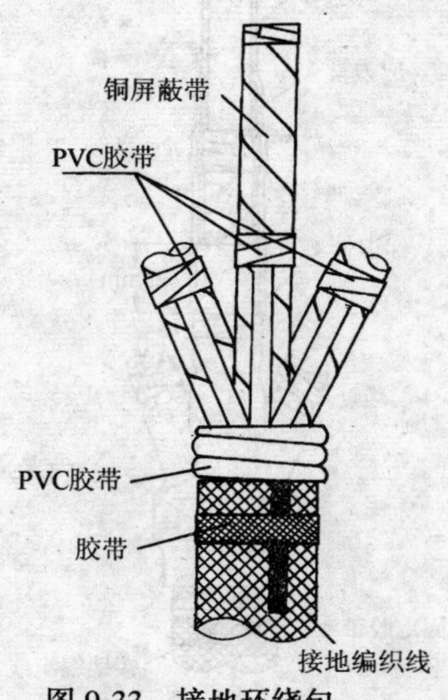

图 9-33 接地环绕包

(3) 装分支手套

将三叉分支手套套到电缆根部，抽掉衬圈。先收缩颈部，再收缩分支，如图 9-34 所示。

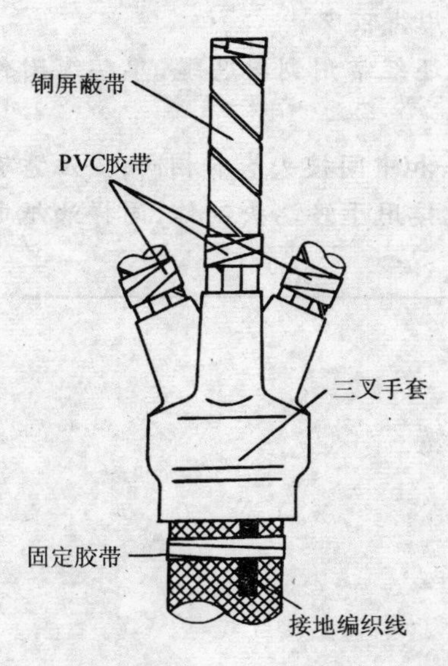

图 9-34 装分支手套

(4) 装冷缩直管

套入冷缩直管，与分支手指搭接 15mm，抽掉衬圈，使其收缩，如图 9-35 所示。

(5) 剥切相线

从直管口向上留 30mm 屏蔽带，其余割去。

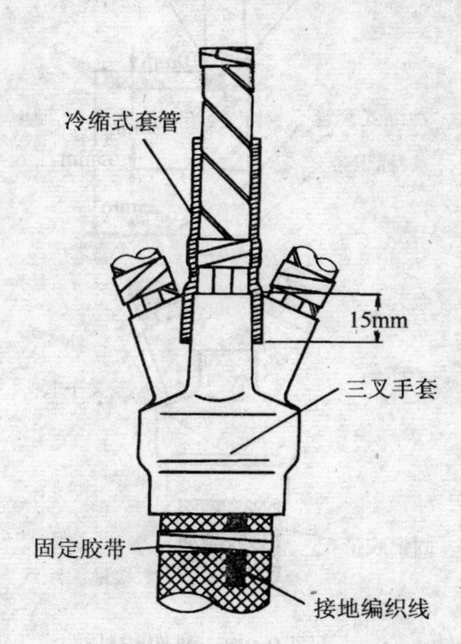

图 9-35 装冷缩直管

从屏蔽带口向上留 10mm 半导电层，其余剥去。

按 *B* 的尺寸剥去主绝缘。

在直管口下 25mm 处绕包胶带做标记，如图 9-36 所示。

(6) 装冷缩终端头

用半导电胶带绕包半导电层处，长度从半导电层向上 10mm 主绝缘上开始，包到半导电层下 10mm 的铜屏蔽带上，绕包两层。

在半导电带与铜带及主绝缘搭接处涂上硅油。

将冷缩终端头套入至胶带标记处，与直管搭接 25mm，抽出衬圈，使其收缩。如图 9-37所示。

(7) 压接线鼻子

将线鼻子装上并环压牢固。用自粘胶带从接线鼻子下部到终端头上部绕包两层，如图 9-37 所示。

主绝缘
B
半导电胶带
外半导层
10mm
冷缩式套管
30mm
65mm
标识带
25mm
三叉手套
固定胶带
接地编织线

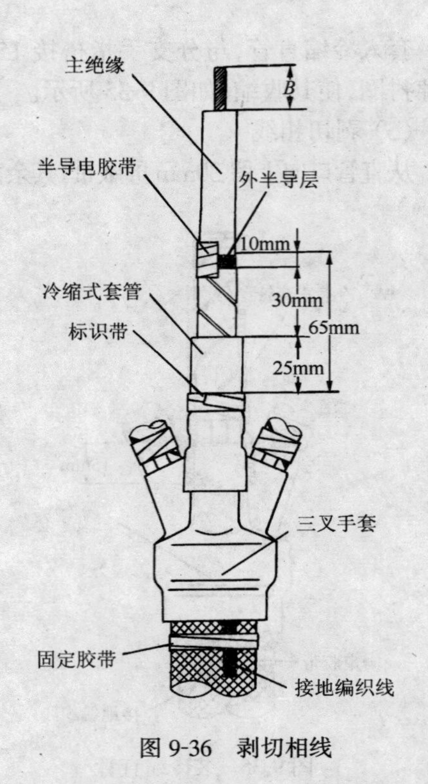

图 9-36　剥切相线

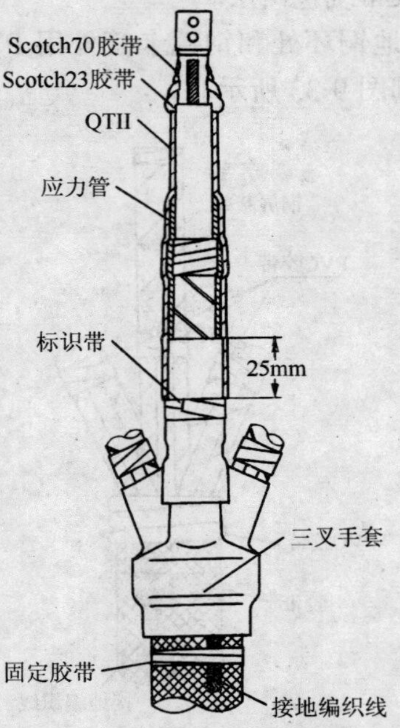

Scotch70胶带
Scotch23胶带
QTII
应力管
标识带
25mm
三叉手套
固定胶带
接地编织线

图 9-37　装冷缩终端头

小　结

1. 电缆头分为电缆终端头和电缆中间接头，终端头每条电缆线路必须要用，因此用得较多；中间接头只有在电缆接续时使用，因此用得较少。

2. 这里介绍的都是三芯缆的制作方法，工程中还经常用到单芯缆，单芯缆附件和制作都较三芯缆简单。

3. 对电缆的剥切、绝缘层的包绕等操作，终端头和中间接头基本相同，要注意剥切尺寸。这里介绍的交联电缆中间接头做法可以直接用于终端头制作，同样油纸电缆终端头的处理方法也适用于中间接头。

习　题

1. 电缆头有哪些种类？现在常用的有哪几种？
2. 制作好的电缆头要满足哪些要求？
3. 电缆头制作时要注意哪些问题？
4. 接线管点压接要注意哪些问题？
5. 油浸纸电缆和交联电缆热缩头附件有哪些不同？
6. 简述冷缩电缆头的结构和操作方法。

9.3 电力电缆的竣工试验

电缆终端头和中间接头制作完毕后，应进行电气试验，以检验电缆施工质量。

应进行的基本试验项目有测量绝缘电阻和直流耐压试验并测量泄漏电流。

9.3.1 绝缘电阻试验

测量绝缘电阻是检查电缆线路绝缘状态最简单、最基本的方法。可以发现工艺中的缺陷，如干燥不透，护套受潮，绝缘受污或有导电杂质渗入等各种原因引起的绝缘损坏漏电等。

测量绝缘电阻一般使用兆欧表。由于极化和吸收作用，绝缘电阻读测值与加电压时间有关。如果电缆过长，因电容较大，充电时间长，手摇兆欧表时间长，人易疲劳，不易测得准确值，因此测量绝缘电阻的方法不适于过长的电缆。

测量时一般兆欧表转速在 120r/min 的情况下，读取加电压 15s 和 60s 时的电阻值 R_{15} 和 R_{60}。

以 R_{60}/R_{15} 为一个参数称为吸收比。在同样测试条件下，吸收比值越大，电缆绝缘越好。

电缆的绝缘电阻值一般不做具体规定，判断电缆绝缘情况应与原始记录进行比较，如无原始记录，可参考表 9-13。

电缆长度为 250m 的绝缘电阻参考值

表 9-13

额定电压(kV)	1 及以下	3	6～10	20～35
绝缘电阻(MΩ)	10	200	400	600

注：电缆长度为 250m 以下时，绝缘电阻值不必按长度换算，电缆长度在 250m 以上时，绝缘电阻值按与长度成反比计算。

由于温度对电缆绝缘电阻值有所影响，在做电缆绝缘测试时，应将气温、湿度等天气情况做好记录，以备比较时参考。

试验方法及步骤：

1）使用的兆欧表：1kV 以下的电缆用 500～1000V 兆欧表；1kV 以上电缆用1000～2500V 兆欧表。

2）试验前电缆要充分放电并接地，方法是将导电线芯和电缆金属护套接地，放电 60s 以上。

3）用干燥清洁的软布清洁电缆终端头。

4）检验兆欧表。

5）按图 9-38 所示接线。图中兆欧表接地端子 E 接地；线路端子 L 接被测相线；屏蔽端子 G 接另一相线芯作为屏蔽回路，接线时软线在被测相线绝缘上缠绕几圈，电缆另一端也用软线在被测相线绝缘上缠绕几圈，软线接在作屏蔽回路的线芯上，图中 B 相线为屏蔽线。线路端子 L 上接的软线不能拖在地上，要悬空不能与其他物体相碰。

6）以恒定转速摇动兆欧表，达到 120r/min 后，再搭接到被测线芯导体上。读取 15s 和 60s 的电阻值并记录。

7）读数完毕后，断开兆欧表再停止摇动，被测芯线要放电 60～120s。

9.3.2 直流耐压试验和泄漏电流测量

直流耐压试验是电缆工程交接试验的最基本试验，也是判断电缆线路能否投入运行的最基本手段。在进行直流耐压试验的同时，要测量泄漏电流。

(1) 直流耐压试验标准

直流耐压试验标准见表 9-14。

(2) 直流耐压试验并测量泄漏电流的方法和接线

直流耐压试验时，电缆导线应接负极。微安表接在高压侧，微安表对地要绝缘、屏蔽，在试验中调整微安表档位要用绝缘棒。

试验接线如图 9-39 所示。

微安表头要有一定的保护措施，保护线路如图 9-40 所示。

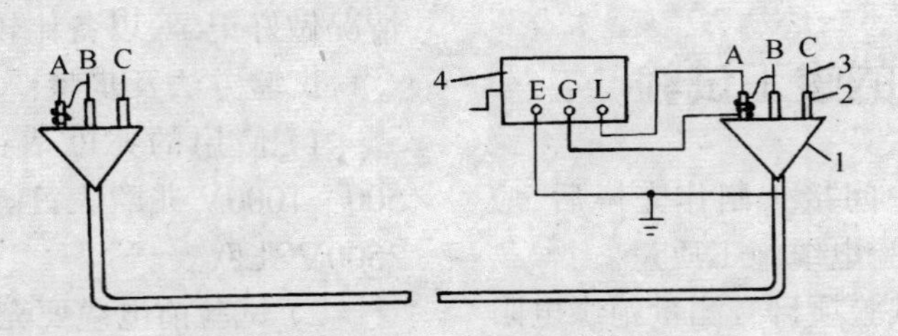

图 9-38 测量绝缘电阻的接线方法

1—终端头;2—线芯绝缘;3—线芯;4—兆欧表

直流耐压试验标准 表 9-14

电缆类型	额定电压(kV)	试验电压	试验时间(min)
油浸纸绝缘电缆	3～10 15～35	6*U* 5*U*	10
不滴流油浸纸绝缘电缆	6 10 35	5*U* 3.5*U* 2.5*U*	5
橡塑电缆	6 10 35	4*U* 3.5*U* 2.5*U*	10

注:表中 *U* 为电缆标准电压等级的电压。

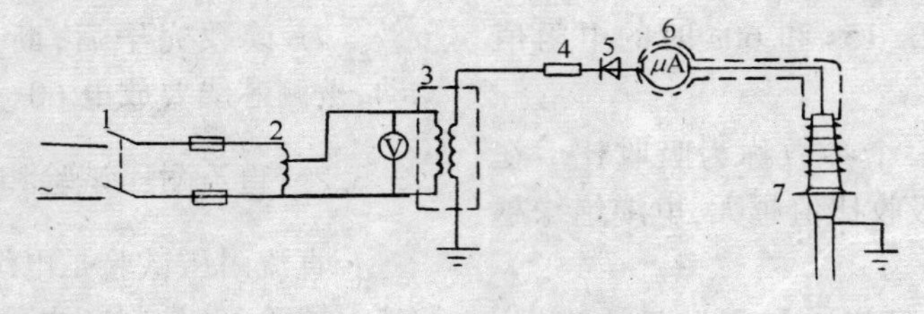

图 9-39 硅整流堆与微安表在高压侧的接线

1—总开关;2—调压器;3—变压器;4—电阻;5—硅整流堆;6—微安表;7—被试电缆

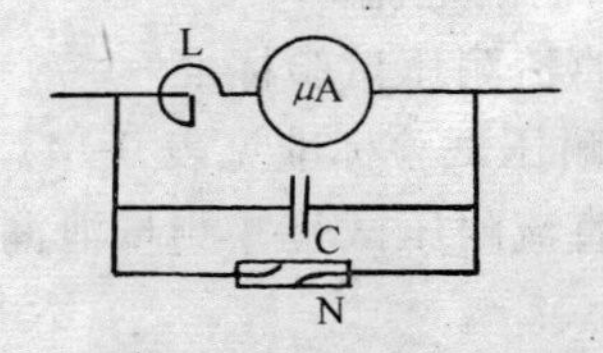

图 9-40 微安表保护线路图

L—1mH 电感;C—1μf 电容;N—100V 氖管

(3) 试验所需设备

1) 高压试验变压器:对于 6～10kV 电缆线路,可采用 220V/30～35kV,0.5～1kVA 的变压器。对于 35kV 电缆线路,可采用 220V/50～75kV,1～3kVA 的变压器。

2) 调压器:一般使用 0～220V,0.5～1kVA 的自耦变压器。

3) 硅整流堆:通常可以使用反向工作电压为 35kV,额定整流电流为 100mA 的硅整流堆,或反向工作电压为 100kV,额定整流电流为 100mA 的硅整流堆。

4) 保护电阻:保护电阻的容量根据试验设备的容量决定。电阻值一般采用 10Ω/V。

(4) 直流耐压试验的步骤

1) 实验准备：

直流耐压试验属于高压工作，试验前，工作负责人需根据“电业安全工作规程”的规定，断开电缆与其他设备的一切连线，并将芯线接地短路，充分放电 60～120s。在不接试验的电缆一端应设遮拦，悬挂警告牌或派专人看守，不得有人靠近或接触。

2) 计算折算到低压侧的试验电压：

直流耐压试验时要求分阶段升压，每个阶段要停留 60s 观察正常再继续升压，一般分为 0.2、0.4、0.6、0.8、1 倍实验电压五个阶段。在低压侧用自耦变压器加电压，要先计算出每个阶段自耦变压器应输出的电压值。例如对 10kV 的交联电缆进行 3.5 倍额定电压的直流耐压试验，试验变压器为 220V/30kV，由于试验承受的是正弦波的最大值，需将高压侧电压有效值乘以$\sqrt{2}$，因此低压侧自耦变压器输出电压应为 $10000\times3.5/(30000\times\sqrt{2}/220)=181.5$V。再计算出五个阶段的低压值，作好记录，准备试验。最好能在调压器刻度盘上标出对应高压值。

3) 接线：

根据所确定的接线方式接线，并由第二个人检查，确认接线正确，接地可靠，调压器处于零位，微安表处于最大量程，周围安全措施可靠后方可送电试验。

4) 空载试验：

先断开被试电缆，空载升压到试验电压值，记录每个升压阶段停留 60s 后的泄漏电流值，同时检查各部分有无异常现象，一切都正常无误后，降回电压，用绝缘棒放电后，准备正式试验。

5) 正式试验：

正式试验时，按所计算的五个阶段电压值缓慢升压，升压速度控制在 1～2kV/s，在各阶段停留 60s，电流值平稳后读取并记录。升压过程中如果微安表指示过大，要查明原因并处理后再继续试验。如果发生电缆击穿，应立即将调压器回零，停止试验。

加到额定试验电压后，读取加压 1、3、5、10、15min 各时刻的泄漏电流值并记录。

6) 结束试验：

在规定试验电压下，经过规定时间被试电缆无异常现象发生，可以认为试验结束。应将调压器回零，切断电流，经电阻接地棒放电后再直接接地放电。各相试验全部完成后，经接地短路放电 1～2min 后，试验人员方能撤离，另一端看守人员接到通知后，才可撤离。

7) 填写记录：

恢复工作，并填写试验记录。记录应包括天气情况。

从正式试验时测得的各阶段泄漏电流值减去空载升压时的泄漏电流值，即可得到被试电缆实际泄漏电流值。

(5) 试验结果分析

电力电缆经直流耐压试验未被击穿，一般可以认为该电缆的绝缘是合格的，可以投入运行。但并不是说通过耐压试验的电缆质量就是好的。优质电缆线路应保证在合理的运行及无外力损伤的情况下安全运行 10 年而无事故。电缆线路绝缘好坏的判断标准大致如下：

1) 直流耐压试验绝缘击穿者不能投入运行，应探明击穿点并抢修。

2) 泄漏电流值随试验电压增高而急剧上升者(试验伏安特性的线性度很差)不能使用。应强行击穿(加高压)，探测故障点并修理。

3) 泄漏电流三相不平衡系数(泄漏电流之比)大于 2 时，说明泄漏电流特别大的一相存在缺陷，但应首先检查现场试验条件和试验所用方法，防止由于试验准确度差造成误判断。确认是电缆内部绝缘造成缺陷后，应列入半年监视计划之内。

4) 泄漏电流不稳定，偏差大于 ±20% 以上时，可能是由于电缆内部有微小空隙所引起，应列入半年监视计划之内。

5）闪络（出现瞬间大泄漏电流）次数在5次以下，并且间隔时间较长，然后不再闪络，延长试验5min，如不再出现闪络，允许投入运行，列入半年监视计划之内。

闪络次数过多，原则上应用仪器找出闪络点并修理。

小　　结

绝缘电阻测量试验和直流耐压及泄漏电流测量试验是电缆工程竣工后必须要进行的两项试验，试验合格后电缆线路才能投入运行使用。

为了保证电缆线路运行的可靠性，对于重要电缆工程还要进行交流耐压实验、直流电阻测试、阻抗测试、电容量测试、零序阻抗测试、核相调整相序、电缆油试验、护层试验、油流试验及浸渍试验等一系列的试验。

习　题

1. 进行绝缘电阻试验时如何选用兆欧表？
2. 试验前如何检验兆欧表？
3. 绝缘电阻试验如何接线？应注意哪些问题？
4. 设计绝缘电阻试验记录表。
5. 直流耐压试验需要哪些设备？
6. 测试6kV橡塑绝缘电缆，选择试验变压器，并计算试验5个加压段调压器低压电压值？
7. 设计直流耐压试验记录表。

第 10 章　架空线路施工

架空电力线路的造价低、架设简便、取材方便、便于检修，一般供电线路都采用架空线路。但由于架空线路暴露在空气中，受气候条件、环境条件的影响较大，线路的安全性、可靠性稍差。

架空线路施工内容包括：定位挖坑、立杆、组横担、制做拉线、架设导线和接户线。

10.1　架空线路的基本要求

10.1.1　架空线路的组成

架空电力线路由电杆、导线、横担、金具、绝缘子和拉线等组成，其结构如图 10-1 所示。

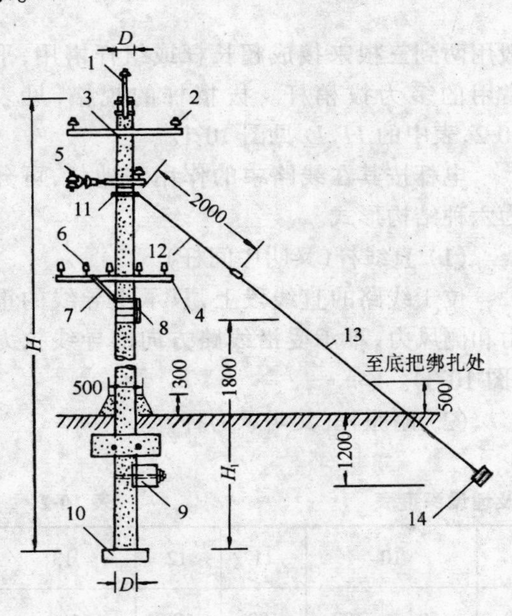

图 10-1　架空电力线路的结构

1—高压杆头；2—高压针式绝缘子；3—高压横担；4—低压横担；5—高压悬式绝缘子；6—低压针式绝缘子；7—横担支撑；8—低压蝶式绝缘子；9—卡盘；10—底盘；11—拉线抱箍；12—拉线上把；13—拉线底把；14—拉线盘

10.1.2　架空线路的允许距离

为了安全，架空线路越过道路、田野、树木、河流、建筑等时，必须保证有一定的安全距离，低压架空线路对跨越物的最小允许距离，见表 10-1。架空线路在电杆上的布置如图 10-2 所示。

架空线路对跨越物的最小允许距离

表 10-1

跨越物名称	导线弧垂最低点至下列各处	最小距离(m)	
		1kV 以下	1～10kV
市区、厂区和乡镇	地　面	6.0	6.5
乡、村、集镇		5.0	5.5
居民密度小、田野和交通不便区域		4.0	4.5
公　路	路　面	6.0	7.0
铁　路	轨　顶	7.5	7.5
建筑物	建筑物顶	2.5	3.0
架空管道	位于管道之下	1.5	不允许
	位于管道之上	3.0	3.0
能通航和浮运的河、湖	冬季至水面	5.0	5.0
不能通航和浮运的河、湖	至最高水位	1.0	3.0

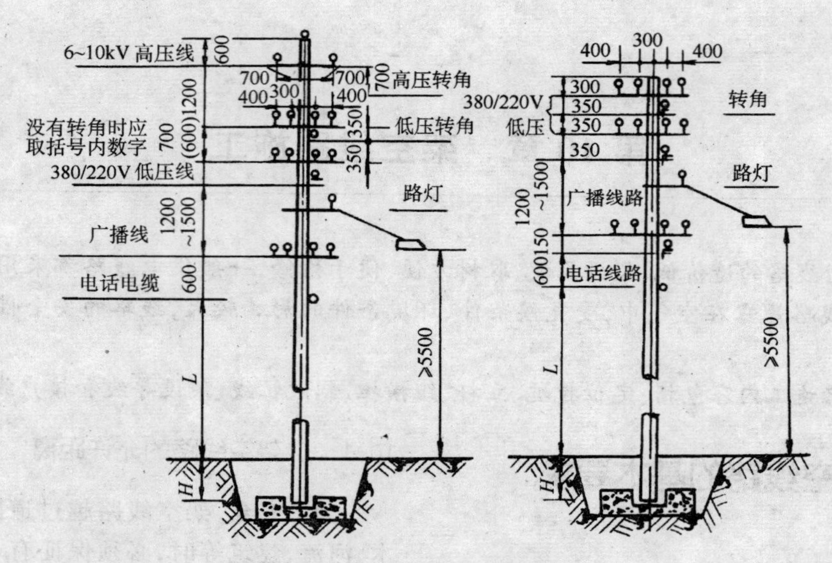

图 10-2　架空线路在电杆上的布置(mm)

习　题

1. 架空线路有哪些优缺点?
2. 架空线路有哪些部分组成?

10.2　电杆的定位和挖杆坑

10.2.1　电杆种类与选用

电杆按材质分为木杆、金属杆和水泥杆。木杆现已不常使用,金属杆主要用于 35kV 以上架空线路,低压架空线路常用水泥杆。

水泥电杆都采用环形截面,分为上下一般粗的等径杆,圆锥式的拔梢杆。等径杆一般用两到三根来接成超长杆或组杆塔用,平常用的多为拔梢杆。拔梢杆的规格,见表 10-2,表中的 H、D 见图 10-1。

电杆按其在线路中的作用和地位,可分为六种结构形式。

(1) 直线杆(又叫中间杆)

位于线路的直线段上,只承受导线的重力和侧风力,不承受沿线路方向的导线拉力(图 10-3)。

(2) 耐张杆(又叫承力杆)

常用拔梢水泥杆规格及埋设深度表　　　　表 10-2

杆长 H(m)	7	8		9		10		11	12	13
梢径 D_1(mm)	150	150	170	150	190	150	190	190	190	190
底径 D_2(mm)	240	256	277	270	310	283	323	337	350	363
埋设深度 H_1 (mm)	1200	1500		1600		1700		1800	1900	2000

注:表中埋设深度系指一般土质情况。

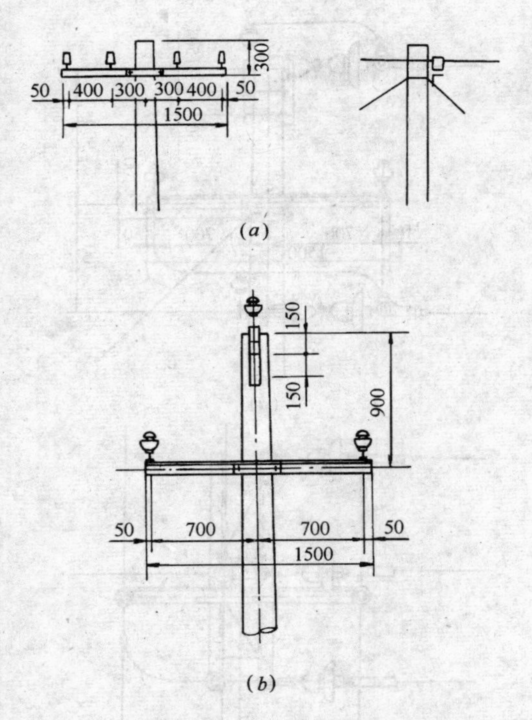

图 10-3　直线杆
(a)低压杆;(b)高压杆

位于直线段上的数根直线杆之间,或线路分段处。这种电杆在断线事故中和架线中能承受一侧导线拉力。耐张杆的结构如图 10-4 所示。

(3) 转角杆

用于线路改变方向的地方。转角杆的结构如图 10-5 所示。

(4) 终端杆

位于线路的始端与终端,要承受单方向导线拉力。终端杆的结构如图 10-6 所示。

(5) 跨越杆

用于铁道、河流、道路和电力线路等交叉跨越处,用长杆。

(6) 分支杆

位于干线与分支线相联接处。分支杆的结构如图 10-7 所示。

各种杆型在线路中的特征及应用,如图 10-8 所示。

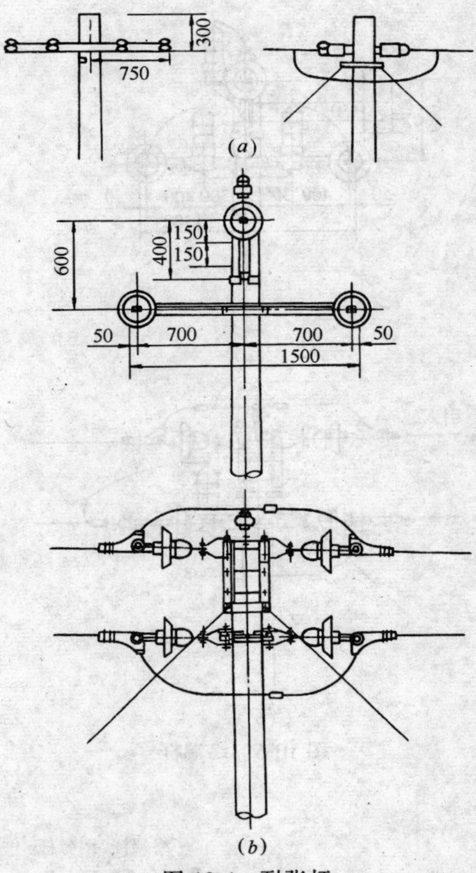

图 10-4　耐张杆
(a)低压杆;(b)高压杆

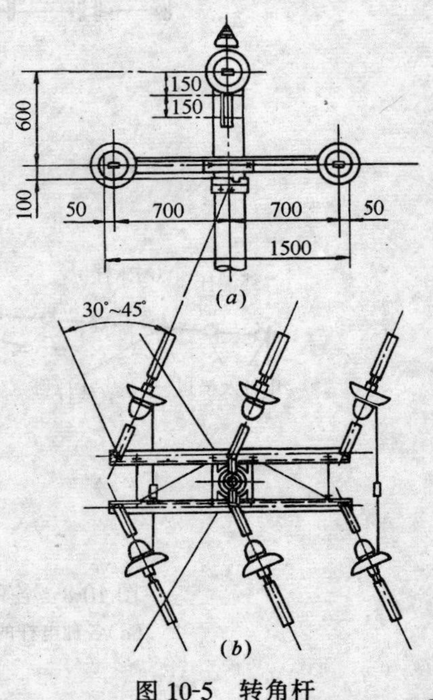

图 10-5　转角杆

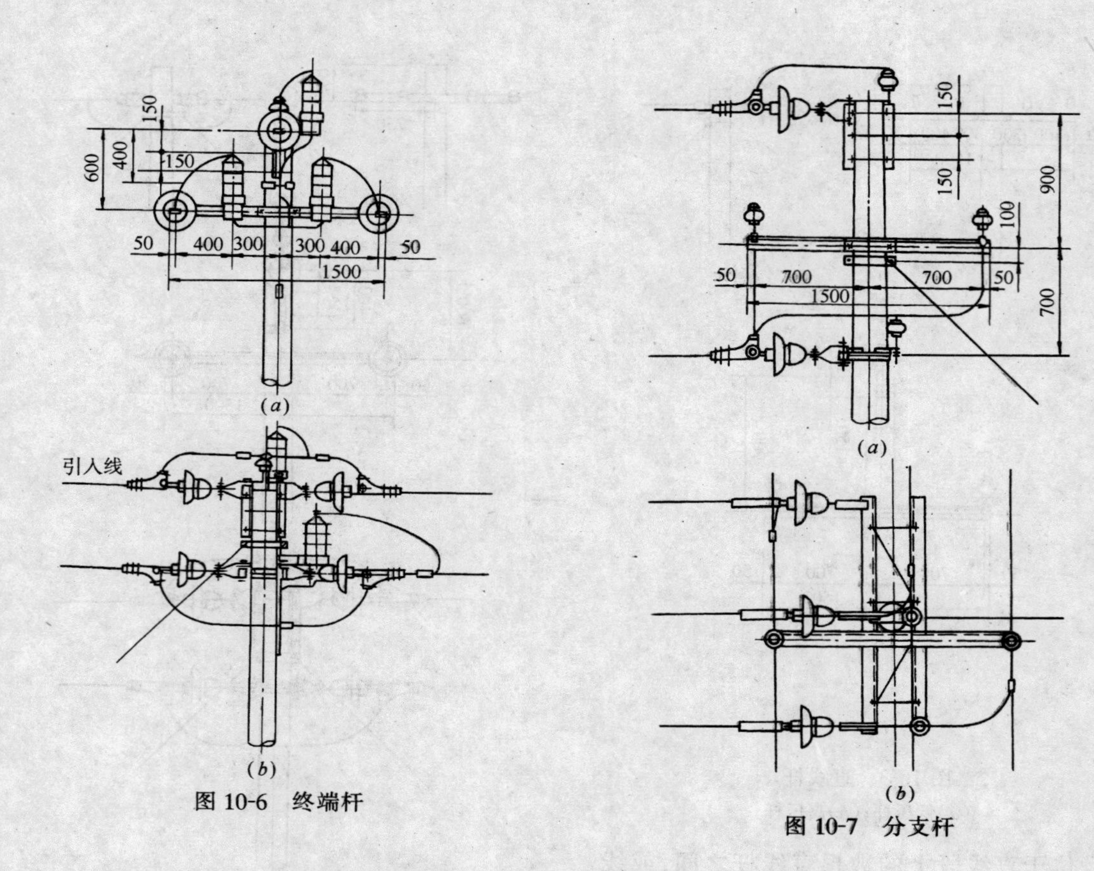

图 10-6　终端杆

图 10-7　分支杆

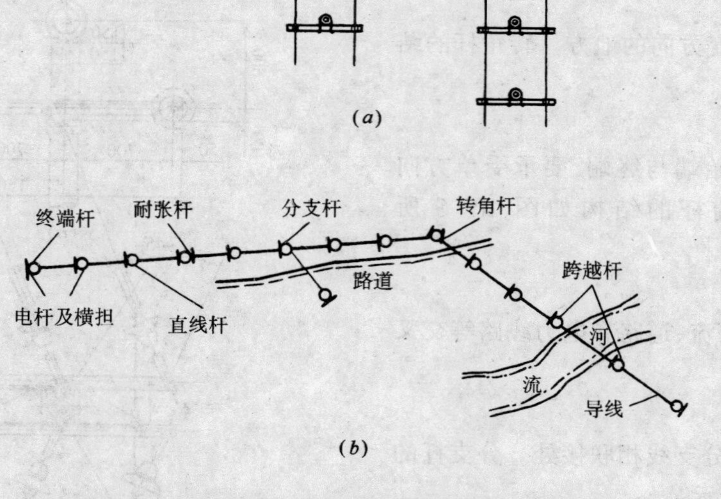

图 10-8　各种杆型在线路中的特征及应用

(a)各种电杆的特征；(b)各种杆型在线路中应用

10.2.2 定杆位

首先根据设计图纸，勘测地形、地物，确定线路走向，然后确定终端杆、转角杆、耐张杆的位置，最后确定直线杆的位置。两杆间距：低压杆 40～60m，高压杆 50～100m，在一个直线段内，各杆间距尽量相等。两耐张杆间距不超过 2000m。

10.2.3 挖杆坑

电杆的地下部分称为电杆基础，其作用是防止电杆因承受杆本体和杆上物体的重量（称为垂直荷重）和有风时导线、电杆等的风压力（称为水平荷重）及当线路导线发生断线时，所受到的单向导线拉力（称为事故荷重）等，而使电杆上拔、下压甚至倾倒。

视土质情况和杆侧向受力情况，杆下部有时要做基础底盘，及加装卡盘。底盘及卡盘的安装方式，如图 10-9 所示。

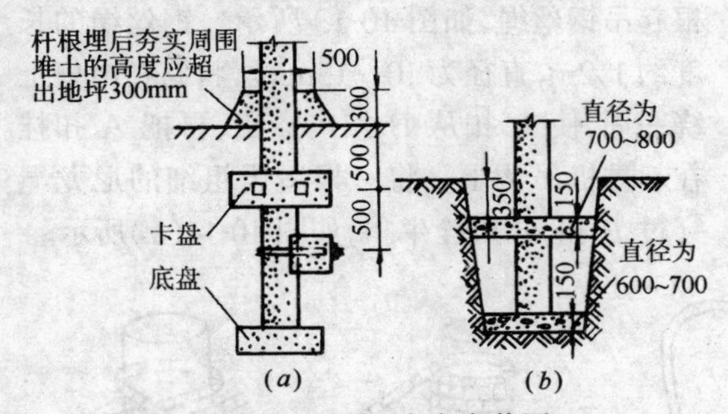

图 10-9 底盘、卡盘安装图
(a)预制卡盘；(b)现场浇制卡盘

卡盘和底盘可以就地取材，底盘堆些石块，卡盘用短圆木绑在电杆上。卡盘的安装方向，对一般直线杆，为加强电杆抗侧风能力的卡盘，逐杆依次两侧交叉布设，如图 10-10 所示。如侧风力不是太强，也可以隔杆两侧交叉布设。转角杆、终端杆、耐张杆卡盘应在导线张力侧。

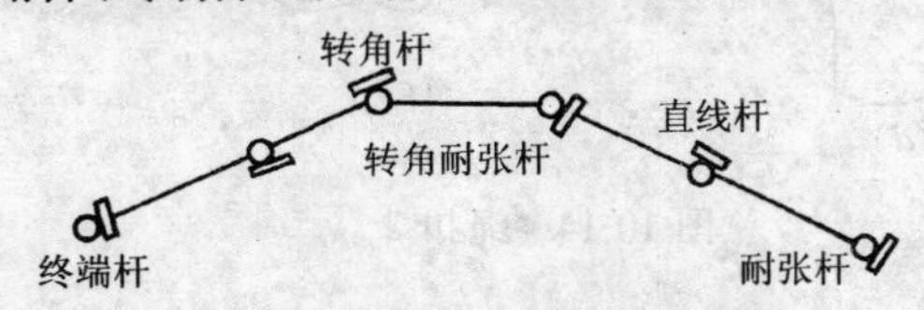

图 10-10 卡盘的安装方向

在侧向风力较大的地区，通常采用上、下两道单边卡盘，或一道单边，一道双边式卡盘的安装方式。各种卡盘安装方式，如图10-11所示。

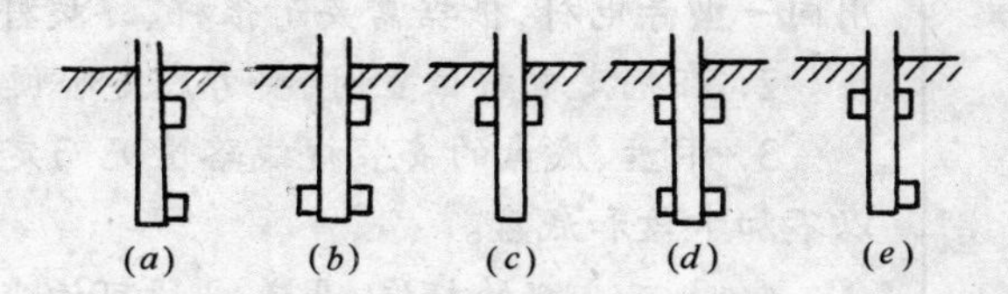

图 10-11 各种卡盘的安装
(a)上、下单边卡盘；(b)上单边、下双边卡盘；(c)上双边卡盘；(d)上、下双边卡盘；(e)上双边、下单边卡盘

不设卡盘和底盘的电杆的杆坑，可以挖成圆形，挖坑可以使用专用工具如钢钎、夹铲、长柄锹等，也可以用螺旋钻洞器，圆形坑最好用起重机立杆。

有卡盘和底盘的电杆的杆坑，为立杆方便可挖成梯形坑，坑深 1.8m 以下用二阶坑，坑深 1.8m 以上用三阶坑。梯形杆坑如图 10-12所示。

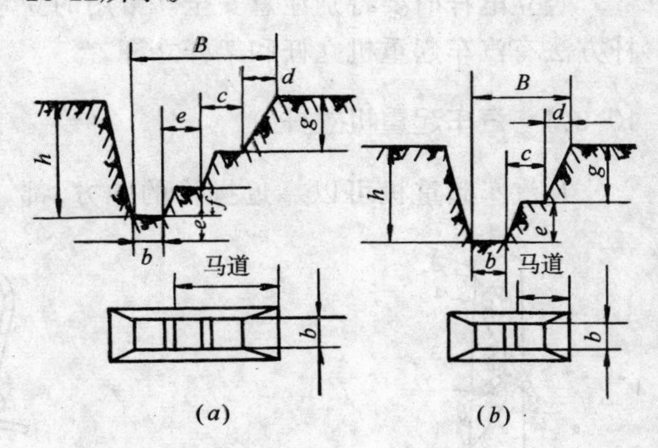

图 10-12 梯形杆坑
(a)三阶杆坑；(b)二阶杆坑

图中 b—基础底面（电杆底径＋(0.2～0.4)m）；
B—$0.2h$；
c—$0.35h$；
d—$0.2h$；
e—$0.3h$；
f—$0.3h$；
g—$0.7h$；(二阶坑)
g—$0.4h$；(三阶坑)
h—杆长。

小　结

1．电杆按在线路中所起作用不同分为六种结构形式。一般情况下各种杆可选用同一型号电杆，根据需要耐张杆、终端杆要选用加粗杆。

2．在确定电杆位置时，要考虑是否便于施工，线路尽量走直线，减少转角。

3．卡盘、底盘的安装视线路情况而定，一般土质较好、线路较短的市内线路，可以不加卡盘和底盘。

4．人工立杆的杆坑，马道 d 段可适当放长。

习　题

1．常用电杆有哪些种类，用于什么场合？

2．各种杆型在线路中所起的作用是什么？

3．如何勘定杆位？

4．电杆上为什么要装卡盘和底盘？

5．架空线与其他物体的间距是如何规定的？

10.3　立　杆

竖立电杆时要特别注意安全。常用的立杆方法有汽车起重机立杆和架杆立杆。

10.3.1　汽车起重机立杆

凡汽车起重机可以靠近操作的地方，都可以使用汽车起重机立杆。

(1) 拴绳

立杆前先在离电杆根部 1/2～2/3 处拴一根起吊钢丝绳，如图 10-13 所示。钢丝绳的长度约 1.2m，直径为 10～13mm。将它在电杆上绕一周，使 A 扣从 B 扣内穿出，再把 A 扣挂在起重机吊钩上。将一根适当粗细的尼龙绳穿过 B 扣，结成拴牛扣，如图 10-14(a)所示。

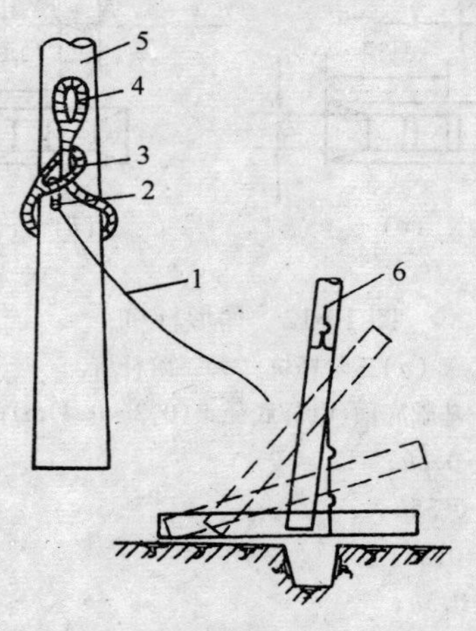

图 10-13　起重机立杆示意图
1—尼龙绳；2—拴牛扣；3—B 扣；4—A 扣；5—电杆；6—吊钩

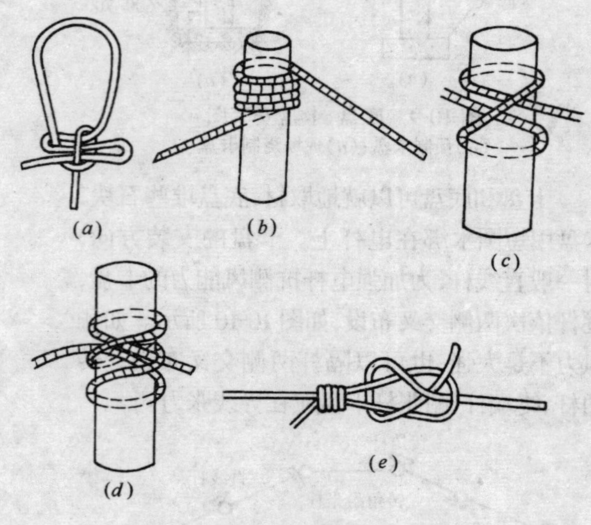

图 10-14　绳扣

在距杆顶500mm处拴一调整绳，选用直径20mm的麻绳，在杆上绕成四圈扣，如图10-14(*b*)所示。也可以用梯形扣和双梯形扣，如图10-14(*c*)、(*d*)所示。麻绳不够长可以用腰绳扣接长，如图10-14(*e*)所示。将绳的两头对面扯开，每根绳上一至二人，注意绳子要时刻拉紧，以免四圈扣松动。

(2) 起吊

起吊时，坑边站两人负责电杆入坑，由一人指挥。当杆顶吊离地面0.5m时，应停止起吊，检查吊绳及各绳扣无误，方可继续起吊。当电杆吊离地面200mm时，坑边二人将杆根移至坑口，电杆继续起吊，电杆就会一边竖起，一边伸入坑内，坑边两人要推动杆根，使之顺利入坑。同时利用调整绳朝电杆竖起方向拖拉，以加快电杆竖直，当电杆接近竖直时，应停吊，并缓慢放松起吊钢丝绳，由一人指挥用调整绳把杆校直，校直过程中坑边两人可用撬杠协助。

(3) 校直的标准

1) 直线杆的中心线与线路中心线的偏差不应超过50mm，直线杆的中心线应与地面垂直，垂直偏差应不大于1/2梢径。

2) 转角杆应向外角方向略偏，紧线后不应向内角倾斜。向外角的倾斜量一般在1~2倍杆梢直径。

3) 终端杆应向拉线方向略偏，紧线后回直。倾斜量同上。

4) 如果杆上已装横担，要使横担方向垂直线路方向。用一根麻绳折回成双根，在杆上1.2m处按扭转方向缠绕三圈形成压扣，用约2m的圆杆穿入麻绳的圆扣鼻内，两人一起用力推动。如图10-15所示。

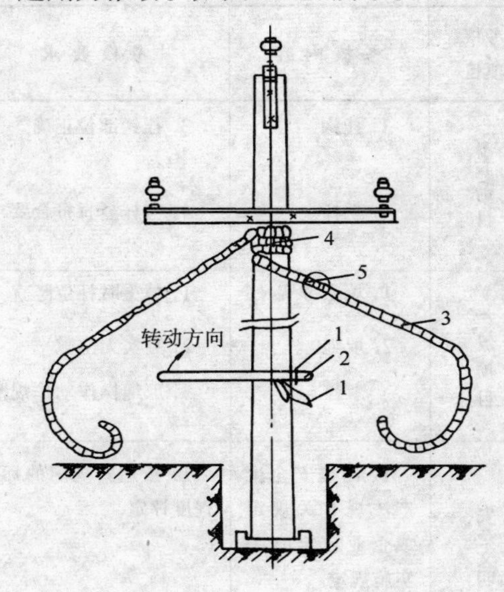

图10-15　转杆方向
1—麻绳；2—圆杆；3—调整绳；
4—四圈扣；5—腰绳扣

(4) 按要求装下卡盘。

(5) 回填土，每回填300mm夯实一次。

(6) 装上卡盘。回填土夯实至超出地面300mm。

(7) 落吊钩。拉动尼龙绳使钢丝绳落到杆底解下。

(8) 解调整绳。将调整绳放松，其中一绳扣向反扣方向抖一下，调整绳就会自动落下。

提示：在整个立杆过程中，调整绳要始终保持张紧状态。

(9) 用汽车起重机立杆考核评分表，见表10-3。

汽车起重机立杆考核评分表　　　　**表10-3**

考核项目	考核内容	考核要求	配分	评分标准	扣分	得分
主要项目	1. 挖坑	1. 坑深大小位置正确	20	1. 深度位置不对扣3~20分		
	2. 扣吊绳	2. 结绳扣正确	10	2. 绳扣不正确扣2~10分		

续表

考核项目	考核内容	考核要求	配分	评分标准	扣分	得分
主要项目	3. 挂钩	3. 挂钩部位正确	20	3. 挂钩部位不正确扣5～20分		
	4. 立杆	4. 电杆竖直符合要求	10	4. 竖直不符合要求扣1～10分		
一般项目	1. 填土夯实	1. 填土时杆位竖直	10	1. 不竖直扣1～10分		
	2. 取绳	2. 夯实无空隙	10	2. 土不实，有空隙扣2～10分		
		3. 取绳操作动作规范	10	3. 取绳动作不规范扣2～10分		
安全文明生产	1. 国颁安全生产法规有关规定或企业自定有关实施规定	1. 按达到规定的标准程度评定	7	1. 违反规定扣1～7分		
	2. 企业有关文明生产规定	2. 按达到规定的标准程度评定	3	2. 违反规定扣1～3分		
时间定额	240min	按时完成		超过定额10％及以下扣5分；超过10％～20％扣10分；超过20％时结束不计分；未完成项目不计分		

10.3.2　架杆立杆

汽车起重机立杆适于大批量施工，操作安全可靠，效率高，是线路施工中用得最多的方法。

但当杆数很少、汽车不易达到、费用太高、不值得用起重机的场合，常采用架杆立杆的方法，立杆前先准备两付架杆，架杆的形式和规格，如图10-16所示。两付架杆最好一长一短。

(1) 架杆的使用方法

1) 用架杆顶端夹紧电杆，将架杆根部分开2～3m。

2) 在立杆过程中要特别注意保持电杆重量压在架杆的角平分线上，架杆两边用力要相等。指挥者要密切注视，指挥调整两边的出力情况。

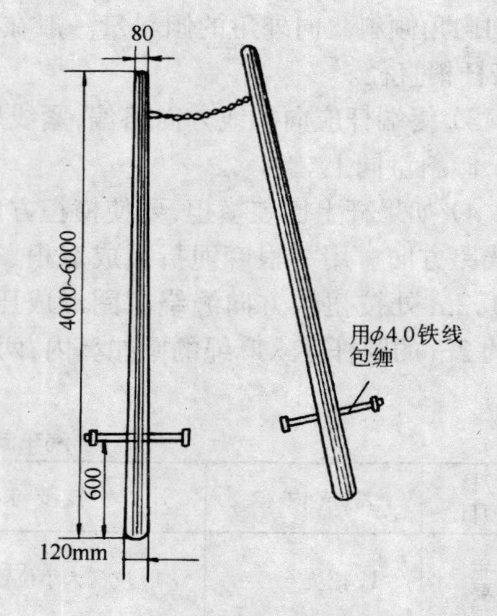

图10-16　立杆用架杆

3）立杆过程中，两边要同时、等速地向前推进，每次推进距离不宜过长，每次1m左右。

4）两副架杆换位时，要在前架杆架稳的情况下进行。

5）拉绳与架杆配合使用时，不要猛拉、猛放，必须与架杆同步进行。

(2) 拴拉绳。立杆前在杆上拴三根拉绳，每根拉绳由1～2人拉住。

(3) 架腿立杆的操作

1）将电杆移到坑边，使电杆根部顺马道放到坑内，在对面坑壁立一块厚木板做滑板，使杆根顶在滑板上，如图10-17所示。

2）开始起立时，先用人力将电杆端部抬起一点，插入短杠，然后继续抬高，为了前移换手，准备一块1.5m长的顶板，用顶板顶住电杆后，向前倒杆换手。当电杆抬到一定高度时，叉入一根较短的架杆。如图10-18(*a*)所示。

图10-17 电杆与滑板

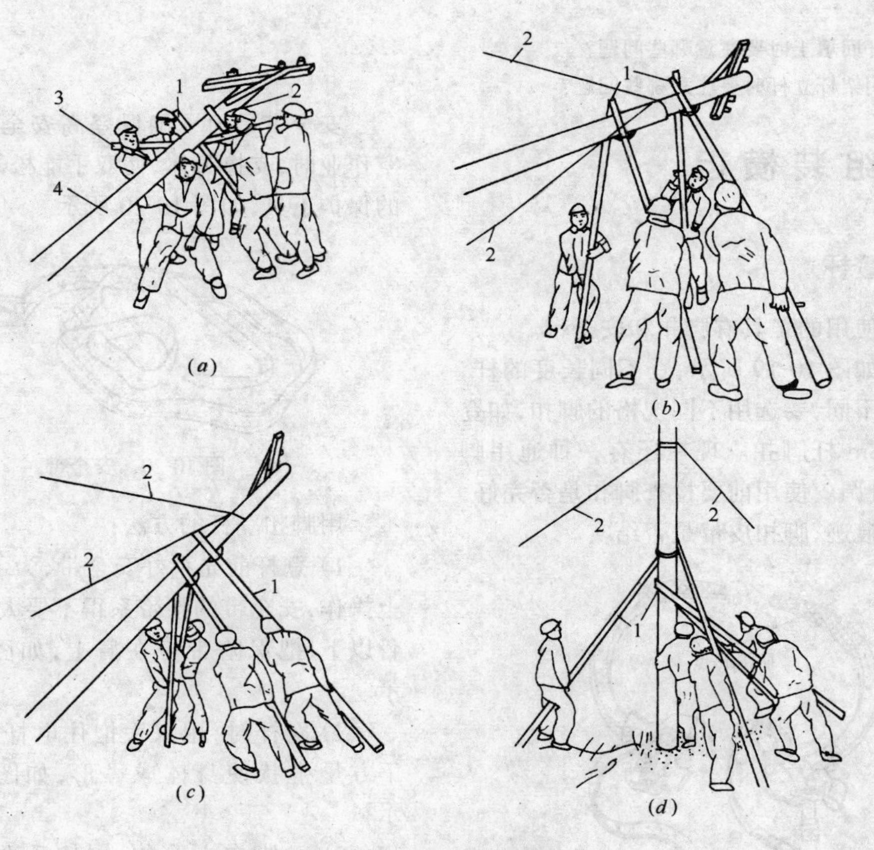

图10-18 架杆立杆

1—架杆；2—拉绳；3—短杠；4—电杆

3) 用架杆继续抬高杆端，并插入第二付架杆，如图 10-18(*b*)所示，这时才能移去短杠。

4) 两付架杆与拉绳配合继续立起电杆，所有人要听指挥者的口令，同时用力，抬架杆的人要让架杆始终夹紧电杆，大家同时向斜前方移动，使架杆向电杆方向收拢并立直。当一根架杆已立直不吃力时，用另一根架杆把电杆撑住，把前一根架杆向下放斜，使之能继续用上力，两根架杆交替操作，直到把电杆基本立直。如图 10-18(*c*)所示。

5) 当电杆基本立直时，用短架杆将电杆撑住，长架杆移到对面架住，防止电杆向对面翻倒。短架杆与拉绳配合将杆立直，并用两根架杆撑牢，调整电杆立直扭正，抽出滑板，进行回填。如图 10-18(*d*)所示。

小　　结

立电杆还有许多种别的方法，因需要制作一些专门的器具，一般均不常使用。起重机立杆主要是专业队伍使用，而架杆立杆则是作为不能使用起重机立杆时的应急措施使用。

习　　题

1. 立杆回填土时要注意哪些问题？
2. 使用架杆立杆时要注意哪些问题？

10.4　组装横担

10.4.1　登杆

登杆使用的工具有脚扣和安全带。

脚扣如图 10-19 所示，登不同长度的杆，由于杆径不同，要选用不同规格的脚扣，如登 8m 杆用 8m 杆脚扣。现在还有一种通用脚扣，大小可调。使用前要检查脚扣是否完好，有无断裂痕迹，脚扣皮带是否结实。

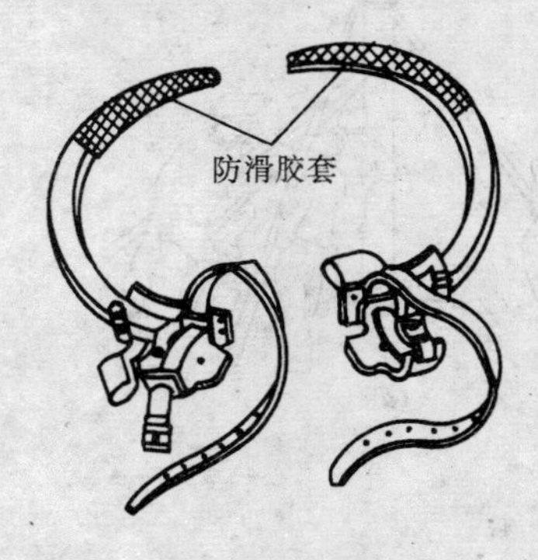

图 10-19　脚扣

安全带是为了确保登高安全，另外在高空作业时，支撑身体，使双手能松开进行作业的保护工具，如图 10-20 所示。

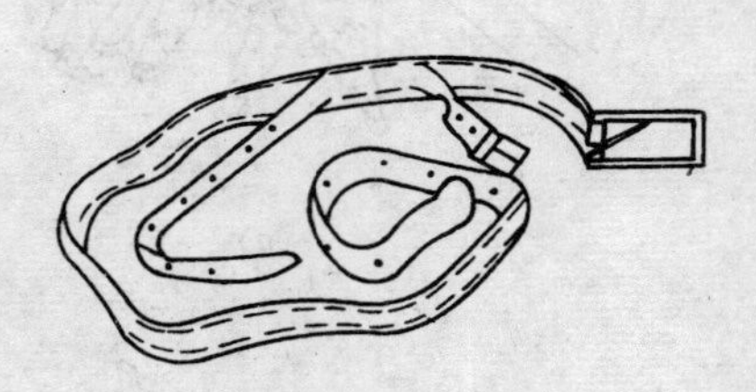
图 10-20　安全带

用脚扣登杆的方法：

1) 登杆前先系好安全带，为了方便在杆上操作，安全带的腰带系得不要太紧，系在胯骨以下，把保险带挎在肩上，如图 10-21 所示。

2) 登杆时，用双手抱住电杆，臀部向后下方呈坐状使身体成弓形，如图 10-22 所示。

3) 一脚向上跨扣，同侧手向上扶住电杆，如图 10-22 所示。脚上提时不要翘脚尖，脚要放松，用脚扣的重力使其自然挂在脚上，

图 10-21 系安全带

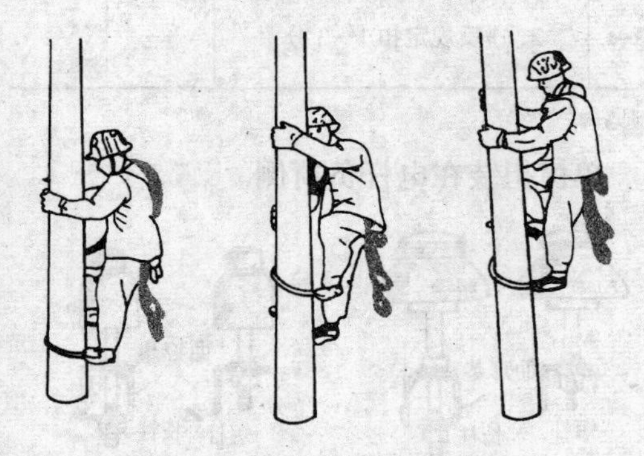

图 10-22 用脚扣登杆

脚扣平面一定要水平，否则上提过程中脚扣会碰杆脱落。每次上跨间距不要过大，以膝盖成直角为好。上跨到位后，让脚扣尖靠向电杆，脚后跟用力向侧后方踩，脚扣就很牢固地卡在杆上。卡稳后不要松脚，把重心移过来，另一脚上提松开脚扣，做第二跨，脚扣上提时下脚扣不要碰到上脚扣，以免脱落。

每次上跨的间距也不能太小，如果上脚扣靠紧电杆时，正好踩在下脚扣上部，两脚扣互碰，会造成脱扣下滑，非常危险。

由于杆梢直径小，登杆时，越向上越容易脱扣下滑，要特别注意。

4）上到杆顶，踩稳后，把保险带绕过横担和电杆在腰间扣好，如果没有横担，把保险带绕电杆两圈增大摩擦力，保险带不松动、吃上劲后，调整脚扣到合适操作的位置，将两脚扣相互扣死，如图 10-23 所示。

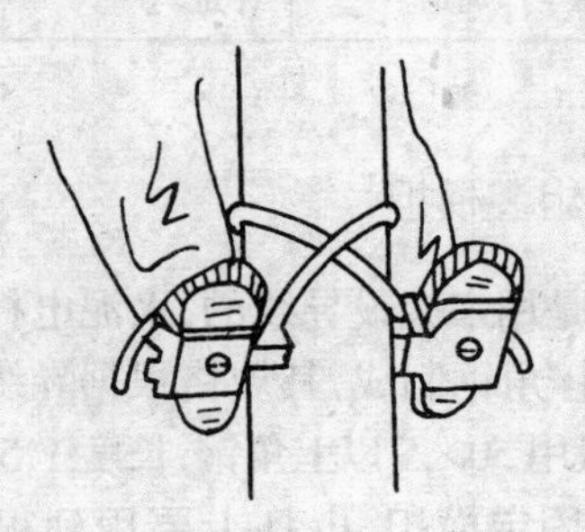

图 10-23 脚扣定位

脚下和安全带都稳固后，就可以松开手进行操作了。上杆前不要忘记带工具袋，并带上一根细绳，以便从杆下提取工件。

5）下杆动作要领与上杆时相反，即左脚向下跨扣时，左手同时向下扶，两脚交替进行。

6）考核评分：见表 10-4。

登杆练习考核评分表 **表 10-4**

考核项目	考核内容	考核要求	配分	评分标准	扣分	得分
主要项目	1．系安全带	1．松紧合适	10	1．过松过紧扣 2～5 分		
	2．穿脚扣	2．皮带松紧适度	10	2．不适度扣 2～5 分		
	3．上　杆	3．姿式正确、不碰杆、不碰脚扣、不掉脚扣	30	3．姿式不正确扣 2～5 分。碰杆碰脚扣扣 2～5 分。掉脚扣扣 20 分		
	4．下　杆	4．姿式正确、速度适中	25	4．速度过快扣 2～10 分		

续表

考核项目	考核内容	考核要求	配分	评分标准	扣分	得分
一般项目	1. 安全带拴挂	1. 安全带拴挂正确	10	1. 拴挂不正确扣 2～10 分		
	2. 工具携带	2. 工具绳索带全	5	2. 携带不全扣 2～5 分		
安全文明生产	1. 国颁安全生产法规有关规定或企业自定有关实施规定	1. 按达到规定的标准程度评定	7	1. 违反规定扣 1～7 分		
	2. 企业有关文明生产规定	2. 按达到规定的标准程度评定	3	2. 违反规定扣 1～3 分		

班级：　　　　姓名：　　　　指导教师：

10.4.2 组装横担

横担是用来架设导线的，水泥电杆上的横担采用镀锌角钢制成，其规格根据导线的根数而定，一般用 50×5 以上角钢，长度 1.5m 左右。

为了固定横担，电杆上要用到很多种金属件，用镀锌钢板制成，称为金具，常用金具如图 10-24 所示。

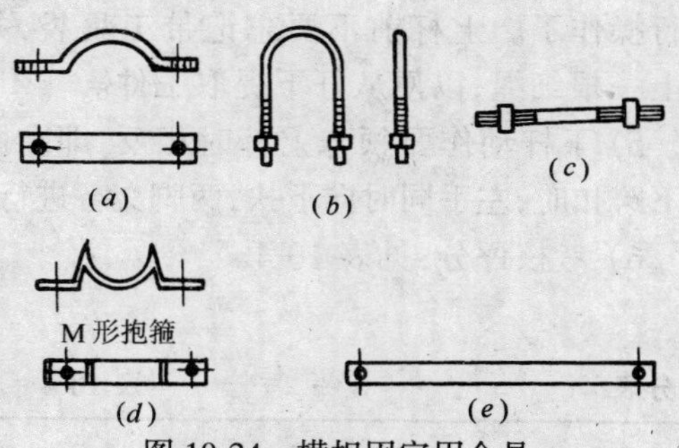

图 10-24 横担固定用金具
(a)半圆夹板；(b)U 形抱箍；(c)穿心螺栓；(d)M 形抱箍；(e)支撑

在横担上要安装绝缘子来支持导线，常用绝缘子的安装方法，如图10-25和图 10-26 所示。

用起重机立杆时，一般都在地面上把横担组好，绝缘子安好后立杆，人工立杆时为减轻杆重，一般都在立杆后在杆上组横担。横担在杆上的安装方法，如图 10-27 和图 10-28 所示。多横担电杆组担时，从电杆最上端开始。单横担装在电杆负荷侧。

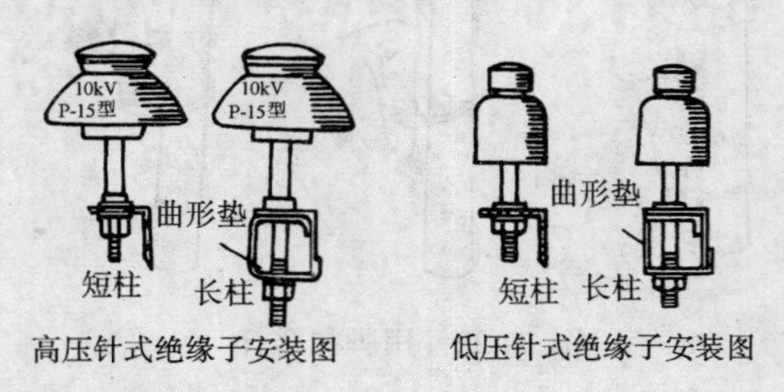

图 10-25 针式绝缘子安装图

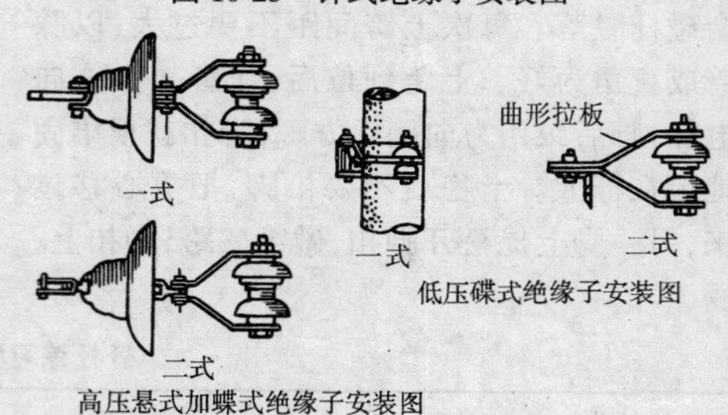

图 10-26 蝶式绝缘子安装图

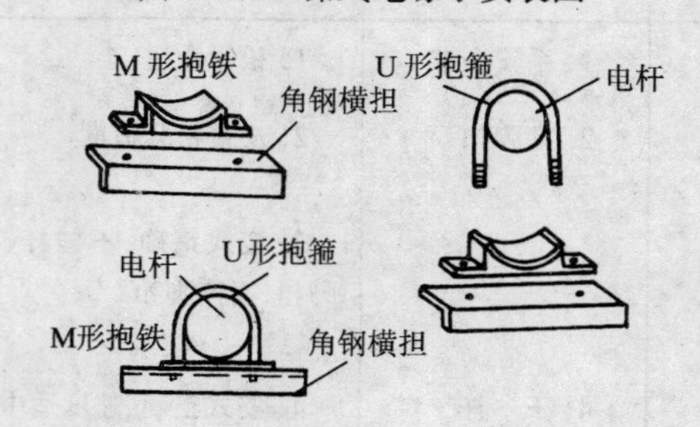

图 10-27 单横担的安装

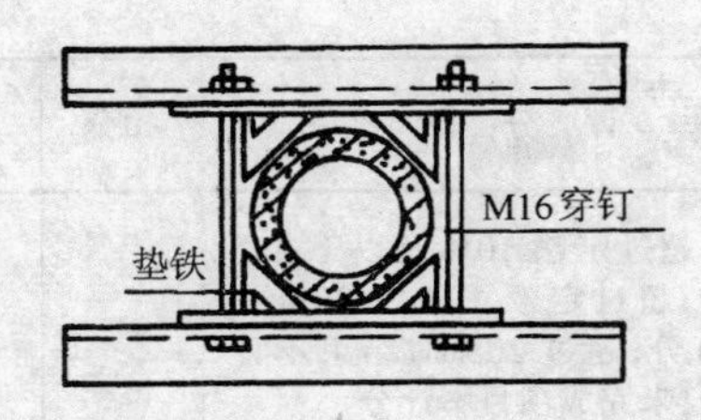

图 10-28　双横担的安装

杆上横担、绝缘子组装练习：

(1) 材料和工具

角铁横担、U形抱箍、M形抱箍、角撑、半圆铁板、曲形拉板、螺栓、滑轮、低压针式绝缘子、蝶式绝缘子、安全带、脚扣、工具袋、活搬手、尼龙绳。

(2) 登杆

系好安全带，带好工具袋、尼龙绳，穿好脚扣登杆。登到杆顶装横担位置，将保险带在杆上绕两圈扣好，稳定身体后，在杆上绑滑轮，用套牛扣扣在杆上。把尼龙绳穿过滑轮，两端放到地面。

(3) 吊横担

地面的人把横担拴在尼龙绳上，并把U形抱箍、M形抱箍拴在横担上，用滑轮把横担吊到杆顶。

(4) 装横担

把横担移到身前保险带上，紧靠电杆，取下抱箍，按图 10-27 所示装好，紧固螺栓。紧固过程中，依杆下人的指示，调整横担的方向和水平度。

(5) 装角撑

吊上角撑和半圆夹板，把角撑上部用螺栓固定在横担上，一边一块。调整安全带和脚扣到合适的高度，把半圆夹板和角撑另一端固定在电杆上，要保持横担水平。

(6) 装绝缘子

调整在杆上的高度，把保险带从横担上穿过来扣好。吊上绝缘子进行安装。针形绝缘子紧固时要加弹簧垫片。蝶形绝缘子安装时，固定拉铁和绝缘子的螺栓要从下向上穿。

(7) 下杆

拆下滑轮，吊到地面，解开安全带，下杆。

(8) 考核评分

见表 10-5。

杆上组装横担考核评分表　　**表 10-5**

考核项目	考核内容	考核要求	配分	评分标准	扣分	得分
主要项目	1. 装横担	1. 安装要牢固、水平、方向正确	30	1. 不牢固、歪斜扣2～15分		
	2. 装角撑	2. 安装要牢固、周正	20	2. 不牢固、歪斜扣1～10分		
	3. 装绝缘子	3. 方法正确、不损伤绝缘子	30	3. 方法不正确扣1～10分，绝缘子损伤扣10～20分		
一般项目	登　杆	姿势正确、迅速	10	姿势不正确扣1～5分。		
安全文明生产	1. 国颁安全生产法规有关规定或企业自定有关实施规定	1. 按达到规定的标准程度评定	7	1. 违反规定扣1～7分		
	2. 企业有关文明生产规定	2. 按达到规定的标准程度评定	3	2. 违反规定扣1～3分		

续表

考核项目	考核内容	考核要求	配分	评分标准	扣分	得分
时间定额	40min	按时完成		超过定额10%及以下扣5分;超过定额10%～20%扣10分;超过20%时结束不计分;未完成项目不计分		

班级：　　　　　　姓名：　　　　　　指导教师：

小　　结

组装横担时要注意横担在杆上的方向、水平度、绝缘子的完好,多横担时还要注意各担的间距。

习　题

1. 单横担和双横担各在什么时候使用?
2. 针形绝缘子和蝶形绝缘子各在什么时候使用?
3. 为什么要装角撑?
4. 蝶形绝缘子固定螺栓为什么从下向上穿?

10.5 制作拉线

10.5.1 拉线基本情况

线路起点和终点、分支、转角处的电杆、耐张杆、跨越杆由于受导线拉力不平衡,都要加装拉线,以保证其稳定性。在不同位置拉线形式不同,各种拉线形式,如图10-29所示。

拉线用镀锌钢绞线或镀锌铁线(铅丝)制作,它们的最小截面是:

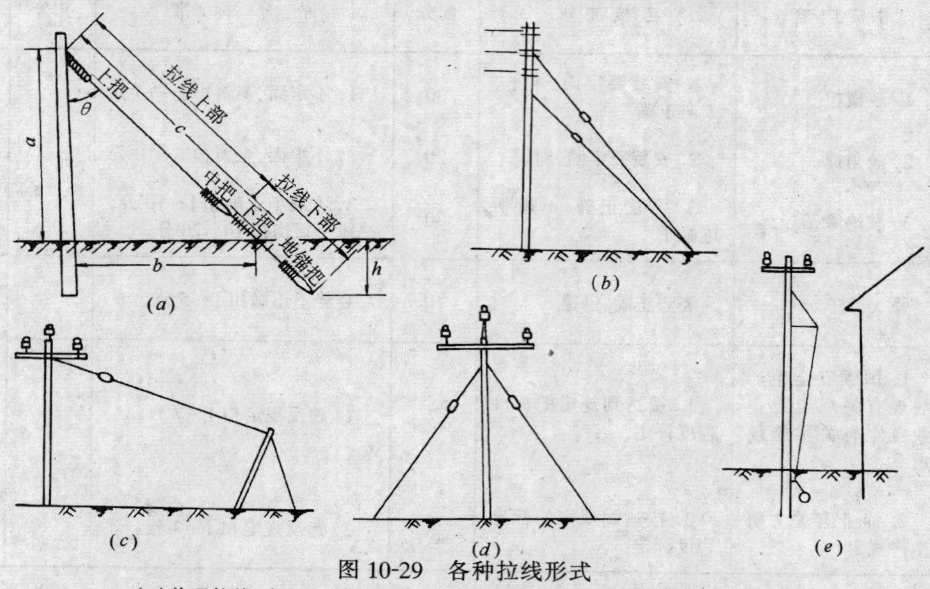

图10-29　各种拉线形式

(a)普通拉线;(b)上下双拉线;(c)水平拉线;(d)人字拉线;(e)弓形拉线

镀锌钢绞线 25mm²

镀锌铁线 3×ϕ4.0mm(8 号铅丝)

拉线分为上把、中把和下把，如图 10-29 (a)所示。上把的上端固定在电杆上的拉线抱箍上，下端与中把上端连接，如果拉线从导线间穿过时，上下把间用拉线绝缘子隔开，拉线绝缘子距地不小于 2.5m。如不穿导线则用心型环(也叫拉线环)连接。中把与下把的连接处安装调节用花篮螺栓。下把下端固定在地锚的 U 形拉环上，有些下把直接用 ϕ18 的镀锌圆钢制做，也可以因地制宜用短圆木制做地锚，用镀锌铁线做下把，地锚埋在挖好的拉线坑中，埋深 1.2～1.9m，下把环距地面 0.5～0.7m。

拉线所用金具如图 10-30 所示，其中挂环和线夹用于钢绞线拉线。

10.5.2 拉线制作

(1) 计算拉线长度

这里计算的拉线长度是指图 10-29(a)中拉线上部的长度，如果安装拉线绝缘子，长度要根据绝缘子位置减短。

拉线长度可用下面的近似公式计算：

$$c = k(a + b)$$

式中 c——拉线地面上的长度；

k——系数，取 0.71～0.73；

a——拉线安装高度；

b——拉线与电杆的距离。

当 $a=b$ 时，k 取 0.71；当 $a=1.5b$($b=1.5a$)时，$k=0.72$；当 $a=1.7b$($b=1.7a$)时，$k=0.73$。

计算出的拉线长度应减去拉线棒(或下把)出地面长度和花篮螺栓(或 UT 形线夹)的长度，再加上两端扎把折回部分的长度，才是下料长度。

(2) 铁线拉线绑扎

1) 下料：

取 ϕ4mm 的镀锌铁线一盘，从内圈找到线头，牵拉至远处电杆处，用“双 8 字扣”拴住，如图 10-31 所示。

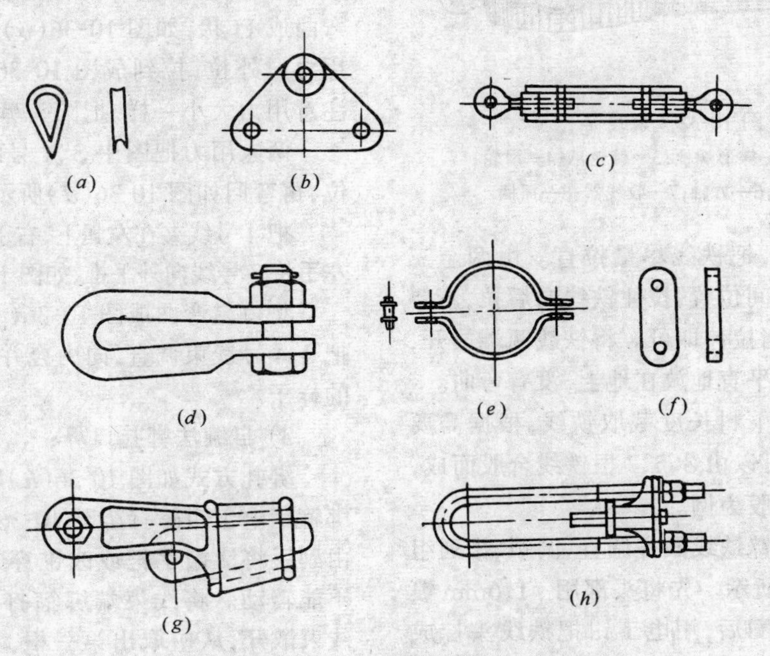

图 10-30 拉线用金具

(a)心形环；(b)双拉线联板；(c)花篮螺栓；(d)U 形拉线挂环；(e)拉线抱箍；(f)双眼板；(g)楔形线夹；(h)可调式 UT 线夹

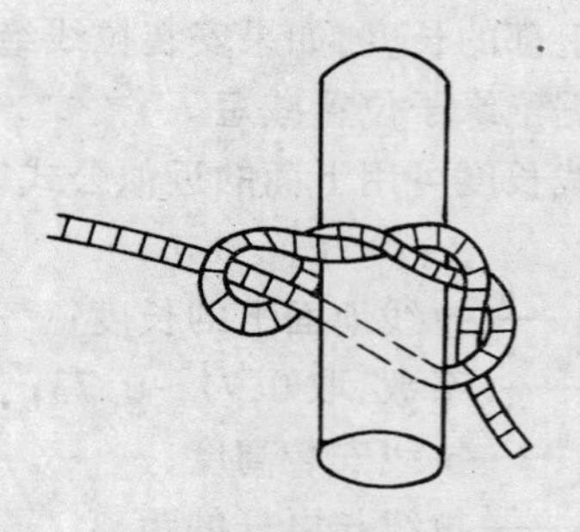

图 10-31 双 8 字扣

图 10-33 铁线排列情况

铁线另一端用紧线器固定在另一根电杆上，紧线器如图 10-32 所示，先将紧线器拴在电杆上，再把铁线尽量拉直，夹在紧线器钳口中。

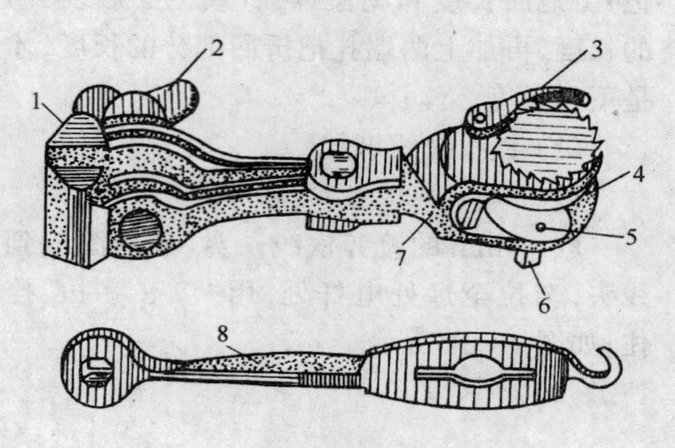

图 10-32 紧线器

1—钳口；2—蝶形螺栓；3—棘轮爪；4—滑轮；5—圆孔；6—方轴；7—收线器；8—摇柄

摇动摇柄，把铁线尽量拉直。由两至三人走到铁线中间位置，拉住铁线向后拉，不要用力过猛，适当拉伸即可。将铁线两端放开，这时铁线应能平直地放在地上，没有弯曲。

按计算的下料长度截取铁线，根据需要的拉力，拉线可以由 3、5、7 根铁线合股而成，下面以 7 根合股为例。

把 7 根镀锌铁线戳齐调直、调顺、排列组合如图 10-33 所示。先将头部用 ϕ1.6mm 镀锌铁线缠绕三圈后，用电工钳把铁线头拧成麻花形小辫约 3～4 个花，用电工钳顺铁线方向拍倒，再每隔 1.2m 绑扎一道，如图 10-34 所示。

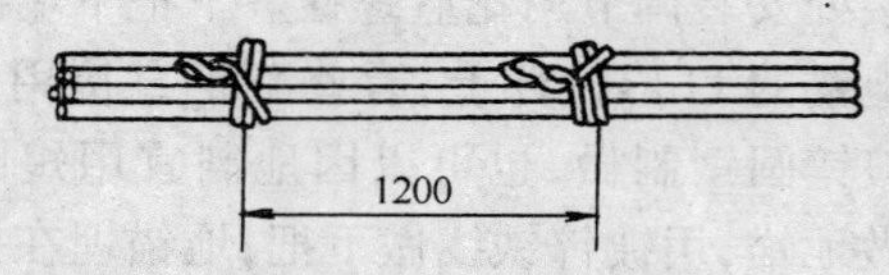

图 10-34 隔 1.2m 绑扎

将合股铁线一端绑在电杆上，另一端绑在一根铁棍上，顺时针方向将铁线绞合。

2）弯曲线束形成口鼻：

按图 10-35 量取铁线长度，并在 X、Y、Z 三点用 ϕ1.6mm 铁线临时绑扎，方法同前。

两手握住 Y、Z 外 100mm 处，右膝盖顶住 X 处，用力向内弯曲，如图 10-36(*a*)所示，弯曲成 U 状，如图 10-36(*b*)所示，左右换手用力向外拉，拉到成图 10-36(*c*)所示形状。注意用力大小一样，把圆头鼻子弯正。

两人用力把图中 3、4 号线拉开，上下换位，再弯回如图 10-36(*d*)所示。

把 4 号线夹在左腿下，右手握住圆头鼻子，左手将 3 号线向外平推，如图 10-36(*e*)所示。

将口鼻弯曲成图 10-36(*f*)所示的样子，把 3、4 号线束调直，向内合并成图 10-36(*g*)的样子。

3）自缠法绑扎口鼻：

绑扎方式如图 10-36(*h*)所示，向将 Y 处绑箍用电工钳磕打至图 10-36(*h*)所示位置，由副手将活搬手把或改锥穿入口鼻内，使之不能转动。将线束端绑箍打开，使 1.4m 长线束散开，从中取出第一根，如图 10-36(*h*)所示，顺时针缠绕 12 圈，缠绕时用电工钳拉紧。为缠绕方便，可将线头绕成小盘，如图 10-37 所示。

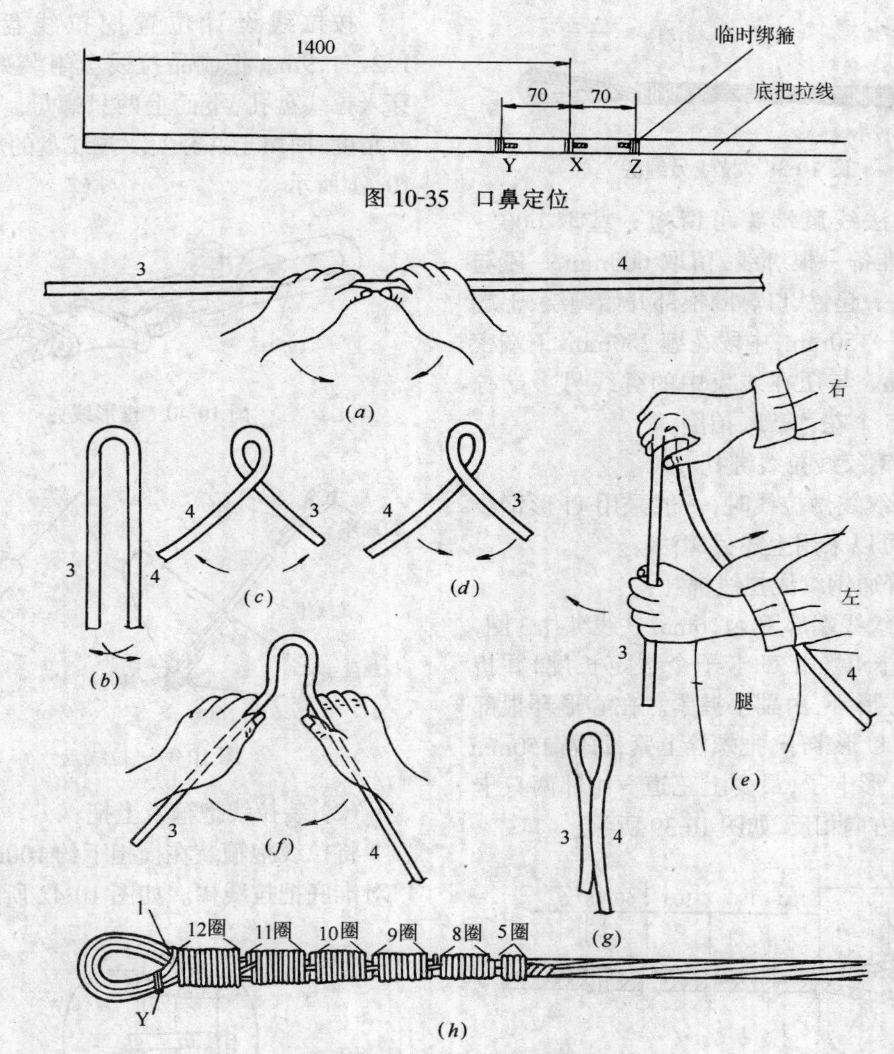

图 10-35　口鼻定位

图 10-36　口鼻的弯曲

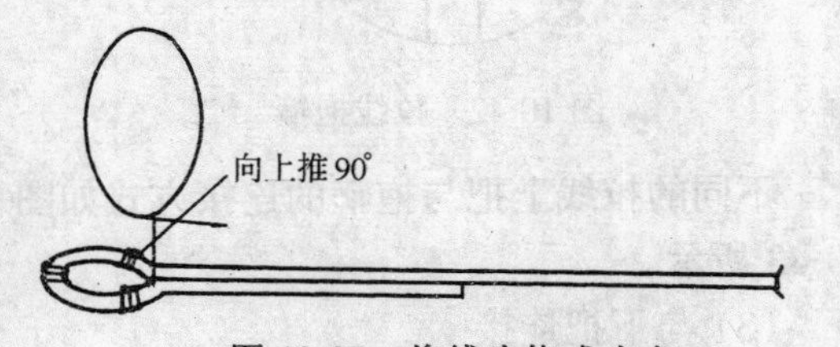

图 10-37　将线头绕成小盘

第一根线缠绕完成，取其左侧的一根为第二根线，将第二根线也盘成小盘，在与第一根线相交处向上弯曲 90°，弯曲时线要尽量抽紧，把第一、二根线顺时针相绞 90°，使第一根线压在第二根线下，并与 3、4 号线束并拢，留 15mm 余下剪断。

第二根线在线束上缠绕 11 圈，挑出第三根线重复上面的操作，将第二根线压住，用第三根线缠绕。

第六根线缠绕完成后，与剩下的第七根线拧成小辫，拧 5 个花，余下剪断，并顺线束方向拍倒，拆掉 X、Y、Z 处临时绑箍。

4）另缠法绑扎口鼻：

另缠法是另外使用不小于 $\phi3.2$mm 的镀锌铁线进行绑扎，绑扎方式如图 10-38 所示。

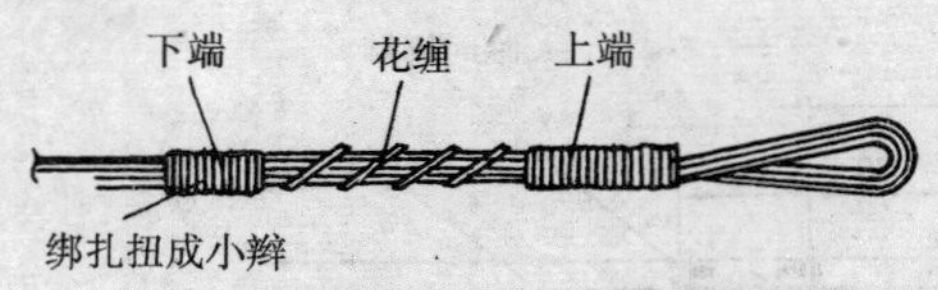

图 10-38　拉线另缠法

另缠法线束端头可留短一些取 600～800mm，准备一根绑线，留取 600mm 一段与线束并在一起，从口鼻圈根部开始缠绕，上端密绕 100～150mm，中段花缠 250mm，下端密绕 150mm。与压在线束中的绑线另一端拧小辫，拧 5 个花，剪断、拍倒。

(3) 钢绞线拉线绑扎

用钢绞线做拉线时，一般采用 U 形钢线卡子，也可以采用上述另缠法。

1) 普通钢绞线拉线绑扎：

把钢绞线端部用 ϕ1.6mm 铁线绑扎 3 圈，量取适当长度(由 U 卡子个数定长度)并折回，放入心形环，由副手握紧。在心形环根部上第一道 U 形卡子，把螺栓上紧，每隔 150mm 上一道 U 形卡子，最少上三道。相邻两只卡子的安装方向相反，如图 10-39 所示。

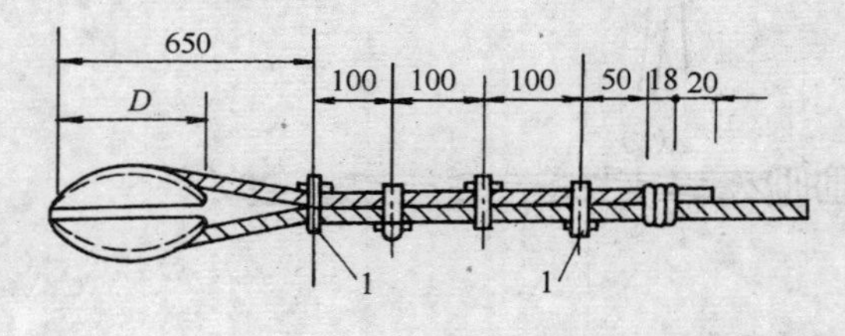

图 10-39　U 形卡子绑扎

2) 楔形线夹：

最取适当长度钢绞线，从下部穿入楔形线夹再折回穿出，把楔形铁板放入线夹，使钢绞线环绕在铁板外侧，用榔头把铁板及钢绞线敲紧。在距线夹下口 100mm 处上第一道 U 形卡子，每隔 150mm 再上一道，最少上三道，如图 10-40 所示。

10.5.3　拉线的安装

(1) 埋拉线盘

按拉线设计位置挖拉线盘坑，坑深 1.2～1.9m。把成品拉线盘组装好，拉线棒穿入拉线盘孔，下面上两只螺母。摆好拉线棒角度，回填土并夯实。拉线盘的形式，如图 10-41 所示。

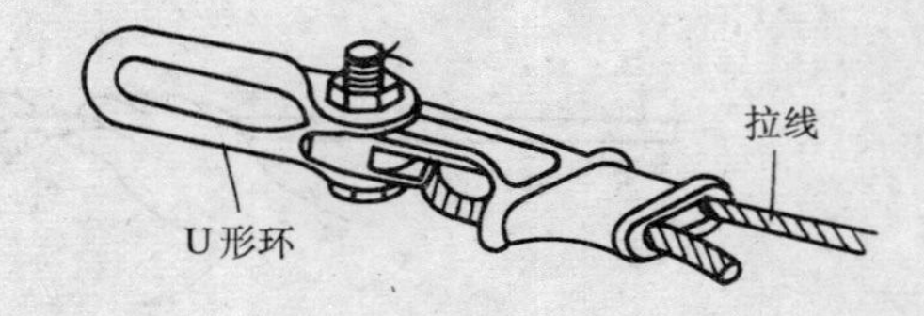

图 10-40　楔形线夹

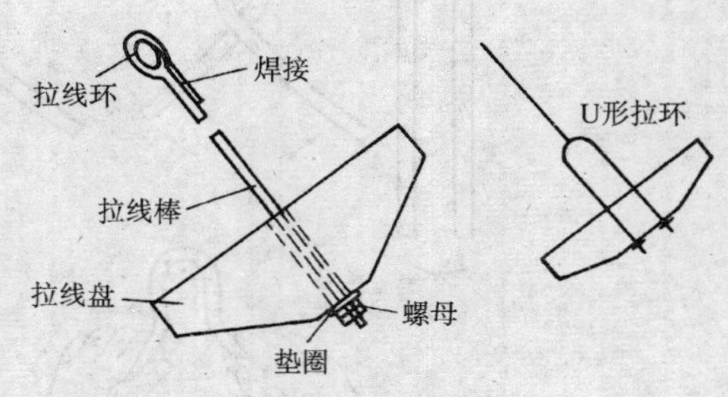

图 10-41　拉线盘

(2) 装拉线抱箍及上把

将拉线抱箍装在横担下约 100mm 处，开口对准底把拉线棒。如图 10-42 所示。

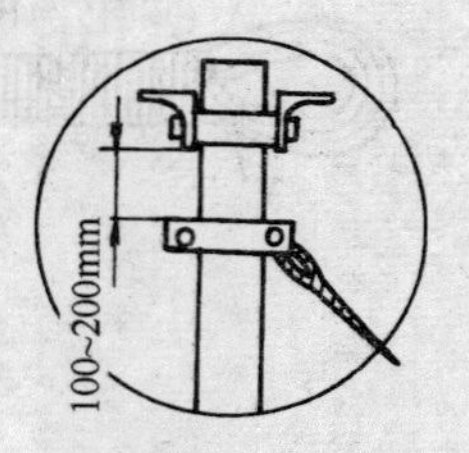

图 10-42　拉线抱箍

不同的拉线上把与抱箍的连接方式如图 10-43 所示。

(3) 与下把连接

拉线与下把连接有时中间要加花篮螺栓，用来调整拉线松紧程度，如图 10-44 所示，先把花篮螺栓与拉线棒连接好，并放到最大长度。调整完成后，用 ϕ1.6mm 镀锌铁线在花篮螺栓外花缠。

如果拉线上中把中间加绝缘子，做法如

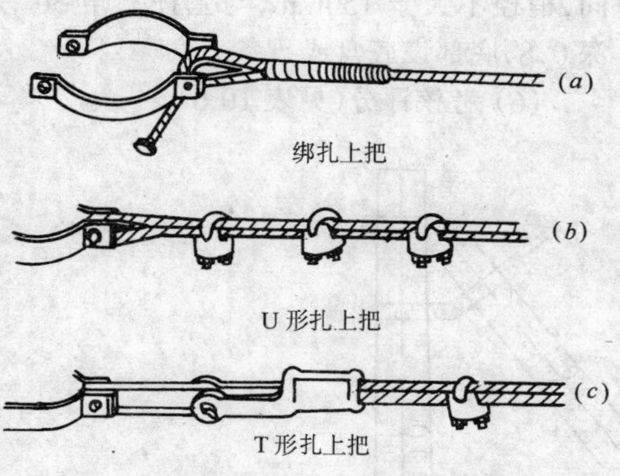

图 10-43　不同拉线上把与拉线抱箍的连接

提示：图中楔形卡子与抱箍间用双眼板连接，见图 10-30。

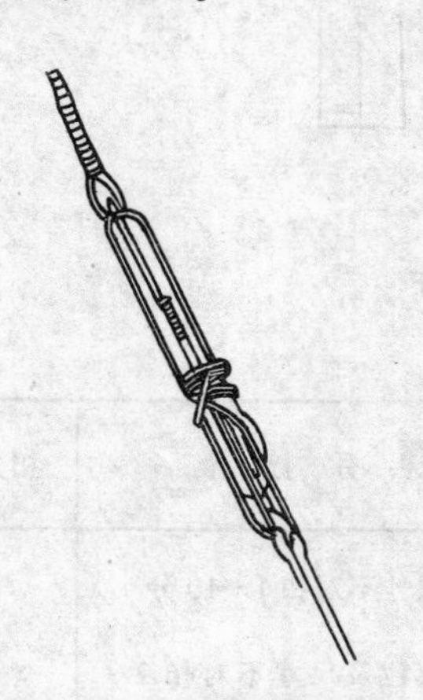

图 10-44　花篮螺栓下把

图 10-45 所示。

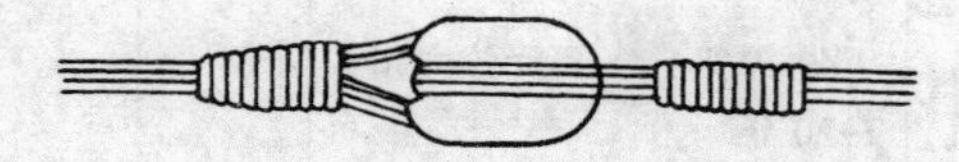

图 10-45　拉线绝缘子安装

将拉线下端用紧线器夹住，并用紧线器把拉线拉紧到电杆向拉线方向倾斜一个杆梢位置。

把拉线下端穿过拉线棒孔或底把孔，用另缠法绑扎，如图 10-46 所示。

(4) UT 型线夹拉线安装

使用钢绞线做拉线时，常使用楔形线夹与 UT 形线夹配合安装，安装方式如图 10-47 所示。

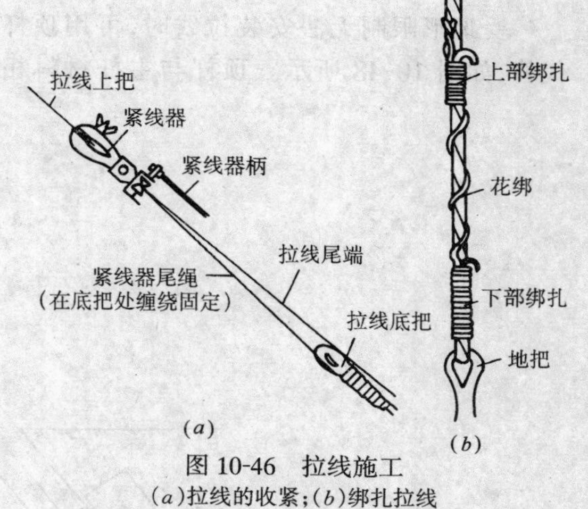

图 10-46　拉线施工

(a)拉线的收紧；(b)绑扎拉线

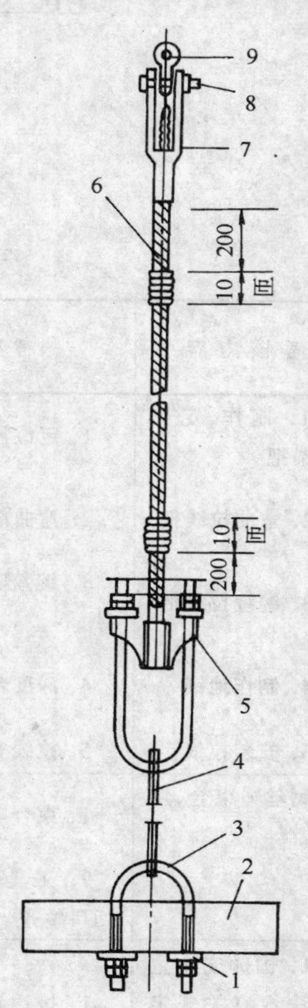

图 10-47　钢绞线拉线组装图

1—大方垫；2—拉线盘；3—U 型螺丝；4—拉线棒(下把)；5—UT 型线夹；6—钢绞线；7—楔形线夹；8—六角带帽螺丝；9—U 型挂环

(5) 顶杆

受地形限制无法安装拉线时,可用顶杆代替,如图 10-48 所示。顶杆与主杆材料相同,梢径不大于 150mm,与主杆夹角 30°,埋深 0.8,底部设底盘或石条。

(6) 考核评分(见表 10-6)

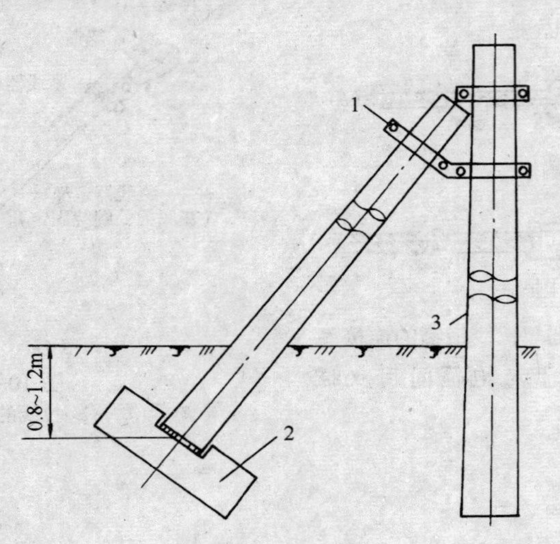

图 10-48 顶杆

1—顶杆抱箍;2—顶杆底盘;3—主杆

拉线的制作与安装考核评分表 **表 10-6**

考核项目	考核内容	考核要求	配分	评分标准	扣分	得分
主要项目	1. 制作、定位地锚把	1. 定位尺寸合理	10	1. 尺寸不对扣 1~10 分		
	2. 弯曲拉线把	2. 弯曲部位和半径正确	20	2. 部位及尺寸不对扣 2~20 分		
	3. 缠绕拉线把	3. 缠绕操作规范,圈数对	20	3. 松散,圈数不对扣 2~20 分		
	4. 制作地锚	4. 深度合适,选位准确	20	4. 深度不对,不受拉力扣 2~20 分		
	5. 安装拉线	5. 拉线安装正确牢固	10	5. 不牢固扣 1~10 分		
一般项目	钢丝绳束合,切断	1. 束合牢实,圈数正确	5	1. 松散,圈数不对扣 1~5 分		
		2. 工具使用方法正确,切口整齐	5	2. 不会使用工具,切口不齐扣 2~5 分		
安全文明生产	1. 国颁安全生产法规有关规定或企业自定有关实施规定	1. 按达到规定的标准程度评定	7	1. 违反规定扣 1~7 分		
	2. 企业有关文明生产规定	2. 按达到规定的标准程度评定	3	2. 违反规定扣 1~3 分		

续表

考核项目	考核内容	考核要求	配分	评分标准	扣分	得分
时间定额	240min	按时完成		超过定额10%及以下扣5分;超过10%~20%扣10分;超过20%时结束不计分;未完成项目不计分		

小　结

1. 拉线的安装方式有多种,要根据实际情况选用,一般常用普通拉线,在普通拉线因地形不能使用时才使用其他形式。

2. 拉线各个连接点都要进行绑扎,绑扎的方法相同,都可以使用自缠法、另缠法和U形卡子。

习　题

1. 各种不同的拉线形式适用什么样的场合?举例说明。
2. 拉线由几部分组成?
3. 叙述各种绑扎方法。
4. 花篮螺栓外为什么要绑铁线?

10.6 架设导线

10.6.1 放线与架线

架设导线主要包括放线、架线、紧线、绑扎等工序。

(1) 放线

放线就是沿着电杆两侧把导线放开,有拖放法和展放法。

拖放法把导线架在放线架上,用人力拖着导线放线,这样放线需人力较多,线皮容易磨损。拖放法往往与架线同时进行,利用横担上悬挂的滑轮把线挂起来,这样拖线时不易损坏导线。拖放法如图10-49所示。

展放法把放线架放在车上移动,要求杆旁允许车辆行走。

放线过程中要检查导线有无破损、散股和断线等情况。

(2) 架线

把放好的导线架到横担上叫架线。架线有两种方法:一种以一个耐张段为单元,把线

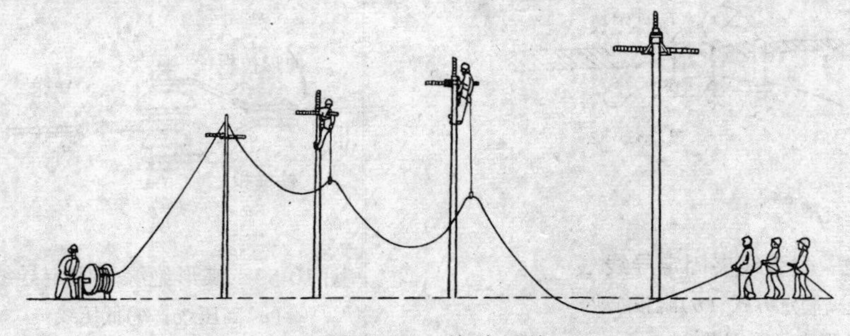

图10-49 拖放导线

全部放完，再用绳子吊起导线，将导线放入开口放线滑轮内。另一种是一边放线，一边用绳子把导线吊入放线滑轮。

10.6.2 紧线与导线固定

(1) 紧线

每个耐张段内的导线全部挂在电杆上以后，就可以开始紧线。紧线时先用人力拿拉绳初步拉紧，拉紧时要几条线同时拉，否则横担会发生偏斜。人力拉紧后再用紧线器进一步拉紧，这时要观察导线的悬垂程度，悬垂度不宜过小，否则会造成断线；悬垂度也不宜过大，否则刮风时摆动过大会造成相间短路。并行几条线的悬垂程度要一致。用紧线器紧线的方法，如图 10-50 所示。

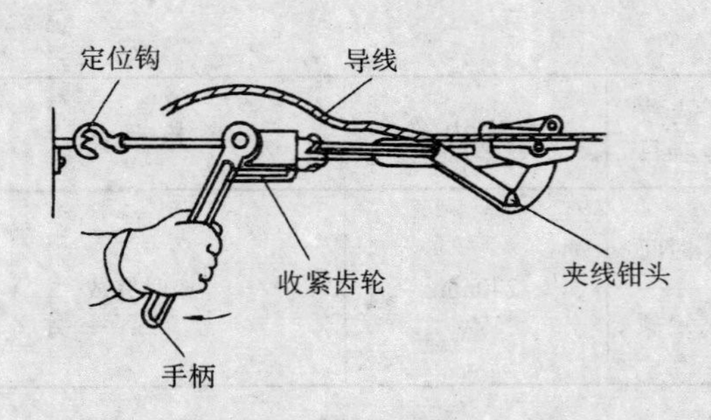

图 10-50 紧线器紧线方法

导线悬垂度的测量方法如图 10-51 所示。

(2) 导线的固定

导线耐张段端或始末端，可以用耐张线夹固定导线(大截面导线)，如图 10-52 所示。

导线截取较小时用蝶形绝缘子绑扎固定导线，如图 10-53 所示。

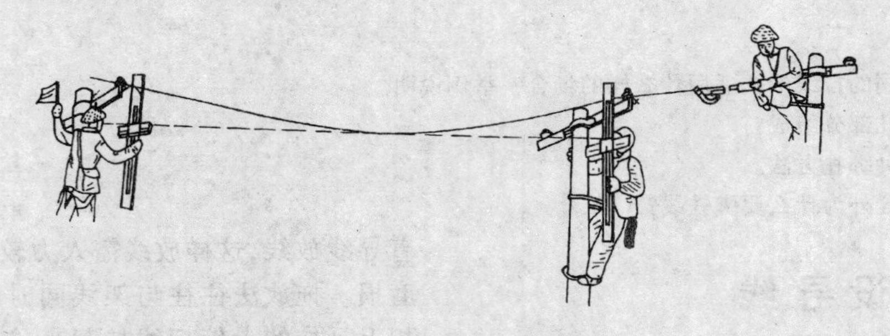

图 10-51 导线悬垂度的测量方法

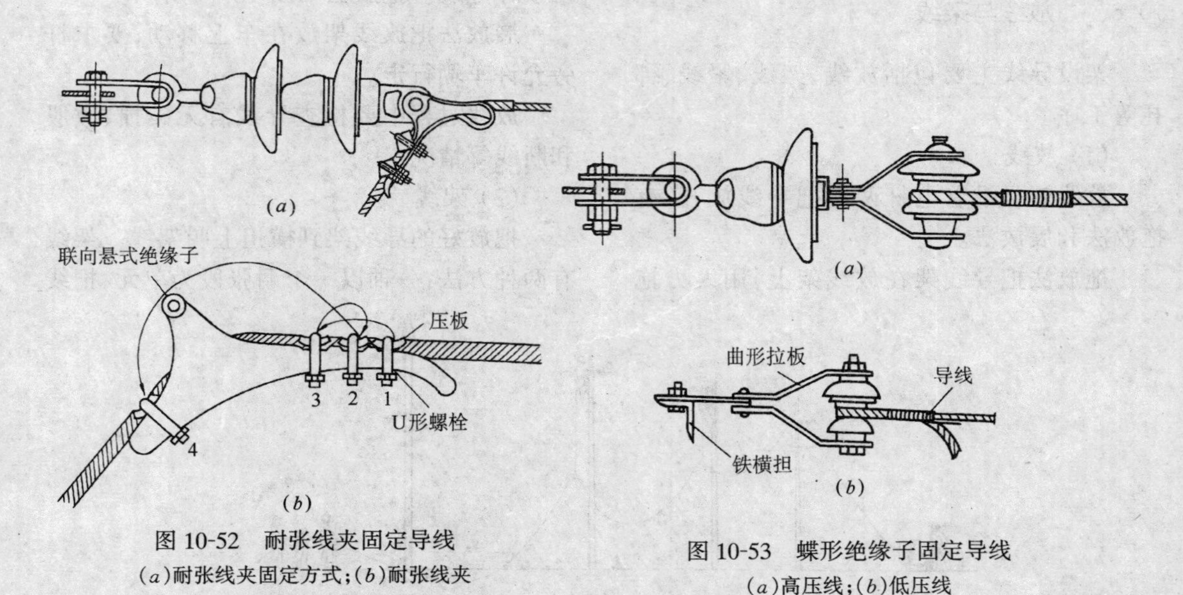

图 10-52 耐张线夹固定导线
(a)耐张线夹固定方式；(b)耐张线夹U形卡子紧固顺序

图 10-53 蝶形绝缘子固定导线
(a)高压线；(b)低压线

导线在直线段绑扎在针式绝缘子上，可以放在顶端，也可以放在侧面。

(3) 导线在蝶形绝缘子上的绑扎方法

1) 在铝绞线绕过绝缘子的位置用软铝带逆时针缠绕一段，如图 10-54 所示。

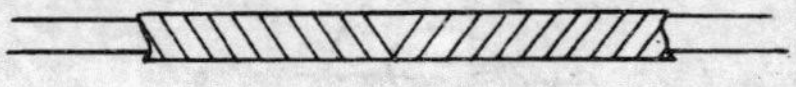

图 10-54 包铝带

2) 用铝绞线中的单股做绑线，取一段绑线绕成小圈，如图 10-55 所示。

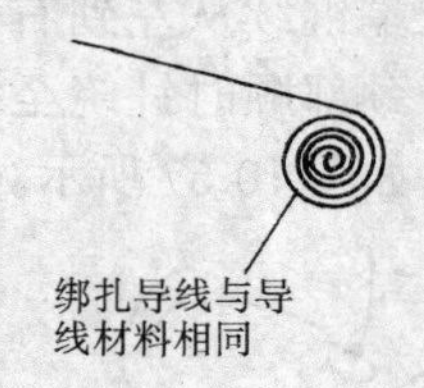

图 10-55 准备绑线

3) 将导线末端通过绝缘子颈部折回并拉紧，如图 10-56 所示。

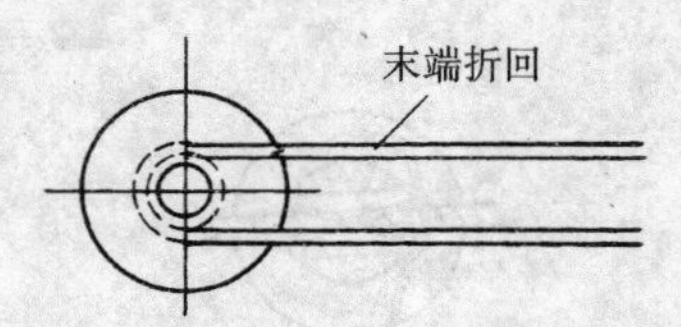

图 10-56 导线套在绝缘子上

4) 将绑线拉开 250mm，在距绝缘子的中心线 3*D* 处交叉穿过，如图 10-57 所示。

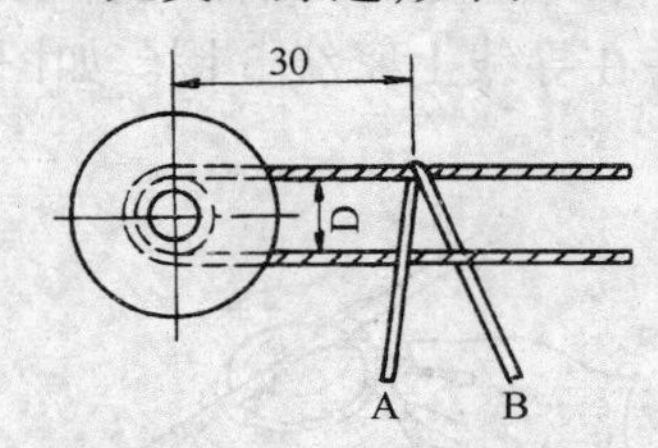

图 10-57 穿入绑线

5) 将导线紧密并拢，如图 10-58 所示。

6) 将绑扎导线的 B 端自下向上进行缠绕，每圈间留绑扎导线直径大小的缝隙，缠绕长度 150～200mm。如图 10-59 所示。

7) 沿 B 端线缝隙缠绕 A 端线，如图 10-60所示。

8) 将导线折回部分线搬起，如图 10-61 所示。

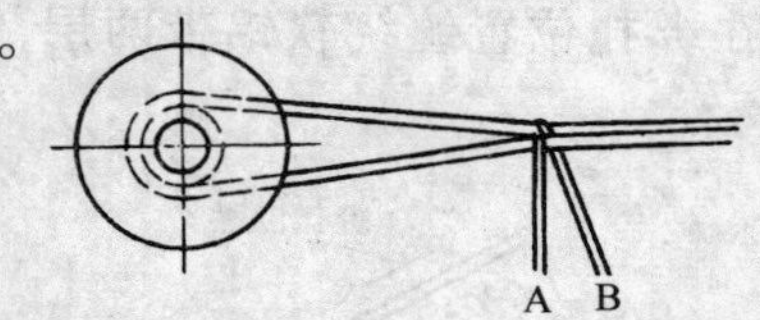

图 10-58 导线并拢

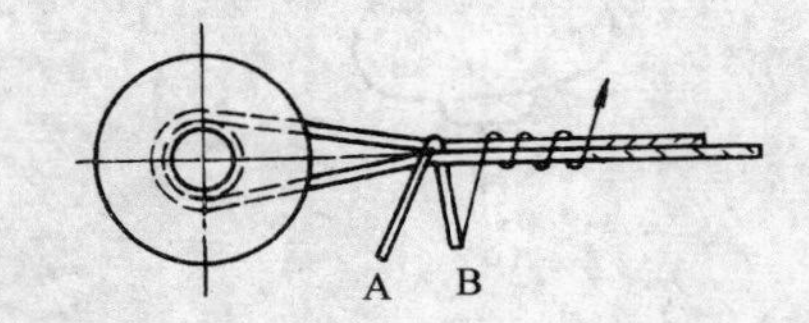

图 10-59 B 端缠绕

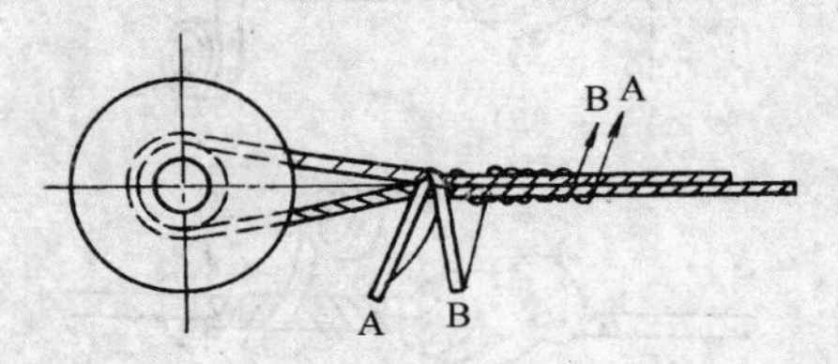

图 10-60 A 端缠绕

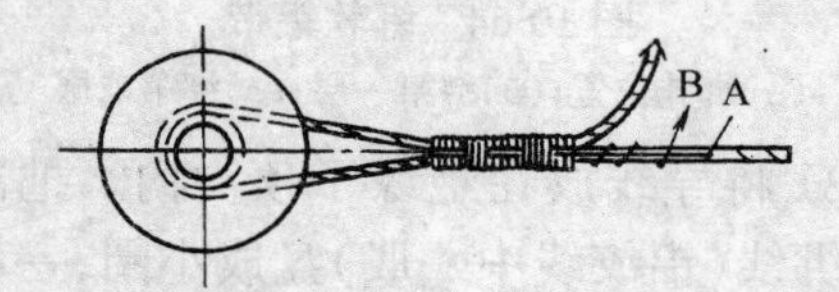

图 10-61 搬起折回部分导线

9) 将剩余绑线 B 端密绕在导线上，如图 10-62 所示。

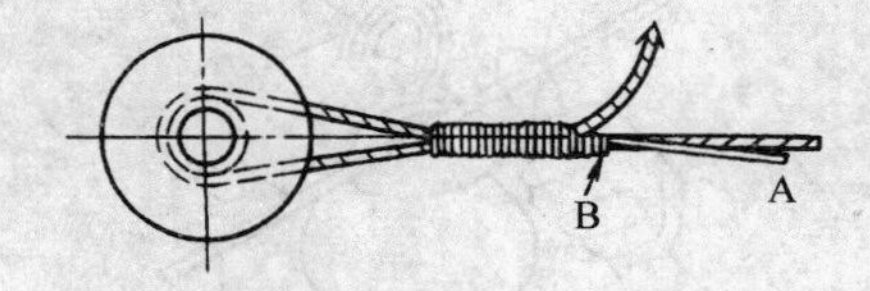

图 10-62 B 端绕完

10) 将剩余绑线 A 端密绕在导线上，如图 10-63 所示。

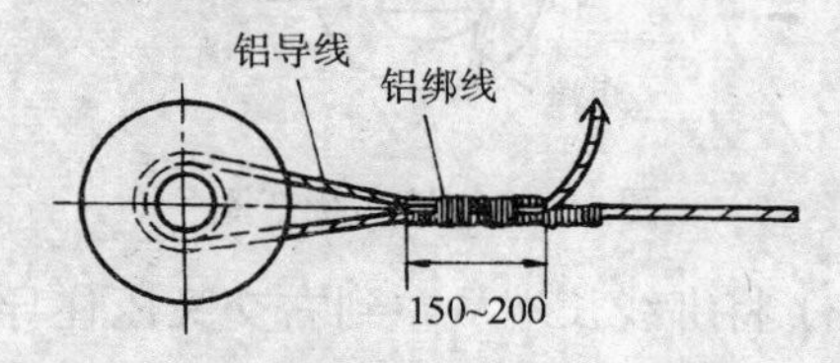

图 10-63 A 端绕完

(4) 导线在针式绝缘子顶部的绑扎方法

1) 在绑扎位置缠绕软铝带两层，如图10-64所示。

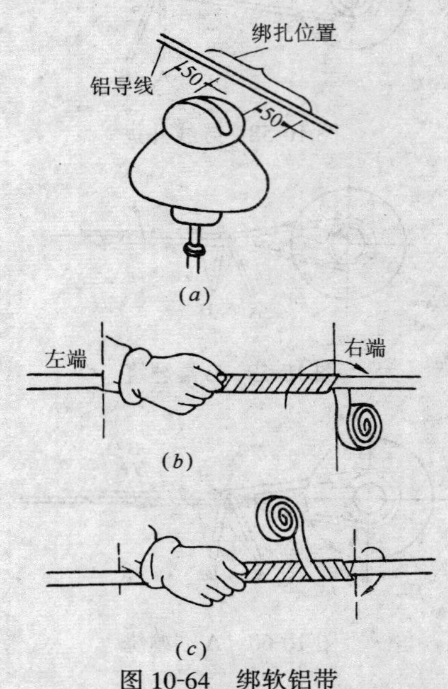

图 10-64　绑软铝带

(a)绑扎位置；(b)绑第一层；(c)绑第二层

2) 将导线放在绝缘子顶沟内。把准备好的绑线(铝绞线中一股)盘成小圈，一端留出 250mm。将绑线靠在导线左下端，长端在导线上密绕 3 圈，如图 10-65 所示。

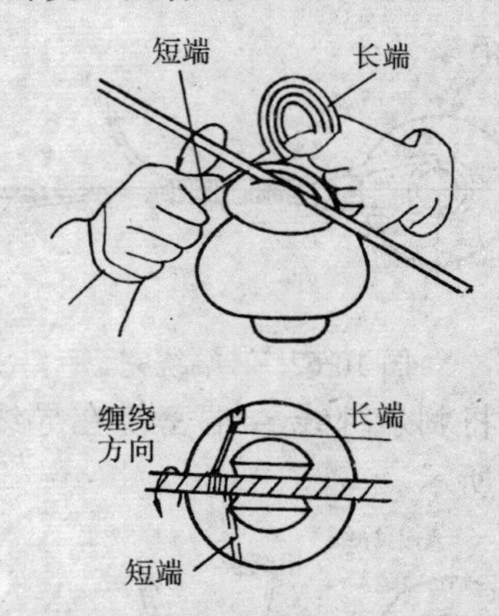

图 10-65　长端绕 3 圈

3) 将绑线长端从左到右交叉压住导线，并沿绝缘子颈部逆时针绕至绑线的短端(导线下方)，如图 10-66 所示。

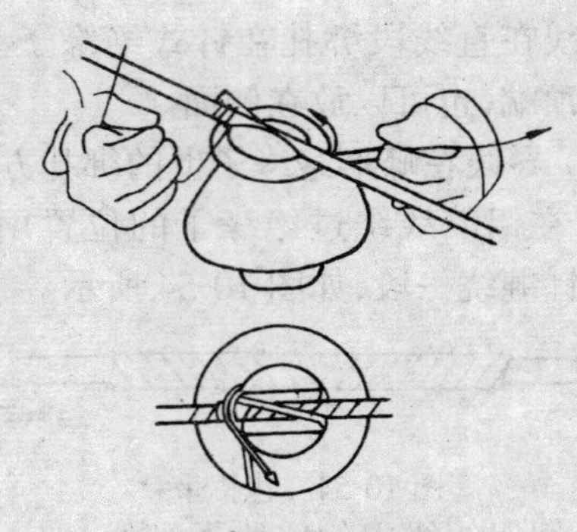

图 10-66　长端斜压导线一次

4) 绑线长端继续从左到右交叉压住导线，并沿绝缘子颈部顺时针绕至绑线短端相反方向导线下，如图 10-67 所示。

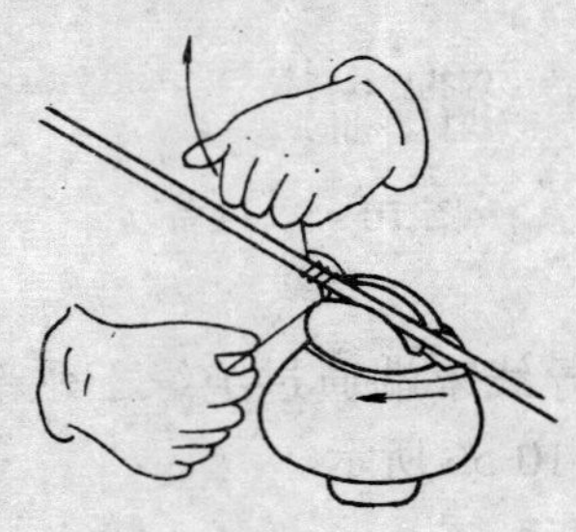

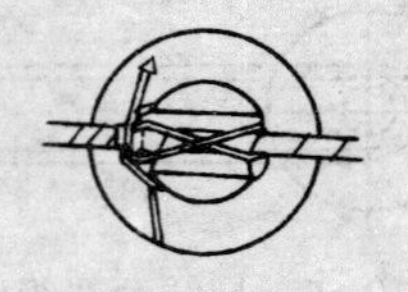

图 10-67　长端斜压导线二次

5) 将绑线继续沿颈部顺时针绕到右端导线下，并在导线上密绕 3 圈。如图 10-68 所示。

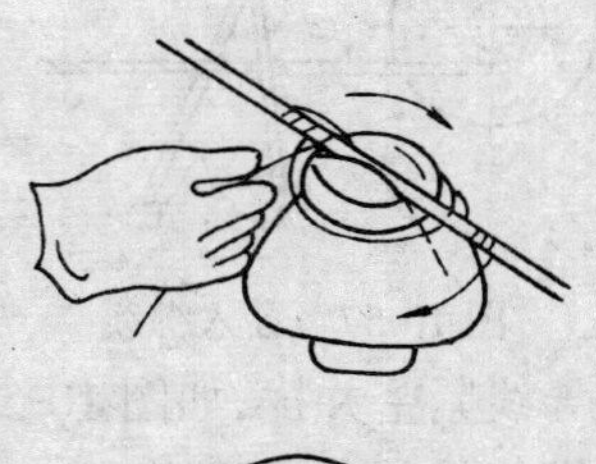

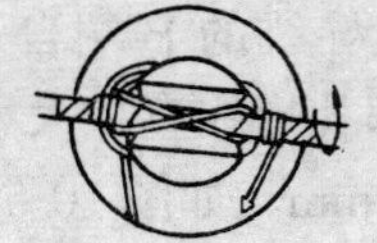

图 10-68　右端密绕 3 圈

6）将绑线沿颈部顺时针绕到左端起始位置，重复 3)至 4)步，如图 10-69 所示。

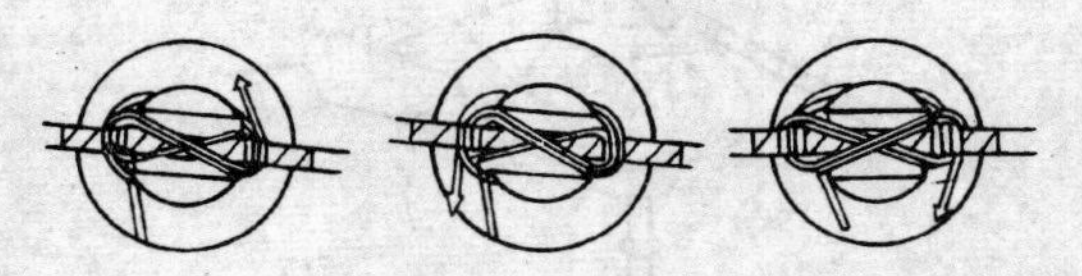

图 10-69　重复 3)至 4)步

7）将绑线沿颈部顺时针绕到左端，在导线上密绕 3 圈，如图 10-70 所示。

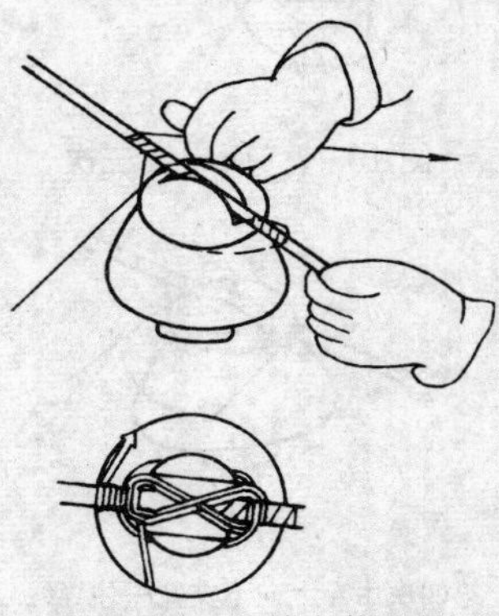

图 10-70　左端密绕 3 圈

8）将绑线沿颈部顺时针绕到右端，在导线上密绕 3 圈，如图 10-71 所示。

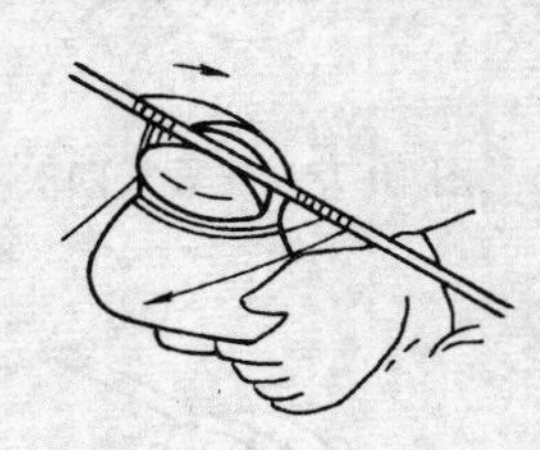

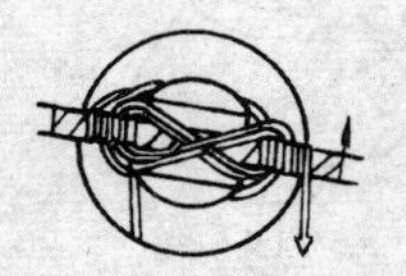

图 10-71　右端密绕 3 圈

9）将短端与长端在颈部侧面合拢，拧小辫 6 个花，多余部分剪去，如图 10-72 所示。

(4) 针式绝缘子脖颈绑扎法

1）在绑扎位置导线上缠绕软铝带两层。

2）把导线靠在绝缘子颈部，将绑扎导线短端留出 250mm 紧靠在绝缘子颈部左端导线下，绑线长端由上向下绕导线 3 圈，并沿颈部逆时针绕至右端导线下。如图 10-73 所示。

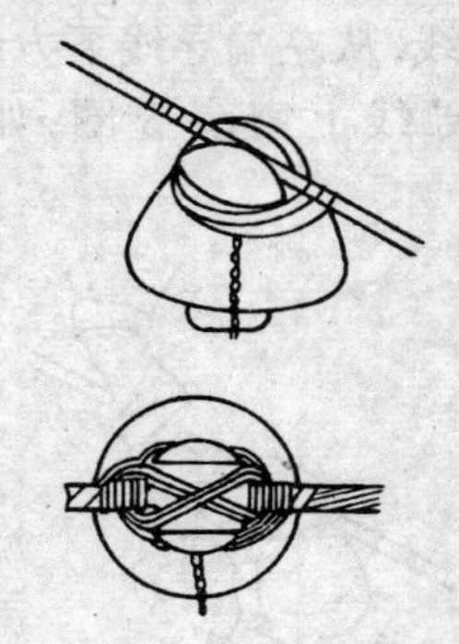

图 10-72　拧小辫

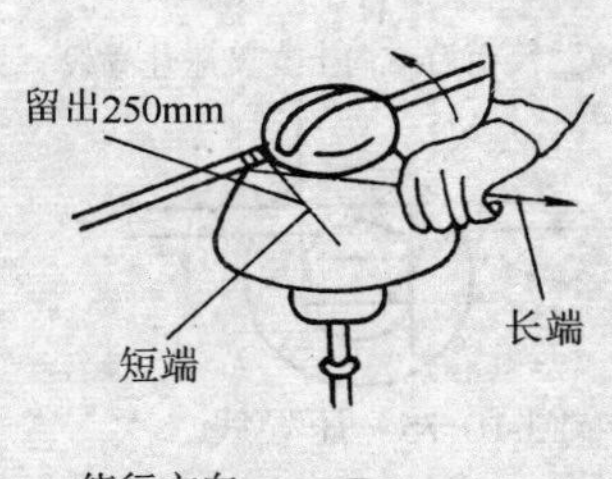

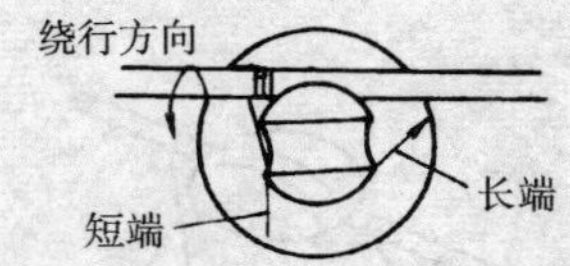

图 10-73　左端密绕 3 圈绕到右端

3）将绑线长端沿颈部右端逆时针由下向上压住导线，从左端导线上方沿颈部继续绕到右端导线上方。如图 10-74 所示。

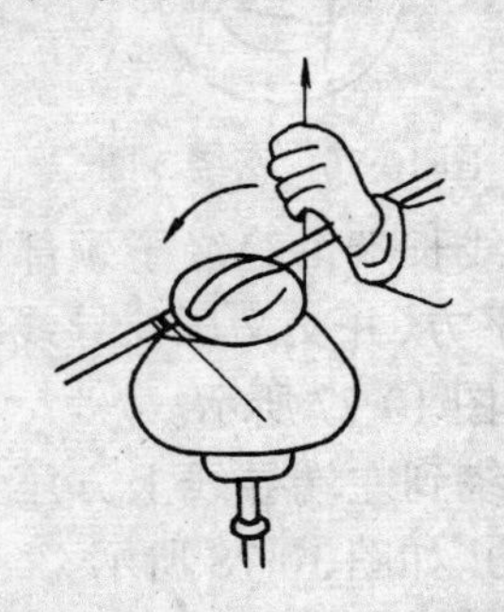

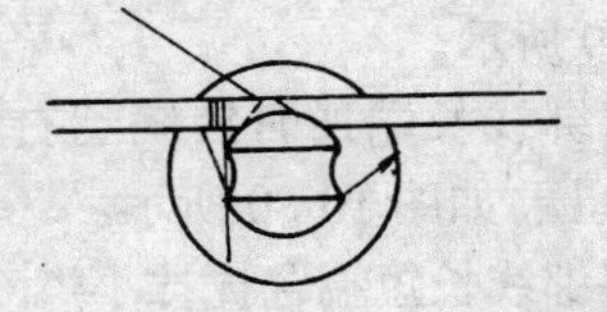

图 10-74　压导线一次

4）将绑线长端沿颈部右端逆时针由上向下压住导线，从左端导线下方绕回右端导线上方，在导线上密绕 3 圈，如图 10-75、10-76所示。

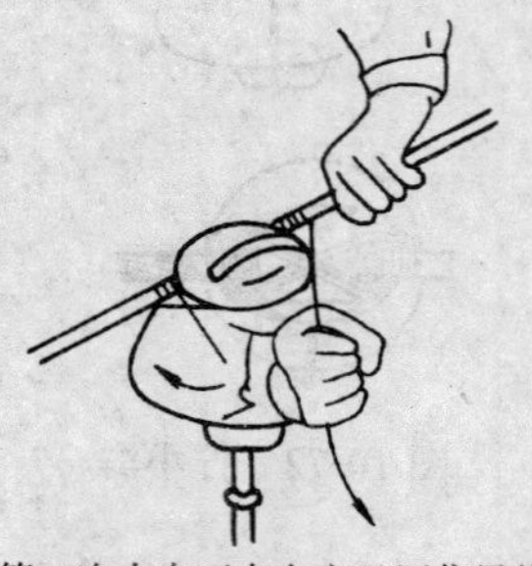

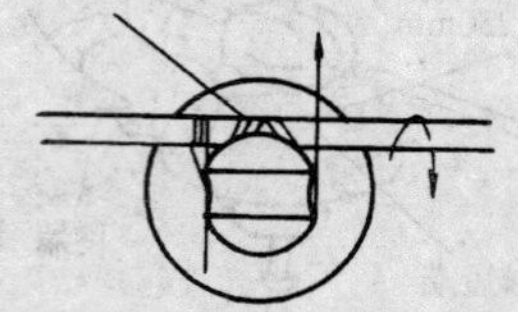

图 10-75　压导线二次

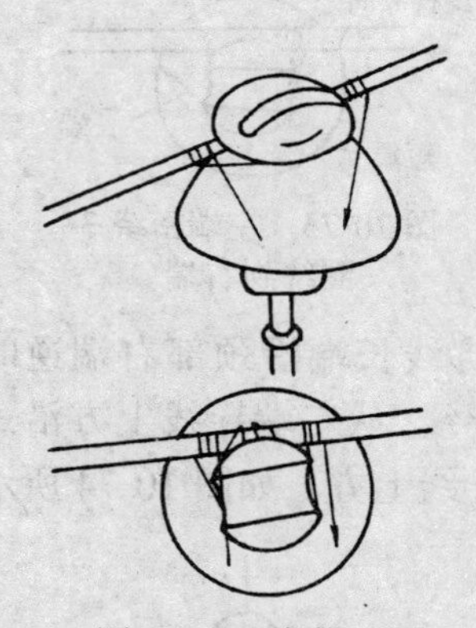

图 10-76　密绕 3 圈

5）将绑线长端沿绝缘子颈部顺时针绕至左端导线下方，并交叉压住导线绕回右端导线上方，如图 10-77 所示。

6）继续绕到左端导线上方压导线回到右端导线下方，如图 10-78 所示。

7）继续绕到左端导线上方，密绕 3 圈，如图 10-79 所示。

8）将绑线长端逆时针绕到右端导线上方，密绕 3 圈，如图 10-80 所示。

9）将绑线长短端合拢拧小辫 6 个花，如图 10-81 所示。

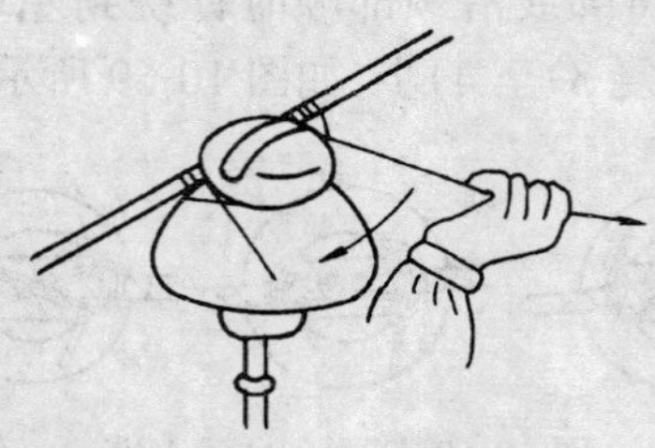

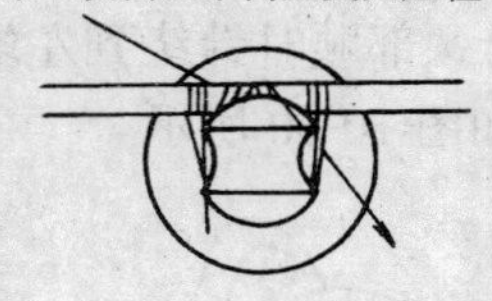

图 10-77　压导线三次

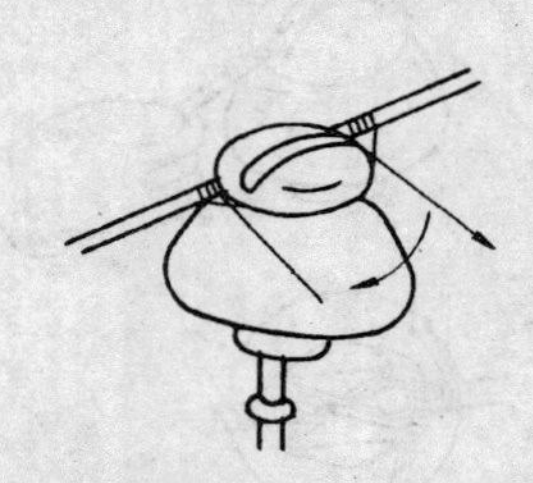

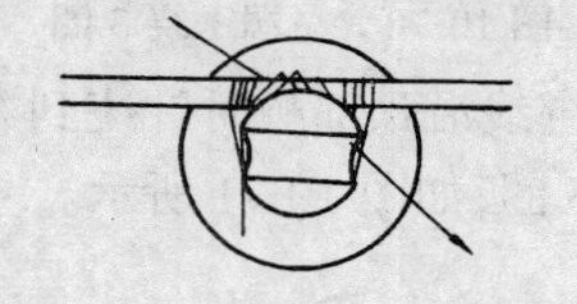

图 10-78　压导线四次

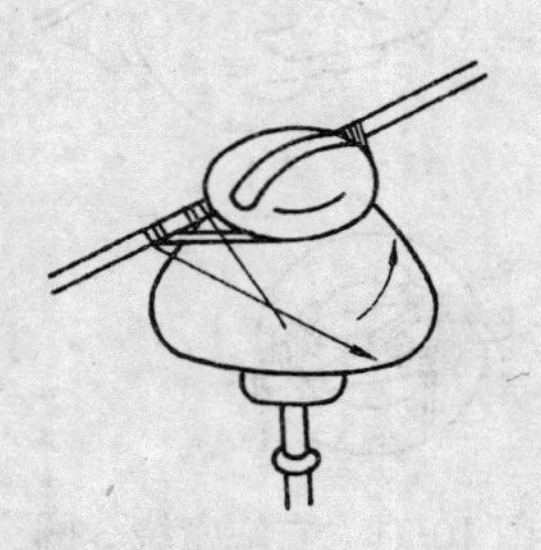

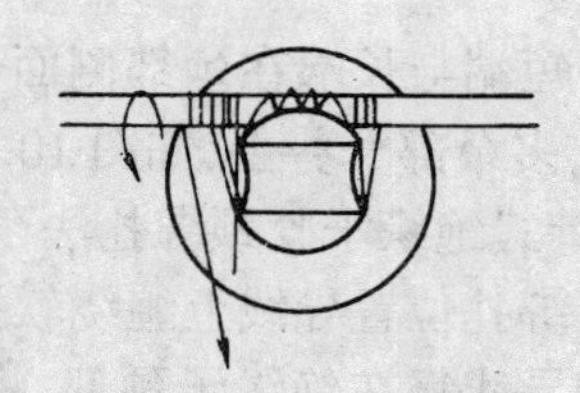

图 10-79　左端密绕 3 圈

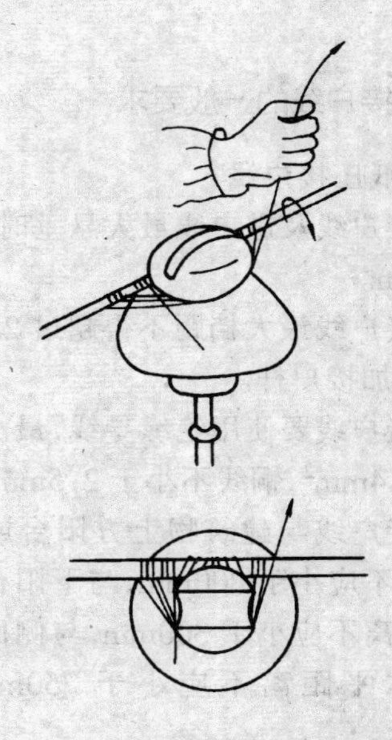

图 10-80　右端密绕 3 圈

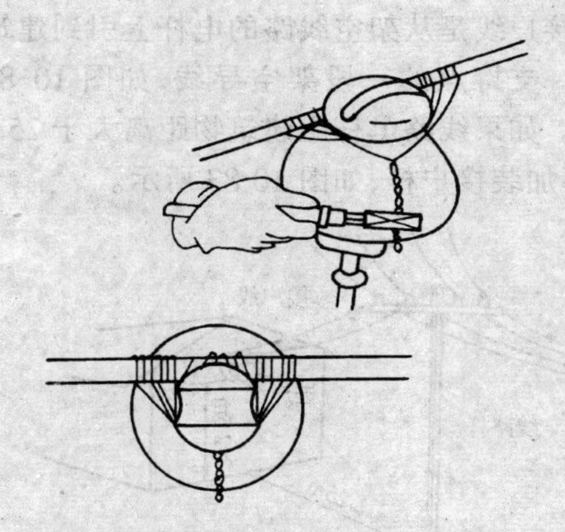

图 10-81　拧小辫

小　结

1. 小截面导线的连接，有时可以不使用连接管，而采用叉接的方法。

2. 在放线和架线的过程中要检查导线的情况，有松股断股等情况时，就要截断进行连接。

3. 紧线时一般几根线一起紧，紧线时除注意垂度外，还要注意横担的水平度及横担方向是否与线路保持垂直。

4. 绑扎绝缘子时除了方法要正确，还要注意绑扎出的效果要美观。

习　题

1. 压接前导线和连接管为什么要进行清理？如何进行？
2. 铝绞线的压接顺序是什么？
3. 如何确定压接点？举例说明？
4. 导线的拖放法和展放法有何优缺点？如何选用？
5. 紧线时要注意哪些问题？
6. 简述导线在蝶形绝缘子上的绑扎方法。
7. 简述导线在针式绝缘子顶部的绑扎方法。
8. 简述导线在针式绝缘子颈部的绑扎方法。
9. 铝导线在绑扎前为什么要缠软铝带？
10. 如何选用绑线？

水弯头。

10.7 安装接户线

(1) 接户线

接户线是从架空线路的电杆上引到建筑物第一支持点的一段架空导线，如图 10-82 所示。如果线路电杆距建筑物距离大于 25m 时，要加装接户杆，如图 10-83 所示。

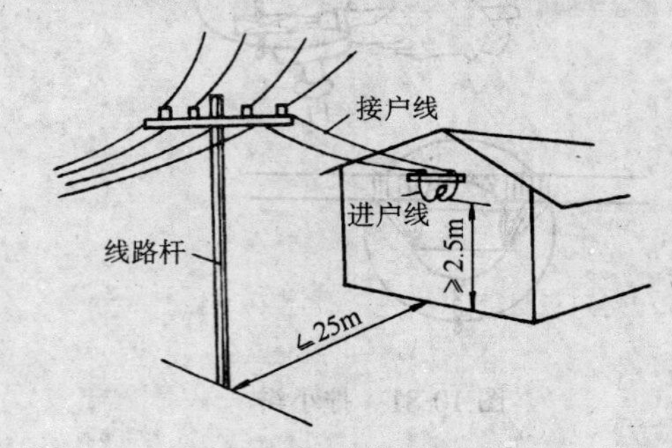

图 10-82 接户线

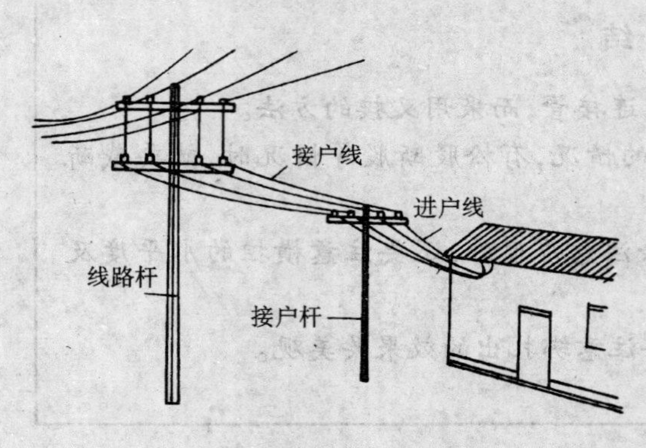

图 10-83 接户杆

(2) 进户线

进户线是从户外第一支持点到户内第一支持点之间的连接绝缘导线。进户点不能低于 2.7m，如果过低要加装进户杆，如图 10-84 所示。

进户线采用绝缘导线，铜线不小于 $2.5mm^2$，铝线不小于 $10mm^2$，进户线中间不准许有接头。

进户线穿墙时要加装进户套管，进户套管的壁厚：钢管不小于 2.5mm，硬塑料管不小于 2mm，进户管有效截面应大于管内导线总截面的 60%。管子伸出墙外部分应做防水弯头。

10.7.1 接户线的一般要求

(1) 低压接户线

1) 接户线及进户线最大悬垂时，距地不小于 2.5m。

2) 接户线最大档距不得超过 25m，超过 25m 时要加接户杆。

3) 接户线要使用绝缘导线，最小截面铝线不小于 $4mm^2$，铜线不小于 $2.5mm^2$。

4) 接户线与建筑物上方阳台或窗户的垂直距离不应小于 800mm，与下阳台或窗户的垂直距离不应小于 300mm，与侧面阳台或窗户的水平距离不应小于 750mm，如图 10-85所示。

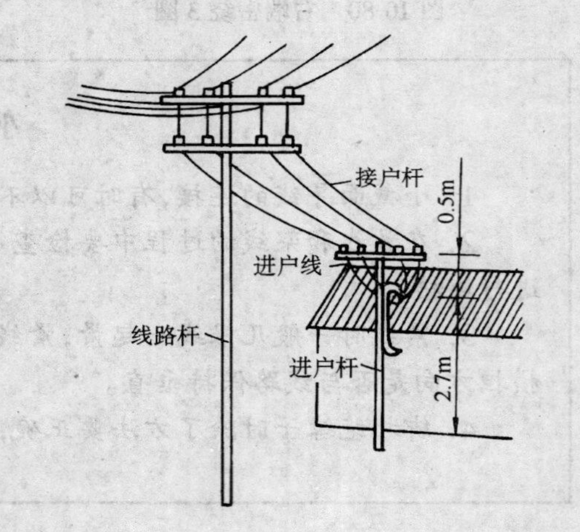

图 10-84 低压进户杆

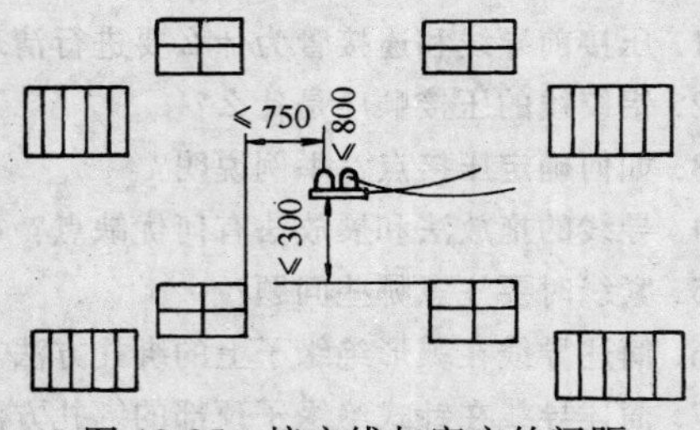

图 10-85 接户线与窗户的间距

5) 接户线高度距通车路面不小于 6m，距人行道不小于 3.5m，距胡同内路面不小于 3m。

6) 接户线不宜跨越建筑物。必须跨越建筑物时，最小间距不小于 2.5m。

7）接户线在弱电线路上方交叉或平行时，间距不小于0.6m。在弱电线路下方交叉时，间距不小于0.3m。

8）接户线不应穿越铁路。

9）接户线不应穿过1～10kV引下线。

10）重雷区接户线绝缘子铁架应接地。

（2）高压接户线

1）高压接户线最大悬垂时距地不小于4m。

2）高压接户线档距不得大于25m。

3）避雷器距地不小于3.4m。

4）高压接户线的线间距离不小于450mm。

5）高压接线使用不小于16mm^{2}的铜线。

10.7.2 低压接户线的安装

低压接户线导线截面较小时，可采用角铁或铁板嵌入墙内，配以针式绝缘子固定导线。安装方法如图10-86所示。

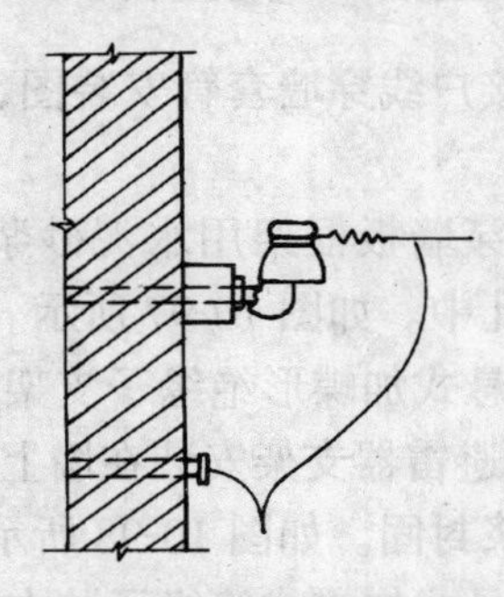

图10-86 小截面接户线安装方法

当导线截面超过16mm^{2}时，用蝶式绝缘子固定导线，绝缘子装在固定墙面的铁横担上，如图10-87所示。

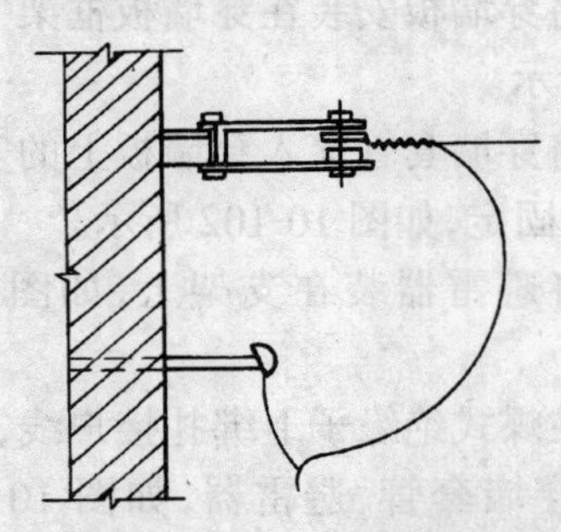

图10-87 大截面接户线安装方法

绝缘子上接户线的引下线与进户线在进线保护管下做倒人字连接。

接户线横担在建筑物上的标准做法有以下四种，如图10-88所示。

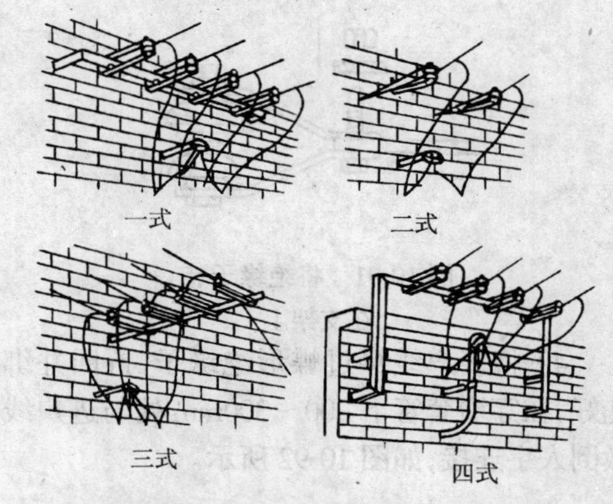

图10-88 接户线横担在建筑物上的做法

（1）两线接户线的安装

1）在墙上预定位置打两个足够大的孔，两孔间距400mm，将圆钢支架或铁板支架尾端插入，用水泥砂浆封固，并在下方墙上打孔，穿入穿墙套管，弯头朝下，如图10-89所示。

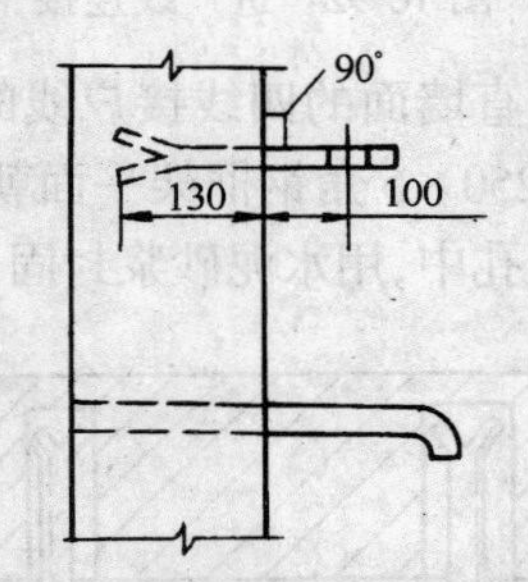

图10-89 安装支架和穿墙管

2）将M18螺栓穿过下曲形拉板、蝶形绝缘子、上曲形拉板，上好垫圈、螺母，并用扳手拧紧。如图10-90所示。

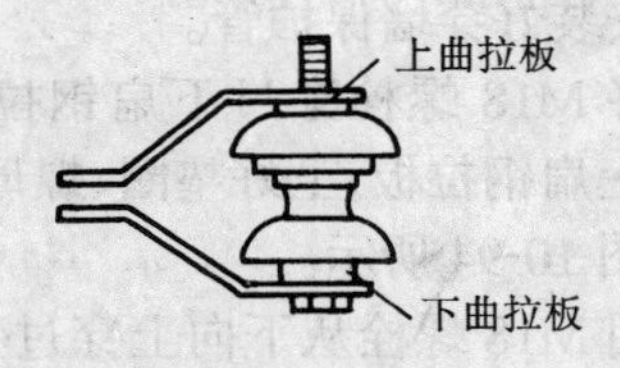

图10-90 组装蝶形绝缘子

3）水泥砂浆干后，将曲形拉板另一端的孔对准支架上的孔，由下向上穿入 M16 螺栓，上好垫片、螺母，用扳手拧紧。如图10-91所示。

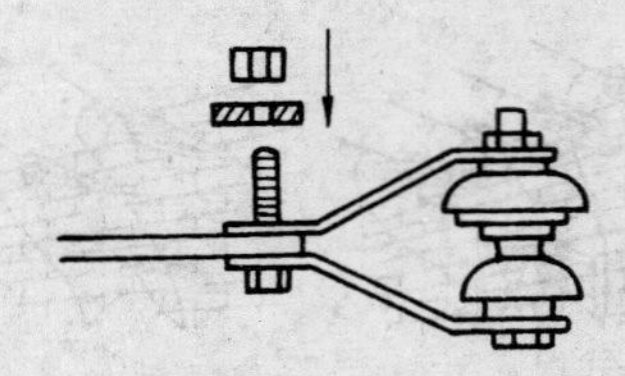
图 10-91　将绝缘子装在支架上

4）将接户线穿过蝶形绝缘子，折回并绑扎好，在穿墙套管下 200～300mm 处与进户线做倒人字连接，如图 10-92 所示。

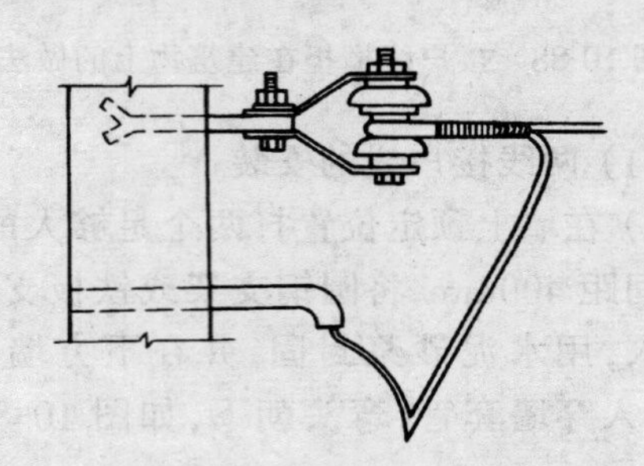
图 10-92　进户线连接

（2）垂直墙面的四线接户线的安装

1）将 250×5 角钢框架平面朝上，开叉一端插入预留孔中，用水泥砂浆封固，如图 10-93 所示。

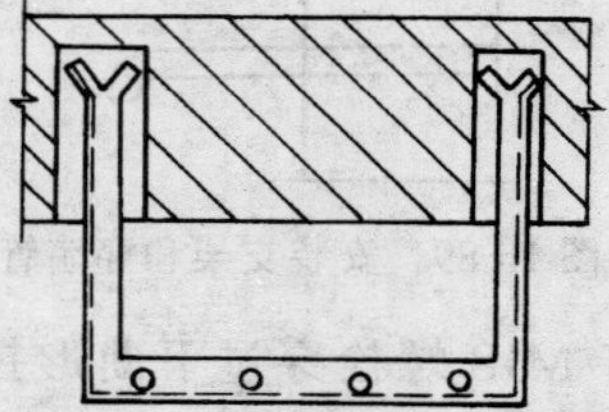
图 10-93　角钢框架安装

2）安装好穿墙保护管。

3）将 M18 螺栓穿过下扁钢拉板、蝶形绝缘子、上扁钢拉板，上好垫圈、螺母，用扳手拧紧，如图 10-94 所示。

4）用 M18 螺栓从下向上穿过下扁钢拉板、曲型垫、角钢、上扁钢拉板，上好垫圈、螺母，用扳手拧紧，如图 10-95 所示。

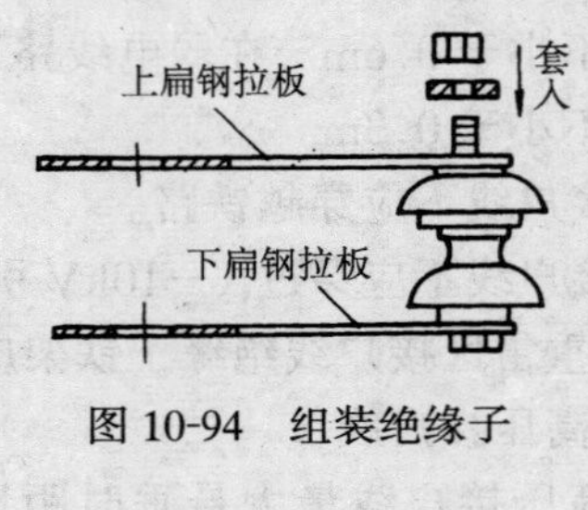

图 10-94　组装绝缘子

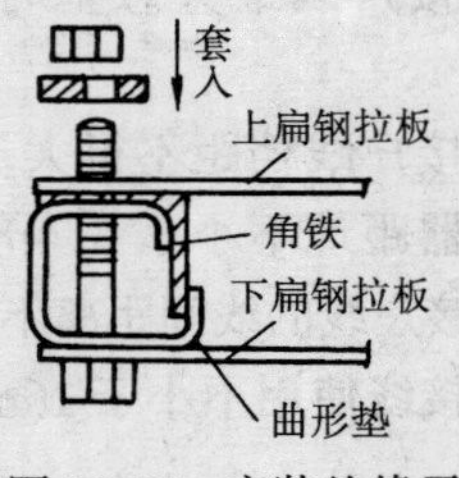

图 10-95　安装绝缘子

5）将 4 个绝缘子装好后，绑扎好接户线，与进户线做倒人字连接。如图 10-87 所示。

10.7.3　高压接户线的安装

高压接户线穿墙套管安装图，如图10-96所示。

1）将穿墙板框架用水泥砂浆封固在墙上的预留孔中。如图 10-97 所示。

2）将悬式加蝶形绝缘子支架、跌落式熔断器支架、避雷器支架安装在墙上预留孔中，用水泥砂浆封固。如图 10-98 所示。

3）将悬式加蝶式绝缘子装在支架上，所有安装螺栓均从下向上穿，如图 10-99 所示。

4）将跌落式熔断器装在支架上，如图 10-100所示。

5）将穿墙板安装在穿墙板框架上，如图 10-101 所示。

6）将穿墙套管穿入穿墙板上的安装孔，并用螺栓固定，如图 10-102 所示。

7）将避雷器装在支架上，如图 10-103 所示。

8）在蝶式绝缘子上绑扎接户线，并连接熔断器、穿墙套管、避雷器，如图 10-103 所示。

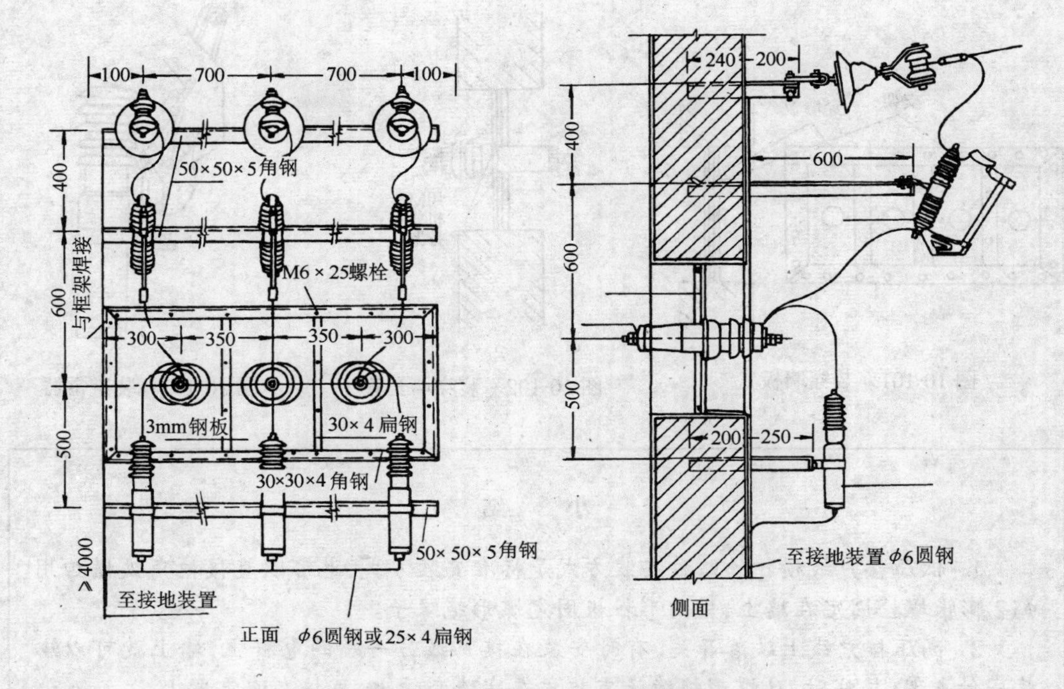

图 10-96 高压接户线穿墙套管安装图

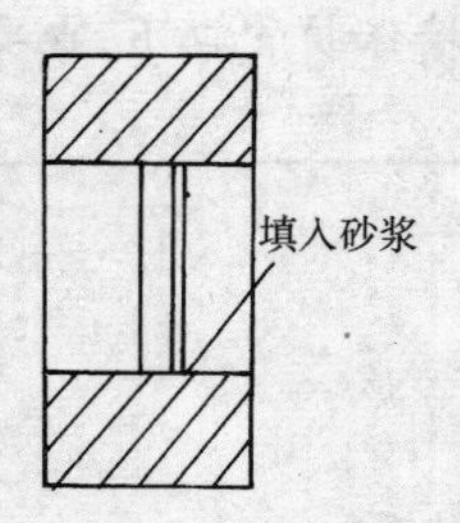

图 10-97 安装穿墙板框架

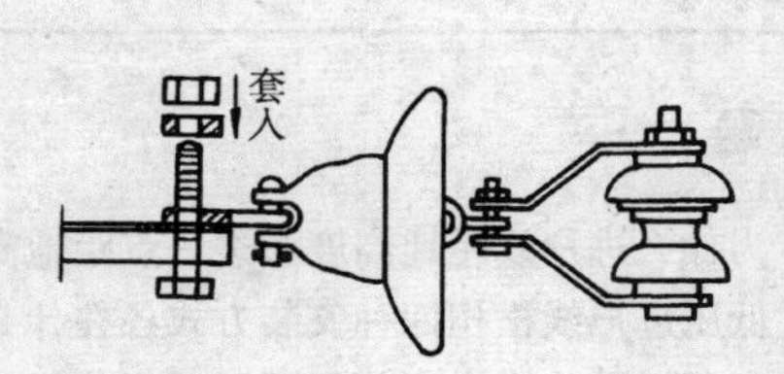

图 10-99 装绝缘子

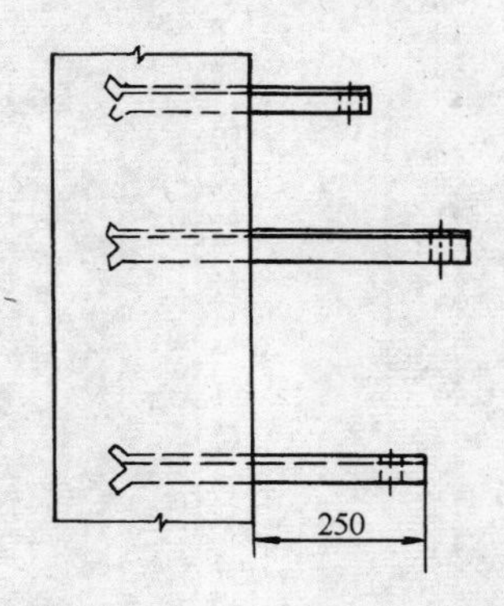

图 10-98 安装支架

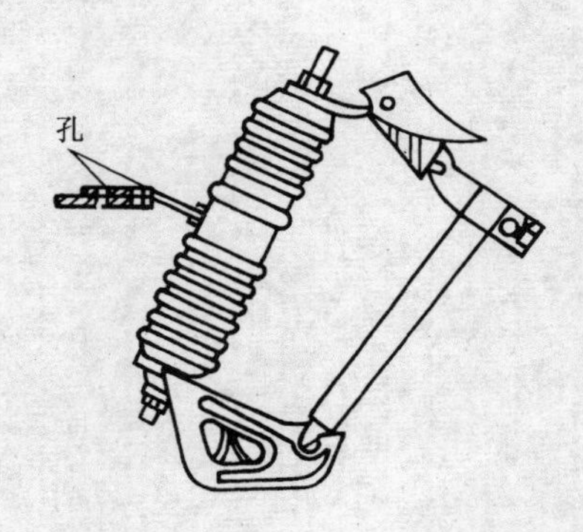

图 10-100 装跌落式熔断器

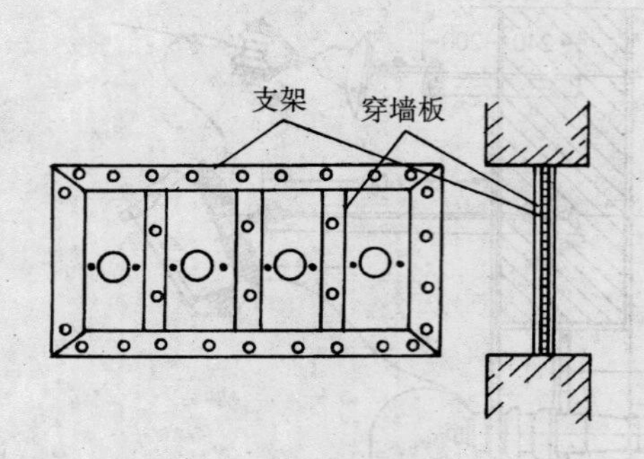

图 10-101　装穿墙板

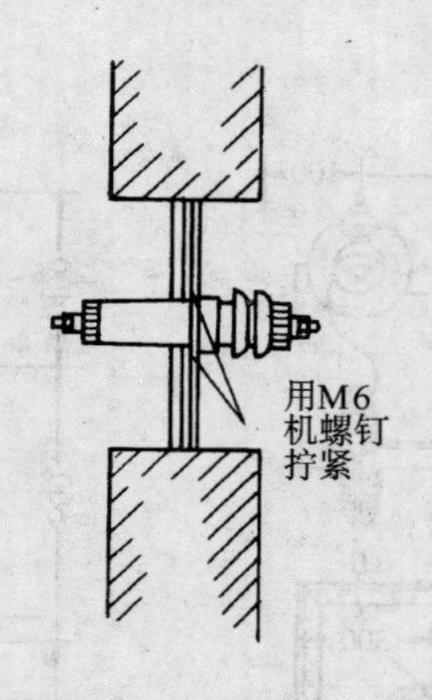

图 10-102　装穿墙套管

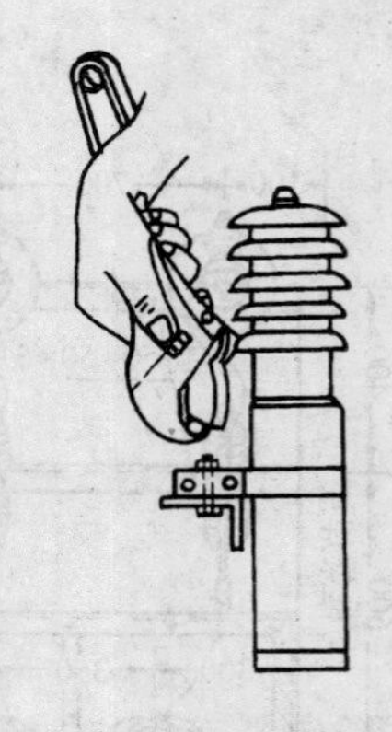

图 10-103　装避雷器

小　结

1. 低压接户线横担的四种安装方式是标准安装方式,也可以直接把角铁横担用 $\phi12$ 膨胀螺栓固定在墙上,用曲形拉板固定蝶形绝缘子。

2. 高压接户线上跌落开关,有时安装在接户线另一端的电杆上,墙上就可以少装一付支架,接线时,从蝶形绝缘子直接接在穿墙套管上,再接在避雷器上。

3. 高低压接户线铁支架均要做接地。

4. 低压接户线和进户线可以是一根整导线,但在进墙保护管口下,也要弯成倒人字形。

习　题

1. 为什么进户线距地高度和进户点距地高度值不同?
2. 低压进户线横担四种安装方式各在什么情况下选用?
3. 高压蝶形绝缘子安装与低压蝶形绝缘子安装方法有何区别? 为什么?
4. 为什么要用倒人字接法?
5. 如果建筑物十分低矮,低压接户线应如何安装?

第 11 章　变配电设备安装

变配电设备安装主要包括变压器、母线、隔离开关、负荷开关、断路器、熔断器、互感器、成套开关柜、二次继电器及仪表的安装。

本章主要内容为 10kV/0.4kV 变配电系统中的高压变配电设备安装，低压配电设备安装的内容已在第六章中。

11.1　变配电所的作用和类型

变配电所的作用是把高压输电线路输送来的高压电经变压器降压后，按较低电压等级分配到较低电压的输电线路中。本章所叙述的高压指 10kV 或 6kV 的电压等级，低压是 0.4kV 的电压等级。

10kV/0.4kV 电压等级的变配电所，按设备安装的位置可以分为室外型和室内型。

11.1.1　室外型变配电所

室外型变配电所所用高压设备较少，变压器放置在电杆上或地面上，低压配电设备放置在电杆上的配电箱内，或地面上的配电柜内。

(1) 单杆柱上式变压器台

单杆柱上式变压器台适用于 50kVA 及以下的变压器，将变压器、高压跌开式熔断器和避雷器等都安装在一根电杆上，电杆长 10m，埋深 1.8～2m。

单杆柱上式变压器台的结构，如图 11-1 所示。变压器台架对地距离一般不小于 3m。低压引出线为绝缘导线。变压器外壳、变压器中性点及避雷器接地共用一根接地引下线，接同一接地装置，称三点共地。

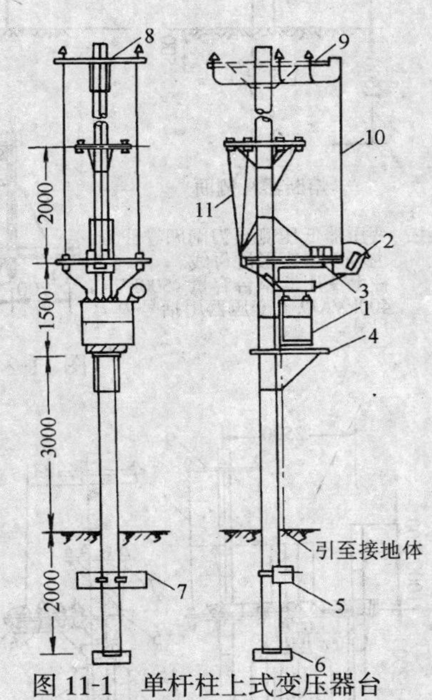

图 11-1　单杆柱上式变压器台

1—变压器；2—高压跌开式熔断器；3—高压避雷器；4—变压器台架；5—卡盘抱箍；6—底盘；7—卡盘；8—高压引下线横担；9—高压引下线支架；10—高压引下线；11—低压橡皮引出线

(2) 双杆柱上式变压器台

双杆柱上式变压器台适用于 50～200kVA 的变压器。电杆上装着两层用角钢制作的横担，用来安装高压跌开式熔断器、避雷器、高、低压引下线和变压器。双杆柱上式变压器台分为两种结构形式，第一种结构形式使用三根电杆，两根 10m 杆架放变压器，另一根做为高压线引入杆，杆上安装跌开式熔断器，如图 11-2 所示。

第二种使用两根电杆，一根 10m，另一根 12m，12m 杆做为高压线引入杆，杆上安装跌开式熔断器，如图 11-3 所示。

(3) 地台式变压器台

柱上式变压器台由于变压器距地较高，

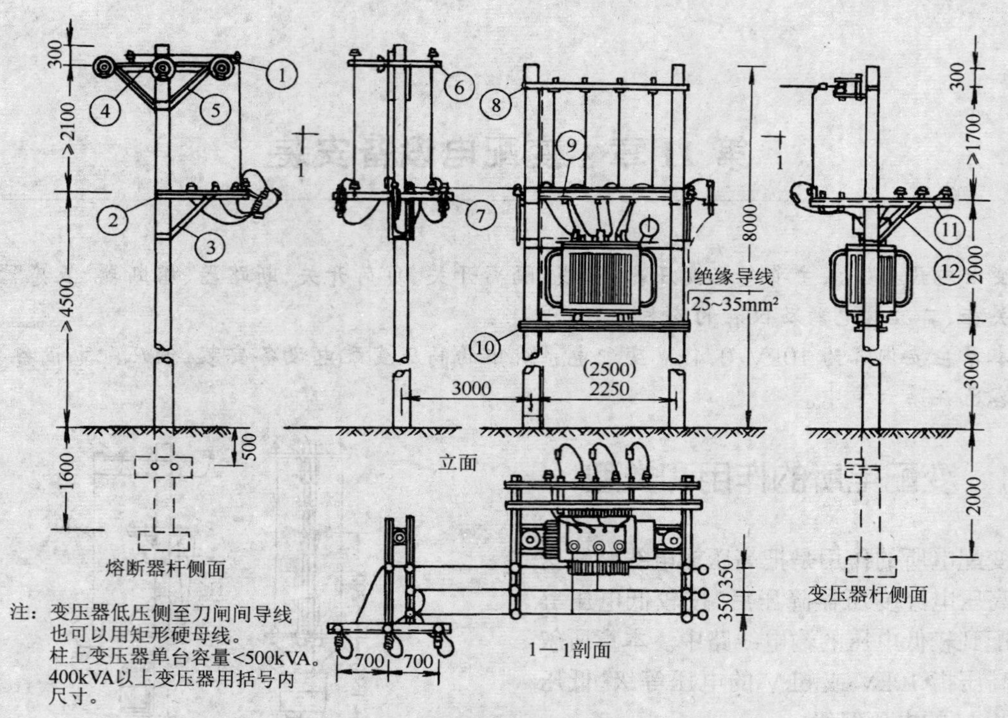

图 11-2　双杆柱上式变压器台一式

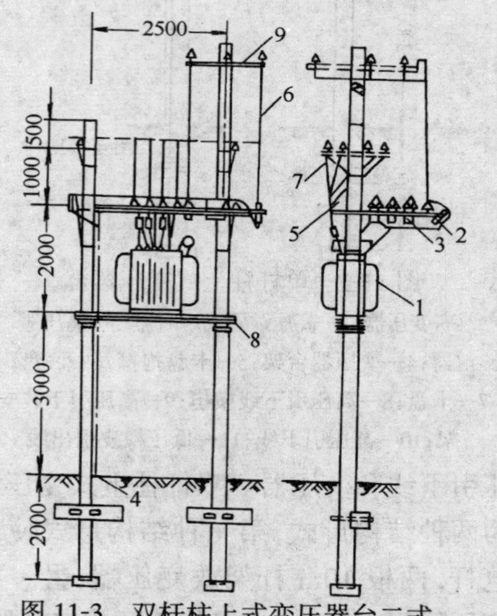

图 11-3　双杆柱上式变压器台二式

1—变压器；2—高压跌开式熔断器；3—高压避雷器；4—高压引下线支架；5—低压引出线横担；6—高压引下线；7—低压橡皮线引出线；8—变压器支架；9—高压引下线横担

适用于无护栏的地方。如果场地允许，一般200kVA以上变压器采用地台式变压器台，地台用砖、石、混凝土砌筑，高度不小于500mm，地台上铺基础铁轨，变压器固定在铁轨上，如图 11-4 所示。

地台式变压器台周围要设置围墙或护栏，护栏距变压器间距要大于 700mm，并在护栏上悬挂"止步高压危险"的警示牌。

室外型变配电所的低压配电设备可以放在配电箱或配电柜中，也可以与之配建配电室。使用配电箱时，配电箱悬挂在电杆上，配电箱距地大于 1.5m，配电箱采用双面式加锁。使用配电柜时要采用全封闭式配电柜。

11.1.2　室内型变配电所

作为永久型的变配电所，一般采用室内变配电所，变压器放在专门的变压器室内，小型变压器在室内一般直接放在地坪上，容量较大的变压器考虑散热要求，一般要架高 0.8～1m，放在轨梁上并加以固定，变压器室墙下部装通风百页窗，变压器在室内安放的几种形式，如图 11-5 所示。变压器下面要设积油池，池内放置 $\phi30 \sim \phi50$ 的卵石。

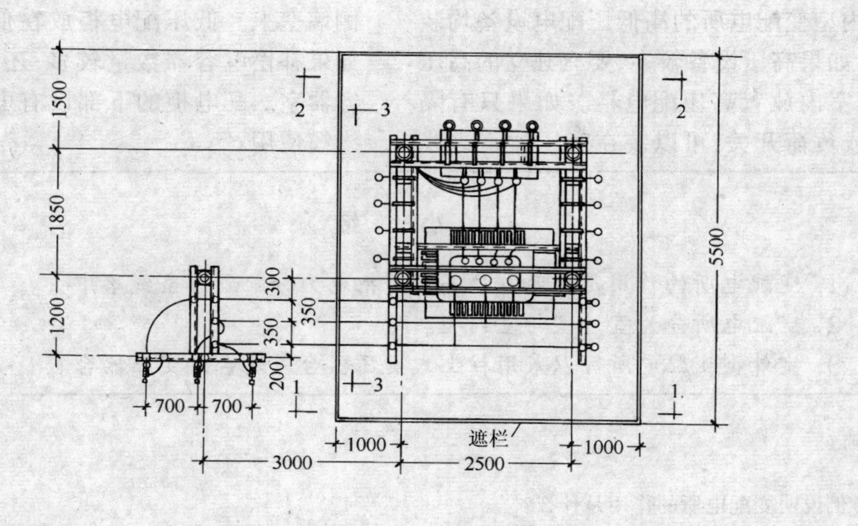

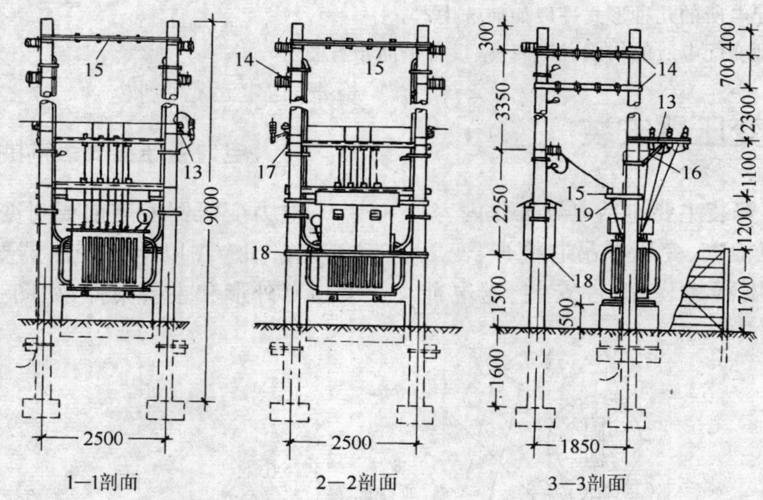

图 11-4　地台式变压器台

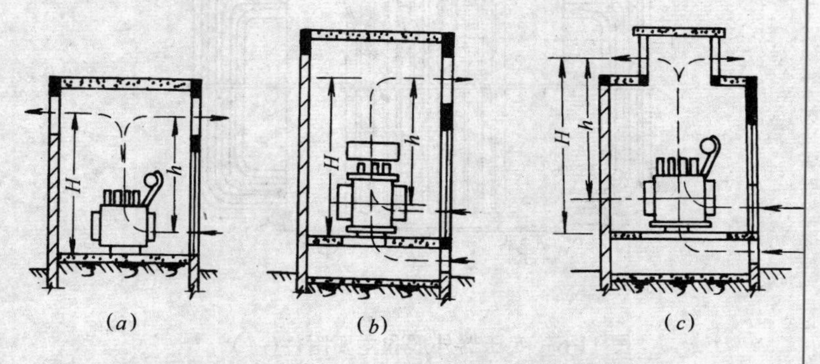

图 11-5　室内变压器安放形式

(*a*)变压器放在地坪上，门下进风，后墙或门上出风；(*b*)变压器架高 0.8～1m，地下与门下进风，门上出风；(*c*)*b* 形式加气楼出风

室内型变配电所的高低压配电设备均装在室内，如果高压设备较多，要有独立的高压配电室，室内放置高压配电柜。如果只有隔离开关或负荷开关，可以装在变压器室进线侧墙壁上。低压配电柜放在低压配电室中，如果补偿电容器数量较多，还要有独立的电容器室。配电柜的下部设有电缆沟，供进出线缆使用。

小　结

1. 变配电所的作用是改变电压高低并把电力分配到各条线路中去。
2. 变配电所分为室外型与室内型。
3. 室外型变配电所可以采用柱上式变压器台或地台式变压器台。

习　题

1. 举例说明变配电所的作用是什么？
2. 室外型变配电所的几种形式一般如何选用？
3. 简述室内型变配电所的构成，试画一幅设备平面布置图。

11.2 电力变压器安装

电力变压器安装主要包括以下工作内容：

变压器外观检查、变压器吊芯检查、变压器二次搬运、变压器稳装、附件安装、送电前检查、送电运行验收。

11.2.1 电力变压器安装前的检查

电力变压器安装前要对变压器外观进行检查，630kVA 以上的变压器要做吊芯检查，变压器外形和主要附件，如图 11-6 所示。

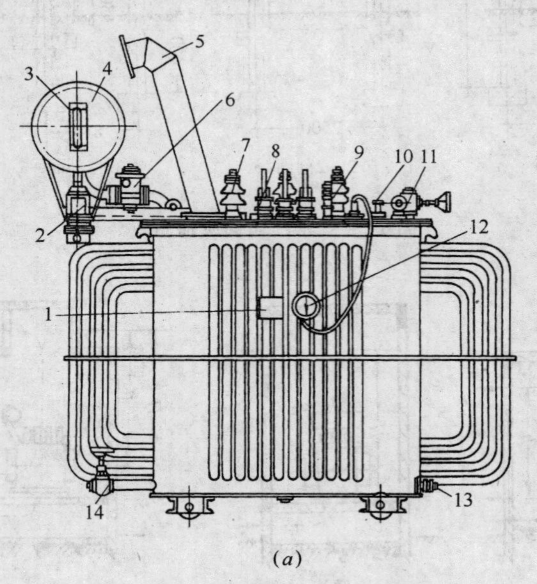

(*a*)

图 11-6　变压器外形和主要附件(一)

(*a*)油浸式变压器

1—铭牌；2—干燥器；3—油标；4—贮油柜；5—防爆管；6—气体继电器；7—高压瓷套管；8—低压瓷套管；9—零线瓷套管；10—水银温度计；11—滤油网；12—接点温度计；13—接地螺钉；14—放油阀

图 11-6　变压器外形和主要附件(二)

(*b*)干式变压器

(1) 变压器外观检查

1) 按照设备清单、施工图纸及设备技术文件，核对变压器本体及附件、备件的规格型号是否符合设计图纸要求，是否齐全，有无丢失及损坏。重点检查变压器容量、电压等级和联接组别是否与设计相符。

2) 变压器各项试验的报告单应齐全、合格，其中包括直流电阻、绝缘电阻、工频交流耐压、变压器油试验等。

3) 变压器本体外观无损伤及变形，油漆完好无损伤。

4) 油箱封闭是否良好，有无漏油、渗油现象，油标处油面是否正常。

5) 绝缘瓷件及环氧树脂铸件有无损伤、缺陷及裂纹。

(2) 变压器吊芯检查

一般 560kVA 以上变压器安装前要进行吊芯检查。

变压器内芯结构，如图 11-7 所示。

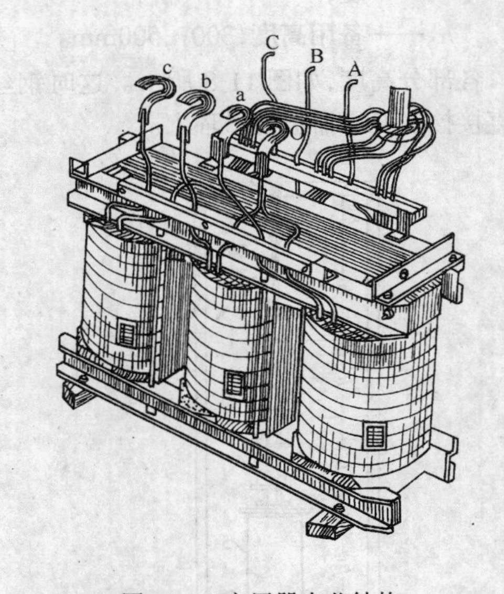

图 11-7　变压器内芯结构

1) 常用工具：

在有 3t 以上起重机的场所中吊芯，应准备起吊钢丝绳、道木、铁架子(放铁芯用)、撬扛、梯子或高凳、木杆、大油桶、滤油机、油盘、塞尺、磁铁以及电工常用工具和 500V、2500V 兆欧表。

在没有起重机的场所，要准备 3t 以上手拉葫芦、三脚架等起吊工具。

起吊前把工具一一检查、擦净，道木、磁铁、木杆、油桶、油盘、塞尺、电工工具和兆欧表接线端要用变压器油洗净。

2）常用材料：

合格的同牌号变压器油、耐油胶条、白纱布、白纱带、黄腊布、塑料带、绝缘纸板和ϕ2mm 尼龙绳等。

3）吊架准备：

在使用手拉葫芦起吊时要使用三角脚或搭建起吊门架，吊架高度 h 用下式计算：

$$h = h_1 + h_2 + h_3 + h_4 + h_5$$

式中 h_1——油箱高度，要考虑垫木厚度；

h_2——器身高度；

h_3——吊绳组与吊梁总高度；

h_4——滑轮组（手拉葫芦）的最小长度；

h_5——备用高度，300～500mm。

各部分高度，如图 11-8 所示。这时钢丝绳直接拴在变压器盖的吊环上。

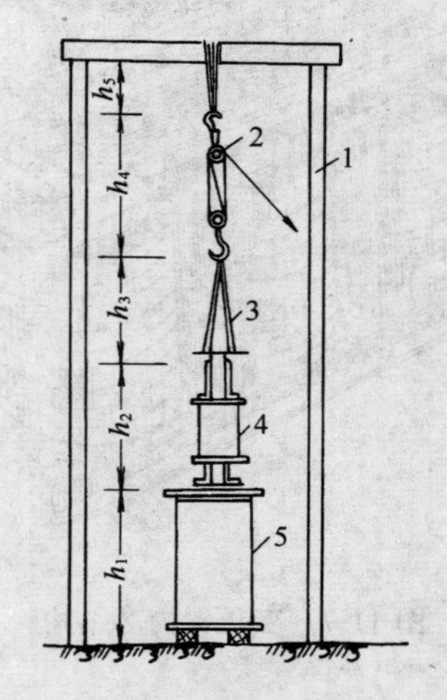

图 11-8 吊架示意图

1—吊架；2—手拉葫芦；3—吊绳组；4—器身；5—油箱

吊绳在吊钩处与垂直线夹角不应超过 30°。如果吊架不够高，允许把夹角放大到不超过 60°，如图 11-9 所示。

截一根 8 号槽钢，长 1000mm，两端各开

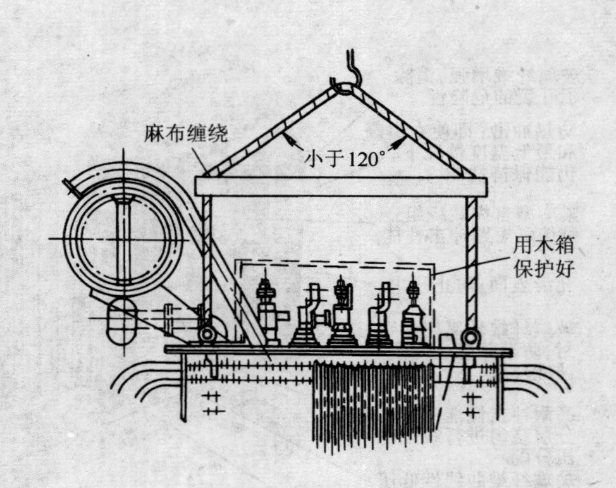

图 11-9

一个长 30mm、宽 60mm 的豁口，撑起两条钢丝绳，注意豁口处的钢丝绳包麻布保护。拴钢丝绳时为保护高低压绝缘子不被碰坏，先用木箱将其扣住。

起吊时，使吊钩与变压器重心对准，垂直起吊。

4）吊芯检查的环境条件：

A. 吊芯检查最好在室内或工棚内进行，做好防尘、防雨雪工作。

B. 周围空气温度不宜低于 0℃，器身温度不宜低于空气温度，当低于要求温度时可将器身加热，使其高于周围大气温度 10℃，以防止器身从大气中吸潮。

C. 吊芯检查必须安排在一个工作日内完成，同时尽量加快检查过程。在干燥的晴天，空气湿度小于 65% 时，器身暴露在空气中的时间不得超过 16h；天气潮湿，空气湿度小于 75% 时，器身允许暴露时间不得超过 12h；空气湿度超过 75% 不准进行吊芯检查。时间从放油开始计算。

（3）吊芯检查步骤及检查内容

1）取油样：

吊芯前应将变压器油取出油样，进行耐压试验和简化试验。取油前先用干净的棉纱布，后用不掉毛的细布，擦净变压器放油阀门，在阀门下接一油盘，打开阀门放出一部分油，并用油冲洗放油阀门。用准备好的带磨

口塞无色玻璃瓶装油样。取油量：耐压试验需 1.5kg，简化试验需 1kg。

2）放油：

变压器储油柜高出变压器大盖，卸开大盖时，油会溢出，因此必须在吊芯前放出一些油，要放到大盖密封胶条以下。放油时先把变压器底部放油阀门清洗干净，接上滤油机进油套管，把滤油机出油管插入大油桶，开动滤油机，将油箱内的油抽入大油桶内，同时加以过滤。

3）打开变压器大盖：

在拆除大盖和箱沿之间的螺栓时，应对称拆除。开盖时不要硬凿、硬撬，防止大盖变形。

4）吊芯：

起吊时，速度要缓慢，注意铁芯器身不要碰擦油箱壁。将器身底部吊出变压器箱沿 100mm 以上，取下箱口的耐油密封胶圈。如用起重机，可将器身移开放在干净的道木上；如使用手拉葫芦，则在器身下的油箱上垫好道木，把器身落放在道木上。然后撤去起重机吊索。

5）检查固定部件：

用干净布把器身擦干净，检查各部位有无移位现象，所有螺栓应紧固，并有防松措施，绝缘螺栓有无损坏，防松绑扎完好。

6）检查铁芯：

铁芯无变形，测量与铁芯绝缘的各紧固件，及铁芯接地线引出套管对外壳的绝缘电阻，应符合下列规定：

A. 测量可接触到的穿心螺栓，轭铁夹件及绑扎钢带对铁轭、铁芯、油箱及绕组压环的绝缘电阻。一般 10kV 以下变压器不应低于 10MΩ。

B. 使用 2500V 兆欧表测量，持续时间为 1min，应无闪络及击穿现象。

C. 当轭铁梁及穿心螺栓一端与铁芯联接时，应将联接片断开后进行测量。

D. 铁芯必须为一点接地，无多点接地现象。测量完绝缘电阻后，接好接地片。

7）检查绕组：

绕组绝缘层完整、无缺损、变位现象。

各绕组应排列整齐，间隙均匀，油路无阻塞。

绕组的压钉应紧固，防松螺母应锁紧。

8）检查引出线：

引出线绝缘距离应合格，固定牢固，固定支架应紧固。引出线的裸露部分应无毛刺或尖角，焊接良好，引出线与套管的联接应牢靠，接线正确。

9）检查分接开关：

分接头与绕组的联接应坚固正确，接触紧密，弹性良好，所有接触到的部分，用 0.05mm×10mm 塞尺检查，应塞不进去；转动点能正确停留在各个位置，并与指示器所指位置一致；切换装置部件完整无损，转动盘动作灵活，密封良好。

检查结果有问题的，应设法整改。如：引出线裸露部分有毛刺或尖角，可用锉刀锉平；紧固螺栓不紧，旋紧即可，绝缘层破坏的，重新包扎等等。如有大的损伤和缺陷，限于条件，本企业无法整改的，则请制造厂来处理。

检查合格后，必须用合格的变压器油对铁芯进行冲洗，以清除可能遗留在线圈间、铁芯间的脏物，并冲去由于铁芯暴露在空气中可能染上的灰尘及整改时可能落在铁芯上的铜屑、铁屑等异物。

注意，在冲洗铁芯时，有时会由于静电感应而产生高压电，所以冲洗铁芯时不得触及引出线端头裸露部分，以免触电。

10）组装：

检查处理完毕后，应立即把变压器铁芯装回油箱内。在装回铁芯前，先用清洁的磁铁绑在洁净的木杆上，在油箱底部检查有无铁质杂物，以清除制造厂可能遗留在箱底的杂物。

把铁芯吊起，放回箱口上的耐油密封胶

圈,把铁芯对准油箱,以油箱上的定位铁为准,缓缓落下,到箱底时,应与箱底和箱壁的定位标记相符。在下降过程中,要随时注意铁芯不得与油箱壁碰撞,尤其绕组不能有任何损伤。最后使箱盖螺孔对准壁沿相应螺孔,穿上螺栓,对称旋紧,以防箱盖变形。螺栓的拧紧程度一般以压下密封圈直径的三分之一为宜。将放出的油经储油柜上专用添油阀全部加入油箱,损耗部分,以相同牌号的合格的变压器油加足,注意注入油的温度不得低于器身温度。

注油完成后,要对油系统密封,进行全面仔细检查,不得有漏油、渗油现象。

11) 吊芯检查考核评分表(见表11-1):

变压器吊芯检查考核评分表 **表11-1**

考核项目	考核内容	考核要求	配分	评分标准	扣分	得分
主要项目	吊心检查操作(从变压器器身吊出开始,到冲洗完结束)	1. 会校核检查环境	3	1. 未校核扣10分,违反检查环境要求扣3分		
		2. 使用清洗过的工量具和更换件	15	2. 在检查及整改过程中,如发现使用未经清洗过的工量具和更换件,每件扣5分,扣完为止		
		3. 会检查器身固定件、铁心、绕组、引出线、分接开关及更换不符要求的零件	45	3. 发现漏检一处扣3~4分;整改不规范,每处扣5~3分,扣完为止		
		4. 测量紧固件绝缘电阻	10	4. 测量绝缘电阻不规范扣5~10分		
		5. 冲洗检查过的器身	5	5. 检查整改后,冲洗不规范扣2~5分		
一般项目	取变压器油样(吊心检查前)	按要求正确取变压器油样(全分析试验取2000mL)	12	凡发现有一处不按规定的操作,每处扣4分,扣完为止		
安全文明生产	1. 国颁安全法规有关规定或企业有关实施规定	1. 按达到规定的标准程度评定	7	1. 违反规定扣1~7分		
	2. 企业有关文明生产规定	2. 按达到规定的标准程度评定	3	2. 违反规定扣1~3分		
工时定额		100min		超过定额10%及以下扣5分;超过10%~20%扣10分;超过20%时结束不计分;未完成项目不计分		

11.2.2　变压器安装

(1) 变压器就位

变压器就位可以使用起重机或手拉葫芦，也可以使用插车。变压器放在基础的导轨上，地台式变压器也可以直接放在混凝土台上。装有气体继电器的变压器，要在储油柜一侧用铁垫片垫高，使两侧有 1%～1.5% 的坡度，以便使变压器内因故障产生的气体，易于跑向储油柜侧的气体继电器，如图11-10所示。

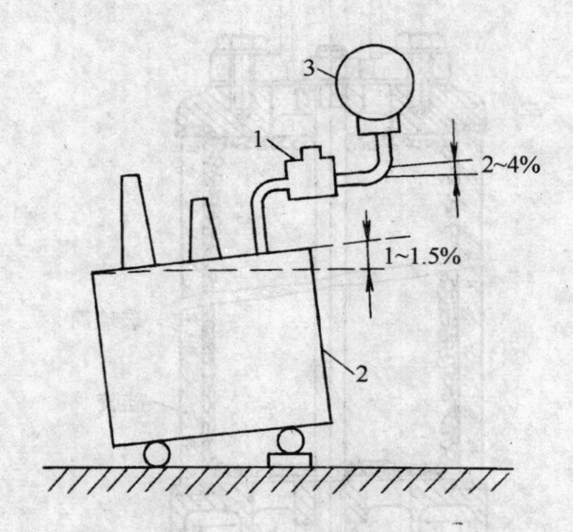

图 11-10　变压器安装坡度示意图

1—气体继电器；2—变压器本体；3—贮油柜

放在导轨上的变压器，小轮前后要加止滑器，防止变压器滑动。有抗震要求的变压器，要采用图 11-11 所示的方法固定。

(2) 附件安装

1) 气体继电器安装：

先装好两侧的连通管，气体继电器应水平安装，观察窗装在便于检查的一侧，箭头方向应指向储油柜，与连通管的连接应密封良好，阀门装在储油柜和气体继电器之间。连管向储油柜方向要有 2%～4% 的升高坡度。

装好后打开放气嘴，放出空气，直到有油溢出时将放气嘴关上，以免有空气使继电器误动作。

安装完成后的气体继电器，如图 11-12 所示。

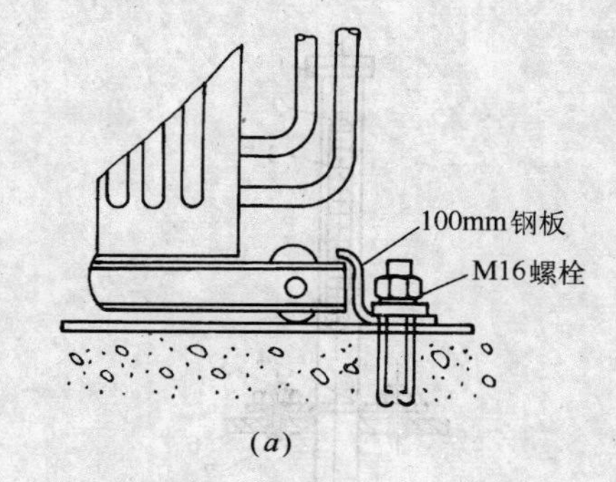

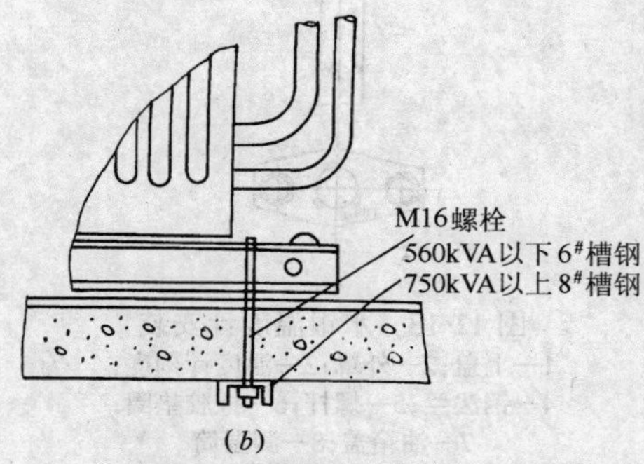

图 11-11　变压器抗震固定

(a)直接放在混凝土台上；(b)放在轨梁上

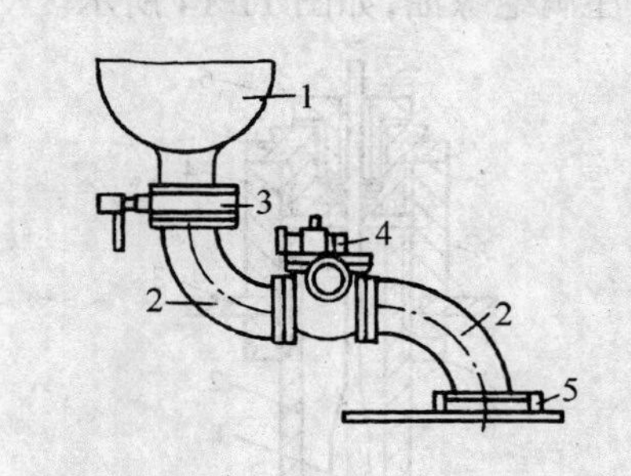

图 11-12　安装完成后的气体继电器

1—储油柜；2—连管；3—阀门；4—气体继电器；5—油箱顶盖

2) 温度计安装：

小型变压器上，使用刻度为 0～150℃ 的水银温度计，如图 11-13 所示。

水银温度计放在上端开口的测温筒里，测温筒用法兰固定在油箱盖上，下部插入油箱里。温度计安装在低压侧，以便于监视温度。

大型变压器上常用接点温度计，也叫温度继电器，它包括一个带电气接点的温度计表盘和一个测温管，两者间用金属软管连接。

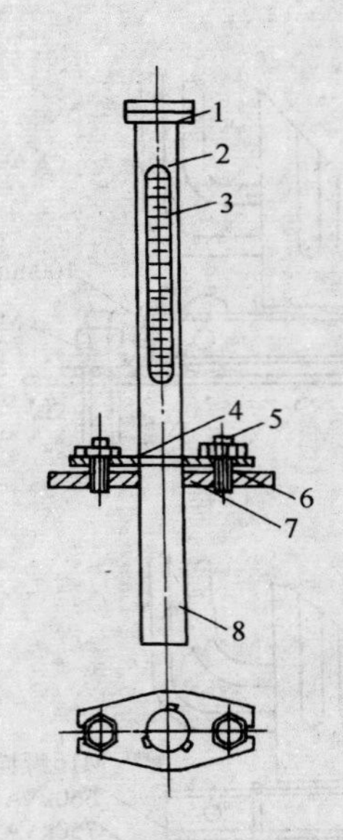

图 11-13　水银温度计安装
1—上盖;2—外罩;3—温度计刻度;
4—钢法兰;5—螺杆;6—橡胶垫圈;
7—油箱盖;8—测温筒

测温管固定在油箱顶盖上一个开口套筒内，套筒内注满绝缘油,如图 11-14 所示。

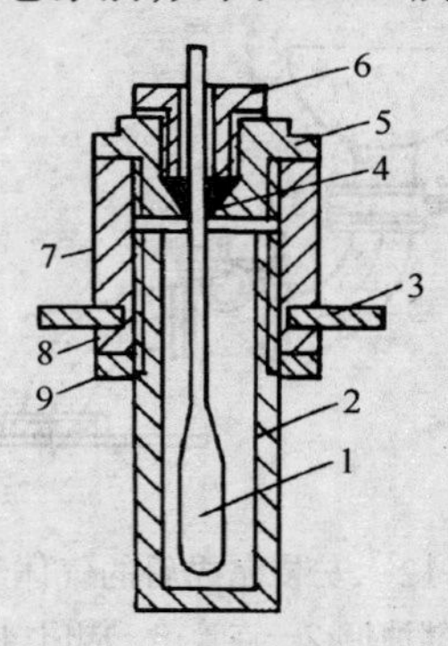

图 11-14　测温管的安装
1—测温管;2—钢筒;3—油箱盖;4—胶环;
5—螺纹塞子;6—压盖;7—螺纹套;
8—胶垫;9—螺纹压盖

安装时,测温管的毛细导管不得压扁或出现死弯,弯曲半径应大于 50mm,指针应按设计值整定好。接点温度计,如图 11-15 所示。

3）干燥器安装：

干燥器又称为呼吸器,其结构如图11-16 所示。

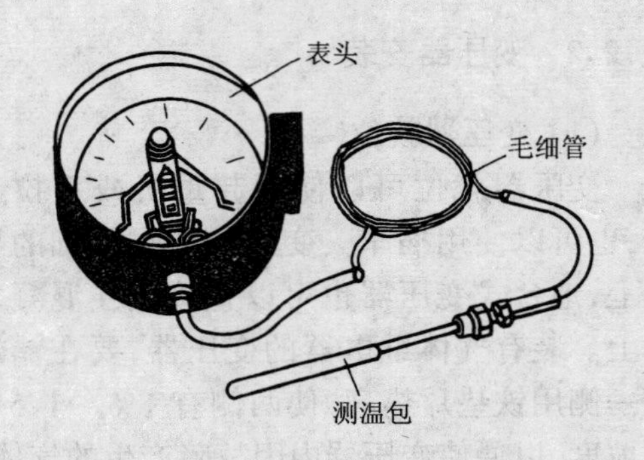

图 11-15　接点温度计

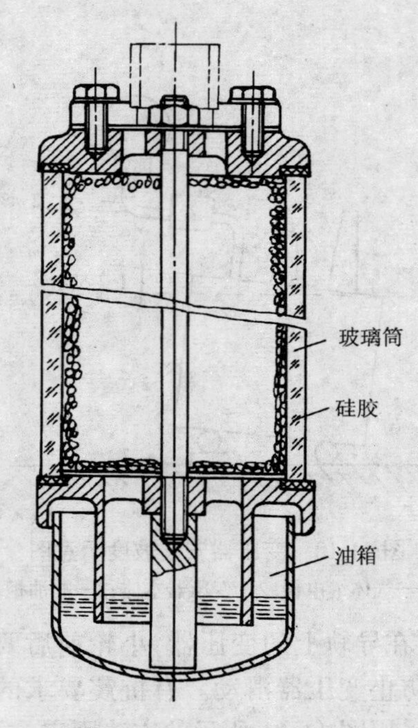

图 11-16　干燥器的结构

在干燥器的玻璃筒中装有变色硅胶,帮助吸收潮气和酸性及不清洁的气体。硅胶的正常颜色是白色或深蓝色,吸潮后变为蓝色或粉红色。

干燥器用卡具垂直安装在储油柜下方,用钢管把干燥器与储油柜连接起来,连接处用耐油胶环密封。

更换硅胶时,左手抓住玻璃筒,右手旋下干燥器油箱。然后双手握住玻璃筒,将干燥器旋松,卸下干燥器,接着旋下拉紧螺栓螺母,拆下干燥器上盖,把硅胶倒出。新加入的硅胶距顶盖15～20mm。安装顺序与拆卸顺序相反，在安装油箱时，应检查油位是否低于油面线，如果需要，添加同牌号变压器油。

4）防爆管安装：

防爆管出口有的用防爆膜片密封或用防爆玻璃密封，防爆膜片如图11-17所示。

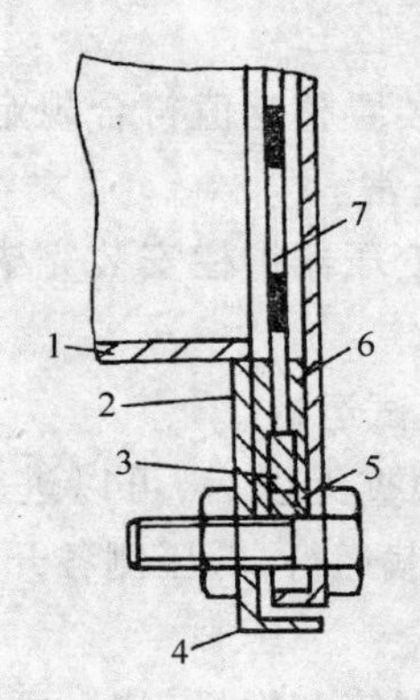

图11-17 防爆膜片固定
1—防爆管；2、3—胶衬垫；4—法兰；5—撑环；6—法兰；7—膜片

安装防爆管时应注意各处的密封是否良好。防爆膜片两面都应有橡皮垫。拧紧膜片时，必须均匀用力，使膜片与法兰紧密吻合。

使用密封玻璃的防爆管，要检查玻璃是否完好，玻璃厚2mm，并刻有几道缝，当变压器发生故障时，产生的压力能冲破玻璃或膜片。

防爆管安装要高于储油柜并倾斜15°～25°，以保证变压器发生故障时喷出的油能冲出变压器器身之外。

11.2.3 变压器安装后的检查试验

变压器安装完成后要进行一些试验和检查，然后才能接线通电运行。

1）变压器密封试验：用一根长0.6m，直径25mm的铁管，上端焊一个漏斗，下端攻出螺纹制成铁漏斗。

将铁漏斗洗净，装在变压器油箱加油孔上，封闭透气孔，然后加入与箱内同牌号的合格变压器油，如图11-18所示。

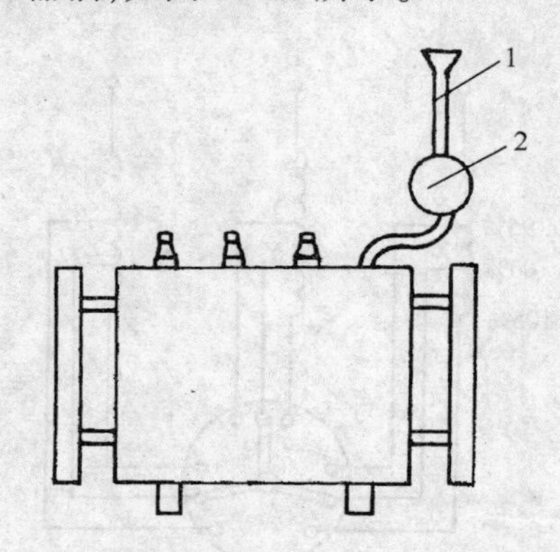

图11-18 油压密封试验
1—铁漏斗；2—储油柜

试验要求：对管状油箱，采用0.6m高油柱压力，对波状油箱，采用0.3m高油柱压力，试验时间15min。

如果在试验中发现有渗漏现象，要进行处理。各紧固部位渗漏，如油箱盖、各法兰盘处，可以先旋紧各紧固螺栓，如不能解决，则可能是密封垫有问题，需拆下更换后再紧固。如果是焊缝渗漏，只能在无油状态下补焊。

试验完毕后，将油面降至正常液位，打开透气孔。

2）检查分接开关：旋下开关上盖，卸下定位螺钉，用板手往所需方向旋转，当定位件的大槽口对准法兰盘上的数字时为止，用定位螺钉将定位件重新固定在法兰盘上，分接调整工作即告完成。每进行一次分接开关切换，均要进行高压侧绕组直流电阻的测试，各相间阻值差别不应大于2%，与以前测得结果比较，相对变化也不应大于2%。测量绕组直流电阻要用双臂电桥。分接开关接线原理图，如图11-19所示。

3）检查温度计：检查测温管插入的套筒内有无足够的变压器油，表头玻璃是否完好，未投入运行前表头温度指示应与环境温度相同；检查毛细管有无压扁或断裂现象。变压器运行时，其上层油温不宜超过85℃。

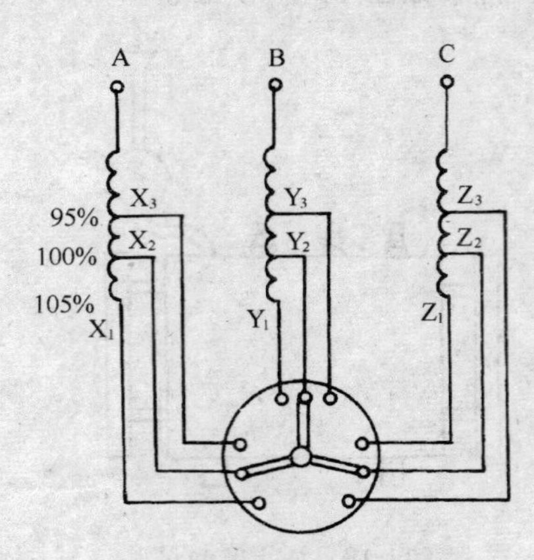

图 11-19　分接开关接线原理图

4）打开箱盖至储油柜的油阀门，让其全部开通。

5）将呼吸器的罩拆下，取出储运用的密封垫圈，在罩内注入半罩多一点变压器油，旋上罩，扭紧后再回旋一点，使呼吸器畅通。

6）测试检查绝缘电阻。

7）测试检查变压器处壳及低压中性点良好接地。

11.2.4　变压器送电前的检查与送电试运行验收

变压器安装好后，就可以进行高低压接线及高低压配电装置安装，均安装完成后，要对变压器进行送电前的检查，检查无误后进行送电试运行，验收合格即可投入正式运行。

（1）变压器送电前的检查

1）各种交接验收单据齐全，数据符合要求。

2）变压器应清理、擦拭干净，顶盖上无遗留杂物，本体及附件无缺损，且不渗油。

3）变压器一、二次引线相位正确，绝缘良好。

4）接地线良好。

5）通风设施安装完毕，工作正常；事故排油设施完好，消防设施齐全。

6）油浸变压器系统阀门应打开，油门指示正确，油位正常。

7）油浸变压器的电压切换装置，及干式变压器的分接头位置放置在正常电压档位。

8）保护装置整定值符合规定要求，操作及联动试验正常。

9）干式变压器护栏安装完毕，各种标牌挂好，门装锁。

（2）送电试运行

变压器检查无误后，可以进行送电试运行，此时为空载运行，低压侧各开关均为开路状态。

1）变压器第一次投入时，可全压冲击合闸，由高压侧投入。

2）变压器第一次受电后，持续时间不少于10min，应无异常情况。

3）变压器进行3～5次全压冲击合闸，应无异常情况，励磁涌流不应引起保护装置误动作。

4）油浸变压器带电后，不应有渗油现象。

5）记录每次的冲击电流，空载电流，一、二次电压及温度值。

6）如有变压器并联运行，应核对好相位。

7）空载运行24h，如无异常情况，可投入负荷运行。

（3）验收

1）从变压器开始带电起，24h后无异常情况，应办理验收手续。

2）验收时，应移交下列资料和文件：

A．变更设计说明；

B．产品说明书、试验报告单、合格证及安装图纸等技术文件；

C．安装检查及调整记录。

小　结

1．变压器安装前要认真进行各项检查，小型变压器不做吊芯检查，要重点检查各种随机的文件及试验报告单、外观有无破损、油密封是否良好。

2．安装前检查变压器安放位置是否准备就绪。

3．要准备好起重工具，变压器移动、稳放过程中不要发生意外。

4．变压器放置要稳固，各种附件安装正确。

5．认真做好安装后的检查及送电试运行。

习　题

1．变压器安装工程包括哪些工作内容？
2．变压器安装前要做哪些检查？
3．简述吊芯检查的方法及检查内容？
4．气体继电器的安装位置在哪里？应如何进行安装？
5．温度计的作用是什么？
6．带有气体继电器的变压器安装时为何要有一定坡度？
7．简述油压密封试验的方法？
8．送电前变压器要检查哪些内容？
9．如何进行送电试运行？
10．如何与甲方共同做好验收工作？

11.3　母线的制作与安装

母线是指通过大电流的主干导线，在这里特指高压进线与低压出线间的联接导线，由于这一部分导线是封闭在变配电所内，采用金属型材所以叫做硬母线。硬母线采用铜或铝材料，制成矩型截面的金属带，厚度4.0～31.5mm，宽度10～125mm。

11.3.1　母线的制作

母线安装前，一般要进行矫正、测量、切断、弯曲、钻孔、接触面加工、焊接等工艺加工处理。在母线加工前，首先要进行外观检查，看母线表面有无气孔、划痕、坑凹、裂痕等缺陷。有缺陷和截面不足的应切除不用。

(1) 母线的矫正

母线加工前要先进行矫正，矫正的方法有手工和机械两种。手工矫正时，可将母线放在平台上或平直的型钢上，用硬锤直接敲打平直，如用铁锤时，须用平直的硬木或金属垫板衬垫后进行间接敲打，敲打时用力要适当，不能过猛，否则会引起母线变形。

如果加工量大或加工大截面导线，需使用母线矫正机进行矫正，如图11-20所示。矫正时，将母线的不平部分，放在矫正机的平台上，然后，转动操作圆盘，利用丝杆压力将母线逐段矫正。

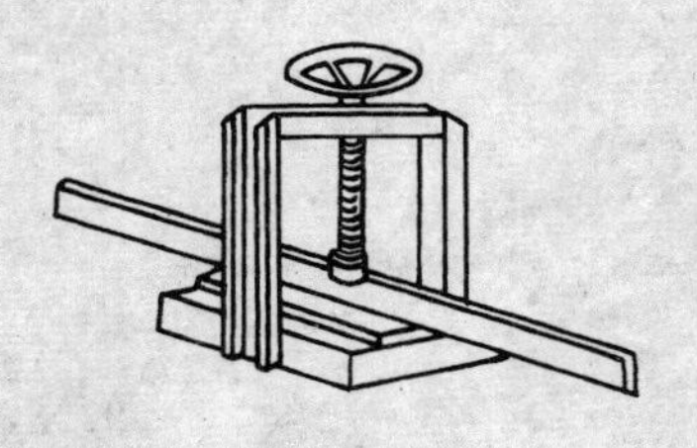

图11-20　母线矫正机

(2) 母线的测量与切断

母线下料前，应到现场实测，根据母线的走向量出母线的实际尺寸。根据测量的尺寸在平台或木板上划出大样，也可用8#铅丝制作样板，作为弯曲时的依据。对于需要钻孔、切断的部位要做好印记，划好直线，为母线进一步加工做好准备。

母线切断可以使用钢锯或电动圆锯，为了防止母线被台钳钳口夹出印痕，应用薄铜片或硬木板把钳口垫好。切断缝离开钳口侧面约20mm左右，防止锯割时产生震动。手锯锯条选用粗齿锯条。母线断口处的毛刺，要用锉刀将毛刺去掉。

需要弯曲的母线，最好在母线弯曲后再进行切断。

(3) 母线的弯曲

矩形母线弯曲通常有三种情况：平弯、立弯和扭弯(麻花弯)。

母线的弯曲部分与连接处应保持30mm以上的距离，从弯曲处开始至瓷瓶支持点应有50mm以上距离，但不应超过$0.25L$(L-弯曲处两端支持瓷瓶间沿母线中心线的距离)，以使母线弯曲部分装设牢固。

1) 平弯

母线平弯可以直接在台虎钳上进行，把母线夹好，钳口要垫上铜、铝板或硬木板防止夹伤母线，用手扳动母线弯至适当的角度，母线弯曲半径不要小于母线厚度的二倍。

大型母线平弯时要使用弯排机，如图11-21所示。

弯排机外型，如图11-21(*a*)所示，上盖板可以打开，用手动油压机驱动顶缸进行加工。操作过程如下：打开弯排机上盖板，放入矩型母线，如图11-21(*b*)所示，把母线上画好的中心线对准顶缸前端；合好上盖，操作手动油压机，使顶缸顶进，把母线顶弯到预定角度，如图11-21(*c*)所示；打开上盖板，将弯好的母线取出，如图11-21(*d*)所示。

2) 立弯

母线立弯要使用立弯机，如图11-22所示。

(*a*)

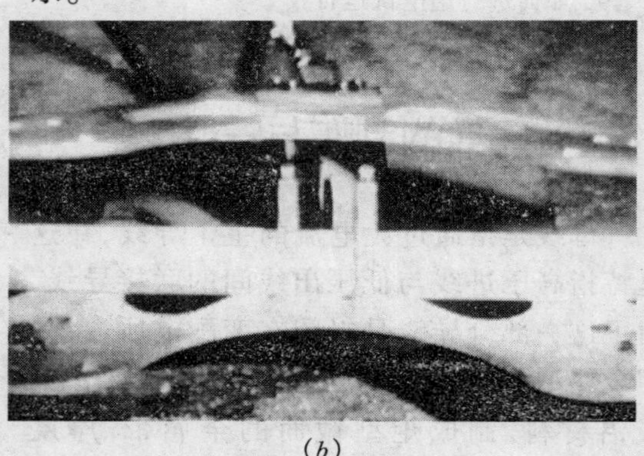
(*b*)

(*c*)

(*d*)

图11-21 YWP-10D型弯排机

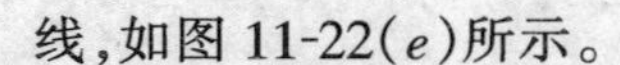

弯曲时，先将母线插入夹板中间，装上弯头，用螺丝拧紧，母线加工线要对准夹板中线，如图 11-22(a)所示。在母线上方合适的孔中插入螺栓，如图 11-22(b)所示；操作千斤顶使夹板上升，把母线顶弯，如图 11-22(c)所示；千斤顶达到最大行程后放松，使夹板下落，抽出螺栓，并插入靠下方的孔中，操作千斤顶继续顶弯，如图 11-22(d)所示；重复数次直至达到要求的角度，取出弯好的母线，如图 11-22(e)所示。

母线平弯和立弯，如图 11-23 所示。

3) 扭弯

扭弯也称麻花弯，如图 11-24 所示。

加工扭弯要使用图 11-25(a)所示的扭弯器。

扭弯器中间的凹口宽度不同，适合不同宽度的母线。

扭弯时将母线固定在台虎钳上，把扭弯

(a)

(b)

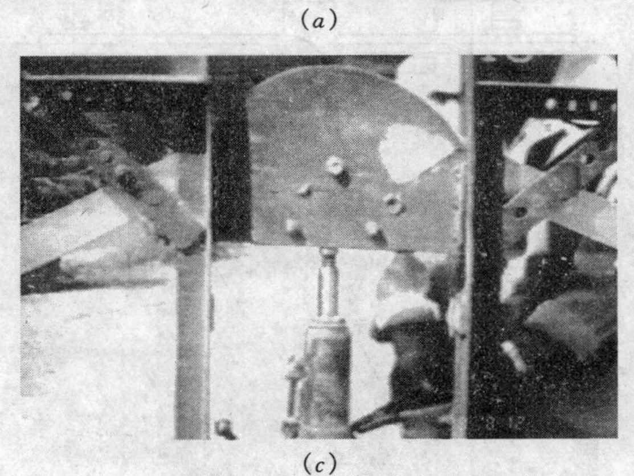

(c)

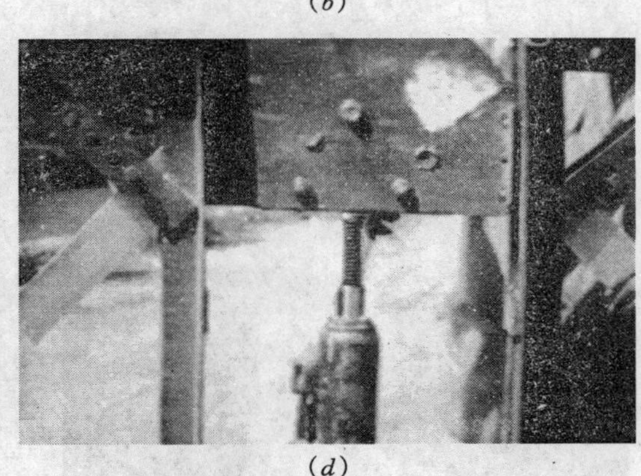

(d)

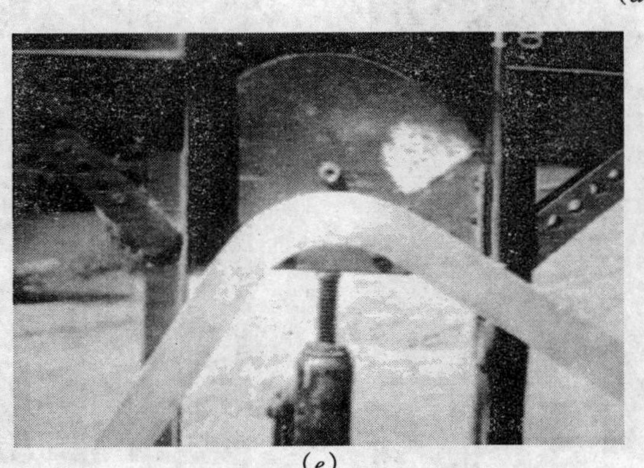

(e)

图 11-22　母线立弯机

器卡在母线上将螺栓拧紧，如图 11-25(*b*)所示，双手用力转动扭弯器的手柄，使母线达到所需要形状，如图 11-25(*c*)所示。这种方法只适用于 8mm×100mm 以下母线。对于大截面的母线，需在弯曲前加热，加热可以使用喷灯，加热前在弯曲处表面涂上黑漆，加热至母线表面有红色时，就可以扭弯加工。

4) 鸭脖弯的加工

母线对接时可以使用夹板，或将母线一端加工成鸭脖弯，如图 11-26(*a*)所示。

加工鸭脖弯要使用专用模具，用角钢制作一个门架，门架下放置一台千斤顶，加工时在母线鸭脖弯处左侧上面放一块与母线厚度相同的垫铁，右侧下面放一块垫铁，如图 11-26(*b*)所示，操作千斤顶向上顶平，在两块垫铁作用下母线形成鸭脖弯，如图 11-26(*c*)所示。

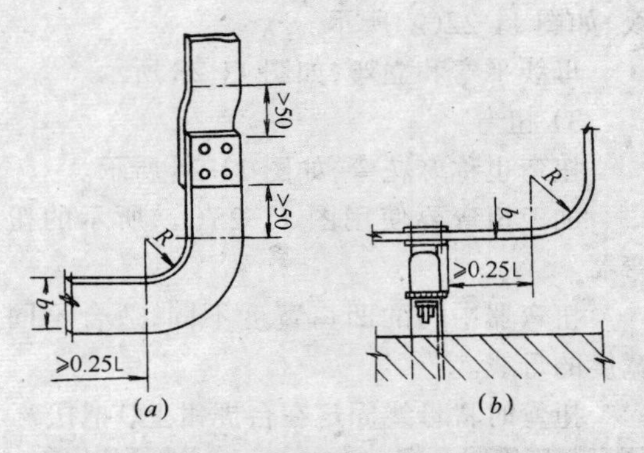

图 11-23　母线平弯和立弯示意图
(*a*)母线立弯；(*b*)母线平弯

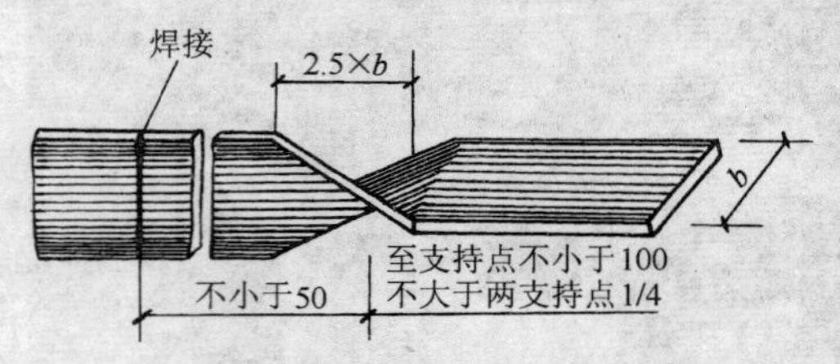

图 11-24　母线扭弯

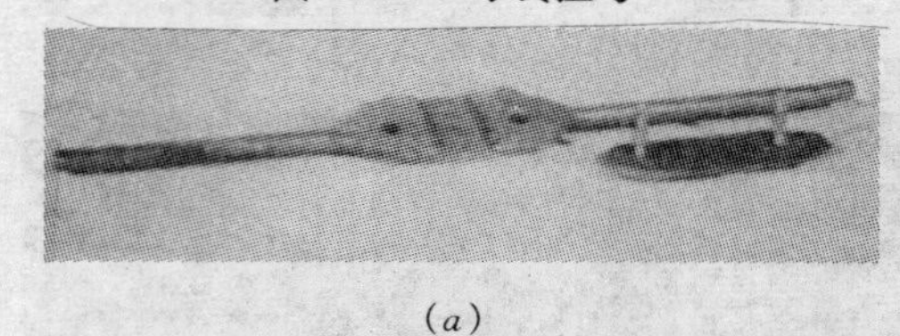

(*a*)

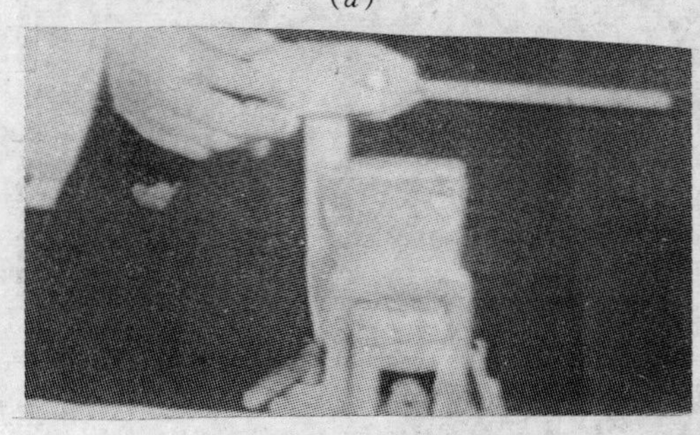

(*b*)

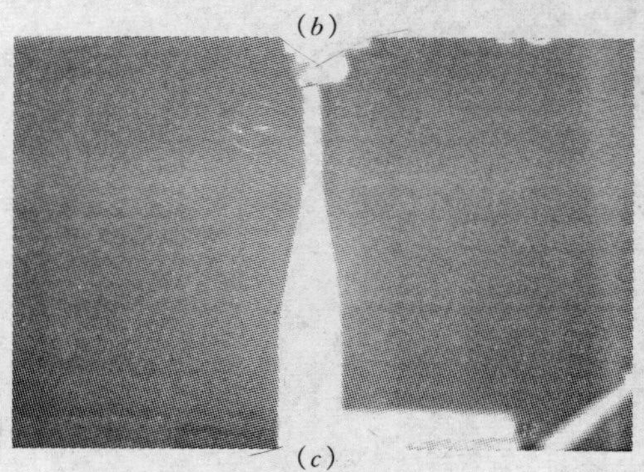

(*c*)

图 11-25　母线扭弯器

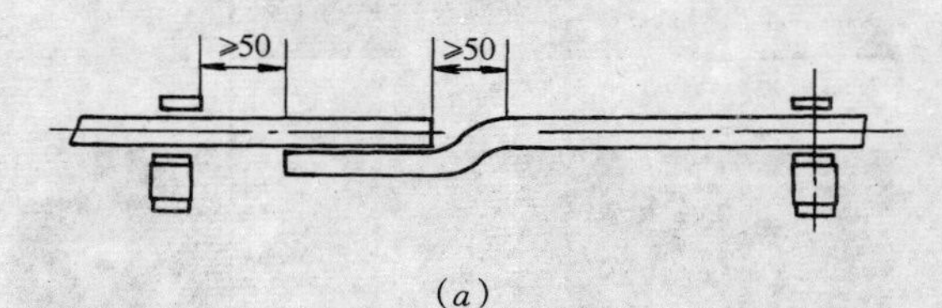

(*a*)

(*b*)

(*c*)

图 11-26　母线鸭脖弯搭接

(4) 母线的钻孔

母线在钻孔前，先划出孔位，用冲头在钻孔中心冲眼，然后用手钻或台钻钻孔，钻孔直径比连接螺栓直径大 0.5～1mm。孔眼应垂直，孔钻好后，用锉刀去掉孔口毛刺。如果母线要焊接，那么焊接工作应放在钻孔之前，弯曲之后，这样才能保证孔位准确。

(5) 母线接触面的处理

母线接触面的接触电阻，不能大于同长度母线本身电阻的 20%。如果接触电阻过大，当额定电流通过接触面时，就会发生过热现象，甚至有可能把母线接点熔化，以致引起事故，因此，母线接触面加工，是母线安装保证质量的关键之一。

接触面的加工，主要是消除母线表面的氧化膜、折皱和隆起部分，使接触面平整而略显粗糙。大型母线可以使用铣床或刨床加工，小型母线可使用手锉加工。加工时要注意加工后母线截面积不能小于原截面的3%～5%。

如果母线只是由于变形不平整，可以使用加工鸭脖弯的模具进行平整，用平面磨床加工两块 150mm×150mm×50mm 的铜板，把母线端夹在两块铜板之间，操作千斤顶，将母线压平，如图 11-27 所示。

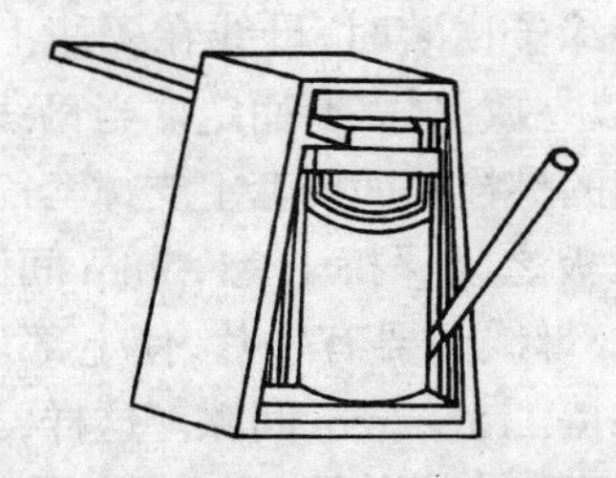

图 11-27　母线平整机示意图

母线压好后，用平尺检查是否符合要求，如已平整，用钢丝刷清除母线表面氧化膜，使母线略呈粗糙。对于铝母线随即涂上一层中性凡士林油，使接触面与空气隔绝。加工后如不立即安装，应把接头用纸包好。

当用铜母线时，母线接头加工后，应用钢丝刷除锈去污，涂上一层焊锡膏，浸入已熔化的锡锅中，使锡附在母线的表面上。将母线从锡锅中取出，用干净抹布擦去表面浮渣，使其呈银光色的光泽。同样，加工后如不立即使用，用纸把接头包好。

(6) 母线的焊接

母线的焊接连接，能克服螺栓连接的缺点，使接触电阻大为减小。母线的焊接方法有许多种，有气焊、电弧焊和气体保护焊等方法。

母线常用的焊接连接形式有对接和叠接，如图 11-28 所示。

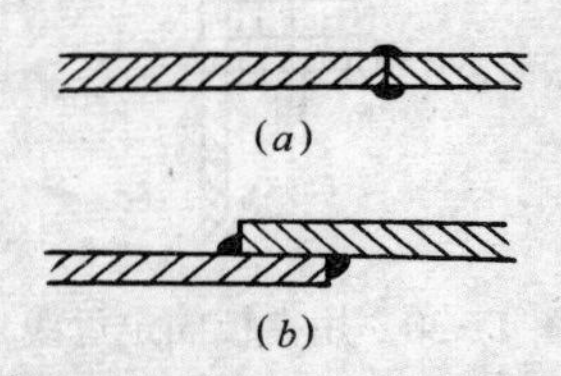

图 11-28　母线焊接示意图

(a)母线对焊；(b)母线的叠焊

母线焊好后要清洗干净，以免焊料腐蚀。用焊接连接的母线必须连接可靠，不得有砂眼或裂缝，焊好后的母线需保持平直，不得有歪曲现象。

11.3.2　母线的安装

母线安装在固定在支架上的绝缘瓷瓶上，母线支持点的间隔不大于 1m。

(1) 母线在瓷瓶上的固定

1) 用螺栓直接将母线拧紧在绝缘子上，如图 11-29 所示。

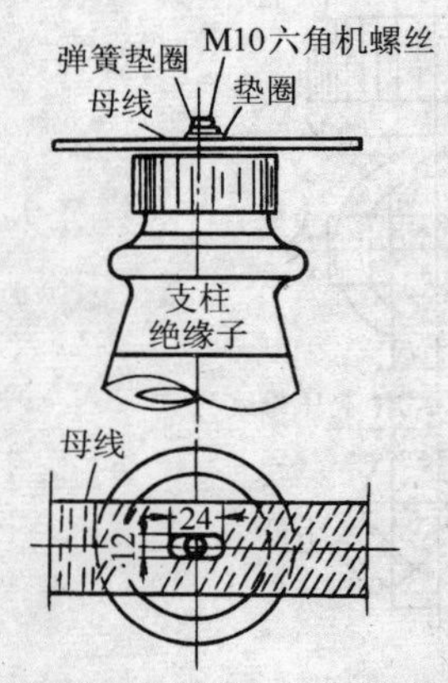

图 11-29　用螺栓直接固定母线

在安装前要在母线上钻一个椭圆形孔，椭

圆形孔的长轴必须沿母线方向，如果螺栓是M10的，则椭圆形孔长约24mm，以便母线温度变化时，使母线有伸缩余地，不致拉坏瓷瓶。

2）用夹板将母线固定在绝缘瓷瓶上，如图11-30所示。

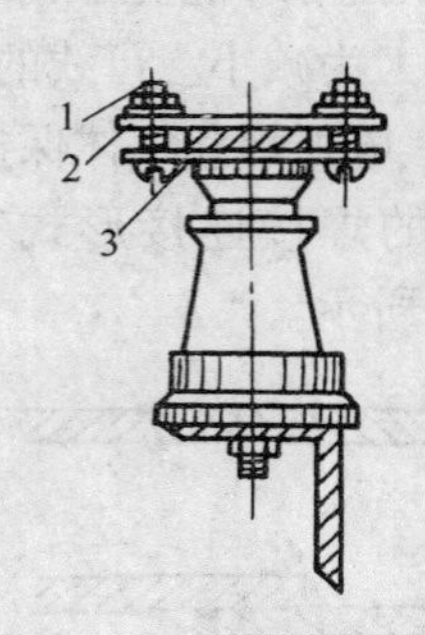

图11-30 用夹板固定母线

1—螺栓；2—夹板；3—母线

用这种方法固定母线时，母线不需钻孔，只要将母线穿过夹板中间，用两边螺栓紧固即可。

3）用卡板将母线固定在绝缘瓷瓶上，如图11-31所示。

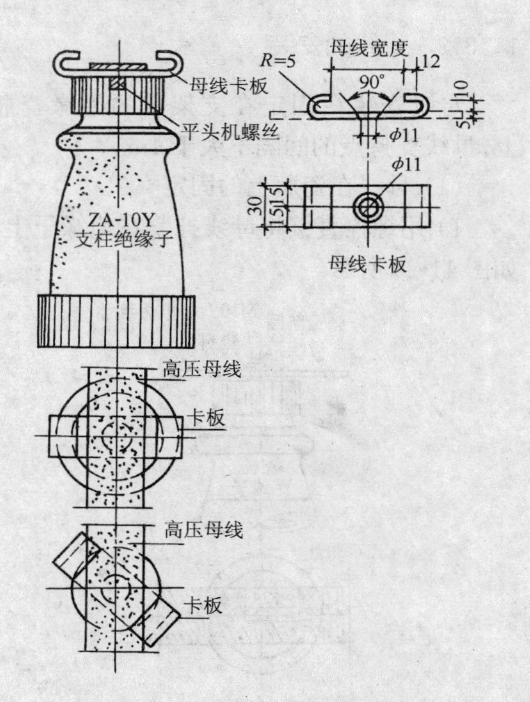

图11-31 用卡板固定母线

这种方法只要把母线放入卡子，将卡子扭转一定角度卡住母线即可。

4）母线终端的固定。母线在绝缘瓷瓶上的终端固定，如图11-32所示。

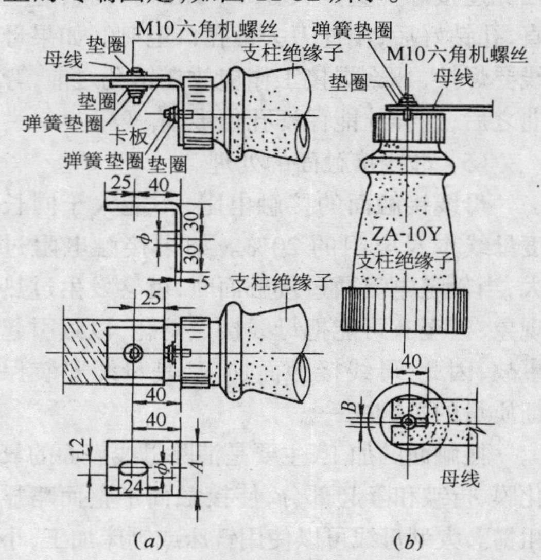

图11-32 母线在瓷瓶上的终端固定

(a)瓷瓶横装；(b)瓷瓶竖装

当绝缘子横装时，用直角形板连接，直角形板与母线连接的一面通常加工成椭圆形孔，以使母线温度变化时能自由伸缩。当绝缘子竖装时，则将母线终端加工成开口，开口长约40mm，并用螺栓将母线固定在绝缘子上。

当绝缘子横装时，母线在瓷瓶上，可以平放，也可以立放，视需要而定。当母线平放时，固定夹板的螺栓外面要套上支撑套筒，使母线与上部压板之间保持1～1.5mm间隙。当母线立放时，母线间要有垫片，使上部压板与母线之间保持1.5～2mm间隙。这样，当母线受热膨胀时可以自由伸缩，不致损坏瓷瓶。

(2) 母线补偿器的安装

母线上沿母线长度每20m应安装补偿装置(伸缩节)，防止母线变形或支持物变形拉断母线。伸缩节如图11-33所示。

母线伸缩节用与母线同材料的，厚度为0.2～0.5mm的铜片或铝片叠制而成，铜质的要搪锡，叠成后与铜板或铝板铆接或焊接在一起，制作好的伸缩节总截面不得小于母线截面。

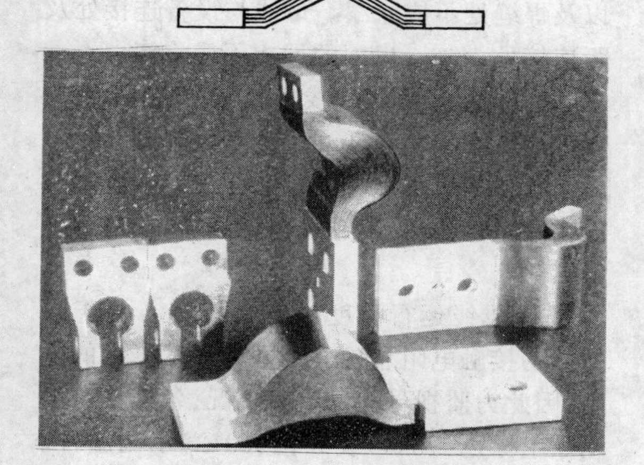

图 11-33　母线伸缩节

(3) 母线的螺栓连接

母线螺栓连接方法分为搭叠连接、对头连接及压板连接三种，如图 11-34 所示。

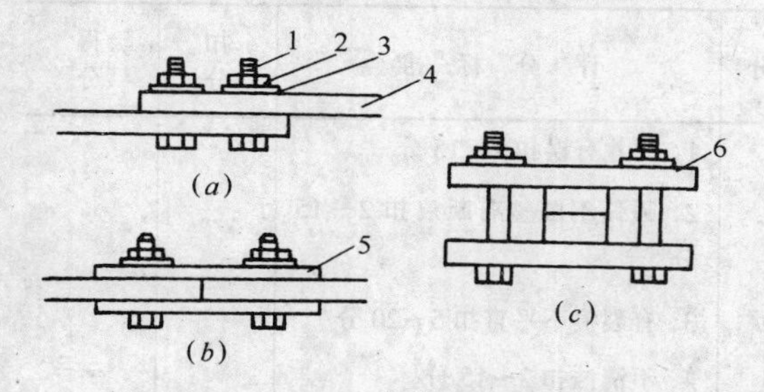

图 11-34　母线螺栓连接示意图

(a)母线的搭接；(b)母线的对接；(c)母线的压板连接

1—螺栓；2—螺帽；3—垫圈；4—母线；5—夹板；6—压板

母线搭接连接简单，连接时把两段母线接头处搭叠在一起，或一端加工成鸭脖弯后搭叠在一起钻孔，用螺栓穿过，母线平装时，螺栓要从下向上穿，把螺帽旋紧即可。

对头连接是把两段母线的端部对头排列起来，用一对与母线同材质的夹板把母线连接处上下连接起来，然后钻孔用螺栓压紧。压板连接与搭接方法相仿，是用专用压板，把连接的母线搭接起来，压板上有固定的螺丝孔，将母线搭接起来，放入压板，旋紧压板螺丝，用加压的方法，把母线压紧。

母线螺栓连接施工时应注意以下几点：

1) 安装时先用较大的力将螺栓拧紧，然后放松，再次将螺栓拧到弹簧垫圈压平即可。经过一段时间运行后，再进行一次松度和接触面的复查。

2) 连接用的螺栓、螺帽、平垫圈、弹簧垫圈大小要适当，除弹簧垫圈外均应有防锈层(镀锌或烤兰)。平垫圈厚度不小于 3mm。在装螺栓时，应在螺栓两侧加平垫圈，再在螺母侧加弹簧垫圈和螺母，拧紧后的螺栓应露出螺母 3～5 个牙距。

3) 螺栓拧紧应适度，使弹簧垫圈压平即可。如果过松，则接触电阻增大；过紧母线连接处平面压力不均，受热后，使母线接触部位变形，反而增大接触电阻。一般用 0.05mm 的塞尺检查，塞入深度不得超过 4～6mm。

4) 用夹板连接母线时，最好使用铜螺栓，用压板时，不允许四角同时用铁质螺栓，应在夹板的一边用两个铜螺栓，以减小涡流损失。

5) 母线连接时如果是铜铝母线相接，要采用铜铝过渡板。没有铜铝过渡板，可用搪锡的薄铜皮垫在铜铝接头之间。

6) 母线用螺栓连接后，为使连接部位密封良好，要在接头的表面和缝隙处涂 2～3 层清漆密封。

11.3.3　母线相序排列与涂色

母线相序可按下列要求排列：

(1) 垂直安装的母线

交流：U、V、W 相序的排列由上而下；

直流：正、负极的排列由上而下。

(2) 水平安装的母线

交流：U、V、W 相序的排列由内向外；

直流：正、负极的排列由内向外。

(3) 引下线的排列

交流：U、V、W 相序的排列由左至右；

直流：正负极的排列由左至右。

(4) 各种不同电压配电装置的母线，其相序的排列应相互一致。

母线安装完毕后，均要涂漆或新型阻燃防火涂料。母线涂漆后可以防止母线氧化，也可以加强散热，还可以有效防止因老鼠或小动物窜入造成短路。涂漆的另一个作用是可以识别母线的相别，用不同颜色标志把相别区分开来。母线的涂色应按下列规定进行：

1）三相交流母线：U 相涂黄色；V 相涂绿色；W 相涂红色。由三相交流母线引出的单相母线，应与引出相的颜色相同。

2）直流母线：正涂赭色；负涂蓝色。

3）交流中性线汇流母线和直流均压汇流母线：不接地者涂白色；接地者涂紫色带黑色横条。

4）单片母线的所有各面；多片母线或异型母线的所有可见表面；钢母线的所有表面均应涂漆。

5）母线螺栓连接处或母线夹板连接处，以及焊缝处不应涂漆。母线与设备连接处及距连接处 10mm 以内的地方不应涂漆。

6）供携带型接地线连接用的接触面上，其不涂漆的长度等于母线宽度或直径，但不应小于 50mm，并以宽度为 10mm 的黑边与母线涂漆部分隔开。刷有测温涂料的地方不应涂漆。

7）母线运行温度一般为 70℃。由于连接点的接触电阻总是大于同样长度母线的电阻，因此为监视母线的运行情况，各连接点上均贴上绿色（70℃）或红色（80℃）示温腊片。母线运行时，如发现腊片熔化，可及时采取措施。

8）母线加工考核评分表，见表 11-2。

母线加工考核评分表 **表 11-2**

考核项目	考核内容	考核要求	配分	评分标准	扣分	得分
主要项目	1. 母线测量	1. 尺寸准确	15	1. 尺寸有误扣 2～15 分		
	2. 母线平弯	2. 平弯圆弧圆整	15	2. 圆弧不圆整有断痕扣 2～15 分		
	3. 母线扭弯	3. 角度正确、平直	20	3. 有裂痕不平直扣 5～20 分		
	4. 母线表面处理	4. 清洁有糙面	15	4. 不清洁扣 2～15 分		
	5. 母线搭接	5. 螺栓规格正确、搭接平直	15	5. 规格不正确不平直扣 5～15 分		
一般项目	钳工操作	操作熟练	10	操作不正确扣 2～10 分		
安全文明生产	1. 国颁安全生产法规有关规定或企业自定有关实施规定	1. 按达到规定的标准程度评定	7	1. 违反规定扣 1～7 分		
	2. 企业有关文明生产规定	2. 按达到规定的标准程度评定	3	2. 违反规定扣 1～3 分		
时间定额	60min	按时完成		超过定额 10% 及以下扣 5 分；超过定额 10%～20% 扣 10 分，超过 20% 时结束不计分；未完成项目不计分		

班级： 姓名： 指导教师：

小　结

1. 母线是指通过大电流的主干导线，在高压进线和低压出线间，一般使用矩形母线，在配电线路中则要用到圆形、槽形、管形等各式母线，最新式的是母线槽，把几根矩形母线封闭在一个铁外壳中，安装、连接都很方便。

2. 矩形母线加工包括矫正、测量、切断、弯曲、钻孔、接触面加工和焊接等。

3. 矩形母线安装包括把母线固定在支持绝缘子上，及母线的连接。

4. 母线安装完成后，要进行涂漆处理，连接点、焊缝等处要涂清漆，母线其他部分要按相别涂成黄、绿、红色。

习　题

1. 什么样的线路中的导线可以称为母线？举例说明。
2. 变配电所中为什么使用矩形母线？
3. 母线加工包括哪些步骤？
4. 什么情况下母线要进行矫正？
5. 母线为什么要进行弯曲？三种弯曲情况各用在什么部位？
6. 弯曲母线时要注意哪些问题？
7. 母线接触面处理不好有什么后果？
8. 母线在瓷瓶上有几种安装方法？各在什么部位使用？
9. 母线有几种连接方法？各有何优缺点？
10. 母线为什么要涂漆？相色是如何规定的？

11.4 高压一次设备的安装

高压一次设备的安装主要包括熔断器、隔离开关、断路器、互感器和成套开关柜的安装。

11.4.1 高压熔断器的安装

1) 户内 RN 型高压熔断器的安装：

RN 型熔断器整体结构，如图 11-35 所示。

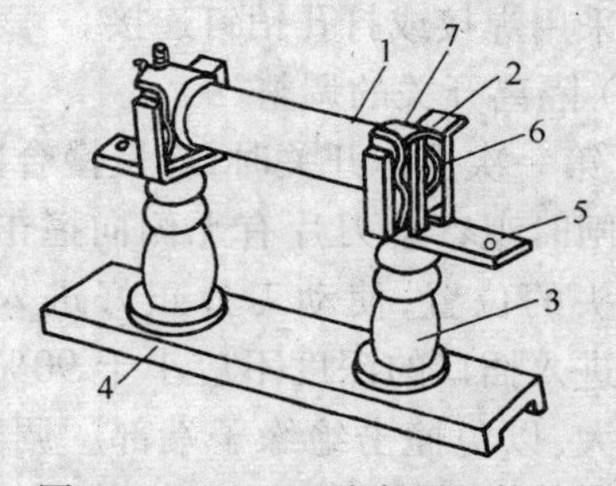

图 11-35　RN 型熔断器整体结构
1—熔管；2—管帽；3—绝缘子；4—底座；5—接线座；6—熔断指示器；7—接触头

RN 型熔断器安装比较方便，制造厂家一般已把底座、支持架、绝缘子组装为一体，安装时只要根据底座的固定要求，用螺栓固定在支架上，再根据母线的连接要求，把进出线与接线端子可靠地连接起来。

2) 户外 RW 型高压熔断器的安装：

户外 RW 型熔断器的整体结构，如图 11-36所示。

安装前，在熔管内装好合适的铜质熔丝，同时调整上下动触头在熔管上的上下位置，使熔丝抽紧固定后，熔管能卡在绝缘瓷瓶上的鸭嘴罩上，上下动触头用顶丝固定在熔管外壳上，安装熔丝时一定要抽紧。

当熔丝熔断时，上动触头松动，不能卡在鸭嘴罩上，自动向下跌落，挂在下接线端子支架上，表明熔丝断了需要更换。

安装时，用两根螺栓把固定安装板固定在角钢支架上，使熔管与垂线成 30°夹角。

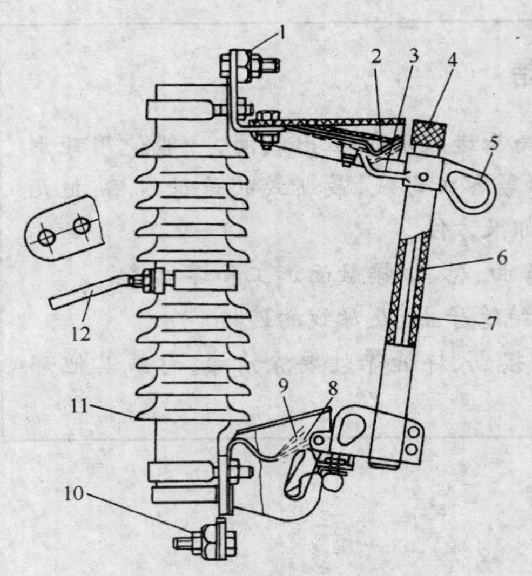

图 11-36　RW 型熔断器整体结构

1—上接线端子；2—上静触头；3—上动触头；4—管帽；5—操作环；6—熔管；7—铜熔丝；8—下动触头；9—下静触头；10—下接线端子；11—绝缘瓷瓶；12—固定安装板

高压进线接上接线端子，出线接下接线端子。安装高度大于 4.5m，各相熔断器间距大于 0.5m。

RW 型熔断器经常作为隔离开关使用，操作时和更换熔丝时都要使用高压拉闸杆。拉闸时，用拉闸杆轻推鸭嘴罩，熔管就会自动跌落。合闸时，将拉闸杆插入操作环向上迅速推，熔管就会被鸭嘴罩卡住。拉闸时先拉中间一相，后拉左右两相，合闸时先合左右两相，再合中间一相。

更换熔丝时，把拉闸杆插入操作环，向斜上方挑起熔管，使熔管下动触头处的支持轴从下静触头处的挂钩上脱出。安装熔管时，用拉闸杆将熔管挑起，把支持轴放入挂钩使其自然悬挂，再迅速上推合闸。

11.4.2　高压隔离开关的安装

高压隔离开关分为开关本体和手动操作机构两部分，操作机构与开关本体用很长的拉杆相连。隔离开关一般装在高压柜的金属构架上，对小容量的配电所也可以装在变压器室的墙上。这里主要介绍在墙上安装的方法。在墙上安装时，开关和操作机构可以装在同一面墙上，也可以把操作手柄装在侧墙上，如图 11-37 所示。

(1) 隔离开关的外观检查

1) 检查开关的型号、规格是否与设计相符。

2) 检查零件有无损坏，闸刀及触头有无变形，如不正常应进行校正。

3) 用细纱布擦去触头上的氧化铜。

4) 用 0.05mm×10mm 塞尺检查触头接触情况，对线接触触头，应塞不进塞尺，对面接触触头塞入深度应不超过 4～6mm。

5) 用 1000V 以上摇表测量绝缘电阻，各相间绝缘电阻应在 800～1000MΩ 以上。

(2) 隔离开关的安装

1) 按图纸尺寸在墙上打孔，下好膨胀螺栓。

2) 把开关本体放在安装位置，使开关底座上的孔眼套入基础螺栓，稍拧紧螺母，用水平尺和线锤找正找平位置，拧紧螺母。

3) 在墙上固定好操作机构的支撑架，把操作机构固定在支撑架上，使其扇形板与隔离开关上的转动杆在同一垂直平面上。

4) 制作连接操作拉杆。操作拉杆用 ϕ20mm 的黑铁管制作，在开关转动杆上装好弯联接头，使开关处于闭合状态，在操作机构扇形板上装好直联接头，把调节元件拧入直联接头，操作手柄处于向上合闸位置，测量两接头间直线长度，为拉杆下料长度。将拉杆上端与弯联接头相连，下端与调节元件相连，连接可采用焊接或打孔销钉连接。

(3) 隔离开关的调整

1) 第一次操作开关时，应慢慢合闸和开闸。合闸时观察动刀片有无侧向撞击，改变固动触头的位置，使动刀片正好进入插口。动刀片进入插口的深度不应小于 90%，但也不能过大，以免撞击绝缘子端部。调整拉杆长度，使动刀片插入后，与固定触头底部有 3～5mm 的间隙。

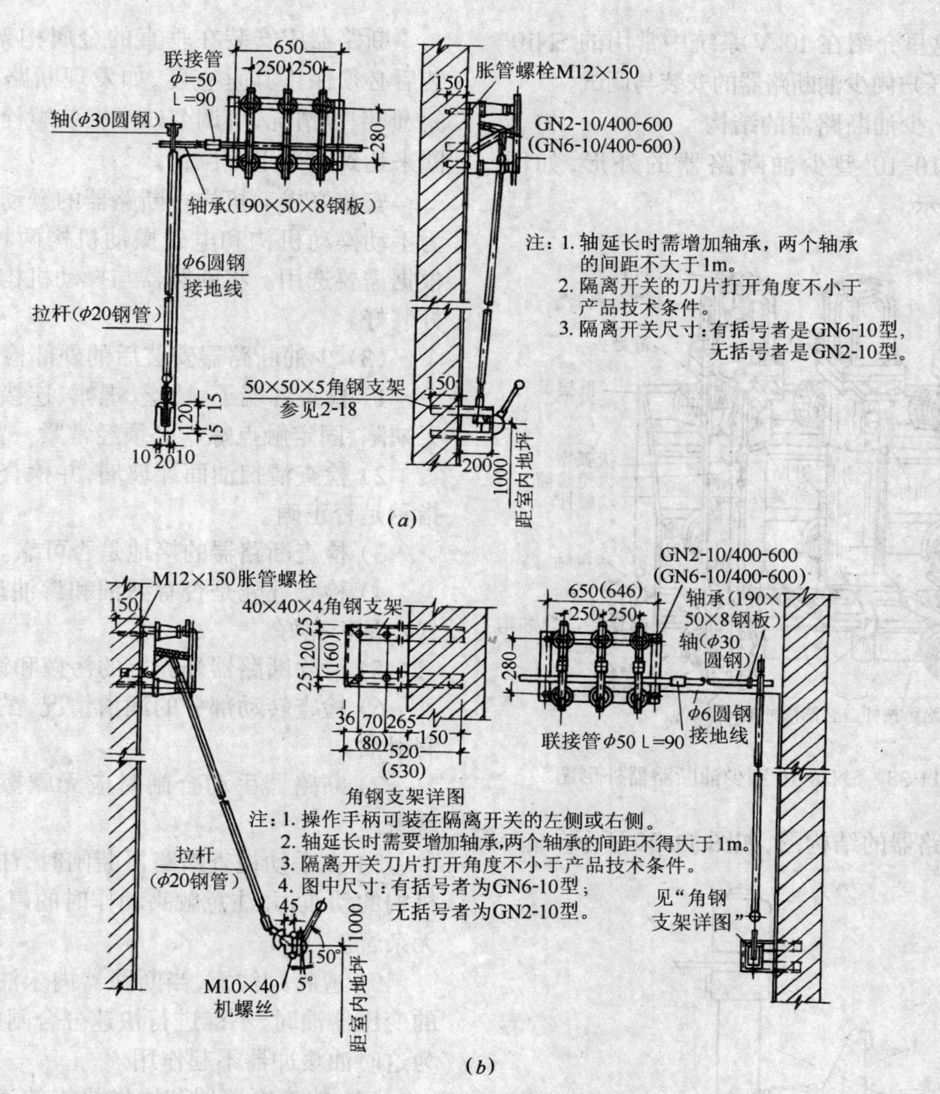

图 11-37　隔离开关安装图例

(*a*)安装在同一面墙上；(*b*)手柄安装在侧面墙上

2）合闸时三相刀片应同时投入，35kV以下的隔离开关，各相前后相差不得大于3mm。检查方法是，将开关慢慢合闸，当第一相刀片接触到固定触头时，测量另两相刀片与固定触头的间距，如果大于3mm，调整升降绝缘子连接螺丝的长度，改变刀片的位置，使三相刀片同时投入。

3）开关分闸时，其刀片的张开角度应符合安装图上的要求，如不符合要求，可以调整拉杆长度或改变舌头扇形板上的位置。但要注意调整时会改变合闸时动刀片插入深度，要二者兼顾，调到适当位置。

4）开关调整完毕后，将操作机构上所有螺丝固定好，开口销子必须分开，并进行数次分合闸操作，以检验开关的各部分是否有变形和失调现象。

11.4.3　高压断路器的安装和调整

高压断路器按灭弧绝缘介质不同，分为油断路器、空气断路器、真空断路器和六氟化硫断路器。这里介绍在 10kV 系统中常用的 SN10-10 型高压户内少油断路器的安装与调试。

(1) 少油断路器的结构

SN10-10 型少油断路器的外形，如图 11-38所示。

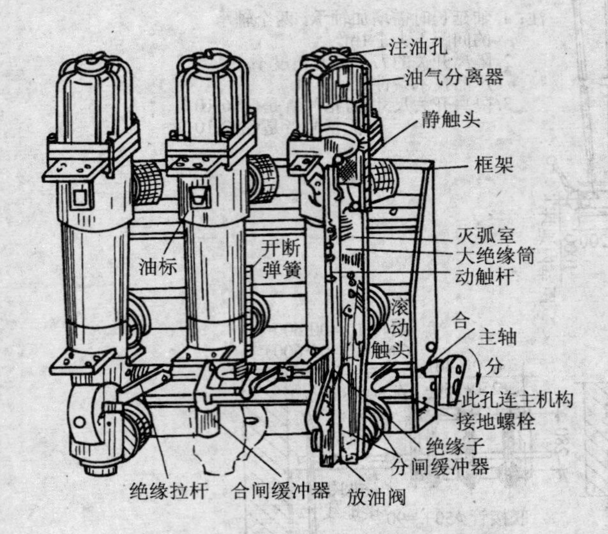

图 11-38　SN10-10 型少油断路器外形图

断路器的结构图，如图 11-39 所示。

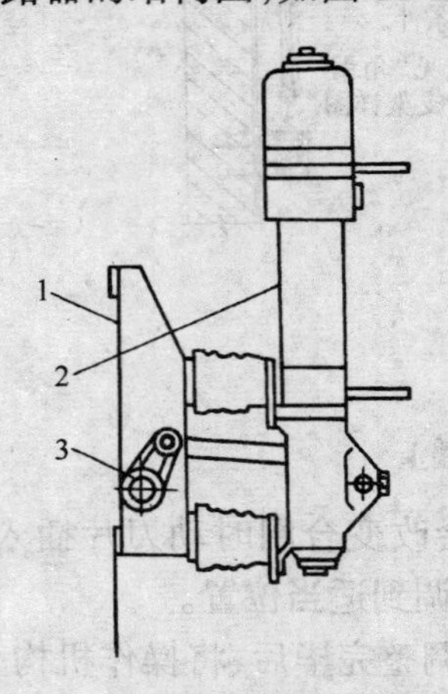

图 11-39　断路器结构示意图

1—框架；2—油箱；3—传动机构

断路器的剖视图，如图 11-40 所示。

(2) 少油断路器的安装

少油断路器一般是整体包装运输，只需要进行整体安装。

断路器应安装在垂直的金属构架上，安装后必须保持其垂直度，如发现断路器有歪斜、倾倒等情况，可调节四个安装螺栓下的垫圈来达到水平垂直位置。

安装好操动机构。断路器的操动机构分为手动操动机构和电磁操动机构两种，可以根据需要选用。将断路器与操动机构间的连杆装好。

(3) 少油断路器安装后的外部检查

1) 检查各端子、螺丝、螺帽、连接板等有无缺陷、固定触点螺丝必须经常紧一紧。

2) 检查清扫油面计玻璃，并检查油面计指示是否正确。

3) 检查断路器的接地是否可靠。

4) 检查外壳是否有漏油和渗油现象、排气孔是否完好。

5) 清除断路器外壳上的污秽和锈。

6) 检查转动部分的润滑情况，酌情补充润滑油。

7) 断路器手动合闸时应无摩擦和滞涩现象。

8) 在手动检查断路器断闸时，注意操作机构的动作，并注意触头动作时的声音，应当无杂音。

9) 应特别注意，当断路器内未注入充足的变压器油时，不准进行快速分合闸操作，因为这时油缓冲器不起作用。

10) 检查断路器和操作机构的连接是否正确、跳闸与合闸指示器的动作指示是否正确。

(4) 少油断路器的拆卸与组装

少油断路器需要清洗维修时，要对油箱部分进行拆卸。拆卸步骤如下：

1) 拆下引线，拧开放油螺钉放空油箱，拆除传动轴拐臂与绝缘连杆的连接。

2) 拧开顶部四个螺钉，卸下断路器的上帽。

3) 取下静触头 1 和绝缘套 2，如图 11-41 所示。

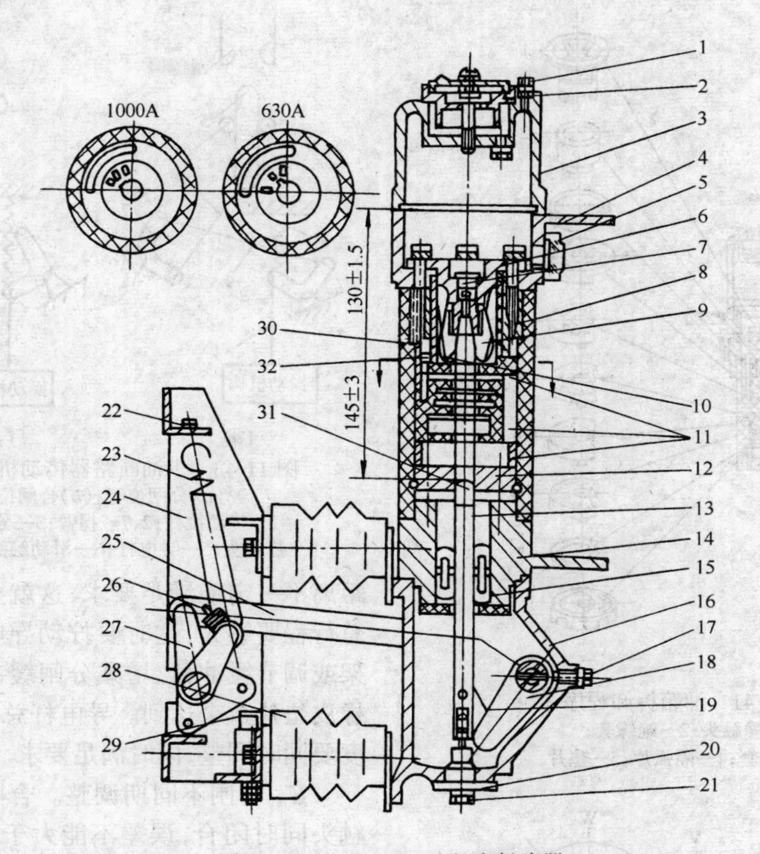

图 11-40　SN10-10 型少油断路器

1—注油螺钉；2—油气分离器；3—上帽；4—上出线；5—油标；6—静触座；7—逆止螺钉；8—螺纹压圈；9—指形触头；10—弧触指；11—灭弧室；12—下压圈；13—导电杆；14—下出线；15—滚动触头；16—基座；17—定位螺钉；18—转轴；19—连板；20—分闸缓冲；21—放油螺钉；22—螺母；23—分闸弹簧；24—框架；25—绝缘拉杆；26—分闸限位；27—大轴；28—绝缘子；29—合闸缓冲；30—绝缘套筒；31—动触头；32—绝缘筒

4）用专用工具拧开螺纹套 3，逐次取出灭弧片 4 和垫片 5。

5）用套筒扳手打开绝缘筒内的四个螺钉，取下铝压圈、绝缘筒和下引线座。

6）取出滚动触头，拉起导电杆，拔去导电杆尾部与连板连接的销子，即可取下导电杆。

7）拧下底部三个螺钉，拆下油缓冲器。

8）检查静触头、滚动触头、导电杆表面是否有灼痕，检查灭弧片绝缘套是否完好，检查油封、密封圈是否完好。

9）用干净的变压器油清洗油箱及拆下的各部件。

10）按相反的顺序把各部件装回去，把螺钉紧固好。

11）加入足量干净的变压器油。

装上帽时注意三相油箱排气孔的位置，要如图 11-42 所示排列。

（5）少油断路器的调试

少油断路器的调试包括断路器本体的调整，操动机构的调整和操作试验三项。

1）断路器本体的调整：

断路器的本体调整，应在断路器组装过程中同时进行。

A. 触头接触的调整。用手转动拐臂，检查导电杆的运动是否灵活和准确。影响导

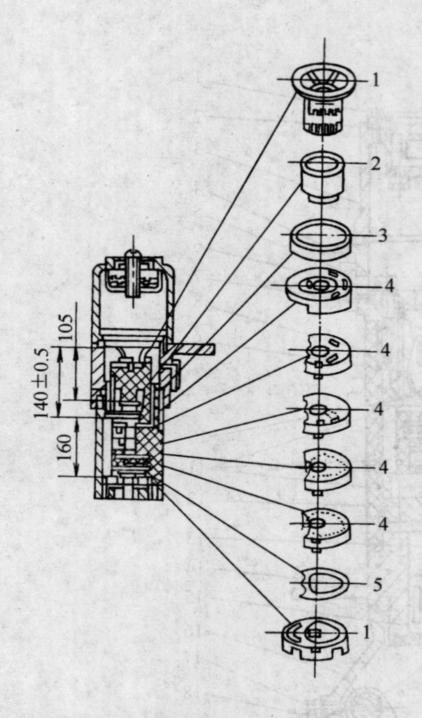

图 11-41 油箱拆卸程序
1—静触头；2—绝缘套；
3—螺纹套；4—隔弧片；5—垫片

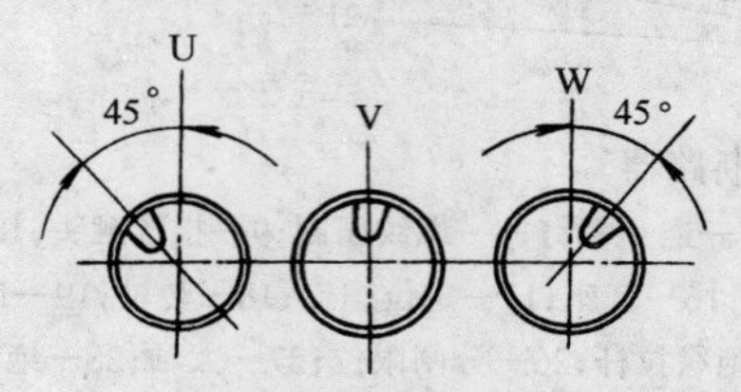

图 11-42 上帽排气孔排列位置

电杆运动灵活性主要是油箱垂直度不好，调整支柱绝缘子、增减垫片，使油箱垂直。调整中要保持三相油箱间距为 250.2mm。

B．调整灭弧片上端面至上引线座上端面的距离。如达不到要求，可以调整隔弧片间的垫片数量。

C．调整导电杆合闸位置的高度。使断路器处于合闸位置，测导电杆上端面至上引出线上端面的距离，如达不到要求时，可以调整图 11-43 中所示绝缘连杆 9 的长短，或调整传动连杆的长短。

D．导电杆行程的调整。导电杆合闸位置的高度合适了，分闸后导电杆与静触头的

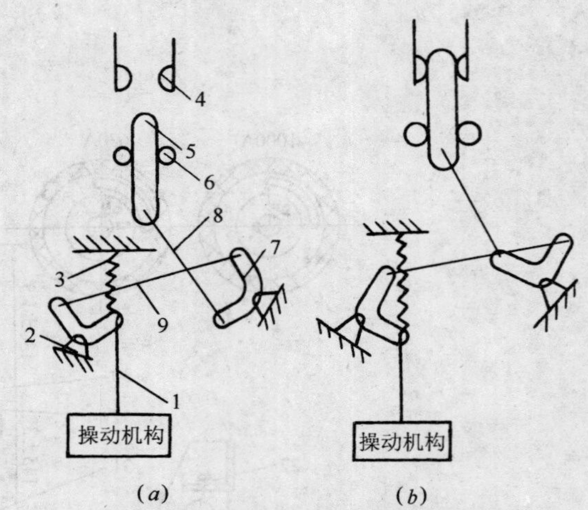

图 11-43 少油断路器传动机构示意图
(*a*)分闸位置；(*b*)合闸位置
1—传动拉杆；2、7—拐臂；3—分闸弹簧；
4—静触头；5—导电杆；6—滑动触头；8、9—连杆

距离不一定能满足要求，这就要求导电杆的总行程要够大，这时要拧动导电杆下部连动架或调节缓冲器、增减分闸缓冲器的铁片和橡皮垫片数来达到。导电杆总行程和合闸高度要同时调整，同时满足要求。

E．合闸不同期调整。合闸时要求三相触头同时闭合，误差不能大于 2mm，可以用图 11-44 所示电路检查，看三个灯是否同时亮，当第一盏灯亮时，测三相导电杆上端面高度；三者误差不超过 2mm 即可。如误差过大，可调整各相绝缘连杆长度，*C*、*D*、*E* 三项应同时调整。

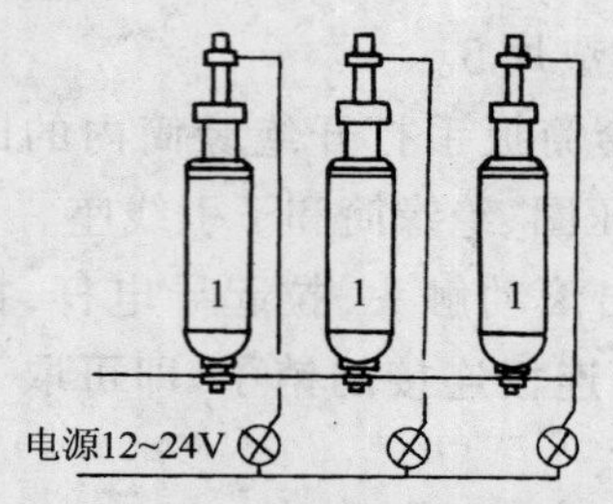

图 11-44 断路器合闸同期性检查示意图

F．合闸弹簧缓冲器调整。当断路器处于合闸位置时，拐臂的终端滚子打在缓冲器上，滚子距缓冲器极限位置应有 2～4mm 距离，如不符合要求，可调整合闸缓冲器弹簧。

2）操动机构的调整：

SN10-10型少油断路器，可以装配CS2型手动操动机构或CD10型直流电磁操动机构，两种操动机构的结构，如图11-45和图11-46所示。

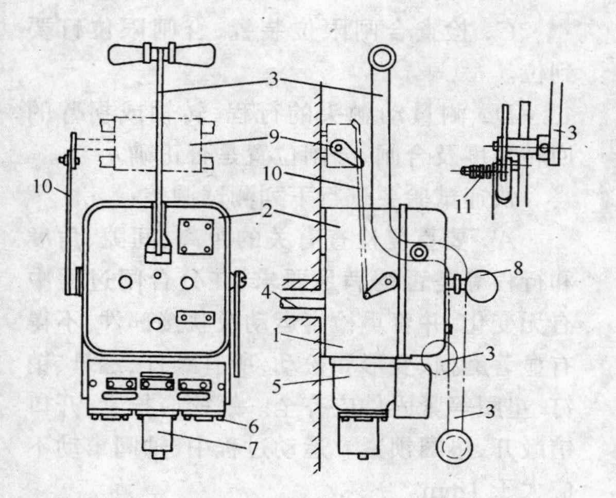

图11-45　CS2型手动操动机构结构图

1—外壳；2—壳盖；3—手柄；4—牵引杆；5—脱扣器盒；6—过流脱扣器；7—失压脱扣器；8—掉牌；9—辅助开关；10—拉杆；11—摩擦弹簧

CS2型手动操动机构的调整方法如下：

A．先使手动操动机构，带动断路器处在准备合闸位置上，此时操动机构中锁钩、脱扣杠杆和扣扳应能可靠地扣住。如达不到要求，可拧动支持螺钉来进行调整。

B．操作手动操动机构，带动断路器处于合闸位置，操作手柄从上向下转动约10°，此时少油断路器应能分闸。如达不到要求，可拧紧摩擦弹簧来调整。

C．操动机构带动的辅助开头的触头应接触良好，动作灵活。

D．对脱扣器适当进行调整，使其动作灵活可靠。

CD10型电磁操动机构的调整方法如下：

A．先用手力缓慢合闸，观看传动机构有无卡阻现象，并合闸到终点位置，合闸扣住后，合闸铁芯应能迅速落下。

B．检查辅助开关各对触头的分、合位置和各辅助开关连臂的合闸初始角度是否正确。若触头过早或过晚断开，可调整连杆长度。

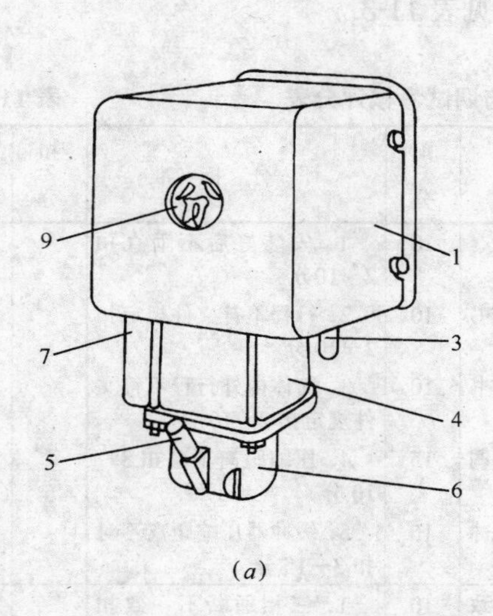

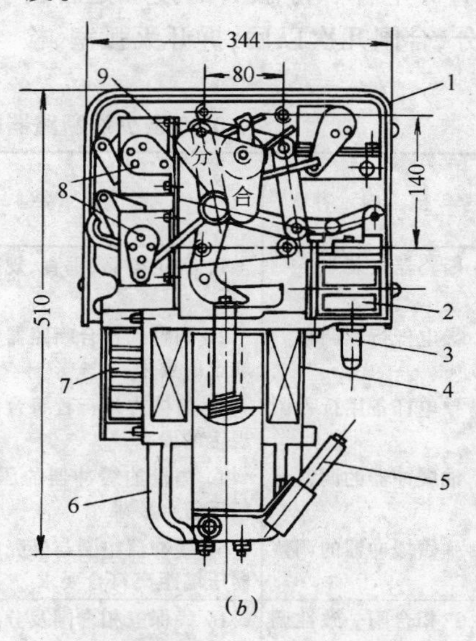

图11-46　CD10型电磁操动机构结构图

(*a*)外形图；(*b*)剖面图

1—外壳；2—跳闸线圈；3—手动跳闸按钮(跳闸铁芯)；4—合闸线圈；5—合闸操作手柄；6—缓冲底座；7—接线端子排；8—辅助开关；9—分合指示器

C. 手力合闸调整后，先用65%额定直流电压进行合闸，操动机构应该扣住，然后用电动进行分、合闸调试，再分别以85%、100%、110%的额定直流电压分、合闸操作3～5次，机构应能可靠地扣住。如达不到要求，应反复调整辅助开关。

调试时，电动合闸连续操作次数不要超过10次，每次间隔不要小于5s，以免过热烧毁线圈。

3）操作试验：

在经过断路器本身调整和操动机构调整以后，需进行操作试验。操作试验有慢速和快速（正常速度）分、合闸操作的测试调整。

慢速试验，通常用人力控制操作手柄或操作杆，使断路器缓慢地分闸和合闸。在慢速试验中，要检查断路器和操动机构的动作是否灵活、准确，部件之间有无卡涩、摩擦等不正常现象，并在分合闸位置，或运动中的相应位置，分别进行下列测试调整。

A. 检查导电杆和静触头的接触是否良好，在操作分、合闸几次以后，拆开灭弧室，检查隔弧片、绝缘筒等部件有无摩擦痕迹，导电杆与静触头有无挤压痕迹。

B. 检查缓冲器的压缩行程是否符合规定，三相缓冲器是否同时工作，最后位置是否一致，运动机构不应有显著的冲击。

C. 检查合闸限位装置，合闸限位钉要到位。

D. 测量动触头的行程、转轴或拐臂的回转角度及合闸、分闸位置是否正确。

快速试验要进行下列测试调整：

A. 要重复检查有关的距离、间隙、角度和行程等是否均满足要求，在分合闸过程中有无变化，并着重检查运动及联接部件，不得有显著磨损、变形和松动，所有螺杆、螺母、销钉、垫圈等紧固件应齐全。螺栓应拧紧，开口销敞开，垫圈锁紧。运动过程中，轴间窜动不应大于1mm。

B. 检查分、合闸线圈和脱扣器的启动性能，测量断路器的运动速度和动作时间。

(6) 少油断路器安装与调试考核评分表：见表11-3

SN10-10型少油断路器的安装与调试考核评分表 **表11-3**

考核项目	考核内容	考核要求	配分	评分标准	扣分	得分
主要项目	1. 断路器安装	1. 固定牢靠、垂直、规范	10	1. 安装好后不垂直扣2～10分		
	2. 导电杆行程调整	2. 调整到符合断路器使用说明书规定的要求	10	2. 行程不符文件规定扣2～10分		
	3. 导电杆备用行程调整	3. 筒体内外行程符合使用说明书规定的要求	10	3. 筒体内外行程不符文件规定扣2～10分		
	4. 油缓冲器的调整	4. 测量油缓冲器的压缩距离，调整后符合要求	15	4. 压缩距离不对扣3～10分		
	5. 弹簧缓冲器的调整	5. 缓冲器垫圈与外壳间隙及缓冲器压缩距离符合要求	15	5. 缓冲器压缩距离不对扣3～15分		
一般项目	1. 三相合闸一致性调整	1. 确保三相合闸及分闸时的一致性	10	1. 三相通断不一致扣2～10分		
	2. 检查并调整辅助触头	2. 辅助触头接触良好	10	2. 有一个触头接触不良扣2分，扣完为止		
	3. 注油	3. 油清洁，油位合适	10	3. 油被污染，油位不合适扣3～10分		

续表

考核项目	考核内容	考核要求	配分	评分标准	扣分	得分
安全文明生产	1. 国颁安全生产法规有关规定或企业自定有关实施规定	1. 按达到规定的标准程度评定	7	1. 违反规定扣1～7分		
	2. 企业有关文明生产规定	2. 按达到规定的标准程度评定	3	2. 违反规定扣1～3分		
时间定额	240min	按时完成		超过定额10%及以下扣5分；超过10%～20%扣10分；超过20%时结束不计分；未完成项目不计分		

11.4.4 仪用互感器的安装

仪用互感器分为电压互感器和电流互感器，是一种特种变压器。它供给交流高压装置中的测量仪器和继电保护装置的电源，能将高电压、大电流变换为便于测量使用的低电压（100V）、小电流（5A），缓解高电压给仪表和工作人员带来的危险，同时也降低了仪表绝缘要求，结构相对简化，成本降低。

户内安装的互感器有干式和油浸式，现已广泛采用环氧树脂浇注绝缘的干式互感器。

（1）电压互感器的安装

1）JSJW-10型电压互感器：

JSJW-10型电压互感器为油浸三相五柱三绕组电压互感器。外型结构如图11-47所示。

互感器绕组分别绕在中间的三个铁芯柱上，每个芯柱上均绕有三个绕组，一次绕组接成星型并引出中线，因此在油箱盖上有四个高压瓷套管。每相有两个二次绕组，一组为基本绕组接成星形，中性点引出，另一组为辅助绕组，接成开口三角形，引出两个接线端子。

型号的意义是：J—电压互感器；S—三相；J—油浸式；W—五芯柱。

2）JDZJ-10型电压互感器：

JDZJ-10型电压互感器，为单相三线圈环氧树脂浇注绝缘型电压互感器，其外型如图11-48所示。

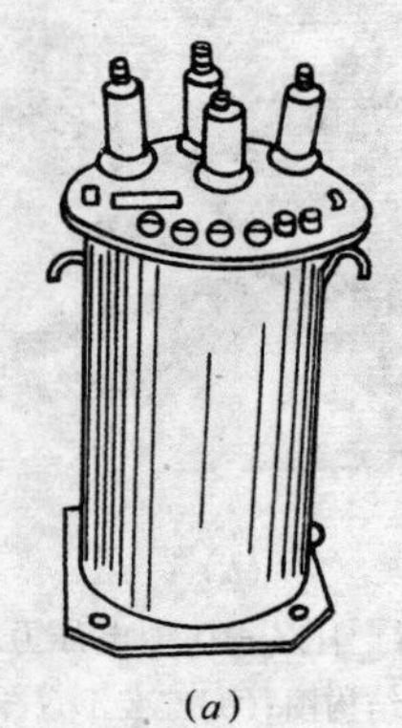

(a)

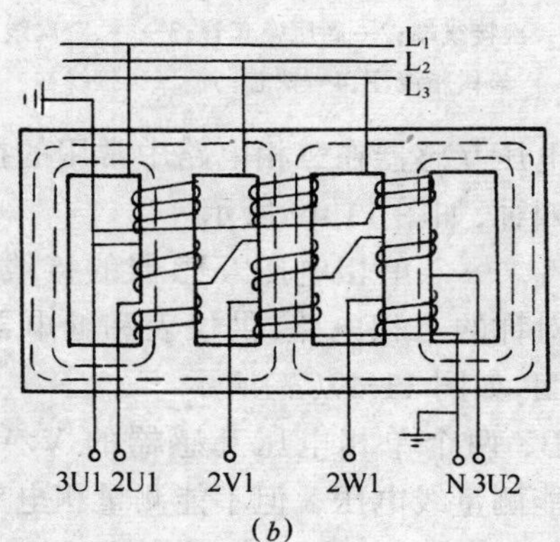

(b)

图11-47 JSJW-10型电压互感器
(a)外型图；(b)结构原理图

可以用三个JDZJ型电压互感器取代JSJW型电压互感器。

型号的意义是：J—电压互感器；D—单相；Z—浇注绝缘；J—接地保护。

3）电压互感器的接线：

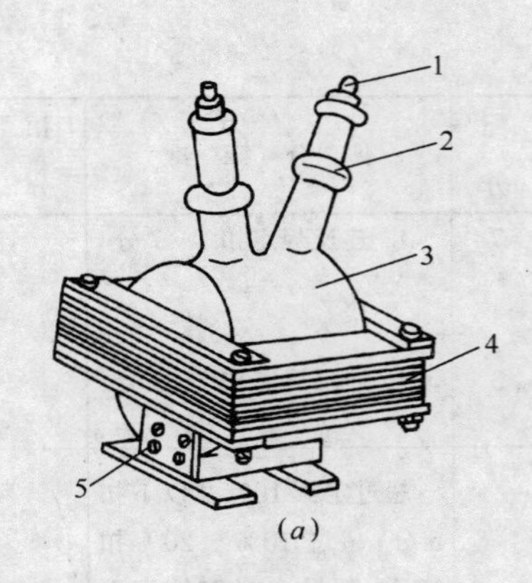

(a)

(b)

图 11-48　JDZJ-10 型电压互感器
(a)结构图;(b)安装示意图
1—一次接线端;2—高压瓷套管;3—一、二次线圈环氧树脂浇注;4—铁芯;5—二次接线端

电压互感器在三相电路中常用的接线方式有四种,如图 11-49 所示。

A. 一个单相电压互感器的接线,用于电压对称的三相电路,供仪表和继电器的电压线圈,如图 11-49(a)所示。

B. 两个单相电压互感器的 V/V 形接线,能测量线电压,但不能测量相电压。广泛用于 3～10kV 中性点不接地系统,供仪表和继电器的电压线圈,如图 11-49(b)所示。

C. 三个单相电压互感器接成 Y_0/Y_0 形接线,供给要求测量线电压的仪表和继电器,没要求供给相电压的监察电压表。但绝缘电压表要按线电压选用,以免当系统发生单相接地,非故障电压升高到线电压时,损坏绝缘监察电压表,如图 11-49(c)所示。

D. 三个单相三绕组电压互感器或一个三相五芯柱三绕组电压互感器接成 $Y_0/Y_0/\Delta$(开口三角形)形接线。接成 Y_0 形的二次线圈供电给仪表、继电器及绝缘监察电表等。辅助二次线圈接成开口三角形,供给绝缘监察电压继电器。三相系统正常运行时,三相电压平衡,开口三角形两端电压为零,当发生单相接地时,开口三角形两端出现零序电压,使绝缘监察电压继电器动作,发出信号,如图 11-49(d)所示。

4) 电压互感器的安装:

A. 检查瓷套管有无裂纹,是否松动。

B. 检查油浸式互感器的油位指示器,应无堵塞和渗油现象,油面高度一般距油箱盖 10～15mm。

C. 检查油浸式互感器外壳是否漏油。

D. 检查油箱上的阀门,应转动灵活。

E. 油浸式互感器要竖直安装在支架上。

F. 电压互感器的铁芯和二次绕组一点要可靠接地,防止电压互感器发生绝缘击穿时,一次侧高压窜入二次侧,危及人身和设备的安全。

G. 电压互感器一、二次侧必须装设熔断器,以防止短路烧毁互感器或影响一次线路的正常运行。

H. 电压互感器在连接时,要注意其端子的极性,如端子极性弄错了,可能发生事故。

(2) 电流互感器的安装

高压电流互感器一般制成两个铁芯和两个二次绕组,其中准确度级高的二次绕组接测量仪表,准确度低的二次绕组接继电器,结构如图 11-50 所示。

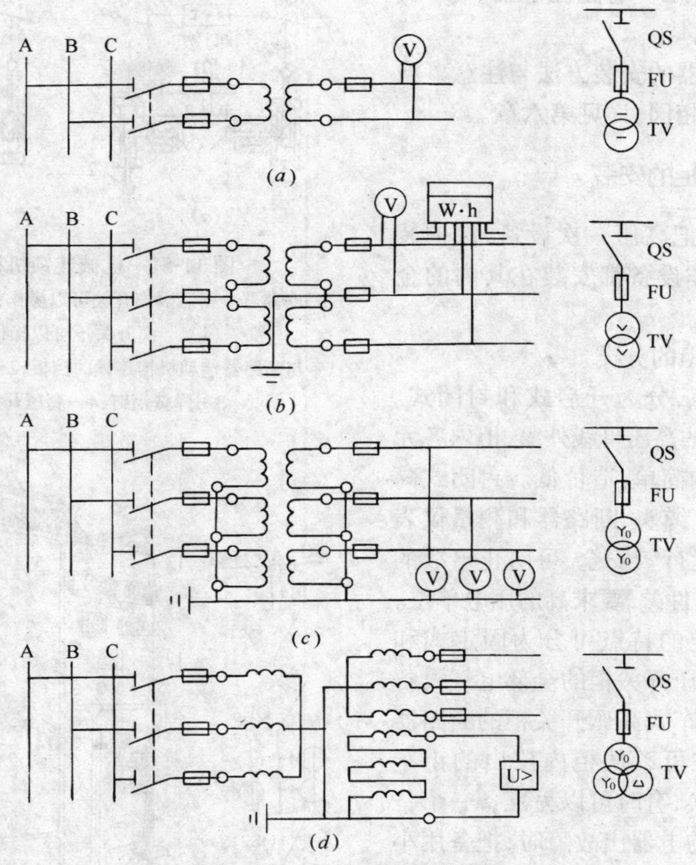

图 11-49　电压互感器的接线

(a)一个单相电压互感器；(b)两个单相接成 V/V 形；(c)三个单相电压互感器接成 Y_0/Y_0 形；(d)三个单相三绕组或一个三相五芯柱三绕组电压互感器接成 $Y_0/Y_0/\Delta$ 形

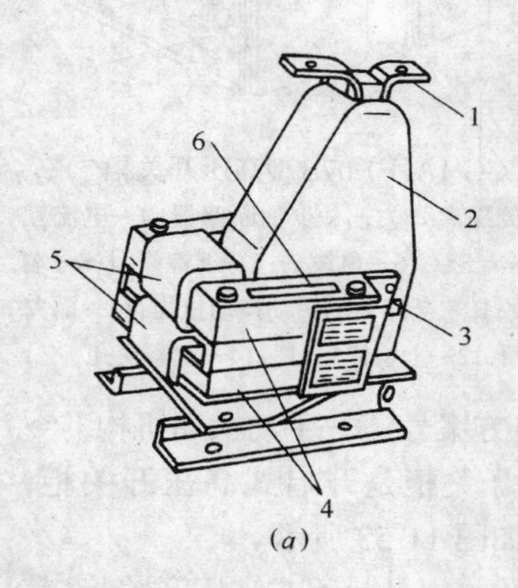

(b)

图 11-50　LQJ-10 型电流互感器

(a)结构图；(b)安装示意图

1—一次接线端子；2—一次绕组，环氧树脂浇注；3—二次接线端子；4—铁芯(两个)；5—二次绕组(两个)；6—警告牌(上写“二次侧不得开路”等字样)

型号的意义是：L—电流互感器；Q—线圈式；J—加大容量。

高压电流互感器的安装方法与注意事项与低压电流互感器相同，详见第六章。

11.4.5 高压开关柜的安装

高压开关柜是把高压一次设备、保护装置、测量仪表和操作设备都安装在其内的金属柜。

(1) 高压开关柜的分类

1) 按结构特点，分为开启式和封闭式。开启式高压开关柜的高压母线外露，柜内各元件间也不隔开，结构简单，造价低。封闭式高压开关柜的母线、电缆头、断路器和测量仪表等均被相互隔开，运行较安全，可防止事故的扩大，适用于工作条件差、要求高的用电单位。

2) 按元件固定的特点可分为固定式和手车式。固定式高压开关柜的全部电气设备均固定在柜内。手车式高压开关柜的断路器及其操动机构装在可以从柜内拉出的小车上，便于检修和更换，有时可以另准备一个备用小车，当小车上的电器出故障时，把备用小车换上，不影响正常供电。断路器在柜内经插入式触头与固定在柜内的电路连接，并取代了隔离开关。

各种高压开关柜都要采取技术措施达到“五防”的要求，“五防”是指：防止误分、合高压断路器；防止带负荷拉、合隔离开关；防止带电挂接地线；防止带地线合隔离开关；防止人员误入带电间隔。

有些开关柜上安装了机械连锁机构，这样操作各种开关必须按规定顺序，带电的情况下，柜门不能打开，图 11-51 所示，是一种断路器与隔离开关联锁的机构。

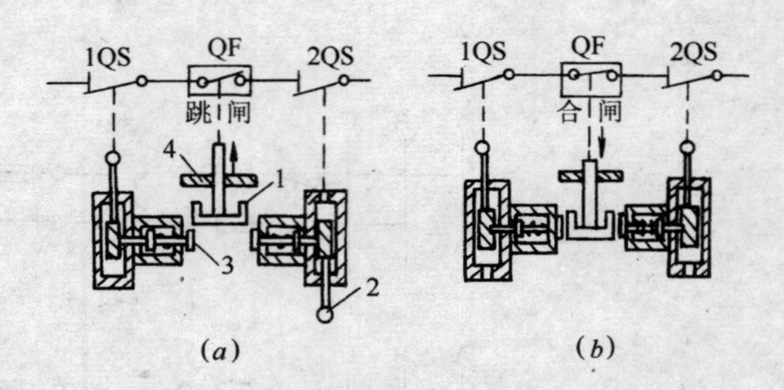

图 11-51 机械连锁机构示意图

(a)断路器分闸后隔离开关可以操作；(b)断路器合闸后隔离开关不可以操作

1—与断路器传动机构连锁的挡板；2—隔离开关操作手柄；3—弹簧销钉；4—高压开关柜面板

(2) 固定式高压开关柜

图 11-52 所示，是 GG-1A(F)-07S 型高压开关柜示意图。

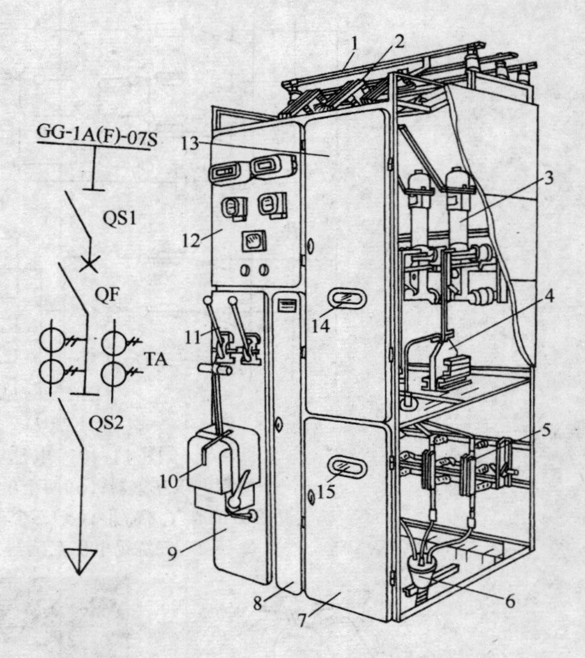

图 11-52 GG-1A(F)-07S 型高压开关柜

1—母线；2—母线侧隔离开关；3—少油断路器；4—电流互感器；5—线路侧隔离开关；6—电缆头；7—下检修门；8—端子箱门；9—操作板；10—断路器的手动操动机构；11—隔离开关操作手柄；12—上检修门；13、14—观察窗孔

型号的意义是：G—高压开关柜；G—固定式；I—序号；A—特征代号；F—五防型；07—一次线路方案号；S—手动操动机构。

GG 系列开关柜是开启式高压开关柜，其几何尺寸，如图 11-53 所示。

KGN 型开关柜是封闭式高压开关柜，其结构如图 11-54 所示。

型号的意义是：K—金属封闭铠装；G—固定式；N—户内式。

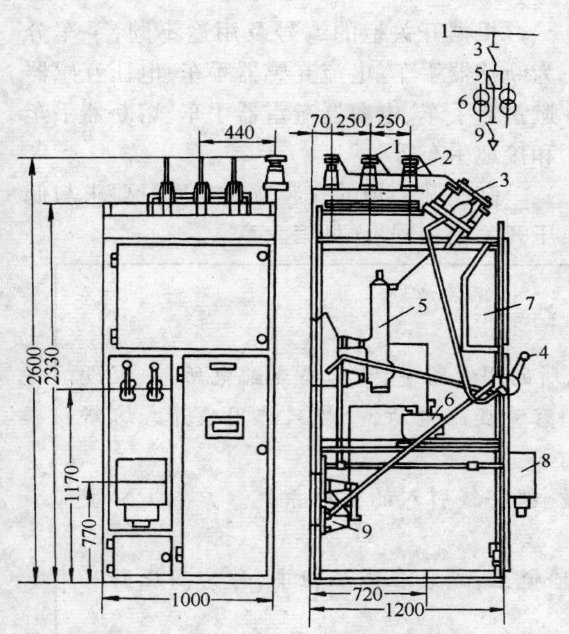

图 11-53　GG-10 型高压开关柜结构尺寸示意图

1—母线；2—绝缘子；3—母线侧隔离开关；4—隔离开关操作手柄；5—少油断路器；6—电流互感器；7—继电器、仪表；8—断路器操动机构；9—出线侧隔离开关

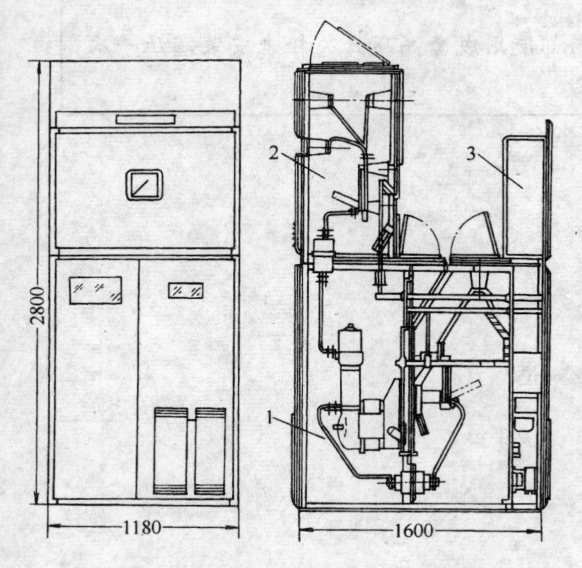

图 11-54　KGN-10 型高压开关柜的结构图

1—断路器室；2—母线室；3—继电器室

(3) 手车式高压开关柜

GFC10 型高压开关柜是封闭式结构，由固定的本体和可移动的手车部分组成，固定的本体用钢板或绝缘板隔成手车室、主母线室、电流互感器室和仪表继电器室四个部分，由于各室相互隔离，检修时十分安全，开关柜内部设备布置，如图 11-55 所示。

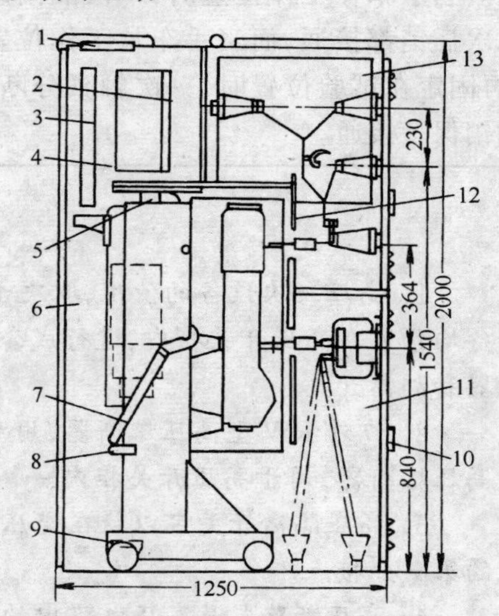

图 11-55　GFC-10 型高压开关柜

1—小母线支架；2—插门式继电器屏；3—熔断器和接线板；4—仪表继电器室；5—接地触头；6—手车室；7—推进机构；8—锁扣装置；9—二次隔离触头；10—观察窗；11—电流互感器电缆室；12—自动帘板；13—主母线室

型号的意义是：G—高压开关柜；F—封闭型；C—手车式。

开关柜的正面有上下两扇门，上面的门内装设测量仪表、操作开关、信号装置、小母线座、熔断器及专设的插门式继电器屏。下面门内为手车室，在手车室的后隔板上装有两组插接式隔离开关。断路器和操动机构安装在手车上，通过插接式隔离开关分别与母线和电缆出线相连接，其操作电源通过插销引入小车。为了防止误操作，手车上装有机械连锁装置，当断路器在合闸位置时，手车被锁住，不能拉出或推进；只有当断路器处于分闸位置时，才能推进或拉出。

手车有三个位置，即工作位置、试验位置和检修位置。手车在工作位置时，由机械连锁机构固定在柜内。在试验位置时，一次隔离触头分离，并保持一定的安全距离，分离的隔离触头为机械连锁机构所固定，以防止工作人员误操作。

当手车正面推入柜内时，手车后隔板上的帘板自动开启，手车拉出柜外时，帘板自动关闭。当手车在工作位置时，一次隔离触头和二次插销都接通，而当手车从工作位置拉出，再固定在试验位置时，一次触头分断，二次插销保持接通。

根据开关柜的编号及用途不同，手车分为断路器手车、电流互感器手车、电压互感器避雷器手车、电容器避雷器手车、熔断器手车和接地手车等。

高压开关柜的安装方法与质量要求与低压开关柜相同，详见第六章。

小　结

1．高压一次设备的使用，取决于变配电所的用电容量，大容量变配电所，一次设备均预装在高压开关柜内，进行成套安装，小容量变配电所，一般只选用跌开式熔断器和隔离开关。

2．户外RW型高压熔断器，用于小容量、架空线引入的供电系统。户内RN型高压熔断器，用于高压开关柜内。

3．高压隔离开关可以装在变压器室的墙壁上，或装在高压柜中，作为高压引入的第一分接点。

4．高压断路器是高压电路中的主开关，它可以带负荷分合闸，也可以自动切断故障电流。10kV以下系统中主要使用少油断路器。

5．仪用互感器主要用来给二次系统中继电器和仪表提供电源，按二次系统设备要求选用。

6．10kV以下有高压配电室的变配电所，都使用成套高压开关柜来安装高压一次设备。

习　题

1．哪些是高压一次设备？
2．户内型和户外型高压熔断器有哪些区别？
3．户外型熔断器的分合闸应如何操作？
4．怎样知道熔断器熔丝已熔断？
5．高压隔离开关的作用是什么？安装在线路中什么部位？
6．隔离开关安装完成后应如何调试？
7．高压断路器有哪几种？
8．少油断路器安装时要注意哪些问题？
9．少油断路器安装后需进行哪些外部检查？
10．简述少油断路器拆装步骤？
11．少油断路器要进行哪些调试项目？
12．少油断路器本体如何调整？
13．断路器有几种操动机构？
14．断路器要做哪些操作试验？
15．电压互感器安装要注意哪些问题？
16．高压开关柜如何分类？

11.5 变配电的二次系统

变配电的二次系统，包括二次设备和连接二次设备所构成的二次回路。二次设备是辅助一次设备，进行控制、测量、警告提示和保护等工作的设备。包括各种测量仪表、继电器、自动装置、信号装置、导线等。二次回路按功能分为电流回路、电压回路、操作回路和信号回路。

11.5.1 变配电系统中的继电保护

变配电系统中的继电保护有过电流保护、单相接地保护、低电压保护、气体保护、差动保护、过负荷保护等多种。分为对高压一次线路的继电保护，和对变压器的继电保护。

(1) 对高压一次线路的继电保护

1) 过电流保护：

过电流保护，是将被保护线路的电流，接入过电流继电器，在线路发生短路时，线路中的电流剧增，当电流超过规定动作电流值时，电流继电器动作，带动操动系统切断电源。根据保护的工作原理，过电流保护又分为：定时限过电流保护，反时限过电流保护及过电流速断保护。

A. 定时限过电流保护。

定时限过电流保护就是不论短路电流大小，只要发生短路都在设定的时间断开电路，时间由时间继电器设定。这样在多级断路器控制的线路中，离短路点最近的断路器首先动作，向上每级延时 0.35～0.7s，电源端的断路器动作最晚，这种多级控制的方法，可以把线路故障控制在一定级别范围内。

定时限过电流保护，要使用过电流继电器和时间继电器。

B. 反时限过电流保护。

反时限过电流保护，就是保护装置动作时间，随短路电流增大而缩短，短路电流越大，动作时间越短。

使用反时限过电流保护时，线路远端发生短路时，短路电流较小，继电器动作较慢，而线路近端短路时，短路电流很大，继电器动作较快。

反时限过电流保护要使用感应式电流继电器。

C. 过电流速断保护。

有时限的过电流保护，发生短路后都要有一段延时时间，继电器才动作，如果这个延时时间过长，会对线路造成危害。因此在装设有时限过电流保护同时，还要装设过电流速断保护，当有时限延时超过 1s 时，速断保护继电器瞬时动作。

2) 单相接地保护：

在小电流接地的电力系统中，如发生单相接地故障时，只有很小的接地电容电流，相电压不变，可以暂时继续运行。但是由于非故障相对地电压，要升高为线电压，所以对线路绝缘增加了威胁，如果长此下去，可能引起非故障相对地绝缘击穿，而导致两相接地短路，这时将引起线路开关跳闸，造成停电，为此，当系统发生单相接地故障时，有必要通过单相接地保护装置或绝缘监察装置，发出一定的报警信号，以便及时发现和处理。单相接地保护，要使用零序电流互感器和电流继电器。

绝缘监察装置，要使用三相五芯柱三绕组电压互感器，或三个单相三绕组电压互感器和电压继电器。电压继电器接在电压互感器绕组开口三角形的开口两端，如果有一相接地，开口处会出现约 100V 的零序电压，使电压继电器动作。

(2) 对电力变压器的继电保护

变压器是变配电所的重要设备，必须装设可靠的继电保护装置。变压器常见的故障有：相间短路、匝间或层间短路、单相接地短路等；常见的不正常状态有：过负荷、温升过高及油面下降等。

变压器应设以下几种继电保护装置:过电流保护、速断保护、气体保护、纵联差动保护、过负荷和温度保护。

1) 过电流保护,是反应变压器外部短路故障的保护装置,并作为速断保护和差动保护的后备保护,一般变压器都要装设。过电流保护,可以采用定时限或反时限过电流保护。过电流保护通常装在变压器的电源侧。

2) 速断保护,是反应变压器内部故障的保护装置,当过电流保护的动作时限超过0.5s,又没有装差动保护的变压器均应装设。

3) 气体保护,是反应变压器内部故障和油面降低的保护装置。当油浸式电力变压器的油箱内部发生短路故障时,由于变压器油和其他绝缘材料受热,而产生气体(即瓦斯)。气体保护,就是根据油箱内气体的变化,反应出变压器内部故障情况,而制成的保护装置。容量在800kVA以上的电力变压器,容量在400kVA以上的车间变压器均应装设。气体保护使用气体继电器。

4) 纵联差动保护,是利用变压器一次和二次电流进行比较,而构成的保护装置。主要用来保护变压器绕组的相间、层间、匝间短路和引出线的相间短路,及大电流接地系统的单相接地保护。容量在10000kVA以上单独运行的变压器,容量在6300kVA以上并联运行的变压器均应装设。差动保护使用差动继电器。

5) 过负荷保护,是反映变压器正常运行时的过载情况,有过载时要发出过载信号,必要时跳闸,为了与短路过电流保护区别,过负荷保护要使用时间继电器和电流继电器,时间继电器的动作延时,大于过电流保护装置的延时,一般采用10~15s。

6) 温度保护,是反应因过负荷而引起的,变压器上层油温超过规定值的保护装置。温度过高时发出报警信号,必要时跳闸。温度保护使用有接点的温度计和中间继电器。

11.5.2 继电保护使用的继电器

(1) 电磁式继电器

电磁式继电器的结构型式主要有三种:螺管线圈式、吸引衔铁式及转动舌片式,如图11-56所示。

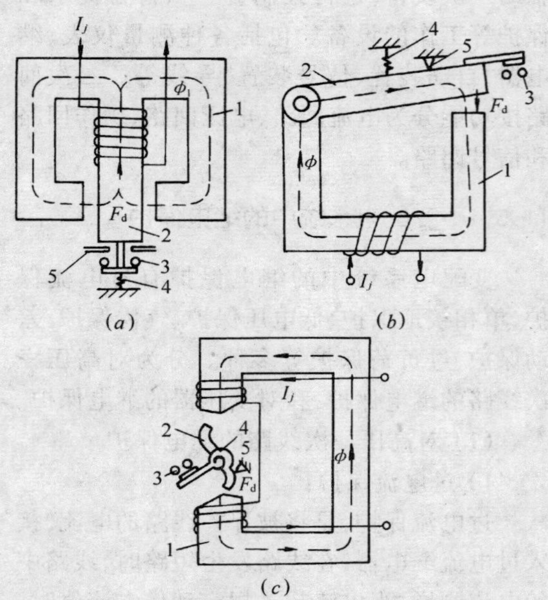

图11-56 电磁继电器的结构型式

(a)螺管线圈式;(b)吸引衔铁式;(c)转动舌片式

1—电磁铁;2—舌片或衔铁;3—接点;

4—反作用弹簧;5—止挡器

电磁式继电器的外形尺寸及接线位置都是一致,常用的有电流、电压、时间、中间、信号等继电器。

1) DL系列电流继电器:

DL系列电流继电器的构造,如图11-57所示,其内部接线,如图11-58所示。

电流继电器的动作电流是可以调整的。改变调整杆的位置,可以均匀地改变继电器的动作电流,从刻度盘上可以直接读出整定值。此外,改变继电器线圈的连接方式,把线圈由串联改为并联,继电器的动作电流要增加一倍。

2) DJ系列电压继电器:

DJ系列电压继电器结构,与DL系列电流继电器相同,不同之处是电压继电器线圈

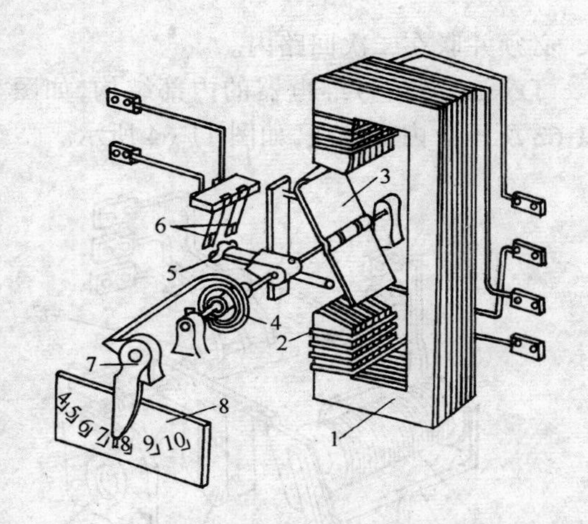

图 11-57　DL-10 型电流继电器的构造

1—线圈；2—铁芯；3—可动舌片；4—轴；5—反作用弹簧；6—轴承；7—静触头；8—动触头；9—调整把手；10—刻度盘

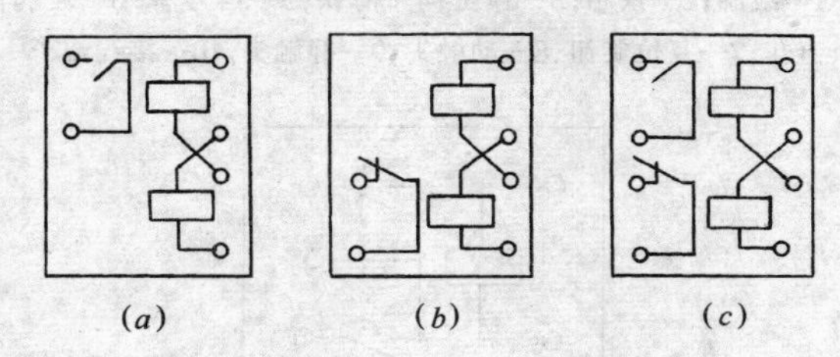

图 11-58　DL-10 系列电流继电器的内部接线

(a)DL-11 型一对常开触头；(b)DL-12 型一对常闭触头；(c)DL-13 型一对常开、一对常闭触头

的匝数多、导线细、电阻大，刻度盘上标出来的，是动作电压不是动作电流。

DJ 系列电压继电器，分为过电压继电器和低电压继电器。

3）DS 系列时间继电器：

DS 系列时间继电器，应用钟表机构和电磁铁作用，获得一定的动作时限。DS 系列时间继电器的结构，如图 11-59 所示，内部接线，如图 11-60 所示。

转动主触头，把主触头对准度盘上的时间刻度，可以改变继电器的延时时间。

为了缩小继电器的体积，时间继电器的线圈是按不长期通电设计的，因此时间继电器若需长期加电压，应在时间继电器动作后，利用其常闭触头断开，将启动前被短路的电阻串在线圈内，以减小长期通过线圈的电流。

DS-110 系列为直流操作电源，DS-120 系列为交流操作电源，延时范围均为 0.1～9s。

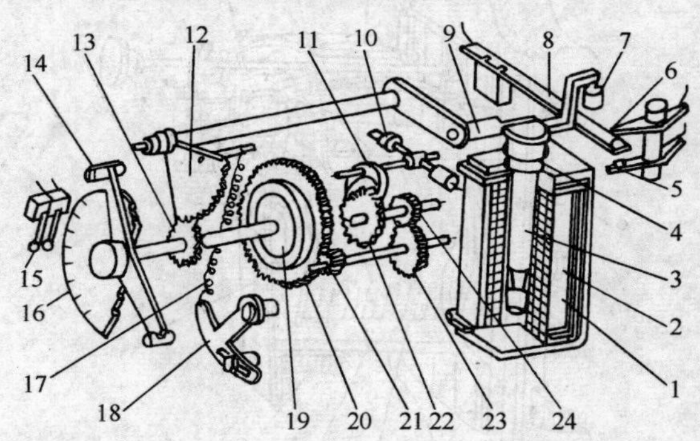

图 11-59　DS 系列时间继电器的内部结构

1—线圈；2—铁芯；3—可动铁芯；4—返回弹簧；5、6—瞬时静触头；7—绝缘杆；8—瞬时动触头；9—压杆；10—平衡锤；11—摆动卡板；12—扇形齿轮；13—传动齿轮；14—主动触头；15—主静触头；16—标度盘；17—拉引弹簧；18—弹簧拉力调节器；19—摩擦离合器；20—主齿轮；21—小齿轮；22—掣轮；23、24—传动齿轮

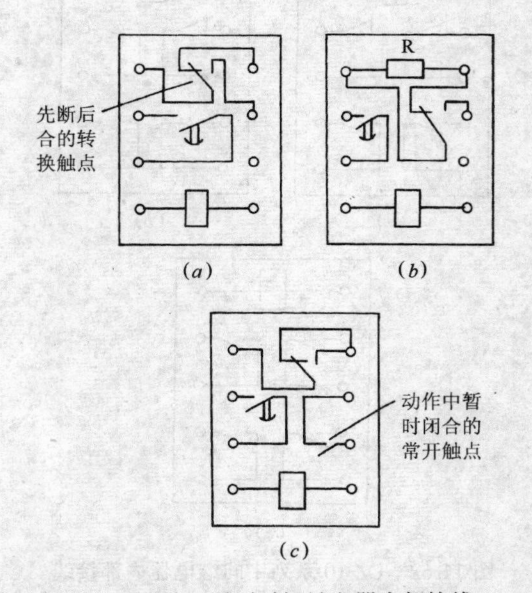

图 11-60　DS 系列时间继电器内部接线

(a)DS-111～113、121～123 型；(b)DS-111C～113C 型；(c)DS-115、116、125、126 型

4）DZ 系列电磁式中间继电器：

中间继电器用于继电保护装置中，是为了扩大触头的数量和容量。DZ 系列电磁式中间继电器的内部结构，如图 11-61 所示，内

部接线，如图 11-62 所示。

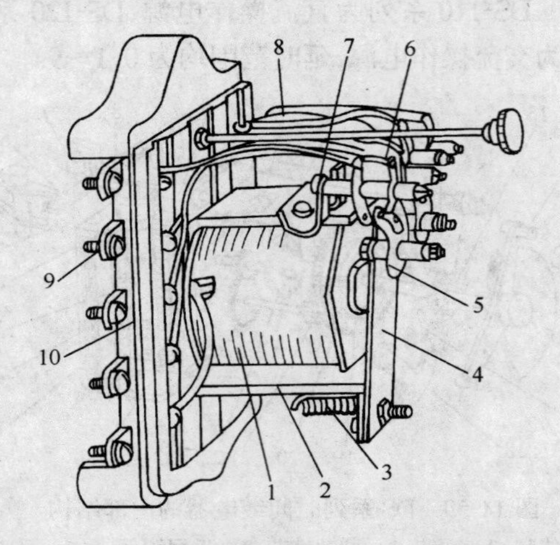

图 11-61　DZ-10 系列中间继电器的内部结构

1—线圈；2—铁芯；3—弹簧；4—衔铁；5—动触头；6、7—静触头；8—接线；9—接线端；10—底座

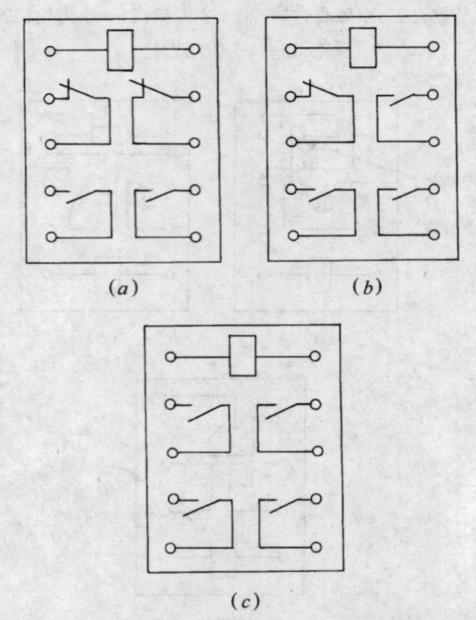

图 11-62　DZ-10 系列中间继电器内部接线

(a)DZ-15；(b)DZ-16；(c)DZ-17

5）DX 系列电磁式信号继电器：

信号继电器是在继电保护装置动作后，发出指示信号用的。常用的 DX-11 型电磁式信号继电器，有电流型和电压型两种，电流型信号继电器的线圈阻抗较小，可以串接在二次回路中。电压型信号继电器的线圈阻抗大，必须并联在二次回路内。

DX-11 型信号继电器的内部结构，如图 11-63 所示。内部接线，如图 11-64 所示。

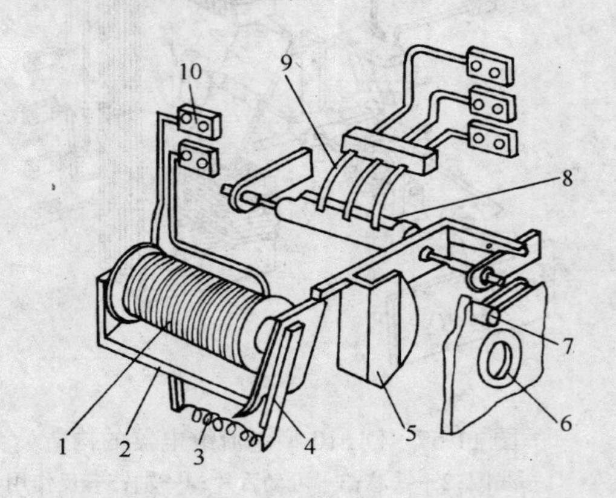

图 11-63　DX-11 型电磁式信号继电器内部结构

1—线圈；2—铁芯；3—弹簧；4—衔铁；5—信号牌；6—玻璃窗孔；7—复位旋钮；8—动触头；9—静触头；10—接线端子

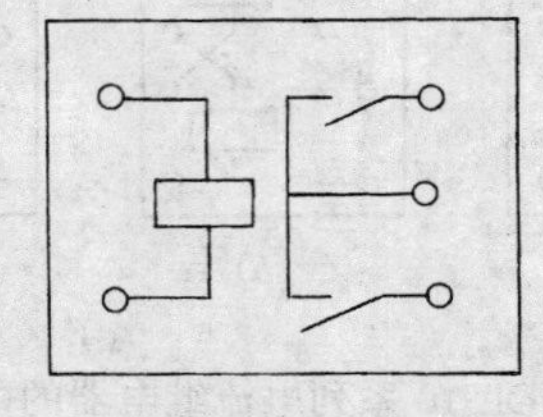

图 11-64　DX-11 型信号继电器内部接线

(2) 感应式电流继电器

感应式电流继电器，兼有上述电磁式电流继电器、时间继电器、信号继电器和中间继电器的功能，即它在继电保护装置中，既能作为启动元件，又能实现延时，传出信号和直接接通跳闸回路；而且不仅能实现带时限的过电流保护，同时可实现过电流速断保护，从而使保护装置大大简化。不仅如此，应用感应式电流继电器，可用方便经济的交流操作电源，而上述电磁式继电器一般要采用直流操作电源。因此，在中小型变配电所，广泛采用感应式电流继电器，作为进线和变压器的过电流保护。

GL 系列感应式电流继电器的内部结构，如图 11-65 所示，内部接线，如图 11-66 所示。

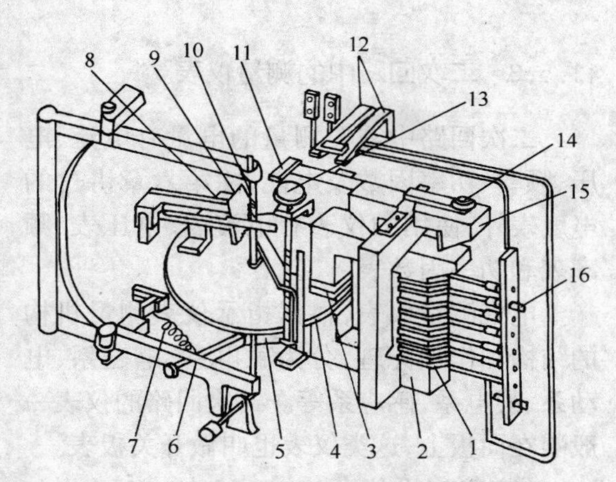

图 11-65　GL 系列感应式电流继电器的内部结构
1—线圈；2—铁芯；3—短路环；4—铝盘；5—钢片；6—铝框架；7—调节弹簧；8—制动永久磁铁；9—扇形齿轮；10—蜗杆；11—扁杆；12—触头；13—时限调节螺杆；14—速断电流调节螺钉；15—衔铁；16—动作电流调节插销

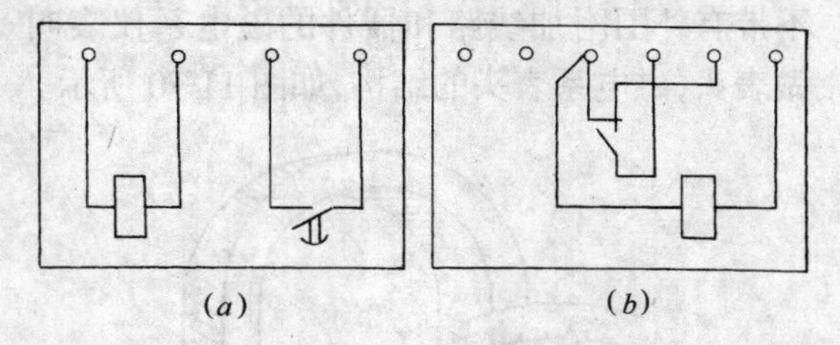

图 11-66　GL 系列感应式电流继电器内部接线

感应式电流继电器的动作原理，与电度表的动作原理相同，当线圈中通上电流，铝盘上产生涡流，在电磁场作用下铝盘旋转，铝盘轴上的蜗杆，带动扇形齿轮上升，带动触头动作。电流越大铝盘转速越快，动作时间越短，因此感应式继电器有反时限动作特性。

另外继电器上还有一组速断电磁铁，当电流大到整定值时，继电器瞬间速断，同时信号牌掉下，发出动作信号。

感应式电流继电器的动作时间，通过调整时限调整螺杆来改变。

(3) 单相接地保护装置使用的零序电流互感器

零序电流互感器的结构和接线，如图 11-67所示。

零序电流互感器像低压穿芯式电流互感器，在环形铁芯上绕有二次绕组，用环氧树脂浇注。互感器只能用于电缆进户系统。将电

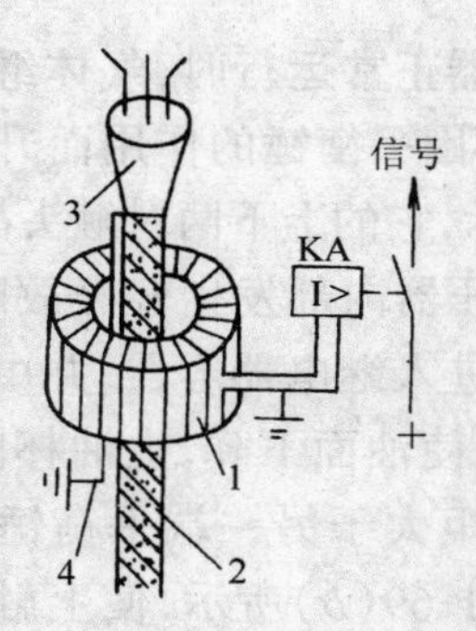

图 11-67　零序电流互感器的结构与接线
1—零序电流互感器；2—电缆；3—电缆头；4—接地线；KA—电流继电器

缆及接地线从互感器孔中穿过，互感器二次绕组接电流继电器线圈。没有单相接地时，三相电流产生的磁通相互抵消，互感器环内磁通为零。二次绕组上没有感生电动势。当有一相接地时，三相电流不平衡，三相磁通也不平衡，出现剩磁通，在二次绕组上产生电动势，使电流继电器动作，发出信号。

由于可以使用灵敏电流继电器监测出极小的感生电流，因此监测非常灵敏。

(4) 变压器气体继电保护用气体继电器

现在常用的是 FJ 型开口杯式气体继电器，如图 11-68 所示。

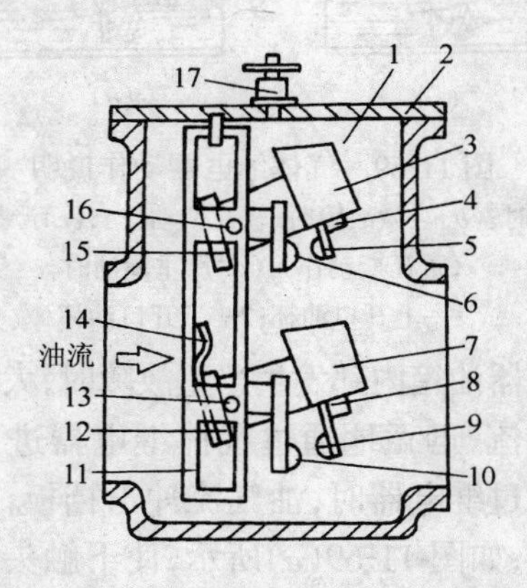

图 11-68　FJ 型气体继电器的结构示意图
1—容器；2—盖板；3—上油杯；4、8—永久磁铁；5—上动触头；6—上静触头；7—下油杯；9—下动触头；10—下静触头；11—支架；12—下油杯平衡锤；13—下油杯转轴；14—挡板；15—上油杯平衡锤；16—上油杯转轴；17—放气阀

气体继电器装在变压器储油柜与油箱间的联通管上。

变压器正常运行时，气体继电器内充满了油，油杯因平衡锤的作用而升高，如图 11-69(*a*)所示，它的上下两对触头都是断开的。

当变压器内部发生轻微故障时，产生的少量气体进入继电器容器，并由上向下排除其中的油，使油面下降，上油杯因其中有油，致使其力矩大于另一端平衡锤的力矩而下降，如图 11-69(*b*)所示，使上触头接通控制室内的信号回路，发出音响和灯光信号。这通常叫做“轻瓦斯动作”。

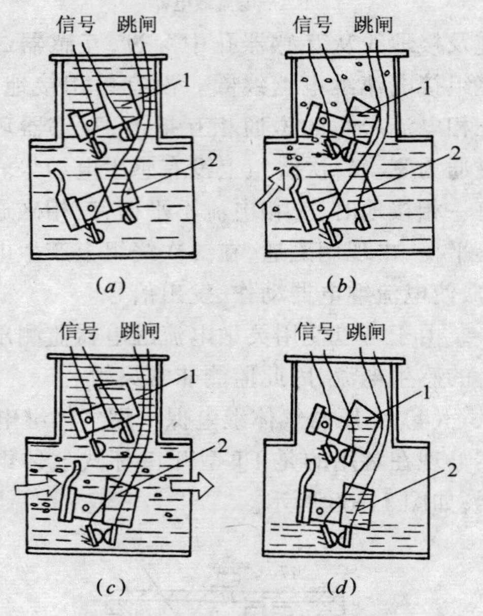

图 11-69　气体继电器动作说明

(*a*)正常时；(*b*)轻微故障时(轻瓦斯动作)；(*c*)严重故障时(重瓦斯动作)；(*d*)严重漏油时

1—上开口油杯；2—下开口油杯

当变压器油箱内部发生严重故障时，大量气体带动油流，迅猛地通过气体继电器进入储油柜。通过继电器时，油气流冲击挡板，使下油杯下降，如图 11-69(*c*)所示，使下触头闭合接通跳闸回路，使断路器跳闸，同时通过信号继电器发出信号。这通常叫做“重瓦斯动作”。

如果油箱漏油，使得气体继电器容器内的油也慢慢流尽，如图 11-69(*d*)所示，先是上油杯下落，发出报警信号，最后下油杯下降，使断路器跳闸。

11.5.3　二次回路中的测量仪表

二次回路中需要测量的电量有电流、电压、频率、功率因数及电能，除第六章讲过的电度表外，使用的仪表有电流表、电压表、频率表和功率因数表。

电气测量仪表，根据指示仪表测量机构的结构和作用原理，分为磁电系、电磁系、电动系、静电系、感应系等。二次回路的仪表一般装在面板上，这类仪表也叫做开关板表。

(1) 磁电系仪表

磁电系仪表，是利用可动线圈内电流，与固定永磁磁场间的作用力，而进行工作的仪表。其偏转角度与通过线圈的电流成正比。不带有外围附加线路和器件的磁电系仪表叫做表头，磁电系表头的结构，如图 11-70 所示。

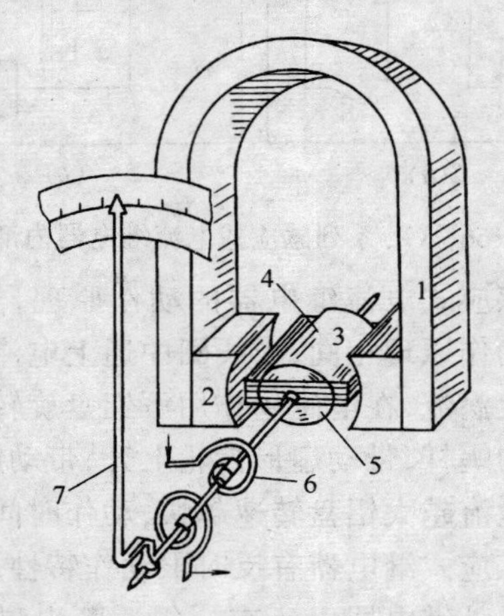

图 11-70　磁电系仪表结构

1—永久磁铁；2—极掌；3—铁芯；4—铝框；5—线圈；6—游丝；7—指针

直接用表头只能测量很小的直流电流，加上各种附件后，可以测量交直流电流，交直流电压及电阻。

磁电系表头可以做得很小，可以做成各种形状，可以安装在各种测量仪器上和各种电器上。但是用磁电系表头测交流电压和电流需要加整流电路，一般不使用在变配电所中。

(2) 电磁系仪表

电磁系仪表的测量机构，是利用处在磁

场中的软铁片受磁化后被吸引，或被磁化铁片间推斥作用而产生偏转。用的比较广泛的是推斥型，其结构如图 11-71 所示。

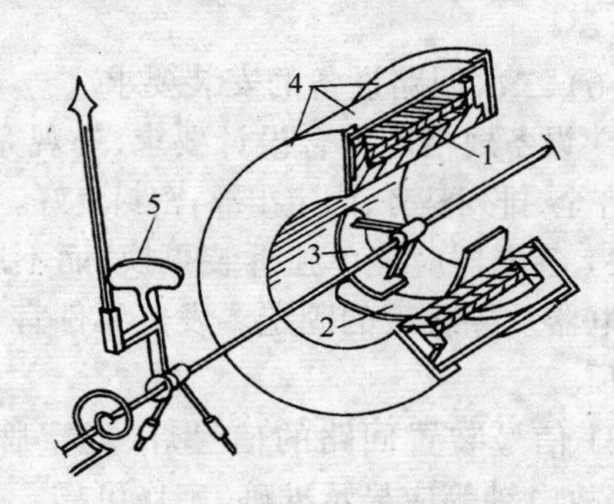

图 11-71 电磁系仪表结构
1—线圈；2—固定铁片；3—可动铁片；4—磁屏蔽；5—磁感应阻尼翼片

仪表通入被测电流后，圆形线圈产生磁场，磁化两块彼此靠近的软铁片，两铁片磁化时极性方向相同，相互产生推斥力，使动铁片运动。运动的角度与产生磁场的电流成正比。由于推斥力方向不受线圈电流方向的改变而改变，因此这种表头是交直流两用的。

电磁系仪表准确度不高，灵敏度也低，但是过载能力强，转动部分不通入电流，因此结构简单、成本便宜，变配所内用的测量仪表主要是电磁系仪表。

(3) 电动系仪表

电动系仪表，是利用可动线圈电流，与固定线圈电流之间的作用力进行工作的仪表，其结构如图 11-72 所示。

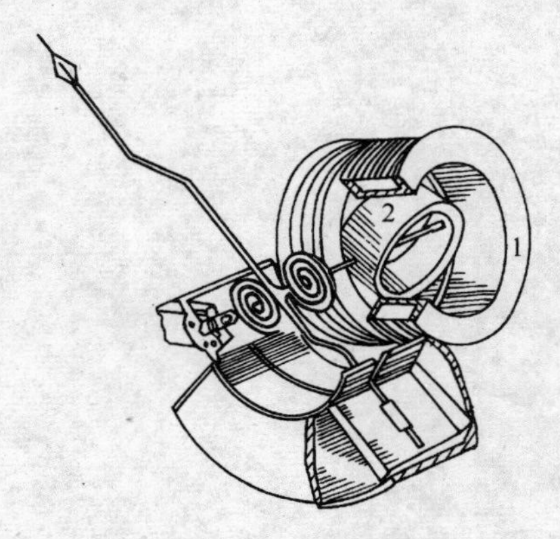

图 11-72 电动系仪表结构
1—固定线圈；2—可动线圈

电动系仪表是准确度最高的交流仪表，常做成标准仪表，此外由于有两个线圈可以分别通电，适于做成测量电功率的功率表。

(4) 静电系仪表

静电系仪表是利用电荷间静电作用力而工作的仪表，结构如图 11-73 所示。

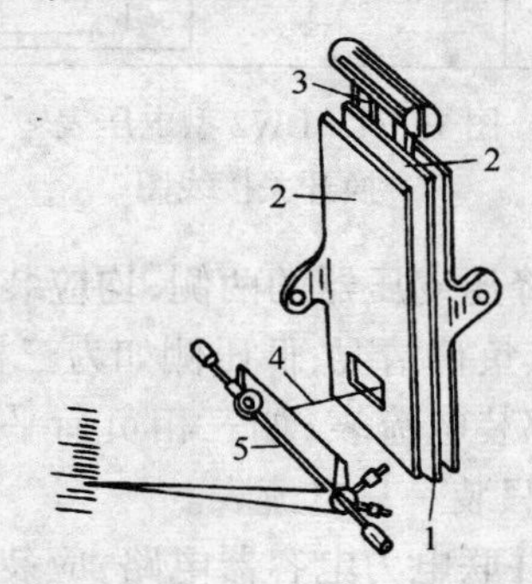

图 11-73 静电系仪表结构

图中的结构有三块极板，外层两极板 2 为定片，中间连到弹簧片 3 上的为动片 1；动片与其中一个定片，是同电位加到被测电压一端，另一个定片接被测电压另一端；极板加电压后，动片被同极性动片排斥而被另一个定片所吸引，从而产生位移，并通过拉丝 4 及定片上的小孔，与转轴 5 相连使机构产生偏转。

静电系仪表适用于测量较高的电压。

(5) 测量仪表的安装

1) 仪表设计时分为垂直安装和水平安装两种，要按安装方式选择对应的仪表。

2) 小型仪表利用表壳上的预埋螺母来进行固定，大型仪表使用专用的固定卡子固定在面板上。

3) 仪表进线端，按图纸接在电压互感器或电流互感器二次绕组上。

4) 在工厂的电源进线上，必须安装有功电度表和无功电度表，而且要采用全国统一标准的电能计量柜，配用专门的互感器，互感器上不得接其他仪表和继电器。

5) 每段母线上必须装设电压表测量电压，可以装一块电压表，用电压转换开关，转换测量各相电压，电压转换开关接线，如图

11-74 所示。

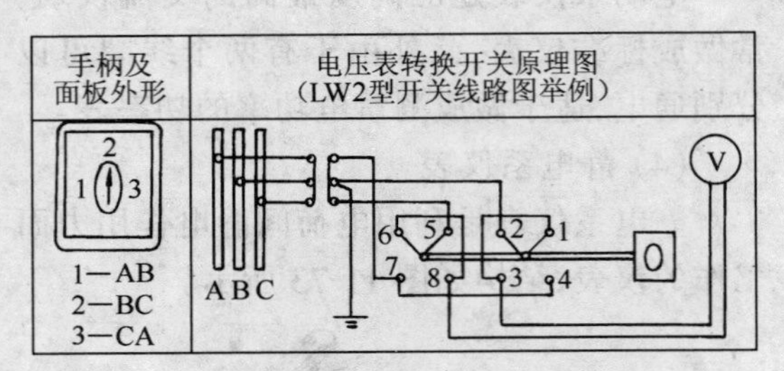

图 11-74　LW2 型电压表转换开关接线图

6) 降压变压器的两侧,均应装设电流表以了解其负荷情况;低压侧如为三相四线制,应各相都装电流表;如三相负荷平衡的动力线路,可只装一只电流表。

7) 并联电力电容器电路,应装设三只电流表,以检测三相负荷是否平衡。

8) 并联电力电容器的电路,要装设功率因数表检测无功补偿情况。

9) 系统中可以装频率表,监测供电质量。

(6) 二次回路设备的安装要求

1) 设备规格应符合设计要求,外观完整,附件齐全,排列整齐,固定牢靠,密封良好。

2) 各电器应能单独拆装更换,而不影响其他电器及导线束的固定。发热元件宜安装于柜顶。

3) 信号装置回路的信号灯、光字牌、电铃、事故电钟等应显示准确、工作可靠。

4) 柜、盘立面及背面各电器元件、编号排应标明编号、名称、用途及操作位置。

5) 二次回路的连接件均应采用铜质制品。

小　结

1. 变配电系统中的继电保护包括:过电流保护、单相接地保护、低电压保护、气体保护、差动保护和过负荷保护,其中过电流保护又分为有时限保护和速断保护。

2. 继电保护用的继电器有电磁式电流继电器、电压继电器、时间继电器、中间继电器和信号继电器,还有感应式电流继电器。

3. 变配电系统中常用的仪表有:电流表、电压表、频率表、功率因数表和电度表。

4. 测量仪表的动作机构原理分为:磁电式、电磁式、电动式、静电式和感应式。

习　题

1. 什么是变配电的二次系统?
2. 变配电系统中的继电保护有哪些种?
3. 什么是有时限过电流保护和过电流速断保护?
4. 气体保护起什么作用?
5. 纵联差动保护是如何对变压器起保护作用的?
6. 电磁继电器有哪几种?
7. 电磁继电器的供电电源有哪几种?
8. 感应式电流继电器有哪些优点?
9. 气体继电器的动作原理是什么?
10. 什么是轻瓦斯动作和重瓦斯动作?
11. 磁电式仪表、电磁式仪表、电动式仪表各有哪些优缺点?
12. 为什么静电式仪表适于测高电压?
13. 为什么电度表用电流互感器上不准接其他设备?

第12章 防雷与接地的安装

对电气设备和高大建筑,必须采取防雷措施。防雷装置是由接闪器、引下线、接地装置所组成的。而接地装置除了这种作为防雷接地的接地装置外,工程上常用的还有用作供配电系统中的工作接地、保护接地等接地装置。

本章分别讲述防雷装置与接地装置的制作与安装。

12.1 防雷装置的制作与安装

防雷装置主要介绍避雷针、带(网)和避雷器等几种防雷装置的安装。

12.1.1 避雷针的制作与安装

避雷针是变配电所和高大建筑物免受直接雷击的保护设备,图12-1为烟囱避雷针装置的整体结构示意图。

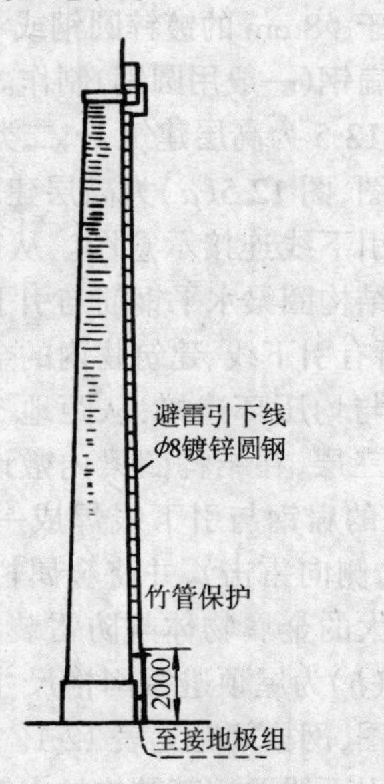

图12-1 烟囱避雷针装置示意图

(1) 避雷针的制作

避雷针尖一般用镀锌圆钢或镀锌钢管制成。针长1m以下时,圆钢直径不得小于12mm,钢管直径不得小于20mm;针长在1~2m时,圆钢直径不得小于16mm,钢管直径不得小于25mm;烟囱顶上的针,圆钢直径不得小于20mm。当针尖长2m以上时,可用粗细不同的几节钢管焊接起来。针顶端要车削成尖形的圆钢避雷针尖,如图12-2所示。若用钢管作针尖,则顶部要打扁并焊接封口。

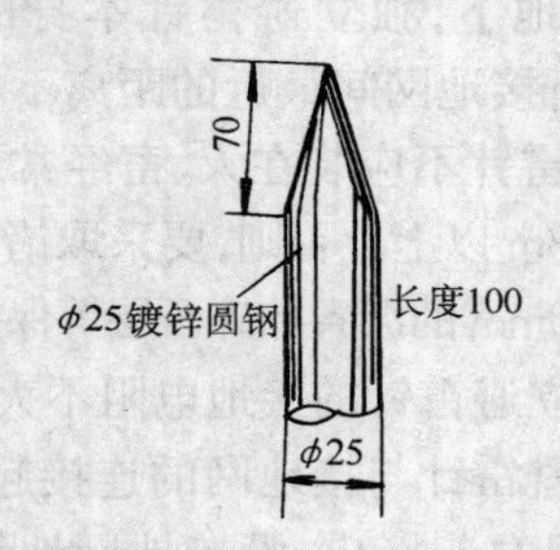

图12-2 避雷针针尖做法图例

避雷针下端要经引下线与接地装置相连。引下线可以采用直径不小于8mm的圆钢,也可以采用厚度不小于4mm且截面积不小于48mm² 的扁钢。若是装设在烟囱上的引下线则圆钢直径不得小于12mm,扁钢截面积不得小于100mm²。作引下线的圆钢或扁钢需经过镀锌或涂漆处理。

避雷针尖与引下线的连接如图12-3所示。

当采用钢筋混凝土杆时,可采用其钢筋作引下线;当采用金属杆时,也可利用杆本身作引下线。

引下线由接闪器引至接地体应短而直,

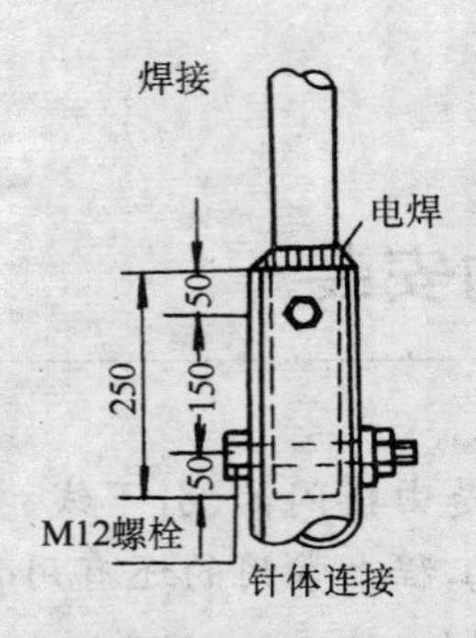

图 12-3　钢管引下线与针尖连接图例

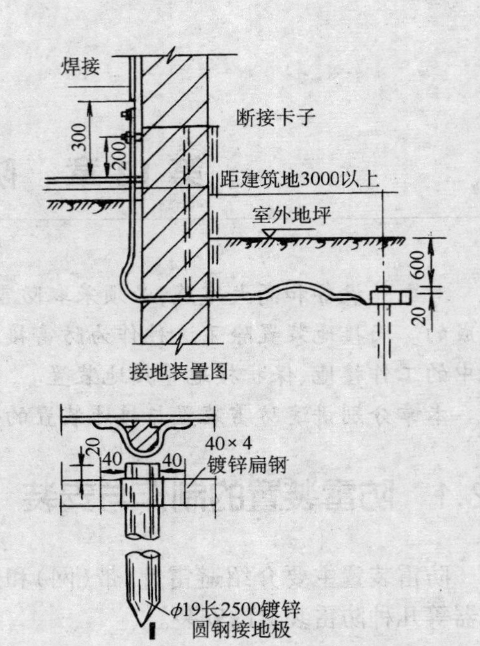

图 12-4　避雷针引下线的固定图例

避免转弯和穿越铁管等金属闭合结构。

(2) 避雷针的安装

1) 选择避雷针的装设地点，应注意以下几点：

A. 在地面上，由独立避雷针到配电装置的导电部分以及到变电所电气设备和构架接地部分间的空气间距不应小于 5m；

B. 在地下，独立避雷针本身的接地装置与变电所接地网间最近的距离不小于 3m。

C. 避雷针不应装在人、畜经常通行的地方，距道路 3m 以上。否则，要采取诸如铺设厚度为 50～80mm 的沥青加碎石层等保护措施。

2) 独立避雷针的接地电阻不大于 10Ω。

3) 由避雷针与接地网的连接起，到变压器与接地网的连接止，沿接地网地线的距离不得小于 15m。以防避雷针放电时，高压反击击穿变压器低压绕组。

4) 不能将照明线、电话线、电视电缆线架设在避雷针针杆上，以防雷电波沿线路侵入室内。

5) 引下线的安装要牢固可靠。引下线的固定如图 12-4 所示。

引下线沿建筑物外墙明敷时，固定于埋设在墙里的支持卡子上，支持卡子的间距为 1.5m。引下线暗敷时截面应加大。在采用多根引下线时，在各引下线离地 1.8m 以下处设置断接卡。易受机械损失的地方，在地面上约 1.7m 至地面下 0.3m 这一段应加竹管或木槽等加以保护。

12.1.2　避雷带(网)的制作与安装

房屋建筑防雷保护用避雷带和避雷网采用不小于 φ8mm 的镀锌圆钢或 12mm×4mm 的镀锌扁钢(一般用圆钢)制作。

图 12-5 为高层建筑一、二类防雷装置连接示意图，图 12-5(*a*)为高层建筑避雷带、均压环与引下线连接示意图。从首层起，每三层利用结构圈梁水平钢筋与引下线焊接成均压环，所有引下线、建筑物内的金属结构和金属体等与均压环连接；从距地 30m 高度起，每向上三层，在结构圈梁内敷设一条 25mm×4mm 的扁钢与引下线焊成一环形水平避雷带(防侧向雷击)，并将金属栏杆及金属门窗等较大的金属物体与防雷装置连接起来。图 12-5(*b*)为屋顶避雷网格尺寸及引下线连接示意图，网格间距见表 12-1。

其引下线要用其结构柱内钢筋作防雷引下线，引下线间距见表 12-2。

第三类工业建筑物及第二类民用建筑物采用避雷带时，屋面上任何一点距避雷带不应大于10m。当有三条及以上平行避雷带时，

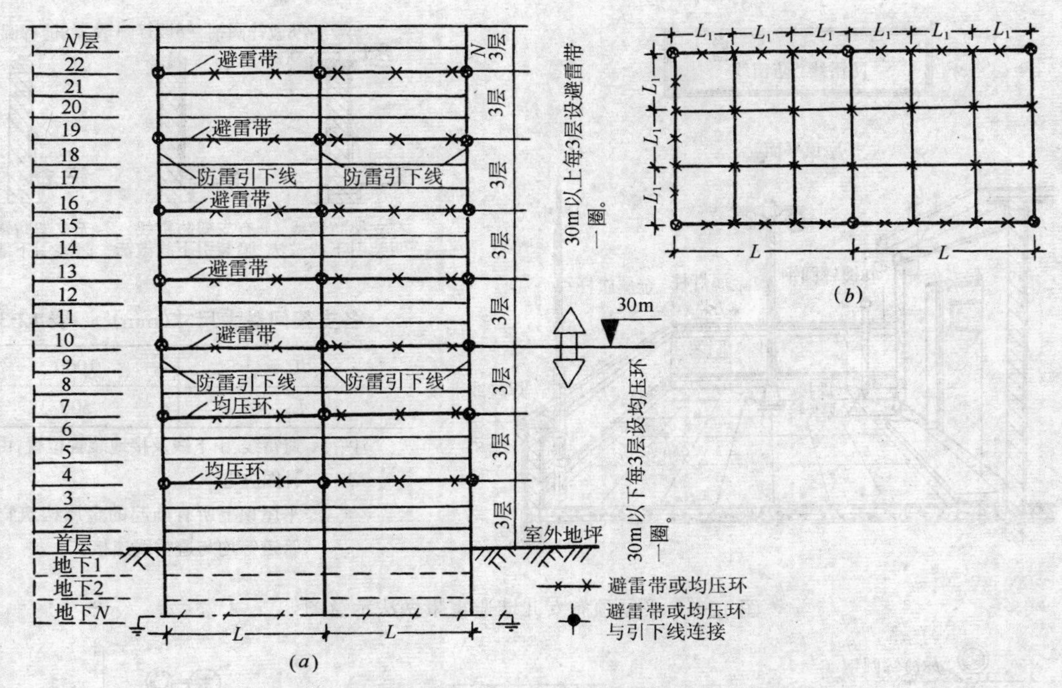

图 12-5 高层建筑一、二类防雷装置连接示意图

(*a*)高层建筑避雷带、均压环与引下线连接示意图;(*b*)屋顶避雷网格尺寸及引下线连接示意图

屋顶避雷网格间距表(m)　　表 12-1

建筑物防雷分类	$L_1 \times L_1$	备　注
1	$<10\times10$	上人屋顶敷在顶板内 5cm 处 不上人屋顶敷在顶板上 15cm 处
2	$<20\times20$	

引下线间距表(m)　　表 12-2

建筑防雷分类	L	备　注
1	<12	雷电活动强烈区
	<18	一个柱内不少于 2 根钢筋
2	<24	

每隔 30～40m 应将平行的避雷带连接起来。

避雷带装设在建筑物易遭雷击部位，每隔 1m 用支架固定在墙上或现浇的混凝土支座上。

图 12-6 为平屋顶有女儿墙避雷带做法示意图，其各支架间最大尺寸见表 12-3。图 12-7 为平屋顶挑檐避雷带做法示意图，其各支架间最大尺寸见表 12-4。它们的避雷带、引下线及接地装置位置均由设计决定，平屋顶上所有凸起的金属构件均应与避雷带连接。

12.1.3　避雷器的安装

避雷器是用来防止雷电产生的大气过电压沿线路侵入变电所或其他建筑物的保护设备。

图 12-8 为避雷器的连接示意图。

(1) 安装前的准备

10kV 以下变配电所常用的阀型避雷器通常安装在墙上或电杆上，用金属支架或横担来悬挂。安装前，应根据设计要求将金属支架、横担加工制作并固定好，然后才能装避雷器。图 12-9 为避雷器的两种常见安装方式。

(2) 安装前对避雷器的检查

1) 外观检查。检查瓷体上有无裂缝，瓷套底座和盖板之间封闭是否完好，用手轻轻

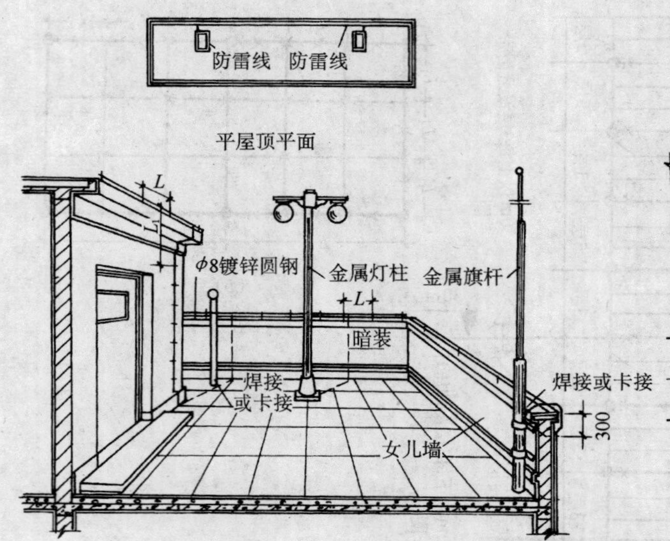

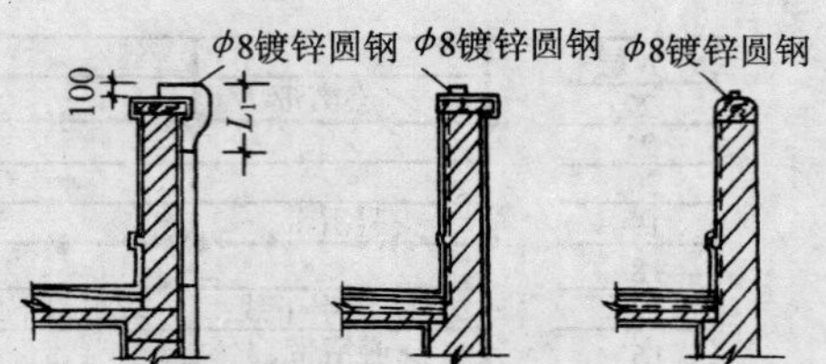

各支架间最大尺寸(mm)　　表 12-3

L	1000
L_1	500

注：1. 避雷线、引下线及接地装置位置，由设计图决定。

2. 平屋顶上所有凸起的金属构筑物或管道等均与避雷线连接。

图 12-6　平屋顶有女儿墙避雷带做法示意图

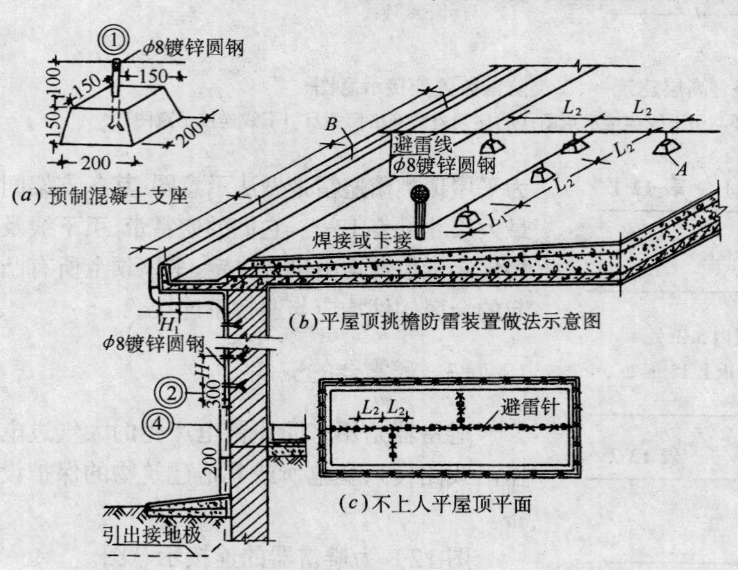

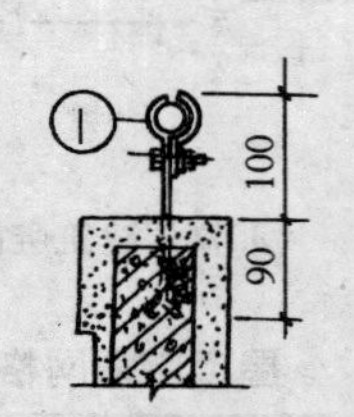

B挑檐支座做法

各支架间最大尺寸(mm)　　表 12-4

L	1000	H	1500
L_1	500	H_1	150
L_2	2000		

注：1. 避雷线、引下线及接地装置位置，由设计决定。

2. 平屋顶上所有凸起的金属构筑物或管道等，均应与避雷线连接。

3. 双圈索引号见 JD 10 107。

图 12-7　平屋顶挑檐避雷带做法示意图

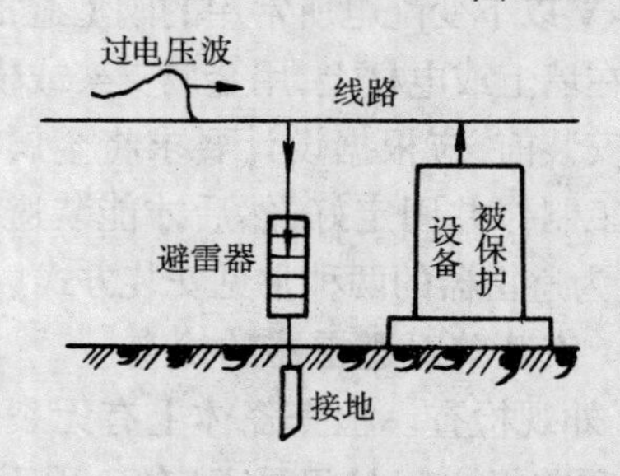

图 12-8　避雷器的连接示意图

摇动里面不应有响声。

2) 绝缘电阻测定。用 2500V 摇表测量，其绝缘电阻应在 1000MΩ 以上。

(3) 安装

阀型避雷器安装应垂直，每一个元件的中心线与避雷器安装点中心线的垂直偏差不应大于该元件高度的 1.5%。如有歪斜可在

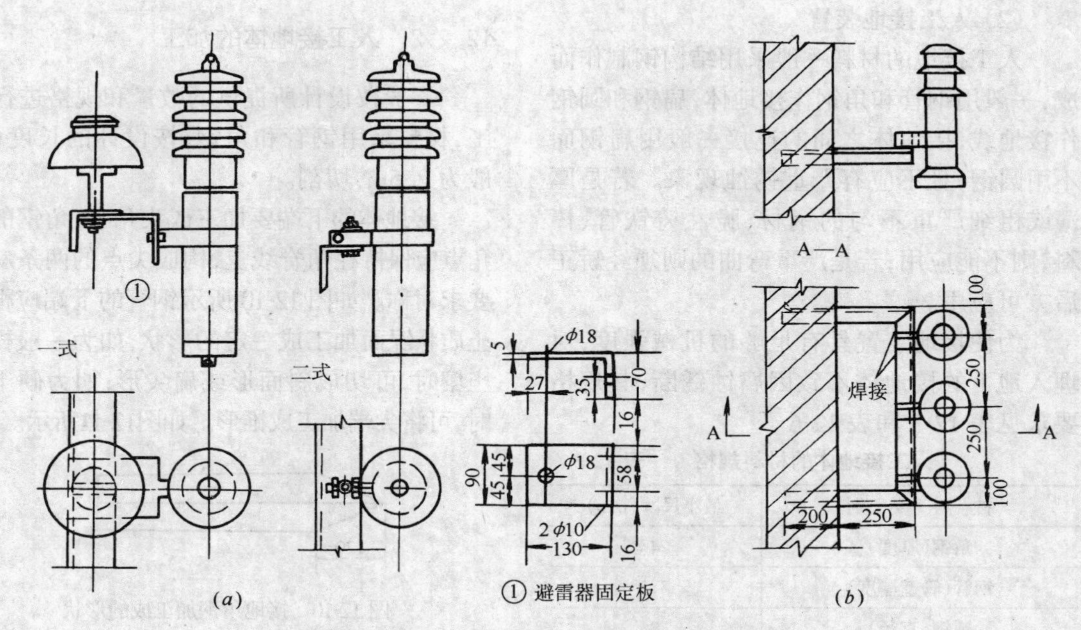

图 12-9　FS 型阀型避雷器安装方式图例
(*a*)屋外安装;(*b*)屋内安装

法兰间加金属片校正，但应保证其导电良好，并将其缝隙垫平后涂以油漆。避雷器的均压环安装应水平，不歪斜，放电记录器应密封良好，动作可靠，安装位置应一致且便于观察，记录器动作记录数字应恢复至零位。

管型避雷器应在管体闭口端固定，开口端指向下方。当倾斜安装时，其轴线与水平方向的夹角，对普通管型避雷器应不小于15°；无续流避雷器应不小于45°；装于污秽地区时，还应增大倾斜角度。管型避雷器安装时，其动作指示盖应向下打开，以便于观察。安装方位应使其排出的气体不致引起相间或对地闪络，也不得喷及其他电气设备。

避雷器及其支架必须安装牢固,防止因受反冲力而导致变形和移位。

避雷器上部端子要用镀锌螺栓与高压母线相连,下部端子接到引下线上。

引下线应尽可能短而直,引线截面由设计决定。

12.2　接地装置的制作与安装

接地,按不同的作用可分为工作接地(如配电变压器低压侧中性点的接地和防雷装置的接地)和保护接地(如各种电气设备、用电器具金属外壳的接地)等,接地装置就是连接电气设备(装置)与大地之间的金属导体。

12.2.1　接地装置材料的选用

接地装置包括接地体(又称接地极)和接地线两部分,接地体分自然接地体和人工接地体。

(1) 自然接地体和自然接地线

自然接地体是利用与大地有可靠连接的金属管道和建筑物的金属结构等作为接地体,在可能的情况下应尽量利用自然接地体。

在许多场所也可利用金属管道、电缆包皮、钢轨及混凝土的钢筋等金属物作为自然接地线,但此时应保证导体全长有可靠的连接,形成连续的导体。

(2) 人工接地装置

人工接地的材料一般采用结构钢制作而成，一般用钢管和角钢作接地体，扁钢和圆钢作接地线，接地体之间的连接一般用扁钢而不用圆钢，且不应有严重锈蚀现象。若是厚薄或粗细严重不匀的钢材、脆性铸铁管、棒料，则不能应用；若是严重弯曲的则须经矫正后方可应用。

为使接地装置具有足够的机械强度，对埋入地下的接地体不致因腐蚀锈断，其规格要求见表12-5和表12-6。

人工接地体的材料规格　　表12-5

材料类别		最小尺寸(mm)
角钢(厚度)		4
钢管(管壁厚度)		3.5
圆钢(直径)		8
扁钢	(截面积)	48(mm^2)
	(厚度)	4

保护接地线的截面积规定　　表12-6

接地线类别		最小截面(mm^2)	最大截面(mm^2)
铜	移动电具引线的接地芯线	生活用0.2	25
		生产用1.0	
	绝缘铜线	1.5	
	裸铜线	4.0	
铝	绝缘铝线	2.5	35
	裸铝线	6.0	
扁钢	户内:厚度不小于3mm	24.0	100
	户外:厚度不小于4mm	48.0	
圆钢	户内:直径不小于5mm	19.0	100
	户外:直径不小于6mm	28.0	

12.2.2　人工接地体的加工

一般按设计所提供的数量和规格进行加工，材料采用钢管和角钢，按设计的长度(一般为2.5m)切割。

接地体的下端要加工成尖角状，角钢的尖角点应保持在角脊线上，构成尖点的两条斜边要求对称。如图12-10所示钢管的下端应根据土质状况而加工成一定的形状，如为一般松软土壤时，可切成斜面形或扁尖形；如为硬土质时，可将尖端加工成锥形。如图12-11所示。

图12-10　接地角钢加工成的形状

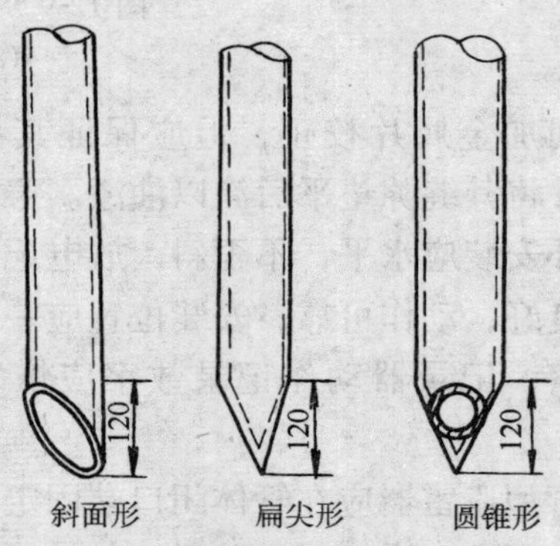

图12-11　接地钢管加工成的形状

接地体的上端部可与扁钢(—40mm×4mm)或圆钢(ϕ16mm)相连，用作接地体的加固以及作为接地体与接地线之间的连接板，其连接方法如图12-12所示。

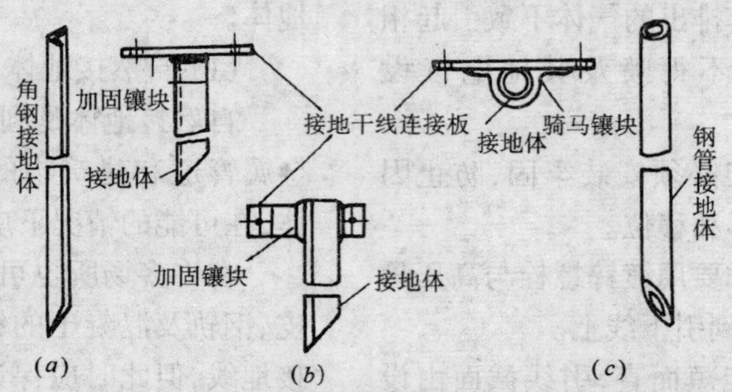

图12-12　垂直接地体
(a)角钢顶端装连接板；(b)角钢垂直面装连接板；(c)管垂直面装连接板

为防止接地钢管或角钢打劈，可用圆钢加工成一种护管帽，套入接地管端，或用一块短角钢(约 10cm)焊在接地角钢的一端，如图 12-13所示。

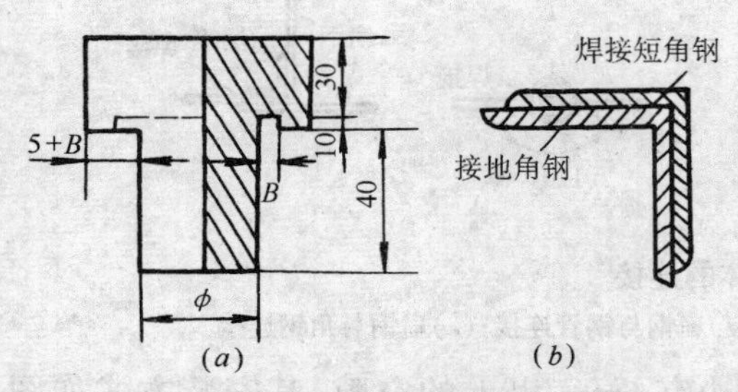

图 12-13 接地钢管和角钢的加强方法
(a)护管帽加工图；(b)短角钢焊接示意图
ϕ—钢管内径；B—钢管壁厚

12.2.3 接地装置的安装

(1) 挖沟

安装接地体前，先沿着接地体的线路挖沟，以便打入接地体和敷设连接接地体的扁钢。

按设计规定测出接地网的路线，在此线路挖掘出深为 0.8～1m，宽为 0.5m 的沟，沟的上部要稍宽，底部渐窄，沟底的石子应清除。

注意沟的中心线与建(构)筑物的基础距离不得小于 2m。沟挖好后应立即着手安装。

(2) 安装接地体

接地体在打入地下时一般采用打桩法，如图 12-14 所示。一人扶着接地体，另一人用大锤打接地体顶端。

安装时，注意以下几点：

1) 按设计位置将接地体打在沟的中心线上，接地体露出沟底地面上的长度约为 150～200mm(沟深为 0.8～1m)时，可停止打入，使接地体的最高点离施工完毕后的地面有 600mm 的距离。按设计要求，接地体间距一般不小于 5m。

2) 敷设的管子或角钢及连接扁钢应避开地下管路、电缆等设施，与这些设施交叉时相距不小于 100mm，与这些设施平行时相距不小于 300～350mm。

3) 使用手锤打接地体时要平稳，接地体与地面应保持垂直。

4) 若在土质很干很硬处打入接地体，可浇上一些水使其疏松。

(3) 接地线的敷设

1) 接地体间的扁钢敷设当接地体打入沟中后，即可沿沟按设计要求敷设扁钢。

扁钢敷设前应检查和调直，然后将扁钢放置于沟内，依次将扁钢与接地体焊接。接地体间的连接如图 12-15 所示，接地导体的焊接方法如图 12-16 所示。

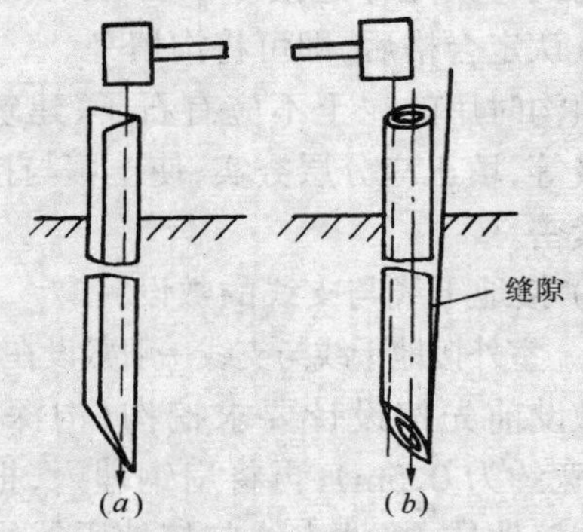

图 12-14 接地体打入土壤的情况
(a)角钢接地体；(b)钢管接地体

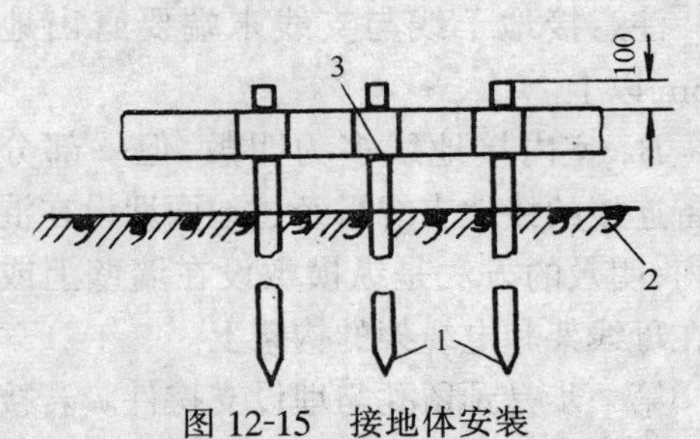

图 12-15 接地体安装
1—接地体；2—地沟面；3—接地卡子焊接处

注意事项：

A. 扁钢应侧放而不可平放；

B. 扁钢与接地体连接的位置距接地体最高点约 100mm。

C. 扁钢和角钢的焊接长度不小于宽度的 2 倍，用圆钢时不小于直径的 6 倍；扁钢和钢管除在其接触两侧焊接外，还要焊上用扁钢弯成的弧形卡子，或将扁钢直接弯成弧形与钢管焊接。

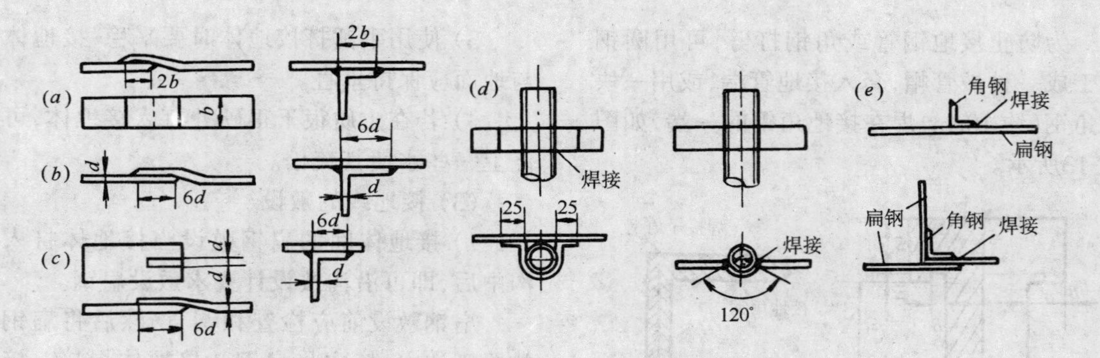

图 12-16 接地导体的连接

(a)扁钢连接;(b)圆钢连接;(c)圆钢与扁钢连接;(d)扁钢与钢管连接;(e)扁钢与角钢连接

扁钢与接地体连接好以后,必须经过认真检查认定合格后,即可将沟填平。

填沟时用的泥土不应有石子、建筑碎料和垃圾等,填土应分层夯实,使土壤与接地体接触紧密。

2) 接地干线与支线的敷设:

A. 室外接地干线与支线一般敷设在沟内。

敷设前先按设计要求挖沟(沟深 0.5m 以上,宽约为 0.5m);再将扁钢埋入,把接地干线与接地体、接地支线与接地干线焊接起来;最后回填压实(不需打夯)。

注意接地干线与支线末端要露出地面 0.5m 以上。

B. 室内接地线多为明敷,但一部分与设备连接的接地支线需经过地面埋设在混凝土内,明敷的方法是纵横敷设在墙壁上或敷设在母线架和电缆架的构架上。

第一步是预留孔与埋设支持件。若接地线需穿墙或楼板,则在土建浇制楼板或砌墙时按设计要求预留穿接地线的孔(应比敷设接地线厚、宽度各大出 6mm 以上)。施工时可按此尺寸截一段扁钢预埋在混凝土内,在混凝土还未凝固时抽出,或在扁钢上包一层油毛毡(或几层牛皮纸)埋设在混凝土内。预留孔距墙壁表面应为 15～20mm,以便敷设接地线时整齐美观。若用保护套时,则应将保护套埋设好。保护套可用厚 1mm 以上铁皮做成方形或圆形,大小应使接地线穿入时,每边有 6mm 以上的空隙,其安装方式如图 12-17所示。

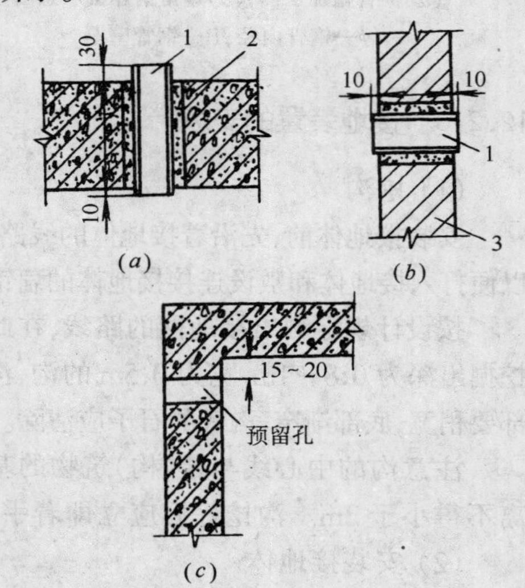

图 12-17 保护套安装和顶留孔尺寸

(a)穿楼板;(b)穿墙;(c)预留孔尺寸

1—保护套;2—楼板;3—砖墙

明敷在墙上的接地线应分段固定,固定的方法是在墙上埋设支持件,将接地扁钢固定在支持杆上。支持件形式由设计提出,最为常见的形式如图 12-18 所示。

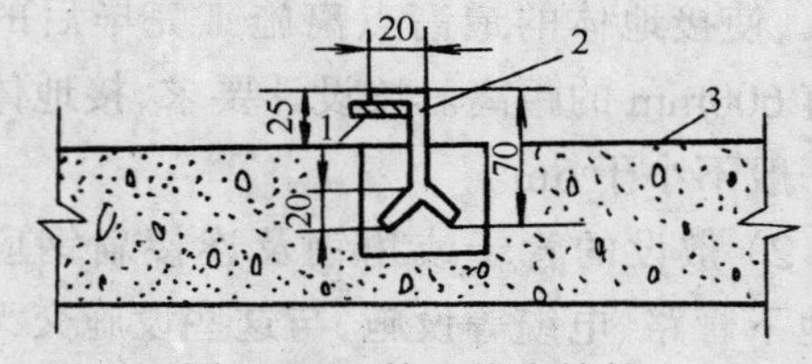

图 12-18 接地线支持件

1—接地线;2—支持件;3—墙壁

施工前，用 40mm×4mm 扁钢按图 12-17 所示的尺寸将支持件做好。在墙壁浇捣前先埋入一块方木预留小孔或砌砖时直接埋入方木，埋设时应拉线或划线，孔隙、孔宽各为 50mm，孔距为 1～1.5m(转弯部分为 1m)。

明敷接地线应垂直或水平敷设。若建筑物的表面为倾斜时，也可沿建筑物表面平行敷设。与地面平行的接地干线离地 200～300mm。

在墙壁抹灰后即可埋设支持件。为保证接地线全长与墙壁距离的一致性和快速埋设，可用一方木制成的样板施工。如图 12-19 所示；将支持件放入孔内并填满水泥砂浆。

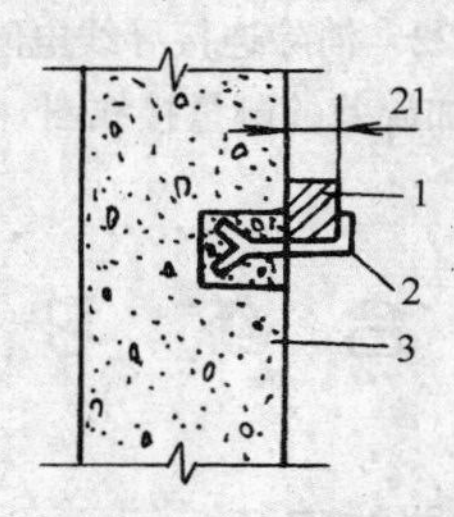

图 12-19　接地线支持件的埋设
1—方木样板；2—支持件；3—墙壁

第二步是敷设接地线。敷设在混凝土内的接地线，在土建施工时就一起敷设好。按设计将一端放在电气设备处，另一端放在距离最近的接地干线上，两端都露出混凝土地面 0.5m 以上，当支持件埋设完毕，水泥砂浆完全凝固后，将调直好的扁钢放在支持件内(不能放在支持件外)，过墙时应穿过顶留孔，然后焊接固定。

注意事项：

a. 所有电气设备都需单独埋设接地支线，不可串联接地；

b. 接地线与管路、电缆交叉处应将保持 25mm 以上距离。

c. 若接地线与管路、电缆交叉处距离小于 25mm 或易受机械损伤的地方应加钢管或角钢保护。

d. 接地线经过建筑物的伸缩缝时，如采用焊接固定，应将接地线通过伸缩缝的一段作成弧形，如图 12-20 所示。

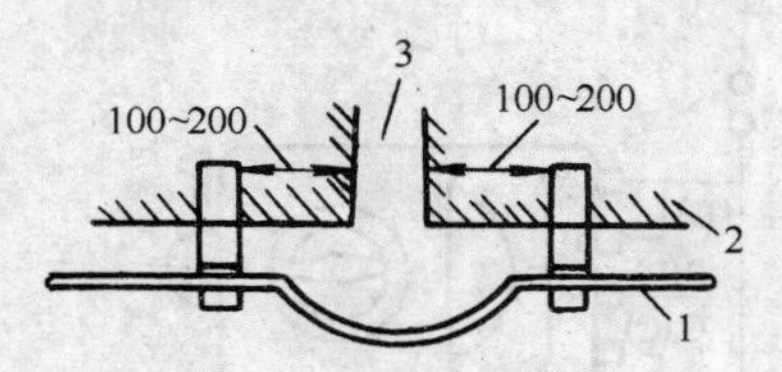

图 12-20　接地线经过伸缩缝
1—接地线；2—建筑物；3—伸缩缝

e. 采用钢管作为接地线时应有可靠的接头。

f. 若接地线和管道相连时，应在靠近建筑物的进口处焊接或用卡箍(接触面应镀锡且要将管子连接处擦干净)连接，管道上的水表、阀门和法兰等处要用裸铜线将其跨接。

(4) 电气设备与接地线的连接

电气设备与接地线的连接方法有焊接(用于不需移动的设备金属构架)和螺栓连接(用于需要移动的设备)，焊接方法前已述及。

电气设备外壳上一般都有专用接地螺栓，采用螺栓连接时，先将螺丝卸下，擦净设备与接地线和接触面至发出光泽；再将接地线端部搪锡，并涂上中性凡士林油；然后将地线接入螺丝，拧紧螺帽(在有振动的地方，接地螺丝需加垫弹簧垫圈)。

12.2.4　接地电阻的测量

接地装置在接地体施工完毕后，应测量其接地电阻，常用接地电阻测量仪(俗称接地摇表)直接测量。

(1) 测量方法和步骤

1) 将被测接地体 E′、电位探测针 P′和电流探测针 C′，按直线彼此相距 20m 插入地中，使电位探测针 P′插入接地体 E′和电流探测针 C′之间，如图 12-21 所示。

2) 用导线将 E′连接仪表 C_2P_2 接线端钮，P′(P)的端钮连接仪表的 P_1(P)端钮，C′连接仪表 C_1(C)端钮。

3) 将仪表水平放置，检查检流计的指针

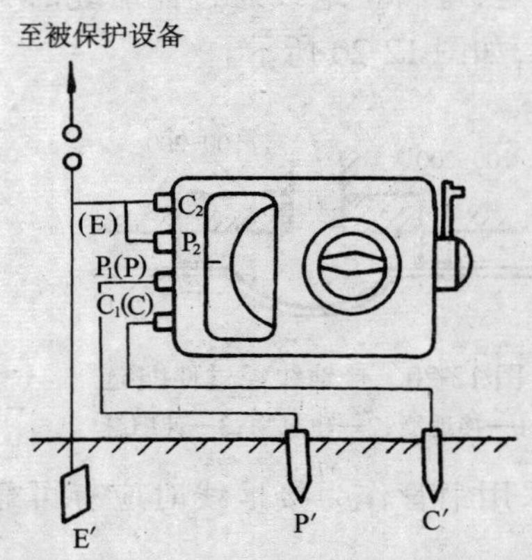

图 12-21　ZC-8 型接地电阻测量仪测量接地体的电阻接线图

是否指于中心线(即零线)上,否则用零位调整器将其调正到指于中心线。

4) 将“倍率标度”指于最大倍数,慢慢转动发电机的手柄,同时旋转“测量标度盘”使检流计的指针指于中心线。

5) 当检流计的指针接近平衡时,加快发电机手柄的转速,使其每分钟达到 120 转以上,调整“测量标度盘”使指针指于中心线上。

6) 如“测量标度盘”的读数小于 1 时,应将倍率标度置于较小的倍数,再重新调整“测量标度盘”以得到正确读数。

7) 用“测量标度盘”读数乘以倍率标度的倍数即为所测的接地电阻值。

(2) 测量注意事项

1) 当检流计的灵敏度过高时,可将电位探测针插入土壤的深度放浅一些,当检流计灵敏度不够时,可沿电位探测针和电流探测针注水使其所接触土壤湿润。

2) 当接地体 E′和电流探测针 C′之间的距离大于 20m 时,将电位探测针 P′插在 E′、C′之间的直线相距几米以外的地方,测量时的误差可以不计;但当 E′、C′之间的距离小于 20m 时,则应将电位探测针 P′正确地插于 E′和 C′的直线中间。

3) 当用 0～1/10/100Ω 规格的仪表(具有四个端钮)测量小于 1Ω 的接地电阻时,应将 C_2、P_2 间连片打开,分别用导线连接到被测接地体上,如图 12-22 所示。以消除测量的连接导线电阻的附加误差。

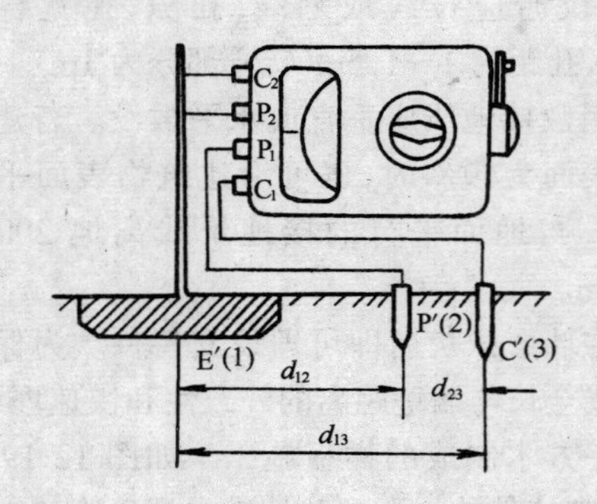

图 12-22　消除连接导线电阻附加误差的测量接线图

12.3 综 合 练 习

12.3.1 避雷器的安装练习

(1) 准备

加工制作并固定好金属支架、横担。

(2) 训练步骤

1) 安装前的外观检查。

2) 避雷器绝缘电阻测定。

3) 固定避雷器。

4) 连接避雷器。

(3) 考核评分标准(见表 12-7)

避雷器的安装练习评分表　表 12-7

序号	考核项目	单项配分	要求	考核记录	得分
1	检查	30	外观检查齐全,测量绝缘电阻准确		
2	固定	30	固定平正		
3	连接	30	连接可靠		
4	综合印象	10	文明生产		

12.3.2 接地装置的安装练习

(1) 准备

接地连接干线 4×20×300。扁钢、接地体 4×50×50×2100 角钢各四件。

(2) 训练步骤

1) 按图 12-23(*a*)的尺寸下接地连接干线的材料。

2) 按图 12-23(*b*)的尺寸下接地体的材料并加工。

3) 按图 12-23(*c*)划线定位。

4) 打入接地体。

5) 测接地电阻。

6) 连接接地体与接地干线。

7) 测接地网接地电阻。

(3) 考核评分标准

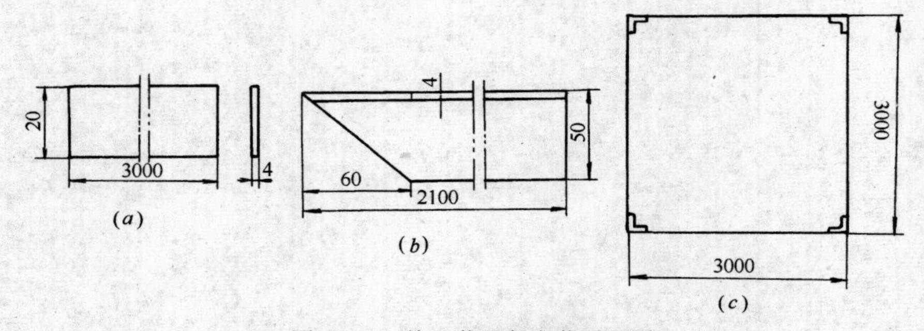

图 12-23 接地装置与安装平面图

(*a*)接地体连接干线;(*b*)接地体;(*c*)接地装置安装平面图

接地装置的安装练习评分表 **表 12-8**

序 号	考核项目	单项配分	要 求	考核记录	得 分
1	落料与加工	20	料要平直准确		
2	划线定位	20	位置准确		
3	打入接地体	10	垂直打入地面 2m		
4	焊 接	20	焊缝合格		
5	测绝缘电阻	20	测量准确		
6	综合印象	10	文明生产		

小 结

防雷装置的制作与安装包括避雷针的制作与安装、避雷带(网)的制作与安装以及避雷器的安装。

接地装置的制作与安装着重要做好:接地装置材料的选用、人工接地体的加工、接地装置的安装、接地电阻的测量等工作。

习 题

1. 如何制作避雷针?
2. 选择避雷针装设地点时应注意些什么?

3. 高层建筑避雷带，均压环与引下线的连接应如何做？
4. 阀型避雷器如何安装？
5. 管型避雷器应如何安装？
6. 人工接地体如何加工？
7. 接地装置的安装步骤有哪些？
8. 安装接地体应注意些什么？
9. 接地体的敷设应包括哪些内容？
10. 如何测量接地电阻？

第13章 倒 闸 操 作

连接在电气主接线系统中的电气设备有冷备用、热备用、运行和检修等四种状态，电气设备四种状态的转换需进行倒闸操作，而进行倒闸操作必须执行操作票制度，同时运行过程中随时有可能出现事故，检修设备需执行工作票制度。本章主要介绍工作票与操作票的填写、倒闸操作步骤以及事故的分析和处理。

13.1 工作票和操作票制度及执行

13.1.1 工作票制度及执行

(1) 工作票制度

电气工作人员在电气设备上工作，应填写工作票。工作票有两种：为了在1kV以上高压设备及其二次回路上工作必须部分或全部停用高压设备或采取安全措施的情况下填写的工作票为第一种工作票；而不需要停用高压设备的工作所填写的工作票为第二种工作票。

工作票由工作负责人填写，经生产领导人或技术人员签发(工作许可人不能签发)，工作票上不得有任意涂改。

工作票填写的内容一般包括：工作任务、电气设备名称、单线系统图、许可工作及工作终结时间、安全措施、人员分工、工作负责人、工作票签发人、工作许可人等。

(2) 工作票的执行

工作负责人在同一时间内只能执行一张工作票。

工作许可人(值班人员)和工作负责人要到现场进行安全检查，证明无电压、向工作负责人指明带电设备的位置及注意事项后，双方在工作票上分别签字，方可开工检修。

工作负责人是现场全面负责者，必须始终在工作地点，若须离开则应指定专人临时代理。临时需要变更工作班中的成员时，工作负责人须将增减人员的姓名填写在工作票上，并签名。若需扩大工作范围或变更工作任务时，则必须填写新的工作票。若至预定工作终结时间，在送电前，应按送电现场设备带电情况，办理新的工作票，布置好安全措施方可继续工作。

工作中间吃饭或休息后复工时，工作负责人对应采取的安全措施应进行复查，证明无问题后方能下令开始工作。工作班每日收班，应交回工作票，工作负责人次日复工时向工作许可人(值班人员)领取工作票，并会同查看安全措施无变动后；才能继续工作。

全部工作结束以后，仔细检查现场，做到工完场清。

值班员在接到工作负责人关于工作结束和工作地点清理完毕、工作人员已全部撤出工作场所的通知后，应到现场进行检查，在确认工作质量符合要求、相序没有改变、工作人员全部撤出，所有安全措施都已拆除且现场清洁等，才能在工作票上填明工作结束时间，交工作负责人签名后各执一份留存，然后才可办理送电手续。

13.1.2 操作票制度及执行

在倒闸操作进行之前，操作者应根据值班调度员或值班负责人的口头或电话命令填写操作票，并与模拟图板和设备核对。操作票的格式见表13-1、表13-2。

操　作　票　　　　　　　　　　　　　　　　　　**表 13-1**

××变电所　　　　　　　　　　　　倒闸操作票　　　　　　　　　　　　编号 93—01

操作开始时间 1993 年 3 月 30 日 8 时 30 分，终了时间 30 日 8 时 49 分

操作任务：10 千伏Ⅰ段 WL1 线路停电

✓	顺　序	操　作　项　目
✓	(1)	拉开 LW1 线路 101 断路器
✓	(2)	检查 WL1 线路 101 断路器确在开位，开关盘表计指示正确 0A
✓	(3)	取下 WL1 线路 101 断路器操作直流保险
✓	(4)	拉开 WL1 线路 101 甲刀闸
✓	(5)	检查 WL1 线路 101 甲刀闸确在开位
✓	(6)	拉开 WL1 线路 101 乙刀闸
✓	(7)	检查 WL1 线路 101 乙刀闸确在开位
✓	(8)	停用 WL1 线路保护跳闸压板
✓	(9)	在 WL1 线路 101 断路器至 101 乙刀闸间三相验电确无电压
✓	(10)	在 WL1 线路 101 断路器至 101 乙刀闸间装设 1 号接地线一组
✓	(11)	在 WL1 线路 101 断路器至 101 甲刀闸间三相验电确无电压
✓	(12)	在 WL1 线路 101 断路器至 101 甲刀闸间装设 2 号接地线一组
✓	(13)	全面检查

以下空白

备注：　　　　　　　　　　　　　　已执行章

操作人：签名　监护人：签名　值班负责人：签名　值长：签名

操　作　票　　　　　　　　　　　　　　　　　　**表 13-2**

××变电所　　　　　　　　　　　　倒闸操作票　　　　　　　　　　　　编号 93—02

操作开始时间 1993 年 4 月 1 日 8 时 30 分，终了时间 1 日 8 时 45 分

操作任务：2 号主变送电

✓	顺　序	操　作　项　目
✓	(1)	检查桥路 660 断路器确在开位
✓	(2)	合上桥路 660 甲刀闸
✓	(3)	检查桥路 660 甲刀闸确在合位
✓	(4)	合上桥路 660 乙刀闸
✓	(5)	检查桥路 660 乙刀闸确在合位
✓	(6)	装上桥路 660 断路器操作直流保险
✓	(7)	启用桥路 660 断路器保护压板
✓	(8)	合上桥路 660 断路器

续表

××变电所	倒闸操作票	编号 93—02

操作开始时间 1993 年 4 月 1 日 8 时 30 分，终了时间 1 日 8 时 45 分

操作任务：2 号主变送电

√	顺 序	操 作 项 目
√	(9)	检查桥路 660 断路器确在合位，开关盘表计指示正确 OA
√	(10)	合上电压互感器 QS 乙刀闸，开头盘表计指示正确 60 千伏
√	(11)	检查 2 号主变 621 断路器确在开位
√	(12)	合上 2 号主变 621 刀闸
√	(13)	检查 2 号主变 621 刀闸确在合位
√	(14)	装上 2 号主变 621 断路器操作直流保险
√	(15)	启用 2 号主变保护压板
√	(16)	合上 2 号主变 621 断路器
√	(17)	检查 2 号主变 621 断路器确在合位，开关盘表计指示正确 OA
√	(18)	检查 2 号主变 120 断路器确在开位
√	(19)	合上 2 号主变 120 刀闸
√	(20)	检查 2 号主变 120 刀闸确在合位
√	(21)	装上 2 号主变 120 断路器操作直流保险
√	(22)	启用 2 号主变 120 断路器保护压板
√	(23)	合上 2 号主变 120 断路器
√	(24)	检查 2 号主变 120 断路器确在合位，开关盘表示指示正确××A，1 号主变开关盘表计指示正确××A
√	(25)	全面检查
		以下空白

备注： 已执行章

操作人：签名　监护人：签名　值班负责人：签名　值长：签名

(1) 操作票的填写

操作票应按操作程序填写清楚，不得任意涂改。填写的内容包括：倒闸操作的任务；拉、合闸的断路器(开关)和刀闸；检查操作前后断路器和刀闸的实际位置；投入和退出的有关保护及自动装置；装、拆接地短路线；本单位指定必须填写的项目等。

操作票一般由操作人员填写，监护人和操作人共同审核签字。每张操作票只能填写一个操作任务，操作项目内要写明设备的名称和编号双重名称，项目填完的空格应盖“以下空白”图章。

操作票使用的技术语常用的有：

1) 断路器、刀闸的拉合操作使用“拉开”、“合上”；

2) 检查断路器、刀闸的位置用“确在合位”、“确在开位”；

3) 拆装接地线用“拆除”、“装设”；

4）检查接地线拆除用“确已拆除”；

5）装上、取下控制回路和电压互感器的保险用“装上”、“取下”；

6）保护压板的切换用“启用”、“停用”；

7）检查负荷分配用“负荷指示正确”；

8）验电用“三相验电，验明确无电压”。

（2）操作票的执行

1）倒闸操作前操作人和监护人应按操作票顺序先在模拟电路板上核对无误后在操作票上签字，经值班负责人审核后签字方可开始操作。

2）准备好合格的安全工具，如验电笔、绝缘手套、绝缘靴等。

3）倒闸操作由两人进行，一人操作，一人监护。由监护人唱票（每次只能唱一项，并将操作票指给操作人看），操作人复诵，并要进行“四对照”（设备的位置是否正确对照、设备名称对照、设备的编号对照、拉或合的方向对照）。在两人认为正确无误后，由监护人发出“对，执行！”的命令，操作人才能执行操作，监护人还要监护其操作的安全性与正确性，同时记下操作的开始时间。

4）每一步操作完毕，由监护人在操作票该项的“记号打勾”栏内打一个“√”符号，同时检查设备的机械指示、信号指示、表计变化等情况，以确定设备的实际分合位置。监护人勾票后，应告诉操作人下一步操作内容，如此循环，直至操作终了。

5）操作完毕，复查无误后，由监护人记录倒闸操作终了时间。

6）向值班调度员或值班负责人汇报，在操作票上盖上“已执行”图章。

（3）注意事项：

1）操作中发生疑问时，不得自作主张更改操作票，应立即停止操作，并报告给值班调度员或值班负责人，待弄清问题后再行操作。

2）在进行事故处理、拉合断路器的单一操作、拉开接地刀闸或拆除全所仅有的一组接地线等情况下可不填写操作票，但要将操作情况记入操作记录簿内。

13.2 倒闸操作

13.2.1 几种主要电气设备的操作

（1）隔离开关的正确操作

1）手动合上隔离开关时要迅速果断、碰刀要稳、宁错不回（操作时若发生弧光或误合，则亦应迅速合好）。

2）手动拉开隔离开关时，应按“慢—快—慢”的过程进行。在拉开隔离开关过程中，发现有较大电弧时，应立即再合上隔离开关，停止拉开操作。

3）拉开装有连锁装置的隔离开关，若连锁装置未开而不能操作时，则不能随意解除连锁，应在查明原因后才能进行操作。

4）操作户外单极隔离开关，停电时先拉开中间相，后拉开边相；若遇大风天气则按逆风向的顺序拉开各相。送电时合上隔离开关的顺序与停电时拉开的顺序相反。

5）隔离开关经操作后，必须检查其实际位置，防止因操作机构故障可能出现的未全部拉开或合上的现象发生。

（2）断路器的正确操作

1）一般地，不允许带负荷手动合上断路器。因手动合闸慢，易产生电弧破坏触头。

2）遥控操作断路器时，扳动控制开关用力不要过猛以防损坏；返回控制开关也不要太快，以防断路器来不及合闸。当断路器合上，控制开关返回后，合闸电流指示回到零位，以防因合闸接触器打不开而烧毁。

3）断路器经操作后，应检查有关信号及测量仪表的指示，以判别断路器动作的正确性，但最终确认断路器的实际位置应到现场检查断路器的机械位置指示装置。

（3）高压熔断器的正确操作

高压熔断器采用绝缘杆分相操作，操作顺序跟操作单极隔离开关一样。

13.2.2 高压停送电操作

(1) 停电操作

变配电所停电时，一般先从负荷侧的开关断起，依次拉至电源侧开关。

以图 13-1 为例，其操作程序如下：先断开低压侧各路出线开关，再断开低压侧主开关 2QF，然后断开高压断路器 1QF 和隔离开关 $1QS_m$，最后断开 $2QS_m$。

线路或设备停电后，如需检修，应在其电源侧(有可能两侧来电时应在其两侧)安装临时接地线(先接地端后线路端)并在主要开关的操作手柄上悬挂“有人工作，禁止合闸”的警告牌。

(2) 送电操作

变配电所送电时，一般从电源侧的开关合起，依次合到负荷开关。

送电前，首先办理工作票手续，然后拆除临时接地线(先线路端后接地端)和“有人工作，禁止合闸”的警告牌。

以图 13-1 为例，其送电操作程序如下：

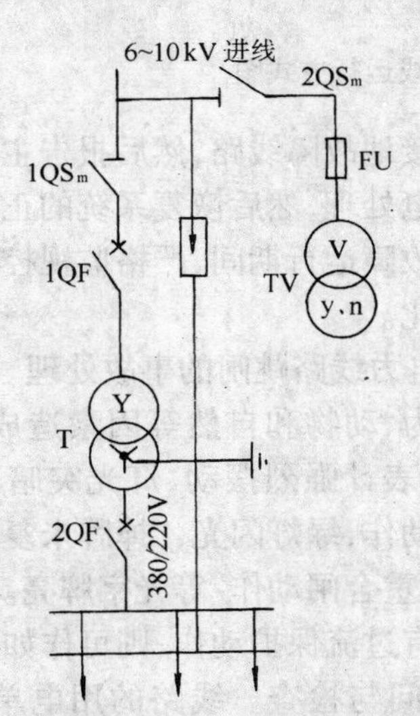

图 13-1 断路器控制的变电所接线原理图

1) 合上隔离开关 $2QS_m$；

2) 投入电压互感器 TV；

3) 检查进线有无电压和电压是否正常；

4) 合上隔离开关 $1QS_m$；

5) 合上断路器 1QF；

6) 合上断路器 2QF；

7) 检查低压侧三相电压是否对称；

8) 合上各出线开关。

此时，整个变电所投入送电运行。

13.2.3 低压停送电操作

停电时应先断开负荷开关(或断路器)，然后才允许切断刀闸；送电时先合上刀闸，然后才允许合上负荷开关(或断路器)。

13.2.4 倒闸操作实例

执行某一操作任务，首先要掌握电气主接线的运行方式、保护的配置、电流及负荷功率分布情况，然后依据命令的内容填写操作票。操作项目要全面，顺序要合理，以保证操作的正确、安全。现以例说明倒闸操作的操作票填写。

例：某 60/10kV 变电所的部分倒闸操作实例。图 13-2 所示，为该变电所的电气系统图。任务(1)，填写线路 WL_1 停送电操作票。

1) 如图 13-2 所示运行方式，欲停电检修 101 断路器，填写 WL_1 停电操作票，其停电操作票详见表 13-1。

2) 101 断路器检修完毕，恢复线路 WL_1 送电的操作要与线路 WL_1 停电操作票的操作顺序相反，故送电操作票不再赘述。但应注意恢复送操作电票的第(1)项应是“收回工作票”，第(2)项应是“检查 WL_1。线路 101 断路器至 101 甲刀闸间 2 号接地线一组及 WL_1 线路 101 断路器至 101 乙刀闸间 1 号接地线一组确已拆除”或“检查 1 号、2 号接地线，共二组确已拆除”，之后从第(3)项开始按停电操作票的相反顺序填写。

任务(2)填写 2 号主变送电、停电操作票：

1) 如图 13-2 所示变电所电气主接线运行方式，欲将 2 号主变由冷备用转入运行，接于甲电源，其送电操作票填写如表 13-2 所示。

2) 2号主变的停电操作票与送电操作

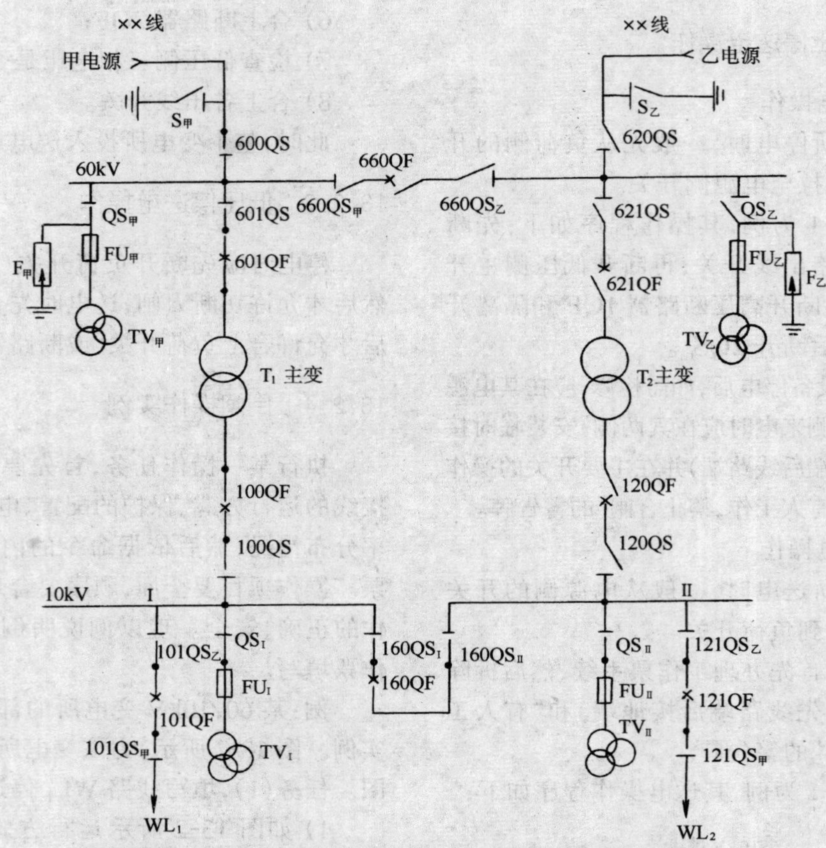

图 13-2　60/10kV 某企业变电所电气主接线运行方式图

票填写的顺序相反,在此不再赘述。

13.3　事故分析和处理

13.3.1　电力线路的事故分析和处理

(1) 电力线路发生单相接地故障时的不正常运行

母线绝缘监视信号动作,警铃响并亮“母线接地”光字牌;母线绝缘监视用的三个相电压指示不平衡,接地相电压降低;若主变压器中性点装有消弧线圈,则可出现“消弧线圈动作”光字牌亮。

产生单相接地故障的原因可能有:靠近电力线路的树枝未及时剪枝;电力线路上的鸟窝未及时消除;瓷瓶脏污;雷电等。

当值班人员得知发生单相接地故障时,首先找寻接地故障线路,然后报告主管领导,并联系停电处理,然后恢复系统的正常运行。在带接地故障运行期间,严格监视控制盘,注意表计变化。

(2) 电力线路跳闸的事故处理

当人为、动物和自然等因素造成线路相间短路时,表计强烈摆动,灯光突暗,事故喇叭和警铃动作,绿灯闪光,“掉牌未复归”、“母线接地”、“重合闸动作”等光字牌亮。

若只有过流保护动作,则可作如下处理:

1) 询问与检查。线路的用电单位是否启动和投入设备,该设备是否正常。否则,停止新启动设备的运行,恢复该线路供电。

2) 若为联络线过负荷跳闸,在调整单供线路的负荷后,可恢复联络线送电。

3) 两级串联线路穿越性短路故障引起的跳闸(下级线路拒动引起上级线路跳闸),

应断开车间级的电力线路开关，恢复总配电站电力线路开关送电。

4）恢复送电后，应对该线路进行全面巡查，不得有过热和异常现象。

若速断保护动作、重合闸也动作，则要断开断路器两侧的隔离开关，布置安全措施。召集修试人员迅速寻找故障点并予以消除，尽快恢复送电。

13.3.2 电力变压器的事故分析和处理

(1) 变压器缺油

造成变压器缺油的原因可能是长期渗油或气温过低引起油枕储油量不足。

对长期渗油，应停电处理。若缺油不很严重，即尚可看到油位，则停电后仔细寻找漏油点，作简易处理，当不再漏油时可在加油后恢复运行。若经简易处理不能解决漏油问题或严重漏油，即看不到油位，则应停电作吊心处理，调换耐油密封圈。

对因气温过低而引起的油枕储油量不足，可以及时补油。

(2) 变压器的油温过高有过载、通风受阻、表面积灰、油路阻塞和输入电压电流波形严重畸变等外部原因，也可能有其内部故障的原因。

若油温高于85℃而低于95℃时，可维持运行并从外部原因采取措施消除，同时做好记录，加强监视，并向领导报告。

若外部措施不能消除过热现象或油温超过95℃，应立即停用变压器，作吊心检查修复。

(3) 变压器有异声

若变压器出现声响很大且不规则现象时，则变压器内部可能有故障，应立即停用作吊心检查修复。

如“嗡嗡”声急剧增大，并出现“割割割、割割割”的突击间歇声，说明变压器很可能因过流或过压已发生了故障。

如变压器发出惊人的锤击声或刮大风声，说明夹紧铁心螺钉松动。

(4) 过流保护动作跳闸

若跳闸是由于车间负荷短路故障引起，则在断开短路回路后重新投入运行。否则应对变压器主体、附件详细进行检查处理和试验，合格后方可送电。

(5)“轻瓦斯”动作

当“轻瓦斯”动作发生信号时，可能是由于变压器油面过低、漏油或有空气进入。此时运行人员应立即对变压器进行检查：防爆玻璃是否破裂或喷油；油面是否过低；有无焦臭味；瓦斯继电器二次回路是否正常；变压器声响是否正常等，然后根据情况作出相应处理。

(6)“重瓦斯”动作于跳闸时，可能是由于变压器匝间短路；线圈接地、断线；分接头接触不良；铁心片间绝缘损坏、铁心多点接地；穿心螺栓绝缘损坏等。此时必须停用变压器并作吊心检查修复。

13.3.3 高压断路器的事故分析和处理

(1) 如果从油标处看不到油位，且地面有大量油迹，说明是漏油引起的缺油或由于气温骤冷使本来油位偏低的断路器看不到油位。

此时应停用该母线段所有其他供电线路，再断开电源侧断路器，拉开与缺油断路器相联的线刀和母刀使断路器退出运行。待加油后再投入。

(2) 运行中真空断路器真空灭弧室玻璃罩内的颜色呈暗红色或红色。

真空灭弧室漏气以后，真空度下降，玻璃罩内的颜色变为暗红色或红色，则不能开断电流，并可能造成事故。此时应采取措施立即断开其下一级断路器切断负荷电流，然后采用同(1)所述的方法解除漏气真空断路器的电压，换上合格的真空灭弧室。

(3) 高压断路器在运行中有严重放电异响。

高压器断路器在运行中有严重异响，伴有弧光和表计摆动可能是由于其电容式套管受潮或瓷套管有裂纹。若保护未动作，则应立即断开该段母排电流侧断路器，然后拉开故障断路器两侧的隔离开关，对故障断路器进行修复。

(4) 高压断路器不能进行分、合闸

当高压断路器不能电动分、合闸时，可能是由于操作电源失电或该电磁操作机构本身的故障（如控制线路接线松动，合闸和跳闸线圈损坏等）。此时，可利用电磁操动机构上的手动跳闸按钮（跳闸铁心）和合闸操作手柄进行手动分、合闸，待可以停电时再作进一步检查并修复。

13.3.4 低压断路器的事故分析处理

(1) 运行中自动跳闸

电网电压波动引起自动开关欠压脱扣机构动作，使自动开关跳闸，此时只需再按一下合闸按钮，自动开关即可恢复运行。

线路过载也会引起自动开关跳闸，此时应减少负载，若过流脱扣器整定电流偏小也可适当调大。

欠压脱扣器回路接触不良或欠压脱扣器线圈损坏，也会引起自动开关跳闸。此时，应拉开自动开关上方的低压隔离开关，使自动开关退出运行，然后对欠压脱扣回路进行检查修复。

(2) 欠压脱扣器有噪声或振动

产生这种现象的原因可能有：线圈电压不符；铁心工作面有污垢；短路环断裂；反力弹簧的反作用力太大。此时，应先将自动开关退出运行，作进一步检查，根据情况进行修复。

(3) 分励脱扣器失灵，开关不能分闸

产生这种故障的原因可能是：分励脱扣线圈电压不符或损坏；电源电压太低；脱扣回路接触不良。此时可手动分励，再拉开其上方的隔离开关，使自动开关退出运行，作进一步检查并修复。

(4) 电动操作合闸失灵，开关不能合闸

电动操作的自动开关不能合闸的原因可能有：电动合闸控制回路接线有松动、接触不良处；操作电源电压不符或容量不够；电动机操作定位开关失灵；控制器中整流管或电容器损坏等。此时应拉开其上方的隔离开关，作进一步检查，根据情况进行修复。

13.3.5 全所停电的事故分析和处理

当变配电所发生全所停电时，值班人员先判断进线电源是否有电（看电源指示灯）。

若进线无电，则说明是电网拉闸引起。此时应与供电局联系，弄清情况并向领导汇报，然后作出相应处理（如切换备用电源）。

若进线电源正常，则是由于高压侧短路或低压侧分段隔离开关短路引起全所停电。此时应迅速查出故障点，进行倒闸操作以切断故障电路，恢复对其他无故障线路的供电（优先恢复所用电系统的供电，尽快恢复对重要车间的供电，调整运行方式以恢复其他无故障线路的正常供电），然后对故障线路作进一步检查处理（调换故障开关）等。

13.3.6 电气起火事故处理

(1) 电气设备起火事故处理

1) 电缆起火事故处理

电缆起火时，应立即查明电缆电路，断开电源，受火焰威胁的电缆也应停电。

灭火时禁止用手触动电缆钢铠或移动电缆。

2) 变压器起火事故处理

变压器起火时，若保护未动作跳闸，应立即断开变压器两侧的断路器和隔离开关，停止冷却装置运行并切断其电源，受火焰威胁的设备也应停电。

若火焰在变压器顶盖上燃烧，则可将下部放油门打开，使油面放至着火区以下。

当变压器内部着火、防爆膜爆破、火焰与

浓烟从防爆管内喷出时,为防止变压器外壳爆炸引起油流四处、火焰蔓延,应将变压器油从下部放油阀全部放至储油坑内。

变压器着火时可用二氧化碳灭火剂灭火。放出的油或地面上的油着火,可用黄砂或泡沫灭火剂灭火,禁止用水流冲向地面着火的油。

若变压器四周装有水雾灭火装置时,在变压器停电的情况下,可打开水雾灭火装置的阀门,对变压器本体以外的着火进行灭火,以防外部着火引起油系统本体着火。

3) 电炉起火事故的处理

电炉着火多数是由于不遵守防火安全规定所引起的。主要原因可能有:易燃品、易爆品离电炉设备过近;在电炉设备旁烘烤衣物;电炉突然停电,未断开电源,来电后引燃周围易燃品;在禁止使用电炉的场所私自接用电炉,使用不合格的电源、开关和导线,并在其周围乱堆杂物。

电炉着火时首先应断开电源。电炉及电气部分着火可使用二氧化碳、干粉及1211等灭火剂进行灭火。

(2) 电气灭火注意事项

火灾发生时,应立即向消防队报警,并向领导汇报。电气灭火时应注意以下几点:

1) 火灾发生后,首先应将起火设备的电源切断,必要时还应将邻近带电设备的电源一起停电。禁止带电灭火。

2) 在消防队到来之前,由值班长统一指挥灭火;消防队来到以后,值班人员应主动与消防队取得联系,介绍设备、火灾及带电部分的情况,并陪同进入高压室或配电间,协同灭火。

3) 平时应保持通道、楼梯、通向室外的门以及通向放消防器材地点的道路畅通无阻。

13.4 倒闸操作综合练习

(1) 准备

模拟配电屏。

(2) 内容

进行线路停或送电、变压器投入或退出、倒母线操作。

(3) 训练步骤

1) 填写操作票(任选上列操作内容中一项)。

2) 二人一组进行操作与监护互换练习。

(4) 考核评分标准(见表13-3)。

倒闸操作综合练习评分表　　表13-3

序号	考核项目	单项配分	要求	考核记录	得分
1	填操作票	40	顺序正确		
2	操作	30	操作正确		
3	监护	20	监护正确		
4	综合印象	10	文明生产		

小　结

工作票是用作电气工作人员在电气设备上工作的凭证。

倒闸操作:操作者应填写操作票。

倒闸操作,必须遵守一定的操作顺序。各种主要电气设备的正确操作及高、低压停送电操作必须熟练掌握。

电力线路,电力变压器,高、低压断路器的事故以及分析停电事故、电气起火事故,如何分析与处理是电气运行人员所必须熟悉的。

习　题

1．工作票有哪两种？
2．工作票的内容有哪些？
3．工作票如何执行？
4．怎样执行操作票？
5．如何正确操作隔离开关？
6．如何正确操作断路器？
7．高压熔断器应如何操作？
8．图 13-2 中，使 10kVI 段 WL_1 线路停电，试填写其操作票。
9．图 13-2 中，试填写 2 号主变的停电操作票。
10．电力线路发生单相接地故障的原因可能有哪些？
11．如何处理电力线路的跳闸事故？
12．电力变压器常见故障有哪些？
13．高压断路器常见故障有哪些？
14．低压断路器常见故障有哪些？
15．造成全所停电的原因有哪些？
16．电气设备起火事故如何处理？
17．电气灭火应注意些什么？

第14章 电 工 实 验

实验一 电路安装

实验一	电路 测量		电工专业
练习名称	电路安装		练习序号 日期
姓名 班级		教室 课桌号	评分

(1) 实验任务

把下面的电路图补全并连接好电路。

1) 单控灯；

2) 双灯电路；

3) 双控电路；

4) 三控电路。

(2) 仪器

1) 一个自动保护开关；

2) 一个单极开关；

3) 一个安全插座；

4) 一个双位开关；

5) 二个双控开关；

6) 一个三控开关；

7) 二个220V的白炽灯泡及插座；

8) 二个分线盒。

(3) 实验步骤

补画好所有电路图(图14-1),按图把仪器在框架上摆好,并安好每个电路。

1) 单控灯与插座；

2) 双灯电路：

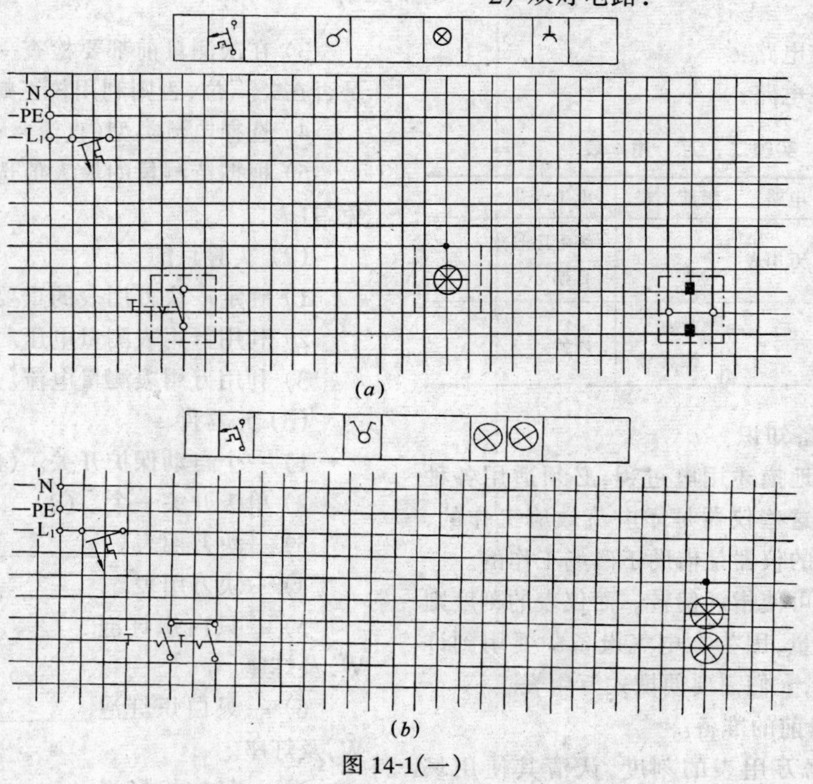

图14-1(一)

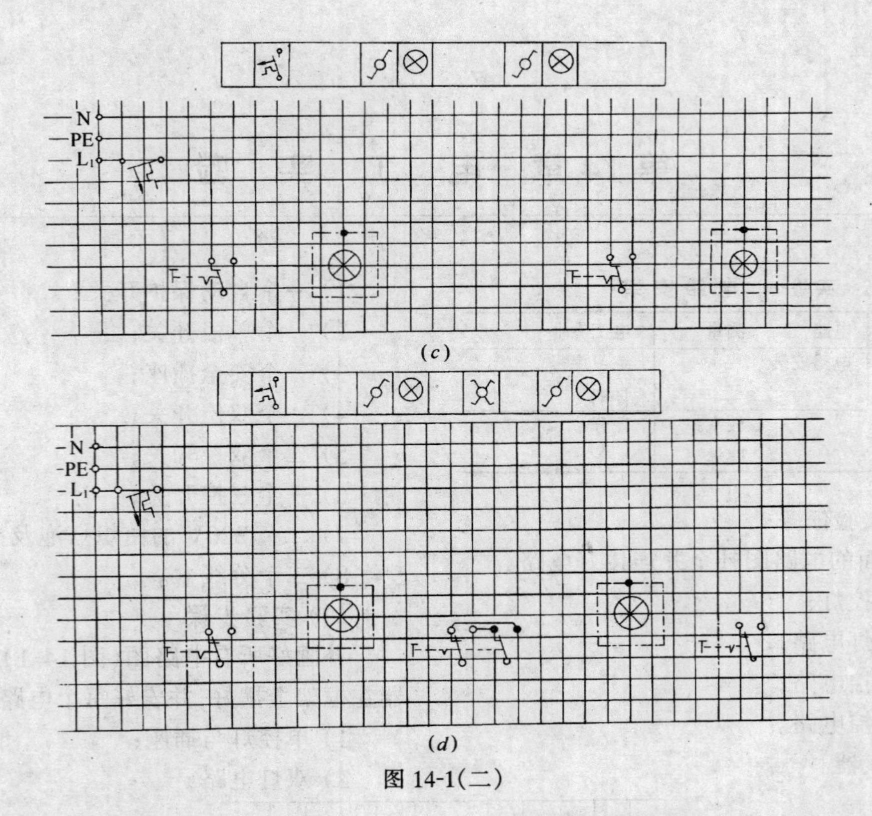

图 14-1(二)

3) 双控电路:

4) 三控电路:

实验二　万　用　表

实验二	电路　　测量		电工专业
练习 名称	万用表		练习序号 日期
姓名 班级		教室 课桌号	评分

(1) 预备知识

如定量地描述用电过程,必须适用各种测量仪表。这些仪器是靠电流效应工作的,其中最常用的仪器是借助于磁场工作的。

磁场力可使指针偏转。而仪表的刻度则对相应的电量,因为在电气设备中要用到许多不同电量,人们需要便携式万用表。

1) 测量前的准备。

2) 根据万用表的刻度,认清其使用场合。

3) 在次测量前都要检查一下,看其指针是否在“零”位,否则利用校正螺丝调整。

4) 选择电流类型(直流=;交流~)。

5) 根据待测量的最大值选择量程,以避免“打表”。

(2) 实验目的

1) 确定一块万用表的重要数据及量程。

2) 利用万用表测量电压。

3) 利用万用表测量电流。

(3) 元器件

1) 一个自动保护开关。(1)

2) 单极开关一个。(2)

3) 一块万用表。________

4) 一块万用表。________

5) 一只白炽灯泡________ V ________ W,及灯座。

6) 一只白炽灯泡________ V ________ W,及灯座。

7) 一只白炽灯泡________ V ________

W，及灯座。

(4) 实验步骤

1) ______________________

A．记下万用表的几个重要数据。

电流类型：____________________

精度等级____________________

测量方式：__________________

B．把万用表的各量程填入表 14-1 内。

表 14-1

$U=$									
$I=$									
$U\sim$									
$I\sim$									
$I-I\sim$									

2) 电压测量__________________

A．把电路接好，选择一个合适的量程，并把量程及读数填入表 14-2 中。

$E_1=$ ________ V ________ W

$E_2=$ ________ V ________ W

$E_3=$ ________ V ________ W

B．表格：

C．根据下面的公式把欠缺的数值计算出来并填入表 14-2 中。

表 14-2

	工作电压____V				工作电压____V			
待　测		E_1	E_2	E_3		E_1	E_2	E_3
测量范围(V)								
读　数(Skt)								
测量系数(V/Skt)								
实际值								

$$测量系数=\frac{测量范围(量程)}{满刻度值}(V/Skt)$$

____

实际值＝读数×测量系数

例如：测量系数$=\frac{50}{5}=$ __________

实际值＝__________＝__________

3) 电流测量__________________

A．根据表 14-3 连结电路，选择相应的量程，并把读数记入表中。

B．表格：

表 14-3

	工作电压 ______ V_1				工作电压 ______ V			
待　测	$E_1\parallel E_2\parallel E_3$	$E_2\parallel E_3$	$E_1\parallel E_3$	$E_1\parallel E_2$	E_3	E_2	E_1	E_1+E_2
测量范围(A)								
读数(Skt)								
测量系数(A/Skt)								
实际值								

C．根据下面的公式把欠缺的数值计算出来并填入表 14-3 中。

$$测量系数=\frac{测量范围(量程)}{满刻度值}(A/Skt)$$

____

实际值＝读数×测量系数(A)

例如：测量系数＝__________

＝______________

实际值＝______________

＝______________

(5) 讨论

在测量前要注意：

1) ______________

2）____________

3）____________

4）____________

实验三　简单电流电路

<table>
<tr><td>实 验 三</td><td colspan="2">电路测量</td><td>电工专业</td></tr>
<tr><td>练习名称</td><td colspan="2">简单电流电路</td><td>练习序号
日期</td></tr>
<tr><td colspan="2">姓名
班级</td><td>教室
课桌号</td><td>评分</td></tr>
</table>

(1) 预备知识

在简单电流回路中，负载是与过流保护装置、开关、电流表串联在一起的，如要把电流表接入电路，则必须是与负载串联在一起。而电压表即可接在电压源两端，也可接在负载两端。

(2) 实验任务

有三个不同功率的灯泡，把它们分别同必需的仪器及器件一起接到电压源上，以便同时读出电压与电流。

(3) 仪器

1) 双极自动保护开关　一个

2) 双极开关　　　　　一个

3) 一块电压表__________

4) 二块电流表__________

5) 三只白炽灯泡：

灯 1:____ V ____ W

灯 2:____ V ____ W

灯 3:____ V ____ W

(4) 实验步骤

1) 按图 14-2 接好电路。

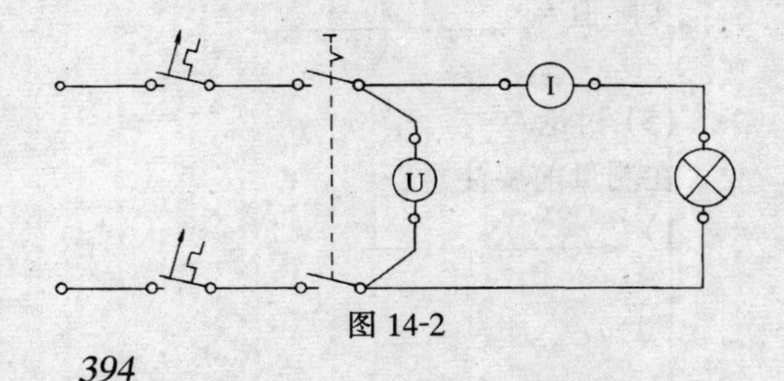

图 14-2

2) 按表格的要求测量数据并将测量值填入表 14-4～表 14-6 内。

A. 工作电压__________V

表 14-4

	U(V)	I(mA)
灯 1 ________ W		
灯 2 ________ W		
灯 3 ________ W		

B. 工作电压__________V

表 14-5

	U(V)	I(mA)
灯 1 ________ W		
灯 2 ________ W		
灯 3 ________ W		

C. 工作电压__________V

表 14-6

	U(V)	I(mA)
灯 1 ________ W		
灯 2 ________ W		
灯 3 ________ W		

(5) 结论

电流表总是与负载相__________联。

电压表总是与电压源相__________联，或与负载相__________联。

在一个电压、电流同时测量的电路中，如电压表与负载相__________联，则该电路的__________误差，如果电压表直接接在电压源两端，则该电路的__________误差。

实验四　串联电阻电路

<table>
<tr><td>实 验 四</td><td colspan="2">电路测量</td><td>电工专业</td></tr>
<tr><td>练习名称</td><td colspan="2">串联电阻电路</td><td>练习序号
日期</td></tr>
<tr><td colspan="2">姓名
班级</td><td>教室
课桌号</td><td>评分</td></tr>
</table>

(1) 实验任务

1) 连接一个串联电路,测量流过负载的电流。

2) 连接一个串联电路,测量负载两端的电压。

3) 确定一个串联电路中的电压和电流关系。

4) 把串联电路的总电压和分电压用图表示出来。

(2) 设备

1) 一个自动保护开关。

2) 一个单极开关。

3) 一个调压器。

4) ＿＿＿＿块电流表＿＿＿＿。

5) ＿＿＿＿块电压表＿＿＿＿。

6) ＿＿＿＿三只灯泡及灯座:＿＿＿＿V、＿＿＿＿W; ＿＿＿＿V、＿＿＿＿W; ＿＿＿＿V、＿＿＿＿W。

(3) 实验过程

1) 串联电路的电流:

A. 测量电流的电路(图 14-3)。

B. 把调压器的初端接在＿＿＿＿V的电压上。

C. 把输出电压调在＿＿＿＿V上。

D. 分别测出调压器与 E_1,E_1 与 E_2,E_2 与 E_3 及 E_3 与调压器之间的电流。

E. 把测量数据填入表 14-7 中,并把下面的空填上。

G. 表格(表 14-7):

表 14-7

测量点	调压器到 E_1 的 I_2	E_1 到 E_2 的 I_2	E_2 到 E_3 的 I_3	E_3 到调压器的 I_4
I(A)				

在串联电路中,流过回路＿＿＿＿点的电流是＿＿＿＿。

2) 串联电路的电压:

A. 测量电压的电路图(图 14-4)。

B. 把调压器的初级接在＿＿＿＿V上。

C. 把调压器的次级调到＿＿＿＿V。

D. 按表 14-8 的要求测量数据并填入表中。

E. 表格:

表 14-8

测量点	$E_1+E_2+E_3$ 的 U	E_1 的 U_1	E_2 的 U_2	E_3 的 U_3
U(V)				

G. 把各点测出的分电压与总电压相比较并把下面的空填上。

U_1 ＿＿V　U_2 ＿＿V　U_3 ＿＿V　U ＿＿V

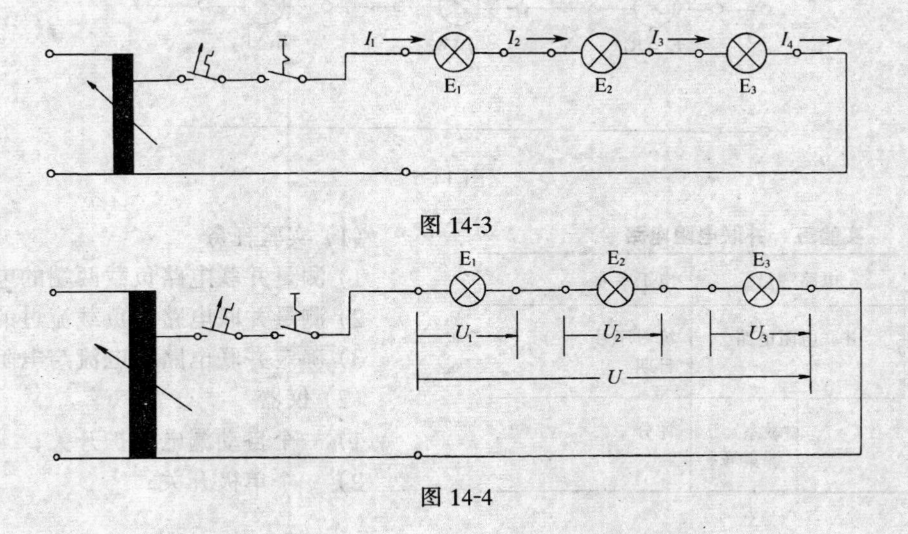

图 14-3

图 14-4

在一个串联电阻电路中________电压之和与________电压是相等的。

3）电压、电阻关系

A．根据表 14-7 及 14-8 计算出各电阻及总电阻。

（把公式中的字母及数字填上）

$R=$______ $=$______ $=$______

$R_1=$______ $=$______ $=$______

$R_2=$______ $=$______ $=$______

$R_3=$______ $=$______ $=$______

B．把各分电阻之和同总电阻值进行比较并填空。

$R_1+R_2+R_3$

_____ Ω+ _____ Ω+ _____ Ω= _____ Ω

在一个串联电路中，各分电阻______同总电阻______。

C．把计算得到的电阻值与测量得到的电压值一同填入表 14-9 中。

D．表格：

表 14-9

灯　泡	$E_1+E_2+E_3$ 的 R	E_1 的 R_1	E_2 的 R_2	E_3 的 R_3
$R(\Omega)$				
$U(V)$				

E．比较表 14-9 中电阻与相应的电压值并填空。

在串联电路中，最大的电阻上的压降________，阻值最小的电阻上的压降________。

F．比较表 14-9 中电阻和电压的比值并填空。

例如　$\dfrac{U_1}{U_2}$和$\dfrac{R_1}{R_2}$

G．把下面的等式补全。

$$\frac{U_2}{\quad}=\frac{\quad}{R_3}$$

H．写出其他三个等式：

________ = ________

________ = ________

________ = ________

4）根据测量值（见表 14-8）作出总电压与各分电压的关系曲线（用米格纸绘制）。

A．在图中填上灯泡的电阻值及 U，U_1，U_2 及 U_3 的大、小，见图 14-5。

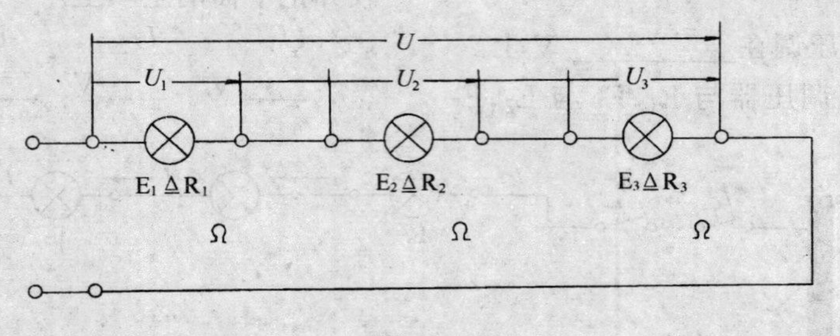

图 14-5

实验五　并联电阻电路

实验五	电路测量		电工专业
练习名称	并联电阻电路		练习序号 日期
姓名 班级		教室 课桌号	评分

（1）实验任务

1）测量并联电路负载两端的电压；

2）测量并联电路中负载流过的电流；

3）确定并联电路的电流与电阻关系。

（2）仪器

1）一个自动漏电保护开关；

2）一个单极开关；

3）一个调压器______；

4）______块电流表______；

5）______块电压表______；

6）三盏白炽灯：______ V/______ W；______ V/______ W；______ V/______ W 及相应的灯座。

(3) 实验步骤

1) 并联电路的电压。

A．测量电压电路(图 14-6)：

B．将调压器的初级接在______ V 的电源上。

C．将调压器的输出电压调在______ V 上。

D．分别测量电灯 E_1,E_2 及 E_3 的电压。

E．将测量数据填入表 14-10 中并填空。

F．表格：

表 14-10

测量点	电压源的 U	E_1 的 U_1	E_2 的 U_2	E_3 的 U_3
U(V)				

在并联电路中______负载上的电压是______。

2) 并联电路的电流

A．测量电流的电路(图 14-7)：

B．将调压器的初级接在______ V 的电压上。

C．将输出电压调在______ V 上。

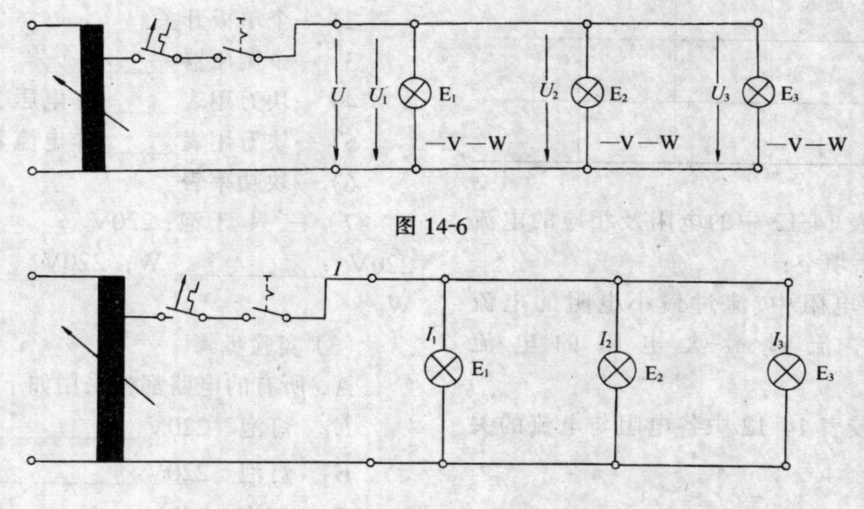

图 14-6

图 14-7

将表 14-11 中缺的电流测出并填入表内。

D．表格：

表 14-11

测量点	E_1//E_2//E_3 的 I	E_1 的 I_1	E_2 的 I_2	E_3 的 I_3
I(A)				

E．将总电流各分电流之和比较并填空。

I_1　　I_2　　I_3　　I

____ A　____ A　____ A　____ A

在并联电阻中______之总和与______是相等的。

3）电流-电阻关系

A．根据表 4-10 及 4-11，用电流及电压值计算总电阻和分电阻，(将字母及数字填

入）

$R=$______$=$______$=$______Ω

$R_1=$______$=$______$=$______Ω

$R_2=$______$=$______$=$______Ω

$R_3=$______$=$______$=$______Ω

B．比较各分电阻及总电阻的值并填空：

在一个并联电路中，总电阻比__________的分电阻还要__________

C．将计算出的电阻值及测得电流值填入表 14-12 中

D．表格：

表 14-12

灯　泡	$E_1//E_2//E_3$ 的 R	E_1 的 R_1	E_2 的 R_2	E_3 的 R_3
$R(\Omega)$				
$I(A)$				

E．将表 14-12 中的电阻及相应的电流作比较，然后填空：

在并联电阻中，流过最小电阻的电流__________，流过最大电阻的电流__________。

F．比较表 14-12 中各电阻与电流的关系并填空

例如：$\frac{I_1}{I_2}$和$\frac{R_2}{R_1}$

在并联电阻电路中，电流与电阻成__________。

G．将下列等式补齐：

$$\frac{I_1}{I_2}=\frac{\quad}{R_1}$$

$$\frac{I}{I_2}=\frac{\quad}{R_1}$$

H．建立起三个其他的等式：

__________＝__________

__________＝__________

__________＝__________

实验六　混合电路的电压、电流及功率测量

实 验 六	电路测量		电工专业
练习名称	混合电路的电压、电流及功率测量		练习序号 日期
姓名 班级		教室 课桌号	评分

(1) 实验任务

根据要求，对混联电路进行测量。

(2) 仪器

1）一个自动保护开关。

2）一个单极开关。

3）一个调压器______。

4）一块万用表______作电压表用。

5）一块万用表______作电流表用。

6）一块功率表。

7）三只灯泡：220V __________ W；220V __________ W；220V __________ W。

(3) 实验步骤

A．所有的电路都将采用如下负载：

E_1　灯泡　220V __________ W；

E_2　灯泡　220V __________ W；

E_3　灯泡　220V __________ W。

B．将所需电路图自动保护开关，开关和调压器相连。

C．无论何种电路，均将调压器的输出电压调在______________________________V 并保持

D．按表格的要求测量数据（表 14-13～表 14-19）

负载电路（图 14-8～图 14-13）

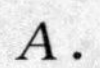

A.

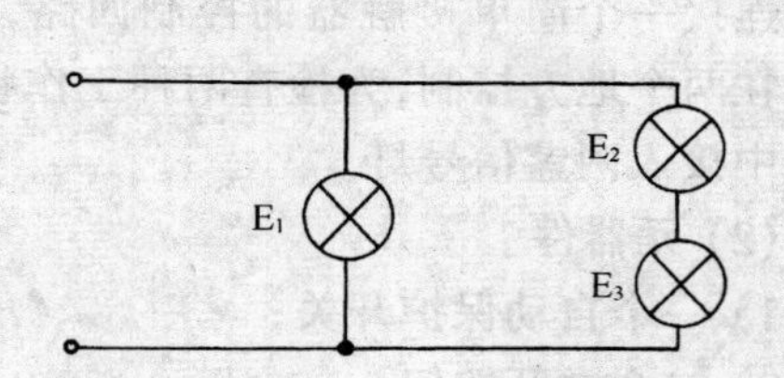

图 14-8

表 14-13

	U(V)	I(A)	P(W)
灯 E_1			
灯 E_2			
灯 E_3			

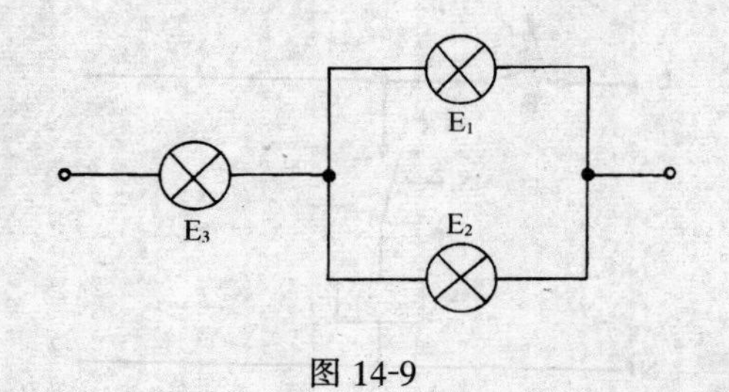

图 14-9

表 14-14

	U(V)	I(A)	P(W)
灯 E_1			
灯 E_2			
灯 E_3			

B.

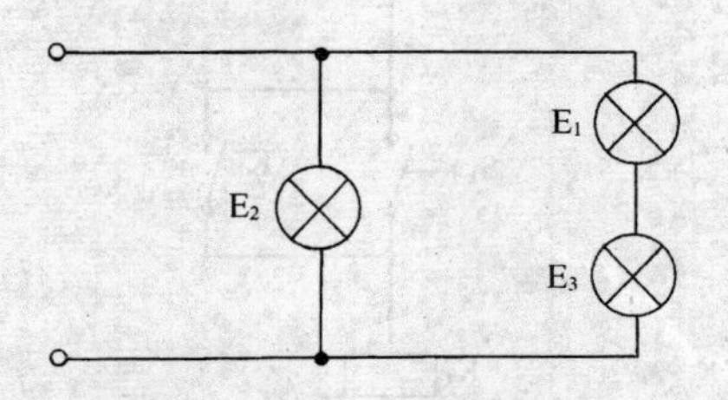

图 14-10

表 14-15

	U(V)	I(A)	P(W)
灯 E_1			
灯 E_2			
灯 E_3			

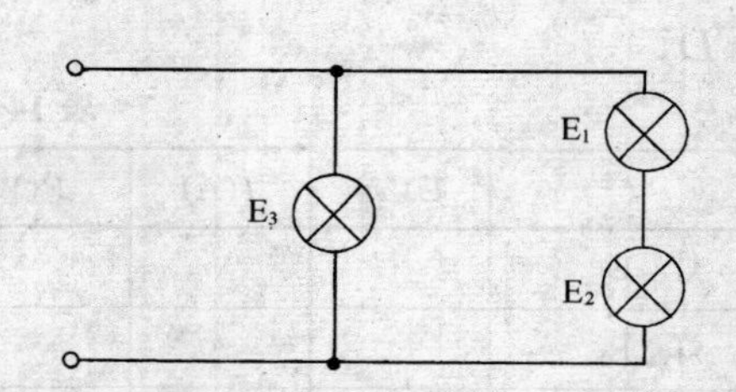

图 14-11

表 14-16

	U(V)	I(A)	P(W)
灯 E_1			
灯 E_2			
灯 E_3			

C.

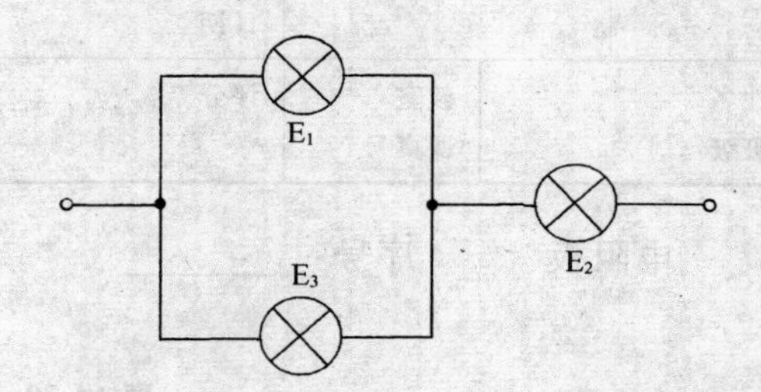

图 14-12

表 14-17

	U(V)	I(A)	P(W)
灯 E_1			
灯 E_2			
灯 E_3			

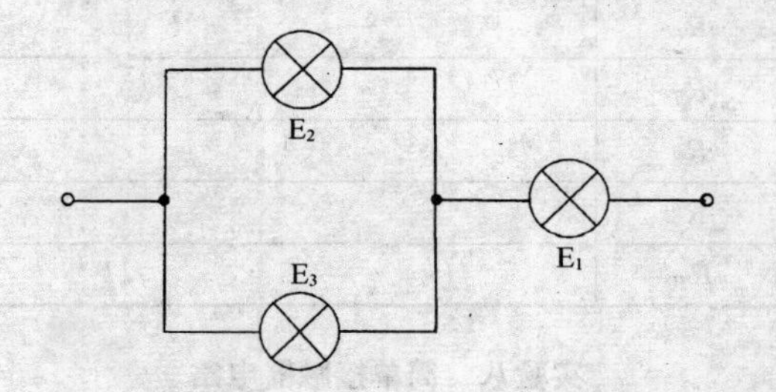

图 14-13

表 14-18

	U(V)	I(A)	P(W)
灯 E_1			
灯 E_2			
灯 E_3			

D.

表 14-19

	U(V)	I(A)	P(W)
灯 E_2			
灯 E_1			
灯 $E_1//E_2$			
灯 $E_1//E_3$			
灯 $E_2//E_3$			

实验七　电阻的直接测量

实 验 七	电路测量		电工专业
练习名称	电阻的直接测量		练习序号 日期
姓名 班级		教室 课桌号	评分

电阻板　　　序号__________

表 14-20

电　阻	测量值　单位 Ω　　或 kΩ
R_1	
R_2	
R_3	
R_4	
R_5	
R_6	
R_7	
R_8	
R_9	
R_{10}	

实验八　简单接触器电路

实 验 八	电路测量		电工专业
练习名称	简单接触器电路		练习序号 日期
姓名 班级		教室 课桌号	评分

(1) 实验任务

连接一个简单接触器的控制回路，它必须能在两个地方控制，为检查两种工作状态，电路中接入两盏信号灯。

(2) 元器件

1) 一个自动保护开关；

2) 二个常开按钮__________；

3) 一个常闭按钮__________；

4) 一个接触器。

5) 二个信号灯__________。

(3) 实验步骤

1) 逐步接出线路并填空

A. 接通按钮(图 14-14)。

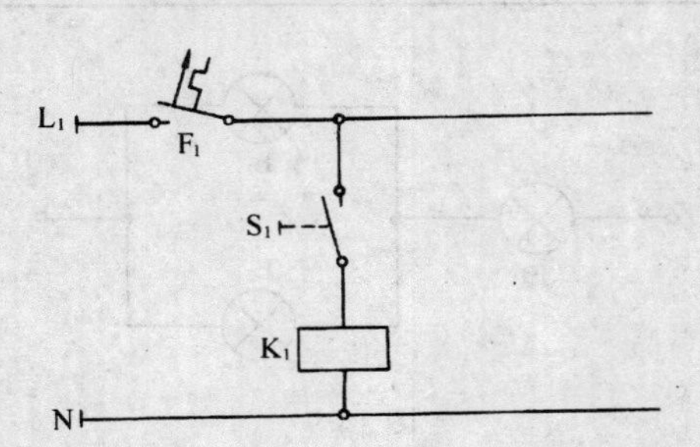

图 14-14

当按钮 S_1 __________时，接触器得电，而__________时则失电。

B. 接通按键及自锁触点(图 14-15)。

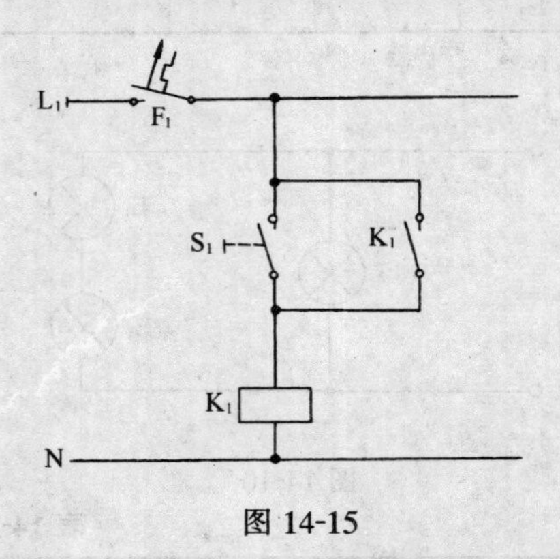

图 14-15

如果自锁触点与按钮__________则接触器在 S_1 __________后仍能__________但现在接触器已不能__________。

C. 通、断按键及自锁触点(图 14-16)。

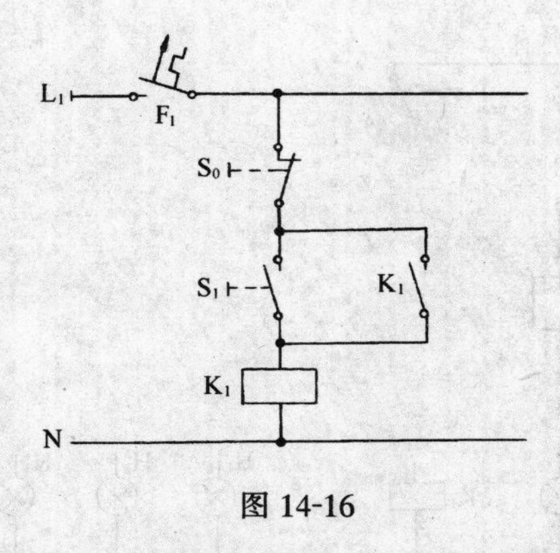

图 14-16

为使接触器能失电，则需要一个__________，当接触器失电后，__________仍然__________；而且想重新接通电路，只有通过__________方为可能。

2) 图 14-14 所示的控制环节现在已被扩大，以便使通、断按键各带一个指示灯，这样就可分清电路的工作状态，把电路图补全并接线(图 14-17)。

信号灯 H_1(绿)：准备状态。

信号灯 H_2(黄)：工作状态。

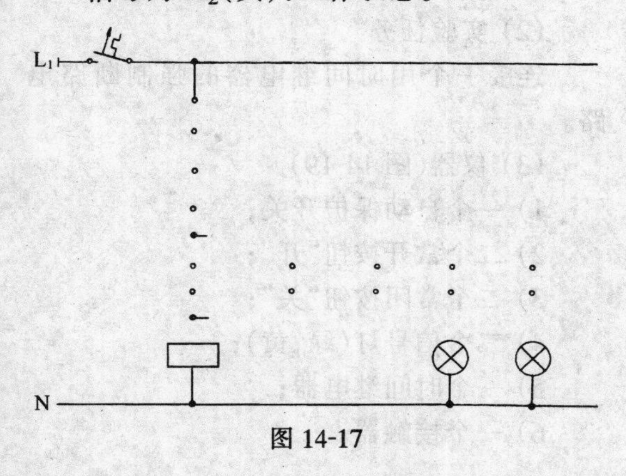

图 14-17

当一个电路有许多常开按钮时，则在控制环节中相互__________，当一个电路中有许多常闭按钮时，则它们是__________。

实验九　热继电器保护电路

实 验 九	电路测量	电工专业
练习名称	热继电器保护电路	练习序号 日期

续表

实 验 九	电路测量		电工专业
姓名 班级		教室 课桌号	评分

(1) 预备知识

电气设备，尤其是电动机，是严禁过载的，否则将会异常地发热，如保护电机，需在其主回路中接入一个热继电器。在控制回路中，有一个定位于额定电流的双金属片，当出现过载时，双金属片将打开一个触点装置，这一元件的工作原理是：依靠两块热膨胀系数各不相同的金属，将其紧密地结合在一起。

(2) 实验目的

检查热继电器在不同额定电流下的功能，并测出其相应的反应时间。

(3) 仪器

1) 一个三极自动保护开关；

2) 一个热继电器，一台接触器；

3) 四盏白炽灯：3×100W 和 1×200W；

4) 一个常闭按钮(红色)；

5) 一个常开按钮(绿色)；

6) 三只信号灯(绿色，黄色，红色)；

7) 一块万用表__________作电流表用；

8) 一块秒表。

(4) 实验步骤

1) 补齐控制部分的电路图(图 14-18)，接触器是通过控制保护 F_1，即热继电器的转换触点 F_3、常闭按钮、常开按钮以及自锁触点连接起来的。

灯光指示 H_1(通电准备)和 H_2(通电)是通过 K_1 的触点连接的，灯光指示 H_3(保护)亮时，则表明因过载而使主回路断开后，热继电器的转换触点已动作。

2) 检查并将热继电器整定在__________A 的电流上。

3) 接通主回路和控制回路并检查其功能。

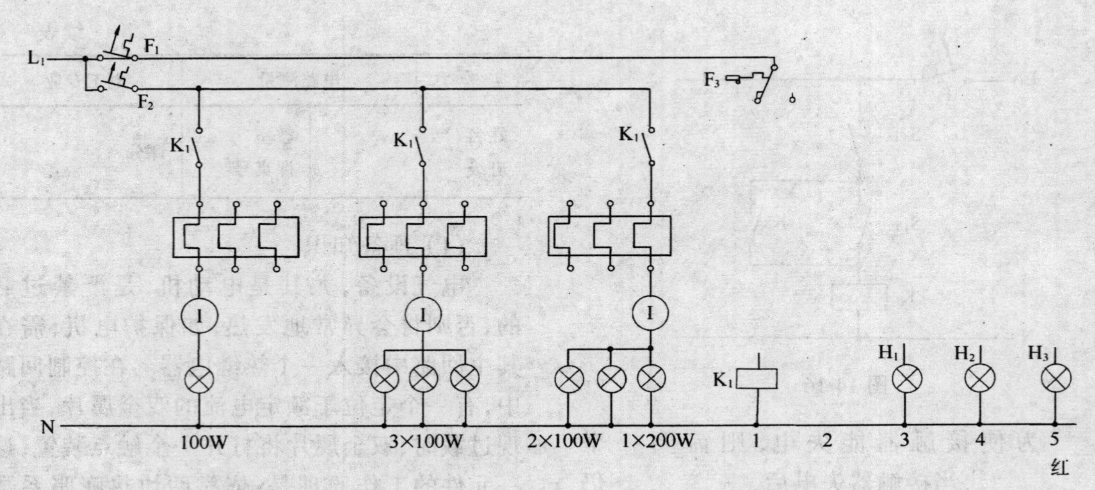

图 14-18

4）进行所需的测量并将测量值填入表14-21内。

注意：断电的热继电器只能通过断电的自动保护开关由教师通电。

表 14-21

实 验	100W	3×100W	2×100W	1×200W
I(A)				
$T_{断开}$(s)				

实验十　强制断路的接触器电路

实 验 十	电路测量		电工专业
练习名称	强制断路的接触器电路		练习序号 日期
姓名 班级	教室 课桌号	评分	

(1) 预备知识

接触器电路中，如使电路的某一特定部分按预选的时间断电或接通（强制断电或接通），需要用到时间继电器。

时间继电器通常是一种电动机械装置，通过在刻度盘上选定时间以后，它就可在这一时间后控制一些触点开合。

(2) 实验任务

连接一个用时间继电器的强制断路电路。

(3) 仪器（图 14-19）

1）一个自动保护开关；

2）二个常开按钮“开”；

3）二个常闭按钮“关”；

4）二个信号灯（绿，黄）；

5）一个时间继电器；

6）一个接触器。

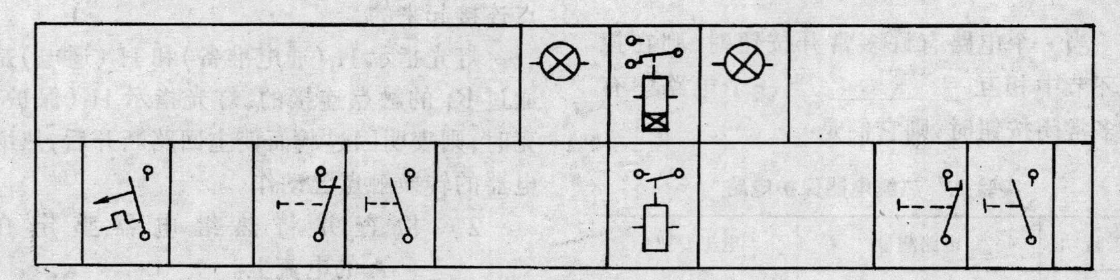

图 14-19

(3) 实验步骤

1) 用标准的电路符号画出电路图(图14-20)及所有的标号。

A. 接触器应能从二个地方控制并能自锁。

B. 时间继电器 K2T 及两个信号灯 H_1(运行),H_2(准备)应由 K_1 的两个不同的辅助触点控制。

C. 根据在时间继电器上的时间,接触器应能在大约 6s 后强制断电,然后立即转入准备状态。

2) 把所有仪器在仪器架上摆好并检查其功能。

实验十一　自动双灯随动电路

实验十一	电路测量		电工专业
练习名称	自动双灯随动电路		练习序号 日期
姓名 班级		教室 课桌号	评分

(1) 实验

根据电路图及对功能的描述,连接一个随动电路。

(2) 仪器(图 14-21)

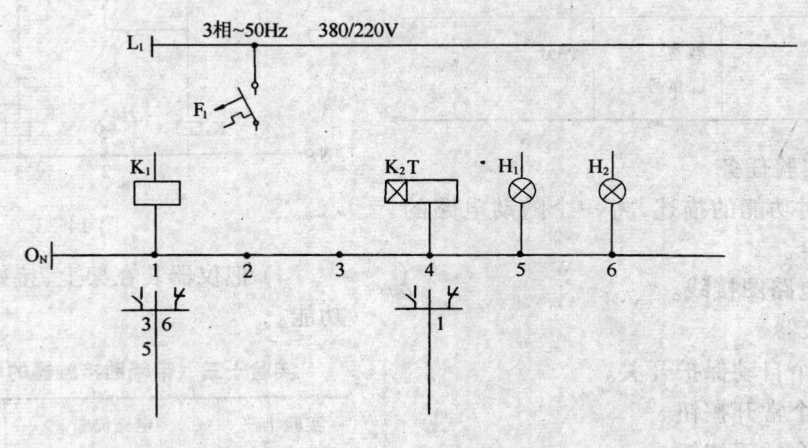

图 14-20

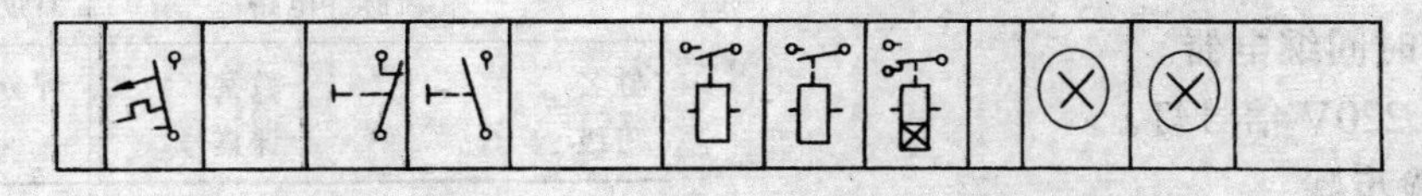

图 14-21

1) 一个自动保护开关。

2) 一个常开按钮。

3) 一个常团按钮。

4) 一个接触器。

5) 一个时间继电器。

6) 二只白炽灯泡 220V 及灯座。

(3) 实验步骤

1) 对电路图的功能描述。

当把按钮 S_1 按下后,接触器 K_1 吸合并自锁,同时灯 H_1 发光,时间继电器 K_3T 动作在 K_3T 上设定的时间过后,接触器 K_2 将电路自锁,并使灯 H_2 发光。

当把按钮 S_0 按下后,两个接触器同时失电。

2) 电路图(图 14-22):

3) 将所有仪器在架上摆好并开始接线。

4) 检查所接电路的功能。

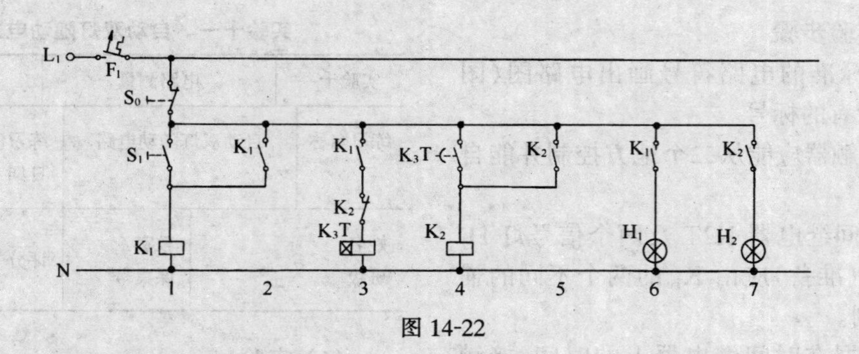

图 14-22

实验十二　程序控制线路

实验十二	电路测量		电工专业
练习名称	程序控制线路		练习序号 日期
姓名 班级	教室 课桌号	评分	

(1) 实验任务

根据对功能的描述，将一个随动电路的电路图补全。

根据电路图接线。

(2) 仪器

1) 一个自动保护开关。

2) 一个常开按钮。

3) 一个常闭按钮。

4) 二个接触器。

5) 一个时间继电器。

6) 二个 220V 信号灯。

(3) 实验步骤

1) 根据对功能的描述，将电路中欠缺的部分补上，将信号灯接入。

2) 图 14-23 所示电路的功能说明：

按下按键 S_1 后，接触器 K_1 得电并自锁，同时 K_3T 得电，信号灯 H_1 发光，经过时间继电器所定的时间之后，K_2 得电，支路 5 断开，信号灯 H_2 发光。

当把继电器 S_0 按下后，两个接触器均失电。

3) 电路(图 14-23)：

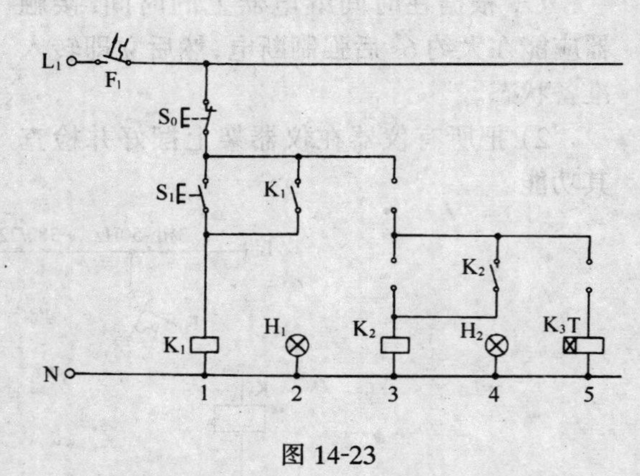

图 14-23

4) 把仪器装在架上，接好电路并检查其功能。

实验十三　带辅助接触器的电流脉冲电路

实验十三	电路测量		电工专业
练习名称	带辅助接触器的电流脉冲电路		练习序号 日期
姓名 班级	教室 课桌号	评分	

(1) 实验任务

按电路图接好一个电流脉冲电路，并将其功能说明补齐。

(2) 仪器

1) 一个自动保护开关。

2) 一个常开按钮。

3) 三个接触器。

4) 一只 220V 的白炽灯及灯座。

(3) 实验步骤

1) 电路图(图 14-24)。

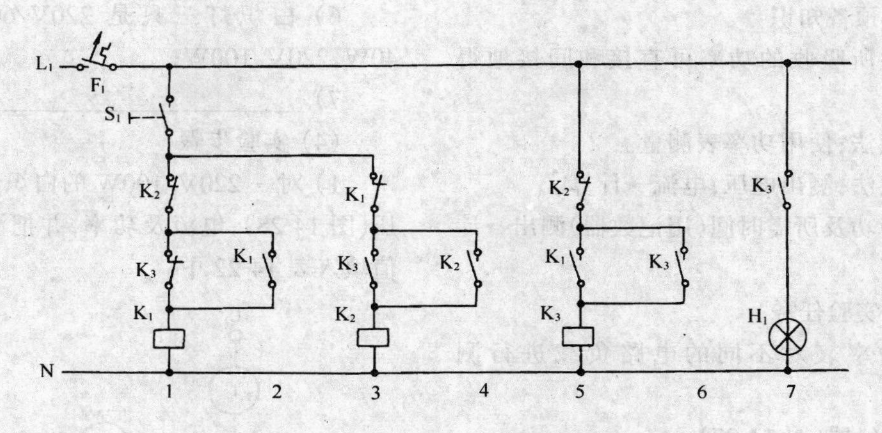

图 14-24

2）把图 14-24 的功能说明补齐：

当按下按键 S_1 时，则接触器 K_1 得电，并保持到该键松开为止，同时接触器 K_3 得电，自锁，指示灯 H_1 发光，如果键 S_1 再合上，则接触器 K_2 得电，因而接触器 K_3 失电，灯 H_1 这一过程可随意重复多次。

3）把仪器在架上摆好并连接电路。

4）检查所接电路的功能。

实验十四　多用功率表

实验十四	电路测量		电工专业
练习名称	多用功率表		练习序号 日期
姓名 班级		教室 课桌号	评分

我们现有的这台功率表可直接测量如下几种形式的功率：

直流；

单相交流电；

三相交流电(限于对称负载)。

电流线接在标有 I* 和 I 两个接线柱上的。电压是接在 R—S—T 端的。单相交流电用 R—S 端，三相用 R—S—T 端，应用中按图 14-25、图 14-26 连结。

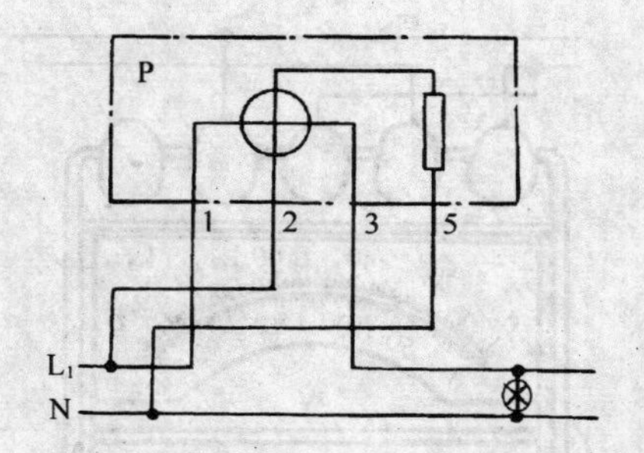

图 14-25　电流选择类型～

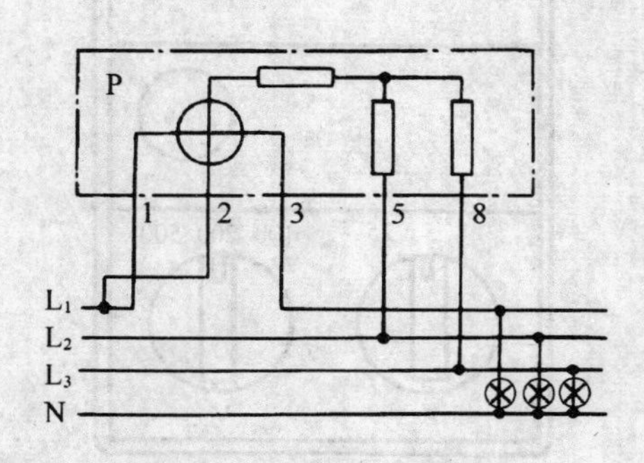

图 14-26　电流选择类型≋

实验十五　功率表使用练习

实验十五	电路测量		电工专业
练习名称	功率表使用练习		练习序号 日期
姓名 班级		教室 课桌号	评分

(1) 预备知识

负载所吸收的功率可直接和间接地得到。

直接法:使用功率表测量。

间接法:测出电压,电流→计算。

把做功及所需时间(用记数器)测出→计算。

(2) 实验任务

用功率表对不同的电路负载进行测量。

(3) 仪器(图 14-27)

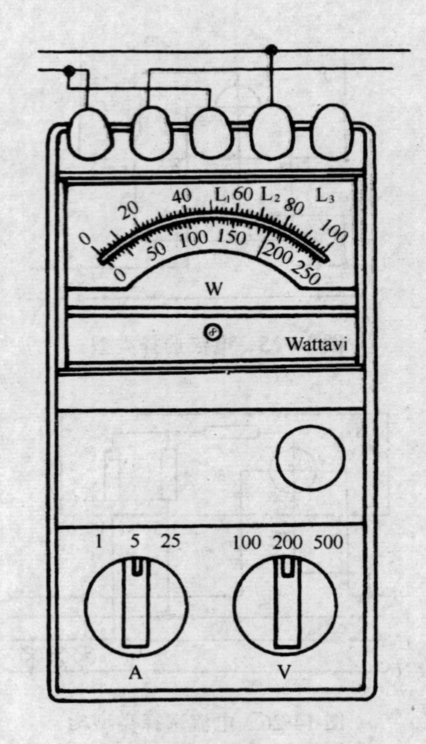

图 14-27

1) 自动保护开关______一个;

2) 单板开关______一个;

3) 功率表______一个;

4) 万用表________一个,作电流表用;

5) 万用表________一个,作电压表用;

6) 白炽灯三只是 220V/60W, 220V/40W, 220V/100W;

7) ____________________。

(4) 实验步骤

1) 对一 220V/100W 的白炽灯测量其电压(图 14-28),电流及功率,并把测量及计算值填入表 14-22 中。

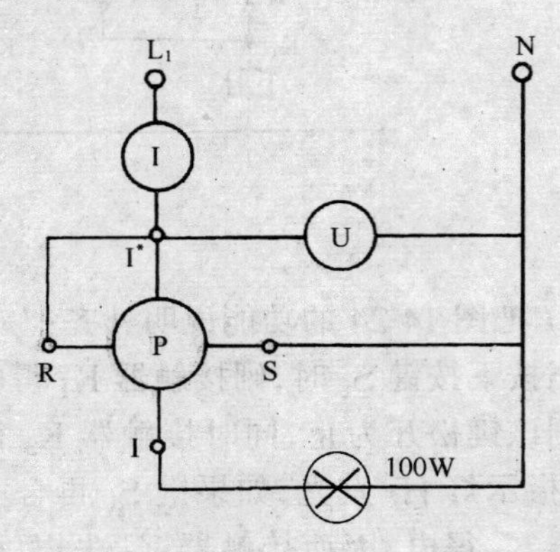

图 14-28

注意:测量前首先把量程选在最高档在测完电流、电压后再把量程放回到合适的位置上。

表 14-22

U(V)	I(A)	MB	α(系数)	P(W)	$P=U\cdot I$(W)

2) 测出下列电路(图 14-29)的电压、电流及功率,并把测量及计算值填入表 14-23 内。

3) 按表格的要求,将下列串联电路的参数测量并计算出来,然后填入表 14-24 内。

(5) 讨论

功率表的电流总是与负载(待测)相________,电压端则测得的________相并联。

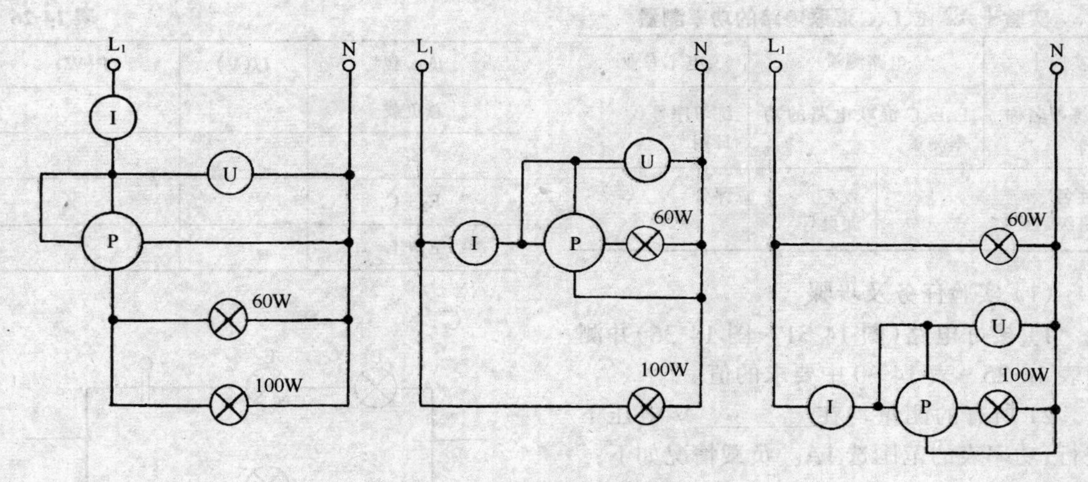

图 14-29

表 14-23

	U(V)	I(A)	档位	α(系数) W/格	P(W)	$P=U\cdot I$ (W)
60// 100W						
60W						
100W						

表 14-24

	U(V)	I(A)	量程	V/格	P(W)	$P=U\cdot I$ (W)
$E_1+E_2+E_3$						
E_1+E_2						
E_1						
E_2						
E_3						
E_2+E_3						

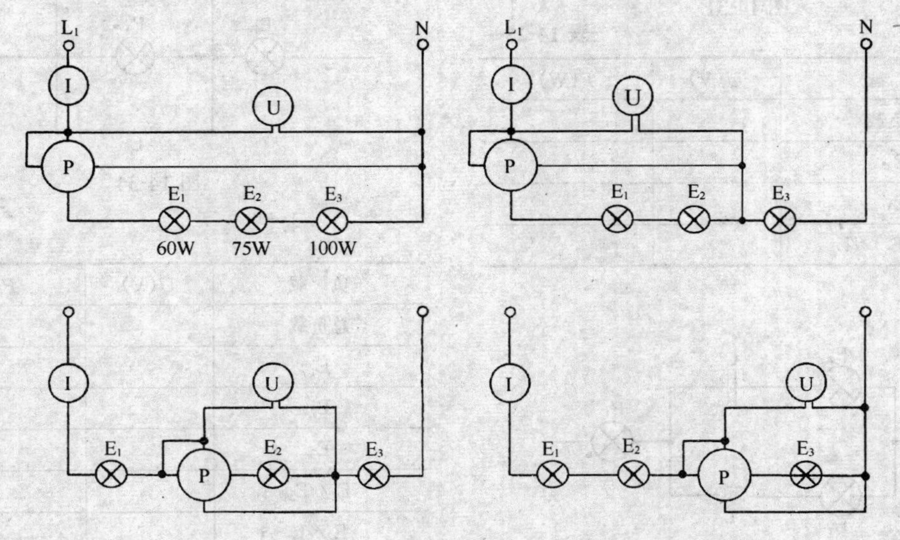

图 14-30

实验十六　E、L、C 混联电路的功率测量

实验十六	电路测量	电工专业
练习名称	E、L、C 混联电路的功率测量	练习序号 日期
姓名 班级	教室 课桌号	评分

(1) 实验任务及步骤

1) 接好电路(图 14-31～图 14-36)并测出表 14-25～表 14-30 中要求的值。

2) 所有的测量均在________V 电压下进行,功率表的范围选 1A。负载情况如下:

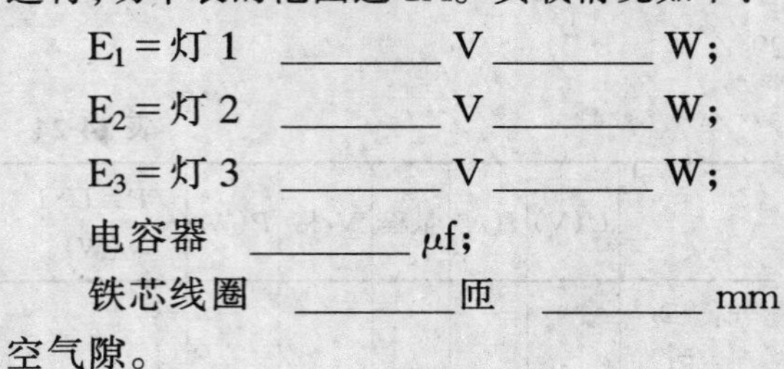

E_1＝灯 1　________V________W;

E_2＝灯 2　________V________W;

E_3＝灯 3　________V________W;

电容器　________μf;

铁芯线圈　________匝　________mm 空气隙。

A.

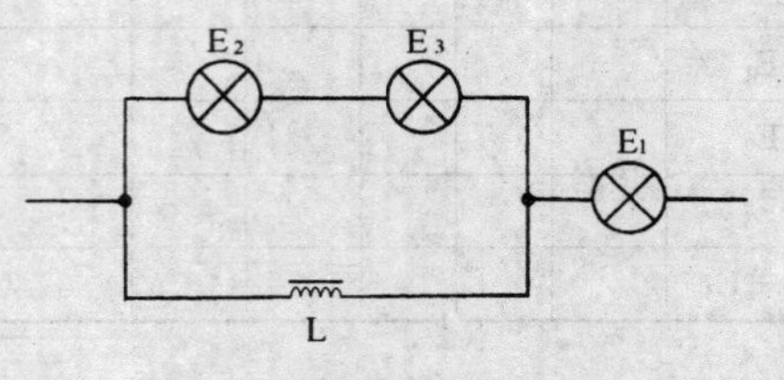

图 14-31

表 14-25

负　载	U(V)	P(W)
总负载		
E_2		
E_3		
$(E_2+E_3)//L$		

B.

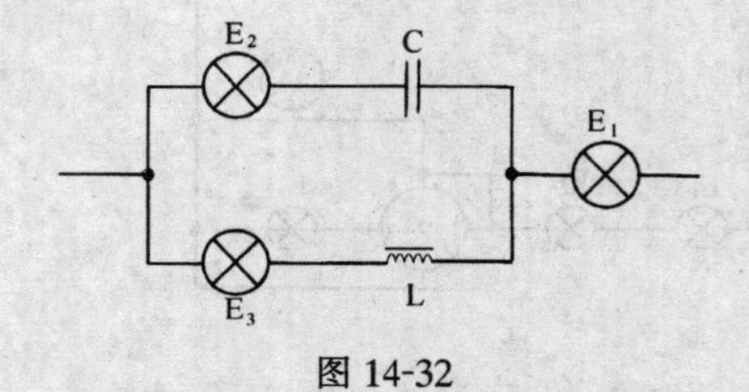

图 14-32

表 14-26

负　载	U(V)	P(W)
总负载		
E_1		
E_2+C		
E_3+L		

C.

图 14-33

表 14-27

负　载	U(V)	P(W)
总负载		
E_2		
E_1+E_2+C		
E_1		

D.

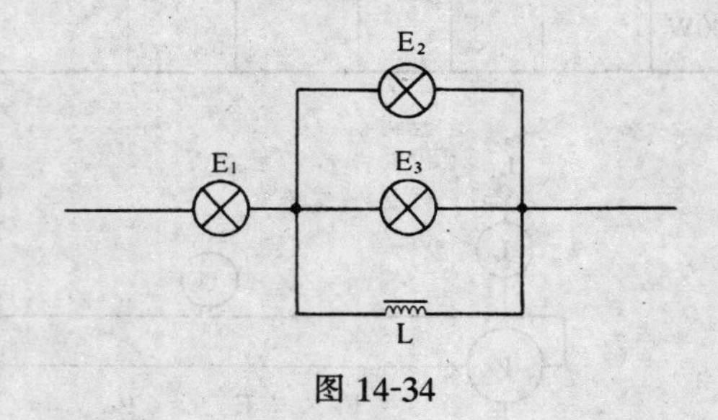

图 14-34

表 14-28

负　载	U(V)	P(W)
总负载		
E_1		
E_2		
E_3		
$E_2//E_3$		
$E_2//L$		

E.

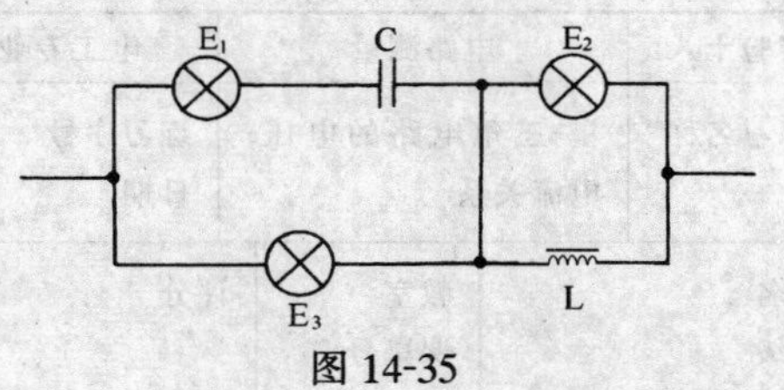

图 14-35

表 14-29

负　载	U(V)	P(W)
总负载		
E_1		
E_2		
E_3		
$(E_1+C)//E$		
$E_2//L$		

F.

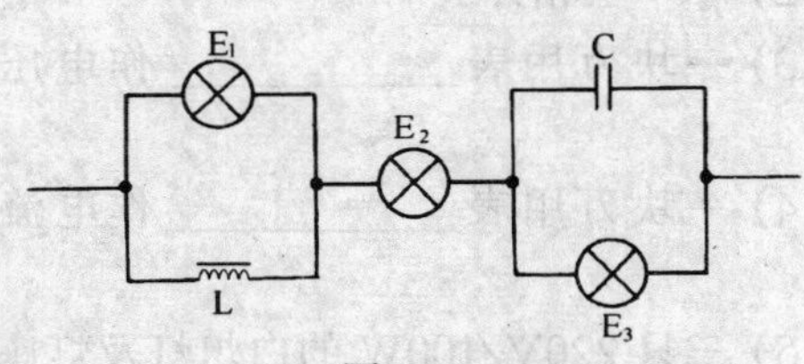

图 14-36

表 14-30

负　载	U(V)	P(W)
总负载		
E_1		
E_2		
$E_1//L$		
$E_2+(E_3//C)$		
$(E_1//L)+E_2$		

实验十七　用电度表和秒表进行功率测量

<table>
<tr><td>实验十七</td><td colspan="2">电路测量</td><td>电工专业</td></tr>
<tr><td>练习名称</td><td colspan="2">用电度表和秒表进行功率测量</td><td>练习序号
日期</td></tr>
<tr><td colspan="2">姓名
班级</td><td>教室
课桌号</td><td>评分</td></tr>
</table>

(1) 预备知识

一般说来，我们在工商企业及日常生活中所使用的交流电度表，均属“电感计数器”一类。

其测量机构由以下几部分组成：一个匝数很少的密绕电流线圈，测量值与有功功率成正比。

$W=P\cdot t$　　$[P=S\cdot\cos\varphi;\quad S=U\cdot I]$

如能把相应的时间测出，则可计算出电功率：

$$P=W/t$$

(2) 实验目的

1) 用一块功率表和一只秒表测量一个铁芯线圈的有功功率。

2) 把二只白炽灯同线圈并联后，再测其功率。

(3) 仪器

1) 一块单相电度表 220V　　10(30)A ________ r/kWh。

2) 一个自动保护开关。

3) 一个单极开关。

4) 一块万用表 ______________ 作电压表用。

5) 一块万用表 ______________ 作电流表用。

6) 一只 ________ 匝的铁芯线圈，其空气隙宽度 ________。

7) 只白炽灯 ________ V ________ W，________ V ________ W。

(4) 实验步骤

1) 根据基本电路图 14-37 将测量电路用自动保护开关及测量仪器相连接。

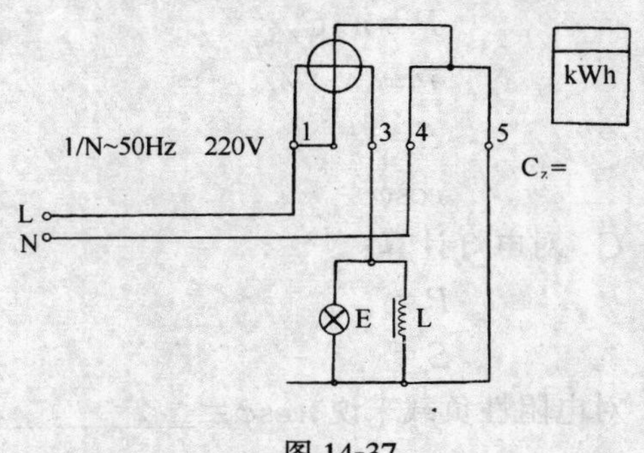

图 14-37

2）单相电度表的基本电路。

3）测出电压、电流以及电度表每转一周或多周所需的时间(以秒为单位)，将测量值填入表14-31内。

4）表格(其中Umdr. 表示圈数)：

表14-31

	U [V]	I [A]	n [Umdr]	t [s]	P [W]	S [VA]	$\cos\varphi$
E_1//L							
E_2//L							

5）计算出欠缺的值，并填入表14-31内。

6）计算：

为计算功率，人们需要一个电度表常数C_z，它的物理意义是每用一度电(1kWh)，电度表转过的圈数。

$$\boxed{P = n / C_z}$$

P——功率(单位 kW)；
n——电度表每小时转过的圈数；
C_z——电度表常数(单位 Umdr/kWh)。

因为“小时”的单位对测量来说太大了，人们常常使用分或秒，计算时同样可以使用这些单位。

A. 首先写出下列公式，然后填入数值计算。

B. 对线圈计算：

$P = n / C_z$

$P = \quad / \quad =$

$S =$

$\cos\varphi =$

C. 对电灯计算：

$P =$

$S =$

对电阻性负载来说，$\cos\varphi =$ ____________。

实验十八　星-三角电路的电压、电流关系

实验十八	电路测量		电工专业
练习名称	星-三角电路的电压，电流关系		练习序号 日期
姓名 班级		教室 课桌号	评分

(1) 实验任务

1）把三只220V/100W的白炽灯接入三相50Hz、220/127V电路中，分别测出星、三角电路的电压与电流，并观察其相互关系。

2）画出电压矢量图。

3）画出星形电路的电流矢量图。

4）画出三角形电路的电流矢量图。

(2) 实验仪器

1）一个三相自动保护开关。

2）一个三相开关。

3）一块万用表____________作电压表用。

4）一块万用表____________作电流表用。

5）三只220V/100W的白炽灯及灯座。

(3) 实验步骤

1）测量。

A. 在基本电路中，画出电灯的接线端(图14-38)。

B. 在基本电路中，画出测量仪表(图14-38)。

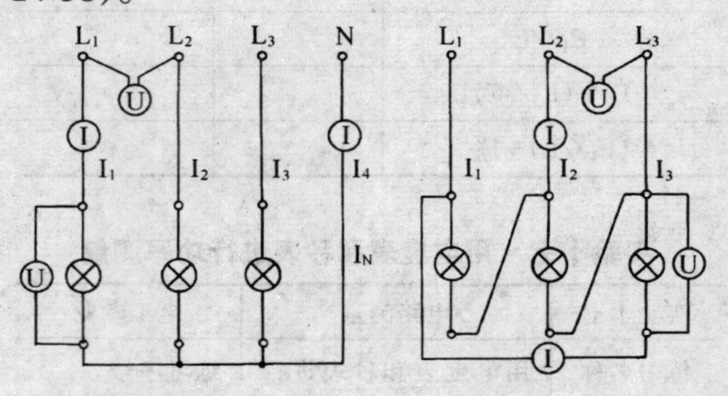

图14-38

C. 按表14-32的要求测出各值。

表 14-32

		$U_{线}$ (V)	$U_{相}$ (V)	$I_{线}$ (A)	$I_{相}$ (A)		I_N (A)
Y	$L_1—L_2$						
	$L_2—L_3$						
	$L_3—L_1$						
△	$L_1—L_2$						
	$L_2—L_3$						
	$L_3—L_1$						⊗

D．分别计算星、三角形电路的电压，电流关系，并填入表 14-32 中。

2）电压、电流的矢量图。

注意：各电压矢量之间相差 120°。

A．将星形电路的电压矢量图画出并标出各矢量图。

比例尺：1V＝0.5mm

B．画出星形电路的电流矢量图并标出各矢量。

注意：假如在电流电路中接入纯电阻，则其电压、电流同相。

比例尺：0.1A＝20mm

C．将三角形电路的电流矢量图画出，并标明各矢量。

比例尺：0.1A＝10mm

实验十九　星形不对称负载的电流关系

实验十九	电路测量		电工专业
练习名称	星形不对称负载的电流关系		练习序号 日期
姓名 班级	教室 课桌号	评分	

（1）实验任务

将三只白炽灯安在三相 220/127V、50Hz 的电网上，测量三角形电路的所有电流和功率。

（2）元器件

1）一个三相自动保护开关。

2）一只三相开关。

3）一块万用表________作电压表用。

4）一块万用表________作电流表用。

5）一块功率表。

6）三只白炽灯________V/________W；________V/________W；________V/________W。

（3）实验步骤

1）将基本电路补齐(图 14-39)。

2）使用必要的仪器和仪表将电路接好。

注意：支路 1：灯________V/________W

灯________V/________W

灯________V/________W

3）当把线电压 U_{12} 调到________V 时，测出表中要求的各值。

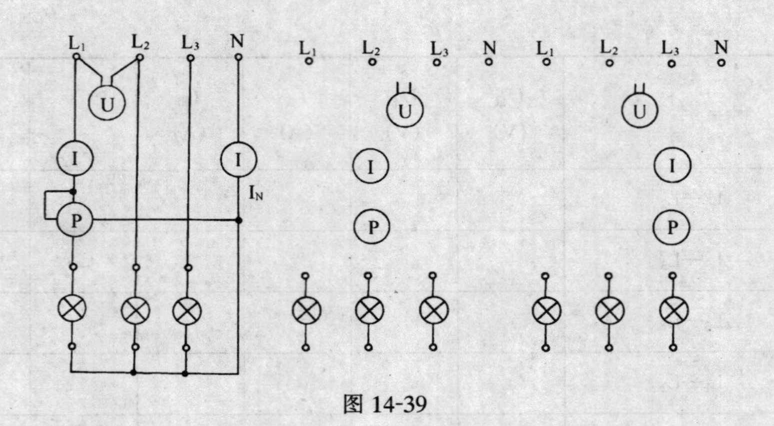

图 14-39

4) 根据所测的各支路功率计算出总功率,并填入表 14-33 中。

表 14-33

	$U_{线}$ (V)	$I_{线}$ (A)	$I_{相}$ (A)	I_N (A)	P (W)	$P_{总}$ (W)
$L_1—L_2$						
$L_2—L_3$						
$L_3—L_1$						

$P=$

$P=$

5) 根据所测的值画出电流关系图。

注意:当在交流电路中连有纯电阻时,电流与电压同相。

比例尺:0.1A=______ mm

6) 由关系图确定电流值 I

$I_N=$ ________ mm= ________ mA

实验二十 三角形不对称负载的电流关系

实验二十	电路测量		电工专业
练习名称	三角形不对称负载的电流关系		练习序号 日期
姓名 班级		教室 课桌号	评分

(1) 实验任务

将三只白炽灯安在三相 220/127V; 50Hz 的电网上,测量三角形电路的所有电流和功率。

(2) 元器件

1) 一个三相自动保护开关。

2) 一只三相开关。

3) 一块万用表 ________ 作电压表用。

4) 一块万用表 ________ 作电流表用。

5) 一块功率表。

6) 三只白炽灯 ________ V/________ W; ________ V/________ W; ________ V/________ W。

(3) 实验步骤

1) 将基本电路补齐(图 14-40)。

2) 使用必要的仪器和仪表将电路接好。

注意:支路 1:灯:____________ V/________ W。

灯:____________ V/________ W。

灯:____________ V/________ W。

3) 当把线电压 U_{12} 调到 ________ V 时,测出表 14-34 中要求的各值。

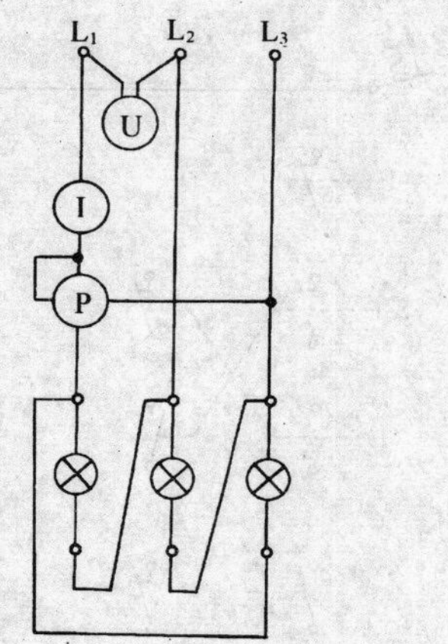

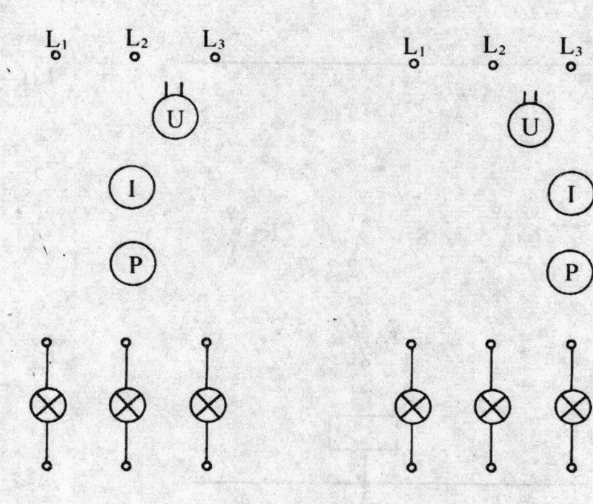

图 14-40

表 14-34

	$U_{线}$ (V)	$U_{相}$ (V)	$I_{线}$ (A)	$I_{相}$ (A)	P (W)	$P_{总}$ (W)
L_1—L_2						
L_2—L_3						
L_3—L_1						

4）根据所测的各支路功率计算出总功率，并填入表 14-34 中。

$P = P_{st1+}$

$P =$

5）根据所测的值画出电流关系图。

注意：当在交流电路中产生欧姆电阻时，电流与电压同相。

比例尺：0.1A= ______ mm

6）由关系图确定电流值。

I_N= ________ mm = ________ mA

实验二十一　接触器换向电路

实验二十一	电路测量		电工专业
练习名称	接触器换向电路		练习序号 日期
姓名 班级		教室 课桌号	评分

(1) 预备知识

要使一台三相电机反转需安二个接触器，以交换主回路中的二相电流，这就是一个接触器换向电路。但如果二个接触器同时得电的话，就会造成相间短路。因此控制电路必需保证仅有一个接触器得电。

(2) 实验任务

用触点和按钮来实现一台异步电机的正反转控制，并用信号灯将当前的运行状态显示出来。

(3) 元器件

1）一个三相自动保护开关。

2）二个接触器。

3）一台 220/380V 异步电机。

4）一个自动保护开关(单极)。

5）一个常闭按钮(停止开关________)。

6）一个常开按钮(左　　转________)。

7）一个常开按钮(右　　转________)。

8）三只信号灯(________，________，________)。

(4) 实验步骤

1）触点互锁。

A. 将电路图补全(图 14-41)。

B. 接好电路并填空。

因为受触点控制，所以想使三相电路切换，必需进行________操作。

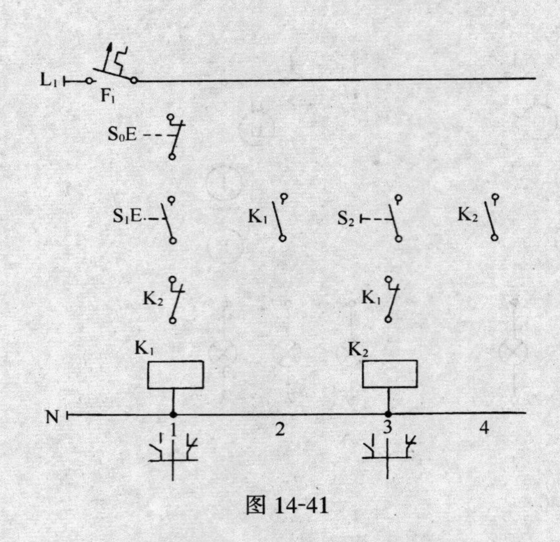

图 14-41

若无互锁触点，当同时按下 S_1 和 S_2 时，两个触点同时得电吸合，________在主回路中会出现________现象。

2）触点和按钮联合互锁。

A．在 14-41 图中加入一个常闭按钮，画出触点并填好接触表。

B．把图 14-42 的电路扩充并填空。

如果在触点控制电路中再加入一个________________，则使电路的安全性提高到最大。

3）双锁定双指示灯的转向控制电路

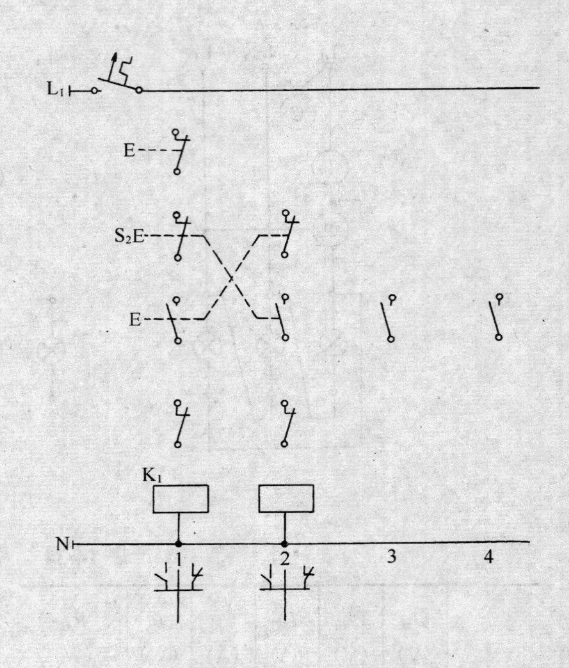

图 14-42

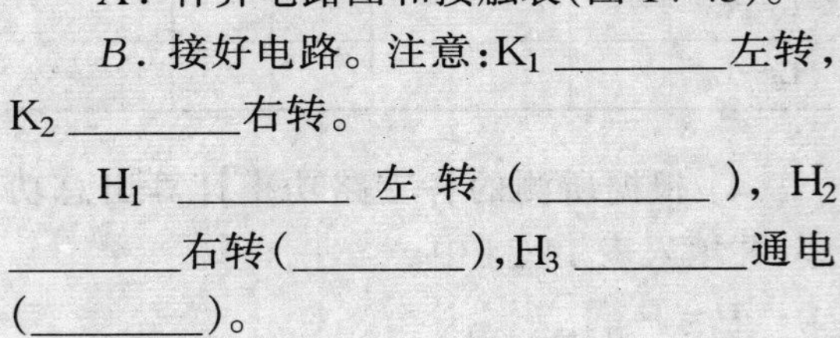

A．补齐电路图和接触表（图 14-43）。

B．接好电路。注意：K_1 ________左转，K_2 ________右转。

H_1 ________左转（________），H_2 ________右转（________），H_3 ________通电（________）。

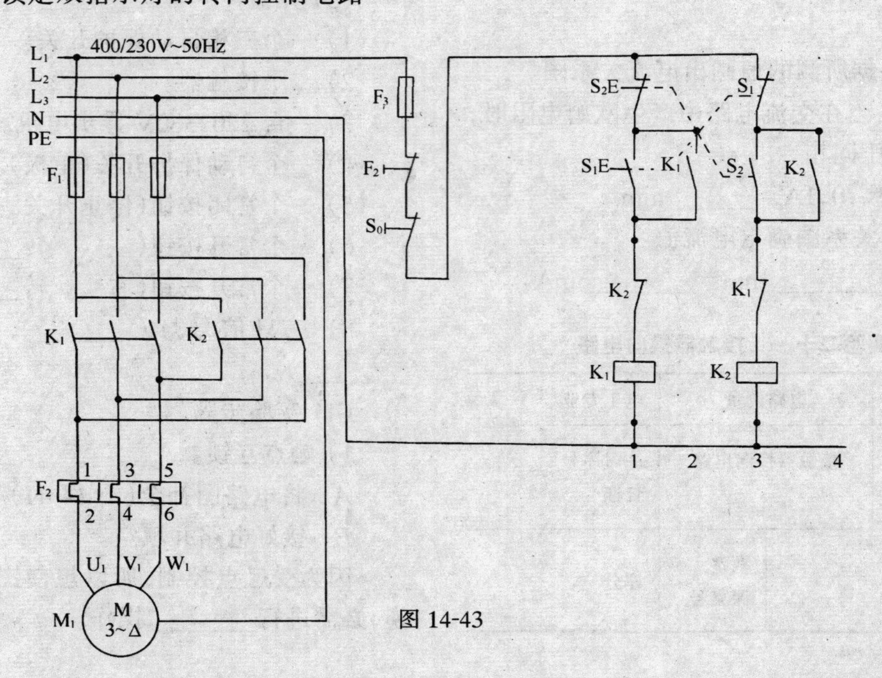

图 14-43

实验二十二　电感无功电流的补偿

<table>
<tr><td>实验二十二</td><td colspan="2">电路测量</td><td>电工专业</td></tr>
<tr><td>练习名称</td><td colspan="2">电感无功电流的补偿</td><td>练习序号
日期</td></tr>
<tr><td colspan="2">姓名
班级</td><td>教室
课桌号</td><td>评分</td></tr>
</table>

(1) 预备知识

在一个电容与感性负载并联的电路中，人们感兴趣的是两者的无功电流 I_C 和 I_L 在数值上相等。这时两者相互补偿外电路中只剩下有功电流 I_W。因为它与电压同相，故功率因数 $\cos\varphi=1$。因为无论线圈还是电容中的电流均超过外电路中的电流，所以被人们称为电流谐振或并联谐振。

(2) 实验任务

1) 分别在不同的空气隙；有电容及无电容的条件下测量铁芯线圈的电压、电流及有功功率。

2) 根据测量值画出相应的电流三角形。

3) 当 $\cos\varphi=1$ 时计算出相应的电容电流 I_C 及电容值。

(3) 仪器

1) 一个自动保护开关。

2) 一个单极开关。

3) 一台调压器。

4) 一块万用表________作电压表用。

5) 一块万用表________作电流表用。

6) 一块功率表________。

7) 一个空气隙可调的铁芯线圈________匝。

8) 一个电容器。

(4) 实验步骤

1) 测量电路(图 14-44)。

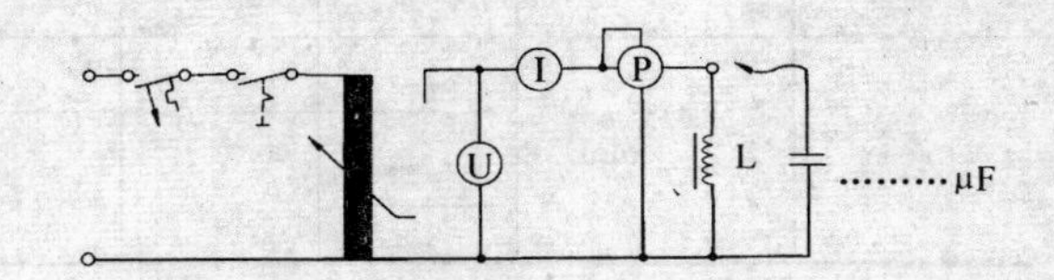

图 14-44

A. 将调压器接在________V 上。

B. 将调压器的输出电压调在________V 上并保持。

C. 按表 14-35 的要求测出各电量并填入表内。

D. 表格：

表 14-35

测量	空气隙	电容	U[V]	I[A]	P[W]	S[VA]	$\cos\varphi$	I[A]
1	____mm							
		____						
2	____mm							
		____						
3	____mm							
		____						

续表

测 量	空气隙	电 容	U[V]	I[A]	P[W]	S[VA]	$\cos\varphi$	I[A]
4	___ mm							
		______						
5	___ mm							
		______						
6	___ mm							
		______						
7	___ mm							
		______						

E. 测量所用电容的电流。

$I_C=$

F. 把下面公式补齐并计算出表 14-35 所要求的所有值。

$S=$

$\cos\varphi=$

$I_W=$

2）画出电流三角形。

A. 对每次测量均按一定比例画出电流三角形。

所有水平线段均表示有功电流。

比例尺：________ A=________ mm

测量 1 　　　　测量 2

__ mm 空气隙 　　__ mm 空气隙

测量 3 　　　　测量 4

__ mm 空气隙 　　__ mm 空气隙

测量 5 　　　　测量 6

__ mm 空气隙 　　__ mm 空气隙

测量 7

__ mm 空气隙

B. 根据表 14-35 电流三角形的图形填空：

在没有电容的情况下，随着空气隙的加大，电流也在增长，这是因为________阻抗减小的缘故。加上电容以后，随着空气隙的增大，电流首先是________，然后当空气隙达到某一值后电流又开始________。造成这一现象的原因是：在一个闭合铁芯里面________电流占优势。在最低水平下，I_C 和 I_L 相等，电路中只有________电流，这时就会出现并联谐振。

3）当 $\cos\varphi=1$ 时计算 I_C 和 C。

A. 通过计算确定电容中的电流。

$X_c=$________ $=$________

$=$______________________________

$I_c=$________ $=$________

$=$______________________________

B. 根据电流三角形将电容电流填入表 14-35 中。

C. 比较表（表 14-36）：

表 14-36

	计 算	作 图	测 量
I_C[A]			

D. 当空气隙________ mm 时，要使线圈的 $\cos\varphi$ 补偿到 1 需安多大的电容？

$I_C = I_C =$ ________ A(根据做图得到)

$X_C =$ ________ = ________ = ______

$C =$ ________ = ________ = ______

要补偿到 $\cos\varphi = 1$，所需的电容为 ______________________________。

实验二十三　日光灯的补偿

实验二十三	电路测量		电工专业
练习名称	日光灯的补偿		练习序号日期
姓名 班级		教室 课桌号	评分

(1) 预备知识

在日光灯的基本电路中有一感性附件镇流圈，它的作用是点燃灯管及限制电流。由于感性阻抗的存在，从而使电压与电流之间存在一个相差，该电路的 $\cos\varphi$ 为 0,5，为避免在网路中引入无功电流，人们在输入端之间加入一个相应的电容，这样就可使无功电流显著减少，功率因素得到改善。

(2) 实验任务

1) 连接一个日光灯的基本电路，并分别在有电容器和无电容器的条件下测其电压电流和功率。

2) 画出电流三角形。

(3) 元器件

1) 一个自动保护开关。

2) 一个单极开关。

3) 二个灯座。

4) 一个启动器插座。

5) 一个辉光启辉器 ST。

6) 一个电感整流器。

7) 一只日光灯管 40W。

8) 四只补偿电容________；________及________。

9) 一块万用表________作电压表用。

10) 一块万用表________作电流表用。

11) 一只功率表________。

(4) 实验步骤

1) 接线并测量。

A. 将所给的仪器在架上安好。

B. 根据图 14-45 将电路接好。

C. 电路图。

D. 按表 14-37 的要求进行测量。

E. 表格：

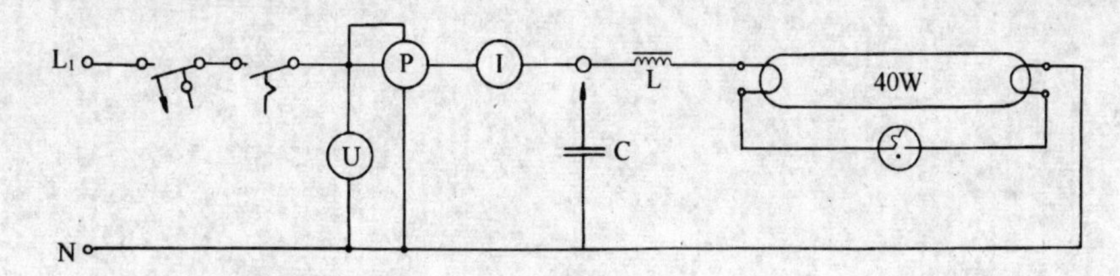

图 14-45

表 14-37

测量	1	2	3	4	5	6	测量	1	2	3	4	5	6
C [μf]							*I* [A]						
U [V]							*P* [W]						

续表

测量	1	2	3	4	5	6	测量	1	2	3	4	5	6
S [VA]							$\sin\varphi$						
$\cos\varphi$							I_W [A]						
φ							I_C [A]						

F. 计算出尚缺的数据并填入表内。

2) 作图表示。

在总图中画出电流三角形。

参考文献

1 劳动部培训司组织编写．企业供电系统及运行(第二版)．北京:中国劳动出版社,1994
2 刘宝珊主编．建筑电气安装分项工程施工工艺标准．北京:中国建筑工业出版社,1996
3 劳动部培训司组织编写．电工生产实习(第二版)．北京:中国劳动出版社,1994
4 劳动部培训司组织编写．钳工生产实习(第二版)．北京:中国劳动出版社,1992
5 高钟秀编．钳工基本技术．北京:金盾出版社,1996
6 高忠民编．电焊工基本技术．北京:金盾出版社,1996
7 高忠民编．气焊工基本技术．北京:金盾出版社,1997
8 刘介才编．工厂供电．北京:机械工业出版社,1983
9 李宗廷主编．电力电缆施工．北京:中国电力出版社
10 岳保良编著．输配电线路施工．北京:中国劳动出版社
11 劳动部培训司组织编写．电工仪表与测量(第二版)．北京:中国劳动出版社,1994
12 劳动部培训司组织编写．电子技术基础(第二版)．北京:中国劳动出版社,1997
13 曾祥富主编．实用电工技能．北京:高等教育出版社,1987
14 南京工学院无线电工程系(电子线路实验)编写组．电子线路实验．北京:高等教育出版社,1986
15 劳动部培训司组织编写．安全用电(第二版)．北京:中国劳动出版社,1994 年
16 劳动部培训司编．《高级电工技能训练》．北京:中国劳动出版社出版
17 机械部统编．《内外线电工基本操作技术》(初级工适用)．北京:机械工业出版社出版
18 徐第、孙俊英编著．《安装电工基本技术》．北京:金盾出版社出版
19 吕光大主编．《建筑电气安装工程图集》．北京:水利电力出版社出版
20 铁道部三院编．《电力内外线工程》．北京:中国铁道出版社出版
21 劳动部培训司主编．《电气安装技术》．北京:中国劳动出版社出版
22 机械部统编．《内外线电工操作技能与考核》．北京:中国机械出版社出版
23 兵器总公司教育局编．《内外线电工》初级．北京:机械工业出版社出版
24 《建筑电气通用图集》．华北地区建筑设计标准办公室
25 吕大光主编．建筑电气安装工程图集．北京:水力电力出版社